제5판

Understanding
Foodservice
Industry
외식산업의 이해

나정기 저

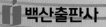
백산출판사

머리말

가정식과 외식의 이해를 시작으로 총 15장으로 구성된 제5판 『외식산업의 이해』는 기존 내용에 폭과 깊이를 많이 더했습니다.

그러나 저자의 학술적인 깊이와 폭이 워낙 미천하여 쓰고 지우기를 3년간이나 했으나 아직도 내용 중 수정되어야 할 부분, 보충되어야 할 부분이 많을 것으로 생각되어 부끄럽기까지 합니다.

이제는 부족한 부분을 보충하여 내용이 꽉 찬 책으로 거듭날 수 있도록 여러분들의 많은 충고와 조언을 기대한다는 말은 더 이상 유효하지 않을 것 같아 나머지는 후학들에게 맡기고 이쯤에서 마무리할까 합니다.

그동안 물심양면으로 많은 도움을 주신 백산출판사의 진욱상 사장님께 깊은 감사를 드립니다.

2024. 2.

著者 識

차례

제1장 가정식과 외식의 이해 / 11

제1절 가정식의 이해 11
　1. 가족의 이해 11
　2. 가사노동의 이해 14
　3. 가정식에 영향을 미치는 주요 변수 19

제2절 외식의 이해 31
　1. 레스토랑의 어원과 식당의 발전과정 31
　2. 외식의 의의 43

제3절 가정식과 외식의 대안 50
　1. 가정식과 외식의 교집합 50

　■ 맺음말 55

제2장 가정식 대체식 시장의 이해 / 59

제1절 가정식 대체식의 개요 59
　1. 가정식 대체식의 탄생 배경 59
　2. 가정식 대체식의 정의 및 유형 61

제2절 HMR의 유통 및 판매 현황 78
　1. HMR의 유통구조 78
　2. HMR 소매시장 규모 81

제3절 HMR 시장과 식문화 Trend의 변화 85
　1. HMR 시장의 변화 85
　2. HMR 시장의 성장 배경 및 전망 89

　■ 맺음말 93

제3장 외식시장의 현황과 전망 / 97

제1절 외식시장의 개요 97
　1. 「음식점 및 주점업」의 추이 97
　2. 「음식점업」과 「주점 및 비알코올 음료점업」의 추이 98
　3. 호텔 식음료 부대시설의 추이 104

제2절 「음식점업」과 「주점 및 비알코올 음료점업」의 현황   107
    1. 「한식 음식점업」   107
    2. 「외국식 음식점업」   112
    3. 「기관 구내식당업」   117
    4. 「출장 및 이동음식점업」   119
    5. 「기타 간이음식점업」   121
    6. 「주점 및 비알코올 음료점업」   128

제3절 외식기업의 생멸과 전망   134
    1. 신생률과 소멸률의 이해   134
    2. 신생기업 생존율의 이해   136
    3. 음식점업과 주점업의 전망   139

■ 맺음말   143

제4장   외식산업과 관련된 산업의 이해 / 147

제1절 외식산업의 이해   147
    1. 외식산업의 개요   147
    2. 외식산업의 특성   153

제2절 외식산업과 타 산업 간의 연관성   156
    1. 표준산업분류   156
    2. 서비스산업   158
    3. 환대산업과 관광산업   160
    4. 환대 · 관광 · 여행 산업의 범주 속에서 외식산업   163

제3절 외식산업, 식품산업과 유통산업 간의 관계   167
    1. 식품산업   167
    2. 유통산업   169

■ 맺음말   171

제5장   외식업체의 유형분류 / 175

제1절 외식업체의 유형분류 개요   175
    1. 일반적인 유형 분류   175
    2. 운영전략 차원에서의 외식업체의 유형 분류   182

제2절 외식업체 유형 분석의 새로운 접근   185
    1. 새로운 유형 분석의 개요   185
    2. 이용하는 식재료의 상태에 따른 유형분석   196

제3절 표준산업분류에 의한 유형분류   203
    1. 국제표준산업분류   203
    2. 한국표준산업분류   205
    3. 다른 기준에 의한 분류   208
■ 맺음말   212

제6장   외식사업체 조직의 이해 / 215

제1절 외식사업체의 조직   215
    1. 외식사업체 조직과 운영 형태   215
    2. 외식사업체의 구조   217
    3. 운영 형태   221
    4. 외식사업체의 인적자원의 구성   223
제2절 외식사업체의 인적자원 관리방안   230
    1. 인적자원관리 유연화 실천방안   230
제3절 인적자원의 관리 변화와 관리자의 계층과 자질   237
    1. 인적자원의 관리 변화   237
    2. 관리자의 계층과 자질   240
■ 맺음말   244

제7장   프랜차이즈의 이해 / 247

제1절 프랜차이즈사업의 개요   247
    1. 프랜차이즈의 의의   247
    2. 프랜차이즈 시스템의 유형   256
    3. 프랜차이즈의 장·단점   258
제2절 프랜차이즈 결정 시 고려할 사항   262
    1. 필수 고려사항   262
제3절 우리나라 가맹사업의 현황   269
    1. 가맹사업의 업종 분류   269
    2. 가맹사업자 관련 실태조사 결과   272
    3. 외식업종 주요 현황   281
■ 맺음말   288

제8장 　외식상품의 이해 / 291

제1절 서비스의 개요 291
　　　1. 서비스의 정의 291
　　　2. 서비스의 기본적인 특성 294

제2절 외식상품의 개요 299
　　　1. 외식상품의 정의 299
　　　2. 외식상품의 구성 요소 302

제3절 제품과 서비스 상품의 관리 310
　　　1. 제품과 서비스 상품의 일반적인 차이점 310
　　　2. 외식상품 관리의 통합접근법 313

　■ 맺음말 318

제9장 　서비스 품질의 이해 / 321

제1절 서비스 품질의 개요 321
　　　1. 서비스 품질의 의의 321
　　　2. 서비스 품질의 차원 324

제2절 서비스 프로세스 326
　　　1. 서비스 전달시스템 326
　　　2. 서비스 전달시스템의 설계 329

제3절 서비스 전달 플로차트와 청사진 332
　　　1. 서비스 전달 플로차트 332
　　　2. 서비스 청사진의 실제 336
　　　3. 고객서비스를 위한 표준운영절차 345

　■ 맺음말 351

제10장 　일선 종업원의 중요성과 관리 / 355

제1절 일선 종업원의 중요성 355
　　　1. 왜 일선 종업원이 중요한가 355
　　　2. 일선 종업원의 중요성 설명에 많이 이용되는 이론 ... 358

제2절 일선 종업원의 관리 379
　　　1. 동기부여 의의 379
　　　2. 동기부여 이론 381
　　　3. 동기부여 이론과 실제 387

제3절 매니저와 감독자의 역할   389
   1. 종업원의 기대와 욕구 파악   389
   2. 감독자의 역할   392
  ■ 맺음말   394

제11장   외식업소 선택속성의 이해 / 397

제1절 소비자의 기본 욕구   397
   1. 소비자 욕구의 이해   397
제2절 소비자의 구매의사결정 과정   402
   1. 구매의사결정 과정의 개요   402
   2. 문제의 인식   404
   3. 정보의 탐색단계   406
   4. 대안평가단계   407
제3절 외식업소 선택 시 중요하게 고려하는 속성   409
   1. 속성관련 선행연구   409
   2. 상황과 외식업소의 유형에 따른 선택속성 연구   416
  ■ 맺음말   420

제12장   외식업소의 평가와 평가 이후의 고객행동 / 425

제1절 평가의 단계와 평가에 이용되는 일반적인 변수   425
   1. 영역별 평가단계와 내용   425
제2절 외식업소의 평가항목   436
   1. 구체적인 평가항목에 대한 분석   436
   2. 미스터리 다이너 평가표   441
제3절 외식업소 경험 후 고객의 행동   445
   1. 구매 후 고객의 행동   445
   2. 고객 충성도와 불평 행동   450
  ■ 맺음말   456

제13장   식생활 트렌드의 이해 / 461

제1절 라이프 스타일과 가치관의 변화   461
   1. 생활 패러다임의 기조 변화   461
   2. 식생활 가치평가에 대한 변화   465

제2절 식생활 트렌드 470
1. 팝콘 보고서의 10가지 성향과 그 의의 470
2. 국내 외식 트렌드 조사 보고서 분석 479

제3절 식생활 트렌드의 군집 487
1. 외식 트렌드의 실제 487

■ 맺음말 501

제14장 음식과 기술의 결합 푸드테크의 이해 / 507

제1절 푸드테크의 이해 507
1. 생산과정에서의 푸드테크 507
2. 조리과정에서의 푸드테크 513
3. 서비스 과정에서의 푸드테크 517

제2절 서비스 단계에서의 푸드 테크 520
1. O2O의 개요 520
2. 배달앱 522
3. 한국의 음식배달 서비스는 누가 선도하고 있나? 524
4. 식음료 구독 서비스 526

■ 맺음말 529

제15장 외식업소 인증과 레스토랑 가이드북 / 533

제1절 국내외 외식업소 인증제도 533
1. 국내 식당의 인증제도 533
2. 외국의 레스토랑 인증제도 539

제2절 국내·외의 레스토랑 가이드북 543
1. 국내의 레스토랑 가이드북 543
2. 외국의 레스토랑 가이드북 545

제3절 식품 원산지 표시제도 560
1. 원산지 표시제 개요 560
2. 원산지 표시 방법 562
3. 할랄식품과 코셔식품 인증 565

■ 맺음말 571

가정식과 외식의 이해

제1장

제1절 가정식의 이해

1. 가족의 이해

한국의 가족은 낮은 혼인율(비혼)과 높은 이혼율, 저출산, 소자녀화, 고령화 등의 인구학적 요인으로 가족 규모가 축소되고, 핵가족의 확산으로 가족 구성이 단순화되는 방향으로 변화하고 있다. 이 같은 변화는 가정에서 일상적으로 이루어지는 가정식의 형식과 의미, 그리고 내용 측면에서 새로운 장을 열어가고 있다.

1) 가족 · 가정 · 가구의 의의

가족(家族)이란 주로 부부를 중심으로 한 친족 관계에 있는 사람들의 집단 또는 그 구성원을 말한다. 즉, 가족은 부부와 그들의 자녀로 구성되고, 주거와 경제적인 협력을 같이하며 자녀의 출산을 특징으로 하는 집단이다. 가족을 식구(食口)라고 부르기도 한다.

가정(家庭)이란 한 가족이 함께 살아가며 생활하는 사회의 가장 작은 혈연공동체이다.

가족은 애정으로 맺어진 인간관계의 결합이지만, 가정은 인간관계만으로는 성립되지 않고 생활을 영위하기 위한 의 · 식 · 주 등의 물자를 생산하고 소비하는 기능도 더해져야 한다.

가정의 형태[1]는 집마다 다르다. 혼자 사는 독신 가정, 부부만 사는 가정, 할아버

---

1) 가족의 구성을 실제의 가족이 구체적으로 어떠한 형태를 취하고 있는가의 관점에서 살펴볼 수 있는데, 이를 가족 형태라 한다. 가족의 형태를 한 부모 가족, 재혼 가족, 입양 가족, 무자녀 가족,

지·할머니, 부부, 자녀가 함께 사는 가정 등 다양하다. 이와 같은 다양한 형태를 세대(世代)[2] 수나 가족 수를 기준으로 나누는 것이 일반적이다.

세대 수를 기준으로 가정을 나누면, 자녀가 없거나 자녀와 따로 살면서 부부끼리만 사는 가정을 '1세대 가정', 부모 없이 자녀만 사는 경우도 1세대 가정이 된다. 그리고 부부가 결혼하지 않은 자녀들을 데리고 사는 세대를 '2세대 가정', 할아버지와 할머니, 부부, 자녀로 이루어진 '3세대 가정' 등으로 나눌 수 있다.

가족을 핵가족과 대가족(확대가족)으로 나눌 수도 있다. 가족 수가 적은 1세대와 2세대 가정을 '핵가족', 가족 수가 많은 3세대 가정을 '대가족(확대가족)'이라고 한다. 즉, 부부, 자녀 이외에 조부모 또는 형제 등 방계[3]친족이 동거하는 가족이며, 대가족·확장 가족 또는 3세대 가족이라고도 한다.

가구(家口)란[4] 집안 식구, 집안의 사람 수효, 현실적으로 주거 및 생계를 같이하는 사람의 집단을 세는 단위를 말한다.

한 가구에 거주하는 사람의 수, 즉 가족 수를 기준으로 1인 가구, 2인 가구, 3인 가구, 4인 가구, 5인 가구, 그리고 6+ 이상의 가구 등으로 나누기도 한다.

2) 가족을 둘러싼 주변 환경과 가족 기능의 변화

가족을 둘러싼 사회 환경, 가족생활, 가족생활의 주기 등은 가족의 기능과 가족의 형태 그리고 가족 구성원의 역할 등에 큰 변화를 주고 있으며, 이러한 변화들은 전통적인 가정식의 패턴을 변화시키고 있다.

먼저, 가족을 둘러싼 사회 환경의 변화 측면에서는 다양한 원인으로 인한 저출산, 평균수명 연장으로 인한 고령화 등을 들 수 있다.

그리고, 가족생활의 변화 측면에서는 가족 형태의 다양화, 가족 규모의 축소,

조손 가족, 노인 가족, 분거 가족(비동거 가족), 다문화 가족, 독신 가족 등으로 나누기도 한다.
2) 공통의 체험을 기반으로 하여 공통의 의식이나 풍속을 전개하는 일정 폭(幅)의 연령층. 생물학적 관점에서 보면, 아이가 성장하여 부모의 일을 계승할 때까지의 기간으로서, 약 15~30년간을 표준으로 한다.
3) 주된 계통에서 갈라져 나간 갈래. 시조(始祖)가 같은 혈족 가운데 직계에서 갈라져 나간 친계(親系).
4) ① 집안 식구. ② 집안의 사람 수효. ③ 한 집을 차린 독립적 생계. 1인 또는 2인 이상이 모여서 취사, 취침 등 생계를 같이 하는 생활 단위

가족 가치관의 변화5), 그리고 가족 구성원의 역할 변화 등을 들 수 있다.

특히 1~2인으로 구성된 가족이 늘어남에 따라 전체 가구의 수는 증가하고, 가족 구성원 수는 감소하고, 가족을 구성하는 세대도 단순화되며, 1세대로 구성된 무자녀 가족, 1인 가구가 늘어나고 있다.

그리고 가부장제, 수직적 관계에서 개인의 자율, 양성평등을 강조하고, 수평적 관계로 변화, 결혼 및 출산도 필수에서 선택으로, 이혼과 재혼도 일반화하는 가족 가치관이 변화하고 있다.

마지막으로 가족생활 주기의 변화 측면에서는 늦은 결혼으로 가정 형성기가 늦어지고, 자녀 수가 감소하며, 가정 확대기는 짧아지고, 평균수명 연장으로 가정 축소기는 길어지고 있다.6)

또한, 산업화와 도시화가 진행되면서 가족의 기능이 축소되거나 내용이 변화되는 경향이 드러나고 있다. 즉, 가족 구성원들이 직접 수행했던 기능들이 부분적 또는 전부가 외부화(대체화)되고 있다는 의미이다.

가족의 기능은 다면적이다. 일반적으로 가족 기능을 고유기능, 기초기능, 파생기능으로 나누기도 한다.

성 및 애정 기능과 생식 및 양육기능, 부양이 가족의 고유(중심)기능이라 할 수 있다. 그런데 과거에는 성별에 따라 역할이 명확하게 구분되었다(남편은 바깥일, 여성은 집안일). 그러나 오늘날은 여성의 사회활동 참여 증가, 양성평등 의식의 확산으로 남녀 구분 없이 상황에 따라 자녀 양육의 기능을 수행하고 있으나, 아직도 여성이 많은 어려움을 겪고 있다.

기초기능이란 인간으로서 생존하기 위한 의식주 생활을 하기 위한 생산과 소비 기능을 말한다. 가족의 경제적 기능은 생산기능과 소비기능으로 구분할 수 있다. 과거 전통사회에서의 가족은 생산과 소비의 기능을 함께 수행했다. 그러나 현대사회

---

5) 결혼 · 자녀 출산 및 양육 · 가사 분담 · 노부모 부양 등 가족의 형태 및 생활 방식에 대하여 가족 구성원들이 가지고 있는 일반적인 가치 의식.
6) 가족생활 주기: 결혼으로 가족을 형성(가정 형성기)하고, 자녀가 태어나 확대(가정 확대기)되며, 자녀가 독립하며 축소되고 사망으로 소멸(가정 축소기)하는 가족생활이 변화되어 가는 전 과정

는 고도의 산업화, 상품의 대량생산으로 가족의 경제적 기능 중 생산기능은 외부의 의존도가 높아지고 있다. 즉, 생산기능은 약화되고 소비기능의 비중이 높아지고 있다.

그리고 파생기능이란 가족의 고유기능과 기초기능으로부터 파생된 부차적인 기능으로서 자녀의 교육, 가족원의 보호와 휴식, 오락, 종교적 기능이다.

2. 가사노동의 이해

가사노동이란 가정생활을 영위하는데 필요한 일반 가사 및 가정관리에 꼭 필요한 노동·육아·요리·청소·교육·간호·세탁 등 가정 안팎에서 수행되는 여러 가지 일들을 말한다. 가사노동은 일상생활에서 가정의 기능을 유지해 주는 활동들이다. 가정에서 가족구성원의 욕망을 충족시켜주기 위해 사회에서 생산된 재화와 용역을 가족구성원들이 실제로 사용할 수 있는 형태로 만들거나, 가족이 직접 소비하기 위해 가정에서 재화의 용역을 생산하는 활동을 말한다.

가사노동의 종류와 내용은 다양하며 반복적인 일이 계속해서 생기므로 시간과 노력이 큰 부담이 된다. 최근에는 가사노동의 기계화, 가정의 민주화, 가사노동의 사회화[7] 경향이 두드러져서 가사노동에 드는 노력과 시간이 점차 감소 되고 있다.

1) 가사노동의 역할분담 이론

일반적으로 세 이론이 많이 언급된다.

첫째는 힘이다.

농경사회에서는 남성과 여성의 역할이 생물학적인 '힘'을 기준으로 분리되었다. 그 결과 남성은 '바깥일'을 맡았고 여성들은 '집안일'을 맡게 되었다는 이론이다.

둘째는 성 역할 고정관념이다.

가사노동을 누가 해야 하는가에 대한 답을 성-역할 고정관념(sex-role stereotype)에서도 찾아볼 수 있다. 성-역할 고정관념이란 한 문화권이 공유하고 있는 남녀 성별에 따라 각기 다르게 기대하는 행동 양식, 태도, 인성, 특성 등을 포함하는 일련

---

7) 생산 수단 등을 개인의 소유·관리에서 사회의 소유·관리로 바꾸어 감. 또는 그런 일

의 생각을 의미한다. 또한, 성에 따라 사회적으로 승인되는 신체적 특징, 행동 및 태도, 정서적 특징 등을 구분 짓는 신념에 해당하기 때문에 사람들은 한 문화권 내에서 대체로 비슷한 성역할 고정관념을 공유하게 된다.[8] 즉, 근대사회에서는 전통적인 성 역할에 따라 일-가정 균형을 설명할 수 있어, 전통적으로 가사와 육아 및 자녀 교육의 역할에 대한 일차적인 책임이 여성들에게 있다고 생각했다는 것이다.

셋째는 전문화 또는 생산성의 비교우위의 개념이다.

부부간의 가사노동분담에 대한 경제학적 접근이론에서도 가사노동 및 시장노동과 관련한 전문화 또는 생산성의 비교우위 개념을 통해 가사노동의 분담을 잘 설명하고 있다. 만약, 남편이 시장노동에 전문화(생산성이 높다)되어 있고, 부인이 가사노동에 전문화되어 있다면, 비교우위의 개념에 따라 남편은 시장노동에 많은 시간을 할애하고 부인은 가사노동에 전념하는 것을 가장 최적의 선택으로 간주한다. 다시 말해, 부부간의 가사노동분담은 부부가 행하는 각 활동에의 한계생산성(marginal productivity: 다른 활동을 위한 기회비용을 고려하여)을 비교하여 결정한다는 논리이다.

그러나 현대사회로 오면서 과거 아버지가 중심이 되는 가부장제의 가족 구조는 빠르게 변화했다. 산업화와 도시화(농경사회 → 산업사회)로 인해 할아버지에서 아버지로 이어지는 가부장적 대가족 형태는 점점 사라지고 부부와 1인 가구 중심의 핵가족으로 바뀌게 된 것이다. 또한, 남녀평등 의식이 높아지면서 여성도 남성과 마찬가지로 똑같이 교육을 받고 사회진출도 활발해졌다. 그 결과 여성들의 사회진출이 늘고, 맞벌이 가정이 증가하면서 기혼 직장인들이 일과 가정영역에서 다중역할을 수행하게 된다. 이런 상황에서 가사노동은 더 이상 여성만의 일이 아니라 부부가 상황에 맞게 나누어서 해야 할 일로 자리매김해 가고 있다.

일을 가진 개인에게는 직장에서 하는 역할과 가정에서의 역할이 있다. 이 두 가지 역할을 수행하다 보면 어려움을 느끼게 된다. 따라서 일-가정 갈등(work-family conflict), 역할갈등(role conflict) 또는 다중역할갈등(multiple-role conflict)을 경험하게 된다.

---

8) 자료: 네이버 지식백과

이같은 역할갈등 문제는 현대사회의 변화 속에서 사람들이 가진 시간과 에너지 등의 자원들이 한정되어 있고, 이런 자원들을 조화롭게 사용하지 못함으로써 더욱 문제시된다. 다시 말해 개인, 가족, 일의 영역에서 각자의 역할을 수행해야 하는데 주어진 시간과 에너지 등 자원은 한정되어 있어 주어진 역할을 수행함에 있어서 갈등이 초래된다는 것이다. 따라서 일과 가정 간의 균형을 이루려면 상호역할을 중재함으로써 부정적 결과를 최소화할 수 있어야 한다는 것이다.

예를 들어 가사노동을 전담하는 전업주부가 경제활동에 참여하게 된다. 그렇게 되면 가사노동을 위한 시간은 경제활동에 이용되고, 가사노동을 해야 할 시간은 뒤로 미루든지, 포기하든지, 아니면 대체적인 방법을 찾아야 한다. 즉, 시간과 비용과 에너지를 최소화하면서 가장 이상적인 대안을 선택하여 문제를 해결해 나가게 된다.

이러한 현실은 아래의 〈표 1-1〉의 가족 내 성 역할 인식을 조사한 내용에서도 확인할 수 있다.

〈표 1-1〉 **가족 내 성 역할 인식**[1]

(단위: %)

	가족의 경제적 부양은 주로 남성이 해야 한다	가족이 의사 결정은 주로 남성이 해야 한다	가사는 주로 여성이 해야 한다	가족 돌봄(자녀, 부모 등)은 주로 여성이 해야 한다
2020	22.4	9.8	12.7	12.3
남자	25.5	12.3	15.4	14.9
여자	19.4	7.2	10.1	9.8
20세 미만	7.2	3.1	2.9	3.4
20~29세	10.4	4.0	4.0	4.9
30~39세	17.4	4.9	7.0	8.4
40~49세	21.2	6.7	8.7	8.6
50~59세	26.8	10.3	13.5	12.7
60~69세	29.6	14.5	19.8	18.8
70세 이상	41.4	26.3	34.6	30.2

자료: 여성가족부, 「가족실태조사」
주: 1) 각 항목에 대해 '대체로 그렇다'와 '매우 그렇다'는 응답자의 비중임

2020년 우리나라 12세 이상 국민을 대상으로 가족 내 성 역할에 관해 묻는 인식조사에서, 가족의 경제적 부양은 주로 남성이 해야 한다고 생각하는 사람의 비중은

22.4%이며, 가사는 주로 여성이 해야 한다는 12.7%, 가족 돌봄은 주로 여성이 해야 한다는 12.3%, 가족의 의사 결정은 주로 남성이 해야 한다고 생각하는 사람의 비중은 9.8%로 나타났다. 그러나 여자보다 남자가, 연령대가 높아질수록 각 항목에서 동의하는 비중이 높으나 20대 이하에서는 동의하는 비중이 상대적으로 낮다.

이 같은 설문조사의 결과 젊은 층은 그동안 가져왔던 성-역할에 대한 고정관념을 부정한다는 의미로 해석할 수 있으며, 향후 남자와 여자 중 누가 가사노동을 해야 하는지에 대한 새로운 대안을 모색해 볼 때가 도래했다는 점을 암시하고 있다.

2) 가사분담률

2020년을 기준으로 가사분담률을 조사한 결과를 보면; 가사를 공평하게 분담하고 있다고 생각하는 비중은 남편 20.7%, 아내 20.2%로 꾸준히 증가하고 있으나, 남녀 간 인식 차이는 조금 있다.

조사 결과에 의하면, 여전히 아내가 가사를 주도하고 있다고 생각하는 비중이 남편은 75.7%, 아내는 76.8%로 매우 높으나, '16년 대비 남자는 3.2%p, 여자는 2.8%p 낮아졌다. 그러나 연령대가 젊은 부부일수록, 학력이 높을수록, 맞벌이일수록 가사를 공평하게 분담하고 있다고 생각하는 비중이 높게 나타난 것을 감안 하면 아내와 남편 간의 가사분담은 공평하게 전개될 것으로 보인다. 그러나 아직은 가사노동의 책임이 여성 몫이라는 인식이 절대적으로 높다.

〈표 1-2〉 **가사분담률**[1]
(단위: %)

연도	남편			아내		
	아내 주도	공평 분담	남편 주도	아내 주도	공평 분담	남편 주도
2010	87.4	10.0	2.6	87.7	10.3	2.0
2012	80.5	16.1	3.4	82.0	15.5	2.6
2014	80.5	16.4	3.1	81.5	16.0	2.5
2016	78.9	17.8	3.3	79.6	17.7	2.7
2018	76.2	20.2	3.7	77.8	19.5	2.8
2020	75.7	20.7	3.7	76.8	20.2	3.0

자료: 통계청, 「사회조사」
주: 1) '아내 주도'는 '아내가 전적으로 책임진다'와 '아내가 주로 하지만 남편도 분담한다'는 응답자의 비중이고, '남편 주도'는 '남편이 전적으로 책임진다'와 '남편이 주로 하지만 아내도 분담한다'는 응답자의 비중임

3) 가사노동시간과 역할분담에 대한 인식의 변화

통계청이 발표한 생활시간 조사 중 가사노동과 관련한 지표를 보면; 2019년을 기준으로 성인(19세 이상)의 평일 남성과 여성의 평균 가사노동시간은 각각 48분과 3시간 10분이며, 토요일과 일요일의 경우는 남성의 경우는 각각 1시간 17분과 1시간 18분, 여성의 경우는 3시간 21분과 3시간 18분 정도로, 평일의 경우는 여성이 남성에 비해 2시간 22분, 토요일과 일요일의 경우는 각각 1시간 56분과 2시간 더 많은 시간을 사용하고 있다.

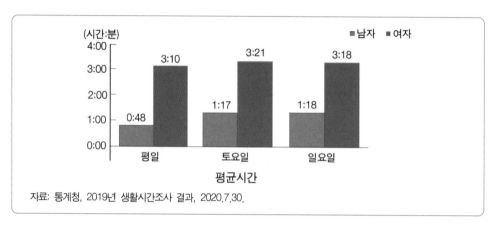

[그림 1-1] 성인(19세 이상)의 가사노동시간

가사노동시간의 남녀 간 비교는 이러한 사회적 요구가 얼마나 실현되고 있는지를 보여주는 지표이다. 최근 한국의 가사노동시간을 보면 여전히 많은 부부가 전통적 방식을 고수하고 있는 사실을 확인할 수 있다. 여성들은 남성들에 비해 압도적으로 많은 시간을 식사 준비와 집안 청소, 빨래 등에 사용하고 있으나 여성과 남성의 가사노동시간 차이가 조금씩 줄어들고 있다는 것을 확인할 수 있다.

이 같은 인식의 변화는 통계청이 조사한 남녀 성 역할에 대한 인식 조사에서도 확인할 수 있다. 조사에 의하면 2019년을 기준으로; 남자는 일, 여자는 가정'이라는 남녀 고정적인 성 역할에 대하여 국민의 72.8%가 반대하는 것으로 조사되었다. 이를 성별로 보면; 여자는 79.2%, 남자는 66.2%가 반대하는 것으로 나타나 여성이 남성에 비해 반대 의견이 13.0%p 높은 것으로 나타났다.

〈표 1-3〉 **남녀 성 역할에 대한 인식** (단위: %, %p)

		찬성			반대		
		2014	2019	차이	2014	2019	차이
전체		35.7	27.2	-8.5	64.3	72.8	8.5
성	남자	43.4	33.8	-9.6	56.6	66.2	9.6
	여자	28.3	20.8	-7.5	71.7	79.2	7.5

자료: 통계청, 2021 한국의 사회지표 (보도자료), 2022. 3. 24

그리고 〈표 1-4〉는 가사분담 만족도를 조사한 결과이다. 2019년을 기준으로 우리나라 국민의 34.4%는 자신의 가구의 가사분담에 대하여 만족하고, 15.2%는 불만족하는 것으로 나타났다. 성별로 보면 남자(37.3%)가 여자(31.5%)보다 5.8%p 높다.

그러나 불만족 정도는 여자(23.2%)가 남자(7.1%)보다 16.1%p 크게 높은 것으로 나타났다. 이를 5년 전인 2014년과 비교해 보면; 전체적으로 만족도는 높아지고, 불만족도는 낮아지고 있다.

〈표 1-4〉 **가사분담 만족도** (단위: %, %p)

		만족			보통			불만족		
		2014	2019	차이	2014	2019	차이	2014	2019	차이
전체		32.4	34.4	2.0	51.7	50.4	-1.3	15.8	15.2	-0.6
성	남자	35.2	37.3	2.1	56.4	55.6	-0.8	8.5	7.1	-1.4
	여자	29.7	31.5	1.8	47.1	45.3	-1.8	23.2	23.2	0.0

자료: 통계청, 2019년 생활시간조사 결과(보도자료), 2020.7.30

3. 가정식에 영향을 미치는 주요 변수

가정식과 외식에 영향을 미치는 변수는 무수히 많다. 그리고 가정식에 영향을 미치는 변수들은 가정식뿐만 아니라 외식, 가정식과 외식의 중간 영역인 중식(中食) 시장에도 영향을 미친다. 특히 가정식의 경우는 가구와 가족, 그리고 노동 관련 변수에 따라 많은 영향을 받는다. 이러한 점을 고려하여 인구·가구·가족·노동 관련 지표 중 가정식에 영향을 미치는 변수 중에서 인용빈도가 높은 지표들을 중심으로 살펴본다.

1) 유소년인구, 생산연령인구, 고령[9] 인구의 증가

통계청이 실시한 [2021년 인구주택총조사 결과 〈등록센서스 방식〉, 2022]에 따르면 2021년 11월 1일 기준 총인구는 5,174만 명으로 전년 대비 0.2%(-9만 명) 감소했다. 이 중 내국인은 5,009만 명(96.8%)으로 전년 대비 0.1%(-4.5만 명) 감소했고, 외국인은 165만 명(3.2%)으로 전년 대비 2.7%(-4.6만 명)가 감소하였다.

2021년 총조사 인구 중 유소년인구는 609만 명(11.8%), 생산연령인구는 3,694만 명(71.4%), 65세 이상의 고령 인구는 871만 명(16.8%)이다.

전년 대비 유소년인구는 -17만 명(-2.7%), 생산연령인구는 -34만 명(-0.9%)가 감소한 반면, 고령인구는 42만 명(5.1%)이 증가하였다.

유소년부양비와 노년부양비란[10] 15-64세까지의 생산연령인구가 부담하여야 할 비용을 의미한다.

〈표 1-5〉에 의하면 유소년부양비는 2021년을 기준으로 16.5로 지속적 감소하는 반면, 노년부양비는 23.6으로 증가하고 있다. 즉, 유소년인구는 줄어들고 고령 인구가 증가한다는 의미이다. 그리고 유소년인구 대비 노령인구의 비를 나타내는 노령화지수[11]는 2020년 기준 132.5에서 143.0으로 10.5 증가하였다.

---

9) UN에서 정한 기준으로 볼 때 '노인'이란 65세 이상을 말하며, 고령화 사회(Ageing Society)를 65세 이상 인구가 총인구에서 차지하는 비율이 7% 이상, 고령사회(Aged Society)는 14% 이상, 그리고 후기고령사회(post-aged society) 혹은 초(初)고령사회는 20% 이상을 차지하는 사회를 말한다. 대부분의 서구 선진국들은 20세기 초를 전후해 고령화 사회로 진입했고 영국·독일·프랑스 등은 70년대에 고령사회가 됐다. 일본의 경우는 70년에 고령화 사회에 이어 94년에 고령사회로 진입했다.
  우리나라는 2000년에 노인 인구가 전체인구의 7%로 이미 '고령화 사회'에 진입했으며, 2020년경에는 노인 인구비율이 17.9%에 달해 고령사회로, 2025년경엔 22.5%를 넘어 초고령 사회에 도달할 것으로 예측되고 있다.
10) 유소년 부양비란 생산연령인구 100명에 대한 유소년인구의 비로, 유소년 부양비 = (유소년인구/생산연령인구)×100임. 노년부양비란 생산연령인구 100명에 대한 고령인구의 비로, 노년부양비 = (고령인구/생산연령인구)×100임
11) 노령화지수란 유소년인구 100명에 대한 고령인구의 비로, 노령화 지수 = (고령인구/유소년인구)×100임

〈표 1-5〉 유소년인구, 생산연령인구, 고령인구 추이(2005^R~2021년^R) (단위: 천 명, %)

구분		2005년	2010년	2015년^R	2016년^R	2017년^R	2018년^R	2019년^R	2020년^R	2021년^R	전년대비증감
계		47,279	48,580	51,069	51,270	51,423	51,630	51,779	51,829	51,738	-91
인구	유소년인구 (0~14세)	8,994	7,806	6,954	6,822	6,683	6,543	6,392	6,254	6,087	-167
	생산연령인구 (15~64세)	33,913	35,340	37,498	37,621	37,569	37,632	37,570	37,288	36,944	-344
	고령인구 (65세 이상)	4,372	5,434	6,617	6,827	7,171	7,455	7,817	8,287	8,707	419
구성비	유소년인구 (0~14세)	19.0	16.1	13.6	13.3	13.0	12.7	12.3	12.1	11.8	-0.3
	생산연령인구 (15~64세)	71.7	72.7	73.4	73.4	73.1	72.9	72.6	71.9	71.4	-0.5
	고령인구 (65세 이상)	9.2	11.2	13.0	13.3	13.9	14.4	15.1	16.0	16.8	0.8
유소년부양비[1]		26.5	22.1	18.5	18.1	17.8	17.4	17.0	16.8	16.5	-0.3
노년부양비[2]		12.9	15.4	17.6	18.1	19.1	19.8	20.8	22.2	23.6	1.3
노령화지수[3]		48.6	69.6	95.2	100.1	107.3	113.9	122.3	132.5	143.0	10.5

자료: 통계청 : 2021년 인구주택총조사 결과 〈등록센서스 방식〉, 2022
주: 1) 생산연령인구 1백 명당 부양해야 할 유소년인구
2) 생산연령인구 1백 명당 부양해야 할 고령인구
3) 유소년인구 1백 명당 고령인구

고령 인구의 증가는 기대수명에서도 나타난다. 2020년을 기준으로 우리나라 국민의 기대수명은 83.5년으로 2010년 대비 3.3년, 2019년 대비 0.2년 증가했다.

〈표 1-6〉에 따르면 남자와 여자의 기대수명 차이는 감소 추세로 그 격차가 1980년 8.5년에서 2020년 6.0년까지 좁혀졌다. 그러나 유병 기간을 제외한 건강수명은 기대수명과 함께 점차 증가하고 있다. 2020년 건강수명은 66.3세로 2018년에 비해 1.9세 늘어났다.

〈표 1-6〉 **성별 기대수명[1] 및 건강수명**

(단위: 년)

	1980	1990	2000	2010	2014	2016	2017	2018	2019	2020	증감	
											'10대비	'19대비
전체	66.1	71.7	76.0	80.2	81.8	82.4	82.7	82.7	83.3	83.5	3.3	0.2
남자(A)	61.9	67.5	72.3	76.8	78.6	79.3	79.7	79.7	80.3	80.5	3.2	0.2
여자(B)	70.4	75.9	79.7	83.6	85.0	85.4	85.7	85.7	86.3	86.5	2.9	0.2
차이(B-A)	8.5	8.4	7.4	6.8	6.4	6.1	6.0	6.0	6.0	6.0	-0.8	0.0
건강수명[2]	-	-	-	-	65.2	64.9	-	64.4	-	66.3	-	-

자료: 통계청, 「생명표」

주: 1) 0세 출생자가 향후 생존할 것으로 기대되는 평균 생존년수로 '0세의 기대여명'을 말함

　　2) 유병 기간을 제외한 기대수명임. 2012년 최초 작성하였으며, 2년 주기로 공표함

　　인구의 고령화는 경제의 총생산과 1인당 국민소득을 떨어뜨리게 된다. 노년부양비와 노령화 지수의 상승은 외식산업의 영역을 양분하여 볼 때 영리를 목적으로 하는 부분의 경우는 부(－)의 상관관계를 상정할 수 있다. 그러나 사회복지시설과 같은 기관급식의 영역은 정(＋)의 상관관계를 추론해 볼 수 있다. 그리고 일상적인 식생활과 관련해서는 가정 간편식에 정(＋)의 상관관계를 추론해 볼 수 있다. 즉, 고령 인구가 증가하면 기관급식과 같은 비영리를 목적으로 하는 외식산업의 영역과 다양한 형태의 가정 간편식 시장의 발전에는 긍정적인 영향을 미친다고 추론해 볼 수 있다.

2) 가족 구성의 변화

　　2020년을 기준으로 일반가구의 평균 가구원 수는 2.34명이며, 2인 이하 가구 비중은 매년 증가하고, 2인 이상의 가구는 감소하고 있다. 이는 1인 가구와 1세대 가구의 증가, 노인 부부 가구와 노인 독거 가구의 비율 증가와 관련이 있다.

　　〈표 1-7〉에서 보는 바와 같이 '20년 우리나라 1인 및 2인 가구의 비중은 각각 31.7%, 28.0%로, 전년보다 1.5%p, 0.2%p 증가하였다. 그리고 평균 가구원 수는 2.34명으로, 전년보다 0.05명, '00년보다 0.78명 감소하였다.

〈표 1-7〉 **가구원 수별 가구 구성**
(단위: 명, %)

	평균 가구원 수	가구원 수별 가구 구성비					
		1인	2인	3인	4인	5인	6인 이상
2000	3.12	15.5	19.1	20.9	31.1	10.1	3.3
2005	2.88	20.0	22.2	20.9	27.0	7.7	2.3
2010	2.69	23.9	24.3	21.3	22.5	6.2	1.8
2015	2.53	27.2	26.1	21.5	18.8	4.9	1.5
2017	2.47	28.6	26.7	21.2	17.7	4.5	1.3
2018	2.44	29.3	27.3	21.0	17.0	4.3	1.2
2019	2.39	30.2	27.8	20.7	16.2	3.9	1.0
2020	2.34	31.7	28.0	20.1	15.6	3.6	0.9

자료: 통계청, 인구 총조사

〈표 1-8〉에서 보는 바와 같이 연령계층별로 1인 가구는 2021년을 기준으로 20대 이하가 19.8%로 가장 높으며, 이어 30대가 17.1%, 50대와 60대가 각각 15.4%와 16.4%를 차지한다. 그리고 성별로는 50대 이하 전 연령에서 남자의 1인 가구 비율이 여자보다 높다. 그리고 전년 대비 가장 많이 증가한 연령대는 60대로 13.2%(137천 가구)가 증가하였다.

〈표 1-8〉 **성 연령별 1인 가구(2020-2021)**
(단위: 천 가구, %, %p)

		2020년			2021년			증감			증감률		
		계	남자	여자	계	남자	여자	계	남자	여자	계	남자	여자
1인가구	계	6,643	3,304	3,339	7,166	3,584	3,582	522	279	243	7.9	8.5	7.3
	20대 이하	1,343	686	657	1,418	724	694	74	38	37	5.5	5.5	5.6
	30대	1,116	715	401	1,226	783	443	111	68	43	9.9	9.5	10.6
	40대	904	572	332	950	604	347	46	31	15	5.1	5.5	4.6
	50대	1,039	595	445	1,101	637	464	61	42	19	5.9	7.1	4.3
	60대	1,039	451	588	1,176	521	655	137	70	67	13.2	15.6	11.4
	70대	733	199	534	771	217	554	38	18	20	5.2	9.1	3.8
	80대 이상	470	87	383	524	99	425	54	12	42	11.5	13.5	11.0
구성비	계	100.0	100.0	100.0	100.0	100.0	100.0	-	-	-	-	-	-
	20대 이하	20.2	20.8	19.7	19.8	20.2	19.4	-0.4	-0.6	-0.3	-	-	-
	30대	16.8	21.6	12.0	17.1	21.8	12.4	0.3	0.2	0.4	-	-	-
	40대	13.6	17.3	9.9	13.3	16.8	9.7	-0.3	-0.5	-0.3	-	-	-
	50대	15.6	18.0	13.3	15.4	17.8	13.0	-0.3	-0.2	-0.4	-	-	-
	60대	15.6	13.6	17.6	16.4	14.5	18.3	0.8	0.9	0.7	-	-	-
	70대	11.0	6.0	16.0	10.8	6.1	15.5	-0.3	0.0	-0.5	-	-	-
	80대 이상	7.1	2.6	11.5	7.3	2.8	11.9	0.2	0.1	0.4	-	-	-

자료: 통계청, 2021년 인구주택총조사 결과 〈등록센서스 방식〉, 2022

1인 가구의 증가 원인을 분석한 연구에서 제시한 내용을 보면, 향후 1인 가구의 증가는 지속될 것으로 보인다.

국내 1인 가구 증가의 원인	
원인	- 실용주의적 가족 가치관의 대두로 전통적인 가족개념 약화 - 자기 경쟁력 강화, 혼자가 강조되는 개인주의 심화 - 온라인 매체 증가 등 생활 편의성 증가 - 초혼 연령 상승, 혼인율도 감소 - 65세 고령 인구 지속 상승, 부모 부양 회피, 황혼이혼 증가, 남녀 평균수명의 차이 - 고령 독거가구 증가

1인 가구 비중의 증가는 주택, 식품, 가전 시장 등 각 산업 전반에 큰 영향을 미치고 있다. 식품과 외식시장의 경우는 소포장 제품과 간편하게 조리해 먹을 수 있는 가정 간편식 매출이 급증하고, 외식업소에서 혼자 식사하는 사람들의 수가 늘어나면서 1인용 식탁과 1인용 메뉴가 일반화되어 가고 있다.

그리고 최근 들어 1인 가구보다 집에 머무르는 시간이 훨씬 더 짧은 이들을 가리키는 0.5인 가구도 등장하고 있다. 0.5인 가구란 2곳 이상에 거처를 두거나 잦은 여행이나 출장 등으로 오랫동안 집을 비우는 1인 가구를 이르는 말이다. 예컨대 평일에는 출퇴근 등의 이유로 독립된 생활공간에서 지내다가 주말이 되면 가족들이 있는 곳으로 가서 시간을 보내거나, 주말만 되면 여행이나 낚시·등산 등의 야외 활동으로 집을 자주 비우는 경우가 이에 해당한다.

또한 〈표 1-9〉의 가족 형태별 가구 구성을 보면; '20년을 기준으로 부부와 미혼자녀(43.8%), 부부(25.4%), 한부모와 미혼자녀(14.7%)로 구성된 핵가족의 형태가 일반적이다. '16년 이후, 부부와 미혼자녀로 구성된 가구는 대체로 감소 추세를 보이나, 부부로만 구성된 가구는 계속해서 증가하고 있다. 그리고 직계가족의 형태는 지속적으로 줄어들고, 기타 가족의 형태는 '16년 증가하였다가, '17년 이후 조금씩 줄어드는 것으로 나타났다.

〈표 1-9〉 가족 형태별 가구 구성 (단위: %)

| 연도 | 핵가족 | | | 직계가족 | | 기타 |
	부부	부부와 미혼자녀	한부모와 미혼자녀	부부와 양(편)친	부부와 양(편)친과 미혼자녀	
2000	14.8	57.8	9.4	1.2	6.8	10.1
2005	21.8	44.9	15.0	1.1	4.2	13.0
2010	20.6	49.4	12.3	1.2	5.0	11.6
2015	18.1	53.7	11.0	1.2	5.7	10.4
2016	21.9	45.2	14.6	1.1	4.2	13.1
2017	22.7	44.8	14.6	1.0	3.9	12.9
2018	23.5	44.4	14.6	1.0	3.7	12.8
2019	24.5	43.9	14.6	1.0	3.4	12.6
2020	25.4	43.8	14.7	0.9	3.0	12.1

자료: 통계청, 「인구총조사」

가구 규모의 축소는 만혼화 경향과 출산 자녀 수의 감소가 영향을 미쳤지만 3세대 이상 확대가족이 줄어들고 1세대 가구나 1인 가구의 비중이 크게 높아진 것의 영향이 크다. 또한, 젊은 연령층에서 미혼율이 증가하고 노년층에서 노인 1인 가구가 늘어난 결과이기도 하다.

이러한 결과는 가정이 처한 상황에 따라 달라지겠지만, 가정에서의 식생활은 편의와 효율성이 강조되고, 젊은 층을 중심으로 외식의 빈도가 높아지게 된다. 그러나 노인 1인 가구의 경우는 외식보다도 복지 차원의 급식시장과 가정간편식 중심의 HMR 시장에 긍정적으로 영향을 미칠 수 있다.

3) 가족 형성과 가족 규범

결혼하는 나이가 갈수록 늦어지면서 첫 아이를 갖는 나이도 늦어진다. 2021년 평균 초혼연령은 남자 33.4세, 여자 31.1세로 전년 대비 남자는 0.2세, 여성의 경우는 0.3세 높아졌다. 그리고 2020년 첫 자녀를 출산한 모(母)의 평균연령은 32.3세로 32.2세인 전년에 비해 0.1세 높아졌다. 초혼 연령이 높아짐에 따라 첫 아이 출산연령도 높아지는 추세이다. 그리고 합계출산율[12]은 2018년 이후 1이하를 유지하고 있다.

―――――――――
12) 여자 1명이 평생 낳을 것으로 예상되는 평균 출생아 수

〈표 1-10〉 초혼연령, 첫 자녀 출산연령, 합계출산율

(단위: 세/명)

연도	초혼연령		첫 자녀 출산연령	합계출산율
	남자	여자		
2010	31.8	28.9	30.1	1.23
2015	32.6	30.0	31.2	1.24
2016	32.8	30.1	31.4	1.17
2017	32.9	30.2	31.6	1.05
2018	33.2	30.4	31.9	0.98
2019	33.4	30.6	32.2	0.92
2020	33.2	30.8	32.3	0.84
2021	33.4	31.1	-	0.81

이러한 현상이 지속될 것이라는 점은 결혼과 이혼에 대한 인식과 자녀 필요성 인식 조사결과에 서도 잘 나타나고 있다.

〈표 1-11〉 결혼·이혼에 대한 인식[1]

(단위: %)

	결혼				이혼			
	해야 한다[2]	해도 좋고 하지 않아도 좋다.	하지 말아야 한다[3]	잘 모르겠다	하지 말아야 한다[4]	할 수도 있고 하지 않을 수도 있다	이유가 있으면 하는 것이 좋다	잘 모르겠다
2010	64.7	30.7	3.3	1.3	56.6	33.4	7.7	2.4
2012	62.7	33.6	1.8	1.9	48.6	37.8	10.9	2.7
2014	56.8	38.9	2.0	2.2	44.4	39.9	12.0	3.7
2016	51.9	42.9	3.1	2.2	39.5	43.1	14.0	3.4
2018	48.1	46.6	3.0	2.3	33.2	46.3	16.7	3.8
2020	51.2	41.4	4.4	3.0	30.2	48.4	16.8	4.6
남자	58.2	35.4	3.1	3.3	34.8	45.4	14.3	5.4
여자	44.4	47.3	5.6	2.8	25.7	51.2	19.2	3.8

자료: 통계청, 「사회조사」

주: 1) 2010년까지는 15세 이상, 2012년부터 13세 이상 인구를 대상으로 함
　　2) '반드시 해야 한다'와 '하는 것이 좋다'를 합한 비중
　　3) '하지 않는 것이 좋다'와 '하지 말아야 한다'를 합한 비중
　　4) '어떤 이유라도 이혼해서는 안 된다'와 '이유가 있더라도 가급적 이혼해서는 안 된다'를 합한 비중

〈표 1-11〉의 결혼. 이혼에 대한 인식을 조사한 결과에 따르면; '20년을 기준으로 결혼을 해야 한다고 생각하는 비중은 51.2%로 2년 전보다 3.1%p 증가하였으나, '10년 보다는 13.5%p가 낮다. 그리고 이혼에 대한 인식도 과거와는 다른 양상을 보이고 있다. 즉, 2020년을 기준으로 하지 말아야 한다(30.2%)가 '18년보다 3.0%p 낮게 나타났으며, '10년보다는 26.4%p 낮아졌다. 결국, 결혼은 필수가 아니며, 이혼은 쉽게 할 수 있다는 인식을 가지고 있다는 점이다.

또한, 자녀 필요성에 대한 인식도 과거에 비해 부정적이다. 조사결과에 의하면 2020년 우리나라 국민 중 결혼 후 자녀가 필요하다고 생각하는 사람의 비중은 68.0% 이다. 이 중 남자(72.7%)가 여자(63.4%)보다 자녀 필요성에 대한 인식이 더 높기는 하나, 연령층이 낮을수록, 교육수준이 높을수록 결혼 후 자녀 필요성에 대한 인식이 낮은 것으로 나타났다.

〈표 1-12〉 **자녀 필요성에 대한 인식**[1] [2]　　　　　　　　　　　　　　(단위: %, %p)

	2018	2020	증감
전체	69.6	68.0	-1.6
남자	72.6	72.7	0.1
여자	66.6	63.4	-3.2
13~19세	46.4	39.4	-7.0
20대	51.5	47.5	-4.0
30대	59.9	59.0	-0.9
40대	67.1	65.4	-1.7
50대	81.0	77.9	-3.1
60세 이상	88.2	87.9	-0.3

자료: 통계청, 「사회조사」
　주: 1) 만 13세 이상 인구를 대상으로 함
　　2) '결혼하면 자녀를 가져야 한다'는 의견에 대해 '약간 동의한다'와 '전적으로 동의한다'는 응답을 합한 비중임

결국, 초혼 연령의 증가는 첫 자녀 출산 연령의 증가와 합계출산율의 감소로 이어진다. 또한, 결혼과 이혼에 대한 인식이 바뀌고, 자녀 필요성에 대한 인식도 과거와는 다른 양상을 보이고 있다. 이런 현상은 가족 형태와 가족형성, 가족 규범에 대한 인식의 변화를 가져와 가정 내에서의 식생활 패턴에 큰 영향을 미치게 된다.

4) 여성 경제활동 참가율

여성 경제활동 인구란 만 15세 이상 여성 인구 중 취업자와 실업자를 합한 개념이다. 그리고 여성 경제활동 참가율은 만 15세 이상 전체 여성 인구 중 여성 경제활동 인구가 차지하는 비율(%)로 여성 경제활동의 활성화 정도를 나타내는 대표적 지표이다.[13)

2020년을 기준으로 여성 경제활동 참가율은 52.8%로 전년도 53.5% 대비 0.7%p 감소하였다

〈표 1-13〉 **여성의 경제활동 인구 및 참가율**

(단위 : %)

구분	2010	2011	2012	2013	2014	2015	2016	2017	2018	2019	2020
15세 이상 여성인구	20,846	21,119	21,356	21,576	21,806	22,357	22,205	22,357	22,484	22,618	22,750
여성경제 활동인구	10,335	10,520	10,704	10,862	11,426	11,773	11,583	11,773	11,893	12,097	12,007
여성경제 활동참가율	49.6	49.8	50.1	50.3	51.5	51.9	52.2	52.7	52.9	53.5	52.8

출처: 통계청, 「경제활동인구조사」

가사노동은 아직도 여성의 몫이라고 생각하는 경향이 있다. 그런데 여성이 경제활동에 참여하게 되면 가사노동을 할 시간이 없어진다. 그 결과 가사노동 중 상당부분을 외부화할 수밖에 없다. 즉, 가정식의 패턴이 큰 변화를 겪게 되며, 외식과 HMR 시장 의존도가 높아진다.

가정과 가구구조 변화에는 여러 가지 변수들이 복합적으로 작용했다고 볼 수 있다. 그 변화의 중심에는 국가 경제가 발전하여 개인소득이 높아진 데서 기인했다고 말할 수 있다. 이어 교육 수준이 높아지고, 교육을 많이 받은 사람들은 전문성을 살려 가정에서의 가사노동보다는 경제 · 사회활동에 참여하는 것을 당연하게 생각한다.

다음의 〈표 1-14〉는 25~64세 인구 중 대학을 졸업한 인구의 비율을 조사한 표이다. 2020년을 기준으로 50.7%가 대학을 졸업했으며, 2000년 23.8%보다 2배 이상이

---

13) 여성 경제활동 참가율(%) = 경제활동 여성 인구/15세 이상 여성 인구 전체 × 100

증가했다. 특히 여성의 경우는 2020년 48.5%로 2000년 17.8%보다 2.7배 증가하였다.

여성들의 교육 수준이 높아지면서 자아성취(自我成就) 의욕과 직업관이 향상되고, 가사노동의 외부화가 진척되면서 선진국과 같이 여성들의 사회참여가 계속 증가한다는 데는 이견을 보이지 않고 있다.

〈표 1-14〉 **고등교육 이수율**[14]　　　　　　　　　　　　　　　　　　　　　　(단위: %)

연도	전체	남자	여자
2000	23.8	29.8	17.8
2005	31.6	36.9	26.2
2010	39.0	43.2	34.8
2015	45.4	49.0	41.6
2016	46.6	50.2	43.0
2017	47.7	51.0	44.4
2018	49.0	51.8	46.2
2019	50.0	52.3	47.6
2020	50.7	52.8	48.5

자료: 통계청, 2021 한국의 사회지표 (보도자료), 2022.3.24

여성들의 경제 · 사회활동에 참여 증가를 촉진 시키는 요인들을 다음과 같이 정리하기도 한다.

① 기술발달로 인한 가전제품의 보급 확대로 여성의 가사노동시간이 줄어들었으며, 출산율의 저하로 육아 기간이 짧아져 여성의 사회진출이 용이해졌다.
② 경제발전에 따른 기대 수준의 상승과 생계유지보다는 풍요로운 삶을 위하여 추가소득에 대한 욕구가 높아졌다.
③ 남녀고용평등법, 출산휴가 기간의 확대, 육아휴직제도, 어린이집을 비롯한 육아보육시설의 증가, 맞벌이 부부에 대한 인식의 변화 등 여성의 사회진출을 보다 촉진시킬 수 있는 시대적 분위기가 일반화되고 있다.

---

14) 25~64세 인구 중 대학을 졸업한 인구의 비율임

또한, 여성의 교육 수준이 높아지면 경제활동 참여율이 높아진다.

〈표 1-15〉에서 보는 바와 같이 2020년을 기준으로 전체 유배우 가구 중 맞벌이 가구 수의 비중은 45.4%이다. 거의 유배우 가구의 절반이 맞벌이 가구이다. 특히 여성의 경우는 46.1%에 달해 가사노동에 대한 성-역할 고정관념은 더 이상 유효하지 않다는 점을 암시한다.

〈표 1-15〉 가구주 성 및 연령대별 맞벌이 가구 비중

(단위: %)

	전체	남자	여자	15~29세	30~39세	40~49세	50~64세	65세 이상
2011	44.6	45.0	40.8	39.0	41.4	52.5	47.5	26.9
2012	44.0	44.0	43.7	40.3	41.7	52.1	46.9	25.2
2013	43.3	43.7	40.7	37.7	41.5	50.6	46.5	26.2
2014	44.2	44.1	45.7	37.8	42.6	51.7	47.8	26.4
2015	44.1	44.1	44.5	36.8	43.5	51.2	48.2	25.4
2016	45.5	45.3	47.2	38.6	45.7	52.7	49.8	25.9
2017	44.6	44.3	46.6	36.8	47.3	52.1	48.7	24.1
2018	46.3	46.1	47.7	38.6	49.9	54.2	50.5	25.4
2019	46.0	46.3	44.5	40.1	50.2	54.2	50.1	25.5
2020	45.4	45.2	46.1	38.3	51.3	53.1	49.3	25.9

자료: 통계청, 「지역별 고용조사」
주: 1) 맞벌이가구 비중 = (맞벌이가구수 ÷ 유배우가구수) × 100
　　2) 2011, 2012년은 2분기(6월) 조사, 2013년 이후는 하반기(10월) 조사

여성의 경제활동 참가율의 증가는 가사노동시간의 부족을 의미하고, 가계소득의 증가를 수반한다. 그 결과 부족한 가사노동을 해결하기 위한 방법 중의 하나가 가사노동의 외부화이다. 그중 식생활과 관련해서는 내가 직접 할 수 없으니 유급노동력으로 대체하든지, HMR 시장에 의존하든지, 아니면 외식시장에 의존하게 되며, 외식시장에 정(+)의 영향을 미치게 된다.

제2절   외식의 이해

1. 레스토랑의 어원(Etymology)과 식당의 발전과정

오늘날 우리가 칭하는 레스토랑은 고객에게 음식을 제공하는 [장소]의 의미가 아니라 [음식] 자체의 뜻으로 사용되었다고 한다.

Restaurant이란 단어의 어원은 불어의 Restaurer[15]이다. 그런데 Restaurant이란 단어는 12세기까지는 그 의미가 [이전의 상황·감정으로 회복시키다, (건강·지위 등을) 되찾게(회복하게) 하다의 뜻]으로 사용되었다고 한다. 음식을 판매하는 장소의 의미로 사용된 것은 한참 후라고 한다.

Restaurant이란 단어의 뜻은 아래와 같이 시대별로 달랐다.

16세기 초부터 Restaurant이란 단어는 기운을 차리게 하는, 건강을 회복시키는 강장제의 뜻으로 사용되었다. 그리고 17세기 중반부터 Restaurant이란 단어는 더 구체적으로 고기를 고아 농축한 즙으로 만든 기운을 차리게 하는, 건강을 회복시키는 부이용(Bouillon) 또는 꽁쏘메(Consommé)의 의미로 사용된다. 그러나 18세기 중반부터는 기운을 차리게 하는, 건강을 회복시키는 부이용, 또는 꽁쏘메를 판매하는 장소를 Restaurant으로 칭했다. 즉, 오늘날 우리가 칭하는 'Restaurant'의 뜻으로 사용되었다.

1) 한국 식당(레스토랑)의 발전과정

사람들이 모이는 곳에는 먹고, 마시고, 놀고, 사고, 팔고, 자는 곳이 생기는 법이다. 사람들은 여러 가지의 동기에 의해 일상적인 환경과 거주지를 떠나 이동을 한다. 아주 먼 옛날의 경우 먹을 것을 찾아 이동하는 경우, 필요로 하는 것을 구하기

---

15) "레스또레"라고 읽는다. 영어의 Restore와 같은 뜻으로 [(이전의 상황·감정으로) 회복시키다, (건강·지위 등을) 되찾게(회복하게) 하다의 뜻이다. 불어로는 restaurer(RƐstɔRe)라고 읽고, (고건축·미술품 따위를)복원하다, 보수(복구)하다의 뜻을 가지고 있다. 그리고 복원하다, 부활시키다, 되살리다 등의 뜻과 (음식물이) ~(의) '체력을 회복시키다' 또는 '(음식물로) 원기를 회복하다'라는 뜻으로 사용되었다.

위해서 이동하는 경우, 생산한 것을 판매하기 위해서 이동하는 경우, 순례 등이 중요한 이동의 동기가 되었다.

세월이 흐르면서 이동의 동기와 목적도 변화하게 된다. 그리고 사람들이 이동하는 반경도 더 넓어지게 된다. 자기 집 또는 일상적인 생활환경을 떠나 밖에서 머무르는 시간 또한 길어지게 된다. 그리고 만나는 사람들도 다양하고, 많아지게 된다.

사람들이 일상적인 환경 또는 집을 떠나면 우선 해결하여야 하는 두 가지가 있다. 먹고 마시는 것과 자는 곳을 해결하는 것이다. 때문에, 먹는 것과 마시는 것, 그리고 잘 곳은 어떠한 형태로든지 필요하게 된다. 처음에는 단순한 형태에서 출발하여, 차츰 전문화되어 가면서 업종과 업태가 다양해지고 질과 양적으로도 발전하게 된다.

그러나 오늘날 우리가 칭하는 상업적인 유형의 식당이 출현하기 전까지는 다양한 방법으로 식사와 잠잘 곳을 해결했을 것이다. 즉, 자신이 직접 해결하거나, 지인의 집에서 해결하거나, 낮선 사람들의 집에서 해결하거나, 수도원 등과 같은 종교시설 등에서 해결했을 것이다.

그러나 필요가 생기면 그 필요를 충족시킬 수 있는 영리를 목적으로 하는 다양한 시설들이 탄생하게 된다는 것을 과거의 기록으로 보면 알 수 있다.

다음은 우리나라의 상업적인 식당의 탄생을 논함에 있어 자주 인용되는 내용을 정리한 것이다.

■ 원(院)

고려·조선 시대에 공적인 임무를 띠고 지방에 파견되는 관리나 상인 등 공무 여행자에게 숙식 편의를 제공하기 위한 공공여관인 원(院)은 통상 각지의 요로(要路: 가장 중요한 길)나 인가(人家)가 드문 곳에 역(驛)과 함께 설치되었다고 한다.[16) 조선시대의 원은 고려시대의 사원(寺院)이나 역원(驛院)이 원으로 전환된 경우도 있고,

---

16) 고려시대의 경우 개경을 중심으로 거미줄처럼 짜 놓은 22개의 뭍길(驛道)에 525개의 역(驛)과 13개의 조창이 중앙과 지방을 묶는 데 매우 중요한 역할을 하였다. 중앙에서 각종 공문서를 보낼 때, 조세를 거두어 중앙으로 운반할 때, 임금이나 관리가 지방으로 갈 때, 그리고 군사나 상인들도 이 길을 따라 목적지로 이동하였다. 그리고 조세로 각 지역에서 거두어들인 쌀을 보관하여 수로를 이용하여 중앙으로 보내는 데는 전국 각지에 있는 13개의 조창이 이용되었다고 한다.

개인 소유의 주택이나 누정(樓亭)[17]을 원으로 개조한 경우도 있었다.

■ 관사[館舍][18]

외국의 사신과 사절 일행을 유숙시키거나 접대하기 위해 지은 건물을 말한다.

고려 시대의 경우 현종 2년(1011)에는 영빈관(迎賓館), 회선관(會仙館)이 설치되어 사신들을 접대하였고, 문종 때에는 주로 중국의 사신을 접대하기 위해 순천관(順天館)을 설치하였으며, 거란의 사신을 접대하던 인은관(仁恩館) 혹은 선빈관(仙賓館), 금의 사신을 접대하던 영선관(迎仙館)과 영은관(迎恩館)이 있었고, 이밖에 흥위관(興威館) 등이 있었다고 한다.

■ 객관(客館)[19]

고려·조선 시대의 숙박시설로, 객사(客舍)라고도 함. 외국 사신이나 중앙과 지방의 사신이 왕래할 때 묵거나 혹은 왜인이나 야인(野人)[20]들이 무역을 할 때 이용된 곳이다.

■ 객주(客主)[21]

경향(京鄕) 각지의 상품 집산지에서 상품을 위탁받아 팔아주거나 매매를 주선하며, 그에 부수되는 창고업·화물수송업·금융업 등 여러 기능을 겸하는 중간상인을 칭한다.

■ 시장(市場)

생산자·소비자 및 상인 등이 모여 물자의 교환매매를 하는 일정한 장소를 장시(場市)·장(場)·장문(場門)이라 하였는데, 경우에 따라서 시장 또는 시상(市上)으로도 불렀다. 이에 대하여 상설의 상점은 시전(市廛)·시사(市肆)·전방(廛房)·전포(廛鋪)

---

17) 사방을 바라볼 수 있도록 마루를 지면에서 한층 높게 지은 다락 형식의 집을 가리켜 누정(樓亭)이라고 한다. 누정은 누각과 정자를 함께 일컫는데 누와 정은 물론 당(堂)·대(臺)·각(閣)·헌(軒) 등을 한꺼번에 지칭하는 개념으로도 통한다. [네이버 지식백과: 한국의 박물관: 불교, 2000.4.20.문예마당.]
18) 네이버 지식백과, 한국고전용어사전, 2001.3.30. 세종대왕 기념 사업회.
19) 네이버 지식백과, 한국고전용어사전, 2001.3.30. 세종대왕 기념 사업회.
20) 조선 때, 압록강과 두만강 유역에 살던 여진족.
21) 네이버 지식백과, 두산백과.

또는 단순히 전(廛)이라 하였다.[22]

■ 주점(酒店)

주막(주점)은 대개 술을 팔고 잠을 잘 수 있는 곳을 말한다. 주가(酒家), 주점(酒店), 주사(酒肆), 주포(酒鋪)라고도 불렀다. 현대적 의미로 볼 때 술집과 식당과 여관을 겸한 영업집이라고 할 수 있다.

대체로 주막이 많이 분포되어 있는 곳으로는 장터, 큰 고개 밑의 길목, 나루터, 광산촌 등 사람들이 거주하는 곳과 사람들의 왕래가 많은 곳에 자리 잡고 있었다. 그러나 기녀가 주로 돈 많은 양반들에게 기악(妓樂)과 함께 술을 팔았던 기방, 접대부들이 술과 색을 팔던 색주가 등과는 달랐다.

세월과 함께 주막도 변하여 조선 후기에 와서는 내외주점, 거리의 주막, 색주가, 선술집 등이 생겨났다. 내외주점은 여염집 아낙네가 살길이 막막하여 차린 술집으로, 문을 사이에 두고 술꾼과 거래를 하던 주점이었다. 거리의 주막은 막벌이 노동자를 위해 새벽녘에 거리에서 주모가 모주를 팔던 곳이다. 선술집은 나무탁자를 두고 서서 간단히 마시는 술집이다.

주막이 점차 사라지던 시기는 구한말에서 일제강점기 초기부터인데, 이때 길이 뚫리고 교통수단이 발전하면서 필요에 의해 문을 열었던 많은 주막들이 문을 닫게 되었다고 한다. 그리고 개화기와 일제시기를 거치면서 우리나라에는 구미인, 일본인, 중국인들이 들어오고 이들로부터 새로운 음식이 전래 된다.

한 나라의 문화는 끊임없는 교류를 통해 발전한다고 했을 때, 외국 음식의 전래는 우리 음식문화를 한 단계 비약시키는 계기일 수 있었다. 그런데 개화기와 일제시기를 거치면서 나타난 외식문화의 변화는 바로 양극화였다. 즉, 한국식과 서양식, 그리고 저급과 고급의 이중구조를 말한다.

조선 후기 장터를 중심으로 상인과 장꾼들에게 저렴한 음식을 공급하던 주막이 답보상태를 걷게된다. 반면, 상류층을 대상으로 하는 고급 요릿집들은 문전성시를

---

22) 네이버 지식백과, 두산백과.

이루게 된다. 즉, 서양문물을 받아들이고, 일본에서 유학을 하고, 신교육을 받고, 그리고 일제와 손을 잡고 살아가는 친일파들을 위한 식당이 고급 요릿집이다. 또한, 은밀한 모임의 장소가 고급 음식점 밀실이었다는 것이다.

그리고 모던 보이와 걸들이 모이는 카페가 등장하고, 외국인들이 모이는 사교장이 생기고, 외국인들을 위한 일식과 양식, 그리고 중식 음식점들이 등장한다. 특히 한국에 출입하는 외국인을 위한 서양식 설비를 가진 숙박시설이나 식당(食堂)이 거의 없어서 개화기에 몰려온 외국인의 불편이 클 수밖에 없었다.

19세기 말부터 서양의 선교사와 외교관의 내왕이 시작되었고, 서구의 문물이 유입되던 1888년 한국 최초의 호텔이 大佛호텔이라는 이름으로 인천에 세워졌다. 이때만 해도 외국인의 입국 경로는 중국 대륙에서 남하하는 육로였는데, 인천항을 개항하면서부터는 해로(海路)를 이용하게 되었다. 그러나 아직 철도를 놓지 않은 때여서 인천에 도착한 외국인은 반드시 그곳에 묵어야만 했고, 나가는 경우에도 인천에서 묵고 다음날 배를 타야만 했다.

이 호텔은 일본인에 의해 일본인을 위해 세워졌다. 그러나 호황을 누리던 대불호텔도 우리나라 최초의 철도인 경인선이 개통되면서 점차 쇠퇴하여 폐업하였으며, 1918년 중화루라는 중국요리점으로 바뀌었다.

한국 최초의 호텔인 大佛호텔의 뒤를 이어 1902년 독일인에 의해 손탁(Sontag: 孫澤)호텔이 서울 정동에 세워져 각국의 외교관과 국내 정치인들의 사교장으로 이용되어 서구문화 수입의 창구역할을 하였다. 그래서 한국에서 서양 음식을 말할 때 그 원조를 러시아 공사 웨베르의 부인을 언급한다. 그녀는 을미사변[23]으로 생명에 위협을 느낀 고종이 1896년 2월 20일 새벽 비밀리에 정동의 러시아 공사관으로 거처를 옮겼을 때[24] 그녀의 여동생과 함께 고종의 수라(임금께 올리는 진지) 수발을 들었다고 한다.

또한 일본인의 거주지와 중국인들의 거주지를 중심으로 성장한 일식과 중식이 서울에서도 그 수를 더해갔다. 그러나 해방이 되자 일본의 통치가 종식되고 대한민

---

23) 주한 일본공사 미우라(三浦梧樓)가 경복궁에 침입하여 명성황후를 시해한 사건
24) 이것을 아관파천(俄館播遷)이라 한다

국 정부가 수립되면서 일본과의 국교가 단절 된 반면 미국과의 교류가 활발해진다. 그 결과 한국에 주둔하고 있는 UN군과 미군들을 겨냥한 휴식장소와 레스토랑이 생기기 시작했으며, 양식이 차츰 한국인들에게 소개되기 시작한다.

그리고 50년대와 60년대를 거치면서 한국의 식당의 역사는 차츰 바뀌기 시작한다. 그러나 50년대와 60년대를 살아가는 서민들의 삶은 고달팠고, 너나 할 것 없이 살기 힘들었으며, 정부는 절망과 배고픔의 추방에 전력을 경주하였기 때문에 식생활 면에서 규제와 절제를 강조했다.

그 결과 분식과 혼식의 장려운동, 가정의례준칙 준수 등 관주도의 식문화가 일반화된다. 그 결과 모든 음식에 가치는 칼로리로 재단됐고, 오랜 체험을 통해 이룩한 우리 음식문화의 가치는 사장되었다. 게다가 식생활 개선이라는 명목 아래 서구식 식생활이 무비판적으로 받아들여지고, 우리 전통식단이 비판의 대상이 되기도 했다.

그러나 한국의 식당은 산업화와 도시화를 거치면서 기존과는 완전히 다른 모습으로 변화한다. 즉, 더 맛있고, 더 간편하고, 더 고급스러운, 그리고 더 새로운 것들이 받아들여지면서 오늘에 이르게 된다.

2) 외국 레스토랑의 발전과정

오늘날과 같은 상업적인 숙박시설과 레스토랑이 존재하지 않았을 때에 집을 떠난 사람들이 숙식을 해결할 수 있는 곳은 지인 또는 친구의 집이거나, 수도원, 그리고 노숙 등이었을 것이다.

그 결과 레스토랑의 기원을 다루는 참고자료에서 가장 많이 언급하는 내용이 Taverns, Inns, Roadhouses, Guesthouses, 수도원(Monastery), Cook-Shops[25] 등이다. Taverns에서는 주 상품이 마시는 것이었으며(알코올음료), Inns, Roadhouses, Guesthouses 등은 잠자리의 제공이 주 상품이었다. 그리고 Cook-Shops에서는 음식을 판매했다고 한다.

부유한 사람들은 식사를 해결할 수 있는 식품과 조리도구, 하인을 대동하고 다녔지만 그럴 만한 형편이 못 되는 사람들이 마실 것과 잘 곳을 제공을 받는 다는

---

25) 완제품 또는 반제품으로 음식을 만들어 파는 식품점으로 이해하면 됨.

것은 어려운 일 중의 하나였고, 항상 위험이 따랐다고 한다.

오늘날 우리에게 알려진 레스토랑은 선술 집(Taverns), 여관(Inns), 완제품 또는 반제품으로 음식을 만들어 판매하는 식품가게(Traiteurs: Cook-shops), 그리고 하숙 집에서 그 근원을 찾아볼 수 있다.

이와 같은 원초적인 식당은 18세기 훨씬 이전 파리에도 존재했으며, 유럽의 상업 도시에도 존재했다. 그런데 현대적 의미의 레스토랑의 발생지를 파리로 고려하는 이유 중의 하나는, 유럽에 레스토랑이 출현하는 시기에 파리가 유럽의 상업과 문화 의 중심지로 자리 잡고 있었기 때문이다.

역사적으로, 오늘날 우리가 부르는 레스토랑의 탄생은 선술집, 여관, 하숙집을 거쳐 카페(cafés)로 이어진다. 카페의 탄생은 커피의 역사와 함께 고려해 볼 수 있다. 프랑스에 커피가 도입된 것은 17세기로 중동(Middle East)과 오토만 터키로부터이 다.[26] 그러나 커피와 카페는 아라비아와 페르시아에는 15세기에 존재했으며, 오스 만 제국에는 16세기부터 존재했다.

프랑스 파리의 레스토랑은 프랑스 혁명, 특히 1792년 이후 급성장하게 되었다고 한다. 프랑스 혁명 이전까지는 레스토랑이 파리사람들의 미식 현장에 크게 기여하 지 못했다. 그러나 혁명이 일어나서 귀족들이 탄압을 받고, 그들의 집에서 일하던 조리사들이 식당을 개업하거나, 노동시장으로 유입되면서 급속히 발전하게 된다. 특히 이러한 현상은 1794년 이후 뚜렷하게 나타나 레스토랑 영역은 급속히 발전하 게 된다.

또한, 레스토랑의 발전을 논함에 있어 길드 제도의 폐지가 언급되기도 한다. 왜냐 하면 길드(Guild) 제도는 자기들의 영역을 보호하기 위해서 각 전문영역이 조합을 결성하여 다른 영역이 그 영역에 들어오지 못하도록 진입장벽을 높여 놓았기 때문 이다. 예를 들어, 빵을 만드는 사람은 빵만 만들고, 식당을 경영하는 사람이 빵을

---

26) 오스만 제국(Osman Empire)은 오스만 튀르크(Osman Türk), 오토만 제국(Ottoman Empire), 터키제 국이라고 불리기도 한다. 1299년에 오스만 1세가 셀주크 제국(Seljuk Empire)을 무너뜨리고 소아시 아 (아나톨리아)에 세운 이슬람 제국으로 제1차 세계대전 뒤 1922년에 터키의 국민혁명에 의해 멸망하였다. 〈터키의 오스만 제국 시대(1299~1922)〉.

만들어 팔면 안 된다는 제도이다.

하지만 일부 사학자들은 레스토랑의 시작은 유럽에 앞서 중국에서 출발하였다고 말한다. 이들의 기록에 의하면 중국의 송나라 시대에는 지역민과 외지에서 온 사람들을 위해 먹고 마실 것을 제공하는 상업적인 목적의 레스토랑이 존재하고 있었다고 한다. 이러한 레스토랑에서는 다양한 스타일과 가격대의 음식을 제공하였고, 종교도 고려하여 고객들에게 음식을 제공하였다고 기록하고 있다. 즉, 레스토랑들은 다양한 고객의 요구를 수용하여 서비스를 제공하였다고 말할 수 있다. 그리고 고객들은 메뉴판을 보고 그들이 원하는 아이템을 주문하였다고 한다.

이러한 사실은 마르크 폴로의 증언에서도 찾아볼 수 있다. 마르코 폴로는 1280년 항저우의 다양한 레스토랑 문화에 대해 기록했는데, 어떤 레스토랑은 역사가 200년이나 된 곳도 있었으며, 현대 레스토랑과 여러 면에서 비슷한 점이 많았다고 썼다. 그리고 그곳에는 웨이터, 메뉴판, 연회시설이 갖춰져 있었고, 서구 레스토랑 문화에서도 잠시 나타났던 매춘시장과 밀회장소의 면모도 일부 보여주었다고 증언했다.

이와 같은 사실에도 불구하고, 현대적 의미의 레스토랑의 기원을 언급할 때는 주로 프랑스와 유럽의 경우를 예로 들지만, 특히 파리의 경우 레스토랑의 탄생에 대한 이론이 분분하다.

먼저, 프랑스의 경우를 보면 다음과 같이 세 가지의 설이 일반적으로 많이 인용되는 내용이다. 즉, 불랑제(Boulanger: 1765), 마뚜렝 로즈 드 샹트와조(Mathurin Roze de Chantoiseau: 1766), 그리고 보비이에르(Beauvilliers: 1782)이다.[27]

■ 불랑제(Boulanger, 1765)

1765년 파리에서 부이용(bouillon)을 판매했던 불랑제(Boulanger)라는 사람의 이름을 언급한다. 원래 Restaurant이란 단어는 원기를 회복하는 부이용 또는 꽁소메(Bouillon 또는 Consômmé)의 의미로 사용되었다. 그러한 이유로 만성피로에 시달리는 사람이나 임산부, 오랫동안 병석에 있었던 사람들에게 많이 권유되었던 음식이 Restaurant이었다.

---

27) http://www.foodtimeline.org/restaurants.html

Bouillon을 만들어 판매하는 불랑제는 그의 가게 출입문에 [Boulanger débite des restaurants divins: 불랑제 데비트 데 레스토랑 디뱅; 불랑제는 신성한(훌륭한) 레스토랑을 판다라고 쓴 문구를 출입문에 걸었다고 한다.[28]

그래서 사람들이 그 집을 방문하기 시작하였는데, 불랑제는 고객이 원하는 것을 고객이 오는 시간에 맞추어 제공하는 오늘날 우리가 칭하는 식당의 개념으로 가게를 운영하였다고 한다. 즉, 가게에서 파는 아이템과 가격이 적혀 있는 메뉴(Carte)에 의해 고객이 선택한 것을 제공하였다는 것이다. 하지만 그 시대에는 상업적인 레스토랑이 존재하지 않았기 때문에 밖에서 준비된 음식을 살 수 있는 곳이 오늘날 푸줏간 정도였다고 한다. 오늘날도 존재하는데 이것을 불어로 트레퇴르(Traiteur: Cook-shops)라고 부른다.[29]

그런데 불랑제는 부이용과 콩소메에 대한 고객의 반응이 좋아지자 양의 족을 삶아 그 위에 흰 소스를 끼얹은 스튜(stew/ragoût)를 함께 팔았다고 한다. 하지만 불랑제는 음식을 만들어 파는 동업자조합(길드)에 가입되어 있지 않아서 소스 또는 스튜를 판매할 수 있는 권한이 없었다.

그 결과 이러한 음식을 만들어 파는 동업자조합(길드)원들에 의해 고소를 당하게 되는데, 법정은 양의 족을 흰 소스와 함께 제공하는 음식은 라-구(일종의 스튜)가 아니라는 결정과 함께 불랑제에게 유리한 판결을 내렸다고 한다. 즉, 불랑제가 승소한 것이다. 이후 불랑제가 파는 양의 족에 흰 소스는 파리 시민들로부터 선풍적인 인기를 얻어 많은 사람들이 불랑제의 가게로 몰려들었다고 한다.

이와 같은 연유로 레스토랑과 메뉴의 원조를 언급할 때 불랑제를 언급한다. 즉, 불랑제가 가게 문에 걸었다는 Carte에는 파는 음식과 가격이 제시되어 있어서 고객

---

28) Boulanger라는 이름은 별명이라는 자료도 있다. 그리고 그의 본명을 Champ d'Oiseau(샹 드와조)라고 말하기도 하고 Roze de Chantoiseau(로즈 드 샹트와조)라고 말하기도 한다. 또한 Boulanger와 Champ d'Oiseau 또는 Roze de Chantoiseau는 동일인이 아니라고 말하는 자료도 있고, 유럽의 레스토랑의 원조는 Boulanger가 아니라는 사람도 있어 현대적 의미의 레스토랑의 원조가 각각 다르게 표기되는 원인이 되고 있다.
29) Traiteurs는 일종의 푸줏간(정육점)의 개념으로 이해하면 된다. 이곳에서는 Sauces와 Ragoûts(일종의 스튜), 그리고 큰 토막의 고기를 주로 판매하였으며, 그 중 몇 곳에서는 정찬메뉴(table d'hôtes: 정해 진 시간에 고정된 메뉴)도 제공했다고 한다.

들이 그것을 보고 자기가 원하는 것을 주문하여 제공 받았기 때문이다.

■ 마튀렝 로즈 드 샹트와조(Mathurin Roze de Chantoiseau, 1766)

1766년에 파리에 식당을 오픈한 마튀렝 로즈 드 샹트와조(Mathurin Roze de Chantoiseau)를 언급하기도 한다.

앞서 설명한 과정을 거쳐 명성을 얻게 된 불랑제(Boulanger)는 대부분의 기록에서 현대적 의미의 레스토랑의 선구자로 기록되고 있다. 하지만, 역사학자인 Spang(2000)은 다른 주장을 펼치고 있다. 왜냐하면 불랑제(Boulanger)에 대한 자료를 법원, 경찰, 그리고 조합 등의 기록에서 찾아볼 수 없다는 것이다. 그리고 Spang(2000)은 프랑스 혁명 이전인 1780년대에도 개인 조리사들이 그들의 식당을 개업했다는 점을 지적한다. 이러한 주장을 바탕으로 Spang(2000)은 현대적 의미로 파리에 처음 개업한 레스토랑은 출처가 명확하지 않은 불랑제(Boulanger)가 아니라 마튀렝 로즈 드 샹트와조(Mathurin Roze de Chantoiseau)라고 주장하면서 다음과 같은 논리를 제시한다.

마튀렝 로즈 드 샹트와조(Mathurin Roze de Chantoiseau)는 사업가로 파리 귀족들의 모임에 자주 참석했다고 한다. 그리고 마튀렝 로즈 드 샹트와조(Mathurin Roze de Chantoiseau)는 상인, 은행가, 예술가, 그리고 식당 운영자 등의 상업 인명록을 출간하기도 했다고 지적하면서 이를 증거로 그를 현대적 의미의 레스토랑의 시조라고 말하고 있다. 또한 Spang(2000)은 초창기의 레스토랑 개업은 18세기 엘리트들의 음식과 건강에 대한 관심사에 대한 대응이라고 주장한다.

■ 앙투안 보빌리에르(Beauvilliers, 1782)

1782년 파리의 리쉘리외(Richelieu)가에 라 그랑드 타버른 드 롱드르(La Grande Tavern de Londres)라는 식당을 개업한 앙투안 보빌리에르(Beauvilliers)를 칭하기도 한다.

보빌리에르(Beauvilliers)는 자신의 레스토랑을 오픈하기 전에 프랑스의 국왕 형제를 모시던 제과제빵 주방장으로 일했으며, 과거의 상류 귀족층만이 즐기던 요리 스타일과 문화를 부르주아의 식탁으로 옮긴 사람이기도 하다.

이 시기를 기준으로 보빌리에르(Beauvilliers)를 포함해 과거 상류 귀족층의 요리 사로 일했던 수 많은 요리사들이 팔레 루아얄(Palais Royal: 궁정) 주변에 레스토랑을 열어 이곳이 요리의 새로운 중심지가 된다.

이와 같은 내용들은 단편적인 내용으로 전달되어 구체적인 내용을 찾아보기 어렵다. 그러나 가장 많이 인용되는 인물들이다.

또한 레스토랑의 기원을 언급할 때 등장하는 곳이 고대 로마의 테르모폴리움 (Thermopolium)이다.[30] 왜냐하면 Thermopolium이 오늘날 우리가 칭하는 식당의 전신이라고 말하기 때문이다. 그럼에도 불구하고 레스토랑의 대중화를 언급할 때 프랑스혁명[31]의 산물로 설명하는 이들도 많이 있다. 왜냐하면 프랑스 혁명이 발발하자 귀족들이 처형(處刑) 또는 도망감으로써 귀족들의 집에 고용되었던 사람들이 일자리를 찾아 뿔뿔이 흩어졌기 때문이다. 그 중 요리사들은 직접 파리에서 식당을 개업하거나, 외국으로 건너갔다고 한다. 그리고 시골 사람들이 Paris로 모여들어 식당이 급속하게 늘어나게 된다. 그 결과 1789년 Paris에는 왕궁 주변에 군집을 이루고 있던 100개 정도의 식당이 있었는데, 혁명 30년 후에는 3,000개로 늘어났다고 한다.

자료: http://en.wikipedia.org/wiki/Thermopolium

[그림 1-2] **Thermopolium in Herculanum** (헤르쿨라네움: 이탈리아의 캄파니아 지방의 고대도시)

---

30) Thermopolium(복수는 thermopolia): 오늘날 우리들이 칭하는 레스토랑의 선구자이다. 여기서 제공되는 음식들은 오늘날 패스트푸드 식당에서 제공되는 메뉴와 비교할 수 있다. 이곳을 이용하는 사람들은 주로 가난하거나 집에 주방시설이 없는 사람들이 대부분이었다. 전형적인 Thermopolium은 L자 형태의 카운터로 구성되어 있었으며, 그리고 그 가운데 큰 솥이 자리 잡고 있었다. 이곳에서는 찬 음식과 더운 음식을 제공하였다.
31) 프랑스 혁명은 1789년에 시작하여, 프랑스의 부르봉 왕조를 무너뜨리고 공화정을 세운 혁명이다.

3) 가스트로노미(gastronomy)[32]의 탄생

프랑스어 가스트로노미(Gastronomie)의 어원은 그리스어 Gaster(gǽstər)에서 유래되었다. 위(胃: gastro)와 〈규범(規範) 또는 학문(學問): Nomos〉 뜻이 함축되어 있다. 미각의 생리학[33]을 저술한 브리야사바랭은 가스트로노미란 "사람이 먹는 것에 관련된 체계적 지식의 총체이며, 그것의 목적은 보다 잘 먹음으로써 건강한 삶을 유지하는 데에 있다"라고 하였다.

가스트로노미(gastronomy) 대신 미식(美食)이라는 말을 쓸 때, 단순히 사치스럽고 맛있는 것을 먹는다는 뜻이 아니라 '먹거리에 미적이고 지적인 가치관과 세련됨을 추구한 성과'를 의미한다.

가스트로노미(gastronomy)의 발달을 지탱한 것은 만드는 사람과는 다른 관점에서 먹거리에 접근하여 음식의 지적 체계화에 기여한 사람들은 가스트롬(gastronome: 식도락가/ 미식가)이다. 이 단어 역시 딱 떨어지는 번역어가 없어서 '식도락가'나 '미식가'라고 옮기는 일이 많다. 그러나 단순히 맛있는 것을 좋아하고 요리에 정통하고 지식이 있는 것만으로는 가스트로놈(gastronome)이라 불릴 수 없다. 가스트로놈(gastronome)이란 먹는 일과 먹거리에 대해서 고찰·분석하고, 그것을 글로 써서 남긴 사람을 말하며, 브리야사바랭이 그 전형이다.

가스트로노미(gastronomy)가 그리스어의 가스트로노미아(gastronomia)에서 유래한다고 앞서 말했다. 원조 미식가라고 불러드려야 할 고대 그리스의 시인 아르케스트라토스(Archestratus)가 쓴 기원전 4세기 작품이라는 장편시 〈가스트로노미아: Gastronomia〉가 그 시작이다. 아르케스트라토스는 남이탈리아에서 소아시아[34]를 거쳐 흑해까지, 당시 그리스 세계 방방곡곡을 돌아다니면서 얻은 명물 식재료나 비장의 요리정보를 그 시에서 읊었다고 한다.

---

32) gastronome 미식가, 식도락가 / gastronomic 미식법의, 요리법의. 영어로gastronomy 불어로 gastronomie 그리고 그리스어로 gastronomia 라고 한다.
33) Physiologie du goût: 브리야사바랭의 미식예찬으로 국내에서 번역되었다.
34) 아시아의 서쪽 끝에 있는 흑해·에게 해(Aegae海)·지중해에 둘러싸인 반도.

미식을 지칭하는 아르케스트라토스 시의 프랑스 번역 제목으로 '가스트로노미: gastronomy'라는 말이 처음으로 사용된 것은 1623년이다. 그러나 그 말이 대중에게 퍼지기까지는 19세기까지 기다려야 했다. 순정 프랑스어임을 인증하는 아카데미 프랑세즈 사전에 수록된 것이 1835년에 간행된 제6판부터로 상당히 늦다.

이어 베르슈(Joseph Berchoux: 1765~1839)가 등장한다. 그는 가스트로노미(gastronome)라는 말을 퍼트린 으뜸 공로자이다. 그는 프랑스 혁명이 끝나자 시골에서 시를 쓰면서 살았다. 그가 쓴 장편시의 제목이 〈가스트로노미 Gastronome 또는 식탁에 앉은 전원의 사람: 1801〉이다. 〈가스트로노미 또는 식탁에 앉은 전원의 사람〉이 세상에 나온 지 2년 뒤에는 가스트로놈(가스트로노미를 담당하는 사람이라는 뜻), 6년 뒤에는 가스트로노믹 gastronimic(가스트로노미의 뜻)이라는 파생어가 생겨났다.

이렇게 해서 가스트로노미라는 말에 혼이 불어넣어졌다. 이 후 브리야사바랭이나 그리모 드 라 레니에르(Grimod de la Reynière) 등의 가스트로놈이 먹는 것을 다양한 관점에서 표현하고 비평하고, 만드는 쪽과 먹는 쪽 양쪽에 말을 걸면서 가스트로노미를 이끌어간다.

2. 외식의 의의

하루 세끼의 식사를 해결할 수 있는 해법이 다양한 동시대의 상황에서 가정식의 반대쪽에 자리하고 있는 외식을 어떻게 정의하여야 하며, 외식이라는 용어가 어떻게 사용되고 있는지를 설명해 본다.

1) 외식의 정의

장소를 기준으로 외식과 가정식을 구분하기는 쉬웠다. 그러나 식사를 준비하고 소비하는 행태가 다양해지면서 외식과 가정식을 구분하는 기준이 어려워지고 있다. 그 결과 밖에서 먹으면 외식, 집에서 먹으면 가정식이라는 이분법은 더 이상 의미가 없어지고 있다.

오늘날 우리는 지불 능력만 있으면 시간(때)과 공간(장소)에 구애받지 않고 즉석에서 소비할 수 있는 상태로 준비된 거의 모든 식료와 음료를 제공 받을 수 있다.

즉 우리에게 식료와 음료를 제공하는업종(직업이나 영업의 종류)과 업태(영업이나 사업의 실태)가 그만큼 다양하다는 것을 일컫는 말이다. 또한, 식품가공기술, 보관 기술, 포장기술, 그리고 유통혁신 등으로 가정 안팎에서 식사를 해결하는 해법이 다양해져 식사하는 장소를 기준으로 외식과 가정식의 의의를 명확히 정의하기가 대단히 복잡하게 되었다.

외식을 명확하게 정의하기 위해서는 외식과 식품접객업, 그리고 식당(음식점) 등을 정의한 식품산업진흥법, 식품위생법, 표준산업분류 등을 살펴보아야 한다.

먼저, 「외식산업진흥법」[35] 제1장 총칙 제2조(정의)에는 이 법에서 사용하는 외식 이란 용어의 뜻을 다음과 같이 설명하고 있다. 즉, 음식점 등이라는 장소, 그리고 그곳에서 음식을 사서 이루어지는 식사 형태로 규정하고 있다. 그러나 음식점 등을 구체적으로 명시하지 않았다.

> "외식"이란 가정에서 취사(炊事)를 통하여 음식을 마련하지 아니하고 음식점 등에서 음식을 사서 이루어지는 식사형태를 말한다.

둘째, 식품위생법[36] 제36조 제2항에 따른 영업의 세부 종류와 그 범위를 식품위 생법 시행령 제21조(영업의 종류)에서 우리가 칭하는 외식업을 식품접객업(영업의 종류)으로 칭하고 다음과 같이 영업의 종류를 규정하여 설명하고 있다.

■ **식품접객업**

가. 휴게음식점영업: 주로 다류(茶類), 아이스크림류 등을 조리·판매하거나 패스트푸드 점, 분식점 형태의 영업 등 음식류를 조리·판매하는 영업으로서 음주행위가 허용되지 아니하는 영업. 다만, 편의점, 슈퍼마켓, 휴게소, 그 밖에 음식류를 판매하는 장소(만화 가게 및 「게임산업진흥에 관한 법률」 제2조 제7호에 따른 인터넷컴퓨터게임시설제공

---

35) 시행 2021.2.19. [법률 제17037호, 2020.2.18. 타법개정]
36) [시행 2021.7.27.] [법률 제18363호, 2021.7.27. 일부개정]

업을 하는 영업소 등 음식류를 부수적으로 판매하는 장소를 포함한다)에서 컵라면, 일 회용 다류 또는 그 밖의 음식류에 물을 부어 주는 경우는 제외한다.

나. 일반음식점영업: 음식류를 조리·판매하는 영업으로서 식사와 함께 부수적으로 음주 행위가 허용되는 영업

다. 단란주점영업: 주로 주류를 조리·판매하는 영업으로서 손님이 노래를 부르는 행위가 허용되는 영업

라. 유흥주점영업: 주로 주류를 조리·판매하는 영업으로서 유흥종사자를 두거나 유흥시 설을 설치할 수 있고 손님이 노래를 부르거나 춤을 추는 행위가 허용되는 영업

마. 위탁급식영업: 집단급식소를 설치·운영하는 자와의 계약에 따라 그 집단급식소에서 음식류를 조리하여 제공하는 영업

바. 제과점영업: 주로 빵, 떡, 과자 등을 제조·판매하는 영업으로서 음주행위가 허용되지 아니하는 영업

그리고 식품위생법 제2조(정의)에서 집단급식소란 영리를 목적으로 하지 아니하면서 특정 다수인에게 계속하여 음식물을 공급하는 다음 각 목의 어느 하나에 해당하는 곳의 급식시설로서 대통령령으로 정하는 다음과 같은 시설을 말한다.

가. 기숙사

나. 학교, 유치원, 어린이집

다. 병원

라. 「사회복지사업법」 제2조제4호의 사회복지시설

마. 산업체

바. 국가, 지방자치단체 및 「공공기관의 운영에 관한 법률」 제4조제1항에 따른 공공기관

사. 그 밖의 후생기관 등

셋째, 한국표준산업분류[37] 기준에 의해서는 중분류 음식점 및 주점업의 정의와 영업 활동의 범위를 더 구체화하고 있어 외식의 정의를 더 명확하게 정의할 수 있도록 했다.

---

37) 통계청, 한국표준산업분류 (10차 개정), 2017

음식점 및 주점업이란 "접객 시설을 갖추고 구내에서 직접 소비할 수 있는 음식을 조리하여 제공하는 음식점을 운영하는 산업활동과 접객 시설을 갖추고 주류, 다과류 및 비알코올 음료를 판매하는 산업활동을 말한다. 또한 접객시설 없이 고객이 주문한 음식을 직접 조리하여 배달하거나 연회장과 같은 행사장에 출장하여 고객이 주문한 음식물을 조리·제공하는 산업활동을 포함한다."

또한, 먹고 마실 것을 제공하는 활동 중 아래의 활동은 제외한다고 되어있다.

- 숙박업에 결합되어 운영하는 식사제공활동[55: 숙박업]
- 철도운수사업체에서 철도 식당 칸을 직접 운영하는 경우[4910: 철도운송업]
- 조리사만을 공급하는 경우[7512: 인력공급업]
- 음식을 조리하여 도매 및 소매사업체에 납품하는 경우[1075: 도시락 및 식사용 조리식품 제조업]
- 회사 등의 기관과 계약에 의하여 별도의 장소에서 다량의 집단급식용 식사를 조리하여 약정기간 동안 운송·공급하는 경우[10751: 도시락류 제조업]

앞서 살펴본 외식산업진흥법, 한국표준산업분류, 그리고 식품위생법 등을 바탕으로 우리가 칭하는 외식을 다음과 같이 정의해 볼 수 있다.

외식이란 "「식품위생법」(제36조: 시설기준)에 적합한 시설을 갖추고, (제37조 : 영업의 허가) 규정에 의해 영업허가를 받았거나, 영업을 신고 또는 영업 등록을 한 식품접객업소와 집단급식소를 통해 이루어지는 식사행위의 총칭"으로 정의할 수 있다.[38]

즉, 식품위생법 제37조 제 4항, 같은 법 시행령 제25조 및 같은 법 시행규칙 제42조 제8항에 따라 영업신고를 필한 식품접객업소를 통해 이루어지는 식사행위의

---

38) 여기서는 현장에서 직접 소비하는 경우, 배달, 그리고 Take-away하여 제3의 장소에서 소비하는 경우 모두를 포함한다.

총칭으로 정의할 수 있다.

그런데 외식 관련 단행본에서 식자(識者: 학식과 식견이 있는 사람)들은 일반적으로 외식(外食)을 다음과 같이 정의하고 있다.

① 일반적으로 가정(家庭) 밖에서 조리 가공된 음식을 만들어 상품화(인적, 물적, 분위기, 편익, 가치)하여 제공하는 식생활 전체를 총칭한다.
② 가정 이외의 장소에서 행하는 식사행위의 총칭이다.
③ 가정 외 식생활의 총칭이다.
④ 가정 밖의 식생활 패턴의 총칭이다.

즉, 식사하는 장소와(가정 밖) 서비스의 부가(+)가 기준이 된다. 그런데 일상생활에서 우리에게 제공되는 식료와 음료의 유통경로는 다양하다. 구입하는 장소와 식료와 음료를 소비하는 장소를 기준으로 가정식과 외식을 구별해 보면 그 경계는 명확하지 않고, 서로 겹치는 부분이 많이 있음을 알 수 있다.

이와 같은 점을 고려하여 외식의 범위를 더 명확화하기 위해 기존의 정의보다 진일보한 기준을 더해 식품위생법에 근거하여 정의할 수 있다. 그리고 본 정의에 대한 논리로 「식품위생법」(제36조: 시설기준)과 (제37조 : 영업의 허가) 규정을 통해 식품접객업소와 집단급식소라는 장소적 범위와 허가 사항을 명확하게 할 수 있다는 점을 들 수 있다. 즉, 영업신고를 필한 식품접객업소를 통해 이루어지는 식사행위의 총칭으로 정의할 수 있다. 즉, 식품 접객업소를 이용하거나, 배달 서비스를 이용하거나, 또는 테이크아웃 서비스를 이용하는 것도 외식에 포함된다. 그러나 배달과 테이크아웃한 음식을 어디서 먹었느냐는 외식과 내식을 나누는 기준에서 제외된다. 이런 기준으로 외식을 정의하면 외식시장을 명확하게 규정할 수 있다.

외식의 영역을 명확하게 구분하여 정의하여야 하는 가장 큰 목적 중의 하나는 외식시장의 규모를 측정하는데 요구되는 기초적인 자료의 수집과 분류이다. 만약 외식의 영역을 명확하게 구분하지 못하면 수집·분류된 기초자료 또한 의미가 없게 되며, 외식산업진흥을 위한 다양한 정책적인 방안을 도출할 수도 없다.

2) 외식이라는 용어의 사용

외식이라는 용어는 이제 보편화 되었다. 「자기 집 아닌 밖에서 식사함, 또는 그 식사, 또는 집에서 직접 해 먹지 아니하고 밖에서 음식을 사 먹음, 또는 그런 식사」라고 국어사전에는 외식(外食)의 뜻을 풀이하고 있다. 즉, 집(장소)을 기준으로 "집 안에서 식사를 했느냐? 아니면 집 밖에서 식사를 했느냐?"가 기준이 된다.

그리고 집 안에서 식사를 했다면 전업주부가 가족들을 위해 기본 찬을 제외하고는 필요한 식재료를 구입하여 직접 식사를 준비하는 경우를 상정(어떤 상황이나 조건을 가정적으로 생각하여 판정 함)하고 있으며, 집 밖의 경우는 다양한 유형의 상업적인 공간과 비상업적인 공간에서 식사했음을 상정한다.

예를 들어 직장에서 점심시간에 누군가가 「밥 먹으러 갑시다」, 「점심 먹으러 갑시다」, 또는 「식사하러 갑시다」 대신 「외식하러 갑시다」라고 말한다면 상당히 의아해할 것이다. 이러한 관점에서 보면 「외식하러 갑시다」와 「식사하러 갑시다」 사이에는 많은 차이가 있음을 알 수 있다.

그렇다면 「자기 집 아닌 밖에서 식사함, 또는 그 식사」가 외식(外食)이라는 풀이는 잘못되었다고 말할 수 있을까. 그렇지는 않다. 외식(外食)하는 사람에게 먹고 마실 것을 제공하는 업소의 입장에서 볼 때에는 외식의 사전적(辭典的) 풀이에는 아무런 문제가 없다. 그러나 외식을 하는 사람의 관점에서는 외식의 사전적 풀이에는 다른 뉘앙스(nuance 어떤 말에서 느껴지는 느낌이나 인상)를 내포하고 있음을 알 수 있다.

그런데 동시대를 살아가는 소비자들의 라이프스타일과 식품가공기술(가공, 포장과 저장)의 발전, 먹고 마실 것을 제공하는 유통경로 수의 다양화 등은 외식의 의의를 어렵게 만들고 있다. 예를 들어 식품 소매점이 외식과 가정식을 모방하고 차용한다. 그리고 외식시장도 식품소매점과 가정식을 모방하고 차용하고 있다. 또한, 외식시장과 (식품)소매점 간의 모방과 차용이 일상화되면서 가정식과 외식을 구분하는 기준을 더욱 모호하게 만들고 있다. 즉, 외식과 가정식이 그 경계를 넘나들고 있어 가정식과 외식을 명확히 규정할 수 없는 중간대의 영역이 생겨나게 된다.

이와 같은 모호함을 선진외국에서는 일찍이 가정식 해법(Home Meal Solution), 식사 해법(Meal Solution), 가정식 대용 또는 대체식(代替食), HMR(Home Meal Replacement) 또는 CMR(Convenience Meal Replacement)이라는 용어로 설명하였다. 그리고 이 영역이 탄생한 논리를 다음과 같은 이론을 차용하여 설명하기도 한다.

이론적으로 두 영역이 서로 이질적일 때는 그 경계가 분명해 그 경계를 넘나드는 크로스오버(crossover) 현상이 발생하지 않는다. 반면, 두 영역이 보완적일 때는 서로의 경계를 넘나들면서 모방과 차용을 거쳐 서로 재결합(recombination)을 하게 된다는 논리이다.

외식업체와 식품 소매점들은 서로 보완적이다. 그래서 서로가 서로에게 필요한 것들을 계속 차용(borrowing)하고 모방(imitating)하면서 경쟁하게 된다. 그리고 두 영역 간 모방과 차용을 통해 가교(bridging)가 만들어지고, 그 가교를 넘나들면서 (crossover) 차츰 두 영역 간의 경계를 무너뜨려(dissolution), 새로운 것이 만들어진다 (bricolage).

이 같은 논리는 두 문화 간의 상호작용으로 인하여 어느 한쪽이나 상대 모두의 문화에 변동이 일어나는 문화접변(文化接變, 혹은 문화변용(文化變容), acculturation) 이란 현상으로도 설명할 수 있다. 문화접변은 문자 그대로 상이한 문화 간의 접촉에 의해 일어나는 변화이기 때문에 관련 문화, 특히 피전파문화에 커다란 영향을 미치게 된다.

문화접변으로 인해 발생되는 결과는 크게 적극적 결과와 소극적 결과 두 가지로 나눌 수 있다. 적극적(긍정적 · 창조적 · 건설적) 결과란 문화접변으로 인해 새로운 유형의 문화가 창조될 뿐만 아니라 전통(자생)문화를 발전시키고 풍요롭게 하는 결과를 말한다. 이에 반해 소극적(부정적 · 파괴적) 결과란 피전파문화로 하여금 자율성이나 독자성을 상실케 함으로써 문화의 융합(融合, fusion)이나 동화(同化, assimilation)를 초래하는 것을 뜻한다.

문화의 융합이란 두 개의 문화가 거의 전면적으로 접촉하는 과정에서 이것도 아니고 저것도 아닌 제3의 문화체계를 새로이 창출해내는 현상이다. 이에 비해 문화의 동화란 한 문화가 다른 문화의 방향으로 접근하는 현상인데, 대체로 일방적인 흡수 형태를 띤다.

이와 같은 논리로 우리는 다음과 같은 현상을 설명해 볼 수 있다. 즉, 식품점과 식당이 합한 그로서란트(Grocerants = Groceries + Restaurants), 슈퍼마켓과 식당이 합한 슈퍼란트(Superants = Supermarkets + Restaurants), 식당과 슈퍼마켓이 합한 레스트마켓(Restmarkets = Restaurants + Supermarkets) 등이 외식과 가정식의 정의를 어렵게 하고 있다는 현상을 잘 설명해 주고 있다.[39]

제3절 가정식과 외식의 대안

1. 가정식과 외식의 교집합

전업주부가 원식재료를 시장에서 구입하여 → 다듬고 → 준비하고 → 조리하여 온 가족이 함께 식사를 했던 과거라면 식사를 하는 장소를 기준으로 가정 내에서 이루어지는 '가정 내의 식생활과 가정 이외에서 이루어지는 '가정 밖의 식생활'로 구분하여 전자를 '가정식', 그리고 후자를 '외식'으로 정의하면 '가정식과 외식'의 구분은 아주 쉽다.

---

39) 이탈리(현대백화점 판교점)
  ▸ 식품점(Grocery)과 레스토랑(Restaurant)을 결합한 '그로서란트' 이탈리는 더 나은 삶을 위한 더 나은 미식을 추구하는 사람들에게 다양한 맛과 즐거움을 선사할 것입니다. 'Eataly is Italy'라는 자부심으로 이탈리아 토리노에서 시작된 이탈리는 질 좋은 식재료를 활용한 다양한 레스토랑과 마켓 등을 통해 쇼핑과 식사, 휴식을 원스톱으로 제공합니다.
    http://www.ehyundai.com/newPortal/DP/DN/DN000000_V.do?branchCd=B00148000
  ▸ FOODBOUTIQUEGourmet 494
    고메푸드를 즐길 수 있는 품격있고 트렌디한 미각 도시로의 초대! 국내 최초로 그로서리(식재료)와 레스토랑 (식음공간)이 유기적으로 결합된 Grocerant (그로서란트) 컨셉을 선보이며 한곳에서 먹고 즐기고 소통하는 새로운 식문화를 여러분께 제안합니다.
    https://dept.galleria.co.kr/store-info/luxuryhall/gourmet/brand-story.html

그러나 동시대를 살아가는 우리는 일상생활 속에서 먹고 마셔야 할 상황(occasions: 어떤 일이 일어나는 특정한 때, 또는 기회/경우)에 따라 우리는 가정에서 또는 가정 이외의 장소에서 먹고 마셔야 한다. 즉 가정과 가정 밖으로 양분된다. 하지만 우리가 현재 먹고 마시는 음식(식품)의 구매 장소, 구매 시 음식의 상태(준비 또는 가공 정도), 준비과정, 소비하는 장소 등을 가정식과 외식을 구분하는 데 기준변수로 고려하면 가정식과 외식의 구분은 매우 복잡해진다. 그래서 외식 같은 외식(우리가 일상적으로 칭하는 순수한 외식), 외식 같은 가정식(밖에서 준비한 식사를 집에서 즐기는 경우), 가정식 같은 가정식(순수한 가정식), 가정식 같은 외식(집에서 준비한 음식을 밖에서 즐김) 등과 같이 세분화하기도 한다. 그러나 크게 의미가 없는 분류 개념이다.

다음 [그림 1-3]은 소비자가 집에서 식사를 조리할 수 없거나, 완전한 식사를 준비할 수 없을 때 식사를 해결하는 방법(meal solutions)을 개념적으로 설명하기 위한 그림이다. [그림 1-3]을 보면, 위에서부터 아래로 세 영역으로 나누어져 있다. 즉, 소비(consumption) → 유통 또는 공급(distribution) → 그리고 제조(manufacture)와 같이 3개의 영역으로 나누었다.

첫째, 소비(consumption) 소비(consumption) 측면에서 외식과 가정식 두 개의 대안으로 나누었다. 즉, 식사를 해결하기 위해서는 밖(외식) 또는 안(가정)에서 식사를 해결하는 대안을 선택해야 한다는 의미이다.

둘째, 유통 또는 공급(distribution) 두 영역의 소비자들에게 식사를 공급하는 경우를 의미하고 있다.

■ 밖(외식)을 선택한 경우
대안은 호텔 식당, 식당, 또는 카페 등과 같은 다양한 상업시설을 이용하든지, 아니면 다양한 기관급식, 복지시설에서 제공하는 급식을 이용하든지 등이다.

■ 안(가정)에서 식사를 하고 싶거나 해야 할 필요가 있는 경우의 식사 해법은→ (HMR) 가정으로 배달시키거나, 소비자가 밖에서 음식을 사서 집으로 오는 경우이다.

① 가정으로 배달시키거나(Meal is delivered) 다양한 배달 서비스를 이용하는 경우이다(Home Delivery).

② 소비자가 밖에서 음식을 사서 집으로 오는 경우(Consumers bring meal home)

　소비자가 음식을 사서 집으로 가져와서 소비하는 경우와(Take away) 음식을

　취급하는 다양한 소매점에서 음식을 사서 집에서 소비하는 경우(Retail)이다.

셋째, 제조영역(manufacture)에서는 세 가지의 대안을 제시하고 있다. 즉, 소비자

들에게 제공하는 식사가 어디서 생산되느냐 하는 내용이다.

① 생산자에 의해 공급되는 식사 해법인(Ready Meals) 경우

② 현장에서 생산되는(Meal Solutions) 경우

③ 기타 공급업체가 제공하는(Meal Solutions) 경우

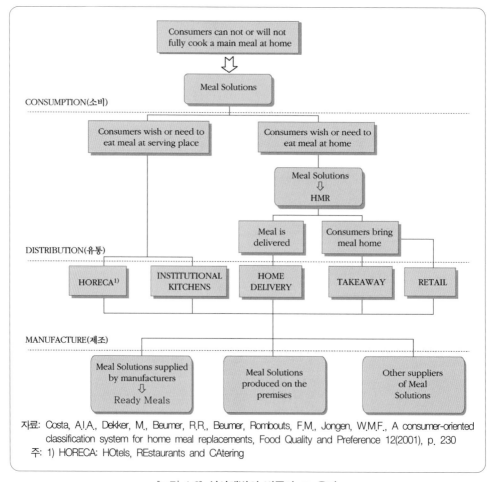

자료: Costa, A.I.A., Dekker, M., Beumer, R.R., Beumer, Rombouts, F.M., Jongen, W.M.F., A consumer-oriented classification system for home meal replacements, Food Quality and Preference 12(2001), p. 230
주: 1) HORECA: HOtels, REstaurants and CAtering

[그림 1-3] 식사해법의 범주와 그 용어

[그림 1-4]는 앞서 제시한 [그림 1-3]과 같은 개념으로 식사 해법을 개념적으로 도시화한 그림이다. 즉, 먹고 마셔야 하는 때 또는 경우가 발생하면 해법은 두 가지 밖에 없다. 가정 또는 가정 밖에서 해결하는 방법이다. 즉 가정식과 외식으로 양분하여 개념을 설명한 그림이다.

가정에서의 해법은 아래와 같이 3가지의 대안이 있다.

- **집에서 식사를 준비하는 경우이다. 3가지의 대안을 제시하고 있다.**

① 대안 1 (Prepared at home).
시장에서 원식재료를 사다 다듬고, 준비하고, 요리하는 과정을 거치는 전통적인 방법으로 식사를 해결하는 경우이다.
즉 옛날 전업주부가 재래시장에서 준비과정을 전혀 거치지 않은 생선과 배추, 무 등을 구입하여 집에 가지고 와서 다듬고, 준비하고, 조리하는 과정을 거치는 경우를 말한다. 이 경우는 시간과 에너지, 그리고 조리기술이 요구된다.

② 대안 2 (Processed at home).
두 개의 대안을 제시하고 있다.
첫 번째 대안은 외부에서 준비하여 저장해 둔 것을(비교적 저장 기간이 긴 캔, 박스, 냉동식품 등: Ready- to-Cook) 구입하여 집에서 마지막 손질을 하여 먹을 수 있도록 준비하는 경우이다.
두 번째 대안은 외부에서 준비하여 신선한 상태로 판매하는 것을 구매하여 가정에서는 끝손질하여 소비하는 경우이다. 이 경우는 시간과 조리기술 그리고 에너지가 최소화된다

③ 대안 3 (Fully prepared away from home).
두 개의 대안을 제시하고 있다.
첫 번째 대안은 완전히 먹을 수 있도록 준비하여 판매하는 것들로 완제품으로 포장되어 있는 것을 구매하여 소비하는 경우이다.
두 번째 대안은 외식업체의 테이크아웃과 배달음식, 그리고 식품소매점에서 제공하는 먹을 수 있도록 완전히 준비된 음식(패스트푸드, 식당의 테이크아웃, 식품소매점의 Ready-to-Eat 등)을 구매하여 가정에서 소비하는 경우이다. 이 경우는 조리하는 데 소요되는 시간과 조리기술이 필요 없게 된다.

- **다음은 가정 밖에서 식사를 해결하는 경우로 두 가지의 경우가 있다.**

두 개의 대안이 제시된다.
하나는 구매한 장소에서 소비(일반적으로 다양한 유형의 레스토랑/식당을 뜻함: 외식)하는 경우(On premise)와 구매한 곳과 다른 장소(가정으로 가지고 가서 먹는 경우는 제외)에서 소비하는 경우이다(In action).

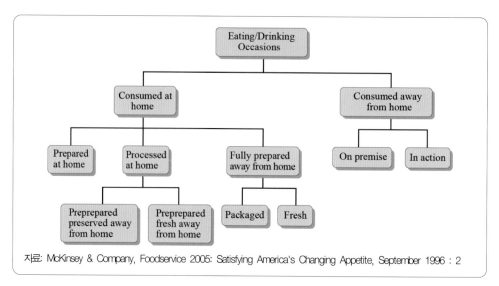

자료: McKinsey & Company, Foodservice 2005: Satisfying America's Changing Appetite, September 1996 : 2

[그림 1-4] 식사 해법(1)

또한, [그림 1-5]는 위에서 설명한 내용과 같은 개념으로 편의적인 식사를 위한 해법을 아래와 같이 분류하여 설명하기도 한다.

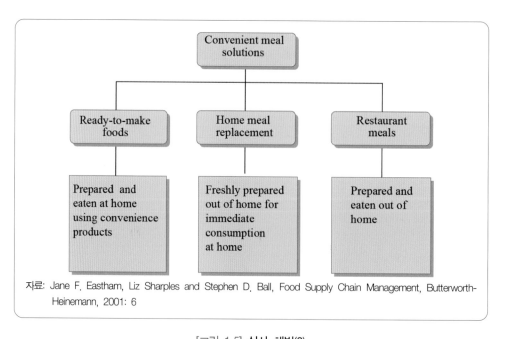

자료: Jane F. Eastham, Liz Sharples and Stephen D. Ball, Food Supply Chain Management, Butterworth-Heinemann, 2001: 6

[그림 1-5] 식사 해법(2)

[그림 1-5]는 간편한 식사해법 대안으로 3가지의 대안을 제시하고 있다. 즉, 편의한 식재료를 구입하여 집에서 간편하게 음식을 준비하여 소비하는 경우, 밖에서 즉시 소비할 수 있는 상태로 준비된 음식을 사서 집에서 소비하는 HMR 식품의 경우, 그리고 외식하는 경우와 같이 3가지의 대안을 제시하고 있다.

첫째, 음식을 만들 수 있도록 준비된(부분적 또는 완전히) 식재료를 구입하여 음식을 준비하여 집에서 소비하는 경우이다. 즉, 편의한 제품(식재료)을 이용하여 음식을 준비하여 집에서 소비하는 경우이다. 그런데 문제는 편의를 어떻게 정의하느냐가 문제이다.

둘째, 가정식 대용식품(HMR)을 이용하는 경우로, 가정 밖에서 즉석에서 소비할 수 있도록 준비된 신선한 완성품을 구매하여 집에서 소비하는 경우이다.

셋째, 식당과 같은 상업적인 시설을 이용하여 식사를 해결하는 경우이다. 즉, 식당에서 준비된 음식을 식당에서 소비하는 경우이다(외식).

집 안팎에서 먹고 마실 것(식료와 음료)을 해결하는 해법은 식품 가공기술과 저장기술, 유통기술의 혁신으로 질과 양적으로 나날이 다양해지고 있다. 그 결과 장소를 기준으로 가정식과 외식으로 양분된 식사 해법이 이제는 유효하지 않은 시대를 살고 있다. 즉, 가정식과 외식의 경계를 넘나들면서 가정 편의식 또는 가정 대체식이라는 새로운 영역이 만들어졌다.

■ 맺음말

최근 우리들의 식생활을 둘러싸고 있는 주변 환경이 많이 바뀌고 있다. 가정식과 외식, 그리고 중식(中食)은 서로 보완적이다.

본 장에서는 가정식과 외식을 학술적으로 이해하고 향후 변화를 예측해보기 위해 고려되어야 할 요인들을 단계별로 살펴보았다.

첫째, 가정식의 변화를 이해하고 예측하기 위해서 가족의 개요, 가사노동, 가정식에 영향을 미치는 주요 변수, 그리고 가정식이 어떻게 변화할 것인가를 살펴보았다.

둘째, 외식의 이해에서는 레스토랑의 어원과 전문 서적에 많이 인용되는 우리나라와 외국의 식당(레스토랑)의 발전과정, 외식이 어떻게 정의되어야 하는가와 가정식과 외식이 결합하여 하나의 다른 영역을 만들어내는 과정을 이론적으로 설명했다.

셋째, 가정식과 외식의 중간에 가정 편의식 또는 가정 대체식이라는 새로운 영역이 탄생하여 가정식과 외식의 경계를 모호하게 만들어 간다는 점을 설명하였다.

참 ‖고‖문‖헌

통계청 보도자료, 2019년 인구주택총조사 결과, 2020.8.28.

통계청, 2020 인구주택 총조사 표본 집계 결과- 인구·가구 기본항목, 보도자료, 2021.9.27

통계청, 2021 한국의 사회지표 (보도자료), 2022.3.24

통계청 보도자료, 2019 한국의 사회지표, 2020.6.18.

통계청 보도자료, 2020 통계로 보는 여성의 삶, 2020.9.2.

통계청 : 2021년 인구주택총조사 결과 〈등록센서스 방식〉, 2022

통계청, 2020 통계로 보는 1인 가구, 보도자료, 2020.12.08.

질병관리청/보건복지부, 국민건강조사, 2020.12

질병관리청, 2020 국민건강통계-국민건강영양조사 제 8기 2차 년도, 2022년 1월

통계청, 2019년 생활시간조사 결과(보도자료), 2020.7.30

폴 프리드먼 엮음, 주민아 옮김, 미각의 역사(Food : The history of taste), 21세기 북스: 2009:
    263-299, 301-331

문숙재 외 3인, 가족경제학, 교문사, 2000: 127-129, 167-171

나정기, 외식산업의 이해, 제4판, 백산출판사, 2014, 80-89

현대경제연구원, 싱글족(1인가구)의 경제적 특성과 시사점, 경제주평, 15-33(통권 (654호),
    2015.08.13.

NH 투자증권 100세시대 연구소, 통계로 살펴보는 100세 시대 트렌드 - Ⅲ. 신모계사회의
    도래-, Vol. 47, 2018.7.31.

KB 금융지주 경영연구소, 1인 가구 연구센터, 2019 한국 1인 가구 보고서, 2019.6.24.

McKinsey & Company, Foodservice 2005: Satisfying America's Changing Appetite, September 1996 : 2

Jane F. Eastham, Liz Sharples and Stephen D. Ball, Food Supply Chain Management, Butterworth-
    Heinemann, 2001: 6

Ben Senauer, Elaine Asp, Jean Kinsey, Food Trends and Changeing Consumer, Eagan Press,
    2nd ed., 1993: 156-159

Hayagreeva Rao, Philippe Monin, Border Crossing: Bricolage and the Erosion of Categorical Boundaries in French Gastronomy, American Sociological Review, Vol. 70, December 2005: 968-991

Nicholas M. Kiefer, Econamics and the Origin of the Restaurant, Cornell. Horel and Restaurant Administration Quarterly, August 2002: 58-64

Rebecca L. Spang, The Invention of the Restaurant: Paris and Modern Gastronmic Culture, Harvard University Press, 2001

Costa, A.I.A., Dekker, M., Beumer, R.R., Beumer, Rombouts, F.M., Jongen, W.M.F., A consumer-oriented classification system for home meal replacements, Food Quality and Preference 12(2001), p. 230

http://fr.wikipedia.org/wiki/Restaurant#.C3.89tymologie (레스토랑의 어원)

http://www.law.go.kr/lsInfoP.do?lsiSeq=110992&efYd=20110910#0000 (외식산업 진흥법)

가정식 대체식 시장의 이해

제 2 장

가정식 대체식의 개요

1. 가정식 대체식(HMR: Home Meal Replacement)의 탄생 배경

동시대를 살아가는 우리는 모든 것을 편의와 효율성 [들인 노력(勞力)과 얻은 결과의 비율]으로 따지는(평가하는) 시대에 살고 있다. 식생활도 예외가 아니다. 그 결과 과거로부터 이어져 오던 전통적인 식생활 패턴은 무너지고 새로운 식사패턴이 자리매김해 가고 있다.

오늘날 가정 내에서의 식생활은 과거의 전통적인 확대가족(대가족) 제도에서 가사노동[1]을 담당하는 전업주부가 있었을 때와는 많이 달라졌다. 산업화·분업화되고, 도시화 된 오늘날의 가정은 핵가족과 1인 가구의 형태로, 전업주부에서 경제활동 참여로, 전통보다는 새로움을 찾는 등 큰 변화를 겪고 있다. 예를 들어 어떻게 하면 시간과 노력, 그리고 에너지를 최소화하면서, 조리를 못 해도 맛있고 다양한 음식을 상황에 맞게 경험할 수 있을까를 고민하는 시대로 바뀌어 가고 있다.

그리고 가정식과 관련된 소비자들의 욕구를 충족시키고자 하는 공급자 측면에서의 노력과 식품가공기술과 포장기술의 획기적인 발전, 유통혁신 등과 상호작용 하여 전통적인 방식으로 준비하여 즐기던 가정식을 대체(代替)할 수 있는 하나의 영역이 탄생하게 된다. 이것을 선진국에서는 포괄적으로 가정식(家庭食) 대체식(代替食):

---

[1] 가정을 유지하고 살림을 꾸려나가기 위해 하는 노동. 가사노동은 그 내용에 따라 일반적으로 의·식·주, 가족 관리, 경영 및 장보기 등으로 구분되며 육아나 고령자의 보호 등을 위해 행해지는 노동을 포함한다.

HMR(Home Meal Replacement)²⁾이라고 칭했다.

그런데 가정식(家庭食) 대체식(代替食): HMR(Home Meal Replacement)에 대한 정의와 분류에 대한 통일된 기준이 없다는 것이다. 그 결과 연구의 내용에 따라 또는 전개하고자 하는 내용에 따라 가정 대체식 시장의 영역과 규모는 각각 다르다는 문제점을 안고 있다.

HMR(Home Meal Replacement)는 문자 그대로, 가정식을 대체한다는 뜻이다. 전통적으로 가정에서 준비하는 식사를 대체할 수 있는 식사란 뜻이다.

과거와 같이 전통적인 방법으로 식사를 준비하기 위해서는 시간과 에너지, 일정한 조리기술이 요구된다. 그러나 이러한 조건을 충족시킬 수 있는 가정은 많지 않다. 그 결과 가정식을 대체 또는 간편하게 해결할 수 있는 대안에 대한 높아진 소비자들의 욕구를 충족시킬 수 있는 다양한 해법이 등장하게 된다.

배달서비스를 통해 시켜 먹든지, Takeout(take-away) 음식으로 해결하든지, On/Off Line의 식품 소매기관에서 제공하는 먹을 수 있도록 준비된 (Ready to Eat/Serve) 또는 가열한 후 먹을 수 있도록 준비된 상태(Ready to Heat), 또는 조리할 수 있도록 준비된 (Ready to cook) 가공식품이나 편의식품을 통한 해법을 찾아볼 수 있다.

그런데 한국의 식단은 일반적으로 밥, 국, 반찬으로 구성되어 있다. 단품 위주의 식단으로 구성되는 대부분 선진외국의 식단과는 차이가 있다. 그 결과 기존의 HMR(Home Meal Replacement)의 틀 속에서 한국의 가정식 대체식(代替食)의 개념을

---

2) 일본에서는 중식(中食) [(なかしょく) 집 밖에서 사 먹는 외식(外食)과 가정에서 해 먹는 가정식의 중간 개념]이라 칭하였다. 그리고 우리나라에서는 중식(中食), 가정간편식, 가정식 대체(代替)식, 가정식 대용식, 간편식 등으로 칭하고 있다. 최근 들어서는 이 영역을 가정식 간편식이라는 개념을 확대하여 간편 대체식(代替食) : Convenience Meal Replacement)이라 부르기도 한다. 하지만 식사 해법 (Meal Solution) 또는 가정식 해법(Home Meal Solution)을 구성하는 상품에 대한 용어 (Terminology)는 상황, 시대, 사용하는 영역, 그리고 학자들에 따라 「중식(中食), Prepared Meal, Meal Prepared, Meal to Go, Food-to-Go, Ready Meal, Pre-Cooked, Sous-Vide, Cook-Chill, Oven-Ready, Refrigerated foods with extended durability(오래 보관할 수 있는 냉장 식품), Minimally Processed(최소 가공된 것), TV-dinner, Ready to Eat, Ready to Heat, Ready to Cook, Ready to End Cook, Meal Kits, TOTE(take-out-to-eat), Packaged to Go, Emergency Meals, PAM(Plan-Ahead Meals)」 등 다양한 용어로 사용되고 있다.

전개하는 데는 많은 제약이 있다.

그러나 HMR(Home Meal Replacement)의 의미를 가정 대체식에서 가정 간편식품 즉, 가정식을 편리하고 간단하게 해결하는 식품으로 해석하면 문제는 해결될 수 있다. 그리고 그 시장의 규모를 측정하기 위한 준거의 틀을 마련해 가면 된다. 즉, HMR(Home Meal Replacement)를 구성하는 식품(제품)과 서비스의 범주를 규정해 분류해 나가면 된다.

가정에서 식사를 해결할 수 있는 많은 해법이 존재한다는 것은 크게 세 가지의 의미로 살펴볼 수 있다.

우선 식품 가공기술이 발전했다는 의미이다.

둘째, 상품(제품)이 다양해졌다는 의미이다.

즉, 조리가 끝나 먹을 수 있도록 준비된 상태에서부터 조리할 수 있도록 준비된 상태까지 다양한 형태의 식품(제품)이 제공된다는 뜻이다.

그리고 그 상품(제품)을 공급받을 수 있는 경로의 수가 다양해졌다는 점이다(접근성).

이러한 변화는 기존의 가정식과 외식으로 양분되었던 식생활의 유형을 분화시켜 두 영역의 중간 영역인 HMR(Home Meal Replacement) 시장을 탄생시켰다. 그 결과 HMR(Home Meal Replacement)이 가정식과 외식의 중간 영역인 중식(中食)으로 설명 되기도 하고, 가정식 대체식 또는, 간편식, 가정간편식 등과 같은 다양한 용어로 사용되기도 한다.

2. 가정식 대체식의 정의 및 유형

가정에서의 식사를 해결하는 방법은 크게 세 가지이다.

첫째는 완전히 한 끼의 식사를 외부에 의존하는 것이다(외식과 배달).

둘째는 다양한 On/Off 라인의 유통소매기관이 제공하는 완성된 음식(Retail Meal Replacement)을 구매하여 가정과 제3의 장소에서 소비하는 것이다.

그리고 마지막으로는 시중에 판매 중인 다양한 단계로 준비된 식품을 구매하여 가정에서 다양한 방법으로 한 끼의 식사를 해결하는 것이다.

첫째의 경우는 그 영역을 쉽게 정리할 수 있다. 그러나 둘째와 셋째의 경우는 그 용어의 사용에서부터 어려움에 봉착하게 된다.

가정간편식 시장을 논할 때 많이 언급하는 내용이 편의식품, 신선 편의식품, 즉석식품, 즉석조리식품, 인스턴트식품, 레토르트식품, 반조리식품, 냉동조리식품, 가공식품[3] 등과 같이 칭하는 식품인데 그 내용을 보면 거의 같은 내용을 담고 있다. 즉, 즉석식품류와 가공식품류의 영역으로 우리가 가정에서 식사를 준비할 때 구매하는 식품이다. 그리고 이렇게 다양하게 설명되고 있는 식품을 가공식품으로 축약할 수 있다.

결국, HMR(Home Meal Replacement)은 가공식품이라는 등식이 성립된다.

예를 든다면 시중에 판매되는 햇반, 레토르트 형태의 국, 몇 가지의 찬을 사서 식단을 구성하여 가정 식사를 해결했다고 하자. 식단을 구성하는 제품 하나하나를 HMR(Home Meal Replacement)로 고려하기에는 문제가 있다는 점을 알 수 있다.

여기서 식단을 구성하기 위해 사용한 식품 하나하나는 식단을 구성하는 구성요소가 되는 것이지, 그 자체가 한 끼 식사를 대체하는 것은 아니기 때문이다.

식단을 구성하는데 사용되는 다양한 상태(부가가치의 기준으로)의 식품은 편의식품 또는 가공식품 또는 즉석식품류이지 가정식 대체식은 아니라는 것이다.

이러한 문제점은 영어권에서 정의한 가정식 대체식((Home Meal Replacement)을 한 끼 식사의 의미가 아닌 그 식사를 구성하는 식품 하나하나에도 그대로 사용하였기 때문이다.

다음은 인용빈도가 높은 보고서에서 HMR을 정의한 내용이다.

---

3) '가공식품'이라 함은 식품원료(농,임,축,수산물 등)에 식품 또는 식품첨가물을 가하거나, 그 원형을 알아볼 수 없을 정도로 변형(분쇄,절단 등)시키거나 이와같이 변형시킨 것을 서로 혼합 또는 이 혼합물에 식품 또는 식품첨가물을 사용하여 제조·가공·포장한 식품을 말한다. 다만, 식품첨가물이나 다른 원료를 사용하지 아니하고 원형을 알아볼 수 있는 정도로 농·임·축·수산물을 단순히 자르거나 껍질을 벗기거나 소금에 절이거나 숙성하거나 가열(살균의 목적 또는 성분의 현격한 변화를 유발하는 경우를 제외한다) 등의 처리과정 중 위생상 위해 발생의 우려가 없고 식품의 상태를 관능으로 확인할 수 있도록 단순처리한 것은 제외한다.

- 농식품 유통교육원 유통연구소(2014)는 HMR(Home meal replacement)을 간편 가정식이라 칭하고 두산백과 HMR(Home Meal Replacement)의 정의를 요약하였다. 즉, "일반적으로 가정에서 음식을 먹을 때의 과정은 식재료 구입 → 식재료 손질 → 조리 → 섭취 → 정리의 순서로 진행된다. HMR은 이런 과정에서의 노력과 시간을 최대한 줄이려는 목적으로 탄생. 음식의 재료들을 손질한 후 어느 정도 조리가 된 상태에서 가공·포장되기 때문에 데우거나 끓이는 등의 단순한 조리과정만 거치면 음식이 완성. 별도의 드레싱이 있는 샐러드와 밥, 갈비탕이나 육개장 같은 한식 등 간편 가정식 또는 가정 대용식을 뜻하며, 외식과 내식의 중간 의미를 뜻함"으로 정의함.[4]

- 농협경제연구소(2014)는 HMR(Home Meal Replacement)을 가정간편식이라 칭하고 "가정에서 데우거나 끓이는 등의 단순한 조리과정만 거치면 간편하게 먹을 수 있도록 식재료를 가공·조리·포장해 놓은 식품"이라고 정의함.[5]

- 하나 산업정보(2015)는 HMR(Home Meal Replacement)을 "가정간편식 혹은 기존 가정식의 대체 식품을 뜻하며, 음식 재료가 손질되고 어느 정도 조리된 상태에서 가공·포장되어 판매되기 때문에 데우거나 끓이는 등의 단순한 조리과정만 거치면 음식이 완성되는 식품"으로 정의하였다.[6]

- 한국농촌경제연구원(2015)은 기존의 선행연구를 종합한 후 HMR(Home Meal Replacement)의 개념을 가정식 대체식품으로 설명하고"가정 외에서 판매되는 가정식 스타일의 완전·반조리 형태의 제품을 구매하여 가정 내에서 바로 또는 간단히 조리하여 섭취하거나 구매 장소가 아닌 가정 외의 다른 장소에서 섭취할 수 있도록 제공되는 식품"으로 정의하였다.[7]

---

4) 농식품유통교육원유통연구소(2014), HMR 시장의 현황과 시사점, 2014.05.31, p.4
5) NHERI 주간 브리프, 농협경제연구소, 2014.06.02., p.8 (1-16)
6) 하나 산업정보(2015), 국내 HMR 시장의 성장에 따른 수혜업종 유망산업 시리즈(1) -, 2015.5.23, p.1
7) 한국농촌경제연구원, 가정식 대체식품(HMR) 산업의 현황과 정책과제, 연구보고서 R742/2015.10, p.21

• 농식품 유통교육원 유통연구소(2017)는 가정에서 음식 조리가 식재료 구입 → 식재료 손질 → 조리 → 섭취 → 정리 순으로 진행된다. 가정간편식(Home Meal Replacement)은 조리시간과 노력을 줄이려는 목적으로 탄생. 음식 재료를 손질한 후 반조리가 된 상태에서 가공·포장되기 때문에 데우거나 끓이는 등의 단순조리과정만 거치면 섭취 가능한 식품으로 정의하였다.[8]

1) 외국의 HMR(Home Meal Replacement)의 정의와 유형

HMR(Home Meal Replacement)과 관련된 논문 중에서 인용빈도가 가장 높은 선행연구가 Costa 외(2001)가 발표한 가정 대체식에 대한 소비자를 중심으로 한 분류체계 연구이다.[9]

그들은 소비자의 관점에서 편의라는 속성을 바탕으로 HMR에 대한 새로운 정의와 HMR 식품을 유형화(분류)할 수 있는 체계를 다음과 같이 제시했다.

HMR을 "식물성 또는 동물성 단백질, 탄수화물 그리고 채소를 바탕으로 구성된 한 끼 식사를 한 사람 또는 여러 사람 분량으로 담아 가정에서 완전하고 빠르게 핵심요리를 대체할 수 있도록 디자인된 주요리 또는 사전에 조합한 주요리의 구성 요소들"이라고 정의했다. 때문에 "주요리를 구성하는 구성 요소들을 함께 조합하여 포장하지 않고 각각 별도의 용기에 담아 판매되는 것은 제외되며, 모든 종류의 후식, 아침 시리얼 등은 포함되지 않는다고 설명했다. 그리고 보통 주요리 사이에 먹는 간식, 전채, 수프 또는 샐러드 등은 HMR 정의에 따라 정한 준비된 정도, 요구되는 구성 요소를 준수한 경우와 소비자들이 주요리라고 인정하면 HMR로 고려한다"라고 HMR의 범주에 포함되지 않은 것들과 포함되는 것들의 조건을 제시하였다.

그리고 〈표 2-1〉과 같이 가정식사 해법 중 하위 요소인 HMR 영역을 설명하고,

---

8) 농식품유통교육원유통연구소(2017), 가정간편식 성장요인 분석을 통한 우리농산물 연계강화 방안, 2017.06.30.

9) Costa, A.I.A., Dekker, M., Beumer, R.R., Beumer, Rombouts, F.M., Jongen, W.M.F., A consumer-oriented classification system for home meal replacements, Food Quality and Preference 12(2001), pp. 229-242

식재료의 상태(편의의 정도)를 중심으로 HMR 식품의 유형을 설명했다.

〈표 2-1〉 HMR 분류 시스템에 대한 4가지 편의의 범주

편의 범주	설명	상품화 된 제품의 보기
Ready to eat(C1)	구매하여 소비가 가능한 HMR 식품으로 소비에 앞서 아무런 사전준비도 요구하지 않는 바로 먹을 수 있는 식품	냉장 샌드위치, 샐러드, 냉장 파이, 캔에 든 샐러드, 주요리 또는 간식류의 Take-away
Ready to heat(C2)	소비 전 약간의 가열만을 요구하는 HMR 식품(해동 또는 뜨거운 물의 추가 후에 즉시 소비할 수 있는 단계까지 가공된 제품[1])	냉장 피자, 기타 주요리, 냉동 피자, 냉동 주요리와 간식 또는 수프, 건조된 수프, 스파게티, 캔에 든 수프와 메인 코스요리
Ready to end-cook(C3)	소비 전에 조리를 마무리하기 위해서 충분히 가열을 요구하는 HMR 식품[2]	냉장 및 냉동 Lasagne, 몇몇 냉동 메뉴, 건조된 파스타 요리
Ready to cook(C4)	조리 전 최소한으로 준비된 HMR 식품(다듬기, 껍질 까기와 벗기기, 자르기, 씻기 등). 그러나 요리를 구성하는 전체 식재료의 일부 또는 전부는 완전한 조리를 요구하는 HMR	냉동 해물 Paella, 곁들이는 음식과 함께 제공하는 잘라둔 냉장 육류 또는 생선, 잘라 빵가루가 입혀진 냉동 생선과 야채 소스 등

자료: Costa, A.I.A., Dekker, M., Beumer, R.R., Beumer, Rombouts, F.M., Jongen, W.M.F., A consumer-oriented classification system for home meal replacements, Food Quality and Preference 12(2001), p. 236

주: 1) 팬에서 15분 정도이거나 그 이하/ 또는 재래식 오븐 또는 찜통에서 20분 정도이거나 그 이하/ 또는 전자레인지에서 10분 정도이거나 그 이하
　　2) 팬에서 15분 이상 / 또는 재래식 오븐 또는 찜통에서 20분 이상/ 또는 전자레인지에서 10분 이상

〈표 2-2〉는 식재료의 준비상태를 중심으로 HMR 식품의 유형에 대한 분류체계를 설명한 표이다.

그리고 사용하는 제품(식재료)의 편리성 정도(4가지 범주 C1~C4)와 먹을 수 있도록 조리하거나 가열하는 데 걸리는 시간을 고려한 후, 보관 기간(저장 S1~S4)을 기준으로 각각의 범주를 구분하게 하였다.

이러한 기준을 바탕으로 〈표 2-2〉와 같이 Costa 외(2001)는 HMR 식품의 분류체계 시스템에서 4가지의 편의를 제시하였다. 즉, 식품의 가공/준비(정도/상태)에 따라 편의를 C1~C4까지 4가지 등급으로 구분하였다. 그리고 HMR 식품을 범주화하기 위하여 법이 정한 유효기간을 기준으로 S1~S4까지 정리하여 HMR 식품을 분류해 보았다.

〈표 2-2〉 HMR 식품의 분류체계

	C1	C2	C3	C4
S1 보관기간<1.5주				
S2 1.5주≤보관기간 < 1.5달				
S3 1.5달≤보관기관 <1.5년				
S4 보관기관 ≧1.5년				

2) 우리나라의 HMR(Home Meal Replacement) 정의와 유형

학술적으로 인용빈도가 높은 가공식품 세분 시장 현황(간편식 시장) 보고서를 통해 영어권에서 사용하고 있는 HMR(Home Meal Replacement)이 어떻게 정의되고 분류되는지를 살펴본다.

2017/2019/2021년 가공식품 세분 시장 현황(간편식 시장) 보고서에서는 HMR(Home Meal Replacement)을 간편식 또는 가정 간편식으로 칭하고 다음과 같이 정의하고 있다.

- 2017년 보고서에는 간편식은 단순한 조리과정만 거치면 간편하게 먹을 수 있도록 식재료를 가공·조리·포장해 놓은 식품을 의미한다고 정의하였다.[10] 그리고 연구자들이나 기업, 기관에 따라 해석하는 의미에 다소 차이가 있긴 하지만, 일반적으로 가정 외에서 판매되는 완전 조리 또는 반조리 형태의 제품(음식)으로, 바로 먹거나 간단히 조리하여 먹을 수 있는 식사 대체식을 간편식으로 보고 있다고 풀어 설명했다.

- 2019년 보고서에는 한국농촌경제연구원[11]의 자료를 인용하여 가정간편식은 가정 외에서 판매되는 가정식 스타일의 완전, 반조리 형태의 제품을 구매하여 가정 내 혹은 가정 외에서 바로 또는 간단히 조리하여 섭취할 수 있도록 제공되는 식품으로 정의하였다.[12] 2019년 보고서에서는 HMR을 가정간편식으로 해석한 것이 2017년 자료와는 다르다.

---

10) 한국농수산식품유통공사, 2017 가공식품 세분시장 현황, 2017년 11월, p.11
11) 가정식 대체식품(HMR) 산업의 현황과 정책과제-가공식품을 중심으로, 한국농촌경제연구원, 2015.10

- 2021년 보고서에는 가정간편식 정의 및 분류는 기관별 및 전문가에 따라 다양하게 설정되어 있으나, 본 보고서에서는 식품공전의 분류체계로 가정간편식을 구분한다고 식품공전의 분류기준을 강조하였다.

그리고 HMR(Home Meal Replacement)을 가정간편식으로 칭하고 다음과 같이 정의하고 있다.

가정간편식은 바로 섭취하거나 가열 등 간단한 조리과정을 거치면 간단하게 식사로 대용할 수 있는 식품을 말하며, 식품의약품안전처 식품공전 상으로 즉석식품류가 이에 해당한다고 풀어 정의하였다.[13]

그런 다음 HMR(간편식 또는 가정간편식)의 유형을 분류했다.

2017년 보고서는 Costa 외(2001)와 aT농식품유통교육원 유통연구소의 자료[14]를 참고하여 HMR을 협의와 광의로 양분한 후 4가지 유형으로 나누어 분류하였다고 설명하였다.

〈표 2-3〉 **간편식 분류**

구분		분류	정의	해당되는 간편식 제품
광의의간편식	협의의간편식	Ready to Eat (RTE)	별도의 조리 없이 구매 후 바로 섭취 가능	도시락, 김밥, 샌드위치와 같은 즉석섭취식품, 샐러드 등
		Ready to Heat (RTH)	전자레인지나 뜨거운 물 등에 단시간 데운 후 섭취 가능	즉석밥, 즉석죽, 레토르트식품 등
		Ready to Cook (RTC)	프라이팬, 냄비, 오븐 등의 조리기구를 이용하여, RTH에 비해 상대적으로 장시간 데우거나 간단한 조리 과정을 거친 후 섭취 가능	냉동돈까스, 육가공제품, 일부 냉동볶음밥 및 국/찌개/탕류 등
		Ready to Prepared (RTP)	다듬기, 껍질 벗기기, 자르기 등 최소한으로 손질된 제품으로, 일련의 조리 과정을 거친 후 섭취 가능	찌개 키트, 나물 키트 등

* Costa, A.I.A. Dekker, M. Beumer, R.R., Rombouts, F.M. and Jonge, W.M.F. 2001, "A Consumer-Oriented Classification System for Home Meal Replacements', Food Quality and Preference 12:229-242"
HMR시장의 현황과 시사점, aT농식품유통교육원 유통연구소, 2014.05.31./KMAC 재구성
자료: 2017 가공식품 세분시장 현황 · 간편식 시장, p.12

첫째, Ready to Eat(RTE: 먹을 수 있도록 준비 된)는 별도의 조리 없이 바로 섭취할

---

12) 한국농수산식품유통공사, 2019 가공식품 세분시장 현황, 2019년 8월, p.13(한국농촌경제연구원, 가정식 대체식품(HMR) 산업의 현황과 정책과제, 연구보고서 R742/2015.10, p.21에서 재인용)
13) 한국농수산식품유통공사, 2021 가공식품 세분시장 현황, 즉석조리식품, 2022.01
14) NHERI 주간 브리프, 농협경제연구소, 2014.06.02.의 자료를 인용.

수 있는 상태로, 도시락, 김밥, 샌드위치와 같은 즉석 섭취 식품이 해당 될 수 있으며, 넓은 의미로는 온·오프라인 반찬 판매 전문점에서 판매하는 국, 찌개, 반찬도 RTE에 포함하여 볼 수 있다고 하였다.

둘째, Ready to Heat(RTH: 가열하여 먹을 수 있도록 준비된)는 전자레인지나 뜨거운 물에 단시간 데운 후 섭취가 가능한 경우로, 즉석조리식품으로 나오는 햇반, 즉석죽, 레토르트식품으로 나오는 카레, 짜장 등이 해당될 수 있다고 하였다.

셋째, Ready to Cook(RTC: 조리할 수 있도록 준비된)은 상대적으로 장시간 데우거나 간단한 조리과정을 거친 후 섭취가 가능한 경우로, 냉동만두, 냉동돈까스, 냉동볶음밥 등이 해당될 수 있다고 하였다.

넷째, Ready to Prepared(RTP)는 일반적인 간편식이 아닌, 최근 다양한 찌개 키트, 나물 키트 등의 제품이 출시되면서 나타난 분류로 광의의 개념으로 포함해서 볼 수 있다고 하였다. 즉, 소분 및 세척까지 다 된 재료와 소스, 양념 등이 하나의 패키지로 포장되어 있어 RTC보다는 조리과정이 조금 더 추가되는 특징이 있다고 설명하였다.

그리고 본 보고서는 가공식품 시장이라는 특징이 있고, RTP는 소분 및 세척된 농산물이 포함된 패키지라는 특징이 있으므로 본 보고서의 범위에서는 제외한다고 하였다.

그리고 최근에는 간편식 시장이 커지면서 소매시장 판매대가 냉장 간편식, 냉동 간편식, 상온 간편식 시장으로 분류되기도 하는데, RTE 제품은 대부분 냉장 제품이며, RTH 제품은 상온 및 냉장, 냉동 등 다양한 형태로 출시되고 있다고 설명하였다. 그리고 RTC는 냉동 및 냉장 제품이 다수를 차지하고 있는 특징이 있으며, 라면은 일부에서는 간편식으로 보고 있기도 하지만, 본 보고서에서는 라면을 별도의 시장으로 보고 제외하였다고 설명하고 있다.

그리고 식품공전 기준으로 앞서 설명한 간편식의 정의와 유형을 제시하였다. 즉, 식품공전 기준으로 간편식(HMR)의 범위를 살펴보면, 즉석섭취·편의식품류가 보편적인 범위에 해당될 수 있다고 전개하고 특히, 즉석섭취·편의식품류의 정의는 앞서 언급한 간편식(HMR)의 정의와 매우 유사한 특징이 있다는 점을 든다.

즉, 즉석섭취 : 편의식품류라 함은 소비자가 별도의 조리과정 없이 그대로 또는 단순조리과정을 거쳐 섭취할 수 있도록 제조가공포장한 식품으로 다만, 따로 기준 및 규격이 정하여져 있는 식품은 그 기준규격에 의한다고 정의한다. 그리고 즉석섭취 · 편의식품류는 다시 즉석섭취식품, 즉석조리식품, 신선편의식품으로 분류되며, 각각의 정의는 다음과 같다.

즉석섭취식품이란 동 · 식물성 원료를 식품이나 식품첨가물을 가하여 제조 · 가공한 것으로서 더 이상의 가열, 조리과정 없이 그대로 섭취할 수 있는 도시락, 김밥, 햄버거, 선식 등의 식품을 말한다.

즉석조리식품이란 동 · 식물성 원료를 식품이나 식품첨가물을 가하여 제조 · 가공한 것으로서 단순가열 등의 조리과정을 거치거나 이와 동등한 방법을 거쳐 섭취할 수 있는 국, 탕, 수프, 순대 등의 식품을 말한다.

신선편의식품이란 농 · 임산물을 세척, 박피, 절단 또는 세절 등의 가공공정을 거치거나 이에 단순히 식품 또는 식품첨가물을 가한 것으로서 그대로 섭취할 수 있는 샐러드, 새싹채소 등의 식품을 말한다.

그리고 앞서 언급한 소매시장의 기준을 식품 공전 기준에 매칭시켜 분류하는 〈표 2-4〉와 같은 틀을 제시하였다.

〈표 2-4〉 **소매시장과 식품공전 기준 간편식 분류 및 주요 제품**

소매시장 분류	식품공전 분류		간편식 주요 제품[1]	비고
Ready to Eat (구입 후 바로 섭취 가능한 제품)	즉석섭취 · 편의식품류	즉석섭취식품	도시락, 샌드위치, 햄버거, 김밥, 삼각김밥 등	대부분 간편식으로 출시
		신선편의식품	샐러드, 간편과일, 새싹채소 등	
Ready to Heat (단순 가열 후 섭취 가능한 제품)	즉석섭취 · 편의식품류	즉석조리식품	즉석밥, 죽, 수프, 국, 탕, 찌개, 순대 등	간편식 외에 다른 제품 포함
	빵 또는 떡류	만두류	냉동만두	
	조미식품	소스류	즉석 짜장, 하이라이스, 덮밥 소스 등	
		카레	즉석 카레 등	
	과자류, 빵류 또는 떡류	빵류	피자, 핫도그 등	
		떡류	즉석 떡볶이 등	
	면류		파스타, 우동, 칼국수, 짜장면, 짬뽕 등	
	식육가공품 및 포장육	식육추출가공품	육개장, 삼계탕, 곰탕 등	
Ready to Cook (간단한 조리가 필요한 제품)	식육가공품 및 포장육	양념육	불고기, 닭갈비 등	
		분쇄가공육제품	돈까스, 스테이크 등	

* 식품공전, 식품의약품안전처(www.foodsafetykorea.go.kr) (2017년 6월 30일 고시 기준) 축산물의 가공기준 및 성분규격, 식품의약품안전처, 제2017-24호
1) 예시로 작성한 것이며, 제품에 따라 식품 유형이 달라질 수 있음
자료: 한국농수산식품유통공사, 2017 가공식품 세분 시장 현황 · 간편식 시장, 2017:13

그리고 이 유형 분류기준을 따라 식품공전 기준 분류와 식품 공전 기준 외 소비시장의 간편식 주요 제품을 아래의 〈표 2-5〉와 〈표 2-6〉과 같이 정리하였다.

〈표 2-5〉 **식품공전 기준에 해당하는 간편식 주요 제품**

식품공전 기준 분류	주요 품목	주요품목			
즉석섭취식품	도시락				
	김밥, 삼각김밥				
	햄버거, 샌드위치				
신선편의식품	샐러드				
	간편과일				
즉석조리식품	즉석밥				
	즉석죽				
	국, 찌개				
	수프				
	찜, 볶음				
	기타				

〈표 2-6〉 식품공전 기준 외 소비시장의 간편식 주요 제품

소비시장 분류		주요 제품			식품공전 분류기준
즉석카레					카레
즉석짜장					소스류
간편식면류	국수				면류
	우동				
	파스타 등				
떡볶이					떡류
만두					만두류
피자					빵류
핫도그					
고로케					
육류 해물 가공품	국, 탕, 찌개				식육추출가공품, 양념육, 분쇄가공 육제품, 기타 수산물가공품, 기타 가공품 등
	구이				
	찜				
	볶음				
	튀김, 부침				

자료: 2017 가공식품 세분시장 현황 - 간편식 시장, pp. 17-20

　그리고 2019년 보고서에서는 국외 논문인 Costa 외(2001), 국내 자료로 정나라 외(2005)와 한국농촌경제연구원(2015) 등의 자료를 취합하여 가정간편식은 다음의 〈표 2-7〉과 같이 총 4가지로 분류할 수 있다고 하였다.

〈표 2-7〉 **가정간편식 분류**

구분	분류	정의	해당되는 가정간편식 제품
가정간편식	Ready to Eat (RTE)	별도의 조리 없이 구매 후 섭취 가능	도시락, 샌드위치, 김밥, 샐러드 등
	Ready to Heat (RTH)	전자레인지 등 간단한 조리도구를 이용하여 단시간 데운 뒤 섭취 가능	즉석밥, 즉석죽, 즉석국 등
	Ready to Cook (RTC)	프라이팬, 냄비, 오븐 등의 조리기구를 이용하여, RTH에 비해 장시간 데우거나 간단한 조리 과정을 거친 뒤 섭취 가능	냉동돈까스, 육가공제품, 국/찌개/탕류 등
	Ready to Prepared (RTP)	다듬기, 껍질 벗기기, 자르기 등 최소한으로 손질된 제품으로, 일련의 조리 과정을 거친 후 섭취 가능	밀 키트 등

* Costa, A.I.A. Dekker, M. Beumer, R.R., Rombouts, F.M. and Jonge, W.M.F. 2001, "A Consumer-Oriented Classification System for Home Meal Replacements', Food Quality and Preference 12:229-242"
가정식 대체식품(HMR) 산업의 현황과 정책과제-가공식품을 중심으로, 한국농촌경제연구원, 2015.10 델파이 기법을 이용한 한국에서의 Home Meal Replacement(HMR) 개념 정립 및 국내 HMR 산업 전망 예측, 이해영, 정나라, 양일선, The Korean journal of nutrition. v.38, pp.251-258, 2005. 0367-6463/Insight Korea 재구성
자료: 한국농수산식품유통공사, 2019 가공식품 세분시장 현황(간편식 시장), 2019년 8월: 14

첫째, Ready to Eat(RTE)는 별도의 조리과정 없이 구매 후 바로 섭취 가능한 가공식품을 의미하며 도시락, 김밥, 샐러드 등이 이에 해당한다고 설명했다.

둘째, Ready to Heat(RTH)는 단시간 데운 뒤 섭취가 가능한 가공식품을 의미하며 즉석밥, 즉석죽, 즉석국 등이 여기에 해당한다고 하였다.

셋째, Ready to Cook(RTC)은 RTH에 비해 장시간 데우거나 간단한 조리과정을 거친 뒤 섭취가 가능한 제품을 말하며, 냉동돈까스, 육가공제품 등이 해당될 수 있다고 하였다.

넷째, Ready to Prepared(RTP)는 다듬기, 껍질 벗기기 등 최소한의 손질된 제품으로 직접 조리 후 섭취 가능한 제품을 말하며, 밀키트 등이 이에 해당한다고 설명하였다. 그러나 RTP의 경우, 가정간편식 시장으로 보는 인식이 증가하고 있으나 아직까진 국내에 형성되어 있는 데이터가 많지 않은 실정이며. 따라서, RTP는 국내 시장은 제외한다고 하였다.

그리고 식품공전을 기준으로 가정간편식(HMR)의 범위를 2017년 보고서와 같은 방법으로 전개한다. 즉, 가정간편식(HMR) 범위에 식품공전 기준을 적용하면 즉석섭취·편의식품류가 보편적인 범위에 해당한다. 그리고 즉석섭취·편의식품류는 다시 즉석섭취식품, 신선편의식품, 즉석조리식품으로 분류되는데, 식품공전에서 말하는 각 분류에 대한 정의를 제시한다. 그리고 앞서 설명한 시장의 범위를 식품공전 기준에 매칭시킬 수 있는 2017년 보고서와 같은 틀을 제시한다. 그리고 즉석섭취·편의식품류 외에 만두류, 카레, 빵류 중 피자, 핫도그, 떡류 중 떡볶이, 식육추출가공품 일부, 양념육 일부 등까지 포함되는 특징이 있다고 설명하고 아래와 같은 〈표 2-8〉을 정리하였다.

〈표 2-8〉 소매시장과 식품공전 기준 가정간편식 분류 및 주요제품

구분	소매시장 분류	식품공전 분류			소비 시장 기준 가정간편식 주요 제품[1]	비고
협의의 가정 간편식	Ready to Eat (별도의 조리없이 구입 후 섭취 가능한 제품)	즉석식품류	즉석섭취·편의식품류	즉석섭취식품	도시락, 샌드위치, 햄버거, 김밥, 삼각김밥 등	대부분 가정간편식으로 출시함
				신선편의식품	샐러드, 간편과일, 새싹채소 등	
				즉석조리식품	즉석밥, 죽, 수프, 국, 탕, 찌개, 순대 등	
광의의 가정 간편식	Ready to Heat (단순 가열을 통해 섭취 가능한 제품)	만두류			냉동만두	가정간편식 외 다른 제품 포함함
		조미식품		소스류	즉석 짜장 등	
				카레	즉석 카레 등	
		과자류, 빵류 또는 떡류		빵류	피자, 핫도그, 고로케 등	
				떡류	즉석 떡볶이 등	
		면류		생면	볶음면, 야끼소바, 우동, 쫄면, 냉면, 짜장면, 칼국수, 콩국수 등	
				숙면		
				건면		
				유탕면	라면	
	Ready to Cook (RTH에 비해 장시간 가열이나 간단한 조리가 필요한 제품)	식육가공품 및 포장육	식육추출가공품		육개장, 삼계탕, 곰탕 등	
			햄류		닭다리 등	
			양념육류	분쇄가공육	닭강정, 치킨, 미트볼, 햄버거패티, 탕수육 등	
				양념육	불고기, 껍데기, 무뼈닭발, 막창 등	
			식육추출가공품		꼬리찜, 닭곰탕, 뼈다귀해장국 등	
		수산가공식품류	기타 수산물가공품		생선구이 등	

* 식품공전, 식품의약품안전처(www.foodsafetykorea.go.kr) (2019년 3월 8일 고시기준)
  축산물의 가공기준 및 성분규격, 식품의약품안전처, 제2017-24호
 1) 예시로 작성한 것이며, 제품에 따라 식품 유형이 달라질 수 있음
자료: 한국농수산식품유통공사, 2019 가공식품 세분시장 현황(간편식 시장), 2019년 8월: 16

2021년 보고서에서는 앞서 언급한 가정간편식(간편식)의 유형 분류의 틀을 식품 공전의 분류체계에 따라 구분하고자 한다고 서술하고 있다.

그리고 영어권에서 가정식 대체식(HMR : Home Meal Replacement)이라고 칭하는 가정간편식의 정의 및 분류는 정한 기준이 없어 기관별, 전문가에 따라 각각 다르다는 점을 지적하고 있다.

또한 기존의 가정간편식(HMR)을 "바로 섭취하거나 가열 등 간단한 조리과정을 거치면 간단하게 식사로 대용할 수 있는 식품"을 말하며, 식품의약안전처 식품공전 상으로 즉석식품류가 이에 해당한다고 볼 수 있다고 설명하고 있다.

식품공전의 식품별 기준 및 규격에 보면 식품을 24개로 군집하여 분류한다. 이 중 우리가 살펴보고자 하는 것은 즉석식품류이다. 즉석식품류라 함은 "바로 섭취하거나 가열 등 간단한 조리과정을 거쳐 섭취하는 것으로 생식류, 만두, 즉석섭취·편의식품류를 말한다. 다만, 따로 기준 및 규격이 정하여져 있는 것은 제외한다"라고 정의한다.

〈표 2-9〉에서 보는 바와 같이 식품공전 상의 즉석식품류에는 생식류, 즉석섭취·편의식품류와 만두류 등 3개 하위 유형이 있다.

그리고 즉석섭취·편의식품류의 하부에는 〈표 2-10〉과 같이 즉석섭취식품, 즉석 조리식품, 신선편의식품, 그리고 간편조리세트[15]가 있다. 그리고 즉석섭취·편의식품류는 다음과 같이 정의되고 있다.

---

15) 간편조리세트(밀키트)는 지금까지 즉석조리식품으로 분류되었으나, 2020년 10월 16일 [식품의 기준 및 규격] 일부개정고시(식약처 고시 제 2020-98호)를 통해 신설되었으며, 2022년 1월 1일부터 즉석섭취·편의식품류에 지금까지 즉석조리식품으로 분류되었던 간편조리세트 (밀키트) 제품 유형이 추가 신설되어 적용되었다. 이에 따라 가공식품만으로 구성되어 있는 조리세트제품은 즉석 조리식품으로 분류되며, 식육, 채소, 생선 중 가공되지 않은 자연산물이 포함될 경우 간편조리세트 (밀키트)로 분류됨.

〈표 2-9〉 식품공전 체계상 즉석식품류 세부 분류

품목		주요품목	정의
생식류		생식제품(건조 생식원료 80% 이상) 생식함유제품(건조 생식원료 50% 이상)	동·식물성 원료를 주원료로 하여 건조 등 가공한 것으로, 이를 그대로 또는 물 등과 혼합하여 섭취할 수 있도록 가공한 식품
즉석섭취·편의식품류	즉석 섭취식품	도시락, 김밥, 샌드위치, 햄버거 등	동·식물성 원료를 식품이나 식품첨가물을 가하여 제조·가공한 것으로서 더 이상의 가열·조리과정 없이 그대로 섭취할 수 있는 식품
	즉석 조리식품	국, 탕, 수프, 순대 등	동·식물성 원료를 식품이나 식품첨가물을 가하여 제조·가공한 것으로서 단순 가열 등의 조리과정을 거치거나 이와 동등한 방법을 거쳐 섭취할 수 있는 식품
	신선 편의식품	샐러드, 컵과일, 새싹채소 등	농·임산물을 세척, 박피, 절단 또는 세절 등의 가공공정을 거치거나 이에 단순히 식품 또는 식품첨가물을 가한 것으로 그대로 섭취할 수 있는 식품
	간편조리세트**	밀키트	조리되지 않은 손질된 농·축·수산물과 가공식품 등 조리에 필요한 정량의 식재료와 양념 및 조리법으로 구성되어, 제공되는 조리법에 따라 소비자가 가정에서 간편하게 조리하여 섭취할 수 있도록 제조한 제품
만두류		만두, 만두피	곡분 또는 전분을 주원료로 반죽하여 성형한 만두피에 고기, 야채, 두부, 김치 등 다양한 원료로 제조한 소를 넣고 빚어 만든 것

* 2019 식품공전 해설서, 식품의약품안전처
** 즉석섭취·편의식품류에 간편조리세트(일명 밀키트) 제품유형이 추가 신설되어 2022년 1월부터 적용될 예정.
  식품의약품안전처 홈페이지
자료: 한국농수산식품유통공사, 2021 가공식품 세분시장 현황(간편식 시장), 23

   "즉석섭취·편의식품류라 함은 소비자가 별도의 조리과정 없이 그대로 또는 단순 조리과정을 거쳐 섭취할 수 있도록 제조·가공·포장한 즉석섭취식품·신선편의식품·즉석조리식품, 간편조리세트를 말한다. 다만, 따로 기준 및 규격이 정하여져 있는 것은 제외한다."라고 정의하고 있다. 〈고시 제2020-98호, '20.10.16)[시행일 : 2022.1.1.]

〈표 2-10〉 **식품공전 체계상 즉석섭취, 편의식품류 세부 분류**

품목	주요품목	정의
즉석섭취식품	도시락, 김밥, 샌드위치, 햄버거 등	동·식물성 원료를 식품이나 식품첨가물을 가하여 제조·가공한 것으로서 더 이상의 가열, 조리 과정 없이 그대로 섭취할 수 있는 식품
즉석조리식품	국, 탕, 수프, 순대 등	동·식물성 원료를 식품이나 식품첨가물을 가하여 제조·가공한 것으로서 단순 가열 등의 조리과정을 거치거나 이와 동등한 방법을 거쳐 섭취할 수 있는 식품
신선편의식품	샐러드, 컵과일, 새싹채소 등	농·임산물을 세척, 박피, 절단 또는 세절 등의 가공공정을 거치거나 이에 단순히 식품 또는 식품첨가물을 가한 것으로 그대로 섭취할 수 있는 식품
간편조리세트	밀키트	조리되지 않은 손질된 농·축·수산물과 가공식품 등 조리에 필요한 정량의 식재료와 양념 및 조리법으로 구성되어, 제공되는 조리법에 따라 소비자가 가정에서 간편하게 조리하여 섭취할 수 있도록 제조한 제품

* 2019 식품공전 해설서, 식품의약품안전처
** 즉석섭취·편의식품류에 간편조리세트(밀키트) 제품 유형이 추가 신설되어 2022년 1월부터 적용될 예정.
   식품의약품안전처 홈페이지
자료: 한국농수산식품유통공사, 2021 가공식품 세분시장 현황(간편식 시장), 24

가정식 대체 식품, 간편 가정식, 가정간편식, 간편식 등으로 설명되고 있는 HMR의 사전적 정의, 식자(識者)들이 보고서 등에서 정의한 내용을 살펴보면 즉석식품 (instant food)과 가공식품, 조리식품, Retort 식품 등의 정의와 뜻을 같이하고 있다. 그리고 이러한 식품을 판매하는 유통소매기관은 다양한 유형의 식품을 On/Off 라인을 통해 소비자들에게 제공하고 있어 가정식과 외식의 중간 영역이라고 일컫는 HMR(Home Meal Replacement) 시장을 확장해 가고 있다.

가공식품의 질이 나날이 좋아지고, 그 종류가 다양해지고 있다. 그리고 식품의 상태도 원상태에서 먹을 수 있도록 준비된 상태에 이르기까지 다양한 상태의 식품들이 시장에서 공급되고 있다. 그런데 이러한 식품 중에는 단일 식품으로(예 도시락, 샌드위치, 김밥 등) 한 끼의 식사가 될 수 있는 상품/제품/식품도 있다. 이런 경우 가정식 대체식으로 고려할 수 있다.

그러나 햇반은 그 자체만으로 식사가 되는 것이 아니다. 국이 있어야 하고 최소한 의 반찬이 있어야 한다. 그 결과 가정에서의 전통적인 한 끼의 식단을 준비하기 위해서는 다양한 식품 중 필요한 것을 구매하여야 한다. 그리고 조립(여러 부품을 하나의 구조물로 짜 맞춤. 또는 그런 것)과 조합(여럿을 모아 한 덩어리가 되게 함)을 통해 한 끼의 식단을 구성해야 한다. 그렇게 되면 시장에서 판매되는 모든 가공식품은 가정식 한 끼를 대체할 수 있는 식단을 구성하는 부품이 된다. 그렇게 접근하면 모든 가공식품은 HMR(Home Meal Replacement) 식품이라는 등식이 성립 된다.

결국, HMR(Home Meal Replacement)을 영어권에서 정의하고 분류한 대로 해석하 여 접근하면 다음과 같은 조건을 충족시켜야 한다.

첫째는 HMR 식품이 가정식 한 끼를 대체할 수 있는 해법이 되어야 한다. 즉, 소비자가 집에서 식사를 조리할 수 없거나, 완전한 식사를 준비할 수 없을 때 한 끼의 식사를 해결하는 해법(meal solutions)을 HMR(Home Meal Replacement)이라는 포괄적인 개념으로 접근하는 것이다.

가정에서 한 끼의 식사를 하고 싶거나 해야 할 필요가 있는 경우의 식사 해법은 HMR(Home Meal Replacement)으로 몇 가지 대안이 있다. 다양한 배달 서비스를 이용 하여 가정으로 배달시키거나(Home Delivery), 소비자가 Take-away 전문점이나 식품 을 취급하는 소매점에서 음식을 사서 집으로 가져와서 소비하는 경우(Take away/ Retail Meal Replacement)이다.

둘째는 시장에서 제공되고 있는 다양한 종류와 형태의 HMR(Home Meal Replacement) 식품을 On/Off 라인을 통하여 구매한 후 원할 때 한 끼의 식사를 준비하는 것이다. 그런데 이 단계에서 구매한 특정 HMR 식품은 다음과 같은 특성을 고려해 봐야 한다. 한 끼의 식사를 구성하는데 핵심요리가 되는가? 아니면 한 끼의 식사를 구성 하는 하나의 재료(부품)가 되는가? 그리고 그 식품의 준비 정도가 먹을 수 있는 단계까지를 기준으로 어느 정도로 준비되어 있는가?

그런데 시중에는 다양한 종류의 가공식품이 다양한 형태로 준비되어 판매되고 있다. 칼과 도마가 없어도 전자레인지만 있으면 한 끼의 식사를 해결하는 데는 문제가 없도록 디자인된 가공식품이 넘쳐난다. 가장 편리한 방법으로 짧은 시간에 요리 기술이 없어도 한 끼의 식사를 준비할 수 있다. 그리고 이러한 방법으로 준비된 가정에서의 한 끼의 식사를 HMR으로 칭한다면 HMR 시장은 그 규모가 커진다.

이와 같은 접근 방식이라면 우리나라의 HMR 시장은 무한하다. 물론 가정식 한 끼라는 의미가 각자에게 다르겠으나 일반적으로 통용되는 개념으로 정의되면 된다.

그러나 편의성과 간편화에 대한 소비자들의 욕구들을 공급자 측면에서 반영하여 가정식을 간편하게 해결할 수 있는 해법(solutions)으로 접근한다면, 우리나라의 HMR 시장은 가공식품 시장과 상당 부분이 겹친다.

그렇다면, 영어권에서 사용되고 있는 HMR의 정의와 우리가 해석하는 HMR의 정의는 달라야 한다. 즉, 우리의 HMR 식품은 대부분 한 끼의 식단을 구성하는 하나의 부품으로 간주 되어야 하며, 부품이 아닌 한 끼의 식사가 되는 HMR과는 구분되어야 한다.

제2절 HMR(Home Meal Replacement)의 유통 및 판매 현황

1. HMR(Home Meal Replacement)의 유통구조

간편식 유통구조는 제조, 유통, 그리고 소비라는 구조로 되어 있다. 즉, 간편식을 만들어 유통을 통해 소비자에게 제공된다.

먼저, 간편식품의 제조 측면에서는 식품제조업체뿐만 아니라 유통업체, 외식업체 등이 참여하고 있다. 그리고, 유통 측면에서는 다양한 소매기관과 외식업체의 On/Off Line 채널이 이용되고 있다.

식품제조업체와 대표적인 브랜드는; CJ 제일제당(비비고/더비비고/해반/컵반/햇반솥반/고메/쿠킷) 오뚜기(오뚜기/오즈키친/오뮤), 대상(안주야/종가집(종가반상)/

호밍스), 동원 F&B(양반/쎈쿡/떡볶이의 신), 롯데푸드(쉐푸드), 풀무원(풀무원/ORGA)/반듯한식), 아워홈(바로/온더고), 농심(쿡탐), 한국야쿠르트(잇츠온) 등이 다양한 가정간편식 브랜드를 선보이고 있다.

그리고 유통업체와 대표적인 브랜드는; 신세계푸드 이마트(피코크), 롯데마트(요리하다), 홈플러스(시그니처), BGF 리테일(헤이루), GS 리테일(유어스), 쿠팡(곰곰), 마켓컬리(컬리스) 등과 같은 주요 유통업체도 다양한 가정간편식 브랜드를 제공하고 있다.

그 밖에도 백화점과 호텔과 외식업체, 그리고 중소규모 업체들도 이 시장에 진출하고 있다.

다음 〈표 2-11〉은 유통업체와 식품업체의 주요 가정간편식 브랜드와 주요 품목을 정리한 것이다.

그리고 가정간편식은 품목별로 유통채널이 다양하다. 일반적으로 대형할인점/체인슈퍼, 편의점, 독립슈퍼, 일반식품점, 백화점, 온라인 등과 같은 주요유통채널을 중심으로 B2C로 유통되고 있다. 그리고 외식 프랜차이즈, 카페, 커피전문점 등에 B2B로 유통되며, 반조리 가공 형태의 가정간편식 제품들의 B2B 경로를 통한 판매가 증가추세"라고 한다.[16] 그리고 이러한 원인을 "최저시급 인상, 임대료 상승, 식자재비 상승 등"에서 찾고 있다. 그리고 이러한 변화는 "조리사 없이 반조리 제품을 데워서 제공하는 점포 증가, 키오스크 방식의 무인화 주문 점포의 증가 등을 B2B 채널의 성장을 촉진하는 요인으로 설명하였다.

또한, 온라인 채널도 가정간편식 구매 경로로 급성장하고 있는데 이는 신선도 유지와 이동의 어려움 등으로 인해 온라인 시장에서 제외되었던 과거와는 달리 식품 가공기술과 포장기술, 그리고 유통망의 획기적인 발전에 힘입어 나날이 성장할 것으로 전망하고 있다.

---

16) 2017 가공식품 세분 시장 현황 ·간편식 시장-, 보고서에서는 B2C : B2B 비중을 80% : 20%라고 설명함. 2019 가공식품 세분 시장 현황(간편식 시장) 보고서에서는 65% : 35%로 추정함. 그리고 2021 가공식품 세분 시장- 즉석조리식품 보고서에서는 B2C : B2B 비중을 측정하기 어렵다고 설명함.

〈표 2-11〉 유통업체와 식품업체의 즉석조리식품 주요 브랜드와 주요품목

기업명	주요 브랜드	브랜드 로고	주요품목
신세계푸드 이마트	피코크		국, 탕, 찌개, 조리냉동식품, 신선편의식품, 간편조리세트(밀키트) 등
롯데마트	요리하다		냉동밥, 즉석죽, 냉장 면, 국탕,찌개, 간편조리세트 등
홈플러스	시그니쳐		국,탕,찌개, 스테이크, 라자냐 등
BGF리테일	헤이루		면류,떡볶이, 국, 탕, 찌개, 즉석밥 등
GS리테일	유어스		부대찌개, 김치찌개, 김밥 등
쿠팡	곰곰		냉동만두, 볶음밥, 돈까스, 치킨너겟, 떡갈비, 갈비탕 등
마켓컬리	컬리스		신선식품, 요리 재료, 간편식, 반찬, 커피 등
CJ제일제당	비비고		만두, 김치, 한식 반찬, 죽, 김 등
	더비비고		국, 탕, 덮밥소스, 죽 등
	햇반		백미밥, 잡곡밥, 컵반 등
	컵반		탕밥, 국밥, 비빔밥, 덮밥 등
	햇반솥반		뿌리채소영양밥, 버섯영양밥, 통곡물밥, 꿀약밥 등
	고메(GOURMET)		피자, 치킨, 스낵, 면, 밥 등
	쿠킷(cookit)		탕수육, 닭강정, 오고노미야끼, 리조또 등
오뚜기	오뚜기		즉석밥, 카레/짜장/덮밥, 컵밥, 국탕/찌개류, 수프류 등
	오즈키친		카레, 렌지류, 죽류, 수프류, 면, 밥 등
	오뮤		곤라이스, 현미밥, 죽류, 짜장
대상	안주야		곱창, 꼬리찜,무뼈닭발, 막창, 껍데기 등
	종가반상		국/탕/찌개류
	호밍스		반찬, 극/탕/찌개류
동원	양반		극/탕/찌개류, 죽, 반찬 등
	쎈쿡		즉석밥(발아현미밥, 통곡물밥, 퀴노아밥 등)
	떡볶이의 신		국물 떡볶이, 치즈 떡볶이 등
롯데푸드	쉐푸드		만두, 튀김, 볶음밥, 파스타 등
풀무원	풀무원		즉석국(블럭), 수프, 죽, 면 등
	ORGA		즉석밥, 죽 등
	반듯한식		국, 탕, 찌개
아워홈	바로		석국, 냉동육가공(에어프라이어 전용 제품)양념류, 베이커리 등
	온더고		파스타, 덮밥 등
농심	국탕		국/탕/찌개, 떡볶이, 면요리 등
hy(한국야쿠르트)	잇츠온		간편조리세트(밀키트)

자료: 한국농수산식품유통공사, 2021 가공식품 세분시장 현황(간편식 시장), 65-70

2. HMR(Home Meal Replacement) 소매시장 규모

가정간편식 시장을 분류할 때 통일된 기준이 없어 다양한 기준을 적용한다고 했다. 여기서는 한국농수산식품유통공사가 발표한 [2017/2019/2021년 가공식품 세분 시장 현황 (간편식 시장/즉석식품 시장]을 인용하여 설명해 본다.

첫째, 2017년 보고서의 경우는 2016년을 기준으로 다음과 같은 기준으로 시장의 규모를 정리하였다.

[2017 가공식품 세분 시장 현황 - 간편식 시장]의 경우는 2016년 협의의 간편식(식품공전의 즉석섭취식품 + 즉석조리식품 기준) 소매시장의 규모를 1조 2,186억 원, 광의의 간편식 시장(협의의 간편식 + 냉동간편식 기준)은 2조 287억 원에 이른다고 발표했다.

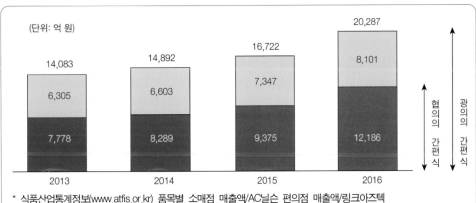

* 식품산업통계정보(www.atfis.or.kr) 품목별 소매점 매출액/AC닐슨 편의점 매출액/링크아즈텍
  1) 협의의 간편식=즉석섭취식품+즉석조리식품
  2) 광의의 간편식=협의의 간편식(즉석섭취조리식품)+냉동간편식
  ※ 냉동간편식은 즉석섭취조리식품에 포함되지 않는 만두를 포함한 냉동 간편식 제품이며, 링크아즈텍 자료임
  자료: 한국농수산식품유통공사, 2017 가공식품 세분 시장 현황 - 간편식 시장, 2017:41

[그림 2-1] 간편식 소매시장 규모

둘째, [2019 가공식품 세분시장 현황- 간편식 시장-] 보고서에 따르면 [그림 2-2]에서 보는 바와 같이 냉동 간편식을 포함한 광의의 가정 간편식 시장규모는 2016년 1조 5,145억 원에 달하고, 협의의 가정간편식 시장은 2016년 기준 5,899억 원에 달한다.

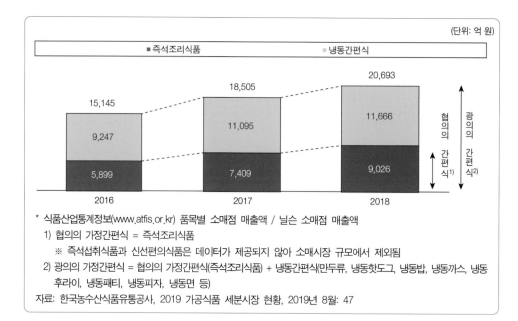

[그림 2-2] **가정 간편식 소매시장 규모**

결국, 발표되는 가정간편식의 소매시장 규모는 기준을 어떻게 설정하느냐와 사용 가능한 데이터에 따라 달라진다.

2016년도를 기준으로 2017년도 자료와 2019년도 자료를 비교해 보면 협의의 간편식의 경우는(12,186-5,899=6,287억 원) 늘어나고, 광의의 간편식의 경우는 (20,287-15,145=5,142억 원) 차이가 난다.

두 보고서의 차이는 협의의 간편식의 경우 즉석섭취식품 시장에 있다. 즉, 2017년의 보고서에서는 즉석섭취식품 시장을 포함하였으나, 2019년 보고서에서는 즉석조리식품으로 한정하였기 때문으로 설명할 수 있다.

그리고 광의의 간편식 시장규모의 경우는 협의의 간편식 + 냉동간편식이라는 등식을 사용하였는데 구체적인 설명은 없으나 데이터 가능 여부와 냉동 간편식 중 선택의 범주가 달랐기 때문이 아닌가 생각한다.

셋째, 2021년 보고서의 경우는 다음과 같은 기준을 정하여 전개하였다. 닐슨 소매점 데이터를 활용하고, 즉석조리식품 소매시장 규모에 포함되는 제품 종류로는 가공밥, 국/탕/찌개류, 죽류, 즉석국류, 수프류, 카레류, 미트류, 파스타류, 짜장류, 기타 레토르트류, 덮밥소스류 등으로 한정하였다.

이 기준으로 즉석조리식품 소매시장 규모는 2020년 기준 1조 1,522억 원 정도이다. 그런데 2017년 보고서의 2016년 기준 협의의 간편식(즉석섭취식품 + 즉석조리식품) 1조 2,168억 원이다. 2017년 보고서의 2016년 기준에는 즉석섭취식품이 포함이 되어 있기는 하지만 2020년과의 차이가 664억 원(1조 2,186억 원 - 1조 1,522억 원= 664억 원) 정도이다.

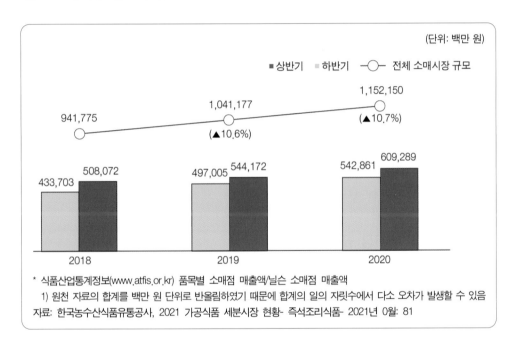

[그림 2-3] 즉석조리식품 소매시장 규모

식품의약품안전처에서 제공하는 식품첨가물 생산실적은 식품공전의 분류체계를 따르고 있다. 즉석조리식품의 주요 품목을 국, 탕, 스프, 순대, 기타 유형으로 구분하여 발표하고 있다. 기타 유형에는 즉석조리식품으로 품목 제조 보고된 즉석밥, 컵밥, 죽, 즉석카레/짜장, 덮밥소스류, 미트볼, 떡볶이, 피자, 파스타, 간편조리세트(밀키트) 등 다양한 제품이 있다.

다만 이러한 제품들이 소매시장에서는 동일 제품으로 인식되어도 식품공전 기준으로 보면 다르게 분류될 수 있다. 예로 가정간편식으로 출시된 미트볼 품목은 주로 즉석조리식품으로 분류되고 있으나, 식용함유가공품으로 분류될 수 있다. 같은 제품이라도 원료 함유량, 업체가 제조 신고한 품목 등에 따라 분류가 달라진다는 것이다.

때문에 HMR 식품의 정의가 명확해야 하고, 그리고 그 정의에 부합되는 분류체계가 만들어져야 하며, 그 분류에 따라 데이터가 생성되어야 한다.

1) 판매 채널별 소매시장 규모

2020년도 즉석조리식품 매출액 비중은 할인점(30.4%), 편의점(20.3%), 체인슈퍼 (20.1%), 독립슈퍼(19.9), 일반식품점(8.3%), 백화점(1.0%) 순으로 할인점이 가장 높은 매출 비중을 차지하고 있다. 그리고 대형마트 즉석조리식품 매출액 비중이 높은 이유로 초밥이나 덮밥류 등 한 끼 식사가 가능한 상품들이 추가되었으며 디저트와 샐러드까지 즉석조리식품의 범위의 확대를 든다. 또한 손님초대나 가족식사 시 상차림을 즉석식품으로 구성할 수 있기 때문이라고 설명하고 있다. 게다가 Covid-19가 장기화되면서 가정에서 식사 준비 횟수가 증가해 가공식품을 구매해 저장하는 소비패턴이 이어진 결과로 분석한다.

2) 제조사별 소매시장 규모

2020년을 기준으로 즉석조리식품 시장 점유율이 가장 큰 제조사는 CJ제일제당으로 전체 판매액의 49.2%를 차지하였으며, 다음으로 오뚜기(26.7%), 동원 F&B (7.8%), 스토아 브랜드[17] (5.2%), 대상 (2.2%), 기타 8.9% 순으로 나타남.

즉석조리식품 중에서 가장 큰 비중을 차지하는 품목은 즉석밥과 즉석 국 시장이다. 즉석밥 시장은 CJ제일제당을 햇반을 선두로 오뚜기의 컵밥과 주먹밥 등이 앞서고 있다. 그리고 즉석국 시장에는 CJ제일제당의 비비고와 동원 F & B의 양반이 두각을 나타내고 있다고 설명하고 있다.

---

17) 대형마트, 편의점 등의 PB 브랜드

HMR(Home Meal Replacement) 시장과 식문화 Trend의 변화

1. HMR(Home Meal Replacement) 시장의 변화

집에서 식사 준비를 위한 시간이 부족하고, 집에서 요리하는 것은 귀찮은 일이고, 가정에서 식사 준비는 비효율적이라고 생각하는 사람들이 차츰 많아지고 있다. 또 다른 한편에서는 먹는 것은 가치가 있는 개인의 경험과 여가 또는 사회화를 위한 주요한 부분으로 포기할 수 없다고 생각하는 이중성을 갖고 있다. 그 결과 가정 식사 해법을 제공하는 공급 체인에 속한 모든 당사자들은 이러한 문제를 해결하고 빠르고 편리하고, 안전하고 건강하게 가정 식사를 대체할 수 있는 해법(Solutions) 제시에 관심을 가지게 된다.

1) HMR 시장의 발전 단계

시간 압박 속에서 사는 현대인들은 가정에서의 식사를 효율성과 편의성, 시간 절약이라는 잣대로 재단한다. 그리고 여기에 맛과 멋, 그리고 안전과 건강, 환경과 윤리라는 추가 기능을 요구한다. 그런데 이러한 조건을 충족시킬 수 있는 여건 속에서 사는 가정은 많지 않다. 게다가 2020년부터 2023년 상반기까지 계속되었던 COVID-19의 상황에서 정부가 정한 강화된 방역수칙으로 인해 외식에 많은 제약이 따랐다. 그 결과 가정에서의 식사 빈도는 자연스럽게 증가하게 되고, 각자의 상황에 적합한 조건을 충족시킬 수 있는 제품과 서비스를 찾게 되었다. 그리고 이러한 제품과 서비스를 찾는 사람이 차츰 많아지면서 한 영역이 생기게 된다. 가정간편식 시장이다.

그리고 이 시장은 시장의 논리로 발전하게 되는데 수요가 증가하면서 가내수공업 → 중소기업 → 대기업 순으로 시장에 참여하게 되며, 공급이 수요를 초과하는 현상이 일어난다. 그 결과 제한적인 시장(수요)을 놓고 공급자 간 서로 경쟁하게 된다(식품제조업체, 식품유통업체, 외식업체 등). 이어 경쟁은 차별화를 낳고, 차별화는 필수적으로 비용의 증가를 가져오지만, 제품과 서비스에 대한 전반적인 품질향상을 가져오며, 새로운 시장을 개척할 목표로 도전하게 된다. 그 결과 소비자 측면에서는 양질의 다양한 제품들을 최상의 서비스와 저렴한 가격으로 편리하게 제공 받을 수 있게 된다.

　　다음은 [2017 가공식품 세분 시장 현황 - 간편식 시장-] 보고서의 내용을 정리한 것이다. 간편식 시장은 소비시장의 변화를 바탕으로 크게 도입기 1~2세대와 성장기 3~4세대로 나누어 설명하고 있다.

　　도입기 1세대는 1980년대~2000년대 초반까지로 편의성이라는 키워드를 중심으로 3분 요리와 즉석밥을 선보인 시기로 소개하고 있다. 편의성이 강조된 제품이 주로 출시되며 간편식 시장이 본격적으로 시작된 시기라고 설명하고 있다.

　　그리고 도입기 2세대는 2000년대 초반~2013년까지로 본다. 신선함, 냉장, 냉동제품을 키워드로 냉장 식품, 냉동 만두를 출시한 시기로 설명한다. 간편식이 한 끼 식사로 받아들여지기보다는 별식이라는 인식이 강했던 시기라고 설명하고 있다.

　　2013년~2014년까지의 성장기 3세대로 본다. 다양성과 다변화를 키워드로 다양한 컵밥, 국물요리, 한식 반찬 등 국내 식문화를 반영한 제품들과 해외 요리 제품들도 다양하게 출시되었다고 설명하고 있다.

　　그리고 유통업체 중 처음으로 이마트가 '피코크'라는 PB 브랜드로 간편식 시장에 진출하였다. 비슷한 품목들이 주로 출시된 1 · 2 세대와 달리 3세대는 다양한 제품들의 출시와 유통업체가 시장에 진입하는 등 새로운 양상을 보였던 시기라고 설명하고 있다.

　　그리고 2015년~현재까지를 성장기 4세대로 설명한다. 차별화 전략으로 업그레이드된 프리미엄 일상식을 키워드로 유통업체의 PB 브랜드와 유명인들과 협업을 통해 다양한 제품을 출시한 시기라고 설명하고 있다.

　　만약 간편식 시장의 변화를 계속 이어간다면, 앞서 설명한 4세대를 2015~ 2019년까지로 설정하고, 새로운 5세대를 추가하여 COVID-19가 시작된 2020~현재까지로 설정하는 것이 타당하다고 판단된다.

　　이 시기의 특징은 소비자들이 가정간편식 제품과 서비스에 더 익숙해진 시기이다. 그리고 1인 가구와 맞벌이 가구 등 편의지향적인 상품과 서비스를 원하던 기존 소비자들 외에 새로운 유형의 소비자들이 이 시장에 진입하는 시기로 설명할 수 있다. 또한, 가정간편식의 또 다른 유형인 Meal Kits 제품이 도입되었고, 주요 식품제조업체뿐만 아니라, 전문화된 소상공인 식품제조업체와 호텔, 외식업체, 그리고 유통업체들이 가정간편식 시장에 적극적으로 참여한 시기이기도 하다.

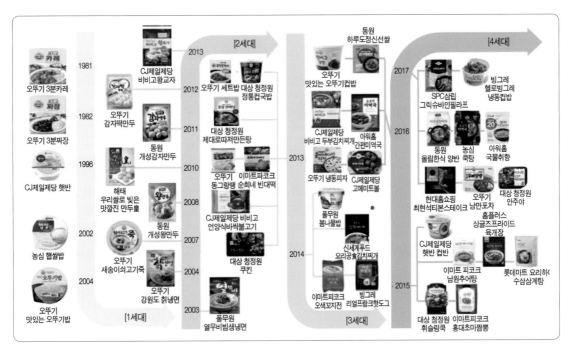

[그림 2-4] 간편식 시장의 변화

구분	도입기		성장기	
	1세대	2세대	3세대	4세대
시기	1980~2000년대 초반	2000년대 초반~2013년	2013~2014년	2015년~현재
키워드	편의성	신선함, 냉장·냉동제품	다양성, 다변화	프리미엄 일상식
주요 출시 제품 및 이슈	3분요리, 즉석밥	냉장식품, 냉동만두	컵밥, 국물요리, 한식반찬	유통업체PB, 콜라보레이션
	1981 오뚜기 3분카레	2003 풀무원 생면류 3종 CJ델리레또 냉장수프	2013 대상 정통컵국밥 대상 제대로따져만든탕 오뚜기 세트밥 CJ제일제당 비비고언양식 바싹불고기 풀무원 국물떡볶이 이마트 피코크 론칭 이마트 피코크 순희네 빈대떡	2015 CJ제일제당 햇반컵밥 이마트 피코크 초마쌈퐁 홈플러스 싱글즈프라이드 론칭, 롯데마트 요리하다 론칭, 대상 청정원 휘슬링쿡 론칭
	1982 오뚜기 3분짜장	2004 오뚜기 냉장면 14종		
	1983 오뚜기 3분햄버그	2007 오뚜기 냉장죽 4종		2016 오뚜기컵밥, 냉동피자 CJ제일제당 비비고 상온간편식(찜, 볶음)
	1996 CJ제일제당 햇반	2008 동원 개성왕만두		
	2002 농심 햅쌀밥	2010 해태 우리쌀로 빚은 맛깔진 만두	2014 오뚜기 동그랑땡, 돈까스, 너비아니 풀무원 봄나물밥, 영양밥 신세계푸드 요리공食 이마트피코크 오색꼬지전 모듬전, 모듬전, 고기완자전, 동태전, 해물전	2017 빙그레 헬로빙그레 냉동컵밥 대상청정원 안주야 론칭, CJ제일제당 쿠킷 론칭, 동원 올림한식양반 론칭, 농심 쿠탐 론칭, 아워홈 국물취향 론칭
	2004 오뚜기 맛있는밥	2012 오뚜기 감자떡만두		
	2005 동원 쎈쿡	2013 CJ제일제당 비비고왕교자		

* 각 사 홈페이지 및 언론사 자료 참고하여 KMAC 재구성
자료: 한국농수산식품유통공사, 2017 가공식품 세분시장 현황, 2017년 11월 : 53

2) HMR에 대한 인식의 변화

다음 [그림 2-5]는 간편식에 대한 인식이 시대와 소득의 변화에 따라 달라지는 과정을 설명한 그림이다.

시간이 지남에 따라 소득수준이 높아지면서 간편식에 대한 인식이 대충 먹는, 빨리 때우는 한 끼에서 제대로 된 한 끼 식사로 바뀌어 가는 과정을 설명하였다. 즉, 초기 단계의 즉석식품 출시로부터 조리 시간 단축, 그리고 보관의 편이성, 고품질 제품 개발, 소비자 품질 인정, 그리고 저렴한 식사 대용에서 고품질의 요리로 변화하는 과정을 설명한 것이다.

간편식에 대한 소비자들의 인식이 이렇게 바뀐다는 것은 간편식으로 출시되는 제품이 한 끼의 식사를 구성하는 하나의 부품(재료)으로 고려된다는 의미이다. 그 부품의 상태는 조리할 수 있도록 준비된 정도가 높은 제품, 또는 마지막 손질만 하여 먹을 수 있도록 준비된 상태의 제품들이 되어야 한다는 것이다. 즉, 부품들의 조합과 조립을 통해 한 끼 양질의 식사를 특별한 기능이 없어도 효율적으로 간편하게 만들어 낼 수 있는 식사의 의미로 간편식을 인식하게 된다는 의미이다.

결국, 가정간편식에 대한 이러한 인식의 변화는 가정간편식 제품의 품질향상과 유통망의 획기적인 발전에서 찾을 수 있다. 가정에서 직접 조리한 요리, 외식업소에서 경험할 수 있는 양질의 가정간편식 제품이 다양한 형태로, 다양한 유통경로를 통해 제공되기 때문이다. 특히 밥과 국, 그리고 반찬으로 구성되는 우리 식단의 특성으로 볼 때, 식단을 구성하는데 이용되는 특정 제품들은 기대 수준 이상이라는 것을 소비자들에게 검증받았다는 의미이다. 그 결과 지금까지 가정간편식을 편리하고 간편한 제품으로 고려하여 외면했던 소비자층(연령이 높고, 가구원 수가 많은 가구)이 새로운 고객으로 유입되면서 가정간편식 시장이 계속 성장하고 있다는 것을 설명하고 있다.

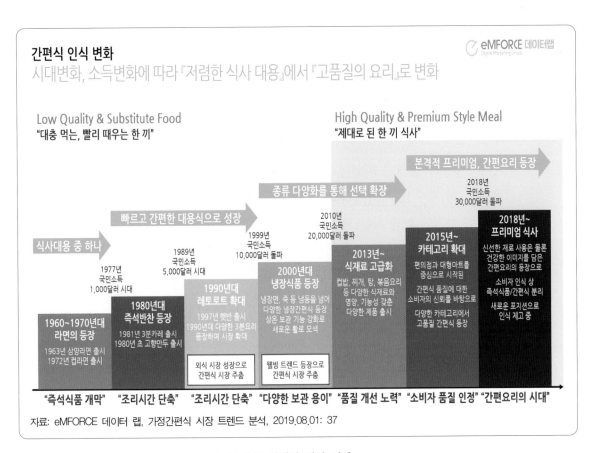

[그림 2-5] 간편식 인식 변화

2. HMR(Home Meal Replacement) 시장의 성장 배경 및 전망

가정간편식 시장은 경제, 사회, 문화, 인구 등 다양한 영역의 영향과 식품가공기술(가공, 포장, 보관 등)과 유통망의 혁신 등에 힘입어 그 시장은 계속 성장하고 있다. 특히, 가정 간편식에 대한 소비자들의 인식이 과거와는 달리 긍정적으로 변하여 가정간편식 시장은 지속적으로 발전할 것으로 전망하고 있다. 게다가 2020년부터 2023년 상반기까지 지속된 COVID-19 영향으로 급성장한 온라인 및 배달시장에 익숙해진 소비자들은 더 다양하고 고급스러운 가정간편식 시장의 전망을 밝게하고 있다.

다음은 가정간편식을 논함에 있어서 수요자와 공급자 측면에서 일반적으로 자주 언급하는 내용들을 정리한 것이다.

수요자 측면에서는 세대수와 가족 수의 감소, 핵가족과 1인 가구의 증가, 고령사회의 도래, 여성의 경제활동 참여 증가, 맞벌이 가구의 증가, 바쁜 삶, 가사 노동시간의 부족, 소비자들의 조리기술의 결여, 개인주의, 전통적인 식사패턴의 붕괴, 혼밥·혼술의 보편화, 새로움과 다양성에 대한 욕구 상승 등은 소비자들의 식생활과 관련된 라이프 스타일, 가치관을 변화시키고 있다. 이를 보다 구체적으로 설명하면 아래와 같다.

첫째, 가정의 형태가 바뀌었다는 점이다.

가정의 형태는 한 가정에 함께 사는 세대수와 가족의 수를 기준으로 나눈다. 그런데 한 가정에 함께 사는 세대수와 가족의 수는 계속 감소하고 있다. 즉, 확대가족에서 핵가족으로, 1세대 가족과 1인 가구의 증가로, 여성의 경제활동 참여율 증가와 맞벌이 가구의 증가 등이다. 그리고 이러한 변화는 가정에서 수행해야 하는 기능들을 약화시키거나, 줄이거나, 없애거나, 대체화하는데 동인으로 작용하게 되고, 가정에서 가족 구성원 각자의 역할도 변화시키게 된다.

즉, 한 가정을 구성하는 세대수와 가족의 수가 줄어들면 가정에서 수행해야 하는 기능이 줄어든다. 그렇지 않으면 한 사람이 수행해야 할 일이 많아지게 되고(다중역할), 시간에 대한 제약이 따르고(시간 부족), 전문성이 없어지며, 높은 성과를 기대할 수 없게 된다. 그렇게 되면 가정에서 직접 수행해야 할 특정 기능과 역할에 대해 경제성과 편의성, 그리고 효율성을 생각하게 된다.

그 해법이 사람의 역할을 대신할 수 있는 또는 도울 수 있는 가전제품(청소기, 세탁기, 전자레인지, 전기밥솥 등)일 수도 있고, 직접 가정에서 수행했던 가사노동의 일부 또는 전부를 돈을 주고 구매할 수도 있다(외부화/서비스화/사회화). 특히, 하루 세 번씩 반복적으로 365일 해결 해야 하는 식사의 경우는 시간과 노력과 기능을 요구한다. 게다가 맞벌이 가구, 1인 가구, 1세대 가구가 증가하고 있는 지금의 상황에서, 가족 구성원의 생활패턴이 각각 달라 과거와 같은 방법으로 가정에서 식사를 준비하여 먹는다는 것은 거의 불가능하다. 그 결과 가정에서 식사를 해결하기 위한 최적화된 대안을 찾게 되는데, 그것이 우리가 칭하는 HMR 시장이 된다는 논리이다.

둘째, 다양한 사회적인 요인을 들 수 있다.

우리는 바쁘게 산다. 바쁜 삶은 확대가족 제도에서보다는 핵가족화에서, 집단주의가 발달한 사회보다는 개인주의가 발달한 사회에서 두드러진다. 그리고 바쁜 삶은 편의를 추구하게 만든다. 즉, 시간을 절약할 수 있는 서비스와 상품을 원하게 된다.

식생활과 관련된 편의는 일반적으로 식사를 준비하는 과정에서의 시간과 수고, 그리고 조리기능 정도로 설명할 수 있다. 그래서 상황에 적합한 식사패턴이 등장하게 되며, 전통적인 하루 세끼의 식사패턴이 무너지고, 식과 관련된 편의 지향적인 삶을 추구하게 된다. 즉, 외부의 의존도를 높이고, 상황에 적합한 가정식을 대체할 수 있는 방안을 찾게 되는 것이다.

그 결과 소비자들은 편리성(convenience), 건강과 영양(health and nutrition), 시간 절약(time-saving), 맞춤화(customization), 비용 효율적(cost-effective), 그리고 다양성(variety) 등과 같은 속성을 제공하는 식품을 선호하게 된다는 논리이다.

그리고 공급자 측면에서는 식품 가공기술·보관기술·포장기술의 발전과 유통의 혁신(유통경로와 Social network 확산 등), 공급자 간 경쟁의 심화 등을 들 수 있다. 이를 구체적으로 설명하면 아래와 같다.

첫째는 식품의 가공기술이 나날이 발전하고 있다는 점이다.

식품 가공과 보관, 그리고 포장과 유통에 이르는 전 과정에서 발전된 기술들은 가정에서 직접 준비한 음식과 외식업체에서 경험할 수 있는 양질의 다양한 제품을 양산하여 공급할 수 있게 만든다. 즉, 과거에 경험하지 못했던 양질의 다양하고 편리한 상태의 식품들을 소비자들에게 제공할 수 있는 인프라가 구축되었다는 의미이다.

또한, 포장기술은 인체와 환경에 무해(無害)한 방법으로 가정간편식의 안전성과 이동성(mobility)을 높이는 데 일익을 담당하고 있다. 그리고 유통 시스템의 획기적인 발전을 통해 HMR 식품의 이동성과 접근성을 쉽게 만들고 있다. 게다가 소비자들이 더 양질의 제품을 최상의 조건에서 재생 또는 조리할 수 있도록 개발된 주방 가전제품(다양한 기능을 할 수 있는 전자레인지와 에어프라이어 등)의 보급도 가정간편식 식품시장을 확장 시키는 데 일조를 하고 있다.

둘째, 전혀 가공되지 않은 식품부터 먹을 수 있도록 준비된 다양한 형태의 식품이 제공된다는 점이다.

가정에서 소비할 목적으로 구입하는 식재료의 상태는 먹을 수 있도록 준비된 상태에서부터 전혀 준비되지 않는 상태까지 다양하다. 때문에 최종 소비자들은 사용 용도와 상황에 따라 가장 적합한 단계로 준비된 형태의 식재료를 구입하여 사용하면 된다. 또한 밥상을 구성하는 국과 밥, 반찬, 그리고 맛을 내기 위한 다양한 조미식품들이 별도로 있어 조리기술 없이도 원하는 용도로 밥상을 조립하고 조합할 수 있게 되어있어(DIY: Do It Yourself) HMR 시장의 전망을 밝게 하고 있다.

셋째, 최종 소비자에게 식품을 제공하는 유통경로가 다양해졌다는 점이다.

가정 밖에서 만들어진 다양한 형태의 식품이 다양한 경로를 통하여 가정에 제공된다는 점이다.

PC와 모바일기반의 다양하고 편리한 배달 서비스가 원상태의 식품에서부터 먹을 수 있도록 준비된 먹거리까지 약간의 시간 제약은 있긴 하지만(차츰 제약이 없어지고 있음) 사람이 있는 곳을 찾아가고 있다. 즉 시간과 장소에 구애받지 않고 다양한 형태의 식품을 제공받을 수 있게 되었다는 의미이다.

결국, 식품 가공기술을 통해 더 양질의 다양한 식품을 가공할 수 있고, 획기적인 보관기술의 발전을 통해 제품의 품질을 유지하면서 더 편리한 방법으로 장기간 보관할 수 있는 기술과 인체와 환경에 해가 없는 포장재 등을 개발한 결과이다. 그리고 빠르고 안전한 다양한 유형의 유통망을 통해 가정까지 빠르게 공급할 수 있는 시스템이 구축되었기 때문이다.

한 식구들이 한 지붕 밑에 살아도 각자의 식사 시간과 내용이 다른 시대에 살고 있다. 이제는 HMR 식품이 보편화 되었다. 가정식을 대체하는 식품으로, 가정식을 구성하는 보조적인 역할을 하는 식품으로 자리매김했다. 그리고 가정식을 둘러싸고 있는 주변 환경의 변화가 HMR 식품에 긍정적이라는 점과 가정간편식에 대한 소비자들의 의식이 바뀌었다는 점이다.

이러한 점을 고려할 때 향후 HMR 식품시장은 편리성, 시간 절약, 다양성, 건강과 영양, 맞춤, 비용 효율성 등을 기반으로 차츰 그 시장을 세분화하면서 발전할 것으로 전망한다. 즉, 한식에서 벗어나 다양한 이국적 메뉴, 고급품질을 지향하는 프리미엄

HMR 제품 등 소비자들의 상황에 적합한 필요와 욕구를 충족시킬 수 있는 다양한 유형과 형태의 HMR 제품이 각광 받을 것으로 내다본다. 즉, 편리화(便利化), 다원화 (多元化), 다양화(多樣化)[18], 고품질화(高品質化)[19], 맞춤화된다는 의미이다.

그리고 향후 이 시장은 지금과 같이 식품제조업체뿐만 아니라 유통소매기관과 외식업체도 참여하여 서로 경쟁하면서 지속발전할 것으로 본다. 또한, 안전성과 소비자의 알 권리라는 측면에서 HMR 식품 내용에 대한 정보표시(영양성분, 원산지, GMO 등)와 다양한 규제(포장, 안전, 식품위생, 알레르기 등)가 더욱 강화될 것으로 보인다.

■ 맺음말

가정식과 외식의 중간 영역인 가정간편식 시장이 나날이 확장되고 있다. 그리고 이 시장에 식품제조업체, 유통소매기관, 그리고 외식업체들이 참여하면서 각 영역 간에 경계가 무너지고 있다.

본 장에서는 가정간편식의 개요를 시작으로, 가정간편식의 분류, 그리고 간편식 시장과 식문화 Trend의 변화 등을 아래와 같이 살펴보았다.

첫째, 가정간편식의 개요에서는 가정 간편식의 탄생 배경과 통일된 기준이 없이 다양하게 정의되는 가정간편식에 대한 정의의 필요성을 설명해 보았다.

둘째, 가정간편식의 분류에서는 가정간편식의 정의에서와 마찬가지로 분류기준 이 명확하지 않아 그 시장의 규모가 명확하지 않다는 문제점과 해결방안을 제시해 보았다.

셋째, 간편식 시장과 식문화 Trend의 변화 과정에서는 간편식 시장이 어떻게 발 전해 왔으며, 간편식에 대한 인식은 어떻게 변화하는지를 살펴보았다. 그리고 간편 식 시장의 성장 배경과 간편식 시장이 향후 어떠한 방향으로 발전할 것인가를 제시 해 보았다.

---

18) 다양한 나라의 이국 음식 등장
19) 신선한 재료 사용 등 품질 강화, 빠른 배송, 적시 배송 서비스 제공 등

참|고|문|헌

조영상, 유럽의 가정 간편식(HMR) 산업현황 II - 프랑스, 스페인, 덴마크를 중심으로-세계농
업 2019. 1월호

조영상, 유럽의 가정 간편식(HMR) 산업현황 I - 영국, 독일, 이탈리아를 중심으로-,세계농업
2018. 12월호

조영상, 일본의 가정 간편식(HMR) 산업 현황, 세계농업 2019. 2월호

식품의약품안전처, 식품공전,(www.foodsafetykorea.go.kr) (2017년 6월 30일 고시 기준)

김유진, 국내 HMR 시장의 성장에 따른 수혜업종- 유망산업 시리즈(1), 하나 산업정보, 2015년
5월 23일, 제23호

김동묵, HMR 시장의 현황과 시사점, 농식품유통교육원 유통연구소, 2014. 05.31

농식품유통교육원 유통연구소, 가정 간편식 성장요인 분석을 통한 우리농산물 연계강화
방안, 2017. 06.30

정준호 외 1인, 가정 간편식 소비 증가와 시장 동향, NHERI 주간 브리프, 농협경제연구소,
2014.06.02.

한국농촌경제연구원, 가정식 대체식품(HMR) 산업의 현황과 정책과제- 가공식품을 중심으
로-, 연구보고서 R742/2015.10.

한국농수산식품유통공사, 2017 가공식품 세분시장 현황 (간편식 시장), 2017년 11월

한국농수산식품유통공사, 2019 가공식품 세분시장 현황(간편식 시장), 2019년 8월

한국농수산식품유통공사, 2021 가공식품 세분시장 현황(즉석조리식품), 2022년 1월

식품산업통계정보시스템, 식품시장 뉴스레터(즉석조리식품), 2018년 6월 2주

식품의약품안전처, 식품공전 (www.foodsafetykorea.go.kr) (2020년 4월 14일 고시 기준)

eMFORCE 데이터 랩, 가정 간편식 시장 트렌드 분석, 2019. 08. 01

농림축산식품부 보도자료, 가정 간편식(hmr) 시장 3년 사이 63% 급성장, 2019. 8. 5

Deloitte & Touche, From Ingredients Shopping to Meal Solutions - Meeting the Consumer Appetite
for Change, The Coco-Cola Retail Research Group, Europe, Project VIII, October 1998

Alison Embrey, Supermarket Savvy, Convenience Store News, June 20, 2005

Ronald B. Larson, The Home Meal Replacement Opportunity: A Marketing Perspective, Working Paper 98-01, The Retail Food Industry Center, University of Minnesota, 1998

Agriculture and Agri-Food Canada, Ready-Meal Trends in Germany, MARKET INDICATOR REPORT | DECEMBER 2012

Costa, A.I.A., Dekker, M., Beumer, R.R., Beumer, Rombouts, F.M., Jongen, W.M.F., A consumer-oriented classification system for home meal replacements, Food Quality and Preference 12(2001), pp. 229-242

https://www.spcmagazine.com/2020-%EA%B0%80%EC%A0%95%EA%B0%84%ED%8E%B8%EC%8B%9D-hmr-%EC%8B%9C%EC%9E%A5-%ED%8A%B8%EB%A0%8C%EB%93%9C_together 2_200819/(2020년 가정간편식(HMR)시장 트렌드는?)

https://en.wikipedia.org/wiki/Meal_kit (밀키트)

외식시장의 현황과 전망

제 **3** 장

---

1. 「음식점 및 주점업」의 추이

한국의 전체 산업을 분류한 「한국표준산업분류」를 보면 우리나라의 산업은 21개로 분류되어있다.

우리가 칭하는 외식산업은 대(大)분류 「Ⅰ 숙박 및 음식점업」으로, 중(中)분류 「55 숙박」과 「56 음식점 및 주점업」으로 분류된다. 그리고 중(中) 분류된 「56 음식점 및 주점업」은 「561 음식점업」과 「562 주점 및 비알코올 음료점업」으로 소(小)분류 된다.

소(小)분류 된 「561 음식점업」은 「5611 한식 음식점업, 5612 외국식 음식점업, 5613 기관 구내식당업, 5614 출장 및 이동음식점업, 5619 기타 간이음식점업」으로 세(細)분류되고, 「562 주점 및 비알코올 음료점업」은 「5621 주점업」과 「5622 비알코올 음료점업」으로 세(細)분류된다.

세(細)분류된 「5611 한식 음식점업, 5612 외국식 음식점업, 5613 기관구내식당업, 5614 출장 및 이동음식점업, 5619 기타 간이음식점업」과 「5621 주점업, 5622 그리고 비알코올 음료점업」은 각각 세세(細細) 분류된다.

이러한 분류체계를 가지고 중(中), 소(小), 세(細)분류 수준에서 「음식점 및 주점업」의 사업체 수, 종사자 수, 매출액 추이를 살펴보고자 한다.

2021년을 기준으로 전체 「음식점 및 주점업」의 사업체 수는 800,648개소이다. 이는 2020년 804,173개 대비 -0.4% 감소하였으며, 연평균 (2019~2021) 증가율은 3.3%

이다.

종사자 수는 1,937,768명으로 2020년 1,919,667명보다 0.9% 증가하였으며, 연평균 증가율은 (2019~2021) -4.0%이다. 그리고 매출액은 150조 7천 6백 30억 원으로 2020년 139조 8천900억 원 대비 7.8% 증가하였으며, 연평균 증가율은 (2019~2021) 1.4%이다.

〈표 3-1〉 **「음식점 및 주점업」의 사업체 수, 종사자 수, 매출액**

단위(개소, 연, 십억 원, %)

구분	2019	2020	2021	전년대비 증가율	연평균 증가율
사업체 수	727,377	804,173	800,648	-0.4	3.3
종사자 수	2,191,917	1,919,667	1,937,768	0.9	-4.0
매출액	144,392	139,890	150,763	7.8	1.4

자료: 농림축산식품부/한국농수산식품유통공사, 2023 식품외식통계, 2023.6

코로나 19가 전(全) 산업에 영향을 미치기 시작한 2020년에 비해 2021년 지표는 매출액과 사업체 측면에서는 약간 개선되었으나, 종사자의 수는 마이너스 성장을 한 것으로 나타났다.

그러나 이러한 지표들은 코로나 19와 함께 살아가는 시기의 지표로 외식시장이 침체기를 벗어나 회복기에 접어들었다고 말하기는 아직 이르며, 2022~2023년 지표가 발표되면 코로나 19의 영향력과 회복세를 가늠해 볼 수 있을 것으로 내다본다.

2. 「음식점업」과 「주점 및 비알코올 음료점업」의 추이

소(小) 분류된 「음식점업」과 「주점 및 비알코올 음료점업」은 「한식 음식점업, 외국식 음식점업, 기관 구내식당업, 출장 및 이동음식점업, 기타 간이음식점업」으로 세(細) 분류되고, 「주점 및 비알코올 음료점업」은 「주점업」과 「 비알코올 음료점업」으로 세(細) 분류된다.

1) 사업체의 수 현황

〈표 3-2〉는 중(中)분류 된 「음식점 및 주점업」을 소(小)분류와 세(細)분류하여 각각의 업종에 대한 사업체의 수가 차지하는 비중, 전년 대비 증가율과 연평균 증가율

을 정리해 본 것이다.

〈표 3-2〉에 의하면 2021년을 기준으로 전체 「음식점 및 주점업」의 수는 800,648개이다. 이 중 「음식점업」이 572,550개로 71.5%를 차지하고, 「주점 및 비알코올 음료점업」의 수가 228,098개로 28.5%를 차지한다.

〈표 3-2〉에 따르면; 「음식점업」의 경우는 2020년을 기준으로 2021년 -0.4% 감소했고, 「주점 및 비알코올 음료점업」의 경우도 -0.5% 감소한 것으로 나타났다. 그리고 연평균 성장률은 「음식점업」과 「주점 및 비알코올 음료점업」이 각각 3.3%와 3.0%인 것으로 나타났다.

그리고 소(小)분류 된 「음식점업」과 「주점 및 비알코올 음료점업」을 세(細)분류하면; 음식점의 경우는 「한식 음식점업, 외국식 음식점업, 기관 구내식당업, 출장 및 이동음식점업, 기타 간이음식점업」으로 분류되고, 「주점 및 비알코올 음료점업」은 「주점업」과 「비알코올 음료점업」으로 분류된다.

먼저, 비중을 보면, 소(小) 분류된 「음식점업」의 경우; 전체 「음식점 및 주점업」 중 「한식 음식점업, 외국식 음식점업, 기관 구내식당업, 출장 및 이동음식점업, 기타 간이음식점업」은 41.9%, 8.8%, 1.5%, 0.1%, 19.2%를 점하고 있다. 즉, 한식 음식점업과 기타 간이음식점업이 전체의 61.1%를 차지한다.

그리고 「주점」과 「비알코올 음료점업」은 각각 14.2%와 14.3%를 차지하는 것으로 나타났다.

전년 대비 증가율은 2021년 기준 「음식점업」의 경우; 「한식 음식점업, 외국식 음식점업, 기관 구내식당업, 출장 및 이동음식점업, 기타 간이음식점업」이 각각 -2.7%, 5.5%, -6.8%, -4.0%, 2.7%가 증가(감소)했으며, 「주점업」은 -5.7% 감소하고, 「비알코올 음료점업」은 5.3% 증가했다.

그리고 3년간(2019~2021)의 연평균 성장률은; 「음식점업」의 경우는 「한식 음식점업, 외국식 음식점업, 기관 구내식당업, 출장 및 이동음식점업, 기타 간이음식점업」이 각각 1.9%, 6.4%, 2.4%, 16.5%, 5.4%이며, 「주점업」은 -0.3% 마이너스 성장을 하고, 「비알코올 음료점업」은 6.9% 성장한 것으로 조사되었다.

〈표 3-2〉 **음식점 및 주점업의 사업체 수 추이 (2019~2021)**

(단위: 개, %)

업종	2019	2020	2021	비중	전년대비 증가율	연평균 증가율
□ 음식점 및 주점업	727,377	804,173	800,648	100.0%	-0.4%	3.3%
○ 음식점업	518,794	574,938	572,550	71.5%	-0.4%	3.3%
- 한식 음식점업	317,225	344,599	335,451	41.9%	-2.7%	1.9%
- 외국식 음식점업	58,386	66,624	70,293	8.8%	5.5%	6.4%
- 기관 구내식당업	11,203	12,887	12,016	1.5%	-6.8%	2.4%
- 출장 및 이동음식점업	621	1,024	983	0.1%	-4.0%	16.5%
- 기타 간이음식점업	131,359	149,804	153,807	19.2%	2.7%	5.4%
○ 주점 및 비알코올 음료점업	208,583	229,235	228,098	28.5%	-0.5%	3.0%
- 주점업	114,970	120,769	113,893	14.2%	-5.7%	-0.3%
- 비알코올 음료점업	93,613	108,466	114,205	14.3%	5.3%	6.9%

2) 종사자의 수 현황

〈표 3-3〉은 중(中)분류 된「음식점 및 주점업」을 소(小)분류와 세(細)분류하여 각각의업종에 대한 종사자의 수가 차지하는 비중, 전년 대비 증가율과 연평균 증가율을 정리해 본 것이다.

〈표 3-3〉에서 보는 바와 같이 2021년을 기준으로「음식점 및 주점업」에 종사하고 있는 종사자의 수는 1,937,768명이다. 이 중「음식점업」이 1,494,373명으로 77.1%를 고용하고,「주점 및 비알코올 음료점업」이 443,395명(22.9%)을 고용하고 있는 것으로 조사되었다.

〈표 3-3〉에 따르면;「음식점업」의 경우는 종사자의 수가 2020년을 기준으로 2021년 0.2% 증가했고,「주점 및 비알코올 음료점업」의 경우도 3.6% 증가한 것으로 나타났다. 그리고 연평균 증가율은「음식점업」과「주점 및 비알코올 음료점업」이 각각 -3.7%와 -5.0% 감소한 것으로 나타났다.

그리고「음식점업」과「주점 및 비알코올 음료점업」을 세(細)분류하여 살펴보면; 음식점의 경우 전체「음식점 및 주점업」이 고용하는 1,937,768명 중「한식 음식점업, 외국식 음식점업, 기관 구내식당업, 출장 및 이동음식점업, 기타 간이음식점업」이 각각 41.2%, 11.8%, 3.5%, 0.1%, 20.4%를 차지하는 것으로 나타났다.

그리고 「주점업」이 8.8%, 「비알코올 음료점업」이 14.0%를 고용하는 것으로 나타났다.

세(細)분류 수준에서 전년 대비 증가율을 보면;「한식 음식점업, 외국식 음식점업, 기관구내식당업, 출장 및 이동 음식점업, 기타 간이음식점업」이 각각 -3.8%, 6.3%, -0.6%, -11.6%, 5.8%가 증가(감소)했고, 「주점업」은 -8.0% 감소하고, 「비알코올 음료점업」은 12.5% 증가했다.

그리고 3년간(2019~2021)의 연평균 증가율은;「한식 음식점업, 외국식 음식점업, 기관구내식당업, 출장 및 이동 음식점업, 기타 간이음식점업」이 각각 -5.8% -1.3%, -0.5%, -3.2%, -1.0%이며, 「주점업」은 -12.4% 감소하고, 「비알코올 음료점업」은 1.2% 증가했다.

〈표 3-3〉 **음식점 및 주점업의 종사자 추이 (2019~2021)**　　　　　　　　(단위: 명, %)

업종	2019	2020	2021	비중	전년대비 증가율	연평균 증가율
□ 음식점 및 주점업	2,191,917	1,919,667	1,937,768	100.0%	0.9%	-4.0%
○ 음식점업	1,674,179	1,491,559	1,494,373	77.1%	0.2%	-3.7%
- 한식 음식점업	956,829	830,831	799,194	41.2%	-3.8%	-5.8%
- 외국식 음식점업	238,904	215,883	229,466	11.8%	6.3%	-1.3%
- 기관 구내식당업	68,233	67,566	67,159	3.5%	-0.6%	-0.5%
- 출장 및 이동음식점업	2,811	2,881	2,574	0.1%	-11.6%	-3.2%
- 기타 간이음식점업	407,402	374,398	395,980	20.4%	5.8%	-1.0%
○ 주점 및 비알코올 음료점업	517,738	428,108	443,395	22.9%	3.6%	-5.0%
- 주점업	254,996	186,328	171,472	8.8%	-8.0%	-12.4%
- 비알코올 음료점업	262,742	241,780	271,923	14.0%	12.5%	1.2%

3) 매출액 현황

〈표 3-4〉에서 보는 바와 같이 2021년을 기준으로 「음식점 및 주점업」 매출액은 150조 7천 6백 3십억 원이다.

이 중 「음식점업」이 127조 7천 7백 십억 원으로 전체 「음식점 및 주점업」 매출액

150조 7천6백3십억 원 중에서 84.7%를 차지하고, 「주점 및 비알코올 음료점업」이 22조 9천 9백 2십억 원으로 15.3%를 차지한다.

보다 구체적으로는; 「음식점 및 주점업」 전체 매출액 중에서 「한식 음식점업이 65조 1천 6십억 원(43.2%), 외국식 음식점업이 19조 1백 4십억 원(12.6%), 기관 구내식당업 10조 6천 3십억 원(7.0%), 출장 및 이동음식점업 1천 5백 5십억 원(0.1%), 기타 간이음식점업」 32조 8천 9백 3십억 원(21.8%)으로 조사되었다.

그리고 「주점업」이 8조 1천 3백 십억 원(5.4%), 「비알코올 음료점업」이 14조 8천 6백 2십억 원(9.9%)으로 조사되었다.

전년 대비 매출액 증가율을 보면; 「한식 음식점업, 외국식 음식점업, 기관구내식당업, 출장 및 이동음식점업, 기타 간이음식점업」이 각각 4.3%, 17.5%, 9.6%, 5.4%, 14.7%로 비교적 높은 편이다. 그러나 「주점업」은 -21.8% 감소하고, 「비알코올 음료점업」은 상대적으로 19.9%가 증가했다.

그리고 3년간(2019~2021)의 연평균 매출액 증가율은; 「한식 음식점업, 외국식 음식점업, 기관구내식당업, 출장 및 이동 음식점업, 기타 간이음식점업」은 각각 -0.4%, 4.7%, 0.3%, -5.9%, 7.0%가 증가(감소)했다. 「주점업」은 -11.9% 감소하고, 「비알코올 음료점업」은 6.1% 증가했다.

〈표 3-4〉 **음식점 및 주점업의 매출액 추이 (2019~2021)**　　　　　　　　　(단위: 십억 원, %)

업종	2019	2020	2021	비중	전년대비 증가율	연평균 증가율
□ 음식점 및 주점업	144,392	139,890	150,763	100.0%	7.8%	1.4%
○ 음식점업	120,065	117,101	127,771	84.7%	9.1%	2.1%
- 한식 음식점업	65,948	62,423	65,106	43.2%	4.3%	-0.4%
- 외국식 음식점업	16,549	16,183	19,014	12.6%	17.5%	4.7%
- 기관 구내식당업	10,521	9,647	10,603	7.0%	9.6%	0.3%
- 출장 및 이동음식점업	186	147	155	0.1%	5.4%	-5.9%
- 기타 간이음식점업	26,861	28,673	32,893	21.8%	14.7%	7.0%
○ 주점 및 비알코올 음료점업	24,327	22,789	22,992	15.3%	0.9%	-1.9%
- 주점업	11,875	10,396	8,131	5.4%	-21.8%	-11.9%
- 비알코올 음료점업	12,452	12,392	14,862	9.9%	19.9%	6.1%

중(中), 소(小), 세(細) 분류기준에서 사업체의 수와 종사자의 수, 그리고 매출액 관련 지표의 결과를 다음과 같이 정리해 볼 수 있다.

첫째, 사업체의 수 측면에서는 전체 「음식점 및 주점업」 중 「음식점업」이 71.5%를 차지하고, 「주점 및 비알코올 음료점업」 28.5%를 차지한다. 「음식점업」 중에서는 「한식 음식점업」이 41.9%, 「기타 간이음식점업」이 19.2%, 「외국식 음식점업」이 8.8%로 비교적 높은 비중을 차지한다.

전년 대비 증가율은 2021년 기준 「음식점업」의 경우; 「기관 구내식당업, 출장 및 이동음식점업, 한식 음식점업, 주점업」이 -6.8%~-5.7% 마이너스 성장을 하였으며, 「외국식 음식점업, 비알코올 음료점업, 그리고 기타 간이음식점업」이 5.5%~2.7% 증가했다.

그리고 3년간(2019~2021)의 연평균 성장률은; 「출장 및 이동음식점업, 비알코올 음료점업, 외국식 음식점업, 기타 간이음식점업 기관 구내식당업, 한식 음식점업」이 16.5%~1.9% 성장한 반면, 「주점업」은 -0.3% 마이너스 성장한 것으로 조사되었다.

둘째, 종사자 수 측면에서는 전체 「음식점 및 주점업」 중 「한식 음식점업, 기타 간이음식점업, 비알코올 음료점업, 주점업, 외국식 음식점업, 기관 구내식당업, 출장 및 이동음식점업」 순으로 41.2%~ 0.1%의 비중을 차지한다.

전년 대비 증가율은 2021년 기준 「출장 및 이동음식점업, 주점업, 한식 음식점업, 기관 구내식당업」이 -11.6%~ -0.6% 마이너스 성장을 한 반면, 「비알코올 음료점업, 외국식 음식점업, 그리고 기타 간이음식점업」이 12.5%~5.8% 증가했다.

그리고 3년간(2019~2021)의 연평균 성장률은; 「비알코올 음료점업」을 제외하고는 소(小)분류 수준에서 모든업종이 마이너스 성장하였다.

셋째, 매출액 측면에서는 전체 「음식점 및 주점업」 중 「한식 음식점업, 기타 간이음식점업, 외국식 음식점업, 비알코올 음료점업, 기관 구내식당업, 주점업, 출장 및 이동음식점업」 순으로 43.2%~0.1%의 비중을 차지한다.

전년 대비 증가율은 2021년 기준 「비알코올 음료점업, 기타 간이음식점업, 외국식 음식점업, 기관 구내식당업, 출장 및 이동음식점업, 한식 음식점업」이 19.9%~4.3% 성장을 한 반면, 「주점업」은 -21.8%가 감소한 것으로 나타났다.

　그리고 3년간(2019~2021)의 연평균 성장률은;「외국식 음식점업, 기관 구내식당업, 기타 간이음식점업, 그리고 비알코올 음료점업」은 7.0%~0.3% 성장하였으나,「주점업, 출장 및 이동음식점업, 한식 음식점업」은 -11.9%~ -0.4% 마이너스 성장하였다.

3. 호텔 식음료 부대시설의 추이

　한국표준산업분류표의「음식점 및 주점업」통계에서는 관광호텔업 내에 있는 식음료 부대시설은 제외하고 있다. 비록 양적(숫자)으로는 호텔 밖의 외식사업체에 비하여 적지만 매출액 규모, 조직 구성과 경영 Know-How, 시설, 상품개발과 마케팅, 교육과 서비스 등은 일반 외식업체를 선도해가고 있다.

　관광호텔업의 운영 실적을 조사한 결과를 보면 2021년을 기준으로; 전체 관광숙박업[1] 수 2,372개소 중 46.5%를 차지하는 1,104개소이다. 그리고 매출액은 전체 관광숙박업의 매출액 5조 5,993억 5천 6백만 원의 59.6%를 차지하는 3조 3,355억 1천 4백만 원이다.

　이 중 객실 수입은 1조 7,460억 5백만 원(52.3%)이고 레스토랑을 포함하는 기타 매출액 수익은 1조 5,895억 9백만 원(47.7%)으로 객실 매출액과 기타 매출액의 비중은 52.3% : 47.7%로 객실 수입의 비중이 높다.

〈표 3-5〉**관광호텔업 매출 현황**

(단위: 백만 원, %)

연도	호텔수	전체 매출	객실 매출액	기타 매출액
2019	1,057/2,218	5,568,436/8,362,772	3,700,319(66.5)	1,868,117(33.5)
2020	1,024/2,223	2,595,083/3,961,325	1,555,148(59.9)	1,039,935(40.1)
2021	1,104/2,372	3,335,514/5,599,356	1,746,005(52.3)	1,589,509(47.7)

자료: 각 년도 관광사업체 기초 통계조사 보고서, 문화체육관광부, 2021년 기준, 관광산업조사 보고서, Part 1, 문화체육관광부, 2022년 12월
　　 https://know.tour.go.kr/stat/bReportsOfForeignerDis19Re.do

　과거 관광호텔 운영에서 식음시설을 포함한 부대시설의 중요성이 강조된 때가

---

1) 관광숙박업은 호텔업(관광호텔업 + 기타 호텔업) + 휴양콘도미니엄업으로 구성됨

있었다. 그 결과 전체 매출액에서 식음시설을 포함한 부대시설의 매출액이 객실 수입보다 더 높은 때도 있었다. 그러나 최근 들어 부대시설 수입이 줄어들면서 객실 수입의 비중을 높여가고 있다. 호텔 운영이 객실을 중심으로 전환된 과정과 내용을 아래와 같이 정리해 볼 수 있다.

전통적으로 호텔경영에서 식음료 부문은 필요악(必要惡)으로 호텔의 투숙객을 위한 편의시설(amenity)로 역할을 하였다. 여기서 필요는 투숙객을 위해 제공되어야 하는 서비스를 뜻하며, 악(惡)은 서비스 제공에서 수익이 창출되지 않는다는 의미이다. 그 결과 호텔의 식음 부문은 수익을 창출하는 수익센터로 고려되지 않고 호텔의 전체적인 이미지와 분위기 창출 등과 같은 객실 영업을 보조하는 보조적인 역할에 초점을 맞추었다. 그러나 북미를 중심으로 1960년대부터 객실 점유율이 낮아지기 시작하면서 호텔 운영에서 식음 부문이 수익센터로 고려되기 시작된다. 호텔경영에서 식음부문의 활성화에 대한 필요성이 부각되기 시작하였다.

그 중 대표적인 필요성을 정리하면, ① 식음료 시설은 새로운 수익센터로서 기능을 충분히 할 수 있으며, ② 새로운 식음료 운영 스타일과 기교를 개발할 수 있고, ③ 식음료 업장은 객실 판매를 증가시킬 수 있는 카드로 활용할 수 있으며, ④ 부분적으로 호텔 밖 일반인들을 대상으로 운영하는 식당들의 철학을 이용할 수 있고, ⑤ 호텔 공간을 보다 수익성 있게 이용할 수 있으며, ⑥ 그리고 식음료 시설에 대한 새로운 투자는 수익 레버리지(leverage: 수익을 상승시키는 효과를 말함)를 가져올 수 있다는 점 등이었다. 그리고 몇 곳의 사례 호텔을 제시하면서 식음부문의 역할과 기능에 대한 재조명을 요구하였다.

하지만 호텔 운영에서 식음 부문의 영역이 방만해지면서 새로운 역할과 기능에 대한 재조명이 요구되기에 이른다. 즉 호텔 운영에서 식음 부문은 수익을 창출하는 수익센터가 아니라, 호텔 투숙객을 위한 편의시설로 역할과 기능을 하여야 한다는 문제가 다시 제기된다. 즉 지금까지 호텔 식음료 부문에 대한 수익성은 부서의 수입(department income)만으로 측정하여 수익을 창출하는 수익센터라고 주장하였다는 것이다. 그러나 호텔 수익성을 측정하기 위한 표준화 된 호텔회계에 대한 통일된 시스템(Uniform System of Accounts for Hotels: USAH)이 도입되면서 식음부서의 수입에서 일반관리비와 고정비 등과 같은 배분되지 않은 원가를 고려한 순수익(net profit) 면에서 보면 적자라는 점이 지적되었다.

또한, 호텔 밖에 입지한 개인이 독립적으로 운영하는 식당들과의 비교에서도 호텔 식음부문의 역할과 목적(role and purpose), 입지와 디자인(location and design), 충원과 조직(staffing and organization) 등과 같은 구조적인 요인들 때문에 경쟁이 어렵다는 점을 지적하였다.

그 결과 호텔 식음료 부문의 역할과 기능에 대한 재조명이 북미를 중심으로 90년대 이후 꾸준하게 요구되었으며, 호텔 운영의 선진국들은 호텔 식음료 부문에 대한 새로운 운영모델을 모색하여 실행하게 된다.

그 중 대표적인 방안들이 호텔이 자체적으로 외식 브랜드를 개발하여 보급하자는 방안과 다양한 형태의 외부화와 다운사이징(축소의 의미)이 제시되었다. 그리고 구체적인 방안으로 임대, 공동브랜드 도입, 제휴 등과 같은 전략들이 제시되었다. 즉 수익성이 없는 업장을 폐쇄하거나, 축소하거나, 개인 식당 업자에게 임대하거나, 호텔과 식당 간의 공동브랜드화 또는 호텔과 식당 브랜드 간의 제휴(협력) 등으로 전환하자는 것이다.

호텔의 식음료 부분은 외부와의 경쟁에서 우위에 있는(입지와 시설, 그리고 서비스 등) 연회장을 강화하고, 투숙객의 편의를 위한 카페와 룸서비스 기능 등은 유지하며, 그리고 수익성을 떠나 호텔을 대표할 수 있는 업장을 중심으로 식음료 부대업장을 운영해야 한다는 결론이다.

2020년 초부터 산업 전반에 영향을 미치기 시작한 코로나 19로 인해 호텔들은 2022년 시작까지 영업에 큰 타격을 받고 있다. 그 결과 대대적인 구조조정을 통해 (업장 축소, 임대 등) 향후 식음료 부분에 대한 새로운 운영방안을 모색하고 있다.

제2절 「음식점업」과 「주점 및 비알코올 음료점업」의 현황

1. 「한식 음식점업」

10차 개정된 「한국표준산업 분류」상의 분류체계를 따라 「음식점업」의 세(細)/세세(細細) 분류 현황과 추이를 살펴본다.

10차 개정된 「한국표준산업 분류」상에서 소(小)분류 된 「음식점업」은; 「한식 음식점업, 외국식 음식점업, 기관 구내식당업, 출장 및 이동음식점업, 그리고 기타 간이음식점업」으로 세(細)분류된다. 그리고 소(小) 분류된 「주점 및 비알코올 음료점업」은 「주점업」과 「비알코올 음료점업」으로 세(細) 분류된다.

한국의 외식산업을 구성하는 개개단위의 업소를 군집해 보면 업종으로는 한식이 가장 많은 몫을 차지하고 있다. 즉, 2021년을 기준으로 사업체의 수는 전체 「음식점 및 주점업」 사업체의 수 800,648개의 41.9%인 335,451개, 종사자 수는 전체 종사자 1,937,768명의 41.2%인 799,194명, 그리고 전체 매출액 150조 7천 6백 3십억 원의 43.2%를 차지하는 중요한 시장이다.

이번 10차 개정된 한국표준산업 분류에서는 다양한 유형의 「한식 음식점」을 하나로 묶기에는 문제가 있다는 점을 고려하여 「한식 음식점업」을 더 세분화하여 「한식 일반음식점업, 한식 면요리 전문점, 한식 육류요리 전문점, 그리고 한식 해산물요리 전문점」으로 세세(細細) 분류하였다.

세세(細細) 분류된 「한식 음식점업」의 사업체 수, 종사자 수, 그리고 매출액의 최근 3년(2018~2021) 동안의 추이를 살펴본다.

1) 사업체의 수

세(細) 분류 된 「한식 음식점업」은 「한식 일반음식점업, 한식 면요리 전문점, 한식 육류요리 전문점, 한식 해산물요리 전문점」으로 세세(細細) 분류된다.

다음 〈표 3-6〉은 세(細)분류를 기준으로 세세(細細) 분류된 내용에 따라 사업체의 수 추이를 정리한 것이다.

〈표 3-6〉에서 보는 바와 같이 2021년을 기준으로 「한식 음식점업」은 전체 「음식점업」 572,550개의 58.6%를 차지하는 업종이다. 이를 구체적으로 살펴보면; 전체 「한식 음식점업」에서 「한식 일반음식점업, 한식 면요리 전문점, 한식 육류요리 전문점, 한식 해산물요리 전문점」이 차지하는 비중은 「한식 일반음식점」이 가장 높으며 (62.5%), 「한식 육류요리전문점」(21.6%), 「한식 면요리 전문점」(6.9%), 그리고 「한식 해산물 요리전문점」(3.8%) 순이다.

2021년을 기준으로 「한식 음식점업」의 사업체 수는 전년 대비 -2.7% 감소하였고, 「한식 음식점업」을 구성하고 있는 「한식 일반음식점업, 한식 면요리 전문점, 한식 육류요리 전문점, 한식 해산물요리 전문점」의 사업체 수는 전년 대비 각각 10.1%, 1.6%, -2.7%, 1.8% (증가) 감소하였다.

그리고 2019~2021년까지의 「한식 음식점업」의 연평균 증가율은 1.9%였으며, 「한식 음식점업」을 구성하는 「한식 일반음식점업, 한식 면요리 전문점, 한식 육류요리 전문점, 한식 해산물요리 전문점」의 연평균 증가율은 각각 3.3%, 0.5%, -0.9%, 0.6% 로 나타났다.

〈표 3-6〉 세세(細細) 분류별 한식 음식점업의 사업체 수 추이 (2019~2021)

(단위: 개, %)

업종	2019	2020	2021	비중	전년대비 증가율	연평균 증가율
□ 음식점 및 주점업	727,377	804,173	800,648	100.0	-0.4%	3.3%
○ 음식점업	518,794	574,938	572,550	(71.5)	-0.4%	3.3%
▷ 한식음식점업	317,225	344,599	335,451	(58.6)	-2.7%	1.9%
- 일반 음식점업	190,476	190,476	209,764	62.5	10.1%	3.3%
- 면요리전문점	22,669	22,669	23,040	6.9	1.6%	0.5%
- 육류요리전문점	74,536	74,536	72,559	21.6	-2.7%	-0.9%
- 해산물요리전문점	29,544	29,544	30,088	3.8	1.8%	0.6%

2) 종사자의 수

다음 〈표 3-7〉은 「한식 음식점업」의 종사자 수 추이를 정리한 표이다.

〈표 3-7〉에 따르면 2021년을 기준으로 「한식 음식점업」은 「음식점업」 전체 종사

자 1,494,373명의 53.5%를 고용하고 있다. 그중 「한식 일반음식점」의 종사자 수 비중이 가장 높으며(58.6%), 「한식 육류요리전문점」(25.2%), 「한식 해산물 요리전문점」(9.3%), 「한식 면요리 전문점」(6.8%) 순이다.

「한식 음식점업」은 전년 대비 -3.8% 감소하였으며, 「한식 음식점업」을 구성하고 있는 「한식 일반음식점업, 한식 면요리 전문점, 한식 육류요리 전문점, 한식 해산물 요리 전문점」의 종사자 수는 2020년을 기준으로 각각 -3.5%, -5.7%, -3.4%, -5.3% 감소한 것으로 나타났다.

그리고 2019~2021년까지의 「한식 음식점업」의 종사자 수의 연평균 성장률은 -5.8%이며, 「한식 일반음식점업, 한식 면요리 전문점, 한식 육류요리 전문점, 한식 해산물요리 전문점」은 각각 -5.0%, -6.1%, -7.5%, -6.2%로 조사되었다.

〈표 3-7〉 세세(細細) 분류별 한식 음식점업의 종사자 수 추이 (2019~2021)　　(단위: 명, %)

업종	2019	2020	2021	비중	전년대비 증가율	연평균 증가율
□ 음식점 및 주점업	2,191,917	1,919,667	1,937,768	100.0	0.9%	-4.0%
○ 음식점업	1,674,179	1,491,559	1,494,373	(77.1)	0.2%	-3.7%
▷ 한식 음식점업	956,829	830,831	799,194	(53.5)	-3.8%	-5.8%
- 일반 음식점업	545,848	485,819	468,666	58.6	-3.5%	-5.0%
- 면요리전문점	65,947	57,860	54,550	6.8	-5.7%	-6.1%
- 육류요리전문점	254,553	208,403	201,392	25.2	-3.4%	-7.5%
- 해산물요리전문점	90,481	78,749	74,586	9.3	-5.3%	-6.2%

3) 매출액

다음 〈표 3-8〉은 「한식 음식점업」 매출액 추이를 정리한 표이다.

〈표 3-8〉에 따르면 2021년을 기준으로 「한식 음식점업」은 전체 「음식점업」 매출액의 51.0% 이상을 차지한다.

전체 「한식 음식점업」 중 「한식 일반음식점」의 매출액 비중이 가장 높으며(56.1%), 「한식 육류요리전문점」(27.1%), 「한식 해산물 요리전문점」(10.9%), 「한식 면요리 전문점」 (5.9%) 순이다.

「한식 음식점업」의 매출액은 2020년을 기준으로 4.3% 증가했다. 그리고 「한식 일반음식점업, 한식 면요리 전문점, 한식 육류요리 전문점, 한식 해산물요리 전문점」의 매출액은 각각 4.0%, 7.9%, 4.0%, 4.6% 증가하였다.

그리고 2019~2021년까지의 전체 「한식 음식점업」의 연평균 매출액 성장률은 -0.4%이다. 그리고 「한식 일반음식점업, 한식 면요리 전문점, 한식 육류요리 전문점, 한식 해산물요리 전문점」은 각각 0.7%, 1.4%, -3.3%, 0.5%로 조사되었다.

〈표 3-8〉 세세(細細) 분류별 한식 음식점업의 매출액 추이 (2019~2021)

(단위: 십억 원, %)

업종	2019	2020	2021	비중	전년대비 증가율	연평균 증가율
□ 음식점 및 주점업	144,392	139,890	150,763	100.0	7.8%	1.4%
○ 음식점업	120,065	117,101	127,771	(84.7)	9.1%	2.1%
▷ 한식음식점업	65,948	62,423	65,106	(51.0)	4.3%	-0.4%
- 일반 음식점업	35,790	35,115	36,526	56.1	4.0%	0.7%
- 면요리전문점	3,703	3,579	3,862	5.9	7.9%	1.4%
- 육류요리전문점	19,471	16,943	17,620	27.1	4.0%	-3.3%
- 해산물요리전문점	6,983	6,787	7,098	10.9	4.6%	0.5%

4) 한식 음식점업의 특징과 전망

한식 일반음식점과 한식 육류요리 전문점이 주도하는 「한식 음식점업」은 한국 외식시장에서 가장 많은 부분을 차지한다. 그리고 자영업자들이 운영하는 독립적인 형태의 영세한 소규모 업소가 주류를 이룬다. 즉, 한국의 외식시장에서 한식을 선도해가는 기업형 브랜드나 눈에 띄는 특정 브랜드가 그리 많지 않다는 특징을 가지고 있다.

이러한 특징을 가지고 있던 영세한 한식 시장에 한식의 세계화를 버팀목 삼아 한식 시장에 새로운 Concept를 도입한 올반(신세계푸드)/계절밥상(CJ 푸드빌)/자연별곡(이랜드)/비비고/ 불고기 브라더스 등은 한식의 새로운 가능성을 보여주었다. 그러나 정착하여 그 영역을 확장 시키는 데 실패하였다.

현재의 시점에서 보면 한식이라는 상품력은 긍정적이라 평가할 수 있다. 그러나 운영 면에서는 다른업종에 비해 상대적으로 많은 약점을 가지고 있다. 하지만 이같은 부정적인 요인들을 장점으로 변화시킬 수 있는 가능성이 있어 기회요인으로 작용할 수 있다. 즉, 한식 시장의 규모가 크기 때문에 자금력과 조직력, 상품력과 서비스 등을 개선한다면 성공할 수 있는 가능성이 높은 시장이 한식이라고 말할 수 있다.

한식은 영세한 개인사업체 중심으로 구성되어 있기는 하지만 향후 한식 시장은 질과 양적으로 한국의 외식시장에서 중추적인 역할을 할 것으로 기대된다. 이러한 예측을 지지하는 이슈들을 보면; 부분적이기는 하지만 한식 시장에 프랜차이즈 개념이 도입되었다는 점이다.[2] 놀부, 원할머니보쌈, 본죽으로 대표되는 본아이에프, 신선설렁탕, 한촌설렁탕, 더본코리아 등이 대표적인 한식 프랜차이즈 기업들이다.

프랜차이즈를 전개한다는 의미는 장사의 개념이 아닌 사업의 개념이 도입되었다는 의미이다. 그리고 주방장 중심에서 시스템 중심으로 운영 체계를 전환한다는 의미이기도 하다. 즉, 한식업계에도 기존의 자영업 수준에서 산업화를 진행할 수 있는 계기가 마련되고 있다는 의미로도 해석할 수 있어, 한식은 향후 무한한 가능성을 가진 시장으로 평가된다.

또한, 젊은 층을 중심으로 한식에 대한 선호도가 높아지고 있다는 점, 한식의 세계화라는 주제에 편승하여 한식에 대한 재조명이 활발하게 진행되고 있다는 점, 한식의 재발견 작업이 산-학-관에서 지속적으로 추진되고 있다는 점, 한류문화 (K-drama, K-pop, K-culture, K-food)가 동남아를 중심으로 유럽과 미국, 그리고 남미로 크게확산되고 있어 이에 편승한 한식 문화도 확산되고 있다는 점, 강남을 중심으로 젊은 Owner Chef들이 운영하는 새로운 스타일의 한식이 고급 시장으로 자리매김하고 있고, 미쉐린 가이드에 별을 획득한 한식 식당의 수가 늘어나고 있다는 점 등을 고려한다면 한식 시장의 전망은 밝다고 말할 수 있다.

---

2) 2019년을 기준으로 프랜차이즈 사업체 수는 전체 한식 음식점업의 9.7%로 전년도인 2018년에 비해 0.4%가 증가하였으나 다른업종에 비해 상대적으로 낮은 편이다.

2. 「외국식 음식점업」

「중식 음식점업, 일식 음식점업, 서양식 음식점업, 그리고 기타 외국식 음식점업」으로 구성되는 「외국식 음식점업」은 2021년을 기준으로 사업체의 수는 전체 「음식점 및 주점업」의 8.8%, 종사자의 수의 11.8%, 그리고 매출액의 12.6%를 차지하는 시장이다.

1) 사업체의 수

아래의 〈표 3-9〉는 세(細)분류를 기준으로 세세(細細) 분류된 「외국식 음식점업」의 사업체의 수를 정리한 것이다.

〈표 3-9〉에서 보는 바와 같이 2021년을 기준으로 「외국식 음식점업」은 사업체의 수 측면에서 전체 「음식점업」의 12.3%를 차지한다.

「외국식 음식점업」 전체에서 「중식 음식점업, 일식 음식점업, 서양식 음식점업, 기타 외국식 음식점업」의 사업체 수는 2021년을 기준으로 각각 41.4%, 25.4%, 24.9%, 그리고 8.4%를 점하고 있다.

「외국식 음식점업」은 2020년을 기준으로 사업체 수는 5.5% 증가하였다. 보다 구체적으로 「외국식 음식점업」을 구성하고 있는 「중식 음식점업, 일식 음식점업, 서양식 음식점업, 기타 외국식 음식점업」의 사업체 수는 전년(2020년) 대비 각각 4.0%, 8.0%, 6.1%, 4.1% 증가하여, 타업종 대비 비교적 높은 성장률을 보였다.

〈표 3-9〉 세세(細細) 분류별 외국식 음식점업의 사업체 수 추이 (2019~2021)

(단위: 개, %)

업종	2019	2020	2021	비중	전년대비 증가율	연평균 증가율
□ 음식점 및 주점업	727,377	804,173	800,648	100.0	-0.4%	3.3%
○ 음식점업	518,794	574,938	572,550	(71.5)	-0.4%	3.3%
▷ 외국식 음식점업	58,386	66,624	70,293	(12.3)	5.5%	6.4%
- 중식 음식점업	25,615	27,974	29,087	41.4	4.0%	4.3%
- 일식 음식점업	13,982	16,524	17,846	25.4	8.0%	8.5%
- 서양식 음식점업	13,540	16,472	17,474	24.9	6.1%	8.9%
- 기타 외국식 음식점업	5,249	5,654	5,886	8.4	4.1%	3.9%

그리고 2019~2021년까지의 「외국식 음식점업」의 사업체 수 연평균 증가율은 6.4%이며, 「중식 음식점업, 일식 음식점업, 서양식 음식점업, 기타 외국식 음식점업」의 경우는 각각 4.3%, 8.5%, 8.9%, 3.9%로 연평균 성장률 또한 타(他)업종에 비해 높은 편이다.

2) 종사자의 수

아래의 〈표 3-10〉은 「외국식 음식점업」의 종사자 수 추이를 정리한 표이다.

〈표 3-10〉에 따르면 2021년을 기준으로 「외국식 음식점업」에 종사하는 종사자의 수는 229,466명이며, 「음식점업」 전체 종사자 수 1,494,373명의 15.4%를 차지한다.

「외국식 음식점업」 전체 종사자 중에서 「중식 음식점업, 일식 음식점업, 서양식 음식점업, 기타 외국식 음식점업」이 차지하는 비중은 2021년을 기준으로 각각 39.8%, 24.9%, 27.9%, 그리고 7.4%이다.

2021년을 기준으로 「외국식 음식점업」 종사자 수는 전년 대비 6.3% 증가하였다. 그리고 「외국식 음식점업」을 구성하고 있는 「중식, 일식, 서양식, 기타 외국식」의 종사자 수는 2021년을 기준으로 전년 대비 각각 3.9%, 10.7%, 5.6%, 7.9%로 비교적 높은 성장률을 기록했다.

그리고 2019~2021년까지의 「외국식 음식점업」의 연평균 종사자 수 증가율은 -1.3%이며, 「중식, 일식, 서양식, 기타 외국식」의 연평균 증가율은 각각 -1.6%, 0.4%, -4.1%, -1.6%, -4.1%로 일식 음식점업을 제외하고는 모두 마이너스 성장률을 기록했다.

〈표 3-10〉 세세분류별 외국식 음식점업의 종사자 수 추이 (2019~2021)   (단위: 명, %)

업종	2019	2020	2021	비중	전년대비 증가율	연평균 증가율
□ 음식점 및 주점업	2,191,917	1,919,667	1,937,768	100.0	0.9%	-4.0%
○ 음식점업	1,674,179	1,491,559	1,494,373	(77.1)	0.2%	-3.7%
▷ 외국식 음식점업	238,904	215,883	229,466	(15.4)	6.3%	-1.3%
- 중식 음식점업	95,963	87,968	91,412	39.8	3.9%	-1.6%
- 일식 음식점업	56,548	51,631	57,160	24.9	10.7%	0.4%
- 서양식 음식점업	67,130	60,557	63,920	27.9	5.6%	-1.6%
- 기타 외국식 음식점업	19,263	15,727	16,974	7.4	7.9%	-4.1%

3) 매출액

아래의 〈표 3-11〉은 「외국식 음식점업」의 매출액 추이를 정리한 표이다.

〈표 3-11〉에 따르면 2021년을 기준으로 「외국식 음식점업」의 매출액은 19조 1백 4십억 원으로, 전체 「음식점업」의 14.9%를 차지한다.

그리고 「외국식 음식점업」 전체 매출액에서 「중식, 일식, 서양식, 기타 외국식」이 차지하는 매출액 비중은 2021년을 기준으로 「중식(39.6%)」, 「일식(27.5%), 서양식(26.7%), 기타 외국식(6.3%)」이다.

2021년을 기준으로 「외국식 음식점업」의 매출액은 전년 대비 17.5% 증가하였으며, 「외국식 음식점업」을 구성하고 있는 「중식, 일식, 서양식, 기타 외국식」의 매출액은 전년 대비 각각 13.2%, 22.4%, 18.0%, 22.7% 증가하였다.

2019~2021년까지의 「외국식 음식점업」의 연평균 매출액 성장률은 4.7%이다. 그리고 「외국식 음식점업」을 구성하는 「중식, 일식, 서양식, 기타 외국식」의 연평균 매출액 성장률은 각각 6.2%, 5.6%, 2.6%, 2.0%이다.

〈표 3-11〉 **외국식 음식점업의 매출액 추이 (2019~2021)**

(단위: 십억 원, %)

업종	2019	2020	2021	비중	전년 대비 증가율	연평균 증가율
□ 음식점 및 주점업	144,392	138,890	150,763	100.0	7.8%	1.4%
○ 음식점업	120,065	117,101	127,771	(84.7)	9.1%	2.1%
▷ 외국식 음식점업	16,549	16,183	19,014	(14.9)	17.5%	4.7%
- 중식 음식점업	6,283	6,643	7,523	39.6	13.2%	6.2%
- 일식 음식점업	4,433	4,265	5,220	27.5	22.4%	5.6%
- 서양식 음식점업	4,710	4,305	5,081	26.7	18.0%	2.6%
- 기타 외국식 음식점업	1,123	970	1,190	6.3	22.7%	2.0%

4) 「외국식 음식점업」의 특징과 전망

「외국식 음식점업」 중에서 「중식」이 업체의 수와 종사자 수 그리고 매출액에서 가장 큰 비중을 차지하고 있다.

「중식」의 경우 단품 위주의 대중 「중식」과 고급스러운 분위기에서 코스요리를 파는 「중식」으로 양분해서 볼 수 있다. 그러나 업계를 선도해가는 브랜드는 찾기 어렵다.

「한식」과 마찬가지로 개인사업체가 대부분이며, 배달 위주, 저가, 생계형 위주 등과 같은 특징을 가지고 있다. 그러나 최근 들어 전통적인 「중식」 시장에 새로운 개념의 브랜드가 도입되기 시작하여 기존 「중식」이 가지고 있는 이미지를 쇄신하는 중이다. 즉, 아메리칸 차이니즈 컨셉의 신개념의 「중식」으로 젊은 층의 고객을 대상으로 서울과 대도시를 중심으로 새로운 입지를 구축하였다. 그리고 메뉴, 서비스, 분위기 등을 획기적으로 변화시켜 기존의 「중식」 시장과는 차별화를 꾀하고 있으나 크게 성공하지는 못하고 있다.

「중식」 시장에서 대중적인 브랜드로 가맹사업을 성공적으로 전개하고 있는 곳은 많지 않다. 대표적인 브랜드로 홍콩반점 0410, 이비가 짬뽕, 홍짜장, 큐큐면관 등을 들 수 있다. 그리고 모던화 된 고급 「중식」 브랜드로는 js garden/ js 가든, 크리스탈 제이드 등이 있다.

「일식」의 경우 「한식」이나 「중식」과 마찬가지로 개인사업체가 대부분이다. 특히, 과거의 소비자들은 「일식」은 고급이며, 고가라 대중성과는 거리가 멀다는 인식과 주 상품은 생선회라는 인식을 가지고 있었다.

운영 측면에서 주방장의 의존도가 높고, 상품(메뉴)에 치중하는 경향이 높았다. 그리고 수산물 양식 기술이 진보되고, 생선회로 사용하는 대부분의 어패류가 양식으로 양산되면서 대형 횟집이 한때는 유행을 타기도 하였다. 그러나 상품과 서비스, 그리고 고객관리에 대한 부실로 오래가지는 못하였다. 이어 월드컵을 계기로 한국에 상륙한 스시, 캘리포니아 롤, 회전초밥, 꼬치구이, 이자까야 등 퓨전 「일식」이 한국 외식시장에 진입하여 소비자들의 높은 호응을 받자, 퓨전 일식의 프랜차이즈화가 일시적으로 유행하기도 하였다.

또한 다양한 일본식 라멘, 돈가스, 일본식 도시락 등이 한때 인기를 끌기도 했으나 유행을 선도하지는 못했다. 그리고 일본식 선술집(居酒屋いざかや 이자까야) Concept이 갑자기 증가한 때도 있었다. 그리고 한국의 모든 영역에 불었던 웰-빙

붐에 편승하여 대형 씨푸드 레스토랑(무늬만 Seafood 식당이지 메뉴의 구성은 다양성에 초점을 맞추었다)이 서울을 중심으로 최고조에 달하기도 하였다.[3] 그러나 최근 들어 이러한 브랜드들은 2017년까지 호황을 누리던 계절밥상, 올반, 자연별곡과 같이 그 수명을 다하고 퇴보하였다.

한국에서 「서양식」 음식은 일반적으로 경양식, 호텔 양식당(이탈리아, 프랑스 식당)이 주류를 이뤘었다. 그러나 최근 들어 「양식」이라는 업종이 다양한 업태로 분화되고 있어 특정 집단으로 군집하기가 그리 쉽지는 않다. 대도시를 중심으로 규모가 있고 고급스럽고, 그리고 가격대가 높게 형성되어 있는 특징을 가지고 있는 「서양식」은 최근 들어 젊은 Owner Chef들 중심으로 전개되고 있다.

한국에서 「서양식」의 추세를 보면; 양식을 대표했던 경양식은 쇠퇴기에든지 오래다. 그리고 한때는 패밀리 레스토랑 브랜드들이 성업 중이었으나 지금은 그 수가 현저하게 줄어 아웃백만 명맥을 유지하고 있다. 그리고 프랑스 요리는 한국에서 자리를 잡지 못하고 있으며, 그나마 이탈리아 요리가 우세한 입지를 점하고 있다. 최근 들어 양식 시장에 Cafe 또는 Bistro 개념의 레스토랑들이 하나둘씩 늘어나고 있어 이 추세가 대도시를 중심으로 당분간 지속 될 것으로 전망된다.

「기타 외국식 음식점업」이란 정식류를 제공하는 기타 음식점업을 운영하는 산업 활동을 하는 업소로 정의된다. 주로 「기타 외국식 음식점업」은 태국, 인도, 베트남 음식이 주류를 이루고 있다.

특히, 국내 외국인 거주자의 수가 증가 추세에 있고, 해외여행 경험이 많고, 외식 빈도가 높은 고학력의 젊은 층의 소비자들이 이국적인 맛을 선호하고 있다. 그 결과 이 시장은 지속적으로 증가할 것으로 전망하고 있다. 특히, 베트남 음식을 중심으로 가맹점 사업을 통해 많은 가맹점이 확산되었으나 과당 경쟁으로 인해 지금은 어려움을 겪고 있다.

또한, 외국인 근로자들이 모여 사는 곳과 외국인들이 많이 모이는 시장 주변을 중심으로 영세한 소규모 시장의 확산 속도가 빠르게 진행되었으나 지금은 답보상태

---

3) 예를 들어 보노보노, 토다이, 에비슈라, 드마리스, 하꼬야, 마키노차야, 무스쿠스 등이 대표적인 Seafood 뷔페 브랜드들이었다.

를 유지하고 있다. 그러나 새로운 것을 추구하는 국내의 젊은 층의 소비자와 한국에 거주하는 외국인들이 주요 고객으로 자리매김하고 있어, 급속한 증가세보다는 점진적으로 증가할 것으로 전망하고 있다.

3. 「기관 구내식당업」

2021년을 기준으로 사업체의 수는 전체 「음식점 및 주점업」의 1.5%, 종사자의 수의 3.5%, 그리고 매출액의 7.0%를 차지하는 시장이다.

세(細)분류된 「기관 구내식당업」은 같은 이름으로 세세(細細) 분류된다.

불특정 다수를 대상으로 운영되는 음식점업과는 달리 「기관 구내식당업」은 특정 다수를 대상으로 서비스를 제공한다. 주로 기업, 학교, 사회복지시설, 공공기관 등에 구내식당을 설치하고 음식을 조리하여 제공하는 산업활동으로 정의된다. 그러나 영리를 목적으로 불특정 다수를 대상으로 하는 다른업종과 운영의 목적과 대상 고객이 다른 「기관 구내식당업」의 현황 지표를 비교하는 것은 의미가 없을 수도 있다.

1) 사업체의 수

아래의 〈표 3-12〉는 「기관 구내식당업」 사업체 수 추이를 정리한 표이다.

〈표 3-12〉에서 보는 바와 같이 사업체 수는 12,016개 사업체로, 전체 「음식점업」 사업체 수의 2.1%를 차지한다.

코로나의 영향을 가장 많이 받은업종중의 하나로 전년 대비 증가율은 마이너스 (-6.8%)이며, 연평균 상장도 전체 「음식점업」 3.3%보다 낮은 2.4%이다.

〈표 3-12〉 세세(細細) 분류별 기관 구내식당업 사업체 수 추이 (2019~2021)　(단위: 개, %)

업종	2019	2020	2021	비중	전년 대비 증가율	연평균 증가율
□ 음식점 및 주점업	727,377	804,173	800,648	100.0	-0.4%	3.3%
○ 음식점업	518,794	574,938	572,550	(71.5)	-0.4%	3.3%
▷ 기관 구내식당업	11,203	12,887	12,016	(2.1)	-6.8%	2.4%
- 기관 구내식당업	11,203	12,887	12,016	100.0	-6.8%	2.4%

2) 종사자의 수

아래의 〈표 3-13〉은 「기관 구내식당업」의 종사자 수 추이를 정리한 표이다.

〈표 3-13〉에서 보는 바와 같이 종사자의 수는 2021년을 기준으로 67,159명으로, 전체 「음식점업」의 4.5%를 차지한다.

전년 대비 증가율은 -0.6%이고, 3년 동안의 연평균 성장률은 -0.5%이다.

〈표 3-13〉 세세(細細) 분류별 기관 구내식당업종사자 수 추이 (2018~2020)

(단위: 명, %)

업종	2019	2020	2021	비중	전년 대비 증가율	연평균 증가율
□ 음식점 및 주점업	2,191,917	1,919,667	1,937,768	100.0	0.9%	-4.0%
○ 음식점업	1,674,179	1,491,559	1,494,373	(77.1)	0.2%	-3.7%
▷ 기관 구내식당업	68,233	67,566	67,159	(4.5)	-0.6%	-0.5%
- 기관 구내식당업	68,233	67,566	67,159	100.0	-0.6%	-0.5%

3) 매출액

아래의 〈표 3-14〉는 「기관 구내식당업」의 매출액 추이를 정리한 표이다.

〈표 3-14〉에서 보는 바와 같이 매출액은 2021년을 기준으로 10조 6천 3십억 원으로, 전체 「음식점업」의 8.3%를 차지한다.

전년 대비 증가율은 9.6%이고, 3년 동안의 연평균 성장률은 0.3%이다.

〈표 3-14〉 세세(細細) 분류별 「기관 구내식당업」 매출액 추이 (2018~2020)

(단위: 십억 원, %)

업종	2019	2020	2021	비중	전년 대비 증가율	연평균 증가율
□ 음식점 및 주점업	144,392	139,890	150,763	100.0	7.8%	1.4%
○ 음식점업	120,065	117,101	127,771	(84.7)	9.1%	2.1%
▷ 기관 구내식당업	10,521	9,674	10,603	(8.3)	9.6%	0.3%
- 기관 구내식당업	10,521	9,674	10,603	100.0	9.6%	0.3%

4) 「기관 구내식당업」의 특징과 전망

21년 기준 10조 원에 달하는 이 시장은 두 영역으로 분류된다. 하나는 기관이 직접 운영하는 직영방식과 운영을 기관급식 전문업체에 위탁하여 운영하는 위탁

운영 방식이다. 대부분 초중고등학교 급식을 제외하고는 전문 급식업체에 위탁하여 운영하는 추세이다.

위탁하여 운영하는 기관급식의 경우는 비교적 진입장벽이 높다. 그 결과 높은 진입장벽을 형성하고 있는 CJ 프레쉬웨이, 아워홈, 신세계푸드, 삼성웰스토리, 현대그린푸드, 한화호텔 & 리조트, 이씨엠디 등 대기업 계열회사를 중심으로 경쟁을 하고 있다.

이들은 조직력과 자금력, 그리고 그동안의 학습경험을 바탕으로 단체급식뿐만 아니라, 식재료 유통, 콘세션사업[4], 일반외식사업 등으로 사업영역을 다각화하고 있다. 하지만, 대기업의 중소 상인업종및 골목상권 진출에 대한 규제를 통해 중소기업에 유리한 정책을 만들어 보호하고 있어 사업영역 확장에 어려움을 겪고 있다. 게다가 코로나 19의 영향으로 기업들의 재택근무가 늘고, 다중 시설에 대한 사회적 거리 두기 강화, 학교의 원격수업 진행 등으로 급식이 중단 또는 제한되어 단체급식 시장이 많은 어려움을 겪고 있었으나, 방역조치가 완화되면서 정상화되고 있다.

4. 「출장 및 이동음식점업」

연회 등과 같은 행사 시에 특정 장소로 출장하여 음식 서비스를 제공하는 산업활동과 고정된 식당시설 없이 각종의 음식을 조리하여 제공하는 이동식 음식을 운영하는 산업활동을 포함한다.

2021년을 기준으로 사업체의 수는 전체 「음식점 및 주점업」의 0.1%, 종사자의 수의 0.1%, 그리고 매출액의 0.1%를 차지하는 시장이다.

1) 사업체의 수

세(細)분류된 「출장 및 이동음식점업」은 「출장 음식서비스업」과 이동음식점업」

---

4) 콘세션(concession)의 사전적 의미는 면허, 이권, 대리점운영권, 영업권 등을 말하는 것으로 극장이나 공원, 체육시설 내의 시설운영권을 말한다. 국내에서는 CJ푸드시스템이 공항, 철도, 고속도로 휴게소 등 유동인구가 많은 공공장소에서 식음료 매장을 운영하는 사업을 통칭하는 의미로 콘세션 사업이라는 단어를 사용하기 시작했다고 한다.

으로 세세(細細) 분류된다. 그러나 세세(細細) 분류에서 「이동음식점업」의 지표는 아직 별도로 제공하고 있지 않다.

아래의 〈표 3-15〉는 「출장 및 이동음식점업」 사업체 수 추이를 정리한 표이다.

〈표 3-15〉에서 보는 바와 같이 사업체 수는 2021년을 기준으로 983개 사업체로, 전체 「음식점업」의 0.2%를 차지한다. 전년 대비 증가율은 -4.0%이고, 3년 동안의 연평균 성장률은 16.5%이다.

〈표 3-15〉 **세세(細細) 분류별 출장 및 이동음식점업 사업체 수 추이(2019~2021)**

(단위: 개, %)

업종	2019	2020	2021	비중	전년 대비 증가율	연평균 증가율
□ 음식점 및 주점업	727,377	804,173	800,648	100.0	-0.4%	3.3%
○ 음식점업	518,794	574,938	572,550	(71.5)	-0.4%	3.3%
▷ 출장 및 이동음식점업	621	1,024	983	(0.2)	-4.0%	16.5%
- 출장 음식서비스업	621	1,024	983	100.0	-4.0%	16.5%
- 이동 음식점업	-	-	-	-	-	-

2) 종사자의 수

아래의 〈표 3-16〉은 「출장 및 이동음식점업」 종사자 수 추이를 정리한 표이다.

〈표 3-16〉에서 보는 바와 같이 2021년을 기준으로 종사자 수는 2,547명으로, 전체 「음식점업」의 0.2%를 차지한다. 전년 대비 증가율은 마이너스(−) 11.6%이고, 3년 동안의 연평균 성장률은 -3.2%이다.

〈표 3-16〉 **세세(細細) 분류별 출장 및 이동음식점업종사자 수 추이(2019~2021)**

(단위: 명, %)

업종	2019	2020	2021	비중	전년 대비 증가율	연평균 증가율
□ 음식점 및 주점업	2,191,917	1,919,667	1,937,768	100.0	0.9%	-4.0%
○ 음식점업	1,674,179	1,491,559	1,494,373	(77.1)	0.2%	-3.7%
▷ 출장 및 이동음식점업	2,811	2,881	2,547	(0.2)	-11.6%	-3.2%
- 출장 음식서비스업	2,811	2,881	2,547	100.0	-11.6%	-3.2%
- 이동 음식점업	-	-	-	-	-	-

3) 매출액

아래의 〈표 3-17〉은 「출장 및 이동음식점업」 매출액 추이를 정리한 표이다.

〈표 3-17〉에서 보는 바와 같이 2021년을 기준으로 매출액은 1천 5백 5십억 원이며, 전체 「음식점업」의 0.1%를 차지한다.

전년 대비 증가율은 5.4%이고, 3년 동안의 연평균 성장률은 -5.9%이다.

〈표 3-17〉 세세(細細) 분류별 출장 및 이동음식점업 매출액 추이 (2018~2020)   (단위: 십억 원, %)

업종	2019	2020	2021	비중	전년 대비 증가율	연평균 증가율
□ 음식점 및 주점업	144,392	139,890	150,763	100.0	7.8%	1.4%
○ 음식점업	120,065	117,101	127,771	(84.7)	9.1%	2.1%
▷ 출장 및 이동음식점업	186	147	155	(0.1)	5.4%	-5.9%
- 출장 음식서비스업	186	147	155	100.0	5.4%	-5.9%
- 이동 음식점업	-	-	-	-	-	-

4) 「출장 및 이동음식점업」의 특징과 전망

「출장 및 이동음식점업」 시장, 특히 출장의 경우 호텔 식음료부서에 의해 점유되는 정도가 높았으나, 최근 들어 단체급식기업들과 소형 케이터링회사, 웨딩사업체 또는 개인이 소규모로 운영하는 업체가 늘어나고 있는 추세이다. 그러나 우리나라의 케이터링 시장은 아직은 제한적이고, 대부분 호텔 연회장이나 대형외식업체를 선호하고 있어 선진국에 비해 케이터링 시장이 활성화 되어 있지 않은 편이다.

이동음식점업의 대표적인 비즈니스 모델이 푸드트럭이었으나 영업장소의 제한과 각종 규제로 아직도 활성화되지 못하고 있다.

5. 「기타 간이음식점업」

피자, 햄버거, 샌드위치, 분식류, 스낵 및 기타 유사 식품 등을 조리하여 소비자에게 제공하는 음식점을 운영하는 산업활동으로 정의되는 「기타 간이음식점업」은 2021년을 기준으로 사업체의 수는 전체 「음식점 및 주점업」의 19.2%, 종사자의 수의

20.4%, 그리고 매출액의 21.8%를 차지하는 시장이다.

1) 사업체의 수

세(細)분류된「기타 간이음식점업」은「제과점업, 피자·햄버거·샌드위치 및 유사 음식점업, 치킨전문점, 김밥, 기타 간이음식점업, 그리고 간이음식 포장 판매전문점」으로 세세(細細) 분류된다.

다음 〈표 3-18〉은「기타 간이음식점업」의 사업체 수 추이를 정리한 표이다.

〈표 3-18〉에 따르면 2021년을 기준으로「기타 간이음식점업」의 사업체의 수는 153,807개 사업체로, 전체「음식점업」의 26.9%를 차지하는 시장이다.

그리고「기타 간이음식점업」을 구성하는 세세(細細) 분류기준으로는「김밥 및 기타 간이음식점업」의 비중이 가장 높으며(31.8%),「치킨전문점(27.7%), 제과점업 (17.4%), 피자, 햄버거, 샌드위치 및 유사 음식점업(16.6%), 그리고 간이음식 포장 판매 전문점(6.6%)」순이다.

2021년을 기준으로「기타 간이음식점업」의 사업체 수는 전년 대비 2.7% 증가했으며,「기타 간이음식점업」을 구성하고 있는「제과점업, 피자, 햄버거, 샌드위치 및 유사 음식점업, 치킨전문점, 김밥 및 기타 간이음식점업, 그리고 간이음식 포장판매전문점」의 사업체 수는 전년 대비 각각 7.8%, 8.0%, -0.3%, 0.2%, 2.3% 증가(감소)하였다.

그리고 2019~2021년까지의「기타 간이음식점업」의 사업체 수 연평균 증가율은 5.4%이며,「기타 간이음식점업」을 구성하는「제과점업, 피자, 햄버거, 샌드위치 및 유사 음식점업, 치킨전문점, 김밥 및 기타 간이음식점업, 그리고 간이음식 포장 판매 전문점」의 연평균 증가율은 각각 7.5%, 7.9%, 4.4%, 3.2%, 10.0%로 나타났다.

〈표 3-18〉 세세(細細) 분류별 「기타 간이음식점업」의 사업체 수 추이 (2018~2020) (단위: 개, %)

업종	2019	2020	2021	비중	전년 대비 증가율	연평균 증가율
□ 음식점 및 주점업	727,377	804,173	800,648	100.0	-0.4%	3.3%
○ 음식점업	518,794	574,938	572,550	(71.5)	-0.4%	3.3%
▷ 기타 간이음식점업	131,359	149,804	153,807	(26.9)	2.7%	5.4%
- 제과점업	21,470	24,777	26,704	17.4	7.8%	7.5%
- 피자, 햄버거, 샌드위치 및 유사음식점업	20,290	23,581	25,473	16.6	8.0%	7.9%
- 치킨 전문점	37,508	42,743	42,623	27.7	-0.3%	4.4%
- 김밥 및 기타 간이음식점업	44,495	48,822	48,898	31.8	0.2%	3.2%
- 간이음식 포장 판매 전문점	7,596	9,881	10,108	6.6	2.3%	10.0%

2) 종사자의 수

다음 〈표 3-19〉는 「기타 간이음식점업」의 종사자 수 추이를 정리한 표이다.

〈표 3-19〉에 따르면 2021년을 기준으로 「기타 간이음식점업」의 종사자 수는 395,980명으로, 전체 「음식점업」의 26.5%를 차지하는 시장이다.

그리고 전체 「기타 간이음식점업」 중 업종별 종사자 수는 「피자, 햄버거, 샌드위치 및 유사 음식점업(25.8%), 김밥 및 기타 간이음식점업(25.6%), 치킨전문점(21.9%), 제과점업(21.4%), 그리고 간이음식 포장 판매 전문점(5.3%)」 순으로 종사자의 수가 많다.

2021년을 기준으로 「기타 간이음식점업」의 종사자 수는 전년 대비 5.8% 증가하였으며, 「기타 간이음식점업」을 구성하고 있는 「제과점업」, 「피자, 햄버거, 샌드위치 및 유사 음식점업」, 「치킨전문점」, 「김밥 및 기타 간이음식점업」, 그리고 「간이음식 포장판매 전문점」의 종사자 수는 전년 대비 각각 11.3%, 8.5%, 2.0%, 2.0%, 6.8%가 증가하였다.

그리고 코로나 19가 확산되기 시작한 2020년을 포함한 2019~2021년까지의 연평균 증가율은 「기타 간이음식점업」이 -1.0%이고, 「기타 간이음식점업」을 구성하는 「제과점업, (피자, 햄버거, 샌드위치 및 유사 음식점업), 치킨전문점, 김밥 및 기타 간이음식점업, 그리고 간이음식 포장판매 전문점」은 각각 2.0%, 0.5%, -2.4%, -3.6%, 1.0%으로 나타났다.

〈표 3-19〉 **세세(細細) 분류별 기타 간이음식점업의 종사자 추이 (2019~2021)**

(단위: 명, %)

업종	2019	2020	2021	비중	전년 대비 증가율	연평균 증가율
□ 음식점 및 주점업	2,191,917	1,919,667	1,937,768	100.0	0.9%	-4.0%
○ 음식점업	1,674,179	1,491,559	1,494,373	(77.1)	0.2%	-3.7%
▷ 기타 간이음식점업	407,492	374,398	395,980	(26.5)	5.8%	-1.0%
- 제과점업	79,871	76,246	84,878	21.4	11.3%	2.0%
- 피자, 햄버거, 샌드위치 및 유사음식점업	100,808	94,240	102,204	25.8	8.5%	0.5%
- 치킨 전문점	93,199	84,822	86,526	21.9	2.0%	-2.4%
- 김밥 및 기타 간이음식점업	113,232	99,491	101,447	25.6	2.0%	-3.6%
- 간이음식 포장 판매 전문점	20,292	19,599	20,925	5.3	6.8%	1.0%

3) 매출액

다음 〈표 3-20〉은 「기타 간이음식점업」의 매출액 추이를 정리한 표이다.

〈표 3-20〉에 따르면 2021년을 기준으로 「기타 간이음식점업」의 매출액은 32조 8천 9백 3십억 원으로, 전체 「음식점업」의 25.7%를 차지한다.

그리고 「기타 간이음식점업」의 전체 매출액에서 「제과점업, (피자, 햄버거, 샌드위치 및 유사 음식점업), 치킨전문점, 김밥 및 기타 간이음식점업, 그리고 간이음식 포장판매 전문점」의 매출액 비중은 각각 21.0%, 25.1%, 25.7%, 21.4%, 6.9%이다.

2021년을 기준으로 「기타 간이음식점업」의 매출액은 전년 대비 14.7% 증가하였다. 그리고 「기타 간이음식점업」을 구성하고 있는 「제과점업, (피자, 햄버거, 샌드위치 및 유사 음식점업), 치킨전문점, 김밥 및 기타 간이음식점업, 그리고 간이음식 포장 판매 전문점」의 매출액은 전년 대비 각각 14.5%, 15.0%, 13.3%, 15.0%, 19.4%가 증가한 것으로 나타났다.

그리고 2019~2021년까지의 「기타 간이음식점업」 매출액의 연평균 증가율은 7.0%

이며, 「기타 간이음식점업」을 구성하고 있는 「제과점업, (피자, 햄버거, 샌드위치 및 유사 음식점업), 치킨전문점, 김밥 및 기타 간이음식점업, 그리고 간이음식 포장 판매 전문점」의 연평균 매출액 증가율은 각각 4.9%, 6.8%, 10.9%, 7.3%, 0.7%로 나타났다.

〈표 3-20〉 **세세(細細) 분류별 기타 간이음식점업의 매출액 추이 (2019~2021)** (단위: 십억 원, %)

업종	2019	2020	2021	비중	전년 대비 증가율	연평균 증가율
□ 음식점 및 주점업	144,392	139,890	150,763	100.0	7.8%	1.4%
○ 음식점업	120,065	117,101	127,771	(84.7)	9.1%	2.1%
▷ 기타 간이음식점업	26,861	28,673	32,893	(25.7)	14.7%	7.0%
- 제과점업	5,978	6,024	6,896	21.0	14.5%	4.9%
- 피자, 햄버거, 샌드위치 및 유사음식점업	6,759	7,168	8,240	25.1	15.0%	6.8%
- 치킨 전문점	6,201	7,460	8,450	25.7	13.3%	10.9%
- 김밥 및 기타 간이음식점업	5,695	6,113	7,027	21.4	15.0%	7.3%
- 간이음식 포장 판매 전문점	2,229	1,908	2,279	6.9	19.4%	0.7%

4) 「기타 간이음식점업」의 특징과 전망

「기타 간이음식점업」을 구성하고 있는 「제과점업」 시장을 살펴보면; 이 시장은 점포 내 소비보다는 구매 후 포장하여 가져가는 비중이 상대적으로 높아 코로나 19의 영향을 비교적 적게 받은 영역이다.

초창기의 「제과점업」 시장은 동네빵집으로 불리는 개인 업소를 중심으로 시장을 형성하였다. 이어 대기업이 소매시장에 공급하기 위한 양산체계의 빵에서 프랜차이즈 형태로 브랜드를 만들어 시장에 진입한 후, 개인 업소 중심에서 기업형 체인업소 중심으로 새로운 시장이 형성되었다. 즉, SPC의 파리바게트, 파리크라상, 크라운 베이커리, 뚜레쥬르, 신라명과 등이 자체브랜드로 가맹사업을 통해 시장을 확장해 왔다.

그러나 대기업 계열사들이 자영업자의 적합업종이라고 여겼던 골목상권에 문어발식으로 진출함에 따라 비판 여론이 확산된 후 정부에서도 자영업자들의 골목상권

보호 방안을 다각도로 제시하였다.

이와 같은 시장 구조에서 경쟁은 치열해지고 있다. 그리고 경쟁의 우위를 차지하기 위해서는 새로운 시장의 개척은 필수조건이 된다. 그 결과 선두 그룹의 브랜드들과 유통업체의 계열사가 참여하는 브랜드들은 백화점, 대형마트 등의 식품매장에 인스토어 개념으로 입점하기도 했다. 그리고 제과제빵에서 커피와 음료를 혼합한 「베이커리+카페」 유형의 새로운 Concept의 점포들로 바꾸기도 했다. 게다가 즉석이라는 개념과 상품의 다양화와 고급화를 꾸준히 추진하고 있다. 또한, 간단한 식사를 해결할 수 있도록 샌드위치를 도입하기도 했으며, 피자와 파스타 등을 도입한 곳들도 생겨났다.

피자·햄버거·샌드위치·토스트 및 유사 음식을 직접 조리하여 일반소비자에게 판매하는 산업활동으로 정의되는 「피자·햄버거·샌드위치·토스트 및 유사 음식업」 다국적기업의 유명 브랜드와 자생 브랜들로 구성되어 있다.

전반적으로 포화상태인 피자 시장의 경우는 피자헛, 도미노피자, 미스터피자, 파파존스, 피자에땅, 피자스쿨, 피자마루 등에 의해 선도되고 있다.

햄버거 시장을 선도해 가고 있는 패스트푸드 브랜드는 롯데리아, 맥도널드, KFC, 버거킹, 맘스터치, 모스버거 등이다.

그런데 소비자들의 인식이 패스트푸드는 건강에 해로운 음식으로 인식되면서 업체들이 많은 어려움을 겪었다. 그 결과 업장의 수가 줄어들고, 시장의 외형이 감소하였다. 그리고 새로운 방안을 모색하고 있다. 그러나 소비자들이 가지고 있는 패스트푸드에 대한 부정적인 인식을 바꾸지는 못하고 있다.

최근의 패스트푸드 시장의 현황을 고려할 때, 패스트푸드 시장은 이제 성숙기를 지나 쇠퇴기로 접어들었다고 전망할 수 있다. 소비자들이 가지고 있는 건강에 나쁜 음식이라는 부정적인 인식을 바꿀 수 있는 획기적인 마케팅 전략이 없으면 점진적으로 축소될 것으로 전망한다.

선진외국의 경우(특히 북미)는 일찍이 패스트푸드 시장에 대한 출구전략으로 가격대 8~15달러 정도의 Fast Casual(Fast와 Casual의 중간: 서로의 장점을 살림) 시장을 개척하여 패스트푸드의 감소분을 만회하는 전략을 꾀하고 있다.

전기구이 통닭, 푸리이드치킨, 양념치킨으로 시대에 따라 진화를 거듭해 온 치킨 시장은 양념치킨, 프라이드 치킨 등 치킨전문점을 운영하는 산업 활동을 하는 업장으로 정의된다. 한국의 치킨 시장은 토종브랜드인 BBQ와 BHC, 교촌치킨 등이 주도해 가고 있다. 이어 중·소규모의 토종브랜드들이 지속적으로 시장에 진입하고 있어 경쟁이 치열한 시장으로 고려된다.

치킨전문점 시장이 성장할 수 있었던 것은 식재공급(치킨)이 비교적 안정적이고, 소규모 배달 전문점으로 진입할 수 있어 가맹사업을 통해 지역적인 확산이 쉽다는 점과 고객층이 비교적 넓다는 등과 같은 특성을 가지고 있었기 때문이라 생각한다.

일반적으로 진입장벽이 낮으면 경쟁이 높아지고, 경쟁은 차별화를 가속화시킨다. 이러한 논리가 치킨 시장에도 그대로 적용되어 현재 치킨 시장은 새로운 시장 개척(해외시장)과 상품개발에 몰두하고 있다. 특히 튀김과 양념치킨은 주식보다는 간식과 안주의 개념으로 인식되고 있기 때문에 조립과 조합을 통해(예; 술과 치킨) 다양한 브랜드를 만들어 체인화를 전개해 가고 있다.

「김밥 및 기타 간이음식점업」의 경우; 이 시장은 김밥, 만두, 찐빵, 라면, 떡볶이 등의 간이음식을 조리하여 제공하는 음식점을 운영하는 산업활동으로 정의된다. 이 시장의 특징은 개인이 생계형으로 운영하는 길거리 음식이라는 인식을 가지고 있다. 그 결과 비위생적이고, 관리의 사각지대에 놓여있었다(무허가 등). 그러나 김밥과 같은 상품을 브랜드화하여 가맹사업에 성공한 업체가 탄생하면서 분식에 대한 인식이 바뀌기 시작하였다.

「간이음식 포장 판매 전문점」은 고정된 장소에서 대용식이나 간식 등 간이 음식류를 조리하여 포장 판매하거나 일부 객석은 있으나 포장 판매 위주로 음식점을 운영하는 산업활동을 말한다.

이 시장은 이제 태동하는 시장으로 기타 간이음식점업 시장에서 차지하는 비중이 다른업종에 비해 낮은 편이다. 그러나 코로나 19을 겪으면서 또 다른 유형의 외식업태로 자리매김하고 있다.

6. 「주점 및 비알코올 음료점업」

10차 개정된 「한국표준산업 분류」 상에서 소분류 된 「주점 및 비알코올 음료점업」은 「주점업」과 「비알코올 음료점업」으로 세(細) 분류된다.

「주점 및 비알코올 음료점업」은 2021년을 기준으로 사업체 수는 전체 「음식점 및 주점업」의 28.5%, 종사자 수의 22.9%, 그리고 매출액의 15.3%를 차지하는 시장이다.

1) 사업체의 수

소(小)분류 된 「주점 및 비알코올 음료점업」은 「주점업」과 「비알코올 음료점업」으로 세(細)분류된다. 그리고 세(細)분류된 「주점업」은 「일반 유흥주점업, 무도 유흥주점업, 생맥주 전문점, 기타 주점업」으로 세세(細細) 분류되고, 「비알코올 음료점업」은 「커피전문점」과 「기타 비알코올 음료점업」으로 세세(細細) 분류된다.

다음 〈표 3-21〉은 세세(細細) 분류된 「주점 및 비알코올 음료점업」의 사업체 수 추이를 정리한 표이다. 〈표 3-21〉에 따르면 2021년을 기준으로 「주점업」과 「비알코올 음료점업」의 사업체 수는 전체 「주점 및 비알코올 음료점업」의 49.9%와 50.1%를 차지한다.

「주점업」 전체 사업체 수에서 「일반 유흥주점업, 무도 유흥주점업, 생맥주 전문점, 기타 주점업」 사업체의 수의 구성비는 각각 24.7%, 1.1%, 9.3%, 그리고 65.0%를 차지하고 있다.

그리고 전체 「비알코올 음료점업」 사업체 수에서 「커피전문점」과 「기타 비알코올 음료점업」이 차지하는 비중이 각각 84.4%와 15.6%이다.

그리고 2021년을 기준으로 「주점 및 비알코올 음료점업」의 사업체 수는 전년 대비 -0.5% 감소하였고, 「주점업」과 「비알코올음료점업」은 전년 대비 각각 -5.7%와 5.3% 증가(감소)하였다.

「주점업」을 구성하는 「일반 유흥주점업, 무도 유흥주점업, 생맥주 전문점, 기타 주점업」의 사업체 수는 2021년을 기준으로 전년 대비 각각 -7.3%, -5.2%, -0.4%, -5.8% 감소하였으며, 코로나 19가 본격적으로 확산이 시작된 2020년을 포함한 2019~2021년까지의 연평균 증가율은 주점업이 -0.3%이고, 주점업을 구성하는 「일반 유흥주점업, 무도 유흥주점업, 생맥주 전문점, 기타 주점업」의 연평균 증가율은 각각 -1.5%, -14.7%, 9.5%, -0.7% 감소(증가)하였다. 즉, 생맥주 전문점을 제외하고는 모든 업종이 마이너스 성장을 하였다.

2021년을 기준으로 「비알코올 음료점업」은 전년대비 5.3% 증가하였고, 「비알코올음료점업」을 구성하는 「커피전문점」과 「기타 비알코올 음료점업」은 전년 대비 각각 7.3% 와 -4.3% 증가(감소)하였으며, 연평균 증가율은 「비알코올 음료점업」이 6.9%, 그리고 「커피전문점」과 「기타 비알코올 음료점업」이 각각 8.2%와 0.6% 증가였다.

〈표 3-21〉 **세세(細細) 분류별 주점 및 비알코올 음료점업 사업체 수 추이(2018~2020)** (단위: 개, %)

업종	2019	2020	2021	비중	전년 대비 증가율	연평균 증가율
□ 음식점 및 주점업	727,377	804,173	800,648	100.0	-0.4%	3.3%
▷ 주점 및 비알코올음료점업	208,583	229,235	228,098	(28.5)	-0.5%	3.0%
○ 주점업	114,970	120,769	113,893	(49.9)	-5.7%	-0.3%
- 일반 유흥주점업	29,448	30,310	28,105	24.7	-7.3%	-1.5%
- 무도 유흥주점업	1,944	1,273	1,207	1.1	-5.2%	-14.7%
- 생맥주 전문점	8,035	10,585	10,539	9.3	-0.4%	9.5%
- 기타 주점업	75,543	78,601	74,042	65.0	-5.8%	-0.7%
○ 비알코올음료점업	93,613	108,466	114,205	(50.1)	5.3%	6.9%
- 커피 전문점	76,145	89,892	96,437	84.4	7.3%	8.2%
- 기타 비알코올음료점업	17,468	18,574	17,768	15.6	-4.3%	0.6 %

2) 종사자의 수

다음 〈표 3-22〉는 「주점업 및 비알코올 음료점업」의 종사자 수 추이를 정리한 표이다.

〈표 3-22〉에 따르면 2021년을 기준으로 「주점 및 비알코올 음료점업」의 종사자 수는 전체 「음식점 및 주점업」 종사자 수의 22.9%를 차지한다. 그 중 「주점업」은 38.7%를 차지하고, 「비알코올음료점업」은 61.3%를 차지한다.

그리고 「주점업」을 구성하는 「일반 유흥주점업, 무도 유흥주점업, 생맥주 전문점, 기타 주점업」이 차지하는 종사자 수의 구성비는 각각 22.8%, 1.4%, 10.7%, 그리고 65.1%이다.

「비알코올 음료점업」의 경우는 「커피전문점」은 87.9%, 「기타 비알코올 음료점업」이 12.1%를 차지하고 있다.

2021년을 기준으로 「주점업」은 전년 대비 -8.0% 감소하였고, 주점업을 구성하는 「일반 유흥주점업, 무도 유흥주점업, 생맥주 전문점, 기타 주점업」의 종사자 수는 전년 대비 각각 -10.5%, -15.2%, -0.1%, -8.1% 감소하였으며, 2019-2021년 연평균 증가율은 주점업이 -12.4%, 그리고 주점업을 구성하는 「일반 유흥주점업, 무도 유흥주점업, 생맥주 전문점, 기타 주점업」 각각 -18.2%, -30.9%, -3.2%, -10.6%이다.

「비알코올 음료점업」을 구성하는 「커피전문점」과 「기타 비알코올 음료점업」의 경우; 종사자의 수는 2021년을 기준으로 전년 대비 각각 14.3% 와 0.7% 증가하였으며, 2019~2021년까지의 연평균 증가율은 각각 2.1%와 -4.9%이다.

〈표 3-22〉 **세세(細細) 분류별 「주점 및 비알코올음료점업」의 종사자 수 추이(2019~2021)** (단위: 명, %)

업종	2019	2020	2021	비중	전년 대비 증가율	연평균 증가율
□ 음식점 및 주점업	2,191,917	1,919,667	1,937,768	100.0	0.9%	-4.0%
▷ 주점 및 비알코올음료점업	517,738	428,108	443,395	(22.9)	3.6%	-5.0%
○ 주점업	254,996	186,328	171,472	(38.7)	-8.0%	-12.4%
- 일반 유흥주점업	71,196	43,616	39,030	22.8	-10.5%	-18.2%
- 무도 유흥주점업	7,147	2,779	2,356	1.4	-15.2%	-30.9%
- 생맥주 전문점	20,284	18,388	18,378	10.7	-0.1%	-3.2%
- 기타 주점업	156,369	121,545	111,708	65.1	-8.1%	-10.6%
○ 비알코올음료점업	262,742	241,780	271,923	(61.3)	12.5%	1.2
- 커피 전문점	224,328	208,936	238,849	87.8	14.3%	2.1%
- 기타 비알코올음료점업	38,414	32,844	33,074	12.2	0.7%	-4.9 %

3) 매출액

다음 〈표 3-23〉은 「주점 및 비알코올 음료점업」의 매출액 추이를 정리한 표이다. 〈표 3-23〉에 따르면 2021년을 기준으로 「주점 및 비알코올 음료점업」은 전체 「음식

점 및 주점업」 매출액의 15.3%를 차지하는 시장이다. 그리고 전체 「주점 및 비알코올
음료점업」 중 「주점업」과 「비알코올 음료점업」 매출액의 비중은 35.4%와 64.6%이다.

「주점업」 전체 매출액에서 「일반 유흥주점업, 무도 유흥주점업, 생맥주 전문점,
기타 주점업」이 차지하는 매출액 비는 각각 15.9%, 0.8%, 12.8%, 70.5%이다. 그리고
전체 「비알코올 음료점업」의 매출액 중 「커피전문점」과 「기타 비알코올 음료점업」
은 각각 90.9와 9.0%를 차지하고 있다.

「주점업」 매출액은 2021년을 기준으로 전년 대비 -21.8% 감소했으며, 「주점업」을
구성하는 「일반 유흥주점업, 무도 유흥주점업, 생맥주 전문점, 기타 주점업」의 매출
액은 전년 대비 각각 -41.5%, -54.5%, -2.6%, -17.8% 감소했다.

매출액 연평균 증가율은 「주점업」은 -11.9%, 그리고 「주점업」을 구성하는 「일반
유흥주점업, 무도 유흥주점업, 생맥주 전문점, 기타 주점업」은 각각 -23.5%, -44.3,
-0.4%, -8.80% 감소했다.

그리고 「비알코올 음료점업」의 경우; 매출액은 2021년을 기준으로 전년 대비 19.9%
증가하였고, 「커피전문점」과 「기타 비알코올 음료점업」의 경우는 전년 대비 각각
21.4% 와 6.5% 증가하였으며, 연평균 증가율은 「비알코올 음료점업」의 경우 6.1%이며,
「커피전문점」과 「기타 비알코올 음료점업」의 경우는 각각 6.9%와 -0.9%이다.

〈표 3-23〉 「**주점 및 비알코올음료점업**」의 매출액 추이 (2019~2021)

(단위: 십억 원, %)

업종	2019	2020	2021	비중	전년 대비 증가율	연평균 증가율
□ 음식점 및 주점업	144,392	139,890	150,763	100.0	7.8%	1.4%
▷ 주점 및 비알코올음료점업	24,327	22,789	22,992	(15.3)	0.9%	-1.9%
○ 주점업	11,875	10,396	8,131	(35.4)	-21.8%	-11.9%
- 일반 유흥주점업	2,896	2,212	1,294	15.9	-41.5%	-23.5%
- 무도 유흥주점업	376	143	65	0.8	-54.5%	-44.3%
- 생맥주 전문점	1,051	1,065	1,037	12.8	-2.6%	-0.4%
- 기타 주점업	7,552	6,976	5,734	70.5	-17.8%	-8.8%
○ 비알코올음료점업	12,452	12,392	14,862	(64.6)	19.9%	6.1%
- 커피 전문점	11,068	11,129	13,516	90.9	21.4%	6.9%
- 기타 비알코올음료점업	1,384	1,263	1,345	9.0	6.5%	-0.9 %

4) 「주점 및 비알코올음료점업」의 특징과 전망

「주점업」은 다시 「일반 유흥주점업, 무도 유흥주점업, 생맥주 전문점, 기타 주점업」으로 세세(細細)분류 된다.

「일반 유흥주점업」은 접객시설과 함께 접객 요원을 두고 술을 판매하는 각종 형태의 유흥주점을 말한다. 한국식 접객주점, 룸살롱, 바(접객 서비스 딸린), 서양식 접객주점, 비어홀(접객 서비스 딸린) 등이 여기에 해당된다.

「무도 유흥주점업」은 무도시설을 갖추고 술을 판매하는 무도 유흥주점을 말한다. 예를 들어, 무도 유흥주점, 카바레, 극장식 주점(식당) 클럽, 나이트클럽 등이 여기에 해당된다. 그러나 무도장 및 콜라텍 운영은 제외된다.

「생맥주 전문점」은 이번 10차 개정을 통해 「주점업」 세분류에서 「생맥주 전문점」을 세세 분류하였다. 접객시설을 갖추고 대중에게 주로 생맥주를 전문적으로 판매하는 주점을 말한다.

그리고 「기타 주점업」은 「생맥주 전문점」을 제외한 대폿집, 선술집 등과 같이 접객시설을 갖추고 대중에게 술을 판매하는 기타의 주점을 말한다. 예를 들어, 소주방 · 호프집 · 막걸리집 · 토속주점 등이 여기에 해당된다.

「주점업」의 경우 수제 맥주가 2010년대 초반부터 본격적으로 등장하기 시작하여 차츰 수제 맥주 전문 업소가 많아지기 시작하고 있다. 또한, 주세법의 개정으로 2014년도부터 수제 맥주의 판로가 확대되면서(외부유통이 가능) 생맥주 시장의 전망은 비교적 긍정적으로 보았으나 지금은 답보상태를 유지하고 있다. 그리고 와인 수입이 많아짐으로써 과거에 비해 와인이 대중화되기 시작하면서 와인을 전문적으로 취급하는 바가 늘어나기도 했다.

그리고 우리 농산물의 사용과 전통의 계승과 보존이라는 당위성에 힘입어 최근 들어 전통주에 대한 정부의 규제 완화(가양주 제조와 판매 등에 대한 규제의 완화) 정책이 전통주 확장에 기여하고 있다. 특히 기존의 전통주 전문점과는 색다른 분위기를 가진 전통주 전문점들이 생겨 나면서 다양한 연령층을 대상으로 전통주를 선보이고 있다.

전통주와 생맥주 전문점, 그리고 와인바를 제외하고는 주점업 시장은 변화가 없으며, 전반적으로 주점업을 구성하는 일반 유흥주점업과 무도 유흥주점업의 경우 성장률 지표들이 마이너스로 바뀌어 가고 있다. 특히 코로나 19 확산으로 사회적 거리 두기가 강화된 2020~ 2023년 1분기까지 주점업 시장은 사업체의 수와 종사자의 수, 그리고 매출액 측면에서도 부정적인 결과를 보이고 있다.

반면, 「커피 전문점과 기타 비알코올음료점업」으로 구성되는 「비알코올음료점업」은 최근 커피 시장의 양적 성장을 고려하여 이번 10차 개정에서 「비알코올 음료점업」 세분류에서 커피전문점을 세세(細細)분류하였다.

「비알코올 음료점업」은 「커피전문점과 기타 비알코올 음료점업」으로 양분되는데, 「기타 비알코올 음료점업」의 경우는 뚜렷하게 부각 되는 특징을 찾기가 어렵다. 그러나 「커피전문점」의 경우는 몇 개의 대기업이 운영하는 브랜드와 다양한 유형의 개인사업체로 양분할 수 있다.

소비자들의 라이프스타일과 식생활의 변화로 급성장하고 있는 이 시장에는 한국의 커피 문화를 바꾸어가고 있는 스타벅스, 커피빈, 파스쿠찌, 엔제리너스(구 자바커피), 할리스, 투썸플레이스, 이디야, 빽다방, 메가 커피 등과 같은 국내 자생브랜드와 다국적 브랜드들이 있다.

위의 원두커피 브랜드들은 한국커피 시장에 많은 변화를 가져다주었다. 현장에서만 마실 수 있었던 커피를 가지고 다니면서 먹을 수 있게 만들었다. 인스턴트커피 시장을 원두커피 시장으로 바꿔가고 있다. 커피와 어울리는 쿠키와 케이크 등을 함께 제공하는 등과 같이 기존의 다방문화와는 다른 모습으로 혁신을 거듭해가고 있다.

최근 커피전문점들이 생존 차원에서 그 영역 확장에 박차를 가하고 있다. 그 결과 전통적인 상업지역뿐만 아니라 병원, 대형건물, 오피스 빌딩, 학교, 마트, 백화점, 편의점5) 등 사람들이 모이는 곳에는 예외 없이 입점하고 있다. 그리고 커피와 다른 상품을 조립하고 조합하는 복합매장(커피 + 빵 + 케이크 + 쿠키 + 샌드위치 +

---

5) 저가의 원두커피를 판매함으로써, 커피 시장에 새로운 경쟁자로 부각되고 있다.

생수 + 주스 등)의 형태로 기본 모델을 바꿔가고 있다. 최근들어 베이커리 카페가 유행을 타고 있는 것도 이러한 추세를 반영한 것으로 해석된다.

제3절 | 외식기업의 생멸과 전망

1. 신생률과 소멸률의 이해

일반적으로 레스토랑의 실패율은 다른업종에 비해 높은 편이다. 가장 큰 원인은 진입장벽이 낮기 때문이다. 진입장벽이 낮다는 의미는 경쟁을 높인다는 의미이다. 경쟁이 높은 시장에서 성공할 수 있는 확률은 비교적 낮은 것이 사실이다. 그러나 우리가 생각하는 것만큼, 또는 매스컴에서 보도하는 것만큼 높은 편은 아니라는 것이 학술적으로 규명되었다.

기업의 생멸행정통계를 이해하기 위해서는 다음과 같은 절차와 용어의 이해가 필요하다.

첫째, 아래의 박스에 설명된 활동기업, 신생기업, 소멸기업에 대한 이해가 있어야 한다.

- **활동(Active)기업**
  – 비영리를 제외한 영리기업 중 기준 연도(t년)에 매출액이 있거나 상용근로자가 있는 기업
- **신생(Birth)기업**
  – 기준 연도(t년)와 전년도(t−1년)의 활동 영리기업 DB 비교를 통해 새로운 경제활동을 시작하여 매출액 또는 상용근로자가 존재하는 기업
- **소멸(Death)기업**
  – 전년도(t−1년)와 기준연도(t년)의 활동 영리기업 DB 비교를 통해 경제활동을 중지한 기업

둘째, 아래의 〈표 3-24〉와 같이 관계부처가 발표하는 활동기업, 신생기업, 소멸기업에 대한 현황이 있어야 한다.

〈표 3-24〉 **연도별 기업 생멸 현황**

(단위: 천개, %)

연도	활동기업		신생기업			소멸기업		
		전년비		전년비	신생률		전년비	소멸률
2015	5,554	-0.1	813	-3.5	14.6	640	-17.6	11.5
2016	5,776	4.0	876	7.8	15.2	626	-2.2	10.8
2017	6,051	4.8	913	4.2	15.1	698	11.5	11.5
2018	6,250	3.3	920	0.7	14.7	692	-0.9	11.1
2020	6,527	4.4	997	8.4	15.3	736	6.4	11.3
2020	6,821	4.5	1,059	6.2	15.5	761	3.4	11.2
2021	7,056	3.4	1,022	-3.4	14.5	-	-	-

자료: 통계청, 2021년 - 기업생멸행정통계 결과- 보도자료(2022. 12. 22.) : 6

셋째, 아래와 같은 공식을 이용하여 기업의 신생률과 소멸률을 계산해야 한다. 여기서 말하는 신생률이란 당해연도(t년) 활동기업체 대한 신생기업의 비율을 의미한다.

> 즉, 신생률 = (t년) 신생기업 수 ÷ (t년) 활동기업 수 × 100이다.

즉, 위의 〈표 3-24〉에서 보는 바와 같이 2021년도 기업의 신생률은 [신생기업 수(1,022) ÷ 활동기업 수(7,056) × 100 = 14.5]가 된다.

그리고 소멸률은 당해 연도(t-1년) 활동기업에 대한 소멸기업의 비율을 말한다.

> 즉, 소멸률 = (t-1년) 소멸기업 수 ÷ (t-1년) 활동기업 수 × 100이다.

즉, 위의 〈표 3-24〉에서 보는 바와 같이 2020년 기업의 소멸률은 [소멸기업 수(761) ÷ 활동기업 수(6,821) × 100 = 11.2] 가 된다. 그러나 2021년도 소멸률은 소멸기업에 대한 현황이 없어 계산할 수 없다. 즉, 2021년도 기업의 소멸률은 2022년도의 지표가 발표되어야 계산할 수 있다는 의미이다.

아래의 〈표 3-25〉를 이용하여 음식점 및 주점업의 신생률과 소멸률을 정리해 보면 2021년의 신생률은 17.0%이고, 2020년의 소멸률은 15.4%이다. 이를 전체 산업 평균 14.5%와 11.2%와비교 해 보면 신생률과 소멸률이 모두 높은 편이다.

〈표 3-25〉 숙박 · 음식점업 기업 생멸 현황

(단위: 개, %)

산업분류		활동		신생		소멸	
		2021	구성비	2021	신생률	2020	소멸률
I 숙박 · 음식점업		872,685	12.4	148,278	17.0	132,778	15.3
	55 숙박업	52,694	0.7	8,782	16.7	7,272	14.1
	56 음식점 및 주점업	819,991	11.6	139,496	17.0	125,506	15.4

자료: 통계청, 2021년 - 기업생멸행정통계 결과 보도자료(2022. 12. 22.) : 28

가끔 매스컴이나 보고서를 통해 자영업 폐업률을 발표하면서 폐업률을 기준년도 신규사업자 수와 기준연도 폐업자 수를 비교해 '자영업 폐업률'로 발표하는 오류를 범하고 있다. 예를 들어 2021년 100개의 식당이 신규로 시장에 진입했고, 80개 사업 체자 폐업해 자영업 10곳 중 8곳이 망한다는 논리로 접근한다. 그러나 정부 관계부 처가 발표하는 기업 생멸률 계산 공식은 다르다.

2. 신생기업 생존율의 이해

생존은 기업체 신생 이후 t년까지 소멸되지 않고 지속적으로 존속한 경우를 의미한다. 특정 연도(t년도) 생존율 계산식은 다음과 같다.

> 1년 생존율 = (t-1)년 신생기업 중 (t)년까지 생존한 기업 수 ÷ (t-1)년 신생기업 수 × 100
> 7년 생존율 = (t-7)년 신생기업 중 (t)년까지 생존한 기업 수 ÷ (t-7)년 신생기업 수 × 100

이와 같은 산식을 이용하여 계산된 신생기업의 연도별 생존율을 다음 〈표 3-26〉과 같다.

〈표 3-26〉 **연도별 신생기업 생존율**   (단위: 년, %)

연도	1년 생종율		2년 생존율		3년 생존율		4년 생존율		5년 생존율		6년 생존율		7년 생존율	
2016	'15	65.3	'14	50.7	'13	41.5	'12	33.6	'11	28.6	-		-	
2017	'16	65.0	'15	52.8	'14	42.5	'13	35.6	'12	29.3	'11	25.3	-	
2018	'17	63.7	'16	52.8	'15	44.7	'14	36.7	'13	31.2	'12	26.1	'11	22.8
2019	'18	64.8	'17	51.9	'16	44.5	'15	38.5	'14	32.1	'13	27.7	'12	23.5
2020	'19	64.8	'18	53.6	'17	44.3	'16	38.5	'15	33.8	'14	28.6	'13	25.1

※ ( )는 기업의 신생 연도임
자료: 통계청, 2021년 - 기업생멸행정통계 결과 보도자료(2022. 12. 22) : 17

예를 들어, 2020년 활동기업 중 2019년 신생기업의 1년 생존율은 64.8%로 신생기업 10개 중 6.5개 기업이 생존하고 3.5개 정도가 소멸되었다는 의미로 해석할 수 있다. 그리고 2020년 기준 2년 생존율은 2017년에 창업하여(신생기업) 2020년에도 활동하고 있는 기업의 비율인 53.6%가 되는 것이며, 7년 생존율은 2013년에 창업하여(신생기업) 2020년에 할동하는 기업의 비율인 25.1%가 된다. 즉, 2013년에 신생(새로 생겨난)한 100개의 업체 중에서 약 25개 업체만 활동하고 있다는 의미이다.

이 중 숙박 및 음식점업의 경우 같은 기간 1년 생존율은 65.9%로 전체 산업의 평균보다 약간 낮은 편이나 숙박과 분리하면 더 높을 것으로 판단된다. 그리고, 신생기업 5년 생존율은 22.8%로 비교적 낮은 편이나 매년 조금씩 높아지고 있다.

〈표 3-27〉 **숙박·음식점업 신생기업 생존율**   (단위: %)

산업분류	연도	1년 생존율	2년 생존율	3년 생존율	4년 생존율	5년 생존율	6년 생존율	7년 생존율
	2016	61.0	42.9	32.2	23.8	18.9	-	-
	2017	61.5	44.1	32.8	25.2	19.1	15.6	-
Ⅰ. 숙박·음식점업	2018	62.2	45.1	34.2	26.3	20.5	15.9	13.2
	2019	64.2	45.9	35.3	27.5	21.5	17.2	13.6
	2020	65.9	48.2	36.3	28.7	22.8	18.2	14.8

자료: 통계청, 2020년 - 기업생멸행정통계 결과 보도자료(2021. 12. 17) : 45

조직별 신생기업 생존율을 보면, 개인보다는 법인이 높다. 법인의 5년 생존율은 40.7%인데 반해, 개인의 경우는 33.2%로 7.5%p나 낮다.

숙박·음식점업의 경우도 5년 생존율이 법인과 개인의 경우 각각 36.9%와 22.7%로 법인의 생존률이 14.2%p나 높다.

〈표 3-28〉 산업별 조직형태별 신생기업 생존율

(단위: %)

산업분류	조직형태	1년 생존율	2년 생존율	3년 생존율	4년 생존율	5년 생존율	6년 생존율	7년 생존율
전체		64.8	53.6	44.3	38.5	33.8	28.6	25.1
	법인	74.2	62.1	52.3	45.6	40.7	37.4	33.0
	개인	64.0	52.9	43.6	37.9	33.2	27.8	24.4
Ⅰ. 숙박·음식점업		65.9	48.2	36.3	28.7	22.8	18.2	14.8
	법인	80.9	64.1	53.1	42.4	36.9	34.1	27.5
	개인	65.7	48.0	36.2	28.6	22.7	18.1	14.7

자료: 통계청, 2020년 - 기업생멸행정통계 결과 보도자료(2021. 12. 17.) : 47

종사자 규모별에서도 종사자의 수가 많은 기업이 적은 기업보다 생존율이 높다. 전체 산업의 경우 1인 기업의 경우 5년 생존율이 32.6%인데 반해, 2인 이상의 경우는 43.6%로 11.0%p가 높다.

숙박·음식점업의 경우도 1인 기업의 경우 5년 생존율이 21.8%인데 반해, 2인 이상의 경우는 31.7%로 9.9%p나 높다.

〈표 3-29〉 산업별 종사자 규모별 신생기업 생존율

(단위: %)

산업분류	종사자 규모	1년 생존율	2년 생존율	3년 생존율	4년 생존율	5년 생존율	6년 생존율	7년 생존율
전체		64.8	53.6	44.3	38.5	33.8	28.6	25.1
	1인	62.8	51.8	42.6	37.1	32.6	27.3	23.8
	2인 이상	82.0	68.6	58.5	50.3	43.6	39.6	35.6
Ⅰ. 숙박·음식점업		65.9	48.2	36.3	28.7	22.8	18.2	14.8
	1인	63.1	45.9	34.4	27.2	21.8	17.5	14.2
	2인 이상	80.5	62.0	50.1	40.4	31.7	26.3	22.4

자료: 통계청, 2020년 - 기업생멸행정통계 결과 보도자료(2021. 12. 17.) : 48

모두에게 적용할 수 있는 음식점 창업 실패 요인을 정리하기란 쉽지 않다. 왜 실패하였는지에 대한 원인은 다양할 뿐만 아니라 어느 하나의 요인보다는 다양한 요인이 복합적으로 작용하여 실패라는 결과를 초래했기 때문이다.

하지만 음식점 창업과 운영은 우리가 생각하는 것처럼 쉬운 영역이 아니다. 충분한 시간적 여유와 창업자금을 확보해야 하고, 원하는업종에 대한 사전 경험을 충분히 한 후, 체계적으로 사업계획서를 작성한 후, 전문가의 조언을 받아 창업을 준비하는 것이 실패율을 낮출 수 있는 가장 기본이 창업 준비가 아닌가 사료 된다.

3. 음식점업과 주점업의 전망

2000년 초입부터 2023년 2분기까지 거의 3년 반에 걸쳐 외식산업 전반에 치명적인 영향을 미친 코로나 19가 종식되면 외식시장이 활성화될 것이라는 기대와는 다르게 아직도 힘든 상황이 계속되고 있다.

게다가 2021년부터 시작된 전반적인 물가 상승세, 2022년 2월에 발생한 러시아·우크라이나 전쟁, 이스라엘과 하마스와의 전쟁, 고금리의 장기화 현상, 산업 전반의 경기침체 현상, 지속적인 인플레이션 영향, 가스, 상·하수도 등의 공공요금 인상, 소비심리 위축, 국제정세의 불안 등의 악재가 지금도 진행되고 있어 많은 어려움을 겪고 있다. 그리고 이러한 어려움은 관계부처가 주기적으로 발표하는 외식산업 경기 동향지수에서도 나타나고 있다.

예를 들면, 2023년 3분기 매출액 부문 현재 지수는 79.42로 나타났다. 2분기 83.26에 비해 3.84p 하락했다.[6] 2023년 2분기 기준 식재료 원가지수는 143.12[7]이며, 고용지수는 96.32[8]로 나타나 외식업체의 운영이 코로나 19 때와 같이 어렵다는 뜻으로 해석할 수 있다.

먹거리는 과거, 현재 그리고 미래의 연속선 상에서 계속 이어져 가는 것이기 때문에 다가올 10년의 외식산업을 개괄적으로 전망해 보는 것은 그리 어렵지 않을 것으로 판단된다. 왜냐하면, 먹는 것은 지극히 보수적이기 때문에 변화의 속도가

---

6) 지수가 100보다 낮을 경우 전년도 동분기 대비 매출액이 감소한 업체가 증가한 업체 대비 많은 것을 의미하며, 100보다 높을 경우 매출액 증가 업체가 더 많은 것을 의미.
7) 지수가 100보다 높을 경우 전년도 동분기 대비 식재료 원가가 증가했다는 업체가 감소한 업체 대비 많은 것을 의미하며, 100보다 낮을 경우 식재료 원가 감소 업체가 더 많은 것을 의미.
8) 지수가 100보다 낮을 경우 전년도 동분기 대비 종사자 수가 감소한 업체가 증가한 업체 대비 많은 것을 의미하며 100보다 높을 경우 종사자 수 증가 업체가 더 많은 것을 의미.

비교적 느린 편이며, 오늘의 식생활 소비 형태가 점진적으로 진화해가기 때문이다. 즉, 같은 스펙트럼(spectrum)상에서 과거와 현재, 그리고 미래가 공존하면서 급진적으로 변화하지 않고 점진적으로 진화해간다는 의미이다. 그리고 그 변화의 속도는 느린 편이기는 하나 다양한 것들이 섞여 새로움과 다름을 표출하면서 진화해 간다는 의미이다.

이러한 점을 고려한다면 외식시장은 수요자와 공급자 측면에서 다음과 같은 변화를 경험할 것으로 본다.

1) 공급자 측면에서 전망

(1) 과다한 경쟁은 전반적으로 외식업체의 수익을 낮출 것이다.

외식시장은 동업종 간의 경쟁은 물론 외식시장과 가정식, 외식시장과 식품제조업체, 외식시장과 유통소매기관 간 경쟁을 하게 된다. 그리고 경쟁을 통해 네 주체 간의 경계가 차츰 무디어져 갈 것이다. 이러한 현상은 Eating Market에서 더 가시화될 것이다.

즉시 먹을 수 있도록, 또는 가열 후 먹을 수 있도록 준비된 식품을 생산, 유통, 판매하는 경로의 수가 증가하면서 식당을 가지 않아도 한 끼를 해결할 수 있는 방법이 많아졌다는 점이다. 특히, 이러한 현상은 시간 절약형 외식업체에서 두드러지게 나타날 것이다. 게다가 최소한의 시간과 노력으로 한 끼의 식사를 해결할 수 있는 다양한 HMR 식품이 개발되어 다양하고 편리한 방법으로 제공되기 때문에 외식사업체에서의 외식의 빈도가 줄어들 수도 있다.

(2) 향후 외식업체의 생산방식과 서비스 방식이 재편될 것이다.

외식업체의 주기능 중의 하나인 생산(조리)은 현재와 같은 폐쇄시스템으로는 수익성 있는 사업체를 운영할 수 없다는 결론에 도달했다. 즉, 넓은 공간, 많은 수의 숙련된 조리사, 복잡한 준비와 조리과정 등으로는 수입은 높일 수 있으나 수익을 창출할 수 없다는 결론이다.

이러한 결론은 좁은 공간에서 지금보다 훨씬 적은 수의 조리사들로 지금과 같은 기능을 완벽하게 해 낼 수 있는 시스템을 구축하여야 한다는 의미이다. 이러한 시스템의 구축 중의 하나가 현장 주방에서 직접 수행해야 하는 일(포괄적)들을 외부화할 수 있도록 생산 시스템을 유연하게 구축해야 한다는 의미이다. 그리고 이러한 시스템을 구축했을 때, 적은 인원으로, 낮은 숙련도를 가진 종사원으로, 더 축소된 생산 공간에서 생산성을 높일 수 있다는 의미이다.

즉, 생산과 서비스, 그리고 관리 영역에서 종업원이 수행했던 업무가 단순해지고, 인적자원을 기계로 대체하는 속도가 빨라진다는 의미이다(인적자원 의존도 → 기술의존도).

(3) 향후 배달과 Takeout 전문점이 증가할 것이다.

과거는 식당으로 오는 손님 위주였다면 향후는 배달과 Takeout의 비중이 늘어날 것이다. 특히, 이번 "코로나 19"와 같은 예상치 못한 전염병의 영향으로 비대면 서비스가 일상화된 점을 고려하면 배달과 Takeout 문화가 일반화되고 더욱 가시화될 것이다. 그리고 Eating Market을 중심으로 소매점과 외식시장의 경계가 차츰 무너질 것이다.

혹자는 최근 음식 배달이 줄어드는 현상을 잘못 해석하고 있는데, 이러한 현상은 갑자기 늘어난 배달과 테이크아웃 서비스가 코로나 방역 규제가 해제되면서 상대적으로 줄어든 것이지 계속 이와 같은 속도로 줄어든다는 의미는 아니기 때문이다.

(4) 외식사업체에 대한 정부의 규제는 더욱 강화될 것이다.

소비자 보호(안전)와 환경보호 측면에서 외식업체에 부과되는 규제는 더 많아질 것이다. 특히 소비자의 알 권리 측면에서 요구되는 메뉴의 진실(원산지표시, 성분표시, 용량, 질), 환경 관련(음식물 쓰레기 배출 관련 규제 등), 노동법 관련(최저임금, 노동시간, 고용, 해고 등), 그리고 식품위생과 안전에 관련된 규제는 더욱 구체화 될 것이다.

특히, 외식사업체를 압박하는 것은 법이 정한 최저 임금과 노동시간이다.

외식사업체의 운영에서 인건비가 차지하는 비중은 10~30%이다. 최저 임금이 인상되면 시급과 월급도 최저 임금을 준수하여야 한다. 그런데 임금의 상승은 원가의 상승으로, 원가의 상승은 수익의 감소로, 수익의 감소는 종업원의 감축으로, 종업원의 감축은 기계화로, 그리고 서비스 품질의 저하로, 서비스 품질의 저하는 고객의 감소로 이어지게 된다.

(5) 외식시장은 Eating Market과 Dining Market으로 양분될 것이다.

향후 외식시장은 편의와 속도(speed), 효율성, 다양성, 그리고 저가를 특징으로 하는 시간 절약형 Eating Market과 음식과 서비스, 분위기를 강조하는 시간 소비형인 Dining Market으로 양분될 것이다.

전자의 경우는 인적자원에 대한 의존도를 최소화 또는 낮추어 인건비의 구조를 최적화하고, 후자의 경우는 음식과 서비스, 그리고 분위기 등을 고급화하는 방향으로 시장이 양분화될 것이다. 그리고 전자의 경우 경쟁은 더욱 치열해지나 후자의 경우는 비교적 진입장벽이 높은 특징을 가질 것이다.

2) 수요자 측면에서의 전망

최근 소비자들은 식과 관련하여 다음과 같은 내용에 큰 관심을 보이고 있다. 건강과 안전, 친환경과 윤리, 편의와 다양성, 그리고 가치 소비가 그것이다.

(1) 건강과 안전을 우선 고려하게 될 것이다.

먹거리와 관련해서 가장 높은 관심을 가지는 것이 나와 내 가족, 즉 우리의 건강과 안전이다. 이러한 사실들은 소비자들이 추구하는 식과 관련된 키워드에서도 그대로 나타난다. 예를 들면, 자연과 유기농(natural & organic), ~이 들어있지 않은 (free-from), 육류에서 섭취하는 단백질의 감소(reducing meat proteins), 채식 등으로 내 건강과 안전한 식품에 대한 욕구가 증가하고 있다.

(2) 환경과 윤리의식이 차츰 높아질 것이다.

먹거리에 대한 환경과 윤리의식이 선진국을 중심으로 높아지고 있다는 점이다.

생산에서부터 소비에 이르기까지 내가 먹을 또는 먹고 있는 음식이 친환경적으로 생산되고, 준비되고, 조리되었느냐를 따지게 된다는 것이다. 그리고 동물복지에 대한 관심이 높아진다는 것이다.

즉, 소비자들은 그들이 소비할 식품(음식)에 대해 정보를 요구하게 되며, 친환경적이지 않거나 비윤리적이면 거부한다는 의미이다. 즉, 친환경적이고 윤리적인 면에서 문제가 없는 식품을 선호하게 된다는 것이다.

(3) 편의와 속도(speed)에 대한 욕구가 차츰 높아진다.

먹거리와 관련된 또 다른 공통적인 키워드는 편의(convenience)와 속도(speed), 그리고 효율성이다. 특히 강요된 외식(eating market)의 경우는 편의와 속도, 가격, 그리고 효율성이 중요한 변수로 자리매김하고 있다.

(4) 식품 관련 정보에 대한 요구가 강화될 것이다.

소비자들은 차츰 자신들이 소비하는 식품에 대한 구체적인 정보를 요구하게 된다. 왜냐하면 향후 식품에 대한 질을 결정하는 중요한 변수 중의 하나가 식품이 가지고 있는 정보 제공이기 때문이다. 즉, 어디서, 누가, 어떻게 재배 (사육)하여 어떤 과정을 거쳐서 식탁까지 도착하였는가에 대한 구체적인 정보를 요구한다는 것이다. 게다가 식품이 가지고 있는 영양성분도 꼼꼼히 따진다는 의미이다.

(5) 향후 소비자들은 사회관계망 서비스의 영향을 많이 받을 것이다.

매스미디어 뿐만 아니라 유튜브, 카카오, 페이스북, 인스타그램 등 다양한 채널을 통해 일상과 경험, 취향을 공유하는 문화가 점차 확산되면서, 이를 통해 외식 소비 감성을 자극하고 유도하는 콘텐츠와 마케팅에 소비자들은 많은 영향을 받게 될 것이다.

■ 맺음말

본 장에서는 우리가 칭하는 외식산업의 지표를 통해 외식시장의 현황과 향후 전망을 살펴보았다.

첫째, 중(中), 소(小), 세(細)분류 수준에서 「음식점 및 주점업」의 사업체 수, 종사자 수, 매출액 추이를 살펴보았다. 그리고 호텔 식음료 부대시설의 추이를 살펴보았다.

둘째, 세(細) 분류된 「음식점 및 주점업」을 세세(細細) 분류하여 통계청에서 발표하는 각종 지표를 중심으로 그 현황을 살펴보고, 주요한 특징들을 살펴보았다.

셋째, 외식기업의 생멸과 향후 외식시장의 전망을 수요자와 공급자 측면에서 살펴보았다.

참 ‖고‖문‖헌

황윤재, 2018 서비스업 조사 외식업 주요 동향 및 특성, 농촌경제연구소, 2020. 4

김경필 외 3인, 2017 서비스업 조사 외식업 주요 동향 및 특성, 농촌경제연구소, 2019. 4

통계청, 2018년 기준 서비스업조사 보고서, 2020. 2

농림축산식품부/한국농수산식품유통공사, 2023 식품외식통계, 2023. 6

중소벤처기업부/통계청, 2020년 기준 소상공인실태조사 잠정결과, 2019. 12

농림축산식품부/한국농수산식품유통공사, 2020년 식품외식통계(국내편), 2020. 5

농림축산식품부/한국농수산식품유통공사, 2020년 식품외식산업 주요통계, 2020. 9

농림축산식품부/한국농수산식품유통공사, 2022년 식품외식산업 주요통계, 2022. 12

농림축산식품부/한국농수산식품유통공사, 2019년 식품외식산업주요통계, 2019년 9월

한국농수산식품유통공사, 2023년 2분기 외식산업경기동향지수 보고서, 2023. 8월

한국농수산식품유통공사, 2023년 2분기 외식산업경기동향지수 보고서, 2023. 8월

한국외식업중앙회, 한국외식산업 통계연감 2020, 2020. 10

통계청, 2018년 기준 전국사업체 조사 보고서, 2019. 12

통계청, 2021년 전국사업체 조사 결과(잠정), 보도자료, 2022년 9월 29일

통계청, 2021년 - 기업생멸행정통계 결과 - 보도자료(2022. 12. 22)

통계청, 2020년 - 기업생멸행정통계 결과 - 보도자료(2021. 12. 17)

통계청, 한국표준산업분류, 2017

한국농촌경제연구원, 2019 외식업 경영실태 조사 보고서, 2019. 12

각 년도 관광사업체 기초 통계조사 보고서, 문화체육관광부

2021년 기준, 관광산업조사 보고서, Part 1, 문화체육관광부, 2022년 12월

https://know.tour.go.kr/stat/bReportsOfForeignerDis19Re.do (관광산업조사 보고서)

https://www.atfis.or.kr/fip/front/M000000217/board/list.do

http://www.theborn.co.kr/

http://www.ebiga.co.kr/

http://hongjjajang.com/

http://www.qqnoodle.co.kr/

http://www.jsgarden.co.kr/

https://www.crystaljade.co.kr/

외식산업과 관련된 산업의 이해 제 4 장

제1절　외식산업의 이해

1. 외식산업의 개요

음식을 소비하는 장소가 가정식과 외식을 구분하는 기준이다. 하지만 소비자에게 즉석에서 먹을 수 있도록 준비된 음식을 제공하는 곳이 외식업체뿐만 아니다. 다양한 소매기관과 식품제조업체가 On/Off 라인을 통해 참여하면서 가정식과 외식의 경계를 모호하게 만들고 있다. 그 결과 외식산업을 둘러싸고 있는 주변 산업은 더 넓어지고 깊어지고 있다.

1) 식자(識者)들은 외식산업을 어떻게 정의하고 있나?

외식산업진흥법 [시행 2021.2.19.] [법률 제17037호, 2020.2.18., 타법개정] 제2조(정의)에 외식산업이란 "외식상품의 기획·개발·생산·유통·소비·수출·수입·가맹사업 및 이에 관련된 서비스를 행하는 산업과 그 밖에 대통령령으로 정하는 산업을 말한다"라고 정의하고 있다.

그리고 외식산업진흥법 제2조 제3호에서 대통령령으로 정하는 산업이란 다음 각호의 어느 하나에 해당하는 산업을 말한다.

① 외식상품을 대상으로 하는 전시관·박물관·체험관 등의 조성업 및 운영업
② 외식상품 관련 행사의 기획·운영 등에 관한 산업
③ 외식산업 중 둘 이상이 혼합된 산업
④ 그밖에 농림축산식품부장관이 외식산업진흥을 위하여 지원이 필요하다고 인정하는 산업

그리고 외식사업이란 "외식산업과 관련된 경제활동"을 말하며, 외식사업자란 "외식사업을 영위하는 자를 말한다"라고 정의하고 있다.

그런데 대부분의 식자(識者)들은 외식산업을 다음과 같이 정의하고 있다.

- 외식산업(外食産業)이란 "기업규모가 커지고 체인화한 음식서비스업을 종래의 생업(生業)적인 음식업과 구별하여 일컫는 말"이라고 정의한다. 즉 규모 면에서 확대(커지고)되고 경영 면에서 체계를 갖추었기 때문에 식당업(食堂業), 요식업(料食業), 식품접객업(食品接客業), 음식업(飮食業) 등과 같이 하나의 업(業)으로 칭했던 분야가 외식서비스산업(産業)으로 칭하게 되었다.
- 또한 외식산업과 요식업의 비교에서도 외식산업은 "식품 또는 원부자재를 중앙공급방식에 의하여 공급받아 신속하고 저렴한 가격으로 음식을 제공하고, 셀프서비스시스템의 도입으로 간소화를 기하고, 메뉴의 통일, 대규모의 체인전개 등을 특징으로 한 식품서비스산업"을 칭한다.
- 종래의 요식업, 식품접객업, 음식점업 등으로 불리던 음식점 영업이 오늘날 외식산업으로 발전한 것은, 전체적인 규모의 확대화와 경영의 체계화 등 음식을 단순히 만들어 제공한다는 개념에서 음식의 제공과 서비스의 제공, 분위기의 연출 및 이와 관련된 편의제공 등을 상품으로 제공하는 보다 발전된 개념으로 "제조업과 서비스업을 함께 추구하는 복합(複合)산업"을 외식산업이라 한다.

외식산업을 정의한 위의 정의에서 외식산업과 요식업의 기준은 기업 규모, 경영 체계, 체인 여부, 식품 또는 원부자재의 중앙공급 여부, 신속성과 저렴한 가격, 셀프 서비스 도입 여부, 간소화, 메뉴의 통일, 시장 규모의 확대, 서비스의 제공, 분위기의 연출, 편의 제공 등과 같은 요소들이다.

만약 위와 같이 외식산업이 설명 또는 정의된다면 외식산업을 구성할 수 있는 유형의 외식사업체는 패스트푸드 레스토랑이나 패밀리 레스토랑, 단체급식사업체, 기업(企業)형 외식사업체와 대형화된 외식업체 등으로 한정될 수밖에 없다. 그리고 단일 점포로 생산과 소비를 시간 또는 공간 또는 시간과 공간적으로 이원화(분리)하

지 않고 전통적인 방식으로 운영되는 대부분의 외식업소는 외식산업을 구성하는
외식 사업체에 포함되지 않는다.

아래의 〈표 4-1〉은 외식산업과 요식업과의 차이점을 설명하기 위하여 식재, 조리,
경영방침, 점포, 교육, 상권 등 6개의 변수를 이용하였다. 그러나 6개의 변수는 외식
사업체의 특성을 설명하는데 사용될 수 있는 많은 변수 중의 일부에 불과할 뿐이지,
외식산업과 요식업의 차이를 설명하기 위한 기준이 되는 변수들은 아니다.

〈표 4-1〉 **외식산업과 요식업과의 차이점**

구분	외식산업(Foodservice)	요식업(Restaurants)
식재 조리 경영방침 점포 교육 상권	• 재료(1차 가공군의 사용) • 기술과 기계(균일한 품질) • 3S주의(Speed, Service, Standard) • 효율 중시 • 매뉴얼(Manual) 중시 • 대상권주의	• 원재료의 사용 • 육감적인 룩(look)의 기능 • 개성화, 아이디어의 중시 • 분위기 중시 • 경험 중시 • 소상권주의

자료: 신한종합연구소, 우리나라 식문화와 외식산업의 전개방향, 1988: 3.

위의 〈표 4-1〉에서 정의한 외식산업이 일반성을 갖기 위해서는 한국의 외식산업
의 현황이 이를 뒷받침해 줄 수 있어야 한다. 그러나 2021년 기준 800,648개소의
「음식점 및 주점업」 중 한국에 상륙한 외국의 유명 체인 패스트푸드점과 패밀리레
스토랑, 그리고 규모와 경영 면에서 앞서가는 국내의 몇몇 체인과 독립적으로 운영
하는 레스토랑, 그리고 프랜차이즈 가맹점을 제외한 대부분의 외식업소가 규모와
경영 면에서 그렇지 못한 것이 현실이라면 한국은 아직도 요식업의 수준에 머물러
있다고 보아야 한다는 모순을 안고 있다.

2) 외식산업은 어떻게 정의되어야 하나?

외식산업을 정의할 때 근간(사물의 바탕이나 중심이 되는 것)이 되는 것이 산업
과 업에 대한 이해이다. 왜냐하면, 산업과 업이라는 단어에 외식을 붙여 외식산업
또는 음식점업이라고 칭하고 있기 때문이다.

일반적으로 산업(産業)이란 "유사한 성질을 갖는 산업활동에 주로 종사하는 생산단위의 집합"이라 정의되며, 산업활동이란 "각 생산 단위가 노동·자본·원료 등 자원을 투입하여 재화 또는 서비스를 생산 또는 제공하는 일련의 활동과정"이라 정의된다.

그리고 산업활동의 범위에는 영리적, 비영리적 활동이 모두 포함되나, 가정 내의 가사 활동은 제외된다(한국 표준산업분류(2017), 산업의 정의 : 13)

여기서 "각 생산 단위"란 한국 표준산업분류표의 세세(細細)분류에 해당된다. 그리고 산업활동의 범위에는 영리적인 사업 활동뿐만 아니라 공공행정, 국방, 교육, 종교 및 기타 비영리 단체의 활동을 포함하지만 자기 가정 내의 가사활동은 제외된다고 설명하고 있다.

이에 반해 업(業)이라는 것은 산업보다는 좁은 의미로서 개개의 업이 포괄적 의미의 산업을 구성한다고 할 수 있겠다. 다시 말해, 광의의 의미로서 모든 분야의 생산적인 활동을 지칭하는 산업을 구성하는 각 부분이 업(業)인 것이다. 또한 업(業)이라는 것은 산업의 생산성이나 조직화에 있어 후진성(後進性)을 지닌 것으로 산업이라 할 수 없는 경우의 것들도 포함하게 된다.

그렇기 때문에 음식업(飮食業), 요식업이 산업화(産業化)되어 외식산업이 되었다는 논리는 성립될 수가 없다. 다만 업이라는 것은 "산업의 생산성이나 조직화에 있어 후진성(後進性)을 지닌 것으로 산업이라 할 수 없는 경우의 것들도 포함하게 된다"라는 점을 고려하면 과거에는 요식업, 음식업 등으로 칭했었는데, 현재는 산업으로 칭할 수 있는 여건이 형성되었기 때문에 외식산업이라 칭한다라고 그 배경을 부분적으로 설명할 수는 있다.

즉, 외식시장이 규모가 커졌다는 점이다. 그리고 부분적으로 가내수공업 단계에서 산업화를 이룬 부분도 있다. 그러나 산업과 산업화(산업의 형태가 됨. 또는 그렇게 되게 함)는 다른 의미이다.

3) 외국의 경우는 어떻게 정의하고 있나?

　외식산업의 선진국이라고 일컫는 미국의 경우도 아래와 같이 외식산업은 "집을 떠난 사람들에게 식료와 음료를 판매하는 모든 업소로 구성된다." 또는 "가정 밖에서 준비되어 판매하는 모든 식사와 스낵, 가지고 가는 식사, 그리고 음료 등을 제공하는 업소의 집합"으로 외식산업을 정의하고 있다.

- 식음료 서비스산업은 자기 집 밖에 있는 사람들에게 식료와 음료를 판매하는 모든 업소로 구성된다.
  『The food and beverage service industry consists of every establishment that sells food and beverage[1] to people outside their own homes』
- 식음료 서비스산업은 가정 밖에서 준비되어 판매하는 모든 식사와 스낵을 포함한다. 그러므로 이 정의는 가지고 가는 식사와 음료도 포함된다.
  『The foodservice industry as encompassing all meals and snacks prepared outside the home. This definition therefore includes all take-out meals and beverages』.
- 가정 안팎에서 소비되는 집 밖에서 구매한 서비스화된 식료와 음료(식사)의 제공으로 정의하고 있다.
  『The serviced provision of food and beverages (meals) purchased out of the home but which may be consumed both in and out of the home.』.

　외식산업의 선진국인 미국에서도 수공업과 생업적인 형태에서 공업화와 산업화를 거쳐 규모와 경영 면에서 산업의 형태를 갖추었다는 뜻에서 외식산업이라는 용어를 사용하지는 않았다. 그렇다면 외식산업을 어떻게 정의하여야 할까? 우선 외식과 산업의 정의를 따라야 한다.

　외식이란 식품위생법(제21조 제2항의) 규정에 의해 사업자 등록을 취득해 경제활동을 하는 식품접객업소와 집단급식소에서 제공하는 상품을 구매하여 이루어지는 식사행위의 총칭으로 정의할 수 있다.

---

1) 여기서 Food and Beverage는 즉석에서 먹을 수 있도록 완전히 준비된 식료와 음료를 말한다.

이와 같은 논리로 외식산업을 정의해보면; 외식산업이란 「식품위생법」(제21조 제2항의) 규정에 의해 사업자 등록을 취득해 경제활동을 하는 식품접객업소와 집단급식소의 집합으로 정의할 수 있다. 그리고 외식이란 식품접객업소와 집단급식소를 찾아가 직접 소비하거나, 배달 또는 Takeout 하여 소비하는 경우로 정의할 수 있다.

4) 외식산업은 어떻게 표기되고 있나?

Foodservice를 정의하기란 쉽지 않다고 외국의 식자(識者)들도 말한다. 그리고 그 이유를 어의상의 문제에서 찾기도 한다. 즉 다양한 용어들이 우리가 칭하는 외식산업과 동의어로 쓰이고 있다는 점을 지적한다. 예를 들어, 같은 영어권이라도 어떤 나라에서는 환대(hospitality)라는 용어를 사용하고, 때로는 Food + service를 붙여 Foodservice라는 용어를 쓰고(미국), 때로는 Catering 또는 Food Service라고 띄어쓰기도 한다(영국).

미국의 경우는 혼란을 줄이기 위해 서비스를 강조하여 Foodservice라고 두 단어를 붙여 썼으며, Foodservice를 모두 군집하여 산업이라고 할 때는 Foodservice Industry라고 쓴다. 반면, 영국의 경우는 일반적으로 미국의 Foodservice와 같은 뜻으로 Catering이라는 용어를 사용하며, 산업을 말할 때는 Catering Industry라고 칭한다. 그러나 최근 들어 영국에서도 미국과 같이 Food Service라고 사용하나 철자를 붙이지 않고 띄어 사용하고 있다. 우리나라의 경우는 학술적으로 미국의 표기를 따르고 있다.

외식산업의 정의에 대한 통일된 표준이 없어 학술적으로 통용되는 정의도 없다는 점을 지적하는 것이다. 그 결과 사전, 외식 관련 단행본, 비즈니스와 제품, 시장조사기관 등 외식(산업)에 대한 정의가 제각각이다는 지적이다. 그러나 우리에게 즉석에서 먹고 마실 것을 제공하는 유통소매기관이 다양하고, 그들이 제공하는 식품의 종류와 준비상태가 다양하며, 그리고 그 식품을 구매한 후 소비하는 장소 또한 다양하여 외식산업의 경계를 명확하게 하는 데는 한계가 있음도 알아야 한다.

하지만 외식산업을 구성하고 있는 개별단위의 집합을 포괄적 용어(Umbrella term)로 외식산업(Foodservice Industry)이라 부르는 것은 큰 이견이 없을 것으로 판단된다. 그러나 개별단위 간의 경계가 뚜렷하게 구별되지 않아 혼란을 초래하는 것이다. 그 중 대표적인 것이 식품소매점과 외식업체 간의 경계이다.

특히, 여기서 주목하여야 할 단어는 Service or serviced provision이다. 예를 들어; 먹을 수 있도록 준비된 식사(ready-meals)를 마트나 편의점에서 구매했다면, 여기서도 음식을 준비하고 포장하고, 그리고 계산하는 과정에서 서비스는 제공된다. 그러나 외식업체의 경우와는 달리 서비스 구성요소가 제한되어 있다.

외식업체의 경우 고객이 입장하여 퇴장할 때까지의 과정에서 제공되는 서비스의 구성요소가 복잡하다. 즉, 서비스는 음식 자체만큼 중요성을 가지고 있다. 그렇기 때문에 소매점에서 제공하는 서비스와 외식업체에서 제공하는 서비스와는 질과 양적으로 차이가 있다는 의미로 서비스가 강조된다.

2. 외식산업의 특성

외식업체의 운영활동은 제조와 서비스라는 복합적인 구조를 가지고 있다. 즉 고객에게 제공할 제품(메뉴)의 생산은 제조업의 구조를, 최종소비자에게 상품을 판매한다는 측면에서는 소매업의 구조를, 그리고 단순하게 제품만 판매하는 것이 아니라 제품을 전달하는 과정에서 고객이 오감으로 체험하는 무형의 상품인 서비스가 강조되기 때문에 서비스업의 구조를 가지고 있다.

외식산업이 가지고 있는 특성을 살펴보면 대부분 서비스산업을 구성하는 업들이 가지고 있는 공통적인 특성들을 가지고 있다. 그 결과 외식산업은 서비스산업과 연관성이 높다는 점을 알 수 있다. 그런데 이 특성은 판매(서비스)라는 기능만을 고려한 접근이다. 그러나 외식업소의 운영시스템을 구성하는 주요 기능은 제조(조리), 판매(서비스), 그리고 제조와 판매를 지원하는 관리기능을 고려하면 외식산업이 가지고 있는 특성은 많이 수정되어야 한다.

일반적으로 서비스 기능을 중심으로 인용되는 외식산업의 특성을 다음과 같이 정리한다.

① 서비스 지향적인 산업(서비스산업)

② 점포의 위치를 중시하는 입지산업(입지를 중요시하는 산업)

③ 노동집약적 산업(기계가 노동력을 대신할 수 없는 산업)

④ 독점적 기업이 탄생하지 않는 산업(소규모의 점포가 지역적으로 분산되어 있는 산업)

⑤ 체인화가 용이한 산업(지역적으로 확산이 용이한 산업)

⑥ 경쟁이 높은 산업(진입장벽이 낮은 산업)

⑦ 산업화와 공업화가 어렵고 느린 산업(가내수공업 수준의 소규모 업체가 주를 이루는 산업)

⑧ 소비자의 기호가 강하게 영향을 미치는 산업(소상권이 지배하는 산업)

⑨ 다른 산업에 비해 다양한업종과 업태가 공존하는 산업(틈새시장이 많은 산업)

⑩ 자금회전이 빠른 산업(직불이 원칙인 산업)

위에서 언급한 10가지의 특성을 아래와 같이 포괄적으로 정리할 수 있다.

첫째, 시간과 장소적 제약을 가진 산업(입지의 중요성)

외식산업이 서비스산업적 성격을 갖는 내용을 검토해 보면, 서비스가 생산 및 소비가 동시에 이루어지는 성격을 가지고 있다(동시성). 때문에, 시간적 · 장소적 제약이 존재한다는 점이다.

생산과 소비가 동시에 행해진다는 것은 생산하는 사람과 소비하는 사람이 같은 시간에 같은 장소에 있다는 것을 의미한다(상호작용). 이는 고객이 외식업소로 와서 서비스를 받을 때와 음식을 사서 가져가는 경우나 외식업소가 음식을 가지고 고객이 있는 곳으로 가는 배달의 경우도 마찬가지다. 때문에, 서비스가 중요시되고, 고객과 외식업소가 시간과 공간적으로 가깝게 있어야 한다는 의미이다.

서비스를 제공하는 방법에 따라 외식업소의 서비스를 분류해 보면 〈표 4-2〉와 같이 고객이 외식업소로 가느냐, 고객이 외식업소를 가서 사서 가져오느냐, 외식업소가 고객에게 가느냐와 같이 3가지 유형으로 나누어 볼 수 있다.

〈표 4-2〉 서비스 제공방법에 의한 분류

고객과 서비스 조직과의 상호작용	
고객이 서비스 조직으로 감	고객이 식당으로 감 (외식)
고객이 서비스 조직으로 가서 사서 가져옴	포장판매(Takeout)
서비스 조직이 고객에게 감	배달(delivery)

또한, 생산과 소비의 동시성의 특성으로 인하여 서비스 배달시스템이 지역적으로 광범위할 수가 없다. 즉 구매자가 서비스 시설로 가거나, 서비스 수행자가 구매자에게로 와야 하기 때문이다. 그 결과 서비스 배달시스템의 성패는 지리적으로 서비스 조직이 구매자와 얼마나 가깝게 위치하느냐에 달려있다. 그래서 외식업체는 공장처럼 대형화될 수 없으며, 작은 규모로 지리적으로 분산되어야 한다는 논리가 성립된다. 그러나 대형유통 소매업이나 무점포 통신판매의 경우와 같이 예외적인 경우도 있다.

둘째, 노동집약적 성격이 강한 산업

서비스산업에서도 부분적으로 노동을 대체할 수 있는 기계화된 자본설비를 사용하고 있다. 그러나 고급 서비스 또는 특수 서비스의 경우는 현실적으로 기계화가 곤란하다. 또한, 생산과 소비가 동시에 발생하는 외식업소의 특성상 자동화 · 기계화로 인적자원을 대체하는 데는 한계가 있기 때문이다.

하지만 최근 들어 Eating Market을 중심으로 인력난을 타개하기 위해 후방(주방)과 전방(서비스)부서의 기능 중 일부를 외부화하거나, 기계화와 자동화로 대체해가고 있는 속도가 빨라지고 있다. 예를 들어 생산과 소비를 이원화하여 조리사의 수를 줄인다든지, 조리사와 서버 대신 로봇을 도입한다든지, 셀프서비스를 통해 서비스 인원을 최소화한다든지, 주문과 결제를 소비자가 직접 할 수 있도록 만든 키오스크[2]를 도입한다든지 등이 좋은 예이다.

그리고 이러한 결과는 한국은행이 발표하는 산업연관표(연장표)의 고용계수, 취업계수, 그리고 고용유발 계수와 취업유발 계수에서도 확인할 수 있다.

---

2) '신문, 음료 등을 파는 매점'을 뜻하는 영어단어이다. 인건비 절약, 주문 계산 정확성, 매장 운영프로세스 간소화 등의 장점을 가지고 있어 외식업소에서 많이 사용하고 있다.

셋째, 짧은 분배 체인과 시간 범위(short distribution chain and time span)를 가진 산업

외식업소에서는 원재료가 최종상품으로 바뀌는 과정이 빠르다. 그리고 최종상품이 현금화되는 과정 또한 빠르다. 다른 상품에 비해 분배 체인과 시간 범위가 비교적 짧아 같은 장소에서 보통 2시간 안에 또는 수 분 내에 상품이 생산되고, 판매되고, 그리고 소비된다.

넷째, 영세성·과밀(過密)성·저생산성을 특징으로 가진 산업[3]

일반적으로 외식산업은 생계형이고 영세한 가내노동(家內勞動)에 많이 의존하며, 비교적 진입장벽이 낮아 쉽게 창업을 한다. 그 결과 자본과 경영 면에서 영세한 구멍가게 유형의 외식업소들이 많으며, 현대화된 대형(大型)점의 비중이 낮고, 생계형 자영업이 주류를 형성하고 있다.

그러나 최근 들어 개인이 독립적으로 운영하는 업소 위주에서 체인화되어 가는 비중이 늘고 있는 추세이며, 생산과 서비스를 분리하고, 서비스에 고객을 참여시키며, 생산과 서비스에 혁신적인 기술의 도입으로 생산성과 효율성을 높이는 경향도 보이고 있다.

제2절　외식산업과 타 산업 간의 연관성

1. 표준산업분류

서비스산업을 시작으로 환대, 관광, 식품, 농림어업, 그리고 유통산업에 이르기까지 외식산업과 연관된 산업은 많다. 또한, 이러한 산업들의 기본적인 특성들과 부수

---

[3] 2021년 기준 전체 800,648개소 「음식점 및 주점업」 중 종사자 5인 미만의 소규모 업체가 89.5%에 달하며, 5인 미만의 업체가 차지하는 매출액은 전체 매출액의 57.8%에 달한다. 그리고 매출액이 연 1억원 이하인 업체의 수가 전체 사업체의 49.3%에 이른다.

적인 특성들이 서로 관련성을 많이 가지고 있어 외식산업의 위치를 이해하기 위해서는 관련 산업에 대한 이해가 있어야 할 것으로 판단된다.

한국표준산업분류표를 보면 우리나라의 경제활동은 21개로 대분류되어있다. 그중, 음식점업(외식산업)은 대분류(I)「숙박 및 음식점업」에 속한다. 그리고 「음식점업(56)」은 다음과 같은 산업과 관계가 있다는 점을 명시하고 있다. 즉, 도매 및 상품 중개업과 소매업(자동차 제외), 식료품 제조업, 철도운송업, 그리고 부동산 임대업과 관계가 있다는 점을 명시하고 있다.

가. 접객시설 없이 음식을 구입하여 판매만 하는 경우(46 또는 47)
　　도매 및 상품중개업과 소매업(자동차 제외)을 말한다.

　　▸도매 및 상품중개업의 개요
　　구입한 새로운 상품 또는 중고품을 변형하지 않고 소매업자, 산업 및 상업 사용자, 단체, 기관 및 전문 사용자 또는 다른 도매업자에게 재판매하는 산업활동을 말한다. 또한 개인이나 사업자를 위하여 상품 매매를 중개하거나 또는 대리하는 활동을 포함한다. 도매활동과 관련하여 상품을 물리적으로 조합·분류·선별·분할·재포장·상표 부착·보관·냉장 및 배달과 설치 서비스 등이 부수될 수 있다.

　　▸소매업(자동차 제외)의 개요
　　개인 및 소비용 상품(신품, 중고품)을 변형하지 않고 일반 대중에게 재판매하는 산업활동으로서 여기에는 백화점, 점포, 노점, 배달 또는 통신판매, 소비조합, 행상인, 경매 등을 포함한다. 이러한 소매상은 대체적으로 자신들이 판매하는 상품에 대한 소유권을 갖고 판매하거나 계약(위탁) 또는 수수료에 의하여 소유자를 대리하여 상품을 판매하는 경우도 있다. 소매업은 일반 대중이 용이하게 상품을 구매할 수 있도록 진열 매장을 개설하여 판매하는 경우가 일반적이나 가정 방문 및 배달 판매, 이동 판매, 전자 통신 및 우편 등으로 통신 판매하거나 행사 형식으로 고객을 유치하여 판매하기도 한다.

나. 즉시 소비할 수 있는 음식을 직접 제조하여 음식점 및 유통 사업체에 공급하는 경우(10)
　　식료품제조업을 의미한다.

　　▸식료품 제조업
　　농업, 임업 및 어업에서 생산된 산출물을 사람이나 동물이 먹을 수 있는 식료품 및 동물용 사료로 가공하는 산업활동을 말하며 육류·수산물·과일 및 채소 가공품, 동물성및 식물성 유지, 곡물 가공품, 낙농품 및 기타 식료품과 동물용 사료 등을 제조하는 산업활동으로 구성된다. 또한, 식탁용 소금, 화학 조미료 및 건강 보조식품 등과 같이 식료품으로 특별히 가공된 제품과 비식용의 육류 분말, 어분 및 동·식물성 유지를 가공하는 활동도 포함한다. 산지에서 생산물을 시장에 출하하기 위하여 통상으로 수행되는 농·임·수산물의 선별, 세척, 정리 활동은 제조 활동으로 분류하지 않는다.

다. 철도 운수 사업체에서 철도 침대차 및 식당차를 직접 운영하는 경우(4910)
철도운송업을 말한다.

라. 장기적인 숙박설비의 임대활동(6811)
부동산 임대업을 말한다.

2. 서비스산업

편의상 생산된 부가가치가 무엇이냐에 따라 설정된 한국표준산업분류상 서비스산업은 다음 〈표 4-3〉과 같은 산업을 포함한다. 즉, 「E 수도, 하수 및 폐기물 처리, 원료재생업, G 도매 및 소매업~U 국제 및 외국기관」 등 16개 하위 업들이 서비스산업을 구성한다.

서비스산업을 구성하고 있는 16개의 하위 업에 「음식점 및 주점업」이 포함되어 있다. 즉, 우리들이 칭하는 외식산업(업)은 「음식점 및 주점업」이란 부문으로 서비스산업을 구성하는 하나의 업으로 자리매김하고 있다. 그 결과 외식산업(업)은 서비스산업이 가지고 있는 특성을 많이 가지고 있다.

〈표 4-3〉 **한국표준산업분류표상 서비스산업**

대분류	중분류
G 도매 및 소매업	45. 자동차 및 부품 판매업 46. 도매 및 상품중개업 47. 소매업: 자동차 제외
H 운수 및 창고업	49. 육상운송 및 파이프라인 운송업 50. 수상 운송업 51. 항공 운송업 52. 창고 및 운송관련 서비스업

I 숙박 및 음식점업	55. 숙박업
	56. 음식점 및 주점업
J 정보통신업	58. 출판업
	59. 영상·오디오 기록물 제작 및 배급업
	60. 방송업
	61. 우편 및 통신업
	62. 컴퓨터 프로그래밍, 시스템 통합 및 관리업
	63. 정보서비스업
K 금융 및 보험	64. 금융업
	65. 보험 및 연금업
	66. 금융 및 보험관련 서비스업
L 부동산업	68. 부동산업
M 전문, 과학 및 기술 서비스업	70. 연구개발업
	71. 전문서비스업
	72. 건축기술, 엔지니어링 및 기타 과학기술 서비스업
	73. 기타 전문, 과학 및 기술 서비스업
N 사업시설관리 및 사업지원 및 임대 서비스업	74. 사업시설 관리 및 조경 서비스업
	75. 사업지원 서비스업
	76. 임대업: 부동산 제외
O 공공행정, 국방 및 사회보장 행정	84. 공공행정, 국방 및 사회보장 행정
P 교육 서비스업	85. 교육 서비스업
Q 보건업 및 사회복지 서비스업	86. 보건업
	87. 사회복지 서비스업
R 예술, 스포츠 및 여가관련 서비스업	90. 창작, 예술 및 여가관련 서비스업
	91. 스포츠 및 오락관련 서비스업
S 협회 및 단체, 수리 및 기타 개인서비스업	94. 협회 및 단체
	95. 개인 및 소비용품 수리업
	96. 기타 개인서비스업
T 가구 내 고용활동 및 달리 분류되지 않은 자가소비 생산활동	97. 가구 내 고용활동
	98. 달리 분류되지 않은 자가소비를 위한 가구의 재화 및 서비스 생산활동
U 국제 및 외국기관	99. 국제 및 외국기관

3. 환대산업과 관광산업

외식산업을 하나의 독립적인 산업군으로 보면 독자적인 산업이라 말할 수도 있다. 그러나 환대와 관광산업이라는 포괄적인 산업을 논할 때는 외식산업은 환대와 관광산업을 구성하는 하나의 업으로 본다.

1) 환대산업

위키 백과사전에는 환대(歡待)란 손님과 주인 사이의 관계 진전을 뜻한다고 풀이하고 있다. 또한, 환대하는 행동이나 관례 즉, 손님이나 방문자 그리고 낯선 사람들을 관대하고 호의적으로 받아주고 기쁘게 해준다는 뜻으로 설명하고 있다. 환대는 종종 호텔, 레스토랑, 카지노, 리조트 클럽 그리고 관광객을 대하는 다른 서비스업의 일을 말하기도 한다. 환대는 또한 도움이 필요한 어떤 사람에게 관대하게 주의를 기울이거나 친절한 행동을 하는 것으로 알려져 있다. 이와 같은 뜻을 지닌 환대는 다음과 같이 네 가지의 특징을 가지고 있다.

① 환대는 집을 떠나 온 손님에게 주인에 의해 행해졌다.
② 환대는 제공자와 수혜자가 함께 관여하는 상호작용에 의해 행해졌다.
③ 환대의 요소는 유형과 무형의 요소들의 혼합으로 되어있다.
④ 주인은 손님의 안전과 정신적 생리적 편안함을 제공하여야 한다.

즉, 손님(또는 낯선 사람)에게 집과 같은 느낌을 갖게 만드는 것이다. 예를 들어, 식당과 호텔에서의 환대는 제공자(종업원)와 수혜자(손님)가 관여하는 과정으로 보았으며, 이 과정은 ① 상품(식사 또는 잠자리), ② 종업원의 행동, ③ 그리고 식당 또는 호텔의 분위기 등과 같은 3가지의 요소를 전달하는 과정을 포함하는 것으로 이해하였다.

환대에 대한 개념은 고대로 거슬러 올라간다. 관광의 역사를 학술적으로 접근할 때 자주 언급되는 것이 Grand Tour이다.[4] 일반적으로 Grand Tour란 오늘날 우리가

---

4) a cultural tour of Europe formerly undertaken, especially in the 18th century, by a young man of the

칭하는 여행의 시초로 1660년경부터 1840년대까지 문화와 교육, 그리고 도락(道樂)의 목적으로 영국 귀족사회의 구성원들이 서유럽을 순회했던 여행으로 정의한다. 훗날 학자들이 그때 여행에 참여하였던 일부 사람들이 남긴 서유럽을 여행하는 동안 쓴 일기, 편지, 그리고 매체를 중심으로 그들의 행적을 찾아 정리한 내용을 보면; 관광이 산업화된 동시대에 도락(道樂)을 목적으로 여행을 하는 사람들과는 다른 점을 많이 발견할 수 있다.

2) 관광산업

관광진흥법[5]에 의하면 "관광사업"이란 관광객을 위하여 운송·숙박·음식·운동·오락·휴양 또는 용역을 제공하거나 그밖에 관광에 딸린 시설을 갖추어 이를 이용하게 하는 업(業)을 말한다. 그리고 그 사업의 종류를 다음과 같이 정하고 있어 그 영역이 대단히 넓다.

> ▸ 여행업
> ▸ 관광숙박업
> ▸ 관광객 이용시설업
> ▸ 국제회의업
> ▸ 카지노업
> ▸ 유원시설업(遊園施設業)
> ▸ 관광 편의시설업[6]

---

upper classes as a part of his education. 17세기 중반부터 19세기 초반까지 유럽, 특히 영국 상류층 자제들 사이에서 유행한 유럽여행을 말한다. 주로 고대 그리스 로마의 유적지와 르네상스를 꽃피운 이탈리아, 세련된 예법의 도시 파리를 필수 코스로 밟았다. 그랜드 투어라는 말은 영국의 가톨릭 신부 리처드 러셀스(Richard Lassels)가 그의 책 ≪이탈리아 여행 The Voyage of Italy, 1670≫에서 처음으로 사용했다. 러셀스는 영국의 유력한 귀족 집안의 가정교사로 일했으며, 이탈리아를 다섯 차례 방문했다. 그는 건축과 고전, 그리고 예술에 대해 알고 싶다면 프랑스와 이탈리아를 방문해야 하며, 젊은 귀족의 자제들이 세계의 정치와 사회, 경제를 제대로 이해하기 위해서는 반드시 그랜드 투어를 해야 한다고 말했다. 1840년대 이후 철도여행이 대중화되면서 보다 안전하고 빠르게, 또 저렴한 비용으로 여행길에 오를 수 있게 되었다. 그러면서 귀족과 상류층만의 특권이었던 그랜드 투어는 더 이상 그들만의 것이 아니고, 따라서 그 빛도 차츰 퇴색되어 갔다.출처: [네이버 지식백과] 그랜드 투어 [Grand Tour] (두산백과)

5) [시행 2019.1.1.] [법률 제15860호, 2018.12.11., 일부개정]

6) 관광 편의시설업의 종류 중 음식과 관련된 업에는 관광유흥음식점업, 관광극장유흥업, 외국인전용 유흥음식점업, 관광식당업 등이 있다.

그러나 일상생활 속에서 여행(travel)[7], 관광(tourism)[8], 그리고 환대는(hospitality)[9] 같은 의미로 사용되고 있다. 여행이 관광이고, 관광과 여행이 환대산업이라는 모호성을 가지고 있다. 즉, 세 영역의 사업은 상호보완적으로 그 경계가 명확하지 않다는 점이다. 그러나 학술적인 측면에서 세 영역은 아래와 같이 그 경계를 규정짓고 있다.

우선 여행산업은 다양한 교통수단을 통해 사람(승객)들을 특정 장소에서 또 다른 특정 장소로 이동시키는 데 관여하는 모든 운송수단을 제공하는 활동으로 구성된다.

그리고 관광산업은 관광객들에게 상품과 서비스를 제공하는 모든 비즈니스로 구성된다. 여기서 관광객이란 유엔 세계관광 조직(UN WTO: United Nations Word Tourism Organization)이 정의한 내용을 따라 "그들의 일상적인 생활환경을 떠나 여가, 비즈니스, 그리고 다른 목적으로 계속하여 1년 미만을 여행하거나 머무는 사람"으로 정의하고 있다. 그렇기 때문에 모든 관광객은 여행자이지만, 모든 여행자가 관광객이 아니라고 하는 것이다.[10]

마지막으로 환대(Hospitality)는 관광객, 여행자, 그리고 지역민들에게 숙박, 먹고 마실 것을 제공하는 비즈니스로 구성된 산업이라 정의한다.

결국, [그림 4-1]과 같이 여행과 관광산업의 관계처럼, 관광산업과 환대산업도 많은 부분이 서로 겹치기 때문에 여행과 관광산업, 그리고 환대산업에 대한 경계를 명확하게 정의하기가 어렵다는 것이다. 즉, 제공하는 상품과 서비스와 대상(관광객/비-관광객)이 혼합되어 있어, 여행과 관광, 그리고 환대산업의 영역을 정하기가 어렵다는 의미이다.

---

7) 일이나 유람을 목적으로 다른 고장이나 외국에 가는 일.
8) 다른 지방이나 다른 나라에 가서 그곳의 풍경, 풍습, 문물 따위를 구경함.
9) 반겨서 정성껏 후하게 접대함.
10) All tourists are travelers but not all travelers are tourists.

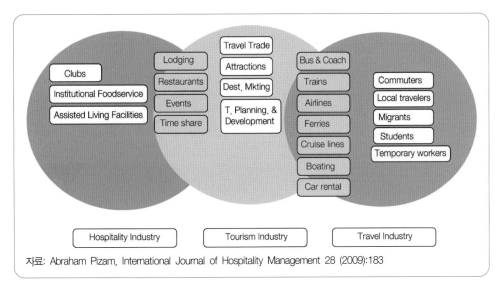

자료: Abraham Pizam, International Journal of Hospitality Management 28 (2009):183

[그림 4-1] 여행, 관광, 그리고 환대산업 간의 관계

4. 환대 · 관광 · 여행 산업의 범주 속에서 외식산업

식자(識者)들은 환대 · 관광 · 여행 산업을 언급할 때 표준산업분류를 기준으로 한다. 즉, 표준산업 분류표상 서비스산업을 구성하는 산업을 중심으로 접근한다. 그리고 서비스산업을 구성하는 산업 중 이동하고, 자고, 먹고, 놀고, 사고(to buy), 구경하는 내용을 중심으로 접근한다. 그리고 그 위계를 논함에 있어서도 관광이 더 큰 산업이라 말하기도 하고, 환대가 더 큰 산업이라고 말하기도 하며, 여행이 더 큰 산업이라 말하기도 한다.

다음 [그림 4-2]는 잠을 잘 곳을 제공하는 숙박시설(lodging), 먹고 마시는 것을 제공하는 식음료 서비스 시설(foodservice), 지상과 육상, 그리고 해상 교통수단(transportation), 다양한 여가활동(leisure activity)을 제공하는 여가활동 시설, 병원과 양로원시설(hospitals and nursing homes), 그리고 교육지원시설(educational support) 등으로 그 범위를 정했다. 그리고 이러한 산업을 하나로 묶어 환대산업 또는 환대서비스 산업(hospitality industry, or hospitality service industry)이라 칭했다.

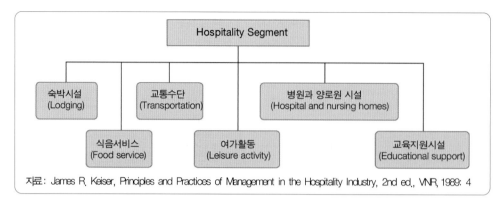

[그림 4-2] 환대산업의 구분

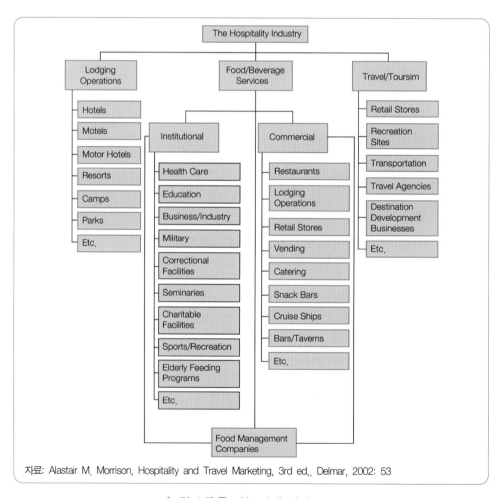

[그림 4-3] The Hospitality Industry

그리고 [그림 4-3]은 환대산업의 범주를 세 영역으로 나누었다. 잠잘 곳(Lodging), 먹고 마실 곳(Food and Beverage) 그리고 Travel/Tourism이 그것이다. 그리고 그 하부에 관련이 있는 다양한업종들을 나열하였다.

여기에서는 앞의 [그림 4-2]에서는 빠져있는 쇼핑할 곳(Retail Stores)이 Travel/Tourism의 영역에 포함되어 있으나 병원과 양로원 시설과 교육지원시설은 빠져있다.

또한, 환대산업과 관광산업의 범주를 아래의 [그림 4-4]와 같이 잠잘 곳과 먹고 마실 곳을 환대산업의 핵심 범주로 분류하고, 여행과 여가를 관광산업으로 분류하기도 하였다.

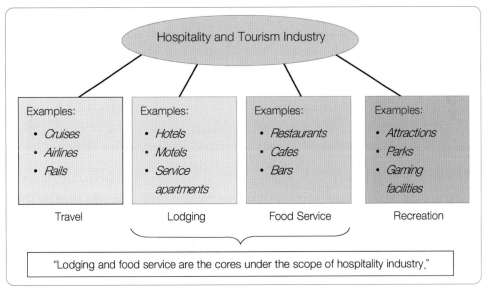

[그림 4-4] Scope of the Hospitality and Tourism Industry

또한, 위에 언급한 같은 내용을 다음 [그림 4-5]에서는 Travel and Tourism Industry로 명명한 식자(識者)도 있다.

이같이 환대, 여행과 관광은 먹고 마시는 것과 관련된 이벤트와 아주 밀접한 관련성을 갖고 있다. 그래서 관광 프로그램에서 먹고 마실 것에 대한 중요성이 상대적으로 증대되고 있으며, 관광목적지 선택에 많은 영향을 미치고 있다. 그래서 먹고 마실 것에 관련 된 다양한 자원을 특정 관광지를 홍보·판촉하는데 이용하고 있다. 즉 관광객들을 유인하는 요소로 활용되고 있다는 점이다.

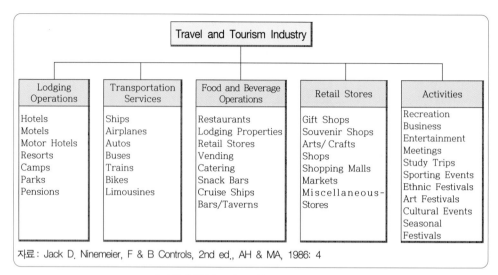

[그림 4-5] Travel and Tourism Industry

또한, 먹고 마시는 다양한 자원은 특정 지역을 여행하는 여행상품을 구성하는 하나의 상품이 되기도 한다.[11]

이러한 현상은 최근 유행하는 Gastronomic tourism, Gastronomy tourism, Culinary tourism, Cuisine tourism, Food tourism, Gourmet tourism 등이 잘 설명해 주고 있다.

Gastronomic tourism, Culinary tourism, Cuisine tourism 등의 주요 동기는 특정 지역의 먹을 것과 마실 것에 대한 포괄적인 경험이 된다. 보고, 참여하고, 경험하고, 배우고, 사는(to buy) 등의 모든 활동이 포함된다.

그리고 이러한 추세에 발맞춰 먹고 마실 것에 대한 관광자원을 많이 확보 하고 있는 나라와 지역들은 관광자원 개발에 많은 투자를 하고 있다. 먹고 마실 것을 주 상품으로 하는 관광 상품을 통해 지역의 정체성과 경제를 살리고자 하는 노력을 많이 하고 있다는 의미이다.[12]

최근 들어, 우리나라에서도 외부의 관광객들을 많이 유치하여 지역경제를 활성화하고자 지역의 특산물을 관광 상품화하여 지역 축제를 많이 만들었다. 관광이

---

11) 예를 들어, 1차 농수축산물, 2차 가공 제품, 유명식당, 와인 생산지, 음식 관련 축제, 특별한 음식을 생산하는 지역 등이다.
12) 농촌관광, 체험관광, 농업관광, 녹색관광, Green Tourism, 음식축제, 식품(음식)박람회 등.

보는 관광에서 참여(체험)하는 관광으로 전환됨으로써 관광상품을 구성하는 먹고 마실 것에 대한 중요도가 강조되고 있다.

즉 먹고 마시는 것이 관광의 주요 동기는 아닐지라도 관광을 하는 과정에서 먹고 마시는 것은 빠져서는 안 되는 필수적인 욕구로 관광 상품으로서 역할을 하고 있다는 점이다. 또한, 먹고 마시는 것과 관련된 자원은 문화적인 측면에서 활용되고 있으며, 음식이 특정 국가와 지역의 관광과 관광 상품을 이어주는 역할을 하기도 한다.

그런데 식자(識者)들 사이에서도 환대산업이 포괄적 용어(umbrella term)로 앞서 언급한 영역들을 포함하여 사용할 수 있느냐 하는 이견들을 보이고 있다. 게다가 환대산업이라는 포괄적 용어로 환대산업을 구성하는 다양한 영역을 한 지붕 밑에 넣을 수 있다고 해도, 각각의 영역은 나름대로 산업이라는 용어를 사용하고 있는 추세라고 한다. 즉 외식산업, 숙박산업, 운송(運送)산업, 레저산업, 관광산업 등으로 분리하여 동질성과 응집력 강화를 꾀하고 있다는 것이다.

제3절 외식산업, 식품산업, 유통산업 간의 관계

1. 식품산업

「2021 식품산업 주요통계」에 따르면, 식품산업은 협의와 광의로 나누어 지표를 제시하고 있다. 이 자료에 따르면 협의의 식품산업은 음식료품 제조업 + 음식점업으로 구성되며, 광의의 식품산업은 음식료품 제조업 + 음식점업 + 식품유통업[13]으로 영역을 설정하고 있다.

그러나 외식산업을 논함에 있어 식품산업이 언급되는 이유는 외식업체의 기능적인 구조에서 찾아볼 수 있다. 즉, 외식업소의 유형과 규모, 그리고 소유형태에 관계없이 모든 외식업소의 기능은 생산과 소비, 그리고 이 두 기능을 지원(관리)하는

---

13) 식품 유통업은 담배를 제외한 음식료품 도매업 + 담배를 제외한 음식료품 소매업으로 구성된다.

관리기능으로 구성된다. 즉, 생산(주방)과 판매 또는 서비스(홀), 그리고 관리의 영역을 말한다. 그리고 생산기능은 고객에게 제공할 식료와 음료를 제조(생산)하는 기능을 담당하기 때문에 식품제조업(식품산업)과의 관련성을 찾을 수 있다.

일반적으로 식품산업을 광의로 정의한 선행연구들을 보면; "농수산식품의 각 유통단계에서 행하여지는 제반 경제행위를 수행하는 업체의 총칭"으로 정의한다. 따라서 넓은 의미에 있어서 식품산업의 범위는 [그림 4-6, 4-7]과 같이 "식품가공업은 물론 원료농수산물의 수집·중개업, 운수·보관업, 식품제조기계 또는 용기·포장제조업, 외식업 및 식품의 도·소매업을 포함 한다"라고 그 범위를 정하고 있다.

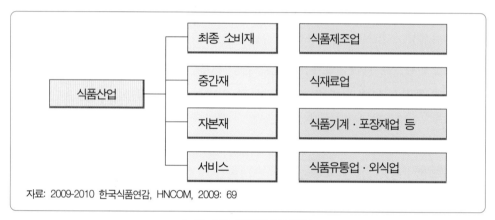

자료: 2009-2010 한국식품연감, HNCOM, 2009: 69

[그림 4-6] **식품산업의 범위**

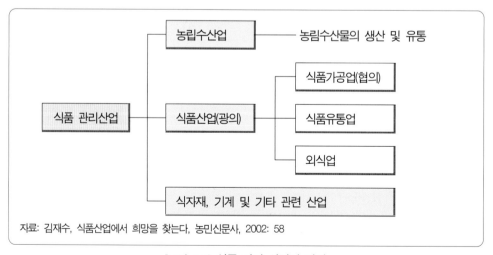

자료: 김재수, 식품산업에서 희망을 찾는다, 농민신문사, 2002: 58

[그림 4-7] **식품 관리 산업의 범위**

그러나 한국표준산업분류표상의 식품산업이란 'C 제조업 (10-34)' 중 '(10)식료품 제조업'과 '(11)음료제조업'만 포함한다. 때문에, 우리가 일반적으로 식품산업을 말할 경우 한국표준산업분류표상의 음·식료품산업을 일컫는다.

하지만, 농림축산부가 발표하는 식품·외식산업 주요 통계를 보면 식품 산업에 외식시장을 포함하여 식품산업시장 규모를 발표한다. 하지만 이러한 현상은 외식산업이 식품산업시장에 포함된다는 논리라기보다는 외식산업을 주관하는 주무부처가 농림축산부이기 때문으로 해석된다.

2. 유통산업

생산자로부터 소비자에게로 재화와 서비스를 이전시킴으로써 장소 및 시간의 효용성을 창출하는 활동(유통활동)과 관련되는 산업을 유통산업이라 정의한다.

일반적으로 경제활동은 생산·유통·소비 등의 세 영역으로 분화된다. 이 가운데 광의로 말해 재화의 상적·물적 이전을 의미하는 유통(distribution) 활동은 생산활동과 소비활동이라는 간격 사이에서 가교역할을 한다.

매매에 따른 물건의 거래 흐름이 상거래(상류)이고, 매매를 동반하지 않은 물건 자체의 이동 흐름을 물류라고 한다. 상적 유통 부문은 다시 소매업과 도매업[14]으로 분류되며, 소매업은 최종소비자에게 상품 및 서비스를 판매하는 업(業)을 말하는데, 그 형태는 대형백화점에서 소규모 구멍가게에 이르기까지 다양하다. 그러나 최근 들어 무점포[15] 소매점이 증가하고 있다.

유통산업과 외식산업 간의 관계성은 표준산업분류표상에서 음식점업은 최종 소비자에게 음식을 제공하는 소매업이며 'G 도매 및 소매업(45-47)', 서비스산업을 구성하는 하나의 업이라는 측면에서 찾아볼 수 있다.

14) 도매상(wholesale)이란 여러 가지 상품을 주로 소매상에게 판매하는 행위와 그 일을 맡은 개인이나 기업을 두고 하는 말이다. 물론 도매상이 소비자에게도 직접 판매도 하지만 그 판매 비중이 상대적으로 매우 적다. 일반적으로 소비자에게 직접 판매하는 비중이 50% 미만이면 도매상이 되는 것이다.
15) 무점포 소매기법의 형태에는 방문판매, 다단계마케팅, TV 홈쇼핑, 전자상거래(인터넷 쇼핑몰), 카탈로그 판매, 모바일 커머스, 전화소매기법(텔레마케팅), 그리고 자동판매기 등이다.

결국, 외식산업과 관련이 높은 산업들을 분류한 한국표준산업분류표를 따라 전개해 보면 우리가 논하는 외식산업은 수직적으로는 서비스산업과 환대산업, 그리고 관광산업이라는 위계를 형성하고 있다고 볼 수 있다. 왜냐하면, 서비스산업을 구성하는 하위의 산업(업)에는 환대와 관광, 그리고 외식이 위치하고 있기 때문이다. 같은 논리로 환대산업을 관광산업의 상위개념, 또는 동등한 개념으로 본다면 외식산업은 이 두 산업의 하위에 위치한다고 볼 수 있다.

또한, 외식산업은 수평적으로는 식품산업, 유통산업과의 상관성이 높다는 점을 알 수 있다. 그러나 식품산업과 유통산업을 구성하는 업(業) 또는 하위의 개념에 외식산업이 위치한다는 논리는 모순이 있다. 다만, 식품산업의 경우는 외식업소의 기능 측면에서 볼 때 생산부문(조리)이 식품가공 또는 식품제조와 같다는 논리로 설명할 수 있다. 그러나 외식업소는 생산(제조)뿐만 아니라 판매/유통/서비스 기능도 있어 식품산업을 구성하는 하위의 업이라는 논리는 설득력이 없다.

그리고 유통산업 측면에서는 외식업체도 최종소비자에게 제품을 판매하는 소매점이라는 점에서 유통산업을 구성하는 하나의 업으로 보는 측면이 있으나, 외식업체는 제조업(생산), 그리고 소매업(판매)이라는 복합구조를 가지고 있기 때문에 유통산업의 하위구성요소라는 주장은 논리적으로 설명력이 없다.

그리고 외식산업을 논할 때 식품산업과 유통산업을 논하는 것은 먹는 것과 관련된 생산, 가공, 유통, 소매, 그리고 소비라는 푸드체인의 구성요소적인 측면을 고려하기 때문이다. 즉 생산(식품산업)과 유통(유통산업), 그리고 소비(외식산업)라는 측면에서 각각의 기능을 재조명해 보면, 세 가지의 영역은 서로 상호관련성을 가지고 있다는 점을 이해할 수 있다.

이러한 논리로 그 외식산업과 관련성을 찾아보면 앞서 언급한 표준산업분류에서 관련 산업(업) 이외에 서비스산업(service industry), 환대산업(歡待産業 : hospitality industry), 또는 환대서비스산업(hospitality service industry), 관광산업(tourism industry), 식품산업(food industry), 유통산업(distribution industry)과 수직과 수평적인 관련성을 찾을 수 있다.

또한, 외식산업과 연관된 산업(업)을 알아보기 위해서는 한국은행이 발표하는 산업연관표(연장표)를 참고하면 된다. 이 연관표에는 특정산업이 10억 원 성장하면 모든 산업에 직간접적으로 발생하는 생산 유발효과를 정리해 두었다. 이 생산 유발효과를 통해 특정 산업이 또 다른 산업에 어느 정도나 연관되어 있는지를 분석할 수 있다.

이 표에 의하면 2019년을 기준으로 외식산업(음식점 및 숙박서비스) 생산 유발계수는 2.160이다. 이는 2019년 기준 외식산업(음식점 및 숙박서비스)이 10억 원 성장하면 모든 산업에서 직간접적으로 21.6억 원의 생산 유발효과가 발생한다는 의미로 해석하면 된다.

결국, 모든 산업은 서로 직간접적으로 연관성을 가지고 있으며, 그 관련성의 객관적인 정도는 산업연관표(연장표)를 참고하면 된다.

■ 맺음말

본 장에서는 외식산업과 직·간접적으로 관련성을 가지고 있는 산업을 규명해 보았다.

첫째, 외식산업의 정의와 그 특성을 살펴보았다.

둘째, 관련된 산업을 전개하기 위해서 외식업체의 운영의 핵심기능을 살펴보았다. 외식업체는 생산과 판매/소비(서비스) 그리고 그 두 기능을 지원하는 관리기능으로 구성되어 있다. 여기서 생산은 음식을 만드는 기능으로 주로 식품제조업과 관련성을 찾아볼 수 있다. 그리고 판매의 기능은 최종 소비자에게 판매하기 때문에 소매, 서비스, 유통과 관련성을 가지고 있다.

셋째, 환대와 관광 등과의 관련성은 표준산업분류 상의 서비스산업이라는 큰 틀 속에서 그 논리를 찾아볼 수 있다. 즉, 서비스산업을 구성하는 하나의 업들이 환대이고, 관광, 여행 등이다. 그리고 표준산업분류에 분류된 21개 산업 중에서 16개의 업이 서비스산업을 구성하고 있다. 이 범주 속에 환대, 관광, 교통, 음식 등과 같은 업들이 포함되어 있다.

이와 같은 논리로 외식산업과 관련된 산업을 가장 상위의 개념으로는 서비스 산업과 관련성이 높고, 다음은 환대, 관광, 여행, 레저, 유통 등과 관련성이 높으며, 식품산업과 농림어업과도 연관성이 높다는 점을 설명해 보았다. 그러나 외식산업이 식품산업이나 유통산업을 구성하는 하나의 업이라는 논리는 설득력이 없다.

참 ॥고॥문॥헌

신한종합연구소, 우리나라 식문화와 외식산업의 전개방향, 1988: 3.

Alastair M. Morrison, Hospitality and Travel Marketing, 3rd ed., Delmar, 2002: 53

Jack D. Ninemeier, F & B Controls, 2nd ed., AH & MA, 1986: 4

James R. Keiser, Principles and Practices of Management in the Hospitality Industry, 2nd ed., VNR, 1989: 4

HNCOM, 2009-2010 한국식품연감, HNCOM, 2009: 69

김재수, 식품산업에서 희망을 찾는다, 농민신문사, 2002: 58

최덕철, 서비스 마케팅, 학문사, 1995: 69

통계청, 한국표준산업분류(2017), 2017

농림축산식품부 . 한국농수산식품유통공사, 2021년 식품외식산업 주요통계, 2021년 9월

Athena H. N. Mak et al., Factors influencing tourist food consumption, International Journal of Hospitality Management, Vol. 31, 2012: 928-936

David J. Telfer and Geoffrey Wall, Linkages between tourism and food production, Annals of Tourism Research, Vol. 23, No. 3, 1996: 635-653

Jaksa Kivela, John C. Crotts, Gastronomy Tourism: A Meaningful Travel Market Segment, Journal of Culinary Science & Technology, Vol. 4(2/3), 2005: 39-55

Jaksa J. Kivela and John C. Crotts, Understanding Travelers' experiences of gastronomy through etymology and narration, Journal of Hospitality & Tourism Research, Vol. 33(2), 2009: 161-192

Kevin Nield et al., The role of food service in tourist satisfaction, International Journal of Hospitality Management 19, 2000: 375-384

Marcel Meler and Zdenko Cerovic, Food marketing in the function of tourist product development, British Food Journal, Vol. 105, No. 3, 2003: 175-192

Robert J. Harrington, Food and wine commentary, Journal of Culinary Science & Technology, Vol. 4(2/3), 2005: 129-152

Shuai Quan, Ning Wang, Towards a structural model of the tourist experience: an illustration from food experiences in tourism, Tourism management, 25, 2004: 297-305

Stephen Elmont, Tourism and Food Service, Cornell Hotel and Restaurant Administration Quarterly, Feb 1995: 57-63

Tomas Lopez-Guzman and Sandra Sanchez-Canizares, Culinary Tourism in Cordoba(Spain), Britsh Food Journal, Vol. 114(2), 2012: 168-179

John S.A. Edwards, The foodservice industry: Eating out is more than just a meal, Food Quality and Preference, Vol. 27, 2013: 223-229

John S.A. Edwards and Kristen Overstreet, What is food service?, Journal of Foodservice, Vol. 20, 2009: 1-3

Carol A. King, What is hospitality?, int. J. Hospitality Management Vol. 14(3/4), 1995: 219-234

Abraham Pizam, International Journal of Hospitality Management 28 (2009) 183-184

외식업체의 유형분류

제 **5** 장

제1절 외식업체의 유형분류 개요

1. 일반적인 유형 분류

일반적으로 사용하고 있는 식당이라는 용어를 외식 업체, 외식업소, 식당, 음식점, 레스토랑 등 다양하게 사용하고 있어 본 장에서도 다양한 용어를 같은 의미로 사용한다.

한국 표준산업분류나 식품위생법상의 영업의 종류와 형태를[1] 제외하고는 레스토랑의 유형을 분류하는 통일된 기준이 없다. 그 결과 식자(識者)에 따라 각각 다른 분류기준을 제시한다.

영어권 단행본에서는 일반적으로 레스토랑을 영리와 비영리로 나누기도 하며, Dining Market과 Eating Market으로 나누기도 한다. 그리고 최근 들어서는 시간 소비형과 시간 절약형으로[2] 나누기도 한다.

또한, 제공되는 서비스에 따라 Full-Service와 Quick Service 레스토랑으로 나누기도 하며, 완전 서비스를 제공하는 레스토랑과 부분 서비스를 제공하는 레스토랑으로 나누기도 한다. 또한, 접객 시설이 있는 레스토랑과 없는 레스토랑으로 나누기도 한다. 그리고 취급하는 주상품을 기준으로 나누기도 하며, 메뉴의 국적을 중심으로

---

[1] 영업신고증에서는 영업의 종류: 식품접객업. 그리고 영업의 형태에는 일반음식점영업, 휴게 음식점영업, 단란주점영업, 유흥주점영업, 위탁급식영업, 제과점영업이 있다.

[2] Dining Market : 사회적인 욕구 충족에 목적을 둔 레스토랑을 의미한다. 주로 시간 소비형이 여기에 포함된다. Eating Market : 생리적인 욕구 충족에 목적을 둔 레스토랑을 의미한다. 주로 시간 절약형이 여기에 포함된다.

나누기도 하고, 조직의 형태(개인소유, 회사소유, 프랜차이즈)에 따라 분류하기도 한다.

상업적으로 운영되는 레스토랑은 영리를 목적으로 하고, 다양한 기관급식 서비스의 경우는 비영리를 목적으로 한다. 그러나 최근 들어 적지 않은 기관급식이 전문업체와 계약을 통해 위탁운영 되고 있음을 고려한다면 영리와 비영리로 나누는 것도 옳지 않다는 의견이 설득력을 얻고 있다.

Dining Market과 Eating Market으로 나누는 기준은 식사의 목적이 심리적·사회적인 동기 또는 생리적인 욕구의 충족인가에 따라 구분한 기준이다. 시간 절약형과 시간 소비형 유형을 분류하는 기준은 식사를 위해 소비하는 시간의 정도가 된다. 그리고 접객시설 유무에 따른 유형 분류는 점포와 무점포가 기준이 된다.

일상생활 속에서 우리에게 먹고 마실 것을 제공하는 곳은 많다. 고객이 레스토랑으로 직접 가서 먹을 수도 있고, 배달시켜 먹을 수도 있으며, 포장 판매하는 곳으로 가서 음식을 구매하여 원하는 곳에서 먹을 수도 있다. 또한, 다양한 유통소매기관을 통해 가정 안팎에서 먹고 마실 것을 해결할 수도 있다.

레스토랑의 스타일(style)은 고객에게 제공되는 서비스의 유형을 말하는 것이다. 레스토랑의 유형을 분류하는 기준은 다양하다. 그리고 더 새롭고 다양한 개념(Concepts)의 새로운 유형의 레스토랑은 매일 생겨나고 있다.

일반적으로 많이 인용되는 분류기준은 영어권에서 레스토랑을 분류하는 기준을 많이 인용한다. 즉, 레스토랑의 스타일(style)을 기준으로 Full-service, Fast-casual and Quick-service 등으로 유형을 분류하기도 하며3),Full-Service Restaurant, Limited-Service Restaurant, 그리고 Self-Service Restaurant로 분류하기도 한다. 또한, Full-Service Restaurant, Limited-Service Restaurant, 배달 서비스 레스토랑, 테이크 아웃 레스토랑 등으로 분류하기도 한다.

---

3) ① Quick Service ② Midscale ③ Upscale 유형으로 나뉘기도 한다. 그리고 주메뉴 라인(Italian food, Hamburgers, etc.)의 Menu Concept에 따라 Decor, Ambiance, 그리고 Style이 결정된다. 그 결과 레스토랑의 유형과 레스토랑의 Concepts는 다른 의미로 설명되어야 한다.

또한, 레스토랑의 유형4)/종류를 다음과 같이 나누기도 한다. 즉, 가격의 높고 낮음과 Meal Experience5)의 정도에 따라 레스토랑을 다음과 같이 분류한다.

① Quick Service Restaurants

② Quick(Fast) Casual Restaurants

③ Casual Restaurants

④ Fine-Dining Restaurants

1) Full-Service Restaurants

일반적으로 Full-service 레스토랑에 포함되는 두 가지 유형의 레스토랑은 Fine dining과 Casual dining restaurants이다.

① Fine Dining

Formal dining restaurants이라 칭하는 고급 식당을 말한다. 분위기와 제공하는 가격, 메뉴, 그리고 서비스 측면에서 가장 상위에 위치하는 레스토랑 유형이다. 주로 심리·사회적 욕구 충족을 위함과 시간 소비를 위한 레스토랑의 전형이다. 음식의 질, 가격(prices), 서비스의 질과 양, 분위기(atmosphere)에서 다른 유형의 레스토랑과 구별되나, 비교되는 기준점을 정하기는 어렵다.

② Casual Dining Restaurants

가격, 분위기, 그리고 메뉴 등이 Quick Service와 Fine Dining의 중간 수준에 위치한 레스토랑으로 생각하면 된다. 저서마다 다르기는 하나 Casual Restaurant를 설명할 때 Midscale과 Casual Upscale로 나누어 설명하기도 한다.

Midscale Restaurants은 QSRs 또는 Fast-Casual Restaurants과는 다른 Concept로 운영

---

4) 성질이나 특징 따위가 공통적인 것끼리 묶은 하나의 틀. 또는 그 틀에 속하는 것.
5) 고객이 식당에 들어와 식사를 하고 나갈 때까지 오감을 통해 경험/체험/한 감정으로 레스토랑에서 제공하는 서비스의 초점이 생리적 욕구 충족에 맞추어져 있느냐, 사회적 욕구 충족에 맞추어져 있느냐로 평가

되는 것같이 보인다. 하지만 운영 핵심은 QSRs의 운영시스템과 닮았다. 생산과정을 단순화하여 비숙련 조리인력을 활용, 원가를 낮추고, 서비스 속도를 높일 수 있도록 운영전략이 디자인되었다. 이러한 맥락에서 Midscale Restaurants을 "Moderately Quick Service"라고 칭하기도 한다.

우리나라의 경우 Midscale Restaurants의 경계를 명확하게 하기가 어렵다. 가격과 서비스, 그리고 분위기를 기준으로 살펴본다면 개념적으로 정리가 가능하다. 그러나 하나의 군집으로 접근한다면 특정한 영역으로 군집하기가 어렵다.

미국의 경우, 테이블 서비스를 제공하는 패밀리 레스토랑(Family Restaurants)의 경우를 예로 든다. 하지만 우리나라의 패밀리 레스토랑에 대한 개념이 다른 선진국과는 달라 군집하기가 더 어렵다. 왜냐하면, 우리나라의 경우 패밀리 레스토랑은 가족 중심이 아닌 젊은 20-30대 층을 대상으로 발전한 서양식 개념의 레스토랑이기 때문이다. 예를 들면 가격과 서비스의 수준에서 QSRs 보다는 높게 Fine dining Restaurants보다는 낮게 접근한 영역으로 이해하면 된다.

2) Fast-Casual Restaurants

Fast-casual 레스토랑이란 용어는 비교적 최근에 사용된 용어로 full-service와 quick-service 중간 영역에 위치한 유형이다.

Quick Service Restaurants의 단점[6]을 보완하기 위한 새로운 대안으로 초기에는 Quick Service Restaurants의 한 부류로 고려되었다. 그러나 차츰 Quick Service Restaurants 과는 달리 적당한 가격에 Full-Service 레스토랑 수준에 상응하는 음식과 분위기를 제공하면서 하나의 영역으로 자리매김했다. 즉, "Full-Service quality food in a quick-service format"으로 정체성을 창출한 것이다.

보다 구체적으로는 전통적인 Quick Service Restaurants의 편의라는 속성과 Casual table-service restaurants의 음식을 혼합한(Hybrid) Concept로 새로운 유형으로 자리매김한 것이다.

---

6) 사용하는 식재료와 메뉴의 구성이 건강 지향적이지 못하다는 문제에서 출발

Fast-Casual Restaurants은 음식과 서비스, 그리고 분위기 등을 Casual Dining으로부터 차용하여 QSR이 가지고 있는 단점을 보완해 가고 있어 고객들로부터 호응을 받고 있다. 특히, 미국의 경우 이국적인 Concept로 이 영역에 많이 참여하고 있어 Fast-Casual Restaurants은 향후 지속 발전해갈 것으로 전문가들은 전망하고 있다.

3) Fast-Food/ Quick-Service Restaurants(QSRs)

저렴한 가격의 극히 제한적인 서비스와 분위기의 레스토랑을 말한다. 주로 다국적 기업의 브랜드와 개인이 운영하는 영세한 규모의 업체들이 주를 이룬다.

Quick-service의 생명은 서비스의 속도(speed of service)와 편리(convenience)이다. Fast-food restaurants은 Quick-service restaurants에 속한다. 그러나 모든 Quick-service 레스토랑이 Fast-food를 제공하는 것은 아니다. Quick-service restaurants은 단순한 인테리어, 저렴한 가격의 음식 그리고 빠른 서비스로 특징지어진다.

4) 기타분류

이 밖에도 최근 들어 레스토랑의 유형/종류를 설명할 때 많이 언급되는 내용을 다음과 같이 정리해 볼 수 있다.

① Specialty Restaurants

특정 아이템을 주메뉴로 내세운 레스토랑이다. 예를 들어, 스테이크 전문 레스토랑, 해산물 전문 레스토랑, 파스타 전문 레스토랑 등을 말한다.

② Ethnic Restaurants

주로 특정한 지역(국가)을 대표하는 음식과 주제를 바탕으로 운영하는 전문식당을 말한다. 예를 들면; Italian, Korean, Chinese, Mexican, Thai, Indian 등이다.

③ Theme Restaurants

특정 스포츠, 시대, 음악 스타일 또는 엔터테인먼트를 중심으로 설계된 테마레스토랑을 말한다.

④ Pop-Up Restaurant

팝업 레스토랑은 다양한 아이디어와 스타일의 음식을 실험할 수 있는 새로운 개념의 레스토랑을 말한다. 이를 통해 특정 개념이나 요리가 특정 지역에서 성공할 수 있는지 확인해 보기 위한 목적으로 짧은 기간 동안 임의의 장소에서 운영된다.

⑤ Ghost Restaurant

Virtual restaurant, Delivery-only restaurant, Online-only restaurant, or Dark kitchen이라 부르기도 한다. 공유주방의 출현과 함께 탄생한 용어들이다. 여기서 생산된 음식은 일반적으로 현장에서 소비하지 않고, 포장 판매(Takeout)와 배달(Delivery)된다.

⑥ Eatertainment

먹다(Eat)와 Entertainment를 합성하여 만든 용어이다. 제공하는 음식보다는 특정 주제(Theme)와 고객이 오감으로 경험하는 감정을 통해 고객에게 소구하는 레스토랑을 말한다. 이 부류의 레스토랑으로 잘 알려진 곳은 Rainforest Cafe와 Hard Rock Cafe이다.

⑦ Contemporary Casual

최근 Fine Dining Concept에서 파생된 유형으로 대부분 도시 및 대도시 지역의 젊은 직장인들을 주 고객으로 한다. 일반적으로 메뉴와 서비스, 그리고 분위기에는 아래의 개념들이 포함되지만, 여기에 국한하지만은 않는다.

> ▸ 친환경 Eco-friendly
> ▸ 농장에서 식탁으로 Farm-to-table
> ▸ 다양한 와인 선택 Large wine selection
> ▸ 현지에서 조달된 재료 Locally sourced ingredients
> ▸ 퓨전 요리 Fusion cuisine
> ▸ 넓은 바 Extensive bar

⑧ Brasserie

Brasserie는 Brewery라는 뜻도 가지고 있으며, 고전적인 분위기를 내는 레스토랑이지만 Bistro보다는 멋스럽지 않다. 주로 같은 메뉴를 종일 제공하는 곳이다. 제공하는 메뉴는 주로 옛날 가정식이 주를 이르며, 자가 맥주를 제공하는 것이 보통이다.

⑨ Bistro

비스트로는 규모 면에서는 비교적 소규모이다. Owner Chef가 운영하는 격식이 없는 간단한 가정 음식을 제공하는 동네 레스토랑 분위기다. 적당한 가격으로 투박한 식사를 제공하는 장소로 프랑스에서 시작되었다. 와인과 커피 등 음료도 제공하지만 음식에 초점을 맞춘다. 그러나 미국 등 외국으로 건너가 더 세련된 장식, 더 적은 수의 테이블, 더 좋은 음식 및 더 높은 가격으로 진화했다고 한다.

결국, 현대적 관점에서 Cafe, Brasserie, Bistro 간의 차이를 논하기는 어려울 것 같다. 왜냐하면, 각기 가지고 있었던 전통적인 특징들의 경계를 허물고 서로의 경계를 넘나들면서 모방과 차용을 통해 서로 닮아가기 때문이다.

⑩ Destination Restaurant

레스토랑 자체의 개념, 음식의 매력, 주방장 또는 식당의 역사 자체가 고객을 그 레스토랑으로 오게 할 수 있는 충분한 동기를 부여할 수 있는 레스토랑을 말한다. 즉, 그 식당의 매력에 끌려 멀리 있지만 찾아가는 레스토랑이란 설명이다.

⑪ 소매점 안에 있는 레스토랑

온라인 시장의 활성화로 인해 어려움을 겪고 있는 미국 쇼핑몰업계가 매출 회복을 위해 식음료 시장으로 진입하였다. 소매점의 공간 배분에서 식음료로 할애하는 공간이 점차 커지고 있다. Food Court가 차츰 Food Hall 형태로 바뀌고 있다.

다중 이용시설 안에 Fast Food 체인들이 군집을 이루고 있는 Food Court와는 달리 Food Hall에는 다채로운 유명 맛집을 한 공간에서 경험할 수 있으며 장르별로 전문성을 띠고 있다. 우리나라의 경우 압구정 Galleria 백화점에 있는 Gourmet 494[7]와

---

7) https://dept.galleria.co.kr/store-info/luxuryhall/gourmet/brand-story.html

현대백화점 판교의 Eataly[8], 그리고 고메스트리트(Gourmet Street)와 잇토피아(Eatopia)로 구성된 스타필드 하남[9] 등을 예로 들 수 있다.

⑫ Other Types Of Restaurants

> ▸ Food Truck, Cart, Or Stand
>
> ▸ Cafe
>
> ▸ Buffet Style Types Of Restaurants
>
> ▸ Pub
>
> ▸ Bar
>
> ▸ brewery
>
> ▸ Cafeteria
>
> ▸ Coffee House

2. 운영전략 차원에서의 외식업체의 유형 분류

외식업체의 유형을 운영전략의 차원에서 접근한 이론들이 많이 있다. 즉 일반적으로 분류된 외식업체의 유형에 적합한 운영기법을 구체화하는 데 초점을 맞춘 것이다. 그 중 대표적인 유형 분석의 사례를 살펴보면 다음과 같다.

한국 농촌경제연구원이 수행한 '2018 외식업 경영실태 및 외식업체 식재료 구매 현황조사'를 통하여 수집된 데이터로 군집분석을 수행, 외식업체들의 주요특성에 따라 다음과 같이 크게 4가지 유형으로 분류하였다.[10]

---

8) http://www.ehyundai.com/newPortal/DP/DN/DN000000_V.do?branchCd=B00148000

9) https://www.starfield.co.kr/hanam/cafeDining/main.do

10) 임정빈 외 4인, 군집분석을 통한 외식업체 유형분류 연구, 한국농촌경제 연구원, 2020년 5월(1)

1) 군집 1 : 골목식당

▸ 비교적 낮은 연매출액, 매우 높은 식재료비 비중, 매우 낮은 임대료 비중, 높은 영업이익률로 특정됨.

▸ 골목식당은 국산식재료 사용률이 높으며 한식 비중이 높고, 주로 도시화 정도가 낮은 지역에 많이 분포함.

- 한식(26.5%), 치킨전문점(9.4%) 비중이 다른 군집보다 높고 충청권(19.6%), 경남권(17.9%), 경북권(22.6%)과 같이 수도권 외 지역에 상대적으로 많이 분포함.

- 해당 업체들은 대체로 유동인구는 적으나 임대료 부담이 크지 않은 상권에 주로 입주한다고 볼 수 있음.

- 유행이나 경기에 민감한업종보다는 한식이나 치킨전문점과 같이 비교적 꾸준히 수요가 발생하는업종이 선호됨.

- 일반적으로 골목식당으로 칭하는, 단골고객 위주로 운영되는 군소점포들이 해당 유형에 속한다는 점을 확인할 수 있음.

2) 군집 2 : 포화상권 식당

▸ 업체 수가 가장 많고, 매우 높은 인건비 비중, 높은 국산식재료 사용률과 가장 낮은 영업이익률로 특정됨.

▸ 업체 수가 가장 많은 유형으로, 업체 간 경쟁 심화로 영업이익률과 영업이익이 동시에 타 군집보다 낮고 임대료 및 식재료비에 비해 인건비 지출액이 크게 나타남.

- 수도권(27.9%), 경남권(22.5%)에, 서울권(20.0%) 순으로 분포하는 경우가 많으며, 특히 경남권에는 타 군집보다 많이 분포하는 것으로 나타남.

- 해당 군집에 속한 업체들은 포화상권에서의 과잉경쟁으로 인해 매우 낮은 영업이익과 영업이익률을 보이는데, 장시간 영업 시 절감하기 어려운 인건비의 지출 비중이 높고, 식재료비의 지출 비중은 낮음.

3) 군집 3: 유동인구 의존형 소형점포

▶ 낮은 연매출액, 매우 높은 임대료 비중, 높은 영업이익률로 특정됨.

▶ 신고면적은 작으나 유동인구가 많은 상권입지를 기반으로 주류나 음료, 간식과 같은 부분 서비스를 제공하여 수익을 내는 유형이다. 임대료 지출이 높으나 비교적 양호한 영업이익을 유지하고 있음.

- 서울권(36.7%)에 타 군집보다 집중적으로 분포하는 모습을 보이며, 대체로 부분 서비스를 제공하는업종들과 각종 주점업의 비중이 다른 군집보다 높음.

- 해당업종은 주방이나 식재료 창고 등을 위한 공간 확보가 여의치 않은 경우가 많은 대신, 가공식품 위주로 일종의 간식을 판매하는 방식으로 영업이익을 크게 얻는 것으로 볼 수 있음.

- 사업장 신고면적이 크지 않으나 유동인구가 많은 지역에 위치하는 소형 주점이나 카페 등이 해당 군집의 전형임이 확인됨.

4) 군집 4: 기업형 식당

▶ 매우 높은 연매출액, 매우 낮은 국산 식재료 사용률, 높은 영업애로도, 비교적 높은 임대료 비중으로 특정됨.

▶ 도시화 정도가 높은 구역에서 대규모로 영업을 진행하는 유형으로, 기본적으로 규모가 매우 크며 수입 식재료 사용 비중이 매우 높은 특징을 나타냄.

- 서울권(25.2%), 수도권(27.7%), 경남권(18.3%)에 있는 경우가 타 분류보다 많고 프랜차이즈 비율이 가장 높음.

- 해당 유형의 외식업체들은 서양식, 피자 · 햄버거 · 샌드위치 및 유사음식점 등업종의 비율이 높음.

- 패밀리레스토랑이나 패스트푸드 프랜차이즈업체와 같이 일종의 소기업과 같은 모습을 보이는 업체들이 해당 군집의 전형임이 확인됨.

제2절　외식업체 유형 분석의 새로운 접근

1. 새로운 유형 분석의 개요

최근 들어 외식업체의 생산시스템과 서비스시스템에 많은 변화가 일어나고 있다. 이러한 변화들은 어떻게 하면 품질을 유지 또는 높이면서 생산성을 향상시킬 수 있는가에 대한 방안을 찾는 데서 출발한다.

외식업체의 유형과 규모에 관계 없이 모든 외식업체는 생산과 분배/서비스라는 두 가지의 핵심적인 기능을 가지고 있다. 전통적인 외식업체의 경우 주방이 생산기능을 담당하고, 식당(hall)이 서비스/분배 기능을 담당하게 된다. 그러나 다수의 업장을 가진 외식업체의 경우(multi-unit foodservice operation)는 일반적으로 우리가 칭하는 C/K[11](Central Kitchen)를 가지고 있다. 이 C/K를 통해 각 단위 업장에서 요구되는 식재료(완성품, 반제품 등)를 생산하여 단위 업장(위성 업장)에 보내진다.[12] 때문에, 각 단위 업장에서는 생산시설을 최소화하고, 분배(서비스)기능에 초점을 맞추는 시스템을 설계한다.

일반적으로 외식업체는 전통적인 운영기법(job shop)을 고수한다. 원식재료를 구매하여 준비와 조리를 하는 방식을 말한다. 즉 다양한 형태(주로 원상태의 식재료)의 식재료를 구입하여 저장한다. 그리고 주문이 있으면 생산지역(주방)의 각 구역[(Sections 또는 parties라고도 한다)]에서 생산하여 즉시 제공하거나, 또는 생산하여 일시 보관하였다가(수프 등) 제공하는 형태이다.

레스토랑의 운영 활동은 생산, 판매, 그리고 판매 전·후의 관리와 같은 3단계로 크게 나눌 수 있다. 즉 고객과의 직접적인 접촉이 없는 생산과 판매 전·후의 관리 활동, 고객과의 부분적인 접촉 또는 접촉 없이 이루어지는 생산활동, 그리고 고객과 직접적인 접촉이 있는 판매 활동으로 나눈다. 이렇게 3단계로 대분류된 영업활동의

---

11) 이것을 "Central Kitchen", "Commissary", 또는 "Food Preparation Facility"라고 칭하기도 한다.
12) 규모가 커지면 C/K에서 생산된 식품들은 물류센터로 집결된 후 각 업장에 배송되는 단계를 거치는 곳도 있다.

모든 과정을 전진 방향으로만 고려했을 때 그 과정을 다음과 같이 구체화할 수 있다.

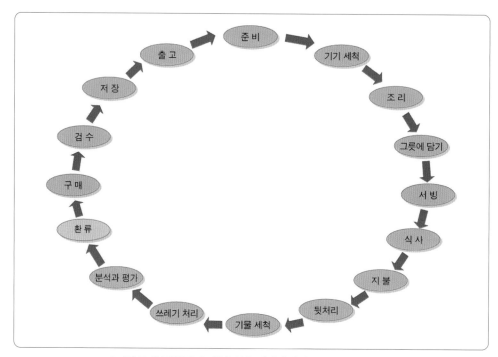

[그림 5-1] **전통적인 생산방식 외식업체의 푸드 생산시스템**

이같이 영업활동의 순환과정을 통하여 서비스 생산 분야에서 다루고 있는 서비스 제공(전달) 시스템(SDS: Service Delivery System)이론을 레스토랑 분야에 적용하는 시도가 이루어졌다. 즉 서비스가 생성되어 고객에게 제공되는 모든 과정을 시스템적으로 접근한 것이 서비스 제공시스템이다.

그러나 제조업의 제품 제공시스템과는 달리 서비스 제공시스템에서는 고객이 참여하고 있는 경우가 대부분이다. 서비스 제공과정에서 고객이 참여함에 따라 외식업체의 입장에서는 서비스 제공시스템의 디자인이 아닌 총서비스 개념의 관점에서 고객과 서비스 업체 모두를 고려한 서비스제공시스템으로 전환하여야 한다.

즉, 고객이 식당에 들어와 식사를 마치고 나가는 일련의 과정을 단계별로 가시화하여(청사진을 만들어), 각 단계별 기능과 각 단계에서 고객이 원하는 서비스와 그 대응 방법 등에 대하여 사전 구체적인 시나리오를 만들어 관리해 가는 접근방법이라고 이해하면 된다.

외식업체 간의 유사성과 차이점을 점검하는 가장 이상적인 방법은 외식업체를 하나의 시스템으로 보고 분석하는 방법이다. 왜냐하면 시스템 분석은 외식업체의 유형에 관계없이 발생하는 상호작용과 과정의 정확한 특성을 점검할 수 있기 때문이다. 그리고 일단 푸드서비스 시스템의 유형이 이해된 후에는 관리자가 직면하고 있는 주요한 문제를 규명할 수 있고, 그리고 규정된 주요한 문제점들을 다른 시스템과 결부시킬 수 있기 때문이다.

서비스산업에서는 서비스가 생산되어 고객에게 제공되는 과정을 "서비스 제공시스템(Service Delivery System)"이라 명명하였다. 그리고 픽워쓰(Pickworth: 1988)는 서비스 제공시스템(SDS : service delivery systems)을 제품과 서비스(products and services)는 생산과 거의 동시에 고객에게 제공되는 시스템이라 정의하였다. 즉 생산과 소비의 동시성을 강조하였다. 그리고 이 정의를 푸드서비스 산업에 적용하여 식품제공시스템(FDS : food delivery system)을 설명하였다. 즉, 식재료의 흐름을 서비스가 생산되어 제공되는 과정과 같은 맥락으로 접근하였다.

그리고 서비스가 생성되어 고객에게 제공되는 아이템의 수에 따라 특별한(dedicated) FDS(예를 들어, 몇 개의 아이템만을 제공하는 패스트푸드 레스토랑의 경우)와 다양한 메뉴를 제공하는 다양한 면을 가진(multifaceted) FDS(예를 들어, 호텔, 병원, 학교와 군대 등과 같은 기관급식 등)로 나누어 생각할 수 있다고 하였다. 따라서 특별한 FDS에서는 하나의 특정한 시스템을 기대할 수 있고, 다양한 면을 가진 FDS의 운영에 있어서는 하나 이상의 특정한 시스템이 함께 작용하게 되는 것이다.

이 같은 기본적인 개념을 가지고 식재료가 구매되어 준비과정을 거쳐 음식이라는 상품이 생산되고, 생산된 상품이 고객에게 제공되는 과정을 따라 푸드 제공(전달) 시스템(food delivery system)을 전개하였다. 즉, 식재료의 흐름 과정에서 단계의 수에 바탕을 두고 아래와 같이 외식업체의 유형을 분석하였다.

1) 전통적인 푸드 서비스 시스템(Traditional Foodservice System)

앞서 설명한 기본개념을 가지고 사용하는 식재료의 상태와 식재료의 흐름, 그리고 생산기능과 판매기능의 분리를 통하여 각 업태가 가지고 있는 유사성과 차이점을 검토하기 위한 방법 중의 하나로 시스템적 접근법을 이용하였다.

우선 전통적인 방법으로 운영되는 푸드서비스(예를들어, 호텔 레스토랑)의 영업 활동을 전진방향으로만 고려하여 8단계를 제시하였다. 그리고 전통적인 푸드서비스를 호텔 레스토랑과 같이 생산과 판매가 같은 장소에서 이루어지는 곳으로, 많은 숙련된 종업원들이 원재료(일반적으로 전처리 되지 않는 식재료)를 구매하여 주방에서 준비와 조리를 거쳐 제공하는 푸드서비스로 설명하였다.

그리고 이와 같은 전통 푸드 서비스시스템에서 식재료의 흐름을 따라 영업활동을 전진방향으로만 고려하면 구매를 제외하고 일반적으로 다음과 같이 8단계로 나눌 수 있다고 하였다.

① 저장(storage): 구매한 식재료의 저장(냉장, 냉동, 일반저장고)
② 준비(preparation): 조리할 수 있도록, 또는 제공할 수 있도록, 또는 보관할 수 있도록 준비
③ 생산(production/cooking): 조리방식
④ 보관(holding): 조리된 음식을 보관. 생산과 소비단계에서의 보관
⑤ 서비스(service): 고객에게 식료를 서비스하는 스타일
⑥ 식사(dining): 고객의 식사
⑦ 뒤처리(clearing): 고객 식탁의 뒷처리
⑧ 기물세척(dishwash): 기물세척

이같이 구분한 8단계에서 ①~④, 그리고 ⑧은 고객의 시선이 접하지 않는, 그리고 고객과 직접적인 접촉이 없는 후방부서(back-of-house: BOH)에서 이루어진다. 그러나 최근에는 오픈 주방 시스템이 도입되어 부분적으로 생산단계가 고객에게 노출되기도 한다.

그리고 나머지 3개의 단계는 고객의 시선이 접하는, 그리고 고객과의 상호작용(접촉)이 이루어지는 전방부서(hall : front-of-house: FOH)에서 이루어진다. 이것을

서비스산업에서는 가시적인 부분(문)과 비가시적인 부분으로 양분한다.

외식업체의 영업활동의 특성상 전·후방 부서 간의 상호작용은 대단히 높다. 그러므로 기본적인 푸드 제공시스템은 두 개의 하위시스템, 즉 푸드 생산시스템(food production system : back-of-house)과 푸드 서비스시스템으로 나누어진다. 여기서 전자는 식료와 음료를 제공할 수 있는 상태로 준비하는 데 관여하고, 후자는 고객에게 후방에서 준비한 음식을 제공하는 방법과 다음 고객을 위해 시스템을 재건하는 기능을 담당하게 된다.

이와 같은 두 개의 하위시스템 속에는 더욱 세분화된 하위시스템들이 존재하고, 각 하위 시스템들은 전체과정의 한 단계를 위해 설계된다. 이렇게 복잡한 단계를 [그림 5-2]와 같이 도식화하여 영업활동의 흐름도를 식재료의 흐름을 따라 살펴보면 생산시스템에서는 3가지의 대안이 제시된다.

① 구매된 식재료는 준비, 또는 준비 없이 조리할 수 있게 된다.
② 준비된 상태로 또는 조리된 상태로 짧은 시간 보관이 가능하다.
③ 조리 즉시 제공할 수도 있고, 또는 보관하였다 제공할 수 있다.

전통적으로 일품요리(알 라 까르트: à la carte) 메뉴는 조리하여 바로 제공된다. 이 시스템을 콜 오더 시스템(call order system: 주문하면 생산한다는 의미로 해석)이라고 부르기도 한다. 이것은 일반적으로; (A) 저장 → 준비 → 조리 → 서비스 → 식사 → 뒤처리 → 식기세척이라는 7단계의 과정을 거친다.

또한 정식(따블 도트: table d'hôte) 메뉴에서 음식은 사전 준비한 후, 제공하기 위해서 일정 시간 동안 보관된다. 즉, (B) 저장 → 준비 → 조리 → 보관 → 서비스 → 식사 → 뒤처리 → 식기세척이라는 8단계의 과정을 거친다.

마지막으로 뷔페 푸드 서비스시스템에서는 푸드는 조리 과정이 생략된 상태에서 제공된다. 즉, (C) 저장 → 준비 → 보관 → 서비스 → 식사 → 뒤처리 → 식기세척이라는 과정을 거친다.

즉, 위에서 설명한 과정을 중심으로 3개의 기본적인 유형이 전개되었다.

(A) 저장→준비→조리→서비스→식사→뒤처리→식기세척(7단계)

주문에 의해 조리된 음식은 보관되지 않고 바로 고객에게 제공되는 경우이다. 즉, 주문에 따라 생산되어 즉시 고객에게 제공되는 경우이다.

(B) 저장→준비→조리→보관→서비스→식사→뒤처리→식기세척(8단계)

(A)의 경우와의 차이점은 일단 음식이 만들어진 다음 보관하고 있다가 고객의 주문이 있을 시 즉시 제공한다는 차이이다. 즉 사전 만들어 보관하고 있다가 주문하면 제공된다는 의미이다.

(C) 저장→준비→보관→서비스→식사→뒤처리→식기세척(7단계)

이 경우는 조리라는 단계가 없다. 즉 조리가 필요 없는 음식을 말한다. 예를 들어, 샐러드 뷔페, 샌드위치 등의 간단한 음식을 만들어(여기서는 조리가 아니라 준비) 고객에게 제공하는 경우로 설명하고 있다.

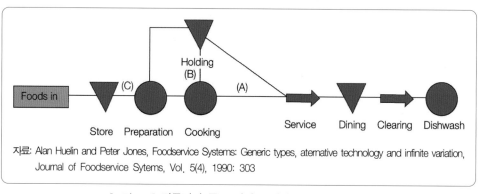

자료: Alan Huelin and Peter Jones, Foodservice Systems: Generic types, aternative technology and infinite variation, Journal of Foodservice Sytems, Vol. 5(4), 1990: 303

[그림 5-2] 전통적인 푸드 서비스 배달시스템의 흐름도

그런데 식재료가 구입되어 준비과정을 거쳐 고객에게 제공되는 전 과정을 설명한 (A)의 일품요리(알 라 까르트) 메뉴를 제공하는 레스토랑의 경우는 설명력이 있다. 그러나 (B)의 정식요리(따블 도트) 메뉴를 제공하는 레스토랑의 경우와 (C)의 뷔페스타일 레스토랑의 메뉴는 보다 구체적인 설명이 있어야 한다.

즉 (B)의 일품요리(따블 도트: 사전에 정해져 있는 Set Menu 등) 메뉴를 제공하는 레스토랑의 경우는 고객의 주문에 따라 조리를 하는 일품요리(알라 까르트) 메뉴와는 다르다. 그러므로 제한된 아이템을 가지고 영업을 하는 경우로, 사전에 정한 메뉴를 준비하여 보관(뜨겁게/ 차게 등 메뉴의 특성에 따라)하고 있다가 고객의 주문에 응하는 경우로 설명되어야 한다.

또한 (C)의 뷔페 스타일의 경우도 우리가 생각하는 그런 뷔페가 아니라 찬 요리만을 제공하는 뷔페이거나 또는 완전히 요리된 상태(R-T-E(S) : ready-to-eat or ready-to-serve)로 제공되는 경우로 설명되어야 한다.

또한, 구매된 모든 식재료가 앞서 언급한 식재료의 흐름과 같이 순서대로 단계를 거치지 않는 것이 일반적이다. 즉 어떤 식재료는 구매하면 검수를 거쳐 준비를 거치지 않고 조리단계, 또는 제공 단계로 바로 이동하는 경우도 있다. 게다가 사용하는 식재료의 상태가 각각 다르기 때문에 앞서 제시한 식재료의 흐름이 식재료의 상태에 따라서는 일정치 않다. 그러나 이 문제점은 Huelin and Jones(1990) 등이 제시한 파레토 원칙(Pareto principle)[13]을 예로 들어 전체 식재료의 80% 정도가 (A)~(C)에 제시된 단계를 거치고, 나머지 20% 정도는 저장에서 식기세척까지의 각 단계를 단계적으로 거치지 않고 뛰어넘을 수도 있다는 것으로 예외를 설명하였다. 즉 예외는 존재하는 것이며, 일반성을 가지고 설명하자는 것이다.

2) 푸드서비스시스템(Foodservice Systems)에 있어서 혁신

앞서 제시한 3개의 기본 시스템(알 라 까르트, 따블 도트, 뷔페)은 식품가공기술과 보관기술, 포장기술, 유통되는 식재료의 상태의 다양화와 유통시스템의 발전 등에 힘입어 많은 변화를 가져왔다. 이와 같은 변화는; ① 사전 제공할 수 있도록 준비된 식사의 도입으로 후방부서에서 행하여졌던 준비와 조리단계를 완전히 없앨 수 있게 되었으며, ② 보관(holding)단계에서 급냉(cook-chill)과 냉동(cook-freeze),

---

13) 파레토 법칙(Pareto 法則) 또는 80 대 20 법칙은 '전체 결과의 80%가 전체 원인의 20%에서 일어나는 현상'을 가리킨다. 예를 들어, 20%의 고객이 백화점 전체 매출의 80%에 해당하는 만큼 쇼핑하는 현상을 설명할 때 이 용어를 사용한다. 2 대 8 법칙이라고도 한다. 많은 분야에 이 용어를 사용하지만, 부적절하게 사용하거나 의미를 제대로 이해하지 못하고 사용하는 경우도 많다. 이 용어를 경영학에 처음으로 사용한 사람은 조셉 M. 주란이다. '이탈리아 인구의 20%가 이탈리아 전체 부의 80%를 가지고 있다'고 주장한 이탈리아의 경제학자 빌프레도 파레토의 이름에서 따왔다.

그리고 급냉의 변형인 수비드(sous-vide)[14] 기술은 생산과 서비스 단계에서 음식을 보관하는 기간을 연장하였다.

또한, 이와 같은 변화는 후방부서(생산지역: back of house)와 전방부서(판매지역: dining area; front of house)의 분리(decoupling: 이원화)를 가능하게 하였다. 즉 전·후방으로 뚜렷하게 나누어져 있던 두 영역이 더 이상 같은 장소에 서로 인접하여있어야 할 필요가 없게 만든 것이다. 그리고 후방부서에서 생산된 음식은 즉시 소비되지 않아도 되게 되었다는 의미이다.

그러나 현대적인 기술 또는 혁신적인 기술을 이용하여 새로운 식품을 제공하는 곳에서는 또 다른 단계인 재생(regeneration)단계가 요구된다. 이 단계에서는 냉동 또는 냉장된 상태로부터 먹을 수 있는 상태로 변형시키는 단계를 말한다.

이같이 앞서 언급한 전통적인 8단계(저장 → 준비 → 생산 → 보관 → 서비스 → 식사 → 뒤처리 → 기물세척)에 새로운 2단계 재생(regeneration)과 운반(transportation)이 추가되어 [그림 5-3]과 같이 10단계가 된다. 즉 저장, 준비, 조리, 보관, 운반, 재생, 서비스, 식사, 뒤처리, 그리고 세척 등과 같이 10단계가 된다.

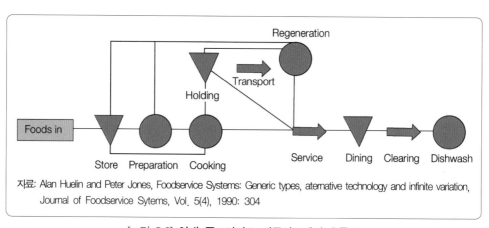

자료: Alan Huelin and Peter Jones, Foodservice Systems: Generic types, aternative technology and infinite variation, Journal of Foodservice Sytems, Vol. 5(4), 1990: 304

[그림 5-3] 현대 푸드서비스 제공시스템의 흐름도

앞서 제시된 (A)~(C)의 전통적인 푸드 서비스 기본시스템(저장, 준비, 조리, 보관, 서비스, 식사, 뒤처리, 세척 등과 같은 8단계)에 기술의 혁신에서 얻어진 운반과

---

14) 수비드라고 발음하며, 저온조리 방법으로는 포칭(poaching)의 일종이다.

재생이라는 새로운 2개의 단계가 추가되어 10개의 단계가 된다. 그리고 이 두 단계의 추가는 7개의 새로운 유형을 만들어 내어 기존의 3개 유형을 합하여 총 10개의 유형이 된다. 추가되는 7개의 새로운 유형은 다음과 같다.

④ 저장 → 준비 → 조리 → 보관 →운반→ 재생 → 서비스 → 식사 → 뒤처리 → 세척
- 생산하는 장소와 소비하는 장소가 각각 다른 유형이다.

⑤ 저장 → 조리 → 보관 →운반→ 재생 → 서비스 → 식사 → 뒤처리 → 세척
- 생산하는 장소와 소비하는 장소가 각각 다른 유형이다. ④의 유형과 차이점은 준비과정이 없다는 점이다. 즉 외부에서 조리할 수 있도록 준비가 된 식재료를 사용한다고 이해하면 된다.

⑥ 저장 → 조리 → 보관 → 서비스 → 식사 → 뒤처리 → 세척
- 생산과 소비가 같은 장소에서 이루어진다. 그리고 외부에서 조리할 수 있도록 준비가 된 식재료를 사용한다고 이해하면 된다.

⑦ 저장 → 준비 → 조리 → 보관 → 서비스 → 식사 → 뒤처리
- 패스트 푸드점과 같이 1회용 용기와 포장지에 음식이 담겨있어 세척(그릇)이 필요 없는 유형이다.

⑧ 저장 → 준비 → 조리 → 보관 →운반→ 재생 → 서비스 → 식사 → 뒤처리
- 생산과 소비가 이원화되어 있는 곳이다. 이곳 또한 판매하는 장소에서 그릇을 세척하지 않는 곳이다. 예를 들면 항공기와 현장에 생산시설(주방)이 없는 병원급식 유형이 여기에 포함된다.

⑨ 저장 → 재생 → 서비스 → 식사→ 뒤처리 → 세척
- 사전에 완성된 음식을 냉장 또는 냉동 또는 상온에 보관한 후 또는 외부에서 R-T-S(E)(제공 또는 먹을 수 있도록 준비된) 상태의 음식을 제공 받아 저장한 후 재생하여 제공하는 유형의 식당을 말한다.

⑩ 저장 → 준비 → 조리 → 식사 → 뒤처리 → 세척
- 여기서는 서비스가 생략되었다. 즉 우리나라 고깃집 유형이다. 고기를 식탁에 가져다주면 손님들이 직접 조리를 하여 먹기 때문에 서비스가 없는 것으로 고려한 것이다.
- 그리고 우리가 일반적으로 이해하고 있는 뷔페스타일 유형을 연상하면 된다.

하지만 위의 10가지 유형의 푸드시스템은 명확하게 설명하기가 어렵다. 비록 파레토 원칙을 적용한다고 하여도 명확한 유형의 사례를 정리하기가 쉽지 않다. 예를 들어, ④/⑤/⑧의 생산하는 장소와 소비하는 장소가 각각 다른 유형의 경우로 단계를 보면; 저장 → 준비 → 조리 → 보관 →운반→ 재생 → 서비스 → 식사 → 뒤처리 → 세척으로 되어 있다. 즉, 생산과정과 서비스 과정이 함께 표시되어 있다. 저장 → 준비 → 조리 → 보관 →운반까지가 생산과 운반(유통) 과정이고, 재생 → 서비스 → 식사 → 뒤처리 → 세척의 과정은 서비스 과정이다. 즉, C/K를 통해 생산되어 배달된 다양한 상태의 식재료는 단위 업장에서는 저장을 거쳐 재생 → 서비스 → 식사 → 뒤처리 → 세척의 과정으로 설명되어야 한다. 즉, 생산과 서비스 를 분리하여 설명하여야 한다는 의미이다.

또 다른 예로 패스트푸드의 유형을 보면; 고객에게 제공될 메뉴를 만들기 위한 식재료가 Ready-To-Serve(Eat), Ready-To-Cook의 상태이다. 때문에 요리를 위한 준비 가 거의 없어 고객의 주문에 의해 조리된 후 제공된다. 그리고 음식을 담은 용기가 1회용 또는 포장지로 되어 있기 때문에 그 용기를 세척할 필요가 없다. 그 결과 세척의 단계도 줄어든다는 것이다.

또 다른 예로, 뷔페식당의 경우는 준비, 조리를 거쳐 음식을 진열하게 된다. 여기서 진열하는 것을 서비스로 고려하지 않는다면, 셀프서비스이기 때문에 서비스가 생략 된다. 그리고 비행기 기내식의 경우는 비행기에 탑승한 경우만을 고려한다면 외부에 서 만들어 사전 개인 몫(portion)으로 용기에 담아, 카트에 실어 비행기에 적재한다. 그리고 기내에서는 찬 것은 차게, 뜨거운 것은 뜨겁게 보관한 후 고객에게 제공한 다음, 그릇은 회수하여 다시 카트에 넣기만 하면 된다. 그릇을 씻은 과정이 없다.

결국, 여기에서 설명하고자 하는 레스토랑 유형분류의 핵심은 고객에게 제공될 메뉴 상의 아이템을 생산하여 고객에게 제공하고, 뒤처리한 후 다음 고객을 위해 준비하는 과정까지의 단계를 따라 유형화 한 것이다. 그리고 각각의 유형이 갖는 특성에 따라 관리방식이 달라야 하며, 관리자의 자질과 운영방식도 달라야 한다는 것을 설명하기 위함이다.

〈표 5-1〉 **각 단계별 특징**

수준 1	수준 2
저장시스템	• 대량(Bulk) / 품목별(Itemized)
준비시스템	• 수작업 / 반자동화 / 자동화
생산(조리)시스템	• 전통적인 방법(Classic) • 현대적인 방법(Modern) • 주문에 의한 생산(Call Oder) • 대량(Batch) / 전문화(Speciality)
보관시스템	• 뜨겁게 보관 / Cook-Chill • Cook-Freeze / Sous-Vide
운반시스템	• Trolley / Vehicle
재생시스템	• Reheat / Finishing
서비스시스템	• Waiter/ress / Assisted Waiter • Counter / Self-service
식사시스템	• Standing / Seating
뒤처리시스템	• Manual / Semi-self Clear • Self-clear / Self-clear and strip
기물세척시스템	• Manual / Semi-automatic • Automatic / Flight Conveyor

자료: Peter Jones and Alain Heulin, Foodservice System: Generic Types, Alternative Technologies Variation, Journal of Foodservice System, 5/1990: 307

그리고 여기서 더 발전하여 각 유형이 가지고 있는 특성을 찾아 10개의 하위시스템별 새로운 기술 적용 가능성을 탐색하고자 하는데 이용할 수 있는 2단계의 분석 수준이 소개되기도 한다. 즉 위의 〈표 5-1〉과 같이 각 단계에서 고려할 수 있는 가장 적합한 대안을 제시해 보는 것이다.

〈표 5-1〉에서 보는 바와 같이 10단계에 대한 하위 분석요인으로 각 유형에 따라 다양한 하위 대안 시스템이 가능하다. 그리고 공간(장소)과 시간을 물리적으로 분리하여 생각해 볼 수도 있다. 그러므로 문제는 가공과 저장, 유통 등에 대한 기술이지 장소와 시간이 중요한 것은 아니다. 그 결과 같은 유형의 외식업체라도 각 단계에서는 다른 대안을 활용할 수 있게 된다.

결국, 위에 설명한 식재료 흐름을 따라 살펴본 외식업체 운영시스템의 분류는 다음과 같이 3가지의 목적이 있다.

- 새롭고 혁신적인 시스템을 개발(수준1)하는데 목적이 있다.
  즉, 식재료의 흐름을 따라 어떤 유형의 외식업체인가를 규명해 보는 데 목적이 있다.
- 특정 외식업체의 유형에 적합한 새로운 기술 적용에 대한 타당성을 검토하는 데 있다(수준2).
  즉, 특정 외식업체의 유형 내에 있는 각 단계와 각 단계 간의 상호작용을 규명하여 적합한 기술을 적용해 보자는데 있다.
- 특정 유형의 외식업체의 특성을 탐구하여 성과를 증진시키고자 하는 목적으로 이용된다.
  즉, 수준 1과 2를 종합적으로 검토하여 특정 외식업체가 가장 높은 성과(생산성)를 얻을 수 있는 기법을 찾아내는 데 이용할 수 있다.

2. 이용하는 식재료의 상태에 따른 유형분석

외식업체의 운영에서 생산(주방)과 판매(홀)의 기능은 전통적으로 시간과 공간적으로 분리될 수 없었다. 때문에 생산과 판매를 시간과 공간적으로 분리하는 것은 불가능하며, 만약 분리한다면 품질 유지 측면에서 상당한 손실을 감안하여야 한다고 주장하였다. 하지만 많은 사람들에게 동시에 먹을 것을 제공하여야 하는 단체급식의 출현, 산업혁명으로 인한 식품가공기술과 저장기술의 획기적인 발전, 유통혁신 등으로 생산과 소비는 시간과 공간적으로 분리될 수 없다는 고정관념이 무너지기 시작한다.

생산과 소비를 시간 또는 공간적으로, 또는 시간과 공간적으로 분리함으로써 현장에서의 업무를 단순화하여 생산성을 최대한 높이는 방법의 하나로 "시스템 개념"이 외식산업에 도입되기 시작한 것이다.

식품가공기술과 포장기술, 그리고 저장기술, 유통혁신 등은 전체적인 푸드 서비스 시스템을 구성하는 조달(procurement: 구매, 검수, 저장), 생산(production), 그리고 분배(distribution)와 서비스(service)와 같은 하위시스템의 기능에 많은 영향을 미치게 된다. 특히, 식재료가 구입 되어 준비를 거쳐 상품화된 후 고객에게 제공되는 일련의 과정이 사용하는 식재료의 상태에 따라 단축되거나 확장된다. 때문에, 생산성을 향상시키고 통제를 강화하여 원가를 절감할 수 있는 새로운 대안이 요구되었다. 또한, 식재료 흐름에 대한 연구의 발전은 식품제조(가공)산업과 푸드서비스산업(외식산업)간의 상호의존성을 더욱 명확하게 하여 양자 간의 기능조정을 요구하고 있다.

이와 같은 관점에서 사용하는 원식재료의 상태를 중심으로 푸드서비스 유형(type)을 원론적으로 구분하는 방법을 제시하였다. 즉 구입한 식재료가 고객에게 제공되기까지의 과정에서 통과하는 지점과 소요되는 노동력의 정도에 따라 푸드서비스 유형을 4개로 나눴다. 이 4가지의 유형을 Unklesbay 등(1977)은 다음과 같이 명명하였다.

① 전통적인(Conventional or Traditional) 푸드서비스 유형
② 사전 준비된(Ready prepared) 푸드서비스 유형
③ 카미세리(Commissary) 푸드서비스 유형
④ 취합 / 서브(Assembly / Serve) 푸드서비스 유형

그리고 이 네(4) 가지의 유형을 개념적으로 설명하기 위해서 구매되는 식재료의 상태를 기준으로 아래와 같은 개념도를 제시하였다. 즉, 구매되는 식재료의 상태가 원상태일 경우는 None 방향으로, 그리고 완전히 준비되어 가열 또는 제공할 수 있는 상태의 식재료의 경우는 Complete 방향으로 표시한 것이다.

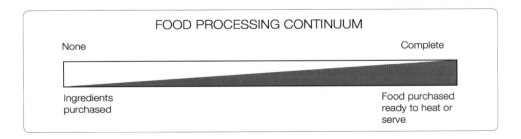

FOOD PROCESSING CONTINUUM

None

Complete

Ingredients purchased

Food purchased ready to heat or serve

그리고 Unklesbay 등(1977)이 제시한 위의 그림과 같은 개념적인 다이아그램은 다음과 같이 3가지의 변수를 축으로 각각의 유형을 설명하였다.

① 구매(사용)하는 식재료의 상태
② 외식업체의 유형
③ 그리고 고객

먼저 [그림 5-4]를 해석해 보면; 식재료 가공(준비) 정도를 나타내는 연속선(food processing continuum) 상의 왼쪽을 기준으로 오른쪽으로 갈수록 파란 부분이 증가하게 표시되었다. 왼쪽에서 오른쪽으로 갈수록 사용하는 식재료의 가공된 상태의 정도가 높아진다는 의미이다. 즉, 왼쪽 시작점인 [None]라고 표시된 시작점은 식재료가 전혀 준비되지 않은 원상태를 의미하고(원재료), [Complete]라고 표시된 오른쪽 끝부분은 완전히 준비되어(더 이상의 가공이 필요 없는 상태) 있는 상태의 식재료를 의미한다.

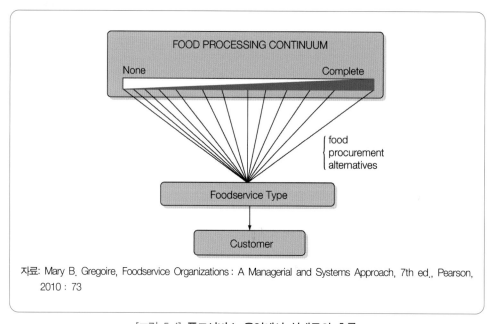

자료: Mary B. Gregoire, Foodservice Organizations : A Managerial and Systems Approach, 7th ed., Pearson, 2010 : 73

[그림 5-4] 푸드서비스 운영에서 식재료의 흐름

즉, 외식업체의 유형은 사용하는 식재료를 표시하는 선이 위치한 정도로 분류된다. 그리고 그 선의 위치는 어떤 형태의 식재료를 많이 이용하느냐가 기준이 된다. 때문에, 가공정도가 낮은 식재료를 많이 사용하면 할수록 선은 왼쪽에 많이 위치하게 된다는 뜻이다. 그리고 그 반대의 경우는 선이 오른쪽에 많이 위치하게 된다. 그리고 이 대안(사용하는 식재료의 상태에 따라)에 따라 외식업체의 유형(Foodservice Type)이 분류된다는 내용을 간단하게 개념화한 것이 [그림 5-4]이다.

1) 전통적인(Conventional or Traditional) 푸드 서비스 유형

고객에게 제공될 메뉴 상의 아이템을 생산하기 위해서 구입 되는 식재료의 종류와 준비된 정도는 다양하다. 전통적으로 외식업체에서는 생산과 분배, 그리고 서비스가 같은 장소에서 이루어졌다. 그리고 생산된 음식은 필요에 따라 적절한 장소에 보관(holding)된 후 제공되기도 했다.

과거의 전통적인 외식업체의 생산 부분에는 부처(butcher), 제과ㆍ제빵, 그리고 채소를 준비하는 곳이 별도로 갖추어져 있었다.[15] 그러나 최근 들어 식품의 제조기술과 유통기술의 진보 등으로 전통적인 생산방식에 대한 효율성 문제가 거론되기 시작하였다. 그리고 사용하는 식재료, 인력의 수와 기능의 정도, 공간, 기기에 투입되는 비용 등을 최소화하기 위해서 R-T-C(ready to cook), 또는 R-T-S(ready to serve), 또는 R-T-E(ready to eat)할 수 있는 상태, 혹은 마지막 손질만을 요구하는 상태로 되어있는 식재료의 사용을 늘려 생산체계의 개선을 시도하고 있다. 즉, 외식업체 전반에서 생산기능을 단순화시키고 있는 추세이다. 그리고 식품가공기술의 진보와 이같은 기술을 이용하여 제품화한 수입 식재료 등이 전통적인 외식업체의 생산기능을 빠른 속도로 단순화시키고 있다.

일반적으로 독립적으로 운영되는 대부분의 개인 외식업체들은 전통적인 생산방식을 고집한다. 전통적인 푸드 서비스 유형에서 식재료의 흐름은 일반적으로 구매

---

15) 대부분의 특등급 호텔의 경우가 이러한 전통적인 푸드 서비스업소라고 고려하면 된다. 그리고 부처와 제과ㆍ제빵, 가드망제(garde manger: cold kitchen)로 구성된 메인 주방을 생각하면 쉽게 이해할 수 있다.

→ 검수 → 그리고 저장을 거친다. 이 과정을 통틀어 조달(procurement)이라고 칭한다. 이어 메뉴에 따라, 그리고 고객의 요구에 따라 다양한 방법으로 준비되고, 조리되어(production), 고객에게 제공된다(service to customer). 즉 조달 → 생산(준비와 조리) → 고객에게 제공(서빙)이라는 일련의 과정을 거친다. 그런데 전통적인 푸드서비스 유형에서 사용되는 식재료의 상당 부분이 전혀 준비되지 않는 원상태로 되어있다. 때문에, 생산단계에서 조리사들에 의해 현장에서 준비를 거쳐야 한다. 그 결과 많은 수의 숙련된 조리사가 투입되고, 준비 공간과 기기 등이 별도로 요구되기 때문에 생산성이 떨어진다는 논리이다.

이와 같은 논리에서 전통적인 유형의 외식업체를 새로운 유형으로 전환할 필요성이 대두되는데, 대표적인 것들이 준비단계의 투입 요소에 대한 외부화이다. 즉 내부에서 수행되었던 기능을 외부(外部)화하고 생산부서의 인적자원을 유연하게 관리하자는 주장이 힘을 받고 있다

2) 사전 준비된(Ready prepared) 푸드 서비스 유형

숙련된 조리사의 부족과 인건비의 상승은 사전 준비된 푸드서비스 유형을 발전시킨 계기가 되었다. 사전 준비된 푸드서비스 시스템에서는 메뉴 아이템이 생산된 후 서비스될 때까지 냉장 또는 냉동된 상태로 보관(holding)된다.

즉, 사전 준비된 푸드서비스 유형에서는 메뉴 상의 아이템을 즉시 제공하기 위해서 생산하지 않고, 일단 저장한 후 사용할 목적으로 생산하는 것이 전통적인 푸드서비스 유형과 다른 점이다. 즉 조달(procurement) → 생산(production) → 냉장/냉장 저장고(chilling/chilled storage) → 대량으로 재가열(bulk reheating) → 뜨겁게 보관(hot holding) → 식사 담기(meal assembly) → 고객에게 서비스(service to customer)의 과정을 거친다.

이 유형의 외식업체의 경우는 생산과 소비를 이원화하여 판매하는 시간에 상관없이 사전 고객에게 제공할 메뉴 상의 아이템을 완전 또는 부분적으로 준비해 두는 시스템이다. 그리고 사전 대량으로 준비하기 위해서는 시설이 있어야 하며, 준비된 아이템들을 보관할 수 있는 보관시설(냉장과 냉동 등) 또한 있어야 한다.

보관하는 방법은 개별 몫으로 하는 경우와 대량으로 보관하는 방법이 있겠다.

그렇기 때문에 고객의 주문이 있으면 재생(가열)하여 개별 몫으로 되어있는 경우는 고객에게 제공하면 된다. 하지만 대량(bulk)으로 되어있는 경우는 재가열(bulk reheating) → 뜨겁게 보관(hot holding) → 식사 담기(meal assembly) → 고객에게 서비스(service to customer)의 과정을 거친다.

3) 카미세리(Commissary) 푸드서비스 유형

기술혁신과 정교한 푸드서비스 기기의 디자인은 카미세리 푸드서비스의 혁신과 발전을 가져왔다. Unklesbay 등(1977)은 카미세리 푸드서비스를 멀리 떨어져 있는 많은 업장에 공급할 아이템을 생산하기 위해서 식재료를 집중 구매하여 취합, 마무리 준비, 또는 서비스할 수 있는 상태로 준비한 후 분배할 수 있는 시설을 갖춘 곳이라고 설명하였다.

집중화된 생산시설을 중앙 카미세리(central commissaries), 카미세리아(commissariats) 또는 식품공장이라고 일컫는다. 그리고 서비스 단위 업장은 위성 서비스센터(예; 가맹점)라고 한다. 카미세리아의 운영은 대량 구매한 식재료를 중앙생산시설에서 생산하는 데 얻을 수 있는 잠재적인 규모의 경제에 있다. 그러나 가공되지 않는 상태의 식재료를 이용하여 제공할 수 있는, 또는 조리할 수 있는 상태로 생산하기 위한 고가의 자동화된 생산설비도 요구된다. 그리고 준비된 메뉴 아이템의 저장시설, 준비된 아이템을 많은 위성센터에 운반하기 위한 공급능력(distribution capabilities)은 전통적인 푸드 서비스와는 확연히 다르다.

카미세리 푸드서비스 유형은 조달(procurement) → 생산(production) → 냉장/냉장 저장고(chilling/chilled storage)/상온에 저장한 후 → 생산된 곳과는 다른 곳으로 운반(transportation)된다. 이렇게 운반된 음식은 대량으로 재가열된 후(bulk reheating) → 뜨겁게 보관되고(hot holding) → 고객에게 서비스(service to customer)되는 과정을 거친다.

카미세리(Commissary) 푸드서비스 유형은 대부분의 프랜차이즈체인 본사와 다점포를 운영하는 외식업체들이 가지고 있는 C/K 개념으로 이해하면 된다. C/K를 통해 다양한 형태(부분 ↔ 완전히) 생산된 아이템들을 프랜차이즈체인 본부는 그들의 가맹점에, 그리고 다점포를 운영하는 외식업체들은 그들의 직영 점포에 공급하고 있다.

때문에, 가맹점과 직영점포에서는 투입요소(인적자원, 시설, 공간, 관리영역, 시간)를 최소화할 수 있어 생산성을 높일 수 있다. 즉 경쟁력을 확보할 수 있다는 의미이다.

4) 취합/ 서브(Assembly/Serve) 푸드서비스 유형

편의 식품(convenience food)서비스 또는 최소한의 조리개념(minimal cooking concept)이라고도 불리는 취합/서브 푸드서비스 유형의 발전은 R-T-S(ready to serve) 할 수 있는 상태로 준비된 식재료의 간편성과 편의성이다. 또한, 준비와 조리에 요구되는 인건비 상승 때문이다.

이 유형의 외식업체의 경우는 고객에게 제공될 아이템들이 사전에 제공될 수 있는 상태로 되어있어, 준비와 조리를 요하는 식재료는 거의 없다. 즉 카미세리아 유형과는 정반대이다. 그래서 사전 개별 몫으로 나누어진 경우는 식사 취합(meal assembly) → 필요하다면 재가열한 후(reheating) → 고객에게 서비스(service to customer)하는 과정을 거친다.

취합/서브(Assembly/Serve) 푸드 서비스 유형에서는 저장, 취합, 가열, 그리고 서비스 기능만이 행하여지기 때문에 준비, 생산(조리)에 소요되는 인건비와 기기, 그리고 공간을 최소화할 수 있다.

취합/서브(Assembly/Serve) 푸드 서비스 유형에서 주로 이용되는 3가지의 형태는 대량(bulk), 미리 개별 몫으로 된(pre-portioned), 그리고 미리 접시에 담긴(preplaced) 상태이다. 대량으로 준비된 상태의 경우는 푸드서비스 업소에서 가열 전·후에 개별 몫으로 나누어야 하나, 사전 개인 분량으로 된 경우는 취합하여 가열하기만 하면 된다. 또한, 사전에 그릇에 담긴 경우는 분배(distribution)와 서비스를 위해서 가열하기만 하면 되며, 네 가지 푸드 유형 중에서 가장 손이 덜 가는 형태이다.

표준산업분류에 의한 유형분류

1. 국제표준산업분류(International Standard Industrial Classification)

유엔(UN)은 모든 경제활동에 대한 국제적 표준산업분류에 대한 가이드 라인을 담고 있는 ISIC(International Standard Industrial Classification)의 4번째 수정판을 발표하였다. 이 수정판은〈표 5-2〉와 같이 모든 경제활동을 21개로 군집하였다.

〈표 5-2〉 **분류의 구조 및 구조체계**

Section(대)	Divisions(중)	Description
A	01-03	Agriculture, forestry and fishing
B	05-09	Mining and quarrying
C	10-33	Manufacturing
D	35	Electricity, gas, steam and air conditioning supply
E	36-39	Water supply; sewerage, waste management and remediation activities
F	41-43	Construction
G	45-47	Wholesale and retail trade; repair of motor vehicles and motorcycles
H	49-53	Transportation and storage
I	55-56	Accommodation and food service activities
J	58-63	Information and communication
K	64-66	Financial and insurance activities
L	68	Real estate activities
M	69-75	Professional, scientific and technical activities
N	77-82	Administrative and support service activities
O	84	Public administration and defence; compulsory social security
P	85	Education
Q	86-88	Human health and social work activities
R	90-93	Arts, entertainment and recreation
S	94-96	Other service activities
T	97-98	Activities of households as employers; undifferentiated goods and services-producing activities of households for own use
U	99	Activities of extraterritorial organizations and bodies

자료: International Standard Industrial Classification(ISIC), Rev. 4, Dept. of Economic and Social Affairs Statistics Division, Statistical Papers, Series M No. 4 /Rev. 4, 2008, United Nations N/Y: 43

21개로 군집된 산업 중 우리가 칭하는 외식산업은 다음과 같이 구체적으로 분류된다. 즉, 대분류는 Section I로 (Accommodation and food service activities)], 중분류는 Division 55 [(Accommodation/숙박)와 56(Food service activities/음식 서비스)] 활동으로 분류된다. 그리고 중분류는 각각 소분류(Group)와 세분류(Class)된다.

숙박과 식료서비스 활동(I. Accommodation and food service activities)은 55와 56 두 개 영역(Division/중분류)으로 분류하였다. 여기서는 숙박 서비스 활동은 제외하고 식음료 서비스 활동(56)만을 다음과 같이 설명한다.

〈표 5-3〉에서와 같이 중분류 된 F & B Service Activities(56)는 세 개로 소분류된다(Group 561, 562, 563). 먼저, 561은 Restaurants and mobile-food service activities로 세분류(5610)된다. 이어 562는 Event catering and other food service activities로 소분류되고, 562는 다시 5621(Event catering)과 5629(Other food service activities)로 세분류되었다. 마지막으로, 소분류 된 563은 Beverage service activities는 세분류와 같은 분류로 (5630)으로 Beverage service activities 세분류되었다.

〈표 5-3〉 **분류의 구조**(I. Accommodation and food service activities)

Division	Group	Class	Description
Division 55			Accommodation
	551	5510	
	552	5520	
	559	5590	
Division 56			Food and beverage service activities
	561	5610	Restaurants and mobile-food service activities
	562		Event catering and other food service activities
		5621	Event catering
		5629	Other food service activities
	563	5630	Beverage service activities

자료: UN, International Standard Industrial Classification(ISIC), Rev. 4, Dept. of Economic and Social Affairs Statistics Division, Statistical Papers, Series M No. 4 /Rev. 4, 2008, United Nations N/Y: 55

각국은 위에서 설명한 UN의 국제표준산업분류에 기초하여 산업 관련 통계자료의 정확성과 비교성을 확보하기 위해 국내 산업구조 및 기술변화를 반영하여 시의성 있게 표준산업분류표를 작성하고 관리한다.

2. 한국표준산업분류(Korean Standard Industrial Classification)

한국표준산업분류는 생산 단위(사업체 단위, 기업체 단위 등)가 주로 수행하는 산업활동을 그 유사성에 따라 체계적으로 유형화 한 것이다. 이러한 한국표준산업분류는 산업활동에 의한 통계자료의 수집, 제표[16], 분석 등을 위한 활동 카테고리를 제공하기 위한 것으로 통계법에서는 산업통계자료의 정확성과 비교성을 위하여 모든 통계작성 기관이 이를 의무적으로 사용하도록 규정하고 있다. 또한, 한국표준산업분류는 통계 목적 이외에도 일반 행정 및 산업정책 관련 법령에서 적용대상 산업 영역을 한정하는 기준으로 준용(표준으로 삼아 적용함)되고 있다.

한국표준산업분류는 1963년 3월 광업과 제조업 부문에 대한 산업분류를 제정하였고, 이듬해 4월 제조업 이외 부문에 대한 산업분류를 추가로 제정함으로써 우리나라의 표준산업분류 체계를 완성하였다. 이렇게 제정된 한국표준산업분류는 유엔의 국제표준산업분류에 기초하여 작성된 것이다.

현행 제10차 개정 분류는 2015년 3월에 기본계획을 수립하고 약 2년간에 걸친 개정작업을 추진하여 통계청 고시 제2017-13호(2017.1.13.)로 확정·고시하였고 2017년 7월 1일부터 시행하고 있다.

1) 분류구조 및 부호 체계

한국표준산업의 분류구조는 다음 〈표 5-4〉와 같이 대분류(알파벳 문자 사용/Section), 중분류(2자리 숫자 사용/Division), 소분류(3자리 숫자 사용/Group), 세분류(4자리 숫자 사용 /Class), 세세분류(5자리 숫자 사용/Sub-Class) 5단계로 구성된다.

권고된 국제분류 ISIC Rev.4를 기본체계로 하였으나, 국내 실정을 고려하여 국제분류의 각 단계 항목을 분할, 통합 또는 재그룹화하여 독자적으로 분류 항목과 분류 부호를 설정하였다.

중분류의 번호는 01부터 99까지 부여되며, 대분류별 중분류 추가 여지를 남겨놓기 위하여 대분류 사이에 번호 여백을 두었다. 소분류 이하 모든 분류의 끝자리

---

16) 분류와 집계라고 하는 단계를 거쳐서 최후로 목적하는 결과표가 작성된 것.

숫자는 "0"에서 시작하여 "9"에서 끝나도록 하였으며 "9"는 기타 항목을 의미하며 앞에서 명확하게 분류되어 남아 있는 활동이 없는 경우에는 "9"의 기타 항목이 필요 없는 경우도 있다. 또한, 각 분류단계에서 더이상 하위분류가 세분되지 않을 때 "0"을 사용한다.

2) 외식업체 유형분석의 체계

우리가 칭하는 외식산업은 한국표준산업분류에서 숙박 및 음식점업으로 분류된다. 여기서는 음식점업을 중심으로 전개해 본다.

〈표 5-4〉에서와 같이 음식점업은 한국표준산업분류표상에서는 21개로 대분류된 경제활동 중 대분류(I) 숙박 및 음식점업에 속한다. 그리고 대분류(I)된 숙박 및 음식점업은 숙박업(55)과 음식점업 및 주점업(56)으로 분류된다. 그리고 중분류 된 음식점업 및 주점업(56)은 음식점업(561)과 주점 및 비알코올 음료점업(562)으로 소분류된다.

소분류 된 음식점업은 (5611) 한식 음식점업, (5612) 외국식 음식점업, (5613) 기관 구내식당업, (5614) 출장 및 이동 음식점업, 그리고 (5619) 기타 간이음식점업으로 세분류된다. 그리고 소분류 된 주점 및 비알코올 음료점업은 (5621) 주점업과 (5622) 비알코올 음료점업으로 세분류된다.

마지막으로, 세분류된 한식 음식점업(5611)은 다시 한식 일반음식점업(56111), 한식 면요리 전문점(56112), 한식 육류요리 전문점(56113), 한식 해산물요리 전문점(56114)으로 세세분류 된다.

세분류된 외국식 음식점업(5612)은 다시 중식 음식점업(56121), 일식 음식점업(56122), 서양식 음식업(56123), 기타 외국식 음식업(56129)으로 세세분류하였다.

세분류된 기관 구내식당업(5613)은 기관 구내식당업(56130)으로 세세분류하였으며, 출장 및 이동음식업(5614)은 출장 음식 서비스업(56141)과 이동 음식점업(56142)으로 세세분류하였다.

세분류된 기타 간이음식점업(5619)은 제과점업(56191), 피자·햄버거·샌드위치 및 유사 음식점업(56192), 김밥 및 기타 간이음식점업(56194), 간이음식 포장 판매

전문업(56199)으로 세세분류되었다.

그리고 세분류된 주점업(5621)은 일반 유흥주점업(56211), 무도 유흥주점업(56212), 생맥주 전문점(56213), 기타 주점업(56219)으로 세세분류 되었으며, 세분류 된 비알코올 음료점업(5622)은 커피전문점(56221)과 기타 비알코올 음료점업(56229)로 세세분류하였다.

〈표 5-4〉 **숙박 및 음식점업의 분류체계**

Ⅰ **숙박 및 음식점업**

산업중분류	산업소분류	산업세분류	산업세세분류
55 숙박업	551 일반 및 생활 숙박시설 운영업	5510 일반 및 생활 숙박시설 운영업	55101 호텔업
			55102 여관업
			55103 휴양콘도 운영업
			55104 민박업
			55109 기타 일반 및 생활 숙박시설 운영업
	559 기타 숙박업	5590 기타 숙박업	55901 기숙사 및 고시원 운영업
			55909 그 외 기타 숙박업
56 음식점 및 주점업	561 음식점업	5611 한식 음식점업	56111 한식 일반 음식점업
			56112 한식 면 요리 전문점
			56113 한식 육류 요리 전문점
			56114 한식 해산물 요리 전문점
		5612 외국식 음식점업	56121 중식 음식점업
			56122 일식 음식점업
			56123 서양식 음식점업
			56129 기타 외국식 음식점업
		5613 기관 구내식당업	56130 기관 구내 식당업
		5614 출장 및 이동 음식점업	56141 출장 음식 서비스업
		5619 기타 간이 음식점업	56191 제과점업
			56192 피자, 햄버거, 샌드위치 및 유사 음식점업
			56193 치킨 전문점
			56194 김밥 및 기타 간이 음식점업
			56199 간이 음식 포장 판매 전문점
	562 주점 및 비알코올 음료점업	5621 주점업	56211 일반유흥 주점업
			56212 무도유흥 주점업
			56213 생맥주 전문점
			56219 기타 주점업
		5622 비알코올 음료점업	56221 커피 전문점
			56229 기타 비알코올 음료점업

3. 다른 기준에 의한 분류

표준산업분류 이외에도 식품위생법과 관광진흥법 등에 의해서도 외식산업을 다음과 같이 분류하기도 한다.

1) 식품위생법상의 분류

식품위생법에서는 우리가 칭하는 음식점업 또는 외식산업을 식품접객업으로 칭하고 식품위생법 시행령 제21조(영업의 종류) 법 제36조 제2항에 따른 영업의 세부 종류와 그 범위를 다음과 같이 분류하였다.

가. 휴게음식점영업

주로 다류(茶類), 아이스크림류 등을 조리·판매하거나 패스트푸드점, 분식점 형태의 영업 등 음식류를 조리·판매하는 영업으로서 음주 행위가 허용되지 아니하는 영업. 다만, 편의점, 슈퍼마켓, 휴게소, 그 밖에 음식류를 판매하는 장소(만화 가게 및 「게임산업진흥에 관한 법률」 제2조 제7호에 따른 인터넷 컴퓨터게임 시설 제공업을 하는 영업소 등 음식류를 부수적으로 판매하는 장소를 포함한다)에서 컵라면, 일회용 다류 또는 그 밖의 음식류에 물을 부어 주는 경우는 제외한다.

나. 일반음식점영업

음식류를 조리·판매하는 영업으로서 식사와 함께 부수적으로 음주 행위가 허용되는 영업

다. 단란주점영업

주로 주류를 조리·판매하는 영업으로서 손님이 노래를 부르는 행위가 허용되는 영업

라. 유흥 주점영업

주로 주류를 조리·판매하는 영업으로서 유흥종사자를 두거나 유흥시설을 설치할 수 있고 손님이 노래를 부르거나 춤을 추는 행위가 허용되는 영업[17]

---

17) 식품위생법 시행령 제22조(유흥종사자의 범위) "유흥종사자"란 손님과 함께 술을 마시거나 노래

마. 위탁급식영업

집단급식소를 설치·운영하는 자와의 계약에 따라 그 집단급식소에서 음식류를 조리하여 제공하는 영업

「식품위생법」(이하 "법"이라 한다) 제2조 제12호에 따른 집단급식소는 1회 50명 이상에게 식사를 제공하는 급식소를 말한다. 그리고 "집단급식소"란 영리를 목적으로 하지 아니하면서 특정 다수인에게 계속하여 음식물을 공급하는 다음 각 목의 어느 하나에 해당하는 곳의 급식시설로서 대통령령으로 정하는 시설을 말한다.

가. 기숙사

나. 학교

다. 병원

라. 「사회복지사업법」 제2조 제4호의 사회복지시설

마. 산업체

바. 국가, 지방자치단체 및 「공공기관의 운영에 관한 법률」 제4조 제1항에 따른 공공기관

사. 그 밖의 후생기관 등

바. 제과점영업

주로 빵, 떡, 과자 등을 제조·판매하는 영업으로서 음주 행위가 허용되지 아니하는 영업

또는 춤으로 손님의 유흥을 돋우는 부녀자인 유흥접객원을 말한다. 그리고 "유흥시설"이란 유흥종사자 또는 손님이 춤을 출 수 있도록 설치한 무도장을 말한다.

〈표 5-5〉 **식품접객업의 영업형태 비교**

업종	주영업 형태	부수적 영업형태
휴게 음식점영업	음식류 조리 · 판매	• 음주 행위 금지
일반음식점영업	음식류 조리 · 판매	• 식사와 함께 부수적인 음주 행위 허용 • 공연 가능
단란주점영업	주류 조리 · 판매	• 손님 노래 허용 • 공연 가능
유흥주점영업	주류 조리 · 판매	• 유흥접객원, 유흥시설 설치 허용 • 공연 및 음주가무 허용
위탁급식영업	음식류 조리 · 판매 (집단급식소 내)	• 음주 행위 금지
제과점영업	음식류 조리 · 판매	• 음주 행위 금지

그리고 식품접객업의 영업형태를 비교해 보면, 아래와 같은 기준에 의해 분류하였다고 볼 수 있다.

① 주(主)상품(식료 또는 음료)이 무엇이냐?

② 고객에게 주류를 판매할 수 있느냐 없느냐?

③ 고객이 노래를 할 수 있느냐 없느냐?

④ 유흥종사자를 두고 가무행위를 할 수 있느냐 없느냐?

⑤ 유흥시설을 할 수 있느냐 없느냐?

2) 관광진흥법상의 분류

관광진흥법 제2조(정의)에 의하면 "관광사업"이란 관광객을 위하여 운송 · 숙박 · 음식 · 운동 · 오락 · 휴양 또는 용역을 제공하거나 그밖에 관광에 딸린 시설을 갖추어 이를 이용하게 하는 업(業)을 말한다. 그리고 제3조(관광사업의 종류)에 관광사업의 종류를 다음과 같이 정하고 있어 그 영역이 대단히 넓다.

> ▸ 여행업   ▸ 카지노업
>
> ▸ 관광숙박업   ▸ 유원시설업(遊園施設業)
>
> ▸ 관광객 이용시설업   ▸ 관광 편의시설업
>
> ▸ 국제회의업

그리고 관광진흥법 제3조 2항에 따라 관광진흥법 시행령 제2조(관광사업의 종류)에서 관광사업의 종류를 다음과 같이 세분화하고 있다.

■ **관광 편의시설업의 종류 중 음식과 관련된 업**

가. 관광유흥음식점업: 식품위생 법령에 따른 유흥주점 영업의 허가를 받은 자가 관광객이 이용하기 적합한 한국 전통 분위기의 시설을 갖추어 그 시설을 이용하는 자에게 음식을 제공하고 노래와 춤을 감상하게 하거나 춤을 추게 하는 업

나. 관광극장유흥업: 식품위생 법령에 따른 유흥주점 영업의 허가를 받은 자가 관광객이 이용하기 적합한 무도(舞蹈)시설을 갖추어 그 시설을 이용하는 자에게 음식을 제공하고 노래와 춤을 감상하게 하거나 춤을 추게 하는 업

다. 외국인전용 유흥음식점업 : 식품위생 법령에 따른 유흥주점영업의 허가를 받은 자가 외국인이 이용하기 적합한 시설을 갖추어 외국인만을 대상으로 주류나 그 밖의 음식을 제공하고 노래와 춤을 감상하게 하거나 춤을 추게 하는 업

라. 관광식당업 : 식품위생 법령에 따른 일반음식점영업의 허가를 받은 자가 관광객이 이용하기 적합한 음식 제공시설을 갖추고 관광객에게 특정 국가의 음식을 전문적으로 제공하는 업

■ 맺음말

외식업체를 분류하는 기준은 다양하다. 본 장에서는 우리가 칭하는 외식산업을 구성하는 외식업체들을 어떻게 분류하는가를 살펴보았다.

첫째, 단행본과 보고서 등에서 많이 언급되는 다양한 분류를 소개하고, 운영전략 차원에서 외식업체 분류의 필요성을 설명하고 그 사례를 제시해 보았다.

둘째, 기존의 외식사업체 분류와는 달리 서비스 제공시스템의 논리를 적용하여 외식사업체를 분류하는 기준을 설명해 보았다. 즉, 사용하는 식재료를 구입하여 준비와 조리를 거처 고객에게 음식이 제공되고, 뒷정리, 그릇세척 단계까지의 흐름에서 단계의 수를 기준으로 외식업체의 유형을 분류하는 방법을 설명해 보았다. 그리고 각 유형에 알맞은 운영기법을 찾아 생산성을 높이는 방안을 제시해 보았다.

셋째, 음식점업을 분류하는 국제표준산업분류를 소개하고, 한국표준산업분류 상에서 음식점업의 분류내용을 살펴보았다. 그리고 식품위생법과 관광진흥법에서의 외식업의 분류내용을 살펴보았다.

참ㅣ고ㅣ문ㅣ헌

나정기(1996), 21세기의 호텔식음부문의 운영방안에 관한 연구, 관광학연구, 제20권 제1호
　　　　(통권22호) : 118~138

Bernard Davis et al., Food and Beverage Management, Heinemann: London: 40

Christopher C. Muller and Robert H. Woods(June 1994), An Expanded Restaurant Typology,
　　　　The Cornell H.R.A. Quarterly: 27-37

J. R. Pickworth(1988), Service delivery systems in the food service industry, Int. J. of Hospitality
　　　　Management Vol. 7 No. 1 : 43~62.

Mahmood Khan, Michael Olsen, and Turgut Var(1993), VNR's Encyclopedia of Hospitality and
　　　　Tourism : 29-30

Marian C. Spears(1995), Foodservice Organizations : A Managerial and Systems Approach, 3rd
　　　　ed., Prentice Hall : 35~54, 123~144.

Mary B. Gregoire(2010), Foodservice Organizations : A Managerial and Systems Approach, 7th
　　　　ed., Pearson : 71-85

Peter Jones and Alain Heulin(5/1990), Foodservice System: Generic Types, Alternative
　　　　Technologies Variation, Journal of Foodservice System : 299-311

Peter Jones(1988), The Impact of Trends in Service Operations on Food Service Delivery Systems,
　　　　Int. J. of Operations and Production Management 8(7): 23-30

Peter Jones(1992), Foodservice Operations Management, VNR's Encyclopedia of Hospitality and
　　　　Tourism, VNR: 22~36.

Theodore Levitt, Production-Line Approach to Service, Harvard Business Review, Sep-Oct 1972:
　　　　41-52.

UN, International Standard Industrial Classification(ISIC), Rev. 4, Dept. of Economic and Social
　　　　Affairs Statistics Division, Statistical Papers, Series M No. 4 /Rev. 4, 2008, United Nations
　　　　N/Y: 55

한국외식업중앙회, 한국외식산업 통계연감 2020, 2020. 10

통계청, 제10차 기준 한국표준산업분류 실무 적용 가이드북, 2019. 12

통계청, 한국표준산업분류(2017), 2016. 12

임정빈 외 4인, 군집분석을 통한 외식업체 유형분류 연구, 한국농촌경제 연구원, 2020년
5월(1)

외식사업체 조직의 이해

제**6**장

1. 외식사업체 조직과 운영 형태

외식사업체[1]의 조직은 핵심 기능을 중심으로 크게 생산과 판매, 그리고 이 두 기능을 관리/지원하는 관리/지원기능으로 구성된다. 그러나 한국의 외식산업을 구성하는 개개단위의 외식사업체는 영세한 생업(生業)형이 대부분이라 조직의 형태를 갖추고 있지 못한 것이 사실이다. 그 결과 외식사업체의 구조와 조직을 언급할 때는 한국에 도입된 해외 유명 외식 체인 브랜드와 호텔 식음료 부분이 중심이 된다는 모순을 안고 있다.

일반적으로 조직 형태는 다음 [그림 6-1]과 같이 법인과 개인사업체로 구분되고, 법인은 다시 회사법인과 회사이외법인으로 구분된다.

---

1) 사업체란 영리, 비영리를 불문하고 개개의 상점, 사무소, 영업소, 은행, 학교, 병원, 여관, 식당, 각종 교습소, 교회, 사찰, 공공기관 및 사회복지 시설 등과 같이 일정한 물리적 장소에서 단일 소유권 또는 단일 통제하에 재화의 판매, 서비스 제공 등의 경제활동을 영위하고 있는 모든 경영단위를 말한다.
사업체의 조직 형태는 개인사업체, 회사법인, 회사이외법인, 비법인단체 이렇게 구분할 수 있다. 그 중, 개인사업체는 순수하게 개인이 사업을 경영하는 경우로 동업(공동경영)의 경우도 포함하고, 회사법인 사업체는 상법의 규정에 의하여 설립된 회사를 말하며, 주식회사, 유한회사, 합자회사, 합명회사가 있다.

〈조직형태〉

사업체(기업체)를 경영하는 주체의 법적 조직형태

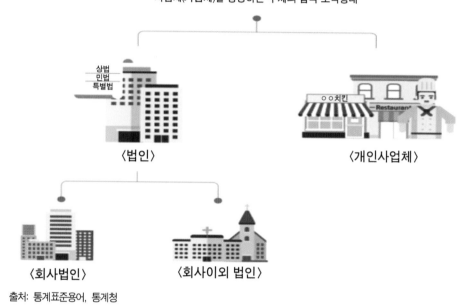

상법
민법
특별법

〈법인〉

〈개인사업체〉

〈회사법인〉

〈회사이외 법인〉

출처: 통계표준용어, 통계청

[그림 6-1] **조직의 형태**

■ **개인사업체**

– 법인이나 단체가 아닌 개인이 혼자 소유 · 경영하거나 법인격을 갖추지 않고 2인 이 상이 공동으로 운영하는 사업체를 말한다.

– 개인사업자는 사업자가 사업의 주체이므로 하나의 일치된 실체로 인정받는 사업 형 태이다. 개인과 사업체를 하나로 여겨 사업 과정에서 발생한 소득과 부채가 모두 개 인 명의로 부과되며 의사결정, 자금 운용을 개인이 자유롭게 결정하고 그에 대한 전 적인 책임을 진다.

- **회사법인**

  - 상법의 규정에 의하여 설립된 회사로 주식회사, 유한회사, 유한책임회사, 합자회사, 합명회사 등이다.

  - 반면 법인사업자는 사업체인 법인이 주체이므로 사업자와 사업이 별개의 분리된 실체로 구분된다. 법인사업자는 사업 과정에서 발생한 소득과 부채가 사업자가 아닌 법인에 귀속되고 운영 결과 및 법적 책임도 어느 정도 제한되는 면이 있다.

- **회사 이외 법인**

  - 민법 또는 특별법에 의해 설립된 법인으로 재단법인, 학교법인, 의료법인, 사회복지법인 등이 여기에 해당된다.

- **비법인단체**

  - 법인격이 없는 단체나 모임으로 동창회, 후원회, 문화단체, 노동단체, 종친회 등

2. 외식사업체의 구조

규모와 조직의 형태, 소유의 형태에 무관하게 모든 외식사업체의 조직은 생산(주방: BOH; Back of House)과 판매(서비스: FOH; Front of House)라는 양대 기능을 축으로 구성된다. 즉 음식을 생산하는 생산부문(production)과 생산된 음식을 판매하는 서비스 또는 분배(service or distribution)라는 두 축이 중심이 된다. 그렇기 때문에 전통적인 외식 사업체에서 주방은 생산 부문이 되고, 홀(hall)은 분배 또는 서비스 부문[2]이 된다.

그러나 다점포를 운영하는 경우 생산과 소비를 이원화하여[3] 생산 부문을 중앙주방[4]으로 집중화하고, 생산된 다양한 형태(완전 가공에서 최소의 가공)의 식재료를 유통이라는 단계를 거쳐 공간적으로 멀리 떨어진 독립된 외식 사업체(위성 주방,

---

2) 일정한 기준에 따라 갈라놓은 부류
3) 이것을 디커플링(decoupling)이라고 칭하기도 한다.
4) Central kitchen 또는 Commissary 또는 Food preparation facility라고도 불린다.

또는 위성 단위점포라고도 한다)에 분배할 수 있게 된다.

다음 〈그림 6-2〉의 리빙스톤(Livingston)의 푸드서비스 시스템 모형은 내부와 외부, 즉 조직(조직의 목표)과 고객(고객의 필요와 욕구)이라는 양축을 메뉴가 매개 역할을 하는 방식으로 전개된다.

즉, 고객의 필요와 욕구를 충족시켜 조직의 목표를 달성할 수 있다는 의미로 모형이 전개된다. 그리고 메뉴를 중심으로 생산과 판매라는 두 기능을 축으로 양분하여 푸드서비스 시스템 모형이 전개된다.

리빙스톤(Livingston)이 제시한 모형에 의하면, 모든 외식 사업체는 규모와 소유 형태, 업종과 업태 등에 관계 없이 생산과 서비스(분배)라는 두 가지의 주 기능이 있다. 즉 전방부서(Front-of - House)와 후방부서(Back-of - House)를 의미한다.

1) 생산 부문

[그림 6-2]에서 생산 부문은 조달(procurement), 준비(preparation), 그리고 운반 (transport)기능으로 구성된다. 각각의 기능을 구체적으로 설명하면 다음과 같다.

첫째, 조달

조달기능의 구성은 구매(purchasing), 검수(수납: receiving), 저장(storing)과 같이 3개의 하위기능으로 구성된다. 즉, 레스토랑에서 필요한 식재료와 기타 물품들을 구매하여, 검수하고, 저장하는 기능을 한다. 그리고 저장된 식재료를 출고(issue)하는 기능도 하나 여기서는 생략된 것이다.

둘째, 준비

준비기능의 구성은 레스토랑의 유형에 따라 다르다. 뜨거운 것, 찬 것, 샐러드, 후식, 제빵, 그리고 음료준비 등으로 구성된다. 즉, 구매된 식재료를 저장하지 않고 바로 준비에 이용하는 경우도 있으며, 저장된 다양한 형태의 식재료를 필요에 따라 출고하여 준비과정을 거쳐 음식이 완성된다. 그리고 완성된 음식은 직접 홀에 서비스하는 것이 일반적인 레스토랑의 운영절차이다. 그러나 일반제품과 마찬가지로 생산하는 곳과 소비하는 곳이 공간적으로 이원화되어 있다면(예: C/K와 가맹점) 운반(유통)이라는 다른 기능이 요구된다.

셋째, 운반

운반기능의 경우는 레스토랑의 유형에 따라 그 기능의 복잡성 정도가 달라진다. 예를 들어 같은 장소에서 생산과 소비가 이루어지는 경우와 생산과 소비가 시간 또는 공간, 또는 시간과 공간적으로 이원화되는 경우 운반의 기능은 단순할 수도 있고 복잡해질 수도 있다.

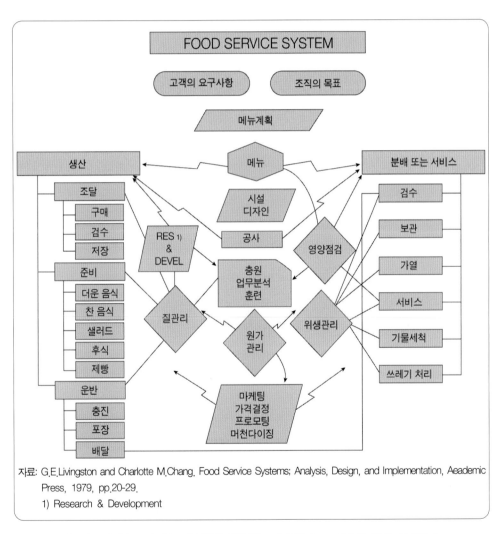

[그림 6-2] 푸드 서비스 시스템을 구성하는 요소들과 그 요소들 간의 상호관계

생산과 소비가 같은 장소에서 이루어지는 경우는 주방에서 만들어진 음식을 고객에게 어떻게 제공하느냐 하는 서비스 방식에 관한 것이 된다. 반대의 경우 즉, 생산하는 장소와 소비하는 장소가 다른 경우는 생산하는 장소에서 판매하는 장소로 운반하기 위해 요구되는 다양한 장비와 설비, 그리고 운반에 필요한 차량 등이 요구된다. 즉, 식품 가공공장에서 생산된 다양한 식품이 전국에 분산 되어 있는 소매점에 유통되어 판매되는 과정과 같은 맥락으로 이해하면 된다.

2) 분배 또는 서비스 부문

분배 또는 서비스 부문은 검수(receiving), 보관(holding), 재생, 제공(serving), 기물 세척(ware washing) 그리고 쓰레기 처리(waste disposal) 등과 같은 하위요소들로 구성된다. 이 경우는 생산하는 장소와 소비하는 장소가 같은 경우와 다른 경우의 두 가지 조건을 상정해 볼 수 있다.

첫째, 생산하는 장소와 소비하는 장소가 같은 경우

생산과 소비하는 장소가 같은 곳에 있는 경우(예를 들어 독립적으로 운영하는 대부분의 단일레스토랑의 경우)를 상정해 볼 수 있다.이 경우의 분배기능은 주방에서 만들어진 음식을 고객에게 제공하는 수준에서 고려되는 것이다. 즉 서비스방법을 의미하는 것이다. 그렇기 때문에 조리된 음식은 고객에게 제공되고 → 먹고 → 치우고 → 기물세척하고 → 쓰레기 처리하고 → 다음 고객을 위해 식탁을 다시 세팅하는 과정을 거치게 된다.

둘째, 생산하는 장소와 소비하는 장소가 다른 경우

그러나 생산하는 장소와 소비하는 장소가 다는 경우는 분배기능이 조금 복잡해진다.예를 들어 소비하는 장소와는 다른 곳에서 다양한 형태(R-T-C, R-T-E, R-T-S 등)26)로 소비하는 장소에 운반된 식품은 검수(수납)와 보관 또는 저장을 거쳐 필요에 따라 재생(분량화 또는 가열 등)된 후, 고객에게 제공(서비스 방식)되고, 먹고 → 치우고 → 기물세척하고 → 쓰레기 처리하고 → 다음 고객을 위해 식탁을 다시 세팅하는 과정을 거치게 된다.

3) 지원기능과 관리 부문

생산 부문과 분배(서비스) 부문을 보조하는 기능으로는 종업원의 충원과 교육훈련, 영양과 위생관리, 원가관리, 품질관리, 메뉴 연구와 개발, 그리고 마케팅 활동 등이 있다. 즉, 생산부문과 판매부문의 기능을 지원하는 기능을 말한다.

결국, [그림 6-2]의 푸드서비스 시스템 모형은 고객과 조직의 목적 그리고 메뉴라는 관점에서 전개되었음을 알 수 있다. 그리고 메뉴를 중심으로 생산과 서비스, 생산과 서비스를 지원하는 모든 기능이 전개됨을 알 수 있다. 그래서 메뉴는 레스토랑 운영에 있어서 가장 핵심적인 역할을 수행한다고 말한다.

3. 운영 형태

일반적으로 레스토랑은 업종과 업태가 다양하고 영세하며, 대부분 기업화나 법인화가 되지 않는 개인이 소유하는 독립적인 운영 형태를 띠고 있어 조직이라는 용어 자체가 무의미할 수도 있다.

예를 들어, 개인이 독립적으로 운영하는 생계(生計)형 개인사업체의 경우 조직을 구성하는 조직원은 1~2명으로 사장임과 동시에 주방장이고 지배인이기 때문에 이러한 곳에서 조직을 논하는 것은 무의미하다는 뜻이다. 그러나 규모가 커지고, 법인화·기업화되어 다수의 점포를 소유하는 경우의 조직은 복잡해진다.

외식사업체를 소유하고 운영하는 주체를 기준으로 분류하면 일반적으로 독립점(獨立店))과 체인외식사업체로 분류한다.

□ 독립 외식사업체(Independents)

한 사람 또는 다수의 소유자가 한 개 또는 여러 개의 레스토랑을 소유하여 법인 또는 체인의 형태가 아닌 독립적으로 운영되는 개인사업체를 말한다. 즉 점포 간의 메뉴도 일치하지 않고, 식료구매스펙도 같지 않으며, 운영방식도 일치하지 않은 독립적으로 운영하는 형태를 말한다. 대부분의 음식점과 주점업이 여기에 해당한다.

□ 체인 외식업체

근대 소매 상업사(商業史)에 있어 영세한 소매상을 대기업으로 성장시킨 비결은 바로 체인점(연쇄점) 조직이다. 독립적인 단독점포가 대규모화하더라도 지역적으로 확산시키거나 운영하는 데는 한계가 있기 마련이다. 그러나 체인점은 그러한 한계를 극복하고 대량 판매 면에서 효과적인 소매상으로 성장하였다. 체인점은 일반적으로 회사체인(corporate chain)과 임의체인(voluntary chain)의 두 가지 유형으로 분류한다.

회사체인은 정규체인(regular chain)이라고 칭하기도 하고, 회사가 직접 운영하기 때문에 직영점이라 칭하기도 한다. 하나의 기업이 다수의 직영점을 내고, 본부가 총괄하여 관리하는 방식의 체인조직을 말한다. 즉 특정 기업이 몇 개의 점포를 가지고 있는 경우 이 점포 전체를 레귤러체인 또는 직영체인점이라고 한다. 체인스토어(연쇄점)는 본래 이 유형의 체인점을 가리킨다.

이 경우 점포가 많이 있어도 결국 같은 하나의 회사이기 때문에 기업형 체인(corporate chain)이라고 부른다. 동일한 자본에 의한 소유와 경영관리 하에서 유사한 영업을 하는 소매점을 결합하고, 각 점포는 자본의 동질성, 영업의 공통성 및 관리의 통일성이라는 세 가지 특징을 갖고 운영된다. 그리고 대규모 경영의 장점과 소규모 경영의 장점을 취하여 양자의 결합을 보완한 형태이다.

이에 비해 임의 체인(voluntary chain)은 협동 체인이라고도 한다. 이는 개개의 소매점이 독립성을 유지하면서 장소 또는 판매의 목적을 위하여 다수가 결합 되어 구성된 체인 점포이다. 즉 같은업종의 소매업자가 그룹을 만들어서 공동으로 매입하는 등의 형태로 꾸미는 체인조직이다. 임의연쇄점이라고도 불리는 임의체인은 "경영독립성과 체인화로 얻는 이득"을 양립시키고자 하는 조직이다.

체인점 경영조직은 백화점처럼 단독점포의 경영조직인 상품분업과 다른 기능별 분업을 조직 원리로 삼고 있다. 즉 조달하는 구입기능과 판매기능을 분리하여 두 기능이 균형적으로 유지되도록 조정한다. 그리고 기능이 분리되더라도 동일한 목표와 성과, 즉 매출과 이익의 증대에 대해서는 공동책임을 져야 한다.

이상에서 볼 때, 체인점 경영의 기본목적은 영업활동 효율을 높이기 위해 목적의식적으로 중앙본부에서의 대량집중 조달에서 얻는 이익과 분산되어있는 다수점포에 의한 점포설계·설비 및 판매 방법의 단순화·표준화·전문화에 의한 이익을 동시에 실현하는 것으로 이해하면 된다. 즉 규모의 경제(economies of scale)에서 오는 이익을 추구하는 것이다.

최근 들어, 음식점 체인이 급성장한 이유는 외식사업체 운영이 더욱 복잡해져서 개인이 과거와 같은 방법으로 운영하기에는 여러 가지의 어려움이 있다는 것을 인식하였기 때문이다. 과거에는 요리사가 훌륭한 음식 하나만으로 성공하는 레스토랑을 운영할 수 있는 여건이 되었다. 그러나 최근에는 음식 이외에도 여러 가지 변수들이 성공적으로 외식업체를 운영하는 데 작용하고 있다.

□ 프랜차이즈

유통경로 상에서 발생하는 문제점을 해소하고 효율적인 마케팅 활동을 수행하기 위해 미리 계획된 판매망을 전문적·일괄적으로 운영하고 관리하는 유통경로의 계열화는 수평적, 수직적으로 발생할 수 있다. 이 중 수직적 마케팅시스템(vertical marketing system: VMS)은 회사형, 관리형, 계약형, 동맹형 수직적 마케팅시스템으로 분류될 수 있다.

프랜차이즈는 계약형 수직적 마케팅시스템에서 가장 많이 채택되고 있는 형태이다. 계약형 시스템(contractual system)은 유통경로 구성원들이 경제적으로 독립성을 유지하면서 계약에 따라 수직적 통합을 하고 서로 경제적 이익을 얻는 조직을 의미한다. 계약형 시스템에는 도매기관 후원 자유연쇄점, 소매점조합, 그리고 프랜차이즈조직의 세 가지 유형이 있다.

☞ 프랜차이즈에 대한 구체적인 내용은 7장을 참조하시기 바람

4. 외식사업체의 인적자원의 구성

외식산업의 특성을 살펴보면 상품의 생산과 판매가 동시에 이루어져 시간과 장소적 제약을 받고, 짧은 분배 체인과 시간 범위 등과 같이 일반제품에서 가지지

않는 몇 가지 특성을 가지고 있다. 그 결과 상품이 생산되어 고객에게 판매되는 과정에서 많은 노동력을 요구하게 된다. 즉 노동집약적인 성격을 가지게 된다.[5]

기업은 일반적으로 그 규모에 따라 대기업·중소기업 및 영세기업[6] 등으로 나누어진다. 어느 정도의 규모를 영세기업으로 보느냐 하는 것은 나라나 시대 및업종등에 따라 다르다. 일반적으로 영세기업은 가족 노동을 중심으로 자영업주(自營業主)에 의하여 운영되며, 생계유지를 위한 생업적인 성격을 가지는 기업으로서 상업부문에 많이 분포되어있다.[7]

다른 기업과 마찬가지로 외식사업체도 규모와 소유의 형태에 따라 인적자원의 구성이 각각 다르다. 일반적으로 관리자, 중간 관리자(middle managers), 일선 감독자(supervisors), 그리고 일선 종업원으로 구성되어 있다.

현장에서 고객을 서비스하는 종업원들을 일선 종업원(frontline employee)이라고 한다. 외식업체의 경우 대고객 서비스를 위해 일하는 일선 종업원은 생산부서와 서비스부서에 근무하게 된다.

생산부서에 종사하는 일선 종업원들은 고객과의 상호작용이 제한적이지만, 서비스부서에 종사하는 일선 종업원들은 고객과의 상호작용이 빈번하다. 하지만 최근에는 개방 주방(open kitchens)의 개념이 도입되면서 생산부서 종업원(조리사)이 고객에게 직접 음식을 제공하는 등 고객과의 상호작용이 높아지고 있는 추세이다(일식 카운터, 카운터 바, 뷔페식당 등).

업태, 소유의 형태, 규모 등에 따라 외식업체에서 일하는 종업원들의 직급을 현장에서 다음과 같이 다양하게 불린다.

---

5) 생산 부문과 서비스 부문에 사람 대신 기계가 도입되는 속도가 빨라지고 있어 상황에 따라 노동집약적이라는 의미가 달라질 수도 있다.

6) 소기업 → 중기업 → 중견기업 → 대기업. 소기업 + 중기업 = 중소기업 . 중소기업에 속하지도 않고 대기업에도 속하지 않는 기업들은 중견기업 이라고 한다.

7) 생업적 가족경영 : 영업과 가계, 이윤과 임금이 분리되어 있지 않다. 이윤보다는 생활비로서의 소득을 의식한다.

예를 들어, 개인이 독립적으로 운영하는 생계형 한식의 경우는 주방장, 요리사(조리사), 보조, 찬모, 이모 등과 같이 불리기도 한다. 반면, 외국계 패밀리 레스토랑의 경우는 브랜드에 따라 다르며, 정형화된 직급체계를 가지고 있다.

호텔의 경우도 소유의 형태와 규모에 따라 직급의 체계가 다르기는 하지만, 주방의 경우는 『Executive Chef, Sous Chef, Assistant Sous Chef, Head Chef, Assistant Head Chef, Section Chef, Cook, Assistant Cook』, 『Executive Chef, Senior Sous Chef, Sous Chef, Junior Sous Chef, Chef de Partie, Assistant Chef de Partie, 1st Cook, 2nd Cook, 3rd Cook, Cook Helper, Part Timer, Internship & Trainee』, 『부장, 차장, 과장, 조리장, 부(副)조리장, 1급 조리사, 2급 조리사, 3급 조리사, 연봉사원』 등으로 다양한 직급체계를 갖고 있다.[8]

그리고 서비스의 경우는 『Manager, Assistant Manager, Captain, Waiter, 리더/매니저/팀장/수석』, 『F&B 상무, F&B 부장, F&B 차장, Restaurant Manager, Captain, Waiter/Waitress』 등 상이한 직급체계를 가지고 있다.

위에서와는 별도로 한국 표준직업분류표에서 음식점업과 관련된 직업을 분류한다. 그 내용을 아래와 같이 정리할 수 있다.

음식점 및 주점업과 관련된 직업분류는 세분류를 기준으로 상위에는 소분류-중분류-대분류로 구성되어 있으며, 하위분류는 세세분류로 구성되어 있다. 분류번호는 다음의 표와 같이 아라비아 숫자와 알파벳 A로 표시하며 대분류 한 자리 숫자, 중분류 두 자리 숫자, 소분류 세 자리 숫자, 세분류 네 자리 숫자, 세세분류는 다섯 자리로 숫자로 표시된다.

---

8) 프랑스에서는 주방의 조직을 Brigardede Cuisine(브리가르드 드 뀌진)이라고 부른다. 영어로는 Kitchen Staff라고 부른다. Brigade de Cuisine이란 많은 직원을 고용하는 식당과 호텔에서 직원들의 계층구조 시스템을 말한다. 이 개념은 Georges Auguste Escoffier (1846-1935)에 의해 개발되었다.

〈표 6-1〉 분류단계별 항목 수

대분류	중분류	소분류	세분류	세세분류
전체	52	156	450	1,231
1. 관리자	5	16	24	82
2. 전문가 및 관련 종사자	8	44	165	463
3. 사무 종사자	4	9	29	63
4. 서비스 종사자	4	10	36	80
5. 판매 종사자	3	5	15	43
6. 농림·어업 숙련 종사자	3	5	12	29
7. 기능원 및 관련 기능 종사자	9	21	76	198
8. 장치·기계 조작 및 조립 종사자	9	31	65	220
9. 단순노무 종사자	6	12	24	49
A 군인	1	3	4	4

자료: 통계청, 제7차 개정 한국표준직업분류, 2017.7.3 (통계청 고시 제2017-191호) : 21

이를 바탕으로 음식점 및 주점업과 관련된 직업을 정리해 보면; 대분류 1(관리자), 2(전문가 및 관련 종사자, 4(서비스 종사자), 그리고 9(단순 노무 종사자)에서 찾아볼 수 있다.

☐ 1 관리자(managers)

▸15220 음식 서비스 관련 관리자(Food Service Related Managers)

일정 규모의 음식점, 술집, 레스토랑, 카페, 패스트푸드점 등에서 음식 및 음료 서비스 운영을 기획, 지휘 및 조정하는 자를 말한다. 음식 및 음료 서비스업체에 고용되거나 직접 사업체를 운영하기도 한다. 조리, 대금수납 및 음식 제공 등을 직접 행하는 경우는 제외된다.

☐ 2 전문가 및 관련 종사자(Professionals and Related Workers)

▸ 28701 주방장

음식점에서 음식 조리법 개발, 메뉴 선정 등 조리계획을 세우고 조리 관련 업무 전반을 책임지는 자로서, 음식점의 경영계획에 참여하고 조리사와 조리실 보조원 등 주방 내 인력에 대한 감독, 조정 및 교육·훈련을 담당한다. 주방장은 조리사 등 주방 인력의 수장 역할을 하며, 대개의 경우 음식 조리를 직접적으로 수행하지 않는다.

▶ 28702 요리 연구가

식자재의 특성, 완성된 요리의 영양학적 균형, 식문화 관련 시대상 등을 고려하여 음식의 조리법을 개발하고, 출판, 방송 출연, 시연회 등을 통해 이를 보급한다.

▶ 28709 그 외 식문화 관련 전문가

상기 세세분류 어느 항목에도 포함되지 않은 유사한 직무를 수행하는 자가 여기에 분류된다. 광고, 전시 등을 위해 해당 시안에 맞는 음식과 소품이나 장식품 등을 준비하고, 이를 적절하게 구성하여 음식의 시각적 효과를 극대화하는 연출을 하는 자도 포함된다.

□ 4 서비스 종사자

▶ 44110 한식 조리사

호텔, 음식점 등에서 한국 음식을 만들기 위하여 각종 식료품을 준비하고 익히고 조리하는 자를 말한다. 경우에 따라서 간단한 외국 음식 조리를 병행하기도 한다.

▶ 44120 중식 조리사

호텔, 레스토랑, 중국식 음식점(반점) 등에서 각종 탕, 튀김, 면류 등의 중식을 조리한다.

▶ 44130 양식 조리사

호텔, 레스토랑, 양식점 등에서 각종 육류, 면류 등의 서양식 요리를 만들기 위하여 각종 식료품을 준비하고 익히고 조리하는 자를 말한다.

▶ 44140 일식 조리사

호텔, 레스토랑, 일식점, 일본식 회 전문점 등에서 각종 육류, 생선류, 면류 등의 일본식 요리를 조리한다.

▶ 44151 커피 조리사

커피전문점, 커피숍, 찻집 등에서 다양한 커피를 만들어 고객에게 제공하는 자를 말한다.

▶ 44152 전통차 조리사

대추차, 오미자차, 모과차, 쌍화차 등 전통차를 만들어 고객에게 제공하는 자를 말한다.

▶ 44159 그 외 음료 조리사

음료 전문점 등에서 과일 등을 이용한 비알코올성 음료를 즉석에서 만드는 자와 상기 세세분류 어느 항목에도 포함되지 않은 유사한 직무를 수행하는 경우에 여기로 분류된다.

▶ 44199 그 외 조리사

이미 조리가 되어 있는 음식을 데우거나 혼합하는 등 간단한 음식을 조리하는 자와 상기 세세분류 어느 항목에도 포함되지 않은 유사한 직무를 수행하는 경우에 여기로 분류된다.

▶ 44210 바텐더

음료에 대한 전문지식을 가지고 칵테일을 조주하여 고객에게 제공하는 자를 말한다. 이들은 레스토랑, 호텔, 칵테일 바 등에 고용되어 있다. 감독기능을 겸하는 바텐더도 여기에 포함된다.

▶ 44221 음식 서비스 종사원

음식업소에서 고객에게 메뉴를 제시하고 음식을 주문받아 제공하는 자를 말한다

▶ 44222 음료 서비스 종사원

음료 접객업소에서 커피, 차, 청량음료 등을 주문받고 이를 제공하는 자를 말한다. 경우에 따라서 간단한 음식이나 주류를 주문받아 제공하기도 한다.

▶ 44223 주류 서비스 종사원

주점, 클럽 등의 주류 접객업소에서 주류의 선택을 도와 제공하고, 고객에게
주류 목록을 제시하는 자를 말한다. 또한, 주류의 특성에 관한 질문 등에
답하고, 요리와 잘 어울리는 주류를 추천하기도 한다.

▶ 44290 그 외 음식 서비스 종사원

상기 세세분류 어느 항목에도 포함되지 않은 유사한 직무를 수행하는 자가 여
기에 분류된다.

□ 9 단순노무 종사자(Elementary Workers)

▶ 92230 음식 배달원

각종 음식점 등에서 고객의 요구에 따라 해당 요리를 특정 장소까지 배달하
는 자를 말한다. 음식 배달을 위해 포장용기나 식기를 준비하거나 배달장소
에 가서 음식 값을 받고 거스름돈을 내주는 등 각종 음식점 등에서 배달을
하기 위해 발생 되는 부가적인 업무를 함께 수행하기도 한다.

▶ 95210 패스트푸드 준비원

패스트푸드점에서 햄버거를 굽거나 용기에 담는 등 단순 반복적인 작업을
수행하는 자를 말한다.

▶ 95220 주방 보조원

음식점, 학교, 호텔, 레스토랑 등에서 조리장이나 조리사의 지시에 따라 각종
조리보조업무를 수행하는 자를 말한다.

☞ 구체적인 분류내용은 한국표준직업분류표를 참고하세요.[9]

---

9) 통계청, 한국표준직업분류, 2017

제2절	외식사업체의 인적자원 관리방안

1. 인적자원관리 유연화 실천방안

기업의 유연화는 급변하는 경영환경에 적극적으로 대응할 수 있도록 탄력적으로 조직과 인적자원의 관리 활동을 수행하는 것을 말한다. 그 중에서도 인적자원의 유연화는 노동시장의 유연성을 뜻하는데, 이는 외부환경에 대응하여 인적자원이 얼마나 신속하고 효율적으로 재배분 될 수 있는가를 나타내는 것이다.

1) 수량적 유연화의 실천방안

수량적 유연화는 기업의 인력수요 변동에 따라 신축적으로 고용수준을 조절하여 기업이 필요로 하는 인력과 실제 고용된 인력의 수를 일치시키려 하는 전략이다. 이는 필요로 하는 최소한의 인력만을 고용하고 경기변동에 따라 임시적 단기적 노동력을 탄력적으로 활용하는 유연화 전략이라 할 수 있다. 이를 실현하는 방안으로 유연 근무시간 제도와 고용 형태의 비정형화 등이 있다.

(1) 유연 근무시간 제도

한 사람의 종업원이 수행하는 일의 분량과 난이도는 상황에 따라 달라질 수 있다. 따라서 근로시간의 경직성은 어느 정도의 비효율을 내재하고 있다고 볼 수 있으며, 생산성의 향상을 위해서도 근로시간의 유연화는 필수적인 과제가 된다.

• **탄력적 근로시간제**(탄력근무제)
근로기준법상의 법정근로시간을 변형하는 모든 형태를 통칭하는 개념이다. 일반적으로 일의 양이 많을 때는 연장해서 근무하고 일이 적거나 없을 때는 그만큼 근로시간을 줄이는 것으로서, 법정 단위 근로시간을 노사 간의 서면 합의에 의해 법정 한도 내에서 탄력적으로 조정할 수 있다.
즉, 특정일의 근로시간을 연장하는 대신 다른 날의 근로시간을 단축하여 정해진 기간 동안 평균 근로시간을 법정근로시간(주 40시간)에 맞추는 제도이다. 시기에 따라 일시적인 업무량 증가가 예상되는업종이라면 유용하게 활용할 수 있는 제도이다.

- **집중 근무제**

  생산성 향상과 구성원들이 삶을 보다 융통성 있고 윤택하게 영위할 수 있도록 하루에 더 많은 시간을 일하는 대신에 일주일 동안 일하는 날짜는 더 적은 근무방식을 의미한다. 직원들은 전통적으로 하루에 8시간, 주 5일, 일주일에 40시간을 일한다.

  즉, 주당 근무일 수를 줄이는 대신 근로자들이 〈4/40 방식〉으로 하루 10시간씩 4일 근무하고 추가 휴일을 하루 더 가질 수 있도록 선택권을 주는 제도를 의미한다.

- **선택적 근로시간제**

  1개월 이내의 단위로 정해진 총 근로시간 범위 내에서 업무 시작 및 종료시각, 1일의 근로시간을 근로자가 자율적으로 결정하는 제도이다. 근로일이나 근로시간에 따라 업무량의 편차가 큰업종에서 유용하게 활용할 수 있는 제도이다.

(2) 고용 형태의 비정형화

최근 고용 형태가 통상적인 상시고용 또는 정형 고용과는 구분되는 새로운 형태가 다양하게 대두되고 있다. 그 결과 전체 근로자 가운데 통상적 정규고용의 비중은 축소되고, 그 대신에 새로운 고용 형태라고 할 수 있는 비정규직의 비중은 증대하고 있다.

통계청 경제활동인구 조사에서는 근로자를 '종사상 지위'에 따라 임금 근로자, 자영업주, 무급가족 종사자로 구분하고 있다.

그리고 이들의 종사상 지위(Status of workers)를 다음과 같이 구분한다. 즉, 상용근로자, 임시근로자, 일용근로자, 고용원이 있는 자영업자, 고용원이 없는 자영업자, 무급가족종사자 등으로 구분한다.

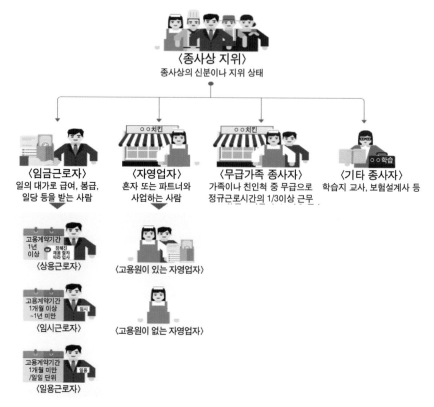

출처: 통계표준용어, 통계청

[그림 6-3] **종사상 지위** [Status of workers]

첫째, 임금 근로자는 상용, 임시, 그리고 일용근로자로 구분한다.[10) 상용근로자는 임금 또는 봉급을 받고 고용되어 있으며 고용계약 기간을[11) 정하지 않았거나 고용계약기간이 1년 이상인 정규직원을 말한다. 그리고 임시근로자는 통상적으로 고용계약기간이 1개월 이상 1년 미만인 자를 말한다. 마지막으로 일용근로자는 임금근로자 중 고용계약기간이 1개월 미만인 자를 말한다. 즉 고용계약의 유무와 고용계약기간의 장단에 따라 상용직, 임시직, 일용직 등으로 구분한 것이다.

둘째, 자영업주의 경우는 자영자와 고용주로 구분한다. 자영자는 혼자 또는 무급가족종사자와 함께 자기 책임하에 독립적인 형태로 전문적인 일을 수행하거나 사업체를 운영하는 자를 말한다. 그리고 고용주는 유급 종업원을 한 사람 이상 두고 기업을 경영하거나 농장을 경영하는 자를 칭한다.

셋째, 무급가족종사자는 자기에게 수입이 오지 않더라도 자기 가구에서 경영하는 농장이나 사업체의 수입을 높이는 데 18시간 이상 도와준 자를 의미한다.

노동력의 비정규직화 또는 고용 형태의 다양화 대두의 근원적인 배경은 전통적인 포드주의 대량생산체계의 붕괴와 맞물려 있다. 21세기에 접어들면서 정보화·세계화의 진전으로 상품의 수명주기가 단축되고 경쟁구도가 확대·심화됨에 따라 선진국을 중심으로 생산방식은 경직적인 포드주의 대량생산체계에서 보다 유연한 생산체제로 전환되고 있다. 즉 기업은 미래의 불확실성에 보다 신축적으로 대응하고 비용의 최소화를 위해서는 노동력을 상용직의 핵심(核心)군과 임시 일용직의 주변(周邊)군으로 구분할 필요성이 증대된다.

그리고 이와 같은 기업환경은 생산방식의 전환을 가져오게 되고, 생산방식의 전환은 필연적으로 노동시장의 유연화를 요구하게 된다. 이에 따라 통상적인 정규직과는 구분되는 보다 유연하고 탄력적인 고용 형태와 노동 편성이 대두된다.

즉, 중심 근로자는 기업 특수 인적자본을 구비하고 장기 계약을 통하여 경제효율성을 도모한다. 반면 주변(周邊)군 근로자는 일상적이고 기계적인 업무를 담당하는 임시·일용직 근로자로서 외부노동시장에서 쉽게 조달할 수 있을 만큼의 숙련도만을 가진다. 이렇게 노동력을 이중화시킴에 따라 기업은 시장 수요에 맞춰 신속하게

---

10) 근로계약기간이 정해져 있는 계약직과 명예퇴직 또는 정년퇴직 후 다시 재입사하는 경우 붙여지는 촉탁직이라는 것은 사회 관행적으로 쓰이는 용어이며 근로계약기간이 정해져 있으므로 계약직 노동자이다.

11) 기간(期間)제 및 단시간 근로자 보호 등에 관한 법률 제2조에 의하면, "기간(期間)제 근로자"라 함은 기간의 정함이 있는 근로계약을 체결한 근로자를 말하며, 기간을 정한 사유, 기간의 장단, 계약의 명칭(계약직, 촉탁직, 아르바이트 등) 등에 관계 없이 근로계약에 기간을 정하여 고용된 근로자는 모두 여기에 해당됨.
그러나 "단시간근로자"라 함은 근로기준법 제2조 제1항 제8호의 규정에 의한 단시간근로자, 즉 1주 동안의 소정근로시간이 그 사업장에서 같은 종류의 업무에 종사하는 통상근로자의 1주 동안의 소정근로시간에 비해 짧은 근로자를 말한다.

대응할 수 있게 되고, 고용형태의 다양화를 통해 노동비용을 낮출 수 있다.

그러나 정규직은 가급적 축소하고 그 대신 필요한 노동력은 주로 비정규직으로 충원함에 따라 노동력의 비정규직화는 심화되고 있다. 그리고 이러한 결과는 한 사업장에서 유사한 노동을 하면서도 정규직 노동력은 고용안정과 근로조건이 양호하고 임금이 높다. 반면, 비정규직 노동력은 고용이 불안정하고, 근로조건이 나쁘고, 임금이 낮다는 문제점으로 대두되고 있다.

결국, 기업은 이러한 이중화 전략을 통해 정규직에 비하여 비정규직 노동력이 상대적으로 확대되면 단기적으로 인건비 절감효과를 얻을 수 있고, 노동조합의 세력약화도 기대할 수 있을 것이다. 그러나 이러한 내부노동시장의 이중화 심화는 단기적 비용절감이라는 효과에도 불구하고 장기적인 관점에서 볼 때 전체적으로는 아래와 같은 부정적인 효과를 초래할 가능성도 없지 않다.

- 내부노동시장의 이중화는 분배구조를 악화시킬 뿐만 아니라 노동시장의 분단 (分斷)화와 양극화를 심화시켜 사회통합을 저해할 수 있다.
- 완충지대로 이용하고자 하는 주변 인력의 원활한 확보가 보장되지 않는다는 점이다. 이중화 모형의 기본 논리는 비정규직의 주변노동력은 경기변동이나 기술변화에 대한 완충지대로 사용하겠다는 것이다. 그러나 우선 주변 인력의 기술이나 숙련이 핵심인력에 미치지 못할 경우 완충노동력으로 활용될 수 없다. 더욱이 기술과 숙련을 갖춘 주변노동력은 다른 기업의 핵심노동력이 되고자 할 것이므로, 이들 인력을 안정적으로 확보한다는 것이 용이하지 않기 때문이다.
- 내부노동시장의 이중화 전략의 보다 중요한 한계는 이러한 전략이 노동시장의 유연화에 궁극적으로는 제한적이라는 사실이다.

(3) 외부(外部)화

외부화(distancing)란 서비스 혹은 제품을 외부로부터 조달하는 과정인 아웃소싱에 의해 발생하는 유연성으로 노동자 입장에서는 노동계약을 상업계약으로 대체하는 것이다. 최근 들어 아웃소싱은 사용자가 점점 더 선호하는 전략이 되고 있다.

아웃소싱은 생산활동의 내부조정과 기업조직구조의 재구조화를 수반하지 않을 수 없다. 즉 종전에 기업 내에서 행해 오던 작업을 외부에 하청을 주어 비용을 절감하거나, 생산의 불확실성과 변동에 관련한 위험을 다른 기업으로 전가시키는 것이다.[12] 이 경우 동일한 작업공간에서 함께 일을 하더라도 법적으로 사업체가 다르게 되는 사내하청을 포함한다. 하청받은 업체에 고용된 노동자들은 일반적으로 보다 더 낮은 임금 등 열악한 근로조건 및 불평등한 사내 복지 등이 그 특징으로 된다.

최근 들어, 기업의 핵심역량 강화 차원에서의 아웃소싱이 점차 확산되어가고 있다. 아웃소싱은 기업의 기능과 부문(일정한 기준에 따라 분류하거나 나누어 놓은 낱낱의 범위나 부분) 중에서 가장 잘 할 수 있는 분야나 핵심 역량만 남기고 다른 것은 외부화함으로써 기업의 힘을 한 곳에 집중하여 경쟁 우위를 확보하는 것이다. 일반적으로 아웃소싱의 장점을 다음과 같이 정리할 수 있다.

- 경쟁력 향상 효과이다.
  기업 내 자원을 핵심역량에 집중하고 비효율적인 부문의 업무나 고비용 부문의 업무는 외부화한다는 것이다.
  이렇게 함으로써 주력부문의 업무는 더욱더 전문화가 가능하고, 전문화는 품질의 향상으로 연결되어, 경쟁회사에 비해 우수한 품질과 가격으로 우위에 서게 되어 경쟁력을 높여준다는 것이다.
- 위기대처능력 발휘효과이다.
  아웃소싱은 기업의 몸집을 슬림화를 유지해 준다.
  슬림화된 조직은 유연성이 있기 때문에 매출이 둔화되고 저(低)성장기를 맞이하더라도 갑작스런 구조조정 등의 혼란을 경험할 필요가 없는 점이다.
- 가지 창출의 효과이다.
  아웃소싱은 전문화된 외부기업에 업무의 일부를 위탁하게 됨으로 전문화된 업무의 질을 제공받을 수 있다는 점이다.

---

12) 영어로 Subcontract라고 한다. 어떤 사람이 청부 맡은 일의 전부나 일부를 다시 다른 사람이 청부 맡는 일을 말하는 것으로서, 일명 하청부라고도 한다.

• 비용절감 효과이다.

  기업이 자체적으로 모든 업무를 해결하려 할 때에는 많은 노력과 비용이 낭비
  된다. 외부 전문업체에 아웃소싱함으로써 경비를 절감할 수 있다는 점이다.

같은 맥락에서 외식사업체의 경우도 외부의 기능과 인력을 필요에 따라 활용하
는 것은 여러 가지 면에서 긍정적이다. 특히, 메뉴 R&D 과정이 정적이 아니고 동적
이라는 점, 음식도 패션과 같이 변화한다는 점, 새로운 아이디어를 외부로부터 제공
받을 수 있다는 점 등을 고려한다면 외부 전문가 또는 전문 업체의 활용은 비교적
긍정적인 면이 많다고 할 수 있다.

향후 이러한 현상은 더욱 가시화 될 것이다. 하지만 아웃소싱은 고객사에 대한
충성도가 낮으며, 근로자들의 고용불안과 근로조건 하락, 그리고 이직률 상승 등과
같은 단점도 있다.

2) 기능적 유연화의 실천방안

기능적 유연화는 다기능화 숙련형성을 통하여 업무수행의 유연성을 제고하는
것을 뜻한다. 구체적으로 교육훈련이나 배치전환, 기존 직무의 재설계와 과업수행
범위의 확대를 통하여 개별노동자의 다기능화를 유도한다.

첫째, 직무확대

  종업원이 중심과업의 수행뿐만 아니라 관련된 기타 과업까지도 동시에 수행
하도록 하여 개인의 직무를 중심과업으로부터 보다 넓게 확대하는 것이다. 이는
과업 수의 다양성이 만족감에 정적 영향을 미친다는 실증연구 결과에 근거를
두고 있다.

둘째, 직무충실

  관리기능 중에서 실행(do) 영역뿐만 아니라 관리자의 영역으로 여겨져 왔던
계획(plan)·통제(see) 영역까지도 종업원에게 위임함으로써 자아성취감과 일의
보람을 느낄 수 있도록 하여 높은 동기를 유발시키고 생산성의 향상을 도모하려는

직무설계의 방법을 의미한다. 직무충실은 수직적 직무부하(vertical jop loading)로서 직무의 질적 개선을 도모하는 동시에 작업자의 능력 신장을 꾀한다.

셋째, 직무순환

여러 직무를 여러 작업자가 일정 기간을 주기로 순환하는 것을 의미한다. 직무순환은 특정 직무의 장기간 수행에 따른 스트레스와 매너리즘을 감소시켜 주며, 기능다양성(skill variety)의 추구를 통하여 종업원의 능력신장을 기할 수 있다.

제3절   인적자원의 관리 변화와 관리자의 계층과 자질

1. 인적자원의 관리 변화

1920년대를 전후해서 테일러의 인간을 기계화하고 오직 능률향상을 위주로 한 과학적 관리에 대한 반성이 일기 시작하였다.

우선 테일러 시스템의 계승자인 포드도 노동자의 인간성을 중시해서 기업의 목적이 이윤추구만을 위한 것이 아니라 노동자 복지를 포함한 사회봉사에 있다고 하였다. 이어서 60년대와 70년대에 참여적 관리의 필요성이 부각된다.

1) 과학적 관리

19세기 전반에 산업혁명이 불기 시작하면서 미국 경제가 급속한 공업화 과정을 밟게 되어 각지에 대규모 공장이 출현하게 된다. 이 당시의 노동자들은 대부분 미숙련 노동자들이기 때문에 처음부터 분업과 작업의 단순화, 기계화를 추진하였다. 그 중 대표적인 과학적 관리법은 테일러 시스템과 포드 시스템이다.

첫째, 테일러 시스템

과학적인 방법으로 생산성을 높이고자 Frederick Taylor의 연구에서 출발하였다. 테일러는 공장에 근무하던 시절에 노동자의 쟁의행위(단체행동)와 공장의 경영난

(經營難)을 목격하고 과학을 바탕으로 하는 작업관리의 필요성을 느꼈다. 그리하여 그는 과학적인 방법에 의해 전(全) 생산과정을 최소단위로 분해하여 각 요소동작(要素動作)의 형태, 순서, 소요 시간 등을 시간연구와 동작연구에 의하여 표준화하고 차별 능률급제를 채용하는 등 이른바 과학적 관리법이라는 새로운 관리법을 개발해 내었다.

테일러 시스템의 대표적인 것이 시간과 동작연구로, 다음과 같은 특징을 가진 시스템을 개발하게 되었다.

① 체계적인 직무설계(전문화의 원리)
  최상책의 발견 전문가에 의한 업무 디자인에 의해 작업 공정, 도구, 그리고 작업 조건의 표준화
② 적절한 종업원의 선정(과학적으로 종업원을 채용하고 훈련)
③ 지속적인 관찰(관리자)
④ 성과에 따른 보상(재무적인 유인, 직무성과-경제적 보상)

둘째, 포드 시스템

포드(Henry Ford)는 경영합리화에 대한 구체적인 방법으로 생산의 표준화와 이동 조립법을 채택하였다. 여기서 생산의 표준화는 이동조립법의 전제가 되는 동시에 이동조립법의 고도화에 따라 보다 철저하게 실현될 수 있었다.

벨트 컨베이어에 의한 이동조립 생산방식은 표준화가 전제되어야 한다. 즉 분업과 직능화의 기초인 3S, 즉 단순화(simplification), 표준화(standardization), 전문화(specialization) 를 바탕으로 생산의 표준화에 대하여 포드가 구상한 내용은 다음과 같다.

① 제품의 단순화
② 부분품의 규격화
③ 공정의 전문화
④ 기계 및 공구의 전문화
⑤ 작업의 표준화

이러한 표준화에 의하여 부품의 호환성이 가능하게 되었고, 호환성 부품은 연속 대량생산을 가능하게 하였으며, 또한 소비자에게도 부품의 신속한 교환과 수리를 가능하게 해주었다.

그러나 이러한 포드 시스템에서 생산과정이 고도로 기계화되기 때문에 노동자에 대한 숙련의 필요성이 적어진다. 이것을 사회적으로 보면 고도로 발달한 기계화는 노동을 평준화 내지 수평화시켜 노동자의 자율성을 점점 약화시키고 노동자를 단순한 기계의 일부분으로 전락시키게 되었다.

과학적인 관리기법을 외식업체에 도입한 대표적인 사례가 패스트푸드이다. 여기에서는 모든 것이 시스템화되어 있다. 종업원은 기계를 작동하는 법을 쉽게 배우고, 정해진 표준절차를 따르면 된다. 이와 같은 관리기법은 외식업체에 많은 장점을 제공한다.

표준화를 통해 제품의 질을 모든 업장에서 같은 수준으로 유지할 수 있고, 저학력, 미숙련 종업원을 간단하고, 쉽고 빠르게, 그리고 비용을 최소화하면서 훈련 시켜 현장에 투입할 수 있도록 하였다. 특히, 과학적인 관리기법은 이직률이 높은 외식업체의 특성에 적합한 관리기법으로 고려되고 있다.

2) 인간관계론

과학적 관리법의 반성으로 인해 생겨난 인간 관계론은 인간의 정서적 · 심리적 측면에 대한 관심을 가지기 시작했다. 그 결과 인간은 물질적인 요인에 의해서만 움직이는 것이 아니라 정신적 요인에 의해서도 영향을 받는다는 사실을 발견하였다. 그렇기 때문에 경청과 대화, 그리고 한 개인으로서 인간으로 대접 등과 같은 인간관계 기술을 강조하여야 한다고 하기도 했다.

그러나 과학적 관리론이 인간을 경시하는 가운데 지나치게 기계적이거나 물질적인 면에 치우친데 비해, 인간 관계론은 인간을 중시하는 바탕 위에서 지나치게 심리적이며 감정적인 면에 치우쳤다는 비판을 받게 되었다.

3) 참여적 관리

60년대와 70년대에 시작된 참여적 관리는 종업원을 의사결정에 참여시키는 관리기법을 말한다. 물론, 최종 의사결정은 관리자들이 하지만, 의사결정과정에 종업원들의 의견을 수렴하고 참여시킨다. 개방된 의사소통과 목표 설정에 대한 관여 등이 여기에 포함되며, 결국은 결과에 대한 책임을 공유할 수 있다는 장점도 있다. 또한, 종업원들이 의사결정과정에 참여하기 때문에 종업원들과의 의사소통이 원활하고, 종업원들의 능동적인 참여를 유도할 수 있어 높은 성과를 기대할 수 있는 등의 장점을 가지고 있다.

2. 관리자의 계층과 자질

관리자는 일반적으로 다음 [그림 6-4]와 같이 세 개의 계층으로 나눌 수 있다.

① 최고관리자(top managers)
② 중간관리자(middle managers)
③ 일선감독자(supervisors)

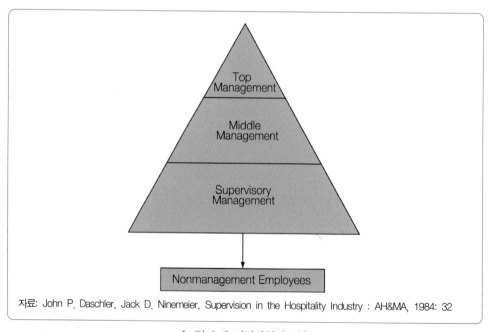

자료: John P. Daschler, Jack D. Ninemeier, Supervision in the Hospitality Industry : AH&MA, 1984: 32

[그림 6-4] 인적자원의 계층

외식사업체의 규모와 소유의 형태 등에 따라 관리자들의 관리영역과 범위, 그리고 직무의 내용은 각각 다르다. 또한, 그들의 직무의 범위도 외식업체의 규모와 소유 형태 등에 따라 각각 다르다.

첫째, 최고관리자(top managers)

장기적인 계획과 목표를 설정하고, 정책적인 면을 다룬다. 다양한 점포를 소유하고 있는 기업의 형태를 띠는 외식사업 체인의 경우 최고관리자(또는 경영자)는 주주총회에서 선정한 이사회(임원회 : Board of Directors)에서부터 시작한다.

이사회에서는 회사의 장기적인 전략계획, 최근 회사 운영에 대한 높은 수준의 평가와 의사결정을 한다. 그리고 임원회에서는 대표이사(chairperson of the board)를 선출 또는 지명하여 이사회의 업무를 조정하게 한다.

또한, 많은 회사에서는 CEO(chief executive officers)를 두고 임원회와 그 하위수준의 매니저와의 중간역할을 하게 한다. 이 두 역할을 때로는 한 사람이 수행하기도 한다. 기업화된 다수의 외식업체 또는 다른 사업을 병행하는 다수의 회사를 소유한 경우는 특정 회사의 책임을 명확하게 하기 위해 회사마다 사장(president)을 두기도 한다. 그리고 각 회사는 지역 부사장(regional vice president)을 두고, 그들로 하여금 지역의 디렉터(regional directors) 또는 지역 디렉터(area directors)를 감독하도록 한다. 이 디렉터들은 개별단위 업장(individual properties)들을 관리하는 총지배인(general managers)을 감독한다.

둘째, 중간관리자(middle managers)

조직의 중간에 위치하여 최고경영자와 일선감독자 간의 중재역할을 한다. 단기적인 목표와 계획, 더 낮은 수준의 중간관리자와 일선 감독자를 감독한다.

셋째, 일선 감독자(supervisors)

일선 종업원을 감독하고 그들의 바람과 의견을 중간관리자에 전달하는 연결핀 역할을 한다. 기능적인 면이 많이 요구되는 관리자이다.

관리자(경영자)는 실제로 계획, 조직, 지휘, 조정, 통제, 충원과 같은 관리의 기본기능을 수행함으로써 고객과 종업원 그리고 투자가 모두가 만족할 수 있도록 사전에 설정된 목표를 효과적으로 달성할 수 있는 능력을 가져야 한다.

이러한 관리기능을 수행하기 위해서는 적어도 세 가지 분야의 자질(skill)을 갖는 것이 필요하다. 즉 기술적인 자질(technical skill), 인간적인 자질(human skill), 그리고 개념적인 자질(conceptual skill)이 그것이다. 이를 경영층에 따라 요구되는 정도를 그림으로 표시하면 [그림 6-5]와 같다.

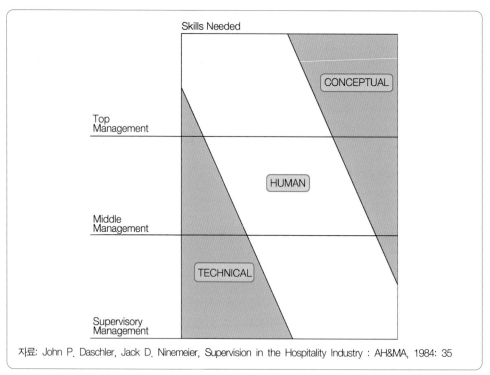

자료: John P. Daschler, Jack D. Ninemeier, Supervision in the Hospitality Industry : AH&MA, 1984: 35

[그림 6-5] **관리자의 자질**

① 개념적인 자질

개념적인 자질이란 환경 및 전체조직의 복잡성과 한 사람의 활동이 어디에서 조직에 부합되는가를 이해할 수 있는 능력을 가리킨다. 머리에 해당한다.

이러한 지식을 갖고 있게 되면 경영자는 자신의 측근 집단의 욕구나 목표에만 기초를 두기보다는 전체조직의 목표에 따라 행동할 수 있게 된다. 즉 전체 그림을 볼 수 있는 능력과 전체적인 관계를 고려할 수 있는 능력을 말한다.

② 인간적인 자질

인간적인 자질이란 종업원들에게 동기를 부여할 줄 알고, 효과적인 리더십을 발휘할 줄 알며, 사람들에게 일을 시키거나 혹은 사람들과 함께 일하는 데 있어서 요구되는 능력과 판단력을 의미한다. 가슴에 해당한다.

즉 인간적 능력은 대인관계에서의 영향력이라 할 수 있고, 그 핵심은 의사전달 능력이고 실천이다.

③ 기술적인 자질

기술적인 자질이란 특정한 과업을 달성하는 데 있어서 경험, 교육, 훈련을 통해 얻은 지식, 방법, 기술, 장비 등을 이용할 줄 아는 능력을 말한다. 손과 발에 해당한다.

기술적인 자질은 종업원의 선발과 훈련, 스케줄 작성과 비상 상황에 대한 조치가 요구될 때 절대적으로 필요한 자질이다. 또한, 기술적인 스킬을 가지고 있다면 종업원들로부터 신뢰를 확보할 수 있고, 설득력이 있으며, 존경까지도 받을 수 있다.

이와 같은 자질들의 상대적인 중요도는 조직의 경영계층 면에서 볼 때, 한 사람이 일선 경영자(감독자)의 위치로부터 최고경영층으로 올라감에 따라 변화하게 된다. 예를 들어, 기술적인 자질은 계층이 높아질수록 낮아지지만, 모든 계층에 필수적으로 요구되는 자질은 인간적인 자질이다.

인간적인 자질에는 다른 사람들과 함께 그리고 다른 사람들을 통해 원하는 업무들을 수행하여야 하는 자질을 의미한다. 그렇기 때문에 조직 구성원들이 왜 현재의 방식대로 행동하는가를 이해하고, 장래의 행동에 대한 예측을 하고, 행위를 변화, 관리하는 데 있어서 유효성[13]을 어떻게 증대시킬 수 있느냐 하는데 초점을 맞춰야 한다.

---

13) 조직의 목표를 달성하는 정도. 조직의 성과를 평가하는 기준으로, 구성원의 만족도까지 포괄하는 개념이다.

■ 맺음말

본 장에서는 음식점 및 주점업의 조직과 인적자원 관리방안에 대해 살펴보았다.

첫째, 음식점 및 주점업의 조직을 이해하기 위해 구조적인 특성, 운영형태, 인적자원의 구성 등을 살펴보았다.

둘째, 외식업체의 인적자원이 어떻게 관리되고 있는가를 알아보기 위해 구조조정 방법과 인적자원을 유연하게 관리하는 일반화된 이론들을 살펴보았다.

셋째, 인적자원의 관리 변화에 대한 이론적인 내용을 살펴보고, 관리자의 계층과 계층별 자질에 대해 재조명해 보았다.

참│고│문│헌

국회입법조사처, 지표로 보는 이슈, 외식산업의 구조 변화 추이와 시사점, 2018년 3월 19일

정현상, 음식점 및 주점업의 산업특성과 고용구조 변화, 월간 노동리뷰, 2016년 6월호: 65-75

김동배 외 3인 저, 고용유연화와 인적자원관리 과제, 한국노동연구원, 2004: 4-7

신유근, 조직행위론, 다산출판사, 1990: 73

안주엽 외 5인, 비정규근로자의 실태와 정책과제(1), 한국노동연구원, 연구보고서, 2001-05, 2001: 11-12

이원덕 외 10인 공저, 노동의 미래와 신질서, 한국노동연구원, 2003: 29-32

정인수 외 3인 공저, 기업내부 노동시장의 변화, 한국노동연구원, 2003: 35

추헌, 조직행동론, 형설출판사, 1994: 78-82, 374-383

박기성, 한국의 숙련형성, 한국노동연구원, 1992-007

통계청, 제7차 개정 한국표준직업분류, 2017. 7. 3 (통계청 고시 제2017-191호)

한국농수산식품유통공사, 2023 식품외식통계(국내편), 2023. 6

G. E. Livingston, Charlotte M. Chang, Foodservice Systems : Analysis, Design, and Implementation, Academic Press, 1979: 19-39

Jack D. Ninemeier, Supervision in the Hospitality Industry, AH&MA, 1992: 72-86

Jack E. Miller 외 2인, Supervision in the hospitality industry, 2nd Ed., John Wiley & Sons, Inc., 1992: 116-147

John P. Daschler and Jack D. Ninemeier, Supervision in the hospitality industry, AH & MA, 1984: 31-35

프랜차이즈(가맹사업)의 이해

제 **7** 장

제1절 프랜차이즈사업(가맹사업)의 개요

1. 프랜차이즈의 의의

가맹사업으로도 알려진 프랜차이즈(Franchise)는 가맹본부(Franchiser 또는 Franchisor 라고 쓴다)가 자신의 상품·서비스를 보다 효과적으로 판매하기 위하여 가맹사업자 (Franchisee)에게 일정한 지원·교육을 수행하고 그 대가로 가맹(加盟)금을 받는 거래 관계를 의미한다.

이러한 관계를 통하여 가맹본부는 부족한 자금·노동력을 공급받고, 가맹사업자는 브랜드 이미지 및 경영 Know-how 등을 전수받아 양자가 동반 성장할 수 있는 구조를 가지고 있다.

1) 프랜차이즈의 개념

프랜차이즈(Franchise), 프랜차이즈 체인(Franchise chain), 프랜차이즈 시스템(Franchise system) 등으로 불리는 프랜차이즈(Franchise)는 상품의 유통·서비스 등에서 프랜차이즈(특권)를 가지는 모기업(Franchisor)이 체인에 참여하는 독립점(Franchisee)을 조직하여 형성이 되는 소매형태의 연쇄기업이다.

이와 같은 개념의 프랜차이즈(franchise)는 우리말로 (가맹사업)이라고 말할 수 있다. 즉, 가맹본부(Franchisor)가 가맹점(Franchisee)에게 상호 및 노하우 등을 제공하고 그 대가로 가맹본부에게 로열티 방식 혹은 물류마진 방식으로 이익을 얻으며, 가맹점을 통해 상품 및 서비스를 판매하는 사업 형태이다.

프랜차이즈(Franchisor)는 가맹점에 대해 일정 지역 내에서의 독점적 영업권을 부여하는 대신 가맹점으로부터 로열티(Royalty)를 받고 상품구성이나 점포·광고 등에 관하여 직영점과 똑같이 관리하며 경영지도·판매촉진 등을 담당한다. 투자의 대부분은 가맹점이 부담하기 때문에 프랜차이저(Franchisor)는 자기자본을 많이 투자하지 않고 연쇄조직을 늘려나가며 시장점유율을 확대할 수 있다.

프랜차이즈 운영구조를 보면, 본부는 가맹점과 계약을 체결하고 가맹점에게 자기의 상호(商號: trade name)·상표(商標)·상징 및 경영 노하우를 사용할 권리를 준다. 그래서 가맹점 모두가 동일한 이미지 하에서 상품을 판매하고 사업을 행하도록 해준다.

가맹점은 사업에 필요한 자금을 투자하고 본부의 지도 및 원조 하에서 사업을 행하며, 그 반대급부(反對給付)로 일정한 대가(로열티)를 본부에 지급한다. 즉 다음과 같은 내용을 담고 있다.

① 프랜차이즈(가맹) 본부가 직영으로 성공한 사업 아이템의 노하우, 상호, 상표 및 운영권을 가맹사업자에게 부여한다.
② 본부는 가맹사업자에게 그 대가로서 가맹(加盟)금이나 로열티를 징수한다.
③ 본부와 가맹사업자는 독립채산체이지만 제품, 서비스의 판매에 있어 본부가 제시하는 일정한 기본을 따른다.
④ 본부와 가맹사업자는 계약에 따라 그 권리와 의무가 규정되고, 일정기간 동안 지속적인 계약관계를 유지한다.

위의 내용을 도시화(圖示化)하면 [그림 7-1]과 같다.

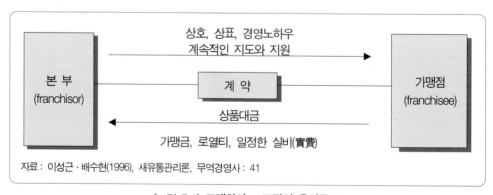

자료 : 이성근·배수현(1996), 새유통관리론, 무역경영사 : 41

[그림 7-1] 프랜차이즈 조직의 운영구조

위의 내용을 보다 구체적으로 정리해 보면 아래의 표와 같이 정리할 수 있다. 즉 아래의 표에 제시된 모든 조건을 만족시킬 때만이 가맹사업에 해당된다고 보기 때문이다.

조건	내용
① 가맹본부가 가맹점사업자에게 영업표지 사용을 허락	영업표지의 상표등록 여부와 관계없이 제3자가 독립적으로 인식할 수 있을 정도면 가능
② 가맹점사업자는 일정한 품질기준이나 영업방식에 따라 상품 또는 용역을 판매	가맹본부가 가맹점사업자의 주된 사업과 무관한 상품 등만 공급하는 경우에는 가맹사업이 아님
③ 가맹본부는 경영 및 영업활동 등에 대한 지원, 교육, 통제를 수행	가맹본부의 영업방침을 따르지 않는 경우 아무런 불이익이 없다면 가맹사업이 아님
④ 영업표지 사용 및 경영·영업활동 등에 대한 지원·교육에 대가로 가맹금 지급	가맹본부가 가맹점사업자에게 도매가격 이상으로 물품을 공급하는 경우도 가맹금 지급에 해당
⑤ 계속적인 거래관계	일시적 지원만 하는 경우는 가맹사업이 아님

이와 같은 구조 속에서 본부는 가맹점의 확장을 통해 판로를 확대할 수 있다. 그리고 가맹점은 독립적인 경영 욕구를 충족할 수 있으므로 양자는 공존공영(共存 共榮: 함께 존재하고 함께 번영함. 함께 잘 살아감.)의 관계가 형성된다. 즉 본부는 자금은 없지만 사업과 경영능력을 가지고 있고, 가맹점의 경우에는 자본을 가지고 있지만 사업을 할 능력이 없을 때, 계약에 의해 양자가 결합함으로써 서로의 장점을 가장 효과적으로 활용하는 것이다.

그리고 본부에서 가맹점에게 주는 권리를 프랜차이즈 패키지라 한다. 즉 프랜차이즈 패키지는 본부에서 가맹점에게 제공하는 원조와 지원활동의 총체를 의미한다. 그리고 이와 같은 관계가 지속성을 가지고 유지되기 위해서는 가맹사업거래의 기본원칙과 준수사항이 잘 지켜질 때만이 가능하다.

가맹사업거래의 공정화에 관한 법률(약칭: 가맹사업법) 제2장(가맹사업거래의 기본원칙) 제4조[신의성실(信義誠實)[1]의 원칙]이라는 것이 있다. 즉 가맹사업당사자는 가맹사업을 영위함에 있어서 각자의 업무를 신의(信義)에 따라 성실하게 수행하

---

1) 모든 사람은 사회의 일원으로서, 상대편의 신뢰에 어긋나지 아니하도록 성의 있게 행동하여야 한다는 원칙. 민법은 권리의 행사와 의무의 이행을 이 원칙에 따르도록 하고 있다.

여야 한다는 원칙이다. 또한 제2장 제5조와 제6조에는 가맹본부와 가맹사업자의 준수사항이 있다.[2]

2) 프랜차이즈 용어의 정의

프랜차이즈 시스템(franchise system)의 주체인 양당사자 중에서 프랜차이저(franchisor: 가맹본부)는 프랜차이즈(가맹점 운영권)를 제공하는 자이며, 프랜차이지(franchisee: 가맹사업자)는 프랜차이즈를 구입해서 운영하는 자를 말한다. 그리고 프랜차이저 (franchisor: 가맹본부)는 제조업자, 모기업, 판매자 또는 특허권자(licensor)로 불리는 경우가 있으며, 프랜차이지는 취급점, 판매망, 조합원, 특허사용자 또는 회원이라고 불리는 경우가 있다.

여기에서 프랜차이즈란 프랜차이즈 계약에 따라 프랜차이저가 프랜차이지에게 제공하여 운영할 수 있는 특권 내지 권한 자체를 말한다(가맹점 운영권). 그리고 이러한 방법으로 비즈니스를 하는 방법을 프랜차이징(franchising)이라 한다.

한편 프랜차이즈 피(fee)란 프랜차이즈 패키지(package)의 대가로서 매출액의 일정비율 또는 일정액을 지급하거나 본부의 재료, 장비 등을 구입하여 가맹사업자가 본부에게 지급하는 대가이다. 여기에서 프랜차이즈 패키지란 프랜차이징의 핵심적 요소로서 본부가 가맹사업자에게 일정기간 특정지역에서 프랜차이즈를 사용할 수 있는 권리의 내용물이라고 할 수 있다.

일반적인 내용으로는 높은 인지도의 상호 및 상표, 전국적으로 광고되는 상품, 인기 있는 점포설계, 입지선정, 표준화된 운영절차, 집중구매와 본부에 의한 교육훈련, 자금조달, 연구조사 등에 대한 초기와 계속적인 지원을 포함한다.

이와 같은 개념으로 정의되는 Franchising(se)이라는 단어의 유래는 원래 프랑스어의 Franc(프랑 : '자유로운, …에서 면제된, …에 구애되지 않는, …이 없는'의 뜻)에서 왔으며, 노예상태로부터의 해방(freedom from servitude)을 의미한다고 한다.

이는 중세기 가톨릭교회가 세금수세관에게 부여한 권리로서, 이들은 일정 지분

2) https://www.law.go.kr/lsInfoP.do?lsId=009367&ancYnChk=0#0000/ 가맹사업거래의 공정화에 관한 법률(약칭: 가맹사업법) 참조

을 자신의 소득으로 돌리고 나머지를 교황에게 납부했던 데에서 유래한 것으로 역사학자들은 추정한다. 이 개념은 18세기까지 영국에서 사용되다가 19세기 중반에 미국에 도입되었다 한다.

프랜차이즈 형태가 매우 다양하여 일관된 정의를 내리기가 어렵다고 한다. 그 결과 미국의 경우도 프랜차이즈와 유사한 용어로써 프랜차이즈 연쇄점, 프랜차이즈 소매, 프랜차이징, 프랜차이즈 조직, 프랜차이즈 시스템 등 다양한 용어가 사용되고 있으며 다음과 같이 유사한 개념으로 정의된다고 한다.

① 특정 지역 내에서 제품 또는 서비스를 판매하기 위한 계약관계라고 정의하고 있다.

② 국제 프랜차이즈협회는 프랜차이즈 본부(franchisor)가 프랜차이지(franchisee)에게 초기교육·상품전개·상품관리 등의 기법을 면허와 함께 제공하여 사업을 영위하게 하는 지속적 관계라고 정의하고 있다.

③ 미국 상무성에서는 제조업자 또는 공급자가 자사의 상호·명성·판매기법 등을 사용하여 제품이나 서비스를 판매·유통·마케팅을 할 수 있는 권한을 부여하는 것이라고 정의하고 있다.

④ 특정지역 내에서 일정기간 동안 모기업(parent company)이 개인 혹은 비교적 작은 기업에 규정된 방법대로 사업을 할 수 있는 권한이나 특권을 허가해 주는 마케팅 혹은 분배의 형태라고 정의하고 있다.

⑤ 프랜차이징이란 제품·가격·유통경로·광고 및 판매촉진 등 포괄적인 마케팅 믹스를 제공함으로써 소비자가 본사와 똑같은 이미지와 제품을 똑같은 방법으로 서비스 받는다는 느낌을 갖도록 하는 기업 활동 방식으로 정의하고 있다.

⑥ 프랜차이즈 조직은 중앙본부나 모회사가 지역의 가맹점에게 특정 지역에서 일정 기간 영업을 할 수 있는 특권과 각종 지원을 주고 그 대가로 로열티를 받는 시스템이라고 정의하고 있다.

⑦ 프랜차이즈 시스템이란 상호·상표·기술을 가진 자가 계약을 통해 다른

사람에게 상호의 사용권, 제품의 판매권, 기술 등을 제공하고 그 대가로 가맹비 혹은 보증금이나 로열티 등을 받는 시스템으로 정의하고 있다.

⑧ 프랜차이징이란 프랜차이즈 회사(franchisor)가 프랜차이즈를 사는 사람(franchisee)에게 프랜차이즈 회사의 이름·상호·영업방법 등을 제공하여 상품과 서비스를 시장에 파는 시스템으로 정의하고 있다.

즉 위의 내용을 다음과 같이 재정리해 볼 수 있다.

① 프랜차이즈 본부와 가맹사업자는 계약관계로 맺어져 있다.
② 서로 권리와 의무를 가지고 있다.
③ 본부는 직접 개발하여 성공한 사업을 하는 권리를 가맹사업자에게 부여하고 그 대가로 가맹(加盟)금이나 로열티 등 프랜차이즈 수수료(fee)를 가맹점주가 가맹본부에 지불한다.
④ 본부는 가맹사업자가 성공적으로 사업을 운영할 수 있도록 계속적인 지원과 지도를 하여야 한다.
⑤ 본부의 입장에서 보면 가맹사업자는 각각 독립된 경영체이긴 하지만 사업에 대해서는 동일한 이미지로 운영한다. 즉 전혀 자본관계가 없는 회사가 외부에서 보면 완전히 같은 기업으로 보인다는 것이다.

우리나라의 경우도 외국의 정의(미국, 일본 등)를 바탕으로 프랜차이즈를 정의하고 있었으므로 일관된 정의가 없었던 것이 사실이다. 이러한 점을 고려하여 공정거래위원회에서는 2002년 11월, 프랜차이즈 거래 당사자 간 상호신뢰 형성을 위한 제도적 기반을 마련하고자 「가맹사업거래의 공정화에 관한 법률(가맹사업법)」을 시행하게 되었다.

「가맹사업거래의 공정화에 관한 법률」 제2조(정의)에서 이 법에서 그동안 혼란스럽게 사용되고 있었던 용어를 다음과 같이 통일시켰다.

① 가맹사업

"가맹사업"이라 함은 가맹본부가 가맹점사업자로 하여금 자기의 상표·서비스표·상호·간판 그 밖의 영업표지(이하 "영업표지"라 한다)를 사용하여 일정한 품질기준이나 영업방식에 따라 상품(원재료 및 부재료를 포함한다. 이하 같다) 또는 용역을 판매하도록 함과 아울러 이에 따른 경영 및 영업활동 등에 대한 지원·교육과 통제를 하며, 가맹점사업자는 영업표지의 사용과 경영 및 영업활동 등에 대한 지원·교육의 대가로 가맹본부에 가맹금을 지급하는 계속적인 거래관계를 말한다.

② 가맹본부

"가맹본부"라 함은 가맹사업과 관련하여 가맹점사업자에게 가맹점운영권을 부여하는 사업자를 말한다.

③ 가맹점사업자

"가맹점사업자"라 함은 가맹사업과 관련하여 가맹본부로부터 가맹점운영권을 부여받은 사업자를 말한다

④ 가맹희망자

"가맹희망자"란 가맹계약을 체결하기 위하여 가맹본부나 가맹지역본부와 상담하거나 협의하는 자를 말한다.

⑤ 가맹점운영권

"가맹점운영권"이란 가맹점사업자가 가맹본부의 가맹사업과 관련하여 가맹점을 운영할 수 있는 계약상의 권리를 말한다.

⑥ 가맹금

"가맹금"이란 명칭이나 지급형태가 어떻든 간에 다음 각 목의 어느 하나에 해당하는 대가를 말한다. 다만, 가맹본부에 귀속되지 아니하는 것으로서 대통령령으로 정하는 대가를 제외한다.

가. 가입비·입회비·가맹비·교육비 또는 계약금 등 가맹점사업자가 영업표지의 사용허락 등 가맹점운영권이나 영업활동에 대한 지원·교육 등을 받기 위하여 가맹본부에게 지급하는 대가

나. 가맹점사업자가 가맹본부로부터 공급받는 상품의 대금 등에 관한 채무액이나 손해배상액의 지급을 담보하기 위하여 가맹본부에 지급하는 대가

다. 가맹점사업자가 가맹점운영권을 부여받을 당시에 가맹사업을 착수하기 위하여 가맹본부로부터 공급받는 정착물·설비·상품의 가격 또는 부동산의 임차료 명목으로 가맹본부에 지급하는 대가

라. 가맹점사업자가 가맹본부와의 계약에 의하여 허락받은 영업표지의 사용과 영업활동 등에 관한 지원·교육, 그 밖의 사항에 대하여 가맹본부에 정기적으로 또는 비정기적으로 지급하는 대가로서 대통령령으로 정하는 것

마. 그 밖에 가맹희망자나 가맹점사업자가 가맹점운영권을 취득하거나 유지하기 위하여 가맹본부에 지급하는 모든 대가

⑦ 가맹지역본부

"가맹지역본부"라 함은 가맹본부와의 계약에 의하여 일정한 지역 안에서 가맹점사업자의 모집, 상품 또는 용역의 품질유지, 가맹점사업자에 대한 경영 및 영업활동의 지원·교육·통제 등 가맹본부의 업무의 전부 또는 일부를 대행하는 사업자를 말한다.

⑧ 가맹중개인

"가맹중개인"이라 함은 가맹본부 또는 가맹지역본부로부터 가맹점사업자를 모집하거나 가맹계약을 준비 또는 체결하는 업무를 위탁받은 자를 말한다.

⑨ 가맹계약서

"가맹계약서"라 함은 가맹사업의 구체적 내용과 조건 등에 있어 가맹본부 또는 가맹점사업자(이하 "가맹사업당사자"라 한다)의 권리와 의무에 관한 사항(특수한 거래조건이나 유의사항이 있는 경우에는 이를 포함한다)을 기재한 문서를 말한다.

⑩ 정보공개서

"정보공개서"란 다음 각 목에 관하여 대통령령으로 정하는 사항을 수록한 문서를 말한다.

가. 가맹본부의 일반 현황

나. 가맹본부의 가맹사업 현황(가맹점사업자의 매출에 관한 사항을 포함한다)

다. 가맹본부와 그 임원(「독점규제 및 공정거래에 관한 법률」 제2조 제6호에 따른 임원을 말한다. 이하 같다)이 다음의 어느 하나에 해당하는 경우에는 해당 사실

   1) 이 법,「독점규제 및 공정거래에 관한 법률」 또는 「약관의 규제에 관한 법률」을 위반한 경우

   2) 사기·횡령·배임 등 타인의 재산을 영득하거나 편취하는 죄에 관련된 민사소송에서 패소의 확정판결을 받았거나 민사상 화해를 한 경우

   3) 사기·횡령·배임 등 타인의 재산을 영득하거나 편취하는 죄를 범하여 형을 선고받은 경우

라. 가맹점사업자의 부담

마. 영업활동에 관한 조건과 제한

바. 가맹사업의 영업 개시에 관한 상세한 절차와 소요기간

사. 가맹본부의 경영 및 영업활동 등에 대한 지원과 교육·훈련에 대한 설명

아. 가맹본부의 직영점(가맹본부의 책임과 계산 하에 직접 운영하는 점포를 말한다. 이하 같다) 현황(직영점의 운영기간 및 매출에 관한 사항을 포함한다)

⑪ 점포환경개선

"점포환경개선"이란 가맹점 점포의 기존 시설, 장비, 인테리어 등을 새로운 디자인이나 품질의 것으로 교체하거나 신규로 설치하는 것을 말한다. 이 경우 점포의 확장 또는 이전을 수반하거나 수반하지 아니하는 경우를 모두 포함한다.

⑫ 영업지역

"영업지역"이란 가맹점사업자가 가맹계약에 따라 상품 또는 용역을 판매하는 지역을 말한다.

2. 프랜차이즈 시스템의 유형

A라는 사람이 음식점을 개점하고자 한다면 일반적으로 인수, 승계 또는 신규로 창업을 하여 독립사업자가 되거나 가맹점주가 되는 경우이다.

가맹점주가 되는 체인의 형태를 프랜차이즈 체인이라고 한다. 즉, 본부 각 회원점이 모두 독립자본의 사업자이지만 운영의 주체는 본부가 된다. 가맹점은 체인경영의 의사결정에 적극적으로는 참여하지 않는다. 또한, 가맹점 간의 횡적 관계보다는 본부와 회원점 간에 종적 관계가 중시된다.

그리고 본사가 직접 지점을 운영하는 형태의 체인을 레귤러체인이라고 칭한다. 즉, 단일자본에 의한 가맹점을 말한다. 어떤 기업이 전부 자기자본으로 가맹점을 개발한 것이다. 회사(會社)형 체인 또는 직영점 체인이라고 일컫고 있다.

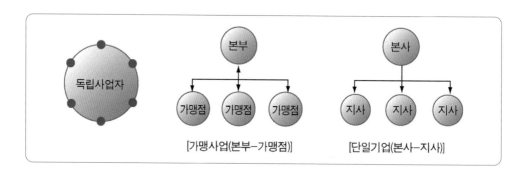

과거의 경우 자영업의 형태로 새로 오픈하거나 영업 중인 외식사업체를 승계하는 것이 일반적인 접근 방법이었다. 그러나 외식사업체의 운영을 둘러싸고 있는 주변 환경이 과거에 비해 복잡해지고, 경쟁이 치열해 지면서 운영환경이 자영업자에게 불리하게 작용하기 시작하고 있다. 그 결과 외식사업체 운영을 계획하고 있는 예비창업자들이나 기존 외식사업체를 운영하고 있는 운영자들이 검증된 프랜차이즈 브랜드를 선호하게 만들고 있다.

프랜차이즈 시스템의 유형에는 다음과 같이 단일 단위 프랜차이즈, 다수 단위 프랜차이즈, 지역개발 프랜차이즈, 마스터 프랜차이즈 등과 같은 다양한 유형이 있다.

□ 단일 단위(Direct Unit or Single Unit) 프랜차이즈

단일 단위 프랜차이즈(또는 직접 단위 프랜차이즈)는 가장 전통적이며 역사적으로 가장 일반적인 형태의 프랜차이즈이다. "직접 또는 단일 단위 프랜차이즈" 계약 하에서는 Franchisor는 하나의 가맹점을 오픈하고 운영할 수 있는 권리와 의무를 Franchiee에게 부여한다.

□ 다수 단위(Multi Units) 프랜차이즈

다수 단위 프랜차이즈는 가맹점 사업자에게 가맹본부가 한 개가 아닌 다수단위의 업장을 오픈하고 운영할 수 있는 권한을 부여한다. 다수 단위 프랜차이즈는 특정 기간 안에 정한 수의 가맹점을 열기로 사전에 동의하여야 한다.

□ 지역 개발(Area Developer) 프랜차이즈

Area Franchisees라고도 알려지기도 한 이 유형의 프랜차이즈 계약은 다수단위 프랜차이즈와 유사하다. Franchisor는 한 곳 이상의 가맹점을 오픈하고 운영할 권리와 의무를 특정 지역개발자에게 부여한다. 그리고 그 반대급부로 Franchisors에게 개발비와 점포를 오픈하고 운영할 수 있는 권리를 보장받을 수 있는 비용(fee)을 지불하여야 한다. 그러나 지역개발자는 프랜차이즈(Franchises)를 판매하거나 프랜차이지(Franchisees)에게 지원(Support)을 하지 못하며, 주 임무는 주어진 지역에서, 주어진 기간동안에 계약서에 명시된 수만큼의 점포를 개점하여 운영하는 것이다.

□ 마스터 프랜차이즈

일반적으로 "Sub-franchise"라고도 칭하는 Master franchise는 프랜차이즈 브랜드의 소유자(master franchisor)가 특정 지역에서 새로운 franchisee를 모집할 수 있는 권리를 다른 당사자에게 부여하는 프랜차이즈 관계이다.

모-Franchisor가 소유하고 있는 브랜드를 다른 국가나 지역으로 확장하기를 원하나 Franchisor가 확장하고자 하는 관련 지역의 시장, 관행 및 관습에 대한 필요한 경험이 없는 경우와 지속적으로 충분한 지원을 제공하기 어려운 경우

Master franchisee를 지정하는 경우가 많다.

Master franchisee는 지정된 지역에 여러 지점을 열고 운영할 권리와 의무를 갖는 것 외에도 다른 가맹점을 모집할 권리(때로는 의무)가 있다. 사실상, Master franchise는 Master franchisee를 통해 시스템에 합류하는 Franchisee에게 일종의 Sub-franchisor가 된다. 즉, 본사와 가맹점 간의 거래에 제3자가 개입하는 형태로 주어진 지역에 한정하여 Franchisor가 상표(Trade Marks)와 훈련, 행정, 마케팅 절차 등과 같은 영업비밀(Trade Secrets)을 투자가(Investors) 또는 Sub-Franchisors 에게 판매하는 형태이다.

이와 같은 서브-프랜차이즈 계약에 의거 Sub-Franchisors는 프랜차이즈를 개인독립 Franchisees에게 판매할 권한을 가지는 독립적인 대리인이 된다. 이 권한을 이용하여 주어진 지역에서 본사(가맹본부)를 대신하여 프랜차이즈를 판매하는 자가 된다.

3. 프랜차이즈의 장·단점

프랜차이즈 본부는 통상적으로 프랜차이즈 가맹점과 함께 직영점을 운영한다. 특히 프랜차이즈 초기에는 직영점 운영을 통하여 가맹점 모델의 개발을 시도하거나, 직영점의 성과를 높인 후 이를 높은 대금을 받고 가맹점으로 넘기는 경우가 많다. 또한, 프랜차이즈 운영 중에도 가맹점과 직영점의 수를 적절히 조정하거나 양자의 경영성과를 비교하여 조정을 꾀하기도 한다. 양자의 장단점을 살펴보면 다음과 같다.

1) 본부의 장단점

프랜차이즈 시스템을 채택함으로써 본부가 갖게 되는 장점을 살펴보면 다음과 같다.

① 사업에 대한 의욕이 있는 사람을 가맹점으로 모음으로써 점포투자액을 적게 하고, 넓은 지역에 단시일 내 판매량을 확보할 수 있다.

② 프랜차이즈 시스템에 대한 지명도가 높아짐에 따라 체인 전개를 가속화시킬 수 있다.

③ 가맹점의 점포 스타일, 점원의 유니폼, 기타를 통일할 수 있기 때문에 소비자와 업계에 대하여 통일적인 이미지를 강력히 표출시킬 수 있다.

④ 가맹금과 로열티 등을 충실히 확보할 수 있기 때문에 안정된 사업을 수행할 수 있다.

⑤ 상품의 유통을 목적으로 한 프랜차이즈 시스템의 경우 확고한 상품유통의 경로가 설정되므로 일정 상품의 판매량을 확보할 수 있다.

⑥ 가맹점의 영업상황, 본부의 체제, 환경 조건의 변화를 보면서 가맹점 모집을 조절함으로써 유연하게 성장시켜 나갈 수가 있다.

이상으로 본부가 얻을 수 있는 장점을 열거하였는데, 참고로 가맹점 운영이 아닌 직영점을 운영함으로써 발생하는 장점을 보면 다음과 같다.

① 직영점은 가맹점보다 모기업에 더 많은 수익을 가져다준다.

② 수직적으로 통합된 체인이기 때문에 피드백이 쉬워 인사관리의 개발을 쉽게 해준다.

③ 점포관리자에게 융통성이 부여되기 때문에 통제가 쉽고, 판매 전략의 변화로 잠재시장을 시험할 수 있어 어떤 방향으로든지 정책변화가 가능하다.

④ 가맹사업자는 프랜차이즈를 구매하는 데 많은 자금이 필요하게 되므로 당연히 연령이 많게 되지만, 직영점의 경우 호의적이고 야망적인 젊은 층을 관리자로 채용할 수 있다.

⑤ 법적인 문제에 있어서도 통합체인은 법률제한 사항에 크게 해당되지 않는다.

프랜차이즈 시스템을 채택함으로써 본부는 장점만 있는 것이 아니다. 다음과 같은 단점도 있다.

① 계속적인 지도 원조에 비용과 노력이 소모되기 쉽다.

② 가맹점이 급증할 경우 본부의 지도력 체제가 뒤따라가기 힘들어 통제할 수 없게 될 우려가 있다.

③ 가맹점은 프랜차이즈 시스템이라는 권리 위에 안일한 사고를 가져 시스템 전체의 활력이 없어질 우려가 있다.

④ 본부 스스로 점포확장을 하는 것보다 투자효율은 높지만, 이익 그 자체를 대폭 증가시키는 것은 곤란하다.

2) 가맹점의 장단점

프랜차이즈 시스템을 채택함으로써 가맹점이 갖게 되는 장점은 다음과 같다.

① 가맹점의 독점적 지위확보가 가능 수익 수준에 만족하고 독립성을 느낄 수 있어 스스로 독립적인 지위에 만족할 수 있다.

② 본부의 일괄적인 영업·광고·판촉활동에 대한 지원과 원조를 받을 수 있다.

③ 단독으로 사업을 착수하는 것보다는 비교적 소액의 자본으로 사업을 시작할 수 있다.

④ 본부가 지속적인 정보를 제공하기 때문에 시장의 변화에 적합한 사업운영이 가능하다.

⑤ 본부가 합리적인 방법에 의해 개발한 프랜차이즈 패키지에 의해 영업을 하기 때문에 성공률이 높다.

⑥ 처음부터 지명도가 높은 효과적인 경영이 가능하다.

⑦ 필요로 하는 설비와 도구 등을 유리한 조건으로 알선받을 수 있고, 대량구입에 따른 경비절감효과가 있어 가격경쟁에서 유리하며 안정된 품질의 제품을 공급받을 수 있다.

⑧ 본부의 교육프로그램, 매뉴얼의 정비, 각종 지도에 의해 무경험자도 사업이 가능하다.

프랜차이즈 시스템을 채택함으로써 가맹점이 갖게 되는 단점은 다음과 같다.

① 본부가 제공하는 서비스에 대한 애매한 가치

　본부에 의해 제공받는 서비스들이 가맹점에게는 지출항목이기 때문에 애매
한 가치를 가진다.

② 본부의 계약 불이행

③ 프랜차이즈 판매에 의한 가맹점의 희생 가능

　프랜차이즈 판매에 따른 현혹과 부정이 가맹점을 희생시킬 수 있음

④ 본부에서 제품개발 및 제반 활동에 대한 원조를 하게 되므로 본부에 대한
의타심이 생겨 문제해결이나 경영개선의 노력을 게으르게 할 수 있음

⑤ 타 가맹점 실패 시 신용에 영향을 받을 수 있음

⑥ 구입제품의 원재료, 판매방법, 가격, 점포장식들이 표준화되어 있고 통일적
인 경영을 원칙으로 하므로 더 좋은 방법이 있어도 사장 되는 경우가 있어
지역특성과 맞지 않을 수 있음

⑦ 본부의 의사에 따라야 하는 계약이므로 계약내용에 대해 가맹점이 불리할
수도 있음

⑧ 재무구조가 취약하고 경험이 부족한 프랜차이즈 회사의 파산 등으로 인한
피해가 있을 수 있음

⑨ 본부는 전체의 효과를 생각해서 정책을 입안·실시하기 때문에 특정의 가맹
점에 있어서는 실정에 맞지 않는 일이 생길 우려가 있음

그러나 프랜차이즈 시스템에 있어 살펴본 장점과 단점은 모든 시스템에 해당되
는 것은 아니고 시스템 유형별로 다르게 나타날 수 있다.

제2절   프랜차이즈 결정 시 고려할 사항

1. 필수 고려사항

프랜차이즈 소유주로서 사업을 성공적으로 이끌기 위해 의사결정에 반드시 참조하고 평가해야 하는 다섯 가지 필수항목은 다음과 같다.

아래의 다섯 가지 항목은 계약 전에 매우 주의 깊게 객관적으로 살펴보고 평가하여야 한다.

---

① 본인 자신
② 판매상품 또는 서비스
③ 시장 상황
④ 프랜차이즈 회사
⑤ 가맹계약 내용

---

1) 본인(가맹점 희망자)

프랜차이즈 가맹점이 된다고 모두가 성공하는 것은 아니다. 때문에, 개인이 독립적으로 식당을 창업하는 것과 같이 세심한 주의가 필요하다.

가장 중요한 점은 어떠한 어려움도 극복할 수 있다는 자신감과 긍정적인 사고이다. 그리고 자신의 투자 여력과 경영능력, 희망하는 프랜차이즈사업과 부합하는 지식, 기술, 경험(직·간접적인)이 있는가에 대한 점이 고려되어야 한다. 즉 자기 자신을 야망 있고, 능동적이고, 적극적(enthusiastic)이라고 생각할 수 있어야 한다.

다음의 설문은 뉴햄프셔 주, 포츠머스에 있는 프랜차이즈 컨설팅 회사인 Franchise Solutions, Inc.가 프랜차이즈에 가입할 때 참고해야 할 항목을 적어놓은 것이다.

① 나는 이 사업을 정말로 즐긴다.

② 이 프랜차이즈는 나의 소득목표를 달성하거나 능가한다.

③ 나의 사람 다루는 솜씨는 이 프랜차이즈에 충분하다.

④ 나는 이 프랜차이즈가 주는 큰 도전을 충분히 이해하고 있으며, 내 능력에 알맞다고 생각한다.

⑤ 나는 회사 경영층과 만난다면 그들과 함께 할 수 있다는 느낌이 든다.

⑥ 나는 이 사업의 위험을 이해하며 그 위험을 받아들일 준비가 되어있다.

⑦ 나는 내 지역에서 있을 수 있는 경쟁에 대해 조사했으며 잠재적 시장에 대해 만족하고 있다.

⑧ 내 가족과 친구들은 이것이 나에게 가장 큰 기회라고 생각한다.

⑨ 나는 공식서류와 프랜차이즈 계약서를 살펴보았다.

⑩ 나는 기존의 대표적인 가맹점주들을 만났다. 그들은 현재의 사업에 매우 긍정적이었다.

⑪ 나는 이 사업을 연구했으며 이 사업의 장기적인 성장 가능성에 대해 만족스럽게 생각한다.

⑫ 나의 배경과 경험으로 비춰볼 때 이 프랜차이즈는 이상적인 선택이다.

위의 12개 질문에 긍정적으로 느끼는 정도를 5점 척도(1점은 낮음, 5점은 높음)로 표시하게 하였다. 이 퀴즈의 최대점수는 60점이다. 45점 이하의 점수는 프랜차이즈가 당신에게 맞지 않거나 당신이 프랜차이즈에 대해 더 많은 조사를 해야 한다는 것을 의미한다.

2) 판매상품 및 서비스

판매상품 및 서비스와 관련된 고려사항은 아래와 같다.

① 열의를 다해 일할 가치가 있는 상품이나 서비스인가.

② 타 상품이나 서비스에 대해 경쟁력이 있다고 판단되는가.

③ 고품질의 믿을 만한 상품이나 서비스인가.

④ 기존시장에서 시도되어 검증된 상품이나 서비스인가.

⑤ 상품이나 서비스의 공급원은 믿을만한가.

⑥ 특허나 등록상표 보호를 받는 상품이나 서비스인가.

⑦ 담보나 보증으로 보상받을 수 있는 상품이나 서비스인가.

⑧ 국가나 지방자치단체의 기준에 맞고 안전·건강 측면에서 기준이 맞는가.

⑨ 전국적인 광고로 잘 알려진 상품이나 서비스인가.

⑩ 다른 프랜차이즈 회사에서 유사하거나 신상품 혹은 서비스가 개발 중인가.

3) 시장

시장에 대한 고려사항을 정리해 보면 아래와 같다.

① 프랜차이즈에 관련된 전체 시장은 커지는가, 정체되어 있는가, 줄어드는가.

② 예정된 프랜차이즈 점포 인근의 상품이나 서비스 수요는 어떠한가.

③ 인근에 경쟁상품이나 서비스가 있는가, 또한 있다면 가격과 품질 면에서 경쟁력이 있는가.

④ 취급상품이나 서비스가 1년 내내 판매 가능한가, 계절을 타는 상품인가.

⑤ 단기간 유행을 타는 상품이나 서비스인가, 혹은 라이프사이클이 짧은 시장인가, 아닌가.

⑥ 인근의 인구가 늘어날 것인가, 정체할 것인가, 줄어들 것인가.

4) 프랜차이즈 회사(가맹본부)

모든 가맹본부가 양질의 시스템을 구축하고 있는 것은 아니다. 그래서 선의의 가맹사업자들이 피해를 보는 경우가 많다. 왜냐하면, 계약을 체결하고자 하는 특정 가맹본부에 대한 정보를 사전에 알 수 없기 때문이다. 그래서 정부는 가맹사업법을 만들어 기만적인 가맹점 모집행위를 방지하고, 가맹사업거래를 투명하게 하기 위한 가맹본부의 의무사항으로 "가맹거래 정보공개서"의 사전공개를 의무화하고 있다. 즉 예비가맹사업자가 계약체결을 원하는 특정 가맹본부에 대해 많은 정보를 사전에 입수한 후 충분한 검토를 통해 최종 의사결정을 내릴 수 있도록 하게 함이다.

프랜차이즈 계약은 일반적인 계약처럼 쌍방합의로 조항을 만들거나 수정하는 것이 아니다. 본부가 사업에 계약 내용을 미리 정하고 일률적으로 다수의 가맹사업 희망자에게 제시하여 이 내용에 동의하는 자가 계약하게 된다. 그 결과 가맹사업자의 무경험 또는 본부의 거래상 우월적 지위를 이용한 불분명한 계약조건, 가맹본부에 일방적으로 유리한 계약조건 등이 당사자 간에 불신과 분쟁을 유발시키는 원인이 되고 있다. 따라서 프랜차이즈 거래 당사자 간 상호신뢰구축을 위한 제도적 기반을 마련하기 위해 「가맹사업거래의 공정화에 관한 법률(가맹사업법)」을 제정·시행하게 되었다.

공정거래위원회가 고시한 "정보공개서"에는 아래와 같은 내용이 구체적으로 포함 되도록 되어있다.[3]

가맹본부의 일반 현황, 가맹본부의 가맹사업현황, 가맹본부와 그 임원의 법 위반 사실, 가맹사업자의 부담, 영업활동에 대한 조건 및 제한, 가맹사업의 영업개시에 관한 상세한 절차와 소요기간, 교육·훈련에 대한 내용이 포함된다.

이같이 가맹사업자들을 보호하기 위해서 정부에서는 가맹사업법을 제정하여 가맹본부의 정보공개를 의무화하고 있다. 또한, 사전 분쟁을 방지 혹은 최소화하기 위해서 가맹사업법에서 계약서에 의무적으로 명시하여야 하는 내용까지를 명시하고 있다. 때문에, 몇 개의 가맹본부를 대상으로 다양한 경로로 수집한 정보를 바탕으로 가맹계약 상담 단계, 가맹계약 체결단계, 가맹점 운영단계, 가맹계약 종료 단계 등에서 제시된 내용을 전문가의 도움을 받아 계약을 체결하기 전 잘 검토하여야 한다.

그러나, '갑'인 가맹본부와 '을'인 가맹점 간에는 분쟁이 끊이지 않고 있다는 점을 고려한다면 양질의 '갑'보다는 신뢰할 수 없는 가맹본부인 '갑'이 더 요란스럽게 예비

---

3) https://www.law.go.kr/lsInfoP.do?lsId=009367&ancYnChk=0#0000/ 가맹사업거래의 공정화에 관한 법률 (약칭: 가맹사업법) 제 1장 2조(정의) 10의 가~아 참조

가맹점 사업자들을 현혹하고 있다고 추론해 볼 수 있다. 때문에, 가맹사업을 원하는 예비 가맹점주들은 원하는 가맹본부에 대해 가맹사업법이 의무화한 가맹본부에 대한 정보공개를 통해 특정 가맹본부에 대한 실체를 본인 또는 전문가의 힘을 빌려 구체적으로 분석하여 그 내용을 검증할 필요가 있다. 그래야만 양질의 가맹본부인 '갑'을 선정할 수 있으며, '갑'이 구축한 검증된 시스템을 이용하여 성공적인 가맹사업자가 될 수 있다.

5) 가맹계약서

프랜차이즈 시스템은 계약을 기초로 한다. 이 계약은 계약당사자의 한쪽이 계약내용을 결정할 자유가 없는 계약인 부합계약(附合契約)이다. 양자가 협의해서 계약을 체결하는 것이 아니라 가맹본부(Franchisor)가 사업에 계약 내용을 미리 정하고 일률적으로 다수의 가맹점 (Franchisee) 희망자에게 제시하여 이것에 동의하는 자가 계약하게 된다. 이것을 가맹계약서라고 한다. 때문에, 계약 시점에는 계약서에 서명하기 전에 반드시 프랜차이즈에 정통한 고문변호사와 공인회계사, 가맹거래사 등의 조언을 듣고, 또는 함께 계약에 임해야 한다.

가맹계약서는 가맹사업의 구체적 내용과 조건 등에 있어 가맹본부 또는 가맹점 사업자의 권리와 의무에 관한 사항을 기재한 문서이다. 계약의 기본적인 내용은 상품의 판매 또는 사업의 경영에 관한 일체로서 권리 부여와 그 대가의 지불 등에 관한 의무규정을 담고 있다.

그리고 가맹본부는 가맹계약서(유의사항, 특수거래조건 등 가맹본부와 가맹점 사업자의 권리와 의무사항을 기재한 문서를 포함한다. 이하 같다)를 가맹금의 최초 수령일 전에 미리 가맹희망자에게 교부하여야한다. 그리고 가맹본부는 가맹계약서를 가맹사업의 거래가 종료된 날부터 3년간 보관하여야 한다.

우리나라의 「가맹사업거래의 공정화에 관한 법률」 제11조(가맹계약서의 기재사항 등)에는 프랜차이즈 계약의 필수사항을 구체적으로 명시하고 있다.

제11조(가맹계약서의 기재사항 등)

① 가맹본부는 가맹희망자가 가맹계약의 내용을 미리 이해할 수 있도록 제2항 각 호의 사항이 적힌 문서를 가맹희망자에게 제공한 날부터 14일이 지나지 아니한 경우에는 다음 각 호의 어느 하나에 해당하는 행위를 하여서는 안 된다. 〈개정 2007.8.3., 2017.4.18.〉

1. 가맹희망자로부터 가맹금을 수령하는 행위. 이 경우 가맹희망자가 예치기관에 예치가맹금을 예치하는 때에는 최초로 예치한 날(가맹희망자가 최초로 가맹금을 예치하기로 가맹본부와 합의한 날이 있는 경우에는 그 날)에 가맹금을 수령한 것으로 본다.

2. 가맹희망자와 가맹계약을 체결하는 행위

② 가맹계약서는 다음 각호의 사항을 포함하여야 한다. 〈개정 2007.8.3., 2018.10.16.〉

1. 영업표지의 사용권 부여에 관한 사항

2. 가맹점사업자의 영업활동 조건에 관한 사항

3. 가맹점사업자에 대한 교육·훈련, 경영지도에 관한 사항

4. 가맹금 등의 지급에 관한 사항

5. 영업지역의 설정에 관한 사항

6. 계약기간에 관한 사항

7. 영업의 양도에 관한 사항

8. 계약해지의 사유에 관한 사항

9. 가맹희망자 또는 가맹점사업자가 가맹계약을 체결한 날부터 2개월(가맹점사업자가 2개월 이전에 가맹사업을 개시하는 경우에는 가맹사업개시일)까지의 기간 동안 예치 가맹금을 예치기관에 예치하여야 한다는 사항. 다만, 가맹본부가 제15조의2에 따른 가맹점사업자피해보상보험계약 등을 체결한 경우에는 그에 관한 사항으로 한다.

10. 가맹희망자가 정보공개서에 대하여 변호사 또는 제27조에 따른 가맹거래사의 자문을 받은 경우 이에 관한 사항

11. 가맹본부 또는 가맹본부 임원의 위법행위 또는 가맹사업의 명성이나 신용을 훼손하는 등 사회상규에 반하는 행위로 인하여 가맹점사업자에게 발생

한 손해에 대한 배상의무에 관한 사항

12. 그 밖에 가맹사업당사자의 권리·의무에 관한 사항으로서 대통령령이 정하는 사항

③ 가맹본부는 가맹계약서를 가맹사업의 거래가 종료된 날부터 3년간 보관하여야 한다.

④ 삭제 〈2023.6.20.〉

[제목개정 2007.8.3.]

또한, 공정거래위원회는 가맹본부에게 건전한 가맹사업거래질서를 확립하고 불공정한 내용의 가맹계약이 통용되는 것을 방지하기 위하여 일정한 가맹사업거래에서 표준이 되는 가맹계약서의 작성 및 사용을 의무화하고 있다. 그리고 가맹사업에 있어서 가맹본부와 가맹점사업자 간에 공정한 계약조건에 따라 가맹계약(프랜차이즈계약)을 체결하도록 하기 위한 표준적 계약조건을 제시하고 있는 [프랜차이즈(외식업)표준 계약서][4]가 공정거래위원회에서 제공되고 있다.

이 표준계약서에서는 외식업 가맹사업의 운영에 있어서 표준이 될 계약의 기본적 공통사항만을 제시하고 있다. 따라서 실제 가맹계약을 체결하려는 계약당사자는 이 표준계약서의 기본 틀과 내용을 유지하는 범위에서 이 표준계약서보다 더 상세한 사항을 계약서에 규정하거나 특약으로 달리 약정할 수 있다.

그리고 이 표준계약서의 일부 내용은 현행 「가맹사업거래의 공정화에 관한 법률」 및 그 「시행령」을 기준으로 한 것이므로 계약당사자는 이들 법령이 개정되는 경우에는 개정내용에 부합되도록 기존의 계약을 수정 또는 변경할 수 있다. 특히 개정법령에 강행규정(당사자의 의사와는 상관없이 강제적으로 적용되는 법의 규정)이 추가되는 경우에는 반드시 그 개정규정에 따라 계약 내용을 수정하여야 한다. 그리고 이 표준계약서는 하위가맹본부(지사 등)가 가맹본부로부터 계약체결권을 부여받아 가맹점사업자를 모집할 경우에도 그 하위가맹계약의 표준이 될 수 있다고 되어있다.

---

4) http://franchise.ftc.go.kr 에서 프랜차이즈(외식업)표준 계약서 전문을 볼 수 있다.

제3절 우리나라 가맹사업의 현황

1. 가맹사업(프랜차이즈)의 업종 분류

가맹사업 현황에 대한 보고서는 다양하다. 그러나 통계청이 실시하는 [프랜차이즈(가맹점)조사 보고서][5], 산업통상자원부/대한상공회의소가 실시하는 [프랜차이즈 실태조사][6], 그리고 공정거래위원회가 발표하는 [가맹사업 현황 통계][7] 등이 가장 공신력이 있는 지표로 많이 인용되기 때문에 이 보고서들을 인용하여 가맹사업(프랜차이즈)의 업종을 분류해 본다.

프랜차이즈 산업은 일반적으로 외식업, 서비스업, 도소매업을 대분류로 구분하며, 중분류는 통계작성기관별 소관 업무 특성에 따라 다양한 방식으로 분류되고 있다.

첫째, 〈프랜차이즈 가맹점 조사〉를 실시하고 있는 통계청의 경우 프랜차이즈 산업의 업종을 다음 〈표 7-1〉과 같이 제10차 한국표준산업분류를 기준으로 총 16개로 분류하여 집계한다. 그중 외식업종은 8개 업종이다.

---

5) 공정거래위원회의 정보공개서에 등록된 가맹점 수를 모집단으로 2020년부터는 약 2만 5천 개 표본 조사실시.

6) 과거에는 정기조사(3년 단위)와 수시조사(필요시)로 구분하여 추진 가능성을 명시했으나, 2021년 법령이 개정되면서 2년마다 가맹사업에 대한 실태조사를 실시하도록 의무화 함. 프랜차이즈 산업 현황분석은 공정거래위원회에 등록한 모든 가맹본부·브랜드의 정보공개서 데이터를 수집하여 활용하고, 가맹본부와 가맹점 사업자 운영현황 분석은 표본조사 방식을 활용하여, 법령에 명시된 주요 사항들을 조사·분석함.

7) 가맹본부가 등록한 정보공개서를 토대로 가맹사업현황을 분석. 발표함

〈표 7-1〉 통계청 프랜차이즈 업종 분류

프랜차이즈 업종 분류 명	한국표준산업분류(10차 개정)상 산업분류 명
체인화 편의점	체인화편의점(47122)
문구용품 및 회화용품 소매업	문구용품 및 회화용품 소매업(47612)
의약품 및 의료용품 소매업	의약품 및 의료용품 소매업(47811)
안경 및 렌즈 소매업	안경 및 렌즈 소매업(47822)
한식 음식점업	한식 음식점업(5611) 한식 일반음식점업(56111) 한식 면요리전문점(56112) 한식 육류요리전문점(56113) 한식 해산물요리전문점(56114)
외국식 음식점업	외국식 음식점업(5612) 중식 음식점업(56121) 일식 음식점업(56122) 서양식 음식점업(56123) 기타 외국식 음식점업(56129)
제과점업	제과점업(56191)
피자, 햄버거, 샌드위치 및 유사 음식점업	피자, 햄버거, 샌드위치 및 유사 음식점업(56192)
치킨 전문점	치킨 전문점(56193)
김밥, 기타 간이 음식점 및 포장 판매점	김밥 및 기타 간이 음식점업(56194) 간이 음식 포장 판매 전문점(56199)
생맥주 및 기타 주점업	생맥주 전문점(56213) 기타 주점업(56219)
커피 및 기타 비알코올 음료점업	비알코올 음료점업(5622) 커피 전문점(56221) 기타 비알코올 음료점업(56229)
자동차 전문 수리업	자동차 전문 수리업(95212)
두발 미용업	두발미용업(96112)
가정용 세탁업	가정용 세탁업(96912)
기타 프랜차이즈	위이 산업분류에 해당하지 않는 산업분류

□ 주로 프랜차이즈 가맹사업을 영위하는 업종(16개)을 한국표준산업분류 세세분류를 기준으로 재분류
자료: 통계청, 2020년 기준 프랜차이즈(가맹점)조사 보고서, 2022.4 : p.93

둘째, 가맹분야 정보공개서 등록을 총괄하는 공정거래위원회에서는 〈표 7-2〉와 같이 업종을 외식업 15개, 서비스업 21개, 도소매업 7개 등 총 43개 중분류로 구분한다.

〈표 7-2〉 **프랜차이즈 업종 구분**

업종	세부업종
외식업 (15개)	한식, 분식, 중식, 일식, 서양식, 기타 외국식, 치킨, 피자, 커피, 음료(커피 외), 아이스크림/빙수, 패스트푸드, 제과제빵, 주점, 기타 외식
도소매업 (7개)	편의점, 의류·패션, 화장품, 농수산물, 건강식품, 종합소매점, 기타 도소매
서비스업 (21개)	교육(교과), 교육(외국어), 기타 교육, 유아 관련(교육 외), 스포츠 관련, 이미용, 자동차 관련, PC방, 부동산 중개, 임대, 숙박, 오락, 배달, 안경, 세탁, 이사, 운송, 반려동물 관련, 약국, 인력파견, 기타 서비스

자료: 공정거래위원회, 2022년도 가맹사업 현황 발표, 보도자료, 2023년 3월 27일: p. 23

셋째, 프랜차이즈 실태조사(산업통상자원부/대한상공회의소)에서는 프랜차이즈 산업업종분류를 다음 〈표 7-3〉과 같이 외식업 중분류는 총 9개업종, 서비스업은 10개업종, 도소매업은 6개 업종으로 분류하고 있다.

〈표 7-3〉 **프랜차이즈 산업 업종분류**

구분(대분류)	세부 업종(중분류)				
외식업(9)	한식	피자/햄버거	커피	치킨	주점
	제과제빵	외국식	분식	기타 외식업	
서비스업(10)	자동차수리	의약품	안경	이미용	교육
	세탁	유아관련	스포츠관련	PC방/오락	기타 서비스
도소매업(6)	편의점	문구점	화장품	의류/패션	농수산물/식품
	기타 도소매업				

자료: 2021 프랜차이즈 실태조사, 산업통상자원부/ 대한상공회의소, 2022. 1. p.8

그중 외식업의 경우만을 보면 다음 〈표 7-4〉와 같다.

〈표 7-4〉 정보공개서 업종분류와 실태조사 업종분류

구분(대분류)		본 실태조사 중분류
외식업	한식	한식
	분식	분식
	중식	외국식
	일식	
	서양식	
	기타 외국식	
	피자	피자/햄버거
	패스트푸드	
	치킨	치킨
	제과제빵	제과제빵
	커피	커피
	아이스크림/빙수	
	주점	주점
	음료(커피 외)	기타 외식업
	기타 외식	

자료: 2021 프랜차이즈 실태조사, 산업통상자원부/ 상공회의소, 2022. 1. p.9

2. 가맹사업자 관련 실태조사 결과 (2020년 기준)[8]

본 조사에서는 다양한 항목에 대해 실태조사를 실시하였다. 그러나 여기서는 프랜차이즈 가맹사업을 이해하는데 요구되는 몇 가지의 항목으로 제한하여 그 결과를 정리하였다.

1) 가맹점 창업 동기

가맹점주를 대상으로 가맹점 창업 동기를 묻은 질문에 다음 〈표 7-5〉와 같이 소자본 창업 가능(24.1%), 기술/경험 부족(19.8%), 적성에 맞는 일을 하고자(19.1%),

---

8) 산업통상자원부/대한상공회의소, 2021 프랜차이즈 실태조사, 2022.1

소득이 일정하므로(17.9%), 자유롭게 일할 수 있어서(15.4%) 등의 순으로 조사되었다.

이를 업종별로 살펴보면 업종에 따라 동기가 달라짐을 알 수 있다. 예를 들어 외식업의 경우는 전체의 평균과 별 차이가 없으나 서비스업과 도소매업의 경우는 영역에 따라 큰 차이를 보인다.

〈표 7-5〉 **가맹점 창업 동기 - 가맹점특성별(%)**

구분		사례수	소자본 창업이 가능해서	기술이나 경험이 부족해서	적성에 맞는 일을 하고자	소득이 비교적 일정해서	자유롭게 일할 수 있어서	취업이 어려워서	기타
전체		1,000	24.1	19.8	19.1	17.9	15.4	3.6	0.1
업종	외식업	499	27.9	19.5	14.7	17.9	15.1	4.7	0.2
	서비스업	284	17.6	12.6	37.0	18.1	13.3	1.4	0.0
	도소매업	217	24.0	29.9	5.8	17.7	18.7	4.0	0.0

2) 창업 전 유사 분야 종사 경험

가맹점 창업 전 유사 분야 종사 경험에 대해서는 없다는 응답이 전체적으로는 63.3%로 조사되었고, 경험이 있는 가맹점주는 36.7%에 불과했다. 업종별로 유사 분야/업종 종사경험은 서비스업(49.1%), 외식업(36.6%), 도소매업(20.5%) 순으로 조사되었다.

〈표 7-6〉 **창업 전 유사분야/업종 종사경험 - 가맹점특성별(%)**

구분		사례수	있음	없음
구분		1,000	36.7	63.3
업종	외식업	499	36.6	63.4
	서비스업	284	49.1	50.9
	도소매업	217	20.5	79.5

3) 창업 시 애로사항(복수 응답)

가맹점 창업 시 애로사항으로는 점포입지/상권분석(61.6%)이 가장 높게 나타난 가운데, 초기 투자자금 조달(41.6%), 가맹브랜드 선택(35.2%), 사업분야/아이템 선정(34.7%), 사업성 분석(34.2%) 등에서도 일정 부분 어려움을 겪는 것으로 조사되었다.

업종별로는 외식업과 도소매업은 점포입지/상권분석(외식업 65.7%, 도소매업 61.8%) 및 초기투자자금조달(외식업 45.8%, 도소매업 40.8%)에서 어려움을 겪는다는 응답이 많았다. 그 밖에도 다양한 애로사항을 표출하고 있으나 그다지 높은 비중을 차지하고 있지는 않은 것으로 나타났다.

〈표 7-7〉 **가맹점 창업 시 애로사항－가맹점특성별(복수, %)**

구분		사례수	점포입지/상권분석	초기투자자금조달	가맹브랜드선택	사업분야/아이템선정	사업성분석	인력확보 및 관리	광고/홍보/프로모션	경영능력습득	관련법규/규정정보회득
전체		1,000	61.6	41.6	35.2	34.7	34.2	11.4	6.7	6.6	5.1
업종	외식업	499	65.7	45.8	34.6	36.7	32.0	12.4	4.9	6.2	3.7
	서비스업	284	54.3	34.7	36.7	33.5	37.1	12.7	9.8	8.1	7.9
	도소매업	217	61.8	40.8	34.6	31.6	35.6	7.6	6.6	5.4	4.8

4) 창업비용

현재 운영 중인 가맹점 창업비용은 1억 이상~2억 미만이 42.9%로 가장 많았고, 1억 미만이 35.8%, 2억 이상~3억 미만이 15.6% 등으로 조사되어, 소자본 창업이 주류를 이루는 가맹사업 시장 상황을 잘 설명하고 있다.

업종별로는 서비스업의 경우 1억 미만(44.6%)이 높았으나, 외식업과 서비스업에서는 1억 이상~2억 미만이라는 응답이 높게 나타났다(외식업 45.2%, 도소매업 49.2%).

〈표 7-8〉 **가맹점 창업비용－가맹점특성별(%)**

구분		사례수	1억 미만	1억 이상 ~ 2억 미만	2억 이상 ~ 3억 미만	3억 이상 ~ 4억 미만	4억 이상 ~ 5억 미만	5억 이상
전체		1,000	35.8	42.9	15.6	4.4	0.5	0.8
업종	외식업	499	34.0	45.2	16.5	3.1	0.6	0.6
	서비스업	284	44.6	34.0	14.9	4.1	0.7	1.7
	도소매업	217	28.6	49.2	14.5	7.8	0.0	0.0

5) 매출액 수준

2020년 기준으로 매출액 규모는 평균 2.5억 원 정도이며, 1억 초과~3억 이하 (40.9%)가 가장 높았으며, 이어서 1억 이하(30.8%), 3억 초과~5억 이하(16.7%), 5억 초과(9.5%) 순으로 나타났다.

업종별 연평균 매출액은 도소매업이 3.4억 원 정도, 외식업이 2.3억 원 정도, 그리고 서비스업이 2.1억 원 순으로 분석되었다.

〈표 7-9〉 2020년 매출액 규모−가맹점특성별(%)

구분		사례수	1억 이하	1억 초과 ~ 3억 이하	3억 초과 ~ 5억 이하	5억 초과	무응답	평균 (만원)
전체		875	30.8	40.9	16.7	9.5	2.1	24,925
업종	외식업	427	29.1	46.3	16.0	7.4	1.2	23,316
	서비스업	255	48.6	32.5	10.0	7.4	1.5	21,360
	도소매업	192	11.0	40.1	27.0	16.8	5.1	33,550

6) 가맹점 재계약 비율

2020년 기준 계약기간이 만료된 가맹점이 있는 경우 재계약 비율은 평균 81.5%로 나타나, 전체적으로 가맹점의 몰입수준이 매우 높은 것으로 평가할 수 있다.

구체적으로는 90% 이상 재계약 했다는 응답이 65.1%로 조사되었으며, 80% 이상~90% 미만이 13.4%, 70% 이상~80% 미만이 5.4% 등으로 조사되었다.

평균 재계약 비율을 업종별로 살펴보면 서비스업이 87.0%로 가장 높았고, 도소매업(80.1%), 외식업(79.9%)로 가장 낮다.

〈표 7-10〉 가맹점 계약만료 시 재계약 비율−기업특성별(%)

구분		사례수	50% 미만	50% 이상 ~ 60% 미만	60% 이상 ~ 70% 미만	70% 이상 ~ 80% 미만	80% 이상 ~ 90% 미만	90% 이상	평균
전체		479	10.7	4.1	1.4	5.4	13.4	65.1	81.48
업종	외식업	349	12.1	4.0	1.7	5.9	14.7	61.6	79.93
	서비스업	105	5.6	4.2	0.7	3.1	11.1	75.2	86.95
	도소매업	24	11.7	4.2	1.5	7.5	4.5	70.6	80.08

7) 로열티 부과방식

가맹본부가 가맹점에 대한 로열티 부과방식은 정액형이 24.2%, 매출액 기준 정률형이 12.2%, 매출총이익 기준 정률형 1.0% 등으로 나타났고, 로열티를 부과하지 않는 가맹본부는 전체의 절반 이상(58.1%)으로 조사되었다.

업종별로 볼 때 서비스업의 경우 로열티 도입률이 58.9%로 가장 높고, 외식업(37.8%), 도소매업(36.3%)으로 물류마진 비율이 상대적으로 높은 업종특성을 반영하고 있다.

〈표 7-11〉 로열티 부과형태-기업특성별(%)

구분		사례수	매출액의 일정비율	매출 총이익의 일정비율	고정금액	로열티를 받지 않음	기타
전체		800	12.2	1.0	24.2	58.1	4.5
업종	외식업	600	11.7	1.0	20.9	62.2	4.3
	서비스업	158	15.0	0.5	37.2	41.1	6.3
	도소매업	42	8.6	4.1	22.7	63.7	0.9

반면, 가맹점이 선호하는 로열티 지급방식으로는 매출액 일정 비율 지급(31.5%), 고정금액(24.9%), 수익의 일정비율(22.9%) 순으로 나타났다.

업종별로는 외식업과 서비스업의 경우 매출액의 일정비율에 대한 선호도는 도소매업이 가장 높고, 외식업(26.7%)과 서비스업 (28.0%)은 거의 비슷하고, 고정금액 지급에 대한 선호도는 도소매업이 가장 낮고, 외식업 (28.5%), 서비스업 (28.5%)이 비슷한 수준으로 분석되었다.

결국, 조사의 결과에 따르면 선호하는 로열티 지급방식은 가맹본부와 가맹점 간에 차이가 많다는 점을 보여주고 있다.

〈표 7-12〉 선호하는 로열티 지급방식-가맹점특성별(%)

구분		사례수	매출액의 일정비율	수익의 일정비율	고정금액	기타
전체		1,000	31.5	22.9	24.9	20.7
업종	외식업	499	26.7	19.5	28.5	25.4
	서비스업	284	28.0	21.7	28.5	21.9
	도소매업	217	47.1	32.3	12.0	8.6

8) 수입원 비중

가맹본부의 전체적인 수입구조를 살펴보면, 차액가맹금 수입이 34.1%로 높은 비중을 차지하는 것으로 나타났다. 로열티 수입은 14.7%, 이어 가입비/교육비 9.0%, 인테리어 설치 및 감리비 4.7%, 필수설비비 2.8% 등으로 조사되었다. 그리고 직영점 매출 등 그 밖의 수입이 34.8%를 차지하는 것으로 조사되었다.

업종별로는 외식업과 도소매업의 경우 차액가맹금에 대한 비중이 상대적으로 높았고(외식업 39.4%, 도소매업 37.0%), 서비스업은 로열티 비중(30.2%)이 상대적으로 높게 조사되었다.

〈표 7-13〉 **가맹본부 수입구조-기업특성별(%)**

구분		사례수	차액가맹금(물류마진)	로열티	가입비, 교육비	필수설비비	인테리어설치/감리비	기타(직영점매출 등)
전체		660	34.05	14.66	9.00	2.78	4.68	34.84
업종	외식업	493	39.42	10.69	9.25	2.87	4.99	32.78
	서비스업	136	13.98	30.18	9.15	2.26	3.85	40.58
	도소매업	31	37.02	9.45	4.19	3.76	3.33	42.25

※ 차액가맹금은

가맹금의 형태로 "가맹점사업자가 가맹본부로부터 공급받는 상품, 원재료, 부재료, 정착물 등의 가격 또는 부동산의 임차료에 대하여 가맹본부에 정기적으로 또는 비정기적으로 지급하는 대가 중 적정한 도매가격을 넘는 대가"를 뜻한다.

정보공개서 상 기재되는 차액가맹금 항목은 다음과 같습니다.
직전년도 기준 6개월 이상 영업한 가맹점에 대하여 발생된 차액가맹금을 모두 합하여 가맹점 수로 나눈 "가맹점당 평균차액가맹금 지급금액"과 "가맹점당 평균매출액 대비 평균 차액가맹금 지급금액의 비율"을 기재하게 된다.

9) 물류형태

가맹본부가 가맹점에 공급하는 물류형태로는 제3자 물류(3PL: 3 Party Logistics)가 43.3%로 가장 높은 비율을 나타냈으며, 가맹본부 직영물류(1PL)가 33.3%, 혼합물류가 10.4%, 법인분사 물류(2PL)가 1.2%로 조사되었다.

직영물류나 법인분사 물류의 경우 일정 수준 이상의 기업규모를 요구한다는 점에서 국내 가맹본부의 상대적 영세성이 확인되는 결과이다.

업종별로는 외식업에서 제3자의 물류의 비중이 47.9%로 조사되었으며, 도소매업은 직영물류의 비중(46.4%)이 높게 나타났다. 반면 서비스업의 경우 33.2%가 물류제공을 하지 않는 것으로 조사되었다.

〈표 7-14〉 **물류형태―기업특성별(%)**

구분		사례수	제3자 물류	직영물류	물류제공 안 함	직영+제3자 물류	법인분사 물류	기타
전체		800	43.3	33.3	11.2	10.4	1.2	0.5
업종	외식업	600	47.9	34.3	5.8	10.4	1.1	0.5
	서비스업	158	29.3	26.2	33.2	9.2	1.5	0.6
	도소매업	42	29.4	46.4	6.8	15.2	2.2	0.0

10) 가맹사업자 간 신뢰수준 평가

가맹본부와 가맹점 간의 신뢰수준 평가에서는 긍정적 평가가 56.8%(매우 높음 10.6% + 높은 편 46.3%), 보통이 41.2%, 부정적 평가가 2.0%(매우 낮음 0.6% + 낮은 편 1.4%) 등으로 조사되었다(100점 환산점수 기준으로는 66.2점).

업종별로는 큰 차이가 없다.

〈표 7-15〉 **가맹점과의 신뢰수준―기업특성별(%)**

구분		사례수	① 매우 높음	② 높은 편	③ 보통	④ 낮은 편	⑤ 매우 낮음	①+② 높음	③ 보통	④+⑤ 낮음	100점 평균
전체		800	10.6	46.3	41.2	1.4	0.6	56.8	41.2	2.0	66.19
업종	외식업	600	10.9	45.9	40.7	1.7	0.8	56.7	40.7	2.5	66.06
	서비스업	158	10.1	47.0	42.4	0.5	0.0	57.1	42.4	0.5	66.69
	도소매업	42	7.6	48.9	43.5	0.0	0.0	56.5	43.5	0.0	66.04

반면, 가맹점 입장에서 가맹본부와의 신뢰수준에 관해서는 긍정적 평가가 60.4% (매우 높음 2.5% + 높은 편 57.9%)로 조사되었고, 보통 35.2%, 낮음 4.4%(매우 낮음 0.3% + 낮은 편 4.1%)로 조사되었다.

이러한 결과는 가맹본부 결과와 비슷한 수준으로 가맹사업자 상호 간 인식 차이가 크지 않다는 점을 말해준다고 평가하였다.

가맹본부에 대한 신뢰수준이 높다는 응답은 외식업(62.3%), 도소매업(59.9%). 서비스업(57.5%) 순으로 나타났으나, 평균점수로 환산할 경우 거의 편차가 없는 것으로 나타났다.

〈표 7-16〉 **가맹본부와의 신뢰수준-가맹점특성별(%)**

구분		사례수	① 매우 높음	② 높은 편	③ 보통	④ 낮은 편	⑤ 매우 낮음	①+② 높음	③ 보통	④+⑤ 낮음	100점 평균
전체		1,000	2.5	57.9	35.2	4.1	0.3	60.4	35.2	4.4	64.56
업종	외식업	499	1.0	61.2	32.6	4.5	0.6	62.3	32.6	5.1	64.39
	서비스업	284	3.5	54.0	40.0	2.5	0.0	57.5	40.0	2.5	64.63
	도소매업	217	4.8	55.1	34.7	5.4	0.0	59.9	34.7	5.4	64.84

11) 가맹사업자 간 소통수준 평가

가맹점과의 소통수준도 신뢰수준 평가와 비슷한 양상을 나타냈는데, 가맹본부의 입장에서 긍정적 평가가 58.0%(매우 높음 10.6% + 높은 편 47.4%)로 높았고, 보통 38.2%, 낮음 3.8%(매우 낮음 0.9% + 낮은 편 2.9%)로 조사되었다(100점 환산점수 기준 66.0점). 업종별로는 큰 차이가 없다.

〈표 7-17〉 **가맹점과의 소통수준-기업특성별(%)**

구분		사례수	① 매우 높음	② 높은 편	③ 보통	④ 낮은 편	⑤ 매우 낮음	①+② 높음	③ 보통	④+⑤ 낮음	100점 평균
전체		800	10.6	47.4	38.2	2.9	0.9	58.0	38.2	3.8	65.99
업종	외식업	600	11.0	47.2	37.5	3.3	1.0	58.2	37.5	4.3	65.96
	서비스업	158	10.5	46.8	39.8	2.3	0.6	57.3	39.8	2.9	66.10
	도소매업	42	5.2	53.1	41.7	0.0	0.0	58.3	41.7	0.0	65.86

반면, 가맹점 입장에서 가맹본부와의 소통수준에 대해서는 높음 56.4%(매우 높음 1.7% + 높은 편 54.7%), 보통 39.4%, 낮음 4.2%(매우 낮음 0.6% + 낮은 편 3.6%)로, 전체적으로 신뢰수준에 대한 평가 경향과 유사한 양상을 보이고 있다.

가맹본부와의 소통 수준이 높다고 응답한 비율은 외식업(58.4%), 도소매업(56.8%), 서비스업(52.8%) 순이었으나, 신뢰수준과 마찬가지로 평균 환산점수는 큰 차이가 없다.

〈표 7-18〉 **가맹본부와의 소통수준―가맹점특성별(%)**

구분		사례수	① 매우 높음	② 높은 편	③ 보통	④ 낮은 편	⑤ 매우 낮음	①+② 높음	③ 보통	④+⑤ 낮음	100점 평균
전체		1,000	1.7	54.7	39.4	3.6	0.6	56.4	39.4	4.2	63.34
업종	외식업	499	1.2	57.2	36.5	4.3	0.8	58.4	36.5	5.1	63.43
	서비스업	284	1.9	50.8	44.6	2.7	0.0	52.8	44.6	2.7	63.00
	도소매업	217	2.6	54.2	39.1	3.2	0.9	56.8	39.1	4.1	63.59

12) 가맹사업자 간 갈등 수준 평가

평소 가맹점과의 갈등수준에 대해서는 가맹본부 10곳 중 7곳이 낮다고 응답했으며(70.5% : 매우 낮음 24.3% + 낮은 편 46.2%), 보통이라는 응답이 26.2%, 높다는 응답이 3.3%(매우 높음 1.3% + 높은 편 2.0%) 등으로 나타났다.

업종별로는 외식업(72.9점)과 서비스업(72.6점)의 갈등수준이 도소매업(67.8점)보다 양호한 것으로 나타났다.

〈표 7-19〉 **가맹점과의 갈등수준―기업특성별(%)**

구분		사례수	① 매우 높음	② 높은 편	③ 보통	④ 낮은 편	⑤ 매우 낮음	①+② 높음	③ 보통	④+⑤ 낮음	100점 평균
전체		800	1.3	2.0	26.2	46.2	24.3	3.3	26.2	70.5	72.55
업종	외식업	600	1.4	2.0	25.6	45.9	25.2	3.4	25.6	71.1	72.88
	서비스업	158	1.4	1.4	25.7	48.6	22.9	2.8	25.7	71.5	72.57
	도소매업	42	0.0	3.3	38.1	42.6	16.0	3.3	38.1	58.6	67.84

반면, 가맹점 입장에서 가맹본부와의 갈등수준에 대해서는 낮다는 응답이 57.7% (매우 낮음 11.7% + 낮은 편46.0%)로 조사되었고, 보통 30.0%, 높음 12.3%(매우 높음 0.3% + 높은 편 12.0%)로 나타났다. 전체적인 갈등 수준은 가맹점이 가맹본부보다 더 높다.

업종별로도 가맹점이 느끼는 갈등수준은 가맹본부가 느끼는 갈등수준보다 전반적으로 높은 것으로 나타났다.

〈표 7-20〉 **가맹본부와의 갈등수준－가맹점특성별(%)**

구분		사례수	① 매우 높음	② 높은 편	③ 보통	④ 낮은 편	⑤ 매우 낮음	①+② 높음	③ 보통	④+⑤ 낮음	100점 평균
전체		1,000	0.3	12.0	30.0	46.0	11.7	12.3	30.0	57.7	64.18
업종	외식업	499	0.4	11.4	29.6	47.5	11.1	11.9	29.6	58.6	64.34
	서비스업	284	0.4	13.1	27.5	46.1	13.0	13.5	27.5	59.1	64.58
	도소매업	217	0.0	11.9	34.1	42.7	11.2	11.9	34.1	53.9	63.30

3. 외식업종 주요 현황

본 자료는 〈공정거래위원회, 2022년도 가맹사업 현황 통계 발표, 보도자료, 2023년 3월 27일〉을 인용하여 정리한 것이다.[9]

2022년을 기준으로 외식업종 가맹본부 수는 6,308개, 브랜드 수는 9,442개, 가맹점 수는 167,455개로(2021년 기준) 전년 대비 각각 11.4%p, 4.9%p, 그리고 23.9%p (2020년 기준) 증가하였다. 그리고 가맹점 평균 매출액은 2.8억 원으로 전년(2020년 기준) 대비 1.4%p 하락했다.

다음은 2020년~2022년도의 지표를 활용하여 외식업종의 가맹사업 현황을 살펴보고, 그 특징을 찾아본 결과이다.

---

9) 가맹본부 및 브랜드 수는 '22년 말 기준으로, 가맹점 수 및 평균 매출액은 2021년 말(정보공개서 내 기재 정보) 기준으로 작성

1) 브랜드 수 현황

아래의 〈표 7-21〉은 주요 외식업종 브랜드 수 현황을 정리한 표이다.

2022년을 기준으로 외식업종 브랜드 수는 총 9,442개로 코로나 19 상황에도 불구하고 표면적으로는 전년 대비 4.9%p가 증가하였다.

보다 구체적으로는; 세부업종 중에서는 한식업종의 브랜드 수가 3,269개(34.6%)로 가장 많았으며, 커피 852개(9.0%), 치킨 683개(7.2%), 제과제빵 270개(2.9%), 그리고 피자 243개(2.6%) 순이다. 이를 전년(2021년)과 비교해 보면; 브랜드 수 증가율은 커피(15.8%p) 한식(7.3%p), 제과제빵(6.3%p), 피자(1.3%p), 치킨(-2.6%p) 순으로 높았다.

2021년 기준 브랜드의 수가 전년 대비 획기적으로 증가한 것은"가맹사업법 개정(시행 '21.11.18.)으로 ①소규모가맹본부의 정보공개서 등록 의무 및 ②신규 정보공개서 등록 시 1개 이상 직영점의 1년 이상 운영 의무가 신설된 데 따른 영향"으로 그 원인을 설명하고 있다.

〈표 7-21〉 외식업종 중 주요 세부업종별 브랜드 수

구분	치킨		한식		커피		제과제빵		피자		외식업 전체[10]	
	개수	증감률	개수	증감률	개수	증감률	개수	증감률	개수	증감률	개수	증감률
2020년	477	-	1,768	-	390	-	155	-	156	-	5,404	-
2021년	701	47.0%	3,047	72.3%	736	88.7%	254	63.9%	240	53.8%	8,999	66.5%
2022년	683	△2.6%	3,269	7.3%	852	15.8%	270	6.3%	243	1.3%	9,442	4.9%

자료: 공정거래위원회, 2021년도 가맹사업 현황 발표, 보도자료, 2023년 3월 27일. p. 9

2) 가맹점 수 현황

2021년을 기준으로 가맹점 수는 총 167,455개로 전년 대비 23.9%p가 증가하였다. 그중, 한식이 36,051개로 전체 외식업종의 21.5%를 차지하고, 치킨 29,373개로 17.5%를, 커피 13.9%, 제과제빵 5.2%, 그리고 피자가 4.8% 순이다.

이를 전년(2020년)과 비교해 보면; 증가율은 한식(39.8%), 커피(30.0%p)과 피자(14.7%p), 치킨(13.6%p), 그리고 제과제빵의 경우가 5.5%p로 가장 낮다.

---

10) 외식업 전체의 수는 외식업 15개 세부업종에 대한 합계임

〈표 7-22〉 외식업종 중 주요 세부업종별 가맹점 수

구분		치킨	한식	커피	제과제빵	피자	외식업 전체
2019년		25,471	24,875	16,186	8,464	6,698	129,126
2020년		25,867	25,758	17,856	8,325	7,023	135,113
2021년		29,373	36,015	23,204	8,779	8,053	167,455
증감률	20년	1.6%	3.5%	10.3%	△1.6%	4.9%	4.6%
	21년	13.6%	39.8%	30.0%	5.5%	14.7%	23.9%

3) 개 · 폐점률

개점률이란 해당업종의 당해년도 신규개점 가맹점 수/해당업종의 당해년도 말 기준 총 가맹점 수가 된다. 그리고 폐점률이란 해당업종의 당해년도 계약종료 · 해지 가맹점 수/해당업종의 당해년도 말 기준 총가맹점 수가 된다.

2021년을 기준으로 전체 외식업종의 개점률은 26.2%이고, 폐점률은 12.6%로 나타났다. 이를 2020년과 비교해 보면; 개점율을 0.9%p 증가하고, 폐점률은 0.4%p 증가했다.

주요 세부업종 중에서는 개점률의 경우; 2021년 기준 한식(35.1%), 커피(25.1%), 피자(20.3%), 치킨(17.3%), 그리고 제과제빵(13.4%) 순이다. 이를 2020년과 비교해 보면; -3.0%p가 감소한 치킨을 제외하고는 모든업종에서 1.2%p~2.7%p 증가한 것으로 나타났다.

그러나 폐점률의 경우; 2021년을 기준으로 한식(14.5%), 치킨(13.7%), 제과제빵(8.9%), 피자(8.5%), 그리고 커피 (7.8%p)는 전년대비 0.1%p 줄어들었으나, 치킨의 경우는 1.8%가 증가하고 나머지 업종도 0.4%p~0.6%p 증가하였다.

〈표 7-23〉 외식업종 중 주요 세부업종별 개 · 폐점률

(단위 : %)

구분		치킨	한식	커피	제과제빵	피자	외식업 전체
개점률	2020년(A)	20.3	32.4	23.9	11.2	17.9	25.3
	2021년(B)	17.3	35.1	25.1	13.4	20.3	26.2
	증감률	△3.0	2.7	1.2	2.2	2.4	0.9
폐점률	2020년(A)	11.9	14.1	7.9	8.5	7.9	12.2
	2021년(B)	13.7	14.5	7.8	8.9	8.5	12.6
	증감률	1.8	0.4	△0.1	0.4	0.6	0.4

4) 브랜드별 가맹점 수 분포

특정 브랜드가 가맹점을 몇 개나 가지고 있는가를 조사한 것으로; 2022년을 기준으로 전체 외식업 브랜드 수 9,442개 중에서 75.2%인 7,099개가 10개 미만의 가맹점을 운영하고 있다. 그리고 100개 이상을 운영하는 경우는 290개 브랜드로 전체의 3.1%에 불과하다. 그리고 중간구간인 10개 이상 100개 미만의 경우로 그 범위가 너무 넓어 해석상에 어려움이 있다.

이를 2021년과 비교해 보면; 100개 이상의 경우는 약간 증가하고 (2.7% → 3.1%), 10개 미만의 경우는 약간 감소하였다(79.4% → 75.2%).

이를 구체적으로 살펴보면; 한식 78.5%, 커피 78.1%, 제과제빵 75.9%, 치킨 65.2%, 피자 63.8%가 10개 미만의 가맹점을 운영하는 것으로 나타났다. 그리고 전년(2021년)과의 비교해 보면 외식업 전체뿐만 아니라 세부업종 전반에서 10개 미만의 가맹점을 운영하는 브랜드가 감소하였다.

〈표 7-24〉 **가맹점 수 기준 외식업종 중 주요 세부업종별 브랜드 수 분포**

(단위 : 개, %)

가맹점수	치킨			한식			커피			제과제빵			피자			외식업 전체		
	개수	비율	21년	개수	비율	21년	개수	비율	21년	개수	비율	21년	개수	비율	21년	개수	비율	21년
100개 이상	53	7.8	7.0	63	1.9	1.5	38	4.5	4.6	9	3.3	3.5	18	7.4	7.1	290	3.1	2.7
10개 이상	185	27.1	23.3	640	19.6	15.6	149	17.5	14.8	56	20.7	16.1	70	28.8	22.1	2,053	21.7	17.9
10개 미만	445	65.2	69.8	2,566	78.5	82.9	665	78.1	80.6	205	75.9	80.3	155	63.8	70.8	7,099	75.2	79.4
계	683	100		3,269	100		852	100		270	100		243	100		9,442	100	

5) 가맹점 평균 매출액

2021년 기준 가맹점 평균 매출액은 약 2.79억 원으로 전년 대비 -1.4%p 감소했다.

주요 세부업종 중 커피(6.0%)와 제과제빵(2.4%)을 제외하고는 2.2%p~ 6.6%p (−) 성장을 하였다. 특히 한식의 경우는 가장 큰 폭으로 감소(-6.0%p)한 것으로 나타났는데, 그 원인을 코로나 19의 영향으로 본다.

〈표 7-25〉 **외식업종 가맹점 평균 매출액** (단위 : 백만 원, %)

구분	치킨	한식	커피	제과제빵	피자	외식업 전체
2020년	285	294	197	442	273	283
2021년	279	277	209	453	255	279
증감률	△2.2%	△6.0%	6.0%	2.4%	△6.5%	△1.4%

※ 정보공개서 상 평균 매출액 자료를 작성한 브랜드를 대상으로 가중평균하여 작성(가맹점 미운영으로 평균 매출액을 작성하지 않은 브랜드 등은 대상에서 제외)

　이를 보다 구체적으로 살펴보면; 2021년 기준 전체 외식업종 2,933개 가맹점 중 평균 매출액이 3억 이상인 브랜드 비중은 799개(27.2%)로 전년(2020)대비 2.3%p 감소 (−)했다. 그리고 1억 미만인 브랜드의 경우는 19.2%로 전년 대비 0.2%p 증가했다.

　그리고 1억 원 이상 2억 원 미만과 2억 원 이상 3억 원 미만의 경우는 각각 32.1% 와 21.4%를 차지한다.

　이를 세부업종별로 살펴보면; 매출액이 3억 원 이상인 브랜드는; 한식(37.8%), 제과제빵(24.4%), 그리고 피자(20.8%) 순이며, 치킨(8.1%), 커피(6.4%)로 상대적으로 낮은 편이다. 그리고 1억 원 미만 브랜드의 경우는 치킨(30.0%), 커피(28.7%), 제과제 빵 (20.7%), 한식 (15.8%), 피자(13.9%) 순이다.

〈표 7-26〉 **가맹점 평균 매출액 기준 외식업종 중 주요 세부업종별 브랜드 수 분포** (단위 : 개, %)

가맹점 평균 매출액	치킨			한식			커피			제과제빵			피자			외식업 전체		
	개수	비율	20년	개수	비율	20년	개수	비율	20년	개수	비율	20년	개수	비율	20년	개수	비율	20년
3억 이상	23	8.1	9.7	339	37.8	44.0	16	6.4	4.5	20	24.4	17.9	21	20.8	24.1	799	27.2	29.5
2억 이상	47	16.6	19.1	203	22.6	21.8	55	21.9	12.3	15	18.3	16.4	29	28.7	27.7	629	21.4	21.2
1억 이상	128	45.2	45.3	213	23.7	20.8	108	43.0	44.7	30	36.6	47.8	37	36.6	32.5	941	32.1	30.3
1억 미만	85	30.0	25.8	142	15.8	13.5	72	28.7	38.5	17	20.7	17.9	14	13.9	15.7	564	19.2	19.0
계	283	100%		897	100%		251	100%		82	100%		101	100%		2,933	100%	

6) 가맹점 평균 차액 가맹금

　차액가맹금이란 가맹사업자가 가맹본부에서 공급받는 상품과 원재료, 주재료, 원자재 가격이나 부동산 임차료에 대해 가맹본부에 지급하는 대가를 말한다. 일종의 유통마진인 셈이다. 마진이 클수록 본사가 가져가는 비용이 많다는 것을 의미한다.

2021년 기준 외식업종의 가맹점 평균 차액가맹금 지급금액은 〈표 7-27〉에서 보는 바와 같이 17백만 원으로 나타났다. 주요 세부업종별로는 치킨업종이 21백만 원으로 가장 높았으며, 피자(17백만 원), 제과제빵(17백만 원), 한식(16백만 원), 커피(9백만 원) 순이다.

그리고 가맹점 평균 매출액 대비 가맹점 평균 차액가맹금 비율인 지급 비율은 4.3%로 나타났다. 주요 세부업종별로는 치킨업종이 7.0%로 가장 높았으며, 제과제빵(6.0%), 피자(5.0%), 한식(4.2%), 커피(3.6%)업종이 그 뒤를 이었다.

〈표 7-27〉 **외식업종 중 주요 세부업종별 가맹점 평균 차액가맹금**[11]

(단위 : 백만원, %)

21년	치킨	한식	커피	제과제빵	피자	외식업 전체
지급금액	21	16	9	17	17	17
지급비율	7.0	4.2	3.6	6.0	5.0	4.3

7) 세부업종별 가맹점 수, 신규개점 수, 평균 매출액 상위 업체

업종별 가맹점 수, 신규개점 가맹점 수가 많은 상위 5개 브랜드와, 가맹점 평균 매출액이 높은 상위 5개 브랜드는 다음과 같다.

---

11) 일정 규모 이상의 안정적인 수입이 보장되는 브랜드를 대상으로 통계를 추출하기 위해 가맹점 평균매출액이 2억 원 이상인 가맹점을 대상으로만 집계

〈표 7-28〉 가맹점 수, 신규개점 수, 가맹점 평균 매출액 　　　　　　(단위 : 개, 천원)

구분		가맹점 수		신규개점 수		가맹점 평균매출액	
업종	순위	브랜드	개	브랜드	개	브랜드	천원
치킨	1	비비큐(bbq)	2,002	비비큐(bbq)	442	교촌치킨	753,720
	2	비에이치씨(BHC)	1,770	비에이치씨(BHC)	370	치맥킹	724,793
	3	교촌치킨	1,337	자담치킨	238	비에이치씨(BHC)	632,531
	4	처갓집양념치킨	1,241	처갓집양념치킨	156	청년치킨	602,674
	5	굽네치킨	1,095	바른치킨	110	푸라닭	536,287
한식	1	본죽	891	담꾹	394	먹보한우	2,737,962
	2	한솥	747	김준호의 대단한 갈비	278	하누소	2,511,903
	3	본죽&비빔밥	657	집밥뚝딱	158	소플러스	1,771,006
	4	두찜	571	본죽&비빔밥	154	고창면옥	1,442,017
	5	고봉민김밥人	562	순수덮밥	143	삼육가珍	1,402,780
커피	1	이디야커피	3,005	컴포즈커피	573	카페온화	536,445
	2	메가엠지씨커피	1,593	메가엠지씨커피	417	투썸플레이스	506,059
	3	투썸플레이스	1,330	더벤티	269	The Coffee Bean & Tea Leaf	473,334
	4	컴포즈커피	1,285	빽다방	258	아필코(APILCO)	375,181
	5	빽다방	971	이디야커피	218	디저트 39	374,855
제과 제빵	1	파리바게뜨	3,402	뚜레쥬르	90	레이어드	2,265,641
	2	뚜레쥬르	1,285	던킨/던킨도너츠	90	아우어베이커리	979,741
	3	던킨/던킨도너츠	613	츄러스1500	86	삼송빵집	955,675
	4	명랑시대쌀핫도그	613	크라상점	84	WOO'Z	903,303
	5	홍루이젠	247	파리바게뜨	76	CAFE빵선생	745,435
피자	1	피자마루	603	피자나라 치킨공주	102	도미노피자	814,801
	2	피자스쿨	599	반올림피자샵	80	잭슨피자	741,257
	3	오구쌀피자	480	청년피자	77	반올림피자샵	564,650
	4	피자나라 치킨공주	471	빅스타피자 (Bigstar Pizza)	75	핏제리아오	494,850
	5	도미노피자	365	프레드피자	57	아메리칸피자	425,555

■ 맺음말

본 장에서는 프랜차이즈사업의 개요와 프랜차이즈 결정 시 고려할 사항, 그리고 우리나라 가맹사업의 현황을 살펴보았다.

첫째, 프랜차이즈사업의 개요에서는 프랜차이즈 개념과 용어의 정의, 프랜차이즈 시스템의 유형, 그리고 프랜차이즈의 장단점을 재조명해 보았다.

둘째, 프랜차이즈 결정 시 고려할 사항에서는 프랜차이즈사업을 성공적으로 이끌기 위해 반드시 고려해야 할 다섯 가지 항목을 설명하였다.

셋째, 우리나라 가맹사업의 현황에서는 관련 부처가 발표한 자료를 통해 가맹사업의 업종분류와 가맹사업자 관련 실태조사의 결과를 살펴보았다. 그리고 가맹사업 영역을 외식업종으로 좁혀 주요 현황을 재조명해 보았다.

참ㅣ고ㅣ문ㅣ헌

김은성, 프랜차이즈, 을지서적, 1987 : 13-44

김진섭 · 김혜영, 프랜차이즈 시스템의 이해, 대왕사, 2002: 21-22, 36-40

김한원 외 편역, 중소기업 경영론, 시그마 프레스, 2008: 80-113

김후중, 가맹사업법 이해와 실무, 무역경영사, 2008: 15-16, 31-34, 40-48

서정현, 뛰는 프랜차이즈 나는 프랜차이즈, 일송미디어, 2002: 18-20

오세조, 손에 잡히는 유통 마케팅, 중앙경제 편론사, 2007: 53

오세조, 유통관리론, 박영사, 1996: 198-202, 459-468

윤태식 편역, 프랜차이즈바이블, 백산출판사, 2008: 36

이광종, 프랜차이즈 경영기법, 한수협출판부, 2002: 12, 52-101

이성근 · 배수현, 새유통관리론, 무역경영사, 1996: 416-422

최덕철, 서비스마케팅, 학문사, 1995: 225-226

타미야 마사히로 지음, 구니이 유타카 · 윤태식 옮김, 성공프랜차이즈전략, 백산출판사,
　　　2006: 36, 77

프랜차이즈 라이센스연구소 편, 가맹사업거래 관련법규집, 형설출판사, 2004: 123-128

현대경제연구원, 「자영업은 자영업과 경쟁한다. - 자영업자의 10대문제-」, 경제주평, 12-27
　　　(통권 제 498호), 2012.07. 27

Erwin J. Keup 지음, 윤태식 편역, 프랜차이즈 바이블, 백산, 2003: 14

Arturs Kalnins, Kyle J. Mayer, Franchising, Ownership, and Experience: A Study of Pizza
　　　Restaurant Survival, Management Science, Vol. 50(12), December 2004: 1716-1728

H. G. Parsa, Franchisor-Franchisee Relationships in Quick-Service-Restaurant Systems, Cornell
　　　H. R. A. Quarterly, June 1996: 42-49

Mahmood A. Khan, Restaurant Franchising, 2nd ed., John Wiley & Sons, Inc, 1999: 2-9, 63-80,
　　　119-137

Mahmood A. Khan, Restaurant Franchising, VNR, 1992: 1-11, 50-59

Nerilee Hing, An Empirical Analysis of the Benefits and Limitations for Restaurant Franchisees, Int J. Hospitality Management Vol. 15. No. 2, 1996: 177-187

Nerilee Hing, Maximizing franchisee satisfaction in the restaurant, International Journal of Contemporary Hospitality Management, Vol. 8(3), 1996: 24-31

Vera L. Hoover, David J. Ketchen, Jr., and James G. Combs, Why Restaurant Firms Franchise: An analysis of two possible explanations, Cornell Hotel and Restaurant Administration Quarterly, Feb 2003: 9-16

Yae Sock Roh et al., Sub Franchising, Cornell H. R. A. Quarterly, Decmber 1997: 39-43

Yae Sock Roh, Size, Growth Rate and Risk Sharing as the Determinants of Propensity to Franchise in Chain Restaurants, Int J. Hospitality Management 21, 2002: 43-56

(가맹사업거래의 공정화에 관한 법률)

http://franchise.ftc.go.kr/ (가맹사업정보제공 시스템)

공정거래위원회, 프랜차이즈(기타 외식업) 표준계약서

공정거래위원회, 가맹점사업자를 위한 가맹사업거래 분쟁 예방 체크리스트, 2019년 9월

공정거래위원회, 가맹본부를 위한 가맹사업거래 분쟁 예방 체크리스트, 2019년 9월

공정거래위원회, 가맹희망자가 알아야 할 7가지 필수사항

공정거래위원회, 2019년 말 기준 가맹산업 현황 통계발표, 보도자료, 2020년 2월 26일

공정거래위원회, 2020년도 가맹산업 현황, 보도자료, 2021년 3월 4일

공정거래위원회, 2021년 가맹산업 현황, 보도자료, 2022년 3월 22일

공정거래위원회, 2022년 가맹산업 현황 통계, 보도자료, 2023년 3월 27일

통계청, 2020년 기준 프랜차이즈(가맹점)조사보고서, 2022.4.

산업통상자원부/대한상공회의소, 2021 프랜차이즈 실태조사, 2022.1.

http://www.seda.or.kr/ (소상공인마당)

http://www.ftc.go.kr/ (공정거래위원회)

https://www.law.go.kr/LSW/lsInfoP.do?efYd=20230620&lsiSeq=251979#0000

외식상품의 이해 제 **8** 장

1. 서비스의 정의

레스토랑 서비스는 서비스의 대상이 사람이 된다. 사람에 대한 서비스는 사람 자체를 서비스 대상으로 하는 것이다. 그러나 레스토랑은 먹고 마실 것을 전달하는 과정이 결합 된 총 상품의 개념으로 서비스가 설명된다.

이같이 외식업체의 상품은 유형적인 요소인 음식과 무형적인 요소인 서비스, 그리고 서비스가 제공되는 곳의 물리적 환경을 포함하기 때문에 외식업체의 상품을 논함에 있어 서비스에 대한 이해가 요구된다.

일상생활에서 이용하는 서비스란 '무상의 의미', '봉사한다는 의미', '유지와 수리의 의미'와 '고객 대응의 자세나 태도에 대한 평가의 의미' 등으로 이용된다. 즉 일상생활에서 서비스란 대가를 지불하지 않아도 주어지는 부수적인 것, 중심적인 가치가 아닌 것으로 사용된다. 그러나 학술적으로는 다음과 같이 다양하게 정의된다.

1) 경제학에서 정의

경제학에서는 서비스를 '용역'으로 이해해 유형재인 '제품'과 구분되는 것으로 보았다.

아담 스미스(A. Smith)는 서비스 노동이 부를 창출할 수 없기 때문에 '비생산적 노동'으로 고려하기도 하였다. 비물질적인 것은 보존이 용이하지 않아 부가 아니라고 생각했기 때문이다. 이후 세이(J. B. Say)는 효용이라는 개념을 사용해 소비자에

게 효용을 주는 모든 활동은 생산적이라는 논리로 서비스를 '비물질적 부'라고 정의
한다. 결국, 경제학에서 서비스는 '비생산적인 노동, 비물질적 재화'로 정의되었다.

2) 경영학 및 마케팅 분야의 정의

□ 활동론적 정의

활동론적 정의의 계보는 서비스를 활동으로 보는 개념에 근거하고 있다.

- **미국마케팅학회**

  미국마케팅학회에서는 서비스를 "판매 목적으로 제공되거나 또는 상품판매
  와 연계해서 제공되는 제활동, 편익, 만족"이라 정의하였다. 그러나 재화와
  관련된 서비스와 관련되지 않는 서비스를 구분하기란 극히 어렵다는 지적을
  받고 있다.

- **볼로이스**(K. J. Blois)

  볼로이스(K. J. Blois)는 서비스란 "제품의 형태를 물리적으로 바꾸지 않고 판
  매에 제공되는 활동(편익과 만족을 가져오는 과정)"이라 정의했다. 그런데
  이 정의는 '물리적 변화를 일으키지 않는다'라는 조건의 문제를 내포하고 있다
  는 지적을 받고 있다.

- **스탠톤**(Stanton)

  스탠톤(Stanton)은 서비스란 "소비자나 산업구매자에게 판매될 경우 욕구를
  충족시키는 무형의 활동으로 제품이나 다른 서비스의 판매와 연계되지 않고
  도 개별적으로 확인 가능 한 것"이라 정의했다. 그런데 이 정의 또한 제품이나
  서비스의 판매와 관련되어 존재하는 서비스(예; 보험, 신용) 등이 제외되어
  있다는 지적을 받았다.

□ 속성론적 정의

서비스는 또한 그 속성을 중심으로 정의할 수 있다. 즉, 제품과 다른 점을 지적하
며 서비스를 파악하려고 했다.

- **라스멜**(Rathmell)

  라스멜(Rathmell)은 서비스를 '시장에서 판매되는 무형의 상품'으로 정의하고 무형과 유형의 구분을 손으로 만질 수 있으냐 없느냐로 구분하였다.

  그러나 많은 학자들이 서비스를 무형재로 규정하는 정의를 사용하고 있으나, 쇼스택(Shostack)은 서비스는 무형재가 아니며, 무형재로서 판매되어지지도 않는다고 반론을 제기한다. 그리고 무형성은 하나의 상태와 일개 속성으로 서비스 자체의 본질은 아니라고 주장한다.

□ 봉사론적 정의

서비스를 인간적 봉사의 측면에서 파악하려는 정의도 있다.

- **레빗**(Levitt)

  레빗(Levitt)은 서비스를 주종관계에서와 같이 '인간의 인간에 대한 봉사'라고 보는 것이 기존의 통설이라고 전제하고 현대적 서비스는 이와 같은 전통적 발상에서 탈피해야 한다고 주장한다. 그리고 인간이 제공하는 봉사적 서비스를 인간으로부터 분리하여 인간노동을 기계로 대체하여 서비스 공업화(industrialization of service)를 통한 효율성 향상을 달성할 수 있다고 설명하였다.

  이는 서비스의 어원이 라틴어의 노예를 의미하는 「Servus」라는 단어에서 온 것이기 때문이라고 생각되는데, 이것은 상당한 설득력이 있다. 영어에는 「Servant: 하인, 사용인, 고용인」, 「Servitude: 노예상태, 노역」, 「Servile: 노예의, 노예근성 의」이라는 단어가 있는데 이것은 모두 「사람에게 시중든다」는 의미이다.

서구사회에서 일반적으로 서비스직업은 높은 지위를 얻을 수 없다. 그러나 과학자로서 박애주의자인 알버트 슈바이처가 「인간이 할 수 있는 최고의 것은 봉사하는 것이다」라고 한 그의 말은 타인에 봉사하는 것에 대한 가치의 높음을 나타내고 있다.

또한 평생 소외되고 가난한 사람을 위해 생을 바친 마더 테레사(Mother Teresa)는 사랑의 열매가 봉사이며, 봉사의 열매는 인류의 평화라고 다음과 같이 낭송하였다.

The fruit of silence is prayer	침묵의 열매는 기도이고
The fruit of prayer is faith	기도의 열매는 믿음이며
The fruit of faith is love	믿음의 열매는 사랑이고
The fruit of love is service	사랑의 열매는 서비스이며
The fruit of service is peace	서비스의 열매는 평화입니다

□ 인간 상호관계론적 정의

인간 상호관계상에서 서비스를 정의할 수도 있다.

- 그랜루스(C. Gronroos)

   그랜루스(C. Gronroos)는 서비스를 "고객과 서비스 종업원 간의, 재화 간의, 서비스 제공자의 시스템 간의 상호작용에서 생기는 일련의 무형적 활동"으로 정의했다. 즉 서비스는 무형적 성격을 띠는 일련의 활동으로서 고객과 서비스 종업원의 상호관계로부터 발생하며, 고객의 문제를 해결해 주는 일련의 활동이라는 것이다.

2. 서비스의 기본적인 특성

제품은 순수제품, 제품과 서비스의 결합제품, 순수 서비스의 연속체로서 구성된다. 이 연속체 내에서 제품과 서비스를 구분 짓는 특성은 일반적으로 무형성, 동시성 또는 비분리성, 이질성, 소멸성 또는 비저장성이다.

1) 무형성(Intangibility)

서비스를 재화와 구분하는 가장 기본적인 특성은 무형성(Intangibility)이다. 이는 서비스와 재화를 구별하는 특성 가운데 가장 핵심적인 물체(object), 장치(device), 사물(thing)이 아니라 행위(deed), 수행(performance), 노력(effort)이라는 것이다.

- **상대적 무형성**

  서비스가 무형적이라는 것은 가시적[눈으로 직접 확인할 수 있는 (것)]이지 않으며 인지(어떤 사실을 인정해서 앎)가 쉽지 않다는 것이다. 그러나 이는 완전히 무형적이 아니라 상대적으로 유형적 부분에 비해 무형적인 속성이 강하다는 것을 의미한다.

  예를 들어 고급식당은 유형적 상품인 음식을 제공한다. 하지만 이 음식은 고객이 지불 하는 전체 비용의 일부분에 불과하고, 나머지는 고급스러운 분위기나 입지가 제공하는 편리성 등 무형적 요인이 차지하므로 서비스로 분류된다. 그러나 패스트푸드점이나 간이식당에서는 음식이라는 유형성이 강조되고 무형적 요소는 상대적으로 작은 부분만을 차지한다.

- **무형적 소유**

  서비스는 무형적인 성향을 가지므로 서비스 자체의 설명도 어렵다. 제품은 소유를 전제로 하는 물재지만 서비스는 경험을 일시적으로 향유하게 된다. 이렇게 서비스는 물체가 아닌 활동이므로 성과 혹은 경험으로밖에 상품을 인지할 수 없다. 소유보다는 일시적 경험의 성격이 강해서 제품처럼 소유대상이 아닌 것이다. 이러한 소유불가라는 특성은 소유가 아닌 이전효과만 있음을 의미한다. 예를 들어 여행 서비스 이용 시에도 고객은 서비스 이용권을 부여받는 것이지 소유를 하는 것은 아니다. 또 영화관람 같은 감동이나 건강검진 같은 무형의 혜택을 소유할 수는 없다.

  대신 서비스에서는 투입이 산출로 전환하는 과정에서 부가된 부분이 순간적 효용을(효용이란 일정기간동안 일정량의 상품을 소비함으로써 얻을 수 있는 주관적인 만족의 총합으로 정의) 제공한다. 소매업처럼 제품을 판매하더라도 제품 자체는 바뀌지 않고 결국, 부가된 것은 장소의 이동에 의한 일시적 편리 제공이라는 장소적 효용이다. 서비스가 제공하는 효용의 종류로는 장소적 효용, 시간적 효용, 심리적 효용, 정보적 효용, 교환적 효용이 있다.

- **무형상품의 평가**

  무형성은 경영자 직원 그리고 고객으로 하여금 서비스 결과와 품질의 평가를 어렵게 한다. 물론 어느 서비스나 다소 유형적 요소를 포함하는 경우가 대부분이지만 서비스의 본질은 현상 자체의 무형성에 있다. 이렇게 서비스는 유·무형의 복합물을 생성하므로 측정이 어렵고 고객의 주관적 선호와 평가기준이 서비스 품질을 결정한다. 그러므로 서비스 결과와 품질의 측정이 쉽지 않다. 이러한 평가의 어려움 때문에 고객은 서비스 구매 시에 제품구매보다 높은 수준의 위험을 인지한다는 것이다. 제품은 구매 전 품질을 미리 볼 수 있지만, 서비스는 이것이 불가능하므로 종종 서비스 제공자의 평판에 의존하는 경향이 강하다.

2) 생산과 소비의 동시성 혹은 비분리성(simultaneity or inseparability)

생산과 소비의 동시성/비분리성은 서비스 생산과정에서 소비가 동시에 이루어짐을 의미한다. 그렇기 때문에 고객은 서비스가 생산되는 동안에 실재(實在)하며 그에 따라 생산과정을 지켜보고 참여할 수 있다. 즉, 서비스 생산과정에 하나의 중요한 투입요소로 투입되어 변형과정에 함께 참여하게 되는 것이다. 이와 같이 서비스가 생산되는 과정에 고객들이 참여함으로써 고객들과 종업원들을 서비스가 실행되는 다양한 접점에서 서로 상호작용을 하게 된다.

또한, 동시성의 특성으로 인하여 서비스 배달시스템이 지역적으로 광범위할 수가 없다. 즉 구매자가 서비스 시설로 가거나, 서비스 수행자가 구매자에게로 와야 하기 때문이다. 그 결과 서비스 배달시스템의 성패는 지리적으로 서비스 조직이 얼마나 가깝게 위치하느냐에 달려있다. 즉, 고객이 원활한 서비스를 받을 수 있도록 서비스 시설의 다양한 입지를 제공해야 한다.[1]

---

1) 그러나 최근 정보 통신 기술의 발달로 일부 서비스에서는 전자유통경로를 이용하여 고객이 필요한 서비스를 배달받기도 하기 때문에 시간과 공간적인 제약에서 벗어날 수 있어 별도의 설명이 필요하다.

3) 저장 불능성 혹은 소멸성(perishability)

제품의 편익이 제품의 소유나 혹은 물적 속성으로부터 나오는 것에 반해, 서비스로부터 나온 편익은 그 서비스의 창출이나 혹은 수행으로부터 나온다. 서비스는 산출과 동시에 소멸해 버리고 만다. 이런 이유로 서비스는 물적 유통기능이 없게 되고 유통경로도 거의 없거나, 있어도 매우 짧다.

이런 관계로 서비스는 제품처럼 성수기와 비수기에서 발생하는 수요변동을 완충시킬 재고가 불가능하다. 제조업에서는 재고가 생산의 여러 단계에서 생길 수 있는 외적 충격을 완화시킬 수 있어 각 활동의 계획과 통제기능을 단순화시킬 수 있다.

- **서비스의 재고화**

  저장불능은 서비스에서 재고가 전혀 존재할 수 없다는 것이 아니다. 서비스에도 업종의 성격에 따라 재고가 반드시 필요한 부문이 있다. 레스토랑의 식재료와 소모품 등은 여기에 속한다. 여기서 서비스의 저장이 불가능하다는 것은 제조업처럼 미리 재고비축 생산을 한다거나 원재료 확보와 중간재 준비 등을 통해 생산준비를 하는 것이 어렵다는 것이다. 이렇게 서비스를 추후로 이월할 수 없다는 이월불능성은 여객 운송이나 영화 관람과 같이 서비스의 순간적 효용 향유라는 특성에 기인한다.

  그러나 서비스 자체는 저장이 되지 않지만 대신 수요를저장하는 것은 어느 정도 가능하다. 고객 대기가 바로 수요를 저장하는 것으로 볼 수 있으며 이 경우 서비스 능력, 설비 가동률, 그리고 유휴시간 사용이 고객 대기 시간과 균형을 맞추어야 한다.

- **생산 및 수요변동에 완충**

  서비스는 순간적 경험으로서 기간의 제약을 받고 재고저장이 거의 불가능하므로 수요변화에 대한 완충이 어렵다. 이렇게 일단 생산된 서비스는 추후 사용 목적으로 보관·저장할 수 없다. 생산과 고객소비 간에 중간 유통단계가 없어 연결이 부재하며 이러한 동시성이 서비스 수요와 공급관리를 어렵게 한다.또 고객의 도착과 동시에 서비스를 제공해야 하는 경우가 많아 고객요구에 대한 대응시간인 리드타임이 짧고, 고객의 도착도 불규칙하므로 서비스 제공 능력과 수요의 일치가 어렵다.

제조업에서의 재고는 조직 내부의 계획 . 통제기능과 외부환경을 분리하여 일관된 생산을 가능케 하고 효율성을 확보하는 완충기능을 수행한다. 그러나 서비스는 개방적 시스템이므로 수요변동이 시스템에 그대로 전달된다. 수요의 불규칙성에 대처하기 위해 재고가 이용되는 것처럼 서비스에서는 고객 대기 등 다른 완충 방법을 고안해야 한다.

4) 이질성 (variability, heterogeneity)

제조업에서는 생산의 투입 요소가 달라지지 않는 한 제품이 동질성을 유지한다. 그러나 서비스에서는 창출과 제공과정에서의 고객과 직원 등 인적요소가 서비스 결과의 이질성을 야기 시키는 것이다. 동일한 서비스도 고객에 따라 차이가 나는 것은 고객이 어떻게 품질을 인지하는가, 혹은 서비스에 대한 기대가 무엇인가에 따라 다르기 때문이다.

그리고 서비스 과정 중에 형성되는 인간관계도 서비스 제공자와 고객의 차이에 따라 달라진다. 기본적으로 고객의 서비스 경험은 어느 정도 일관성 있게 유지할 수 있어야 한다. 그러므로 서비스 관리의 커다란 과제는 어떻게 일관성 있는 고객의 서비스에 대한 품질 인지를 유도하는가에 있다. 한 가지 방법은 표준화를 통하여 유도하는 것으로 우선 고객 선택의 범위를 지정하여 자의성을 제한하거나 아니면 운영 시스템 설계를 통하여 직원의 자의성을 제한하는 방법이 있다. 이렇게 서비스 제공단계에서 신뢰성과 일관성을 가장 중시하여 성공한 기업으로는 맥도널드나 홀리데이 인 등을 들 수 있다.

제2절 외식상품의 개요

1. 외식상품의 정의

상품(商品)[2]이란 소비자들이 교환거래를 통해서 자신이 화폐를 지불하고 얻게 되는 유형 혹은 무형의 편익의 다발(bundle of benefits)이라고 할 수 있다. 따라서 상품은 여러 가지 요소의 결합체이며, 이런 결합체들이 바로 소비자에게 만족을 주는 것으로 총제품 개념(total product concept)이 된다. 즉 물리적 속성, 포장, 상표, 라벨(label), 서비스, 보증 등이 포함되며, 이것이 소비자 편익(편리하고 유익함)의 다발이 되는 것이다.

일반적으로 기업의 생산활동은 투입(input)과 생산과정(공정) 또는 변형과정(process or transformation), 그리고 산출(outputs)이라는 세 단계로 구성된다. 외식업소의 생산활동도 같은 맥락에서 전개해 볼 수 있다.

예를 들어, 외식업소가 고객에게 제공할 식료와 음료를 생산하기 위해서는 원하는 식료와 음료를 생산해 낼 수 있는 다양한 식재료와 요리사, 정보, 자금, 시설, 설비 등이 투입되어야 한다(투입 요소; input). 그리고 이 투입된 요소를 변형(공정: process or transformation)과정을 거쳐, 원하는 제품(메뉴: output)을 생산해 낸다. 그리고 이 제품(상품)에 서비스적인 요소와 물리적인 요소가 부가 되어 고객에게 제공된다. 즉 앞서 언급한 총제품의 개념이다.

그러나 전통적인 외식업소의 경우는 생산과 소비가 같은 장소에서 행하여지기 때문에(주방 → 홀) 제품처럼 유통이라는 단계가 없이 바로 고객에게 제공되는 과정을 거친다. 그 결과 외식업소에서는 유형의 식료와 음료도 중요하지만, 생산된 식료와 음료를 포장(포괄적인 의미)하여 고객에게 제공(전달)하는 과정(process) 또한

---

2) 경제주체의 필요에 의해 시장에서 거래될 수 있는 것이라면 유형, 무형을 가리지 않고 상품이라 할 수 있다. 소매품을 취급하는 시장에서는 특히 제품을 가리키는 말로 쓰인다. 제조업에서 상품은 원재료나 완성품을 가리키는 말로 쓰이기도 한다. 상업에서는 매장에서 판매하는 모든 재화를 상품이라 한다.

중요하다.

이같이 외식업소의 상품은 유형적인 요소인 재화(財貨: goods)와 무형적인 요소인 서비스를 포함하기 때문에 외식업소가 고객에게 제공하는 상품을 구성하는 요소들을 나열하기란 쉽지 않다. 특히 무형적 요소는 유형적인 요소보다 실물성이 약하며 경우에 따라서는 완전히 무형적일 수도 있기 때문에 더더욱 어렵다.

외식산업진흥법 제2조(정의)에서는 이 법에서 사용하는 용어의 뜻은 정의하고 있는데 외식상품을 다음과 같이 정의하고 있다.

[외식상품이란 외식을 위하여 판매가 가능하도록 생산한 제품 및 외식과 관련된 서비스, 교육훈련, 운영체계, 상표·서비스표 등을 말한다]라고 정의하고 있다. 그러나 이 정의는 이 법에서만 의미를 갖는 것이지 일반적인 의미를 갖는 것은 아니다.

외식업소에서 고객에게 제공하는 총체적인 서비스(total service) 개념으로 상품을 식사경험 (meal/drink or dining experience) 이라고 칭하기도 한다. 그런데, 식사경험을 구성하는 유무형의 구성 요소들은 서로 분리하여 생각하기보다는 종합적으로 고려하여야 한다고 하였다. 그리고 식사경험을 고객이 외식할 때 경험하는 유형과 무형으로 구성된 일련의 사건으로 정의했다.[3]

그런데 외식할 때의 식사 경험의 시작과 끝을 명확히 하기가 어렵지만, 식사 경험의 주요한 부분은 고객이 레스토랑에 들어서면서부터 시작되어 레스토랑을 떠나면서 끝난다고 설명하였다. 그리고 그 시간 동안에 오감으로 접한 모든 것과 도착할 때와 떠날 때의 느낌까지도 식사경험에 포함된다고 하였다.

> The meal/drink experience may be defined as a series of events- both tangible and intangible that a customer experiences when eating out.

또한, 환대산업의 상품을 고객이 환대경험에서 받는 만족과 불만족의 집합체라고 정의하였다. 그리고 만족은 생리적인 것, 경제적인 것, 사회적인 것, 심리적인

---

3) 고객 경험(Customer Experience, CX)이란 대면·비대면을 포함하여 기업이 제공하는 고객 접점을 통해 고객이 서비스를 구매하는 모든 과정에서 기업과 상호작용하며 겪는 경험을 의미한다.

것들이라고 설명하였다. 그리고 환대 상품(제품: hospitality products)을 문제 해결사 (problem-solvers)라고 설명하기도 했다.

> The hospitality product can be defined as the set of satisfactions and dissatisfactions which a customer receives from a hospitality experience. The satisfactions may be physiological, economic, social, or psychological. Hospitality products are problem-solvers.

이렇듯 고객들은 만족 또는 불만족을 전체적인 식사 경험(체험)에서 얻지, 먹을 것과 마실 것에서만 경험(체험)하는 것은 아니다. 그래서 식사경험(체험)을 구성하는 세 가지의 구성 요소를 식료와 음료(food and drink), 서비스(service), 그리고 분위기(atmosphere)라고 말한다.

또한, 외식업체의 상품을 주요상품과 보조(또는 파생)상품으로 양분한다. 그리고 주요 상품은 고객의 생존을 위한 생리적인 필요를 충족시키는 반면, 보조(파생적인)적 상품은 고객의 편의, 사교적인 측면, 또는 여흥적인 측면, 새로운 경험, 즐거움 등과 같은 욕구를 충족시킨다.

여기서 편의는 입지, 시간, 속도 등에 대한 편의를 말하고, 사교성 측면은 고객과 종업원 간의 관계, 분위기, 사생활과 관련된 것을 말한다. 그리고 여흥, 새로운 경험, 즐거움 등은 식사와 함께 제공되는 영화와 파티, 이국적인 분위기, 역사적인 특징, 특별한 서비스 방식과 도구 등이 여기에 포함된다.

또한, 서비스 패키지(service package)의 정의에서도; 서비스 패키지(service package)는 어떠한 상황에서 고객에게 제공되는 재화와 서비스와 관련된 아이템의 집합체(item sets)로 물질적·유형적인 요소와 심리적·무형적인 요소가 결합 되어 만들어진 편익다발이라 할 수 있다고 정의하였다. 즉 제품에서 많이 언급되고 있는 총제품(total product)과 같은 개념으로써 총서비스 개념(total service concept)이라 할 수 있다.

결국, 외식상품은 고객에게 제공되는 음식과 서비스, 그리고 물리적인 환경과 분위기의 총합이라고 말할 수 있다. 즉, 고객이 식사하는 과정에서 오감으로 경험/체험하는 유형과 무형으로 구성된 총서비스의 개념, 패키지의 개념으로 이해하여야 한다.

2. 외식상품의 구성 요소

일반적으로 제품이라고 하면 유형의 물건이라고만 생각한다. 하지만 필립 코틀러(Philip Kotler)는 소비자의 필요(needs)와 욕구(wants)를 충족시켜 줄 수 있는 모든 것을 제품이라고 말한다. 즉 재화는 물론 서비스, 아이디어 등도 모두 제품으로 간주한다. 이같이 제품은 생각보다 넓게 정의된다.

1) 제품의 3가지 차원

일반적으로 소비자의 구매 욕구[4]를 언급할 때 가장 많이 인용되는 욕구가 기능적 욕구, 감각적 욕구, 그리고 상징적 욕구이다.[5] 그리고 기능적 욕구를 만족시켜주는 제품을 기능적 제품(functional goods), 감각적 욕구를 만족시켜주는 제품을 감각적 제품(sensory goods), 그리고 상징적 욕구를 만족시켜주는 제품을 상징적 제품(symbolic goods)이라고 한다.

또한, 같은 논리로 소비자들의 욕구를 충족시키는 제품의 유형을 다차원적으로 접근하여 [그림 8-1]과 같이 핵심 제품, 유형 제품, 확장 제품으로 구분하기도 한다.

---

4) 욕구란 사람들에게 공통적으로 존재하지만 평상시에는 겉으로 들어나지 않은 상태로 마음속에 내재되어있다. 그러다 어떠한 것이 부족하거나 결핍되어 생겨나는 상태
5) 우리 스스로가 스스로에 대해 어떠하다고 받아들이고 혹은 다른 사람의 눈에 자신이 어떻게 비추어지고 보이느냐를 생각하기 때문에 생기는 욕구.

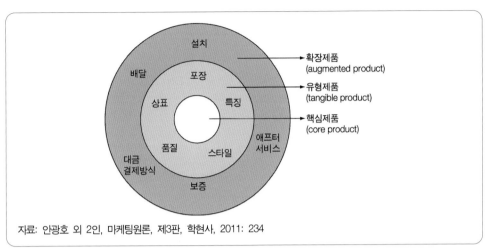

설치

배달

포장

상표

특징

품질

스타일

애프터
서비스

대금
결제방식

보증

확장제품
(augmented product)

유형제품
(tangible product)

핵심제품
(core product)

자료: 안광호 외 2인, 마케팅원론, 제3판, 학현사, 2011: 234

[그림 8-1] 제품의 3가지 차원

- **핵심 제품(core product)을 구매한다.**

  가장 근원적인 차원으로 고객이 제품 구입에서 얻으려고 하는 근본적인 서비스나 효익을 의미한다. 고객이 이 상품 구입을 통해 추구하는 핵심적인 편익이 무엇이냐를 담고 있다. 예를 들어, 식당을 찾는 고객은 배고픔과 목마름의 욕구충족일 수도 있고, 건강 유지일 수도 있으며, 사교와 명성일 수도 있다. 그렇기 때문에 고객이 추구하는 이러한 편익을 제공할 수 있도록 핵심제품이 디자인되어야 한다.

- **유형 제품(tangible product)을 구매한다.**

  핵심제품은 유형 제품에 의해 구체화된다. 핵심적인 서비스와 효용을 실제적인 제품으로 유형화시켜야 하는데 이를 유형 제품 혹은 실제 제품(actual product)이라고 한다. 유형 제품의 구성 요소에는 품질, 스타일, 상표, 포장 그리고 기타의 특징으로 구성되어 있다. 예를 들어, 종업원들의 친절한 서비스, 세련된 장식물, 잘 꾸며진 Table Top 요소들, 엄선된 배경음악 등이 여기에 해당된다.

- **확장 제품(augmented product)을 구매한다.**

  모든 업종에서 경쟁이 치열해 짐에 따라 핵심제품과 유형 제품만으로는 경쟁

우위를 확보하는 것이 어렵게 되고 있다. 그 결과 경쟁의 차별화 요소로 등장한 것이 확장제품의 차원이다. 즉 핵심제품과 유형 제품을 확장한 개념으로 배달, 설치, 보증, 애프터서비스 등 추가적으로 제공되는 서비스와 효익을 말한다.

최근, 외식업소의 경우도 확장제품의 개념으로 부가적인 서비스와 효익을 제공하는 곳이 차츰 늘어나고 있는 추세이다. 예를 들면, Valet parking 서비스, 남은 음식의 포장 서비스, 배달 서비스, 카드결재, Website 제공 등이 확장 서비스의 일례이다.

2) 주(핵심) 상품과 보조상품

서비스 상품은 핵심상품과 보조 서비스의 묶음으로 구성되어 있다. 핵심상품은 고객에게 제공되는 핵심적인 편익과 솔루션의 집합을 의미한다. 핵심상품 주변에는 다양한 형태의 보조 서비스 요소들이 있다. 보조 서비스는 핵심상품의 가치를 증대시키고, 사용을 편리하게 해주며, 핵심상품을 보조하는 역할을 한다.

보조 서비스에는 촉진 보조 서비스와 가치증대 보조 서비스가 있다. 촉진 보조 서비스는 서비스 전달에 필요하거나 핵심상품 사용을 도와준다. 그리고 가치증대 보조 서비스는 고객에게 추가적인 가치를 제공한다.

같은 맥락에서 레스토랑의 상품은 먹고 마실 것(식료와 음료)과 같은 핵심상품(주상품)과 핵심상품의 가치를 증대시키는 보조 서비스로 나누어 생각해 볼 수 있다. 그러나 보조 서비스를 가치증대 보조 서비스와 촉진 보조 서비스로 나누어 설명하기가 쉽지는 않다.

(1) 핵심상품

레스토랑의 핵심상품은 식료와 음료이다. 즉, 먹을 것과 마실 것이다. 주어진 조건(메뉴 상에 제공되는 음식)에서 주문된 음식이 만들어져 고객에게 제공되었을 때의 음식 자체에 대한 맛, 외형(appearance), 원식재료의 상태, 음식의 온도, 곁들이는 음식 등이 여기에 포함되는 것들이다. 즉, 특정 레스토랑에서 제공되는 음식

자체를 의미한다.

레스토랑의 성패(成敗)는 식료와 음료와 같은 핵심 상품(주 상품)에 있다. 왜냐하면 레스토랑 비즈니스는 1회성이 아니기 때문이다. 만약 1회성이라면 주 상품보다는 보조적인 성격이 강한 서비스 상품으로 주 상품을 과대 포장할 수 있다. 그리고 음식 자체보다는 주변 서비스와 분위기를 통해 차별화를 시도하여 잠시 경쟁의 우위에 설 수도 있다. 그러나 거래마케팅보다 관계마케팅이[6] 강조되는 레스토랑 비즈니스에서는 주 상품을 소홀히 다루면서 보조적 성격이 강한 서비스로 성공한 역사성이 있는 외식사업체의 사례는 찾아보기 쉽지 않다. 이 점을 고려한다면 주 상품의 중요성은 아무리 강조해도 지나치지 않으며, 주 상품의 중요성을 다음의 설명 속에서도 증명할 수 있다.

제품의 기능은 본질적인 가치를 제공해주는 중심기능과 부가적 가치를 제공해주는 주변기능으로 구분할 수 있다. 이 두 기능에 대한 기대에 제품(서비스)의 성능(performance)이 부합하느냐 안하느냐에 따라 나타나는 결과를 아래와 같이 제시한 바 있다. 그리고 고객의 만족은 주로 주변기능과 관련이 있고 불만은 중심기능의 결여와 상관관계가 깊다고 결론을 내렸다.

연구 결과에 따르면 「고객의 만족은 주로 주변기능과 관련이 있고 불만은 중심기능의 결여와 상관관계가 깊다」고 한다. 즉, 어떤 제품이든지 어느 정도까지는 반드시 중심기능을 갖추어야 하지만, 중심기능을 더 강화해도 주변기능을 높이지 않으면 고객의 만족도는 올라가지 않는다는 것이다. 고객이 얼마나 만족하느냐는 일단 중심기능을 최저 허용수준에 올려놓은 다음, 주변기능을 얼마만큼 충실히 하느냐에 달려 있다.

또한 중심기능의 수준이 최소 허용수준에 못 미치면 만족도는 마이너스로 떨어지며, 최소 허용수준에서 어느 수준까지는 만족도는 천천히 올라가나, 그 이상을 넘으면 성능이 올라가도 만족도는 올라가지 않는다고 한다. 반면 주변기능은 그것

---

6) 거래 마케팅은 일회성 거래로 단기적 거래를 창출하기 위해서 수행이 되는 마케팅을 말하며, 관계 마케팅은 장기적 거래 관계를 유지하는 것이 서로에게 더 큰 혜택을 가져다 준다는 판단 아래 보다 장기적이고 안정적인 관계를 획득하기 위해 수행되는 마케팅을 말한다.

의 성능이 올라가면 올라갈수록 만족도도 비례하여 올라간다고 한다.

또 하나 주목해야 할 그들의 주장은 한 기능에 속하는 속성들의 뛰어난 점이 다른 기능에 속하는 속성들의 모자라는 면을 메워 줄 수 없다는 것이다. 즉, 주변기능이 아무리 충실해도 중심기능이 최저수준에 못 미치면 고객은 불만을 느낀다는 점으로 주변 기능이 중심기능을 대신할 수는 없다는 점을 지적한 것이다.

특히 이와 같은 연구의 결과는 레스토랑의 주상품과 보조상품의 관계를 잘 설명해 준다. 예를 들어 음식 자체보다는 음식을 포장하는 부차적인 상품에 치중하여 한두 번 정도는 효과를 기대할 수 있을지라도 고객과의 지속적인 관계를 유지하면서 역사성을 유지할 수 있는 레스토랑으로 자리매김할 수는 없다. 역사성이 있는 레스토랑의 공통적인 분모는 유명한 요리사 자신이 주방을 지키면서 경영한다는 점을 고려한다면 주상품의 중요성은 아무리 강조해도 지나치지 않다.

결국 중심 기능(핵심상품 또는 주상품)의 중요성을 강조하는 한편, 보조기능(보조상품, 주변상품) 또한 중요하다는 점을 강조한 것이다.

(2) 보조상품(서비스)

여기서 말하는 보조상품이란 주(핵심) 상품을 보조하는 기능을 하는 서비스와 물리적 환경 등을 말한다.

외식업체가 고객에게 제공하는 상품은, 다른 제품(상품)과 마찬가지로 그 핵심상품(서비스)에서의 차별화가 어려워 보조상품을 통한 차별화를 시도한다. 그 결과 보조 서비스를 효과적으로 활용하여 차별화를 통해 고객 만족을 실현하고 이익달성을 꾀하기 위한 강도 높은 노력을 기울이고 있는 것이 최근의 추세다.

앞서 상품은 핵심상품과 보조상품(서비스)의 합이라고 하였다. 그리고 보조상품(서비스)은 촉진 보조 서비스와 가치증대 보조 서비스로 나누어 볼 수 있다고 하였다. 그러나 레스토랑과 같은 서비스 환경에서는 제품과는 달리 이 두 서비스의 개념이 같은 의미로 적용되기 때문에 명확하게 분리하여 설명하기는 어렵다고 하였다.

촉진 보조 서비스의 경우 정보를 중요하게 여겨 예약에서부터 출발하는 과정에서 요구되는 일련의 정보를 제공하는 서비스로 이해할 수 있다.

레스토랑 서비스에서 고객이 원하는 정보를 제공하는 방법에는 다양한 방법이 있다. 일반적인 방법은 고객과 접촉하는 일선 종업원, 메뉴판, 기타 인쇄물, 표시판 등이다. 즉, 예약 → 안내 → 착석 → 주문 → 식사 → 지불 → 출발 등의 일련의 과정을 거치면서 고객의 측면에서 요구되는 다양한 정보를 의미하며, 비대면 서비스가 일상화된 현시점에서 정보의 중요성이 날로 증가하고 있다.

가치증대 보조 서비스의 경우는 조언(자문), 환대, 그리고 예외적인 서비스 제공 등으로 이해할 수 있다.

레스토랑의 환경에서 조언은 서비스 모든 과정에서 고객이 무엇을 필요로 하는지를 이해하고 적절한 해결책을 제시하는 것을 의미한다. 예를 들면 고객이 주문한 음식과 어울리는 와인 선택에 어려움을 갖고 있다면 종업원이 고객에게 적절한 와인을 선택할 수 있도록 조언해 주는 것이다. 즉, 서비스 모든 과정에서 발생한 고객의 필요에 대한 해결책을 물어볼 때 서비스의 제공자가 제공하는 즉각적인 조언으로 이해하면 된다.

환대 서비스의 품질은 핵심상품에 대한 만족도를 증가 혹은 감소시킬 수 있다. 환대는 새로 방문한 고객과 기존 고객을 기쁘게 맞이하여 내 집같이 편안한 마음을 갖게 만드는 것이다. 특히, 레스토랑과 같이 사람에 대한 서비스는 고객과의 친밀한 상호작용을 기초로 하기 때문에 환대와 같은 보조 서비스가 더 중요해진다.

예외 서비스의 경우는 일반서비스 전달에 포함되지 않은 서비스를 의미한다. 여기에는 특별 요청이나 문제 해결 등이 포함된다. 그 결과 특별한 요청이나 문제에 대한 해결을 위한 잘 설계된 수행 절차가 요구된다. 그리고 고객과의 접촉이 빈번한 일선 종업원에 대한 교육과 훈련, 권한위임 등이 필요하다.

일반적으로 보조 서비스의 묶음을 물리적 환경으로 설명하기도 한다. 환대 서비스의 실패는 물리적 환경과도 연관이 높다. 그 결과 보조 서비스의 묶음을 물리적 환경으로 설명하기도 한다.

그리고 물리적 환경을 구성하는 구성 요소를 다음과 같이 설명한다.

- 물리적 환경이란 서비스 기업이 상품을 생산하기 위한 장소이다. 대부분의 경우 서비스 요원이 고객의 서비스를 유도하기 위해 함께 참여하는 장소이다.
- 비트너(1990)는 서비스업에서의 물리적 환경을 서비스 스케이프(service scape: built environment)라고 표현했다. 그리고 자연적·사회적 환경과 대비적 개념으로 인간이 만든 물리적 환경이라고 정의하였다.

또한, 물리적 환경의 다양한 구성 요소를 다음과 같이 세 가지의 차원으로 나누어 설명하기도 한다.

- **주위 요소(ambient factors)의 측면이다.**
  고객이 즉시 인지할 수 있는 온도, 조명, 소음, 음악, 냄새 등과 같은 환경의 배경적 특성(background characteristics)을 포함한다.

- **디자인 요소(design factors) 측면이다.**
  주위 요소보다 더 가시적인 요소로 고객으로부터 긍정적인 인식을 낳게 할 가능성이 높다.
  예를 들어, 심미적인 요소(건축물, 색채, 규모, 재질, 직조, 패턴, 모양, 액세서리 등)와 기능적 요소(배열, 안락함)로 서비스 시설의 내·외부 설계에서 주로 나타나며, 접근 행동을 불러일으킨다.

- **사회적 요소(social factors) 측면이다.**
  서비스에서는 고객과 종업원 및 다른 고객이 형성하는 인적 요소가 중요하다. 고객은 서비스와 서비스 제공자를 구별하지 않아 종업원을 통해 자신이 받을 서비스를 인식한다. 외양이 지저분한 종업원을 보면 지저분한 식당이라고 느끼는 것도 그 때문이다. 따라서 종업원의 수, 외양, 유니폼, 장신구 등이 바로 단서(증거)가 되며, 관리의 대상이 되는 것이다.
  또한, 다른 고객의 수, 외양, 행동 등도 고객의 서비스 인식에 영향을 미친다.

이와 같은 물리적인 환경은 다음과 같이 중요한 역할을 한다.

- **첫인상을 형성한다.**

  물적 증거들은 서비스에 대해 전혀 경험이 없거나 적은 고객에게 영향을 미치는데 중요한 역할을 한다. 특정 업소가 제공하는 서비스에 대해서 경험이나 정보가 없으면 소비자는 가시적인 단서에 의존할 수밖에 없으며, 그것으로 자신이 받을 서비스 질의 수준을 예상한다. 만일 고객이 전문적인 지식이나 정보가 있으면 유형적인 증거에 덜 민감하나 그 반대의 경우는 유형적인 단서에 크게 의존하게 된다.

- **신뢰성을 갖게 한다.**

  서비스는 구매 전에는 완전히 그 내용을 알 수 없다. 그래서 물적인 단서를 이용하여 신뢰할 수 있도록 만드는 것이다. 예를 들어, 우리 설렁탕은 가마솥에서 장작을 이용하여 전통적인 방법에 의해 만든다는 것을 보여준다든지, 주방의 위생이 안전하다는 점을 강조하기 위한 오픈 주방, 신선함과 즉흥성을 강조하기 위하여 고객의 곁에서 샐러드를 만들어 주는 것 등이 단서를 통한 신뢰형성의 일환이라 볼 수 있다.

- **서비스 질을 쉽게 높여준다.**

  고객은 서비스 경험과 관련된 여러 유형적인 증거들을 통해 자신이 받을 서비스 질을 판단하기 때문에 물적 증거들은 고객의 서비스 질 인식에 큰 영향을 미친다.

  예를 들어, 종업원이 식탁을 치울 때 손에 비닐장갑을 낀다든지, 재떨이를 치울 때도 비닐장갑을 끼는 것 등이 단서를 통한 서비스 질을 높이는 일환이라 볼 수 있다.

- **이미지를 변화시킨다.**

  서비스가 무형적이기 때문에 서비스 기업이 전달하고자 하는 메시지를 가시화하기가 어렵다. 전달하고자 하는 중심 메시지에 유형성이 없거나 적으면 기업은 이를 대체할 다른 유형적인 요소를 찾아야 한다.

기업에 대한 이미지를 바꾸려면 가시적인 증거를 통해서 바꿔야 한다. 예를 들어, 종업원에게 유니폼을 입히는 것, 기물을 바꾸는 것, 인테리어를 새롭게 하는 것 등이 단서를 통한 이미지를 변화시키는 일환이라 볼 수 있다.

제3절 제품과 서비스 상품의 관리

1. 제품과 서비스 상품의 일반적인 차이점

원래 총제품(total product)의 개념은 재화, 서비스, 아이디어의 세 가지 속성의 결합체로써 인식되는데, 재화와 서비스의 분류상 내부적으로는 이질성이 많으나 동질성도 많다.

러브록(C. H. Lovelock)은 양자 간의 차이를 두 가지 차원으로 구분하여 설명하고 있다.

서비스와 제품 간에는 일반적인 차이가 있고, 또 마케팅과업이 계획되고 실행되는 관리환경이나 상황에서 차이가 있다고 하였다. 그러나 여기서는 일반적인 차이만을 다루기로 한다.

아래에 설명된 일반적인 차이는 모든 서비스에 다 적용될 수는 없으나 대개 다음과 같이 요약할 수가 있다. 즉, 서비스가 가진 4가지의 특성을 중심으로 전개되기 때문에 각각 다르게 설명될 수 있다. 그러나 그 내용은 서비스가 가진 4가지 특성을 잘 이해하면 쉽게 이해할 수 있다.

(1) 제품의 본질(No Customer Ownership of Services)

제품은 사물이거나 대상이나, 서비스는 행위이고 수행이며 노력이다. 자동차 대여 서비스의 경우 물리 대상인 자동차 자체를 파는 것이 아니라 자동차를 이용해서 얻는 서비스를 파는 것이다. 서비스를 산출하기 위해서 여러 가지 유형적인 물품을 사용하나 서비스 자체는 무형적이고 경험인 것이다.

레스토랑에서의 식사 또한 같은 맥락으로 이해하면 된다. 10만 원을 지불하고 식사를 한다고 하여도 고객이 소유하는 것은 아무것도 없다. 즉, 고객은 서비스의 소유권을 가질 수 없다는 뜻이다. 형상이나 형 체가 없어 소유할 수가 없다는 뜻이다. 즉, 소유권의 이전 없이 편익 을 제공한다는 의미이다.

(2) 무형의 수행으로서 서비스 제품(Service Products as Intangible Performances)

서비스가 때에 따라서는 유형적인 요소들을 포함하기도 하지만(호텔의 침대, 외식업체의 식사와 음료 등) 서비스 성과는 기본적으로 무형이다. 서비스에서 편익은 성과의 속성에서 온다.

유형의 제품 마케팅과는 달리 서비스 기업의 우수하다는 것을 보여주기 위하여 그리고 서비스 제공의 결과에서 오는 편익을 설명하기 위해서 유형의 이미지와 비유를 사용하는 등과 같이 차별화된 마케팅을 강조하여야 한다.

(3) 생산과정에서 고객의 참여(Customer Involvement in the Production Process)

서비스 수행은 물적 시설, 정신적 혹은 신체적 노동이 결합되어 산출된다. 많은 서비스 기업이 서비스 제품을 생산하는데 고객의 참여를 요구한다. 서비스 제품을 생산하는데 고객은 자신이 서비스 창출 과정에 참여하여 스스로 서비스를 만들든지(self-service), 아니면 서비스 종사원을 도와야 한다. 이와 같은 상황에서 고객은 부분적으로 종업원의 역할을 하는 것으로 고려된다.

(4) 제품의 일부로서의 인간(People as Part of the Product)

제품의 경우 설비나 기계에 의존도가 높다. 그러나 서비스는 사람에 의존하는 부분이 많고, 사람의 전문지식과 기능 등에 의해 그 품질이 결정된다.

고객이 서비스 프로세스에 참여하는 정도가 높아질수록 고객은 서비스 직원들과 접촉할 뿐만 아니라 다른 고객과 부딪히게 된다. 서비스 종사원이나 다른 고객의 행동이 서비스의 질을 결정짓는 요소가 된다. 따라서 서비스에서 인간은 서비스 제품의 일부가 되는 것이다.

그렇기 때문에 서비스 기업들은 고객과의 상호작용이 높은 곳에서 근무하는 일선종업원들을 선발하고, 훈련하고, 그리고 동기를 부여하는데 특별히 관심을 갖는다. 왜냐하면 직무가 요구하는 기능도 소유하여야 하지만 고객과의 상호작용기교도 필요하기 때문이다.

(5) 운영에 있어서 투입과 산출의 더 큰 가변성(Greater Variability in Operational Inputs and Outputs)

운영시스템에 종업원과 다른 고객의 존재는 서비스 투입과 산출(결과)을 표준화하기가 어렵고 가변성을 통제하기도 어렵게 만든다.

제품의 경우는 생산성과 품질을 최상으로 디자인된 조건하에서 생산되어 품질검사를 거쳐 나오기 때문에 높은 생산성과 품질관리가 가능하다. 만약 서비스 운영시스템에 고객이 존재하지 않는다면 제품과 같은 조건으로 서비스 운영시스템을 설계하고 통제할 수 있다.

제품은 사전에 품질을 검사할 수 있으나 서비스는 생산과 동시에 소비되므로 실수나 결함을 숨기는 것이 힘들다. 서비스 종사원, 고객 자신, 다른 고객이 관여됨으로 자연히 서비스 질이 일관성이 없게 되어 품질관리가 힘들다.

(6) 평가의 어려움(Difficulty of Customer Evaluation)

서비스의 무형성과 복잡성은 고객들이 구매하게 될 서비스를 어떻게 평가하는지를 결정짓게 된다. 여러 가지 유형의 서비스 도구를 어떻게 효율적으로 마케팅할 것인가에 대한 적절한 해답을 제시해 줄 수 있다.

이 밖에도 서비스 상품이 제품과 다른 점을 다음과 같이 정리하기도 한다.

(1) 재고가 없음(No inventories for Services after Production)

서비스는 행위나 수행이므로 서비스 자체를 저장할 수 없다. 물론 필요한 시설, 장비, 노동은 미리 준비할 수가 있으나 이것은 생산능력이지 서비스 그 자체는 아니다. 시설능력을 초과하는 수요가 생기면 고객은 발길을 돌린다. 이는 재고가 없기 때문이다. 그래서 서비스에서는 수요와 시설능력을 적합 시키는 일이 중요하다(수요관리).

(2) 시간적 요소의 중요성

서비스는 실제 서비스가 산출되는 시간에서만 제공된다. 서비스를 받기 위해서는 고객은 호텔, 식당, 미장원 등에 와야 한다. 적정하다고 생각되는 대기시간과 서비스를 실제 받는 시간이 어느 정도인지에 대해 소비자는 상당한 고려를 하게 된다.

소비자들은 차츰 시간의 가치를 중요하게 생각한다. 때문에, 서비스기업이 편리한 시간이 아닌 고객이 편리한 시간을 원한다.

(3) 상이한 유통경로(Different Distribution Channels)

서비스는 생산과 소비의 동시성 때문에 제품처럼 직접적인 물적 유통경로가 없다. 일부 서비스에서는 전자유통경로를 이용하여 고객이 필요한 서비스를 배달받기도 한다. 서비스에서는 서비스 생산, 판매, 소비가 공간적으로 구분되지 않고 통합되어 있다.

2. 외식상품 관리의 통합접근법

외식업체는 유형의 제품(식료와 음료)과 무형의 서비스를 판매하는 곳이다. 그렇기 때문에 제조업임과 동시에 서비스업이라고 칭하기도 한다. 그래서 두 가지의 시스템이 존재한다. 제품을 생산하는 생산시스템과 서비스를 제공하는 서비스제공시스템이다.

제품을 마케팅하기 위한 전략을 논할 때 제품(Product), 가격(Price), 장소/유통

(Place or Distribution), 그리고 판매 · 촉진(Promotion or Communication)과 같은 마케팅 믹스의 4P를 언급한다. 그러나 특히, 생산과 소비의 동시성이라는 서비스가 가지고 있는 특성 때문에 대부분의 서비스 생산에 고객이 참여하게 된다. 그 결과 제품을 관리하는 것과는 다른 전략적인 요소가 필요하게 된다. 즉, 기본의 4P에 제품이 가지고 있지 않은 서비스의 특성을 고려하여 사람(People) + 과정(Process) + 물리적 단서(Physical Evidence), 그리고 생산성과 품질(productivity & quality)이라는 4P를 추가하였다. 이것을 통합적인 서비스 관리의 8가지의 요소라고 한다.

① 제품 구성 요소(product elements)

제품은 기업 마케팅 전략의 핵심이다. 제품이 잘못 설계되면 나머지 7P가 잘 실행되더라도 고객에게 의미 있는 가치를 창출하지 못한다. 마케팅 믹스를 계획하는 것은 대상 고객에게 가치를 제공하고 경쟁 대안보다 고객의 요구를 더 잘 충족시키는 서비스/제품을 만드는 것으로 시작된다.

관리자는 핵심 제품(제품 또는 서비스)을 선정하여야 한다. 그리고 그 핵심 제품을 보조할 수 있는 보조 서비스를 묶어야 하는데, 고객이 요구하는 편익에 맞아야 하고, 그리고 경쟁에 우위에 있는 서비스 또는 제품이 되어야 한다. 그리고 무엇보다도 고객을 위한 가치를 창출할 수 있어야 한다.

② 공간, 가상공간, 그리고 시간(place, cyberspace, and time)

제품 요소를 고객에게 제공하기 위한 장소와 시간뿐만 아니라 이용할 방법과 경로에 대해 결정을 하여야 한다.

장소와 시간의 속도와 편의성은 서비스의 효과적인 분배와 전달을 결정하는 중요한 요소가 되었다.

제공되는 서비스의 특성에 따라 실물 또는 전자유통채널(electronic distribution channels), 또는 둘 다 이용되기도 한다. 전자유통채널을 이용(전화나 컴퓨터)하거나, 직접 고객에게 전달하거나, 다른 조직을 통해 제공하거나 어떠한 경우라도 고객에게 가장 적합한 장소와 시간에 원하는 서비스가 제공되어야 한다. 그래서 고객에게 장소와 속도의 편의가 서비스 제공 전략에서 가장 중요한 결정적인 요소가 되었다.

③ 과정(process)

상품구성 요소를 창출하여 고객에게 제공하기 위해서는 서비스 운영시스템이 작동되는 절차와 방법이 디자인되어야 한다. 제공과정을 지체시키고, 관료적이며, 비효율적으로 서비스 제공시스템이 잘못 설계되면, 고객에게 방해가 된다. 또한, 일선에서 일하는 종업원들에게는 그들의 직무를 수행하기 어렵게 하고, 결과적으로 낮은 생산성, 서비스에 대한 실패로 이어진다.

④ 생산성과 품질(productivity and quality)

생산성과 품질을 각각 별개로 고려하지만, 전략적으로 상호관련성 있게 다루어야 한다. 생산성은 투입 요소와 고객에게 가치로 평가되는 산출의 비로 측정된다. 품질은 고객의 요구와 필요, 그리고 기대(needs, wants, expectations)를 충족시키는 만족도 정도로 평가된다.

그 결과 생산성을 높이기 위해 원가를 절감하는 것은 서비스 품질의 저하를 가져올 수도 있다는 것을 잊지 않아야 한다. 반면 높은 품질만을 고려하고 생산성을 고려하지 않으면 수익성이 없는 비즈니스가 된다. 결국, 생산성과 품질은 같은 선상에서 고려하여야 한다.

⑤ 사람(people=employee & customer)

많은 서비스가 서비스를 제공하는 조직의 종업원과 고객과의 직접적인 상호작용으로 이루어진다. 예를 들면, 미장원에서 머리를 손질하고 식당에서 식사를 하는 것과 같은 것이다. 이와 같은 상호작용의 특성은 고객의 서비스 품질지각에 강한 영향을 미친다.

고객들은 그들이 받은 서비스의 질을 그들에게 서비스를 제공한 종업원의 평가에 근거하여 평가한다. 또한, 그들이 만나는 다른 고객에 의해서도 영향을 받는다. 그래서 종업원의 선발과 교육 훈련 등이 매우 중요하며, 고객의 행동에 관한 관리도 중요하다.

⑥ 프로모션과 교육(promotion and education)

효과적인 커뮤니케이션 없이 성공할 수 있는 마케팅 프로그램은 거의 없다. 프로모션과 교육은 세 가지 중요한 역할을 한다.

필요한 정보와 조언을 제공하고, 특정 제품의 장점을 겨냥하는 고객에게 설득하고, 특정 시간에 행동을 취하도록 고무시키는 것이다.

서비스마케팅에서 대부분의 의사소통은 그 특성이 교육적인 것이다. 특히 새로운 고객에 대해서는 더 그렇다. 서비스 기업은 새로운 고객들에게 서비스의 편익에 대해 교육을 시켜야한다. 또한, 어디서 언제 그 서비스를 얻을지, 서비스 과정에 어떻게 참여하는 것인지에 대한 지침을 제공하여야 한다.

의사소통은 개인에 의해서 제공될 수 있고 판매사원, 교육자, 또는 TV, 신문, 잡지, 포스터, 소책자(brochure), 그리고 웹사이트를 통해 제공된다.

판촉 활동의 대부분은 특정 브랜드를 선택하게 만들거나, 또는 고객의 주의를 집중시키는 유인책을 써서 실제 행동을 하도록 동기를 부여하는 것이다.

⑦ 물리적 증거(Physical evidence)

건물의 외양, 조망, 차, 실내장식, 기기, 종업원, 사인, 인쇄물, 그리고 기타 시각적인 단서는 모두 회사의 서비스 품질에 대한 단서로 이용된다. 그 결과 서비스 기업은 물리적인 증거의 관리를 세심하게 하여야 한다. 왜냐면 물리적인 단서는 기업에 대한 고객의 인상에 깊은 영향을 미치기 때문이다.

보험 또는 광고 회사들과 같이 몇 가지의 물리적인 요소만을 가지고 있는 경우에는 의미 있는 상징을 물리적인 증거로 이용한다. 예를 들어, 우산이라는 심벌을 통해 보호, 성, 안전을 상징화하는 것이다.

⑧ 가격과 기타 이용자 비용(price and other user costs)

고객에게 가격은 원하는 혜택을 얻기 위해 발생시켜야 하는 비용의 핵심 부분이다.

특정 서비스가 "그만한 가치가 있는지"를 계산하기 위해 단순히 돈을 넘어 얼마나 많은 시간과 노력이 필요한지 평가할 수 있다.

이 구성 요소는 고객이 서비스 제품으로부터 편익을 얻는 데 있어서 발생하는 비용과 기타비용의 관리를 말한다. 단순하게 가격과 마진을 결정하는 접근방법에서 벗어나 가능한 한 고객이 서비스 기업이 제공하는 서비스를 획득 또는 이용하는데 감수하여야 하는 부담을 최소화할 수 있도록 하는 것이다.

예를 들어, 시간, 물리적인 노력, 시끄러움과 나쁜 냄새 등과 같은 감정적인 경험 등이 여기에 포함된다.

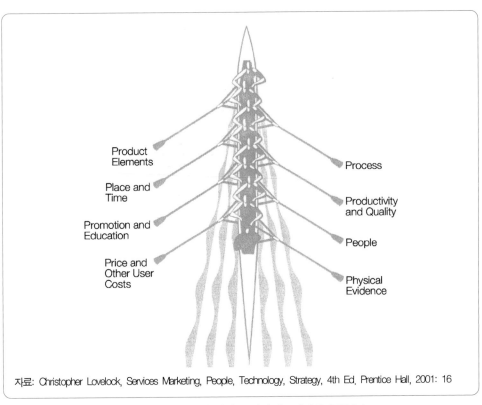

자료: Christopher Lovelock, Services Marketing, People, Technology, Strategy, 4th Ed. Prentice Hall, 2001: 16

[그림 8-2] **통합적인 서비스 관리의 8가지의 구성요소**

■ 맺음말

외식업체를 찾는 고객들의 욕구와 필요는 나날이 높아지고 다양해지고 있다. 나날이 높아지고 다양해지는 고객들의 욕구와 필요를 충족시킬 수 있는 상품을 제공하기 위해서는 외식업체가 제공하는 핵심상품인 먹을 것과 마실 것은 물론, 먹고 마실 것을 보조하는 보조적인 상품(서비스와 물리적인 환경)에 대한 관리가 지속되어야 한다.

본 장에서는 서비스의 특성, 그리고 서비스와 제품 간의 차이점 등을 시작으로 외식상품의 개요, 그리고 외식상품의 관리방안에 대해 살펴보았다.

첫째, 외식상품의 개요에서는 외식상품이 무엇인가를 환대상품과 서비스 패키지, 총제품과 총서비스의 개념에 근거하여 설명해 보았다. 그리고 제품의 3가지 차원을 살펴보고, 주상품과 보조상품이라는 개념을 들어 외식 상품을 접근해 보았다.

둘째, 제품과 서비스의 차이점을 설명하기 위해서 서비스의 특성을 살펴보고, 서비스와 제품 간의 차이점에 대해 살펴보았다.

셋째, 8P를 중심으로 외식상품 관리의 통합접근법을 살펴보았다.

즉, 외식업체의 상품은 제품 + 서비스라는 등식이 성립되기 때문에 제품의 4P와 서비스의 특성을 고려한 4P를 통합하여 외식상품을 관리하여야 한다는 점을 개념적으로 설명해 보았다.

참｜고｜문｜헌

김재욱 외 7명 옮김, Essentials of Service Marketing(서비스 마케팅), 시그마프레스, 2011: 22-24,
　　　88-89, 261

강기두, 서비스 마케팅, 북넷, 2010: 25-26; 46-49

김소영 외 3인 공저, 소비자 행동의 이해와 마케팅 응용, 형설출판사, 2008: 362-366

문숙재 · 여윤경 공저, 소비트렌드와 마케팅, 신정, 2005: 337-339, 344-345

손영석, 에센스 마케팅, 세학사, 2001: 223

안광호 외 2인 공저, 마케팅 - 관리적 접근 - 제3판, 학현사, 2008: 19, 67-69, 221-227, 290-291

안광호 외 2인 공저, 마케팅원론, 제3판, 학현사, 2011: 234

안광호 · 유창조, 광고원론, 제2판, 법문사, 2004: 167-170

예종석 · 김명수 공저, 마케팅, 박영사, 1999: 218-220, 223-225

유필화, 시장전략과 경쟁우위, 박영사, 1993: 180~200.

유필화 · 김용준 · 한상만, 현대마케팅론, 제4판, 박영사, 1998: 170

이용학 외 2인, 마케팅, 제2판, 무역경영사, 2012: 193-198

이유재, 서비스 마케팅, 제4판, 학현사, 2011: 32-35, 43-45, 77-80, 220-233

임종원 외 3인 공저, 소비자 행동론 이해와 마케팅에의 전략적 활용- 제3판, 경문사, 2006:
　　　180, 187, 190-192

전인수 · 배일현 공역, 서비스마케팅, 도서출판 석정, 2006: 21-24, 289-290

전찬열 외 2인 공저, 서비스마케팅 - 이론과 실무, 학진북스, 2011: 36-38, 47-51

차길수, 서비스 인간관계론 - 서비스 생산자와 고객의 관계 -, 대왕사, 2008: 29-37

Alastair M. Morrison, Hospitality and Travel Marketing, 3rd ed., Delmar, 2002: 271-338

Bernard Davis and Sally Stone, Food and Beverage Management, Heinemann: London, 1987:
　　　8-9, 30-36

Jochen Wirtz, Christopher Lovelock, Services Marketing - People, Technology, Strategy- 8th ed.,
　　　World Scientific, 2016: 60-78, 195-217

Christopher Lovelock and Jochen Wirtz, Services Marketing - People, Technology, Strategy- 5th ed., Prentice Hall, 2004: 8-13, 95-96, 98-100

Christopher Lovelock, Services Marketing, People, Technology, Strategy, 4th Ed. Prentice Hall, 2001: 8-17

James R. Keiser, Principles and practices of management in the hospitality industry, 2nd ed., Van Nostrand Reinhold: New York, 1989: 8-9

Stowe Shoemaker and Margaret Shaw, Marketing Essentials in Hospitality and Tourism - Foundations and Practices, Prentice Hall, 2008: 32-40, 58-59, 70-77

L. W. Turley and Ronald E. Milliman, Atmospheric effects on shopping behavior: A review of the experimental literature, Journal of Business Reserch, 49, 2000: 193-211

Christopher H. Lovelock, Classifying services to gain strategic marketing insights, Journal of Marketing, Vol. 47(summer 1983): 9-20

서비스 품질의 이해

제 9 장

1. 서비스 품질의 의의

품질이란 단어는 상황에 따라 사람마다 다양한 의미를 가진다.

품질의 일반적인 관점은 접근하는 방법에 따라 다르다. 예를 들어, 선험적 관점의 질(transcendent view of quality)[1], 제조 중심적 접근(manufacturing-based approach), 사용자 중심적 정의(user-based definitions), 그리고 가치 중심적 정의(value-based definitions)가 그것이다.

선험적 또는 초월적 관점의 질(transcendent view of quality))이란, 사람들이 특정 서비스에 대한 반복적인 노출에서 얻은 경험을 통해서만 품질을 인식하는 법을 배운다는 주장이다.

제조 중심적 접근(manufacturing-based approach)은 공급에 근거한 관점으로 주로 공학과 제조 현장에서 볼 수 있다. 서비스 상황에서 이러한 접근방법은 운영 측면에서 주로 서비스 품질을 고려한다. 이 접근방식은 내부적으로 설정한 생산성 증가와 비용감소를 목표로 하는 표준을 준수하는데 중점을 둔다.

사용자 중심적 정의(user-based definitions)는 품질은 보는 사람에 따라 다를 수 있다는 것이다. 이러한 주관적이고, 수요지향적인 관점은 다양한 고객은 다양한 욕구와 필요를 가지고 있음을 인정하는 것이다.

---

1) 경험에 앞서서 인식의 주관적 형식이 인간에게 있다고 주장하는. 또는 그런 것. 대상에 관계되지 않고 대상에 대한 인식이 선천적으로 가능함을 밝히려는 태도를 말한다.

마지막으로 가치 중심적 정의(value-based definitions)는 가치와 가격 측면에서 품질을 정의한다. 고객이 얻은 편익과 지불할 가격 간의 균형을 고려하여 품질은 "적절한 우수성"으로 정의한다.

이와 같은 품질의 다양한 관점과 정의 중, 서비스 영역에서는 고객의 기대를 일관되게 충족시키거나 초과시키는 데 초점을 맞춘 사용자 중심적 접근(user-based approach)을 강조하고 있다. 즉, 서비스 품질은 보는 사람에 따라, 상황에 따라 다를 수 있다는 것이다.

개별 소비자들은 서로 다른 욕구와 필요를 가지고 있다. 그러므로 그들의 선호를 가장 잘 만족시켜주는 상품이 가장 높은 품질을 가진 것으로 간주한다. 즉 품질은 개인에 따라 각각 다른 주관적 개념이라고 말하고 있다. 그 결과 마케팅 측면에서도 이 접근법은 특정 소비자에게 최대의 만족을 제공하는 상품 특성의 최적 결합인 이상점(ideal point)의 개념을 도출할 수 있다.

또한, 서비스 품질을 크게 기술적인 차원(결과 차원)과 기능적 차원(과정 차원)으로 나누기도 한다.

기술적인 품질(결과 품질: outcome quality)은 고객이 기업과의 상호작용에서 무엇을 받느냐를 나타낸다. 이는 서비스와 관련해 생산과정이나 구매자와 판매자의 상호작용이 끝난 뒤 고객에게 남은 것을 나타낸다. 이는 보통 객관적으로 평가할 수 있는 차원인데, 그 성격상 문제에 대한 기술적인 해결책인 경우가 많기 때문에 기술적 품질(technical quality)이라고도 부른다.

품질의 또 한 가지 중요한 차원은 과정이다.

예를 들어, 식당 종업원의 용모나 행동, 태도, 스킬 등이 서비스 품질에 대한 고객의 인식을 바꿀 수 있다. 즉 고객이 서비스를 어떻게 받는가? 또는 서비스 제공 과정을 어떻게 경험하는가를 나타내는 것이 과정 품질(process quality)이다. 이는 구매자-판매자 간의 상호작용에서 진실의 순간들이 어떻게 다루어지는가, 서비스 제공자가 어떻게 기능을 수행하는가를 나타내므로 과정의 기능적 품질(functional quality)이라고 부른다.

그 결과 기능적 품질은 서비스를 전달하는 과정에서 결정되는 경우가 흔하다.

왜냐하면 상품은 공장에서 제조해서 고객에게 전달하지만, 서비스는 고객과 제공자 간의 상호작용을 통해서 전달되기 때문이다.

상품생산자와 달리 서비스 제공자들은 생산과 소비 사이에 어떤 완충요소를 갖고 있지 않다. 흔히 서비스 고객은 서비스 제조공장 안에 있는 것과 마찬가지여서 이들은 서비스를 경험하는 동안 서비스의 제조, 생산과정을 관찰하고 평가하게 된다. 그렇기 때문에 고객들은 서비스 품질을 서비스의 결과만을 가지고 평가하지 않는다. 예를 들어, 식당에서 식사를 하고 음식의 맛만으로 식당을 평가하지 않는 것과 마찬가지 논리이다.

또한, 서비스 품질은 기대(expectation)와 성과(performance)의 비교를 통해서도 결정된다. 소비자들은 개인적인 욕구와 과거의 경험, 그리고 구전커뮤니케이션에 의해 제공받은 서비스에 대해 기대를 갖게 된다(여기서 기대는 서비스 제공자가 할 수 있고, 해야만 하는 기대를 의미한다). 그리고 이와 같은 기대를 기준으로 실제로 제공 받은 서비스의 성과(경험한 서비스)를 비교함으로써 서비스의 품질을 평가하게 되는 것이다. 즉 기술적 품질(technical quality: what)과 기능적 품질(functional quality: how)을 평가하게 된다. 그리고 평가의 결과는 최상의 품질[(실제 받은 서비스의 성과가 기대이상), 좋은 품질(기대 〈 실제), 수용 가능한 품질(기대 = 실제), 그리고 나쁜 품질(기대 〉 실제)] 등과 같이 평가하게 된다.

서비스 품질이 훌륭하다는 것은 고객이 기대하는 바를 충족시켜주거나, 기대 이상의 서비스를 제공하는 것임을 말한다. 그렇기 때문에 가장 중요한 것은 고객의 욕구를 정확하게 파악하는 것이다. 그리고 파악된 욕구 이상을 충족시킬 수 있는 서비스를 생산하여, 고객에게 제공하는 것이다. 그러나 앞서 언급한 서비스가 가지고 있는 특성 때문에 서비스가 생성되어 전달되고, 소비되는 과정을 계량화하여 표준화할 수 없다. 표준화할 수 없기 때문에 자동화(기계화)는 불가능 또는 제한적이다. 자동화(기계화)에 제약을 많이 받기 때문에 대량생산이 불가능하다는 논리가 성립된다.

위의 서비스 품질의 정의와 특성은 특히, 서비스가 가지는 무형적(intangible), 수행하는 사람, 상황, 시간, 고객에 따라 성과가 다르다는 이질성(heterogeneous), 생산과 소비의 비분리성(inseparability) 또는 동시성(inseparable) 때문에 서비스 품질과 제품 품질 간에는 생산방식, 소비방식, 그리고 평가방식이 근본적으로 다르다는 점과 맥을 같이 한다.

그러나 최근 들어 서비스 분야에서도 생산성과 효율성, 서비스 품질관리, 고객 만족이라는 문제에 직면하면서 서비스 품질관리에 제조업에서 이용하는 관리기법 을 도입하는 사례가 늘어나고 있다. 그 중 대표적인 개념이 서비스가 생산되어 소비 되는 일련의 과정을 시스템적으로 접근하자는 제조업에서 통용되는 제품에 대한 설계도 또는 청사진(blueprint) 개념의 서비스 제공(전달) 시스템(Service Delivery System)이다.

이 접근방법은 서비스가 가지고 있는 특성에도 불구하고, 서비스의 품질도 제품 과 같은 개념으로 관리할 수 있다는 전제를 가지고 많은 학자들이 그 효용성을 강조하고 있다. 즉 어떻게 하면 서비스 품질을 개선할 수 있는가에 대한 명제를 가지고, 그 방법론과 활용방법, 그리고 효용성을 제시하고 있다.

2. 서비스 품질의 차원

서비스 품질을 평가하는 데 있어 가장 많이 언급되는 모델이 SERVQUAL[2]의 서비 스 품질에 대한 5가지 차원이다. 즉 유형성(tangibility), 신뢰성(reliability), 응답성 (responsiveness), 보장성 또는 확신성(assurance), 그리고 공감성(感情移入: empathy) 을 말한다.

유형성은 물리적 시설, 장비, 직원 그리고 커뮤니케이션 자료 등의 외양을 말한다.
신뢰성은 제공되는 서비스가 고객의 신뢰를 얻을 수 있고, 정확하게 수행할 수 있는 능력을 말한다.

---

2) SERVQUAL은 80년대 중반 Zeithaml, Parasuraman & Berry에 의해 연구되었다. 영역에 따라 SERVQUAL 이 가진 한계점을 보완하기 위해서 숙박분야에서는 LODGESERV를 개발하고 레스토랑 영역에서는 DINESERV를 개발하였다. 그 중 DINESERV는 5개 차원(신뢰성, 확신성, 응답성, 유형성, 공감성) 29개 아이템으로 구성되어 있다(10개 아이템은 유형적인 것, 5개 아이템은 신뢰성, 3개 아이템은 응답성, 6개 아이템은 확신성, 그리고 5개 아이템은 공감성).

응답성 또는 반응성은 고객을 돕고 신속하고 시의성 있는 서비스를 제공하려는 태세를 말한다.

보장성 또는 확신성은 직원의 지식과 예절, 그리고 신뢰와 자신감을 전달하는 능력을 말한다. 그리고 공감성은 고객에게 제공하는 개별적인 배려와 관심을 말한다.

서비스 품질과 관련된 5개 차원은 원래 아래 〈표 9-1〉과 같이 10개의 차원이었는데 성질이 비슷한 것을 묶어 축소한 것이다. 예를 들어, [능력·예절·신빙성. 안정성]을 확신성으로 묶고, [접근가능성·커뮤니케이션·고객이해]를 묶어 공감성이라 칭하게 되었다.

〈표 9-1〉 **서비스 품질요인**

품질요인	정의
유형성(Tangible)	• 물리적 시설, 장비, 직원, 자료의 외양
신뢰성(Reliability)	• 약속한 서비스를 믿을 수 있고 정확하게 수행하는 능력
반응성/응답성(Responsiveness)	• 고객을 기꺼이 돕고, 신속한 서비스를 제공하려 하는 것
능력(Competence)	• 필요한 기술 소유 여부와 서비스를 수행할 지식소유 여부
예절(Courtesy)	• 일선 근무자의 정중함. 존경, 배려, 그리고 친근함
신빙성/ 신용도(Credibility)	• 서비스 제공자의 신뢰성, 정직성
안전성(Security)	• 위험, 의심의 가능성이 없는 것
접근가능성(Access)	• 접촉 가능성과 접촉 용이성
커뮤니케이션(Communication)	• 고객들이 이해하기 쉬운 고객언어로 대화. 고객의 말을 경청
고객의 이해(Understanding the Customer)	• 고객의 욕구를 알기 위해 노력하는 것

자료: V.A.Zeithaml 외 지음, 김진국·김완석 옮김, 고객만족 - 서비스 품질의 측정과 개선-, 서울포럼, 1993: 44-45

제2절   서비스 프로세스

1. 서비스 전달(제공)시스템

서비스 프로세스(과정)란 서비스가 전달되는 절차나 메커니즘(어떤 사물의 작용 원리나 구조) 또는 활동들의 흐름을 의미한다. 같은 맥락에서 "서비스 전달시스템은 서비스가 생성되어 고객에게 전달될 때까지의 모든 과정을 포함한다."라고 정의하고 있다.

고객이 경험하는 서비스는 화물의 운송이나 자동차의 수리 등과 같이 일정한 결과물(outcome)을 갖는 경우도 있다. 그러나 대부분의 서비스는 일련의 과정(process)이며, 흐름(flow)의 형태로 전달된다. 따라서 프로세스는 서비스 상품 그 자체이기도 하면서 동시에 서비스 전달과정인 유통의 성격을 가지고 있다.

서비스는 생산과 소비의 비분리성이라는 고유의 특성 때문에 고객과 떨어져서 생각할 수 없다. 서비스에서 고객은 서비스 프로세스 안에서 참여 수준에 따라 일정한 역할을 수행한다. 그렇기 때문에 서비스 생산의 흐름과 과정은 제품마케팅에서 보다 훨씬 더 중요할 것이다.

컴퓨터를 구매하는 고객은 그것이 만들어지는 제조과정에 대해서 특별히 관심을 두지는 않는다. 그러나 레스토랑에 식사하러 간 고객들은 단순히 최종 결과물인 배고픔의 해소에만 관심을 두는 것은 아니다. 레스토랑에 도착하여 자리에 앉고, 안락한 분위기를 즐기며, 주문하고, 음식을 제공 받고, 식사를 하는 모든 과정(process)과 그 과정에서 얻어지는 경험(experience)이 훨씬 더 중요한 것이다.

그리고 이러한 프로세스의 단계와 서비스 제공자의 처리능력은 고객의 눈에 가시적으로 보여진다. 그러므로 이것들은 서비스의 품질을 결정하는 데 매우 중요한 역할을 한다. 그리고 구매 후 고객의 만족과 재구매의사에 결정적인 영향을 미칠 수 있다.

프로세스의 중요성은 레스토랑과 같은 서비스 분야에만 국한되어 나타나는 것은 아니다. 때문에, 서비스 프로세스를 설계할 때에는 그 프로세스에 대해서 고객이 느끼는 점들에 대해 특별하게 주의해야 하고 반드시 고객의 관점을 반영해야 한다. 이를 위해서 마케팅과 생산부서는 밀접한 상호작용의 관계를 유지해야 한다.

[그림 9-1]은 의 서비스 생산시스템(Servuction system: Service production system)을 개념화한 그림으로 고접촉 서비스에서 전형적인 고객 경험이 형성되는 모든 상호작용을 나타내고 있다. 고객은 서비스를 구매하는 동안 서비스 환경, 직원, 그리고 다른 고객과도 상호작용한다.

서비스 생산시스템은 고객의 눈에 보이지 않는 서비스 운영시스템과 서비스 제공(전달)시스템, 그리고 기타 접촉점으로 구성되어 있다.

첫째, 서비스 운영시스템(Service operation system)

투입 요소가 처리되고 서비스 상품 요소가 창출되는 기술적 핵심을 의미한다. 기술적 핵심은 대체로 무대 뒤(Back stage: 후방)에 있으며 고객에게 보이지 않는다. 그리고 눈에 보이는 요소들은 무대(Front stage: 전방)가 된다.[3]

고객과의 접점 뒤에는 보이지 않은 부분이 있다. 고객은 대부분 가시선 뒤에서 어떤 일이 벌어지고 있는지 보지 못하며, 그 중요성을 인지하지 못한다. 가시선 뒤의 서비스시스템 구성 요소로는 ① 경영지원, ② 물리적 지원, ③ 시스템 지원이 있다. 그중 가장 중요한 것은 경영지원으로 경영자는 조직 내의 공유된 가치와 사고방식에 영향을 미쳐 서비스 지향적 태도와 행동을 보이도록 유도해야 한다.

그리고 접점의 직원은 가시선 뒤의 물리적 지원에 의지하게 되므로 지원부서의 종업원들은 접점 직원을 내부고객으로 여기고 지원하여야 한다. 또한, 지원부서의 종업원은 기능상 자신을 지원하는 다른 부서의 종업원을 내부고객으로 취급하여야 한다.

시스템 지원은 정보 기술, 건물, 사무실, 차량과 같은 시스템에 대한 투자를 말한다. 적절한 시스템 지원이 이루어지지 않을 경우 시스템의 잦은 충돌이나 접점 직원

---

3) 외식업체에서는 후방을 BOH(Back Of House)/ 전방을 FOH(Front Of House) 라고 칭한다.

에 대한 불충분한 지원으로 이어져 고객의 품질지각에 악영향을 미치게 된다.

둘째, 서비스 전달(제공) 시스템(Service delivery system)

서비스 상품이 고객에게 제공되는 곳으로 서비스 운영시스템의 가시적인 부분을 포함한다.

서비스 전달시스템에서 고객의 눈에 보이는 부분, 즉 고객과 상호작용하는 부분은 고객이 서비스 조직과 만나는 접점을 의미한다. 접점에서 서비스 품질에 영향을 미치는 요소로는 ① 고객, ② 종업원, ③ 시스템과 일상적인 업무, ④ 물리적인 자원과 장비가 있다.

비분리성을 갖는 서비스의 특성상 고객은 수동적으로 서비스를 받는 사람이 아니다. 공동 생산자로 서비스 과정에 참여하여 서비스 품질에 영향을 미치게 된다. 서비스 기업에서는 고객과의 상호작용이 모든 분야에서 이루어질 수 있기 때문에 접점에서의 종업원의 행동이 중요하다.

그리고 시스템과 일상적인 업무는 조직의 일상적인 업무를 포함하여 모든 행정적·기능적 시스템을 포함한다. 대기관리 시스템, 콜센터 시스템, 웹사이트의 구매시스템 등이 여기에 해당한다. 또한 소비자 지향적 시스템과 일상 업무는 고객의 품질지각에도 영향을 주지만 종업원들에게도 영향을 미치게 된다. 최신의 서비스 지향적 시스템은 종업원들을 동기부여 시킨다.

물리적 지원과 설비는 서비스시스템 내에서 사용되는 모든 자원을 의미하는 것으로 컴퓨터, 문서, 도구 등이 여기에 해당한다. 이는 좋은 기술적 품질의 전제가 되며 고객에게 좋은 인상을 심어주어 기능적 품질에도 긍정적 영향을 미친다. 또한, 물리적 지원과 설비는 내부고객인 종업원에게도 영향을 미친다.

셋째, 기타 접촉점

고객과 접촉하는 모든 지점을 의미한다.

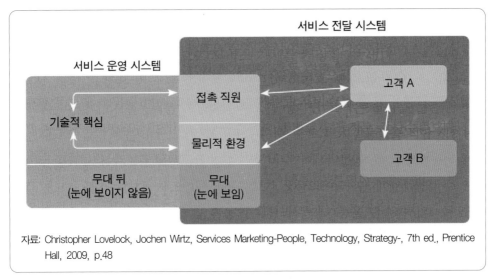

자료: Christopher Lovelock, Jochen Wirtz, Services Marketing-People, Technology, Strategy-, 7th ed., Prentice Hall, 2009, p.48

[그림 9-1] **서비스 생산시스템**

2. 서비스 전달(제공)시스템의 설계

고품질 서비스를 설계한다는 것은 처음부터 서비스의 각 요소들을 설계할 때 고객의 기대를 감안하고 반영하는 것이다. 모든 서비스에서 품질이라는 것은 하나의 서비스를 제공하는 과정에서 그 서비스의 여러 가지 요소들이 함께 작용하여 고객의 기대를 얼마나 잘 충족시켜주는가에 달려있다.

서비스를 구성하는 요소에는 전체적인 서비스를 제공하는 사람, 사람의 수행을 뒷받침하는 장비들, 그 서비스가 이루어지는 물리적인 환경이 있다. 이와 같은 서비스 체계의 어떠한 부분이라도 설계상의 하자가 있으면 이는 서비스 품질에 심각한 영향을 준다.

서비스 전달시스템은 서비스가 생성되어 고객에게 전달될 때까지의 모든 과정을 포함한다. 그러나 제조업의 제품전달 시스템과는 달리 서비스 전달시스템에서는 고객이 참여하고 있는 경우가 대부분이다. 서비스 전달과정에 고객이 참여함에 따라 기업입장에서는 서비스 전달시스템의 디자인이 아닌, 총(total) 서비스 개념의 관점에서 고객과 서비스기업 모두를 고려한 서비스 전달시스템으로 전환되어야 한다.

서비스 전달시스템은 기능 위주, 고객화 위주, 프로젝트 위주의 전달시스템으로 구분될 수 있다. 그러나 기능 위주와 고객화 위주의 전달시스템이 많이 소개된다.

1) 기능 위주의 서비스 전달시스템

서비스 전달과정이 서비스의 생성을 위해 기능 위주로 배열되어있는 전달시스템이다. 서비스 담당자의 업무를 전문화하고, 전문화된 서비스 담당자를 고객이 찾아가는 형태이므로 서비스 과정의 순서를 고려해서 전달시스템이 디자인되어야 한다. 패스트푸드 전문점, 카페테리아, 신체검사, 병원 등이 대표적인 사례이다.

이 시스템의 장점으로는 서비스의 신속한 제공이다. 반면, 단점으로는 전체 프로세스의 달성이 부분에 의해 제약될 수 있다는 점이다. 또한 제공서비스의 형태나 처리량의 변화에 비탄력적이다. 이에 따라 기능 위주의 전달시스템은 표준화된 서비스를 대량생산하는 데에 적합하다.

제조업과는 달리 서비스업의 경우에는 미리 생산된 서비스를 재고로 갖고 있을 수 없으므로 표준화된 서비스를 원하는 대단위 고객 계층이 존재해야 한다. 즉 맥도널드와 같이 표준화된 메뉴를 원하는 고객들이 많이 있을 경우 기능위주의 서비스 전달시스템이 효과적이다.

2) 고객화 위주의 전달시스템

고객화 위주의 전달시스템은 고객이 원하는 기본적인 욕구는 총체적으로 파악할 수 있으나 세부적인 욕구가 고객에 따라 다를 경우에 주로 이용된다. 서비스전달자는 기능 위주의 전달시스템의 전달자와 비교해서 폭넓은 업무들을 수행해야 한다. 식당의 주문식사, 개업의사의 진료, 이발소 등이 대표적인 사례이다.

이 전달시스템의 장점으로는 다양한 서비스들을 고객에게 맞추어 제공할 수 있으나 단점으로는 서비스가 인적자원의 능력에 달려 있기 때문에 일관된 서비스를 제공하기 어렵다는 것이다. 또한, 인적자원의 서비스 시점에 따른 집중도와 기분에 따라 서비스의 질이 달라질 수 있다. 서비스의 다양성이 필요하거나 고객의 계층이 작아 서비스 전달시스템의 인적자원들을 충분히 갖출 수 없을 때 주로 이용된다.

서비스전달 시스템은 특별한 경우를 제외하고는 기능 위주나 고객화 위주로 선택이 이루어진다. 그러나 최근에는 명확하게 기능위주나 고객화 위주로 구분하기 어려우며 복합화 형태의 서비스시스템으로 구축되는 경향이 높아지고 있다. 예를 들어, 제한된 메뉴를 제공하는 맥도날드도 고객의 증가되는 요구로 고객화를 겨냥하고 있다. 메뉴가 늘어나서 과거의 좁은 의미의 서비스 생산에서 벗어나 다양화가 이루어지고 있다.

이같이 서비스의 복합화가 이루어지고 있으나 서비스 전달시스템의 골격은 기능 위주 또는 고객화 위주가 필요하며 선택된 전달시스템에서의 개선이 필요하다. 이에 따라 골격의 근간이 되는 서비스 전달시스템의 선택을 위한 다음과 같은 지침들이 필요하다.

첫째, 장비도입으로 인한 원가감축 또는 생산성 향상을 위해서는 기능 위주의 전달시스템이 필요하다. 물론, 장비도 일반장비로 유연성을 갖출 수 있으나 아직 까지는 전문장비들이 주축을 이루고 있으며, 전문화된 작업들을 겨냥한 전문장비의 도입이 더 쉬우므로, 대폭적인 원가감축이나 생산성 향상을 위해서는 서비스전달 시스템의 근간은 기능 위주의 전달시스템이어야 한다.

둘째, 일관성 있는 서비스를 제공하기 위해서는 기능위주의 전달시스템의 구축이 유리하다. 전달자에 의존하기 보다는 업무프로세스에 의존하는 기능위주의 전달시스템이 품질의 일치를 가져올 수 있다.

셋째, 품질의 일관성 보다는 고객이 요구하는 다양성이 더 중요한 경우에는 고객화 위주의 서비스 전달시스템이 유리하다. 특히, 이발이나 진료와 같이 서비스의 요구사항을 미리 제시하기 어렵거나 요구사항을 전달하기 어려운 경우에는 고객화 위주의 전달시스템이 필수적이다.

넷째, 산출물의 수량이 가변적인 경우에는 효율면에서 고객화 위주의 전달시스템이 더 효과적이다. 기능위주의 전달시스템은 기능별로 인력이 필요하나 고객화 위주의 전달시스템은 주로 1명 또는 소수의 인원들이 모든 서비스를 생성하여 전달하므로 인력의 응용면에서 더 효율적이다.

고객화 위주의 전달시스템에서는 수요가 적을 때는 적은 인원들로, 수요가 많을 때는 많은 인원들로 서비스를 제공할 수 있는 유연성을 가질 수 있다.

다섯째, 인적자원의 능력이 취약한 경우에는 기능 위주의 전달시스템이 더 효과적이다. 인원의 활용에서는 고객화 위주의 전달시스템이 더 효율적이다. 그러나 고객화 위주의 전달시스템의 문제점으로는 필요한 인적자원을 모집하는데 어려움을 겪을 수 있다.

고객화 위주의 전달시스템에서는 다양한 서비스를 제공해야 하므로 채용과 훈련이 상대적으로 어렵다. 기능 위주의 전달시스템의 서비스 제공자는 단순 반복성으로 인하여 직업에 흥미를 잃어버릴 수 있다. 반면, 고객화 위주의 전달시스템의 서비스 제공자는 다양한 업무에 대한 도전의 흥미를 느낄 수 있다.

제3절 서비스 전달 플로차트와 청사진

1. 서비스 전달 플로차트

서비스 분야에서 활용되고 있는 서비스 품질개선을 위한 다양한 접근 방법들이 외식업체의 운영에서도 구체적으로 적용되고 있다. 그 중 대표적인 것이 서비스 전달(제공)시스템 접근법에서 많이 인용되는 흐름도(과정도: Flowcharts)와 청사진(Blueprint)이다.

서비스 품질을 개선하는 접근 방법을 레스토랑 분야에 접목한 선구자는 D. Daryl Wyckoff(1984)이다.[4] 그가 서비스 품질을 달성하기 위한 새로운 도구(New Tools

---

4) New Tools for Achieving Service Quality, Cornell Hotel and Restaurant Administration Quarterly(November 1984: 78-91.

for Achieving Service Quality)라는 제목으로 [Cornell Hotel and Restaurant Administration Quarterly]에 게재한 내용을 Christopher Lovelock(2001)이 재조명하였다.

D. Daryl Wyckoff(1984)는 서비스 품질을 개선하기 위한 구체적인 방법으로 Restaurant Flow Chart와 Fish Bone Diagram[5]을 제시하였다.

서비스 전달 플로차트는 고객에게 서비스를 제공하는 데 있어서 서로 다른 단계의 순서와 특징을 보여줄 수 있는 기법이다.

Restaurant Flow Chart는 [그림 9-2]와 같이 예약에서부터 식사를 마치고 떠나는 전 과정에서 수행될 업무를 따라 흐름도를 그린 것이다.

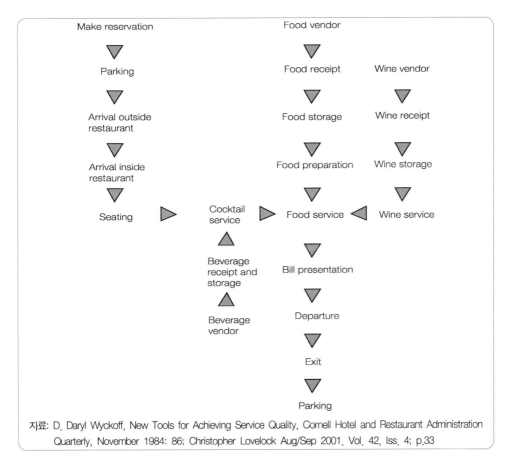

자료: D. Daryl Wyckoff, New Tools for Achieving Service Quality, Cornell Hotel and Restaurant Administration Quarterly, November 1984: 86; Christopher Lovelock Aug/Sep 2001. Vol. 42, Iss. 4; p.33

[그림 9-2] **Restaurant Flow Chart**

---

5) 요인/효과 다이어그램(Cause & Effect diagram) 또는 이시가와(Ishikawa) 다이어그램이라고도 한다.

흐름도를 보면; 예약을 하고 → 레스토랑 주차장에 도착하여 → 레스토랑에 들어와서 → 착석한 후 → 칵테일이 제공되고[6] → 식료가 제공되고[7]→ 와인 서빙[8]의 과정을 도시화한 것이다.

서비스 플로차트의 또 다른 예는 Sheryl E. Kimes 등이 제시한 레스토랑의 플로차트이다. 이 플로차트도 앞서 설명한 내용과 같은 내용이나 각 단계에서의 문제점 등을 간단하게 서술하였다.

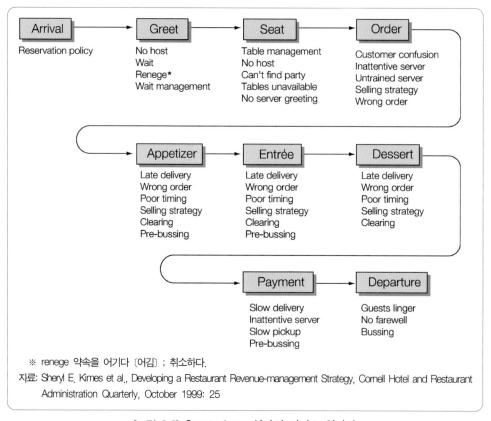

※ renege 약속을 어기다 〔어김〕 ; 취소하다.

자료: Sheryl E. Kimes et al., Developing a Restaurant Revenue-management Strategy, Cornell Hotel and Restaurant Administration Quarterly, October 1999: 25

[그림 9-3] Coyote Loco 식당의 서비스 청사진

---

6) 칵테일이 제공되기 위해서는 두 기능의 도움이 필요하다는 것을 의미. 즉, 음료를 공급하는 Vendor 와 수령과 저장관리 등의 기능을 말한다.

7) 식료가 고객에게 제공되기 위해서는 식료를 공급하는 Vendor → 수령 → 저장 → 조리 → 음식 제공 → 계산서 제공 →출발 준비 → 식당 출발 → 주차장 도착 등과 같은 흐름을 표시한 것이다.

8) 같은 논리로 식사 중에 와인이 서빙되기 위해서는 와인을 공급하는 외부 Vendor → 와인수령 → 와인저장 등의 일련의 흐름을 말한다.

같은 맥락에서 서비스 제공시스템의 문제점을 찾아내기 위해서 많이 이용되는 것이 Fish Bone Diagram이다. 예를 들어, 특정 외식업체가 사전에 설정한 표준과 실제 서비스 상황에서의 성과 간의 차이가 클 때 그 원인을 규명하기 위해 이용되기도 한다.

- Ishikawa diagrams(fishbone diagrams, herringbone diagrams, cause-and-effect diagrams 이라고도 부른다)은 Kaoru Ishikawa(1968)에 의해 선보인 특정 사건에 대한 원인을 보여주는 인과관계 다이아그램이다.
  주로 이 다이아그램은 제품의 설계와 품질 하자 예방, 전체적인 결과에 영향을 미치는 잠재적인 원인의 규명 등에 이용된다. 그리고 결함에 대한 각각의 원인 또는 이유는 원래 예상을 벗어나는 차이의 근원이 된다. 이 차이의 근원을 찾기 위한 원인들은 일반적으로 프로세스에 관여된 사람(People), 프로세스가 수행되는 방법(Methods)과 요구사항(정책, 절차, 규칙, 규정, 법 등이다), 기구(Machines), 재료(Materials), 계측(Measurements), 그리고 환경(Environment) 등이다.

다음 [그림 9-4]는 특정 레스토랑이 정한 표준 식사시간과 실제 시간과의 편차에 대한 문제점의 원인을 파악하기 위한 내용을 담고 있다. [그림 9-4]의 다이아그램 (Diagram)을 보면; 머리 부분에 결과(표준식사 시간과 실제 시간 간의 편차)가 있다. 그리고 이 결과의 원인을 찾기 위한 차원을 5가지(큰 뼈)로 구성하였다. 즉, 시설, 정보, 사람, 상품, 그리고 방법 등이 5가지 차원이다. 그리고 각 차원에서 문제가 발생하는데 원인이 되는 내용을 언급하였다. 그러나 5가지 차원으로 한정할 필요는 없고 앞서 언급한 플로차트의 순서를 따라 차원을 확장하여 각 차원을 구성하는 하위 변수에 대해 나열하고 분석하는 것이 좋다.

예를 들어 [그림 9-4]에서 상품(제품)의 경우 Specials, 품질관리, Chips, 그릇에 담기 이전, 취합, 한 구역에서의 아이템의 수 등과 같은 내용을 언급하였다. 그리고 문제점이 무엇인가를 찾아내기 위해서는 각 차원에 대한 분석이 필요하다.

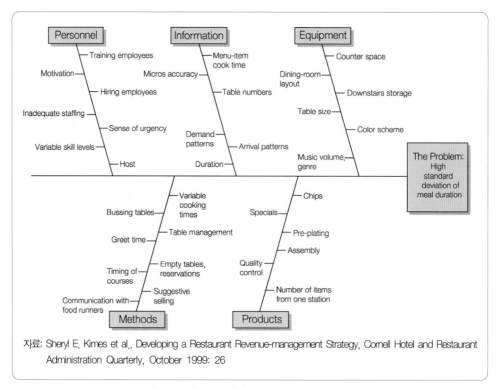

자료: Sheryl E. Kimes et al., Developing a Restaurant Revenue-management Strategy, Cornell Hotel and Restaurant Administration Quarterly, October 1999: 26

[그림 9-4] 특정 식당의 Fishbone Diagram

2. 서비스 청사진의 실제

서비스 설계에서 가장 많이 인용되는 도구는 서비스 청사진(service blueprinting)이다. 청사진 기법은 플로차트보다 더욱 복잡하다.

서비스 청사진(Service blueprinting)이란 핵심서비스 프로세스를 그 특성이 나타나도록 알아보기 쉬운 방식의 그림으로 나타낸 것이다. 즉 직원, 고객, 기업 측에서 서비스 전달과정에서 해야 하는 각자의 역할과 서비스 프로세스 관련된 단계와 흐름 등 서비스 전반을 이해하도록 묘사해 놓은 것이다.

서비스 대부분은 동태적 시스템이기 때문에 서비스에서의 생산은 미리 정의된 순서대로 전달되어야 한다. 따라서 잘 못 설계된 서비스시스템상에서의 흐름은 잘 못 전달되거나 커뮤니케이션상의 장애가 발생할 수 있다. 이렇게 된다면 고객에게 접촉하는 순간의 관리를 적절하게 할 수 없다.

청사진은 구체적으로 서비스 상품개발의 설계와 재설계의 단계에서 유용하다. 서비스 청사진은 서비스 전달과정과 고객과 종업원의 역할, 가시적인 서비스 구성요소 등을 동시에 보여줌으로써 서비스를 시각적으로 제시한다. 또한, 청사진은 서비스를 논리적인 구성요소들로 나누어 프로세스의 각 단계와 과업, 과업이 수행되어지는 수단, 고객이 경험하는 서비스의 물리적 환경 등을 보여준다.

서비스 청사진이 사용하는 두 개의 개념 즉, 가시선(lines of visibility)과 취약점(fail point)은 품질개선에 매우 유용한 개념이 될 수 있다. 서비스 청사진에서 가시선 차원은 고객이 직접 목격하게 되는 절차와 목격할 수 없는 절차를 구분하는 것이다.

가시선 차원에서 중요한 점은 가시적 서비스 절차와 폐쇄적(고객이 보지 못하는 후방부서 또는 지원부서의 의미) 서비스 절차 간의 상호관련성을 이해할 필요가 있다는 점이다. 즉, 고객이 직접적으로 경험하게 되는 가시적 과정은 부분적으로 고객이 경험하지 못하는 폐쇄적 절차의 영향을 받는다는 점을 알아야 한다. 그 결과 서비스 품질을 설계할 때는 고객들이 이 절차를 거의 모르고 있다고 하더라도 폐쇄적인 점에 대하여 관심을 기우리는 것이 중요하다.

취약점은 서비스 체계의 과정 중 결함이 나타날 가능성이 큰 것들이다. 서비스 청사진 중에서 취약점이 발견되었다면 여기에 대해서 특별히 주의를 기울일 필요가 있다. 취약점에 대해서 특수한 프로그램을 개발한다든가, 심지어는 원래의 과정을 재설계하는 것까지 검토해 볼 필요가 있다. 서비스 체계 중의 취약점을 감소시키는 것은 서비스 설계의 가장 중요한 목적 중의 하나다.

고객과 종업원 간의 접촉이 높은 사람-과정 서비스의 청사진을 설명하기 위해서 [그림 9-5]의 고급 식당의 서비스 청사진의 핵심서비스와 핵심서비스를 보조하는 보조적인 서비스의 예를 제시해 본다. 청사진의 핵심적인 구성 요소는 다음과 같다.

① 전방부서에서 행해지는 각 활동들의 표준의 정의(몇 개의 예만 제시)
② 전방부서의 물리적인 활동과 기타 증거(모든 단계를 구체화)

③ 주요한 고객의 활동(그림으로 표시)

④ 상호작용선

⑤ 고객과의 접촉을 하는 종업원에 의해 수행되는 전방부서의 활동

⑥ 가시선

⑦ 고객과 접촉하지 않은 종업원에 의해 수행되는 후방부서의 활동

⑧ 기타 종업원을 요하는 지원과정

⑨ 정보기술을 요하는 지원과정

[그림 9-5]의 청사진을 왼쪽에서 오른쪽으로 보면, 시간에 따른 일련의 활동을 청사진이 순차적으로 설명하고 있다. 그리고 식당 서비스를 공연에 비유하면서 고객을 관객으로, 극장의 무대를 식당의 외장과 내장으로, 연극배우를 일선 종업원으로, 그리고 기술적인 지원을 하는 사람을 지원부서의 종업원으로, 고객이 볼 수 있는 부분을 전방부서로, 그리고 고객이 볼 수 없는 부분을 후방부서로, 서비스 매뉴얼을 대사(scripts)로 대입하여 레스토랑 서비스를 드라마와 같은 맥락에서 풀어가는 과정이다. 여기서는 예약에서 시작하여 식사를 끝내고 식당을 떠나는 14개의 주요 단계를 3막으로 나누어 그림을 이용하여 설명하고 있다.

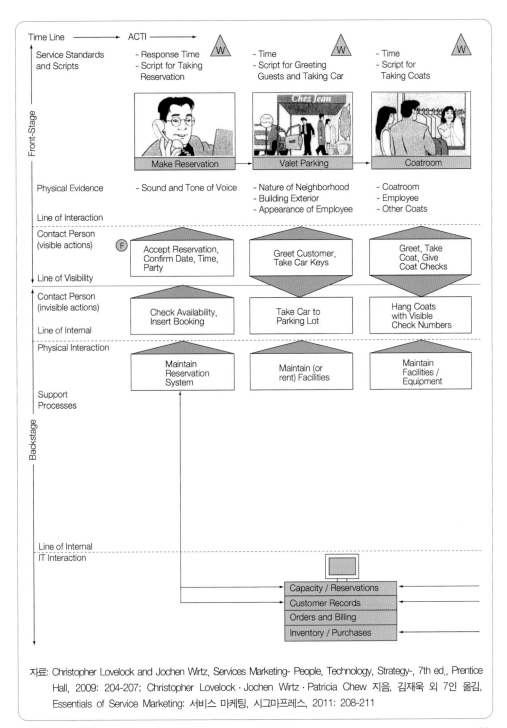

[그림 9-5] 레스토랑 서비스 청사진의 예시 (계속)

자료: Christopher Lovelock and Jochen Wirtz, Services Marketing- People, Technology, Strategy-, 7th ed., Prentice Hall, 2009: 204-207; Christopher Lovelock · Jochen Wirtz · Patricia Chew 지음, 김재욱 외 7인 옮김, Essentials of Service Marketing: 서비스 마케팅, 시그마프레스, 2011: 208-211

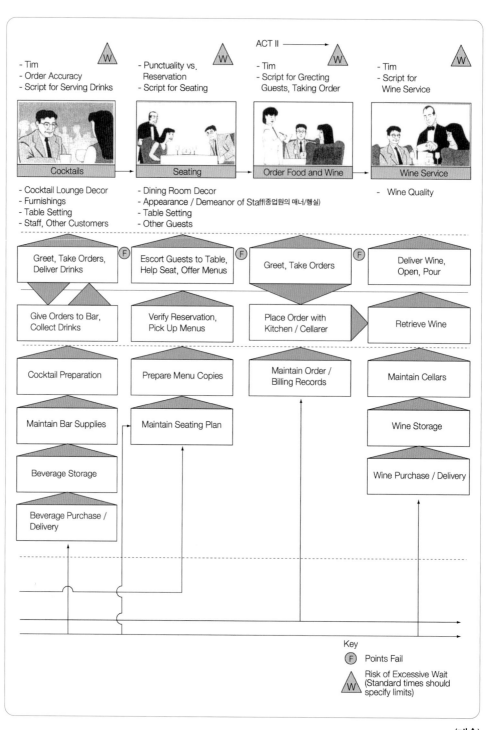

(계속)

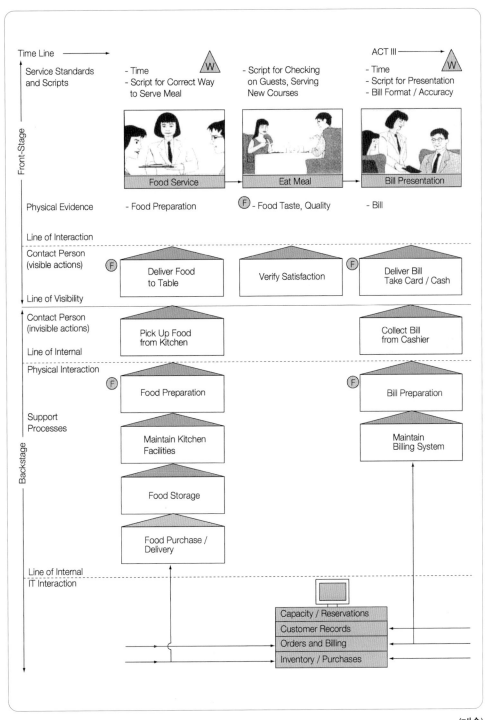

(계속)

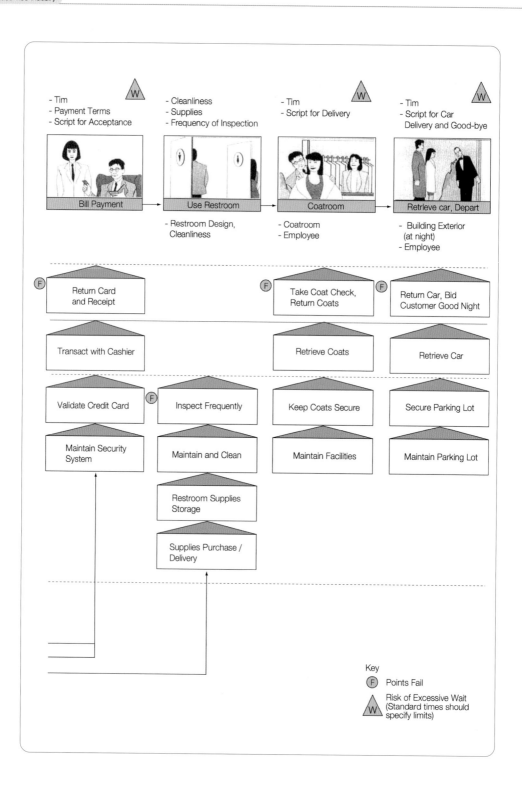

여기서는 핵심 상품(제품)을 만나는 이전의 활동, 핵심 상품(여기서는 식사)을 제공하는 활동, 그리고 서비스를 제공하는 사람과 연관된 활동 등과 같이 세(3) 개의 막(acts)으로 나누었다. 또한 무대(stage) 또는 서비스 환경(service scape)은 식당의 내장과 외장을 포함한다. 그리고 전방부서(front-stage) 행동은 가시적인 환경에서 수행된다. [그림 9-5]를 아래와 같이 설명해 본다.

① 제1막(Act Ⅰ): 서막과 도입 장면(Prologue and Introductory Scenes)

예약을 하는 단계에서 시작된다. 상호작용은 예약을 하는 고객과 전화를 받는 종업원 간에 실행된다. 전화는 어떻게 받아야 하고(how), 얼마나 빨리 받아야 하며(how soon), 대화의 스타일은 어떻게 해야하는가 등이 고려사항이다.

이어 고객이 식당에 도착하면, 주차장에 차를 주차하고, 맡길 것이 있으면 보관실에 맡기고, 식탁에 안내될 때까지 기다리면서 바에서 음료를 즐기는 단계이다.

여기에서 다섯 단계는 특정 식당에 대해 고객이 경험하는 서비스 수행에 대한 시작이 된다. 그리고 서비스 수행에 대한 경험은 전화와 종업원과의 대면 등과 같은 상호작용에 의해 이루어진다. 그리고 고객이 식탁에 안내되어 식사를 하면서 많은 부가적인 서비스를 받게 되며, 다수의 종업원을 만나게 되고, 식당에서 식사하는 다른 고객과도 접촉하게 된다. 그리고 서비스를 제공하는 식당은 고객의 기대(욕구)를 충족시킬 수 있는 양질의 서비스를 제공하기 위해 서비스 표준을 설정하여야 한다.

그리고 가시선 아래의 청사진은 전방부서가 고객들의 기대를 충족 또는 초과할 수 있도록 지원하는 업무의 내용을 규명하여야 한다. 여기에 포함되는 업무의 내용은 예약을 기록하고, 고객의 코트를 보관해주고, 음식을 준비하고 제공하며, 시설과 기기들을 유지하고, 종업원을 교육·훈련시켜 적합한 직무를 담당하게 하고, 적절한 자료에 접근하여, 투입하고, 저장하고, 이동하는 등이 포함된다.

② 제2막(Act Ⅱ): 핵심상품의 제공

2막은 고객이 식사를 하기 위해 좌석에 안내된 후 인사를 받고 식료와 음료 주문을 하고, 식사를 끝낼 때까지의 과정을 포함한다. 여기서는 하나의 예를 보여주기 위한 목적으로 2막을 4단계로 축약하였지만 고객과 인사, 주문, 주문한 식료와 음료의 제공, 그릇 치우기 등에 대한 보다 구체적인 단계를 추가할 수 있다. 그리고 그 내용을 보다 구체화할 수 있다.

2막은 종업업과 고객과의 대면적인 상호관계가 빈번한 곳이며, 레스토랑이 고객에게 제공하는 핵심 상품(주상품)이 제공되는 단계로 고객의 식사경험에 지대한 영향을 미치는 단계이다. 왜냐하면 이 단계에서는 레스토랑이 준비한 공연을 고객과 함께 수행하여야 하는 단계이기 때문이다.

좋은 공연은 극본이 좋아야 하고, 그 극본의 특성을 가장 잘 살릴 수 있는 연기자들이 캐스팅되어야 한다. 그리고 각자에게 주어진 역할을 잘하기 위해서는 충분한 연습과 훈련이 있어야 하고, 그들이 최고의 연기를 할 수 있도록 무대장치와 후방에서 그들을 지원하는 지원부서의 역할이 충실하여야 한다.

공연은 사전 설정된 극본에 의해 진행되지만, 레스토랑의 경우는 무대와 기본적인 극본만 존재하지 구체적인 극본은 존재하지 않는다. 그래서 고객에 따라 다양한 극본이 상황에 따라 만들어진다. 그리고 상황에 따라 종업원은 주어진 역할을 수행하여야 하는데, 때로는 종업원(들) 혼자(만) 수행하는 경우도 있고, 때로는 고객의 요구에 의해 즉흥적으로 수행하여야 하는 경우도 있으며, 고객과 함께 수행하는 경우도 있다.

특히 이 과정에서는 고객은 관람객임과 동시에 극에 참여하는 주연배우가 되어 종업원이 수행하는 모든 역할을 5감으로 평가하고 있기때문에 연극무대와 같다. 무대장치, 연기자의 연기, 배경음악, 조명, 의상, 대사, 연기자의 목소리, 그리고 공연관람료가 연극의 내용에 비해 비싸도 고객들의 평가는 부정적이다.

레스토랑도 같은 논리로 접근이 가능하다. 고객은 레스토랑의 2막의 결과를 평가 한다. 그들이 레스토랑에서 식사하면서 경험한 식사경험을 오감으로 평가하게 된다. 그리고 아주긍정/긍정/중간/부정/아주부정 정도의 판단을 내린다.

③ 제3막(Act Ⅲ): 종결(Conclude)

식사가 끝나고, 마치는 단계에서도 전방부서와 후방부서에서는 마무리해야할 일이 많다. 식당에서 핵심상품에 대한 제공(2막)이 끝났기 때문에 청구서를 제시하고, 고객이 떠나는 과정까지의 5단계로 구성된 3막은 매끄럽고, 빠르고, 그리고 즐겁게 마무리 되어야 한다.

④ 실패점의 규명

청사진에는 Ⓕ로 표시되어 있다. 이 지점은 서비스 전달에서 문제가 생길수 있는 실패점이 표시되어 있다. 그리고 W라고 표시된 부분은 서비스 제공에고객이 기다려야 하는 대기가능성이 존재하는 지점을 표시한 것이다.

실패점이 규명되었다면, 서비스 프로세스에서 실패의 이유에 대한 면밀한분석이 필요하다. 예를 들어 실패에 대한 정보를 수집하고 실패의 원인을 확인하고, 확인된 서비스 실패를 예방하기 위한 전략을 수립하는 것이다.

결국, 서비스 청사진의 이용목적은 서비스 프로세스에 대한 고객 관점의 이해일수도 있고, 종업원의 역할 파악에 있을 수도 있으며, 서비스 프로세스의 다양한요소들의 통합이나 특정 직원들이 더 큰 그림 속에서 어디에 포함되는가를 규명하는 데도 있다. 그리고 서비스 프로세스 재설계의 목적으로 이용될 수도 있다.

3. 고객서비스를 위한 표준운영절차

청사진과 서비스 흐름도를 바탕으로 보다 구체적으로 고객서비스를 위한 표준운영절차를 만들 수도 있다. 예를 들어, 특정 레스토랑을 기준으로 사전/실행/그리고사후 서비스의 절차를 보다 구체적으로 설정하여 서비스가 생성되어 소비되는 일련의 과정을 설정한다.

예약에서부터 세팅에 이르는 모든 과정이 〈 예약 → 도착 → 영접 → 식탁 안내 → 주문 → 음식제공 → 식사 → 후식 주문 → 지불 → 출발 → 뒤처리 → 세팅〉으로 구성되어 있다면 각 과정에서는 과정마다 기능(해야 하는 일)이 있을 것이다. 예를 들어, 레스토랑에서 일하는 서버는 다양한 직무(Job: 직장에서 맡은 업무)를 수행한 다. 그리고 다양한 단위의 직무가 서버라는 직위(직무에 따른 위치, 서열)를 가진 사람이 수행하는 직무가 된다.

여기서 말하는 직무는 고객에게 주문을 받고, 와인과 음식을 제공하는 등과 같은 것이 된다. 이것을 하나씩 분리한 것이 직무의 단위(Units)가 된다. 그리고 각 직무의 단위에는 구체적으로 그 직무를 어떻게 수행하는지에 대한 절차에 대한 표준이 설정된다. 즉 [그림 9-6]과 같이 직무(Jobs) 직무 단위(Units), 과업(Tasks)의 순이다. 그렇기 때문에 서버는 다양한 직무를 수행하여야 하며, 수행하는 직무 전부를 서버의 직무라고 한다.

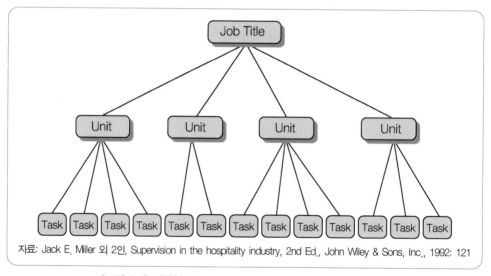

자료: Jack E, Miller 외 2인, Supervision in the hospitality industry, 2nd Ed,, John Wiley & Sons, Inc,, 1992: 121

[그림 9-6] **직무분류 구조도(Anatomy of a job classification)**

예를 들어, [그림 9-6]은 다음과 같이 세 단계로 나누어져 있다.

첫 단계가 직위(Job titles)이다. 예를 들어, Waiter/Waitress 등을 말한다. 그리고 다음 단계가 그들이 수행해야 할 직무 단위(Job units)가 되고, 마지막 단계가 각 직무 단위를 구체적으로 세분화한 과업(Tasks)이 된다.

[그림 9-6]의 직무구조도의 내용을 단계별로 다음과 같이 전개할 수 있다.

첫째, 〈표 9-2〉에서 보는 바와 같이 서버(Waiter/Waitress)의 경우 직무분석을 통해 수행해야 할 직무 단위를 15개(units)로 나누어보았다(직무 단위는 업장에 따라 각각 다를 수 있음).

〈표 9-2〉 **직무분석의 예**

WAITER/WAITRESS JOB UNITS
① 서비스 스테이션 준비
② 식탁 준비
④ 고객에게 메뉴 설명
⑤ 식료와 음료의 주문
⑥ 주문한 식료와 음료의 수령 및 부수적인 필요사항 준비
⑦ 음식을 고객에게 제공
⑧ 와인 추천과 제공
⑨ 계산서 준비 및 제공
⑩ 부가적인 직무 수행
⑪ 기물과 기기의 취급
⑫ 표준 복장과 외모
⑬ 위생절차와 요구사항 준수
⑭ 고객과의 좋은 관계유지
⑮ 원하는 평균 객 단가의 유지

자료: Jack E. Miller 외 2인, Supervision in the hospitality industry, 2nd Ed., John Wiley & Sons, Inc., 1992: 119

둘째, 15개의 직무 단위마다 그 직무를 어떻게 수행하여야 하는지를 설명하고 있다(방법).

〈표 9-3〉에서 보는 바와 같이 서버(Waiter/Waitress)는 15개의 직무 단위 중의 하나인 식료와 음료의 주문을 어떻게 받아야 하는지를 7가지의 절차로 설명하고 있다.

〈표 9-3〉 과업분석의 예

과업의 한 단위
직무분류: Server
과업단위: Takes food and beverage orders
과업수행: ① 주문서에 앉은 순서에 따라 고객마다 번호를 부여한다. ② 고객마다 주문을 받아 주문서에 기록한다. ③ 정확한 약어를 사용한다. ④ 고객마다 선택사항이 있는지를 물어보고 주문서에 기록한다. ⑤ 주문한 것 이외의 부가적인 아이템을 제안한다. ⑥ 주문서를 주방에 전달한다.

자료: Jack E. Miller 외 2인, Supervision in the hospitality industry, 2nd Ed., John Wiley & Sons, Inc., 1992: 120

마지막으로 직무설명서(job description)의 핵심이라고 하는 성과의 표준을 설정하는 것인데, 성과표준에는 무엇을(whats), 어떻게(how-to), 그리고 어느 정도나 잘(how-well)하여야 하는가에 대한 기준을 설정하는 것이다.

보다 구체적으로는, ① 서버는 무엇을 하여야 하는가, ② 어떻게 하여야 하는가, ③ 어느 정도로(how much, how well, how soon 등) 하여야 하는가 등이다.

예를 들어, 〈표 9-4〉의 성과표준분석(Anatomy of a Performance Standard)의 예와 같이 서버는 사전에 설정한 표준에 따라 100% 완벽하게 식료와 음료의 주문을 받아야 한다.

〈표 9-4〉 성과표준분석 (Anatomy of a Performance Standard)

성과표준분석
직무분류: Server (waiter/waitress) 과업단위 : Takes food and beverage orders 성과 표준: 서버는 내부적으로 정한 절차에 따라 100% 정확하게 5개 테이블까지 식료와 음료 주문을 받아야 한다.
서버는 무엇을 : 식음료주문을 어떻게 : 내부적으로 정한 표준절차를 사용하여 어느 정도나 : 5개 테이블까지 100% 정확하게

자료: Jack E. Miller 외 2인, Supervision in the hospitality industry, 2nd Ed., John Wiley & Sons, Inc., 1992: 122

[그림 9-6]의 직무분류 구조도는 서비스 청사진보다 더 구체적으로 양질의 서비스를 제공할 수 있도록 설계되어 있다. 그리고 이를 통해 생산성을 높이고, 종업원들의 충성도를 높여 고객 만족과 조직의 목표를 달성할 수 있도록 설계되었다. 그러나 중요한 것은 특정 외식업체의 특성에 적합한 내용으로, 그리고 실용성을 바탕으로 다음과 같은 방법으로 설계되는 것이 바람직하다.

첫째, 과정의 도식화 첫 번째 단계는 서비스를 구성하고 있는 과정을 그림으로 나타내는 것이다.

이 단계에서 고객들이 볼 수 없는 부분을 주의해서 살피는 것이 중요하다. 예를 들어, 예약 → 도착 → 영접 → 식탁 안내 → 주문 → 음식제공 → 식사 → 후식 주문 → 지불 → 출발 → 뒤처리 → 세팅 등과 같이 고객이 도착하여 서비스를 제공받고 식당을 나가는 과정을 단계별로 그린다.

둘째, 각 직무 단위(여기서는 예약, 도착, 영접 등)를 분리하여 업무(일 또는 기능이라고도 한다)의 내용을 구체화한다. 예를 들어, 예약의 경우는 고객의 전화를 어떻게 응대하고, 예약 가능 유무, 고객의 수, 도착 시간, 특이한 사항(주문), 연락처, 예약자(주빈), 메뉴 등이 예약에서 검토되어야 할 기능이 된다. 즉 예약단계에서 일상적으로 일어나는 일에 대한 시나리오를 만드는 것이다.

셋째, 그리고 각 직무 단위마다 누가 이 일을 담당하는지를 기록한다. 예를 들어, 예약의 경우는 예약 담당, 또는 Hostess 등이 된다.

넷째, 각 직무 단위에서 고객이 기대하는 것을 구체적으로 기록한다. 예약 고객이 일반적으로 기대하는 것이 무엇인지를 찾아 서술하는 것이다. 예를 들어, 전화로 예약할 때 고객이 기대하는 것은 '프로답게 전화에 응대하기를 바란다. 그리고 요구된 사항이 확인되기를 바란다. 예약이 불가능할 때는 대안이 제시되기를 바란다.' 등과 같은 내용이다.

다섯째, 각 직무 단위에서 발생 가능한 실패의 요인들을 기술한다. 예를 들어, 예약의 경우, 전화를 받지 않는다. 전화를 받는 태도가 프로답지 못하다. 특별한 사항이 받아들여지지 않는다. 도착하니 예약이 되어있지 않다. 예약한 내용과 실제 내용이 다르다. 즉 이 지점에서 실패 빈도가 높은 내용을 서술한다.

이와 같은 절차를 따라 서비스 청사진을 만들면 된다. 이렇게 만들어진 서비스 청사진은 서비스 품질개선, 종업원의 서비스 성과측정, 서비스 품질향상 교육 등 다양한 목적으로 이용될 수 있다.

일반적으로 레스토랑이나 호텔과 같이 반복되는 직무에 종사하는 종업원들의 낮은 생산성과 높은 이직률에 대한 원인을 다음과 같은 요인에서 찾는다.

① 종업원들이 무엇을 해야 하는지 잘 모른다.
② 종업원들이 해야 할 일들을 어떻게 해야 하는지 모른다.
③ 종업원들이 해야 할 일들을 어느 정도나 잘 해야 하는지를 모른다.
④ 감독자들이 종업원들에게 일의 방향을 제시하지 않고, 도움 또는 지원을 하지 않는다.
⑤ 종업원들은 앞서 언급한 4가지의 원인에 의해 감독자들과의 나쁜 관계를 유지하고 있다.

이 같은 원인의 근원은 공유할 수 있는 직무설계서와 직무성과 표준이 없다는 의미이다. 설령, 있다 하여도 의미가 없거나 이용할 가치가 없어 이용하고 있지 않다는 의미일 것이다. 때문에 종업원들은 무엇을 어떻게 하여야 하는지를 잘 모르게 된다. 그리고 지금 직면하고 있는 문제의 원인이 무엇인지를 파악할 수도 없을 뿐만 아니라, 고객에게 제공되는 서비스의 품질이 고객의 기대를 충족시키고 있는지조차 평가할 수 있는 도구가 없어 평가가 불가능하게 된다. 때문에 서비스 품질을 향상시키는 것은 불가능하며 오늘도 적당한/최소한의/눈가림식 수준의 서비스품질에 만족해한다.

■ 맺음말

본 장에서는 외식업소의 서비스 품질을 높이기 위한 방안을 설명하기 위해 일반화된 이론을 중심으로 접근해 보았다.

첫째, 일반적으로 많이 인용되는 서비스 품질의 의의와 차원을 살펴보았다.

둘째, 서비스 프로세스 모델의 개요와 그 구성 요소를 살펴보고, 고객 위주와 기능위주의 서비스 전달시스템에 대해 설명했다.

셋째, 레스토랑의 서비스 품질을 관리하기 위한 방안으로 제시한 서비스 청사진의 실제를 구체적으로 설명해 보았다. 그리고 서비스 청사진을 보다 구체적으로 전개해 갈 수 있는 표준운영 절차를 재조명해 보았다.

참|고|문|헌

강기두, 서비스 마케팅, 북넷, 2010: 24-26, 380-383, 394- 399, 409-413, 447-448, 460-470

김병태 외 3인 공저, 서비스 운영론, 대경, 2006: 11-12, 143-147

김수욱 외 3인 공저, 서비스 운영관리, 제2판, 한경사, 2008: 7-9, 229-230

린 피츠제럴드 외 지음/ 권수영 · 박종원 옮김, 서비스 경영의 성과측정, 한국경제신문, 2000: 64-73

안광호, 유창조, 광고원론, 제2판, 법문사, 2004: 127

원석희, 서비스 운영관리, 형설출판사, 1997: 42-72, 111-127, 229-244

이순철, 서비스기업의 운영전략, 삼성경제연구소, 1997: 14-18

이유재, 서비스 마케팅 제3판, 2004: 5-28, 114-116, 109-110, 139-141

이유재, 서비스 마케팅 제4판, 2008: 5-6, 19-22, 109-116, 454-456

전인수 · 배일현 공역, 서비스마케팅, 제 4판, 한국 맥그로힐, 2006: 17-21

질 그리핀 지음/ 코리아 리서치 센터 옮김, 충성고객 이렇게 만든다. 세종, 1997: 12-33

V.A.Zeithaml 외 지음, 김진국 · 김완석 옮김, 고객만족 - 서비스 품질의 측정과 개선-, 서울포럼, 1993: 44-45, 231-235

Christopher Lovelock and Jochen Wirtz, Services Marketing-People, Technology, Strategy-, 5th ed., Prentice Hall, 2004: 30, 231-239

Christopher Lovelock, Jochen Wirtz, Services Marketing-People, Technology, Strategy-, 7th ed., Prentice Hall, 2009, pp. 48, 204-207

Christopher Lovelock, Services Marketing-People, Technology, Strategy-, 4th ed., Prentice Hall, 2001: 223-232

Christopher Lovelock. A retrospective commentary on the article "New Tools for Achieving Service Quality" Cornell Hotel and Restaurant Administration Quarterly. Vol. 42, (4), Aug/Sep 2001: 33, 39-46

Christopher Lovelock, Jochen Wirtz, Patricia Chew 지음, 김재욱 외 7인 옮김, Essentials of Service Marketing: 서비스 마케팅, 시그마프레스, 2011: 20-21, 46-47, 205-212, 373-374, 385-386

D. Daryl Wyckoff, New Tools for Achieving Service Quality, Cornell Hotel and Restaurant Administration Quarterly, November 1984: 78-91

Gustafsson I-B et al., The five aspects meal model: A tool for developing meal services, Journal of Foodservice, Vol. 17, 2006: 84-93

Hyun Jeong Kim, Cynthia McCahon, Judy Miller, Assessing Service Quality in Korea Casual-Ding Restaurants Using DINESERV, Journal of Foodservice Business Research, Vol. 6(1), 2003: 67-85

Jack E. Miller 외 2인, Supervision in the hospitality industry, 2nd Ed., John Wiley & Sons, Inc., 1992: 19-21, 119-122

Jane Kingman-Brundage, William R. George, David E. Bowen, Service logic: achiving service system integration, International Journal of Service Industry Management, Vol. 6(4), 1995: 20-39

Michael Morgan et al., Drama in the dining room: theatrical perspectives on the foodservice encounter, Journal of Foodservice, Vol. 19, 2008: 111-118

Parasuraman, A.,Berry. L. L., & Zeithaml, V. A., Refinement and reassessment of the SERVQUAL scale, Journal of Retailing, 67(4), 1991: 421-450

Peter Stevens, Bonnie Knutson, and Mark Patton, DINESERV: A Tool for Measuring Service Quality in Restaurants, Cornell Hotel and Restaurant Administration Quarterly, 36(2), 1995: 56-60

Sheryl E. Kimes et al., Developing a Restaurant Revenue-management Strategy, Cornell Hotel and Restaurant Administration Quarterly, October 1999: 18-28

일선 종업원의 중요성과 관리

제10장

제1절 일선 종업원의 중요성

1. 왜 일선 종업원이 중요한가

고객과 직접 상호작용하는 종업원을 일선 종업원이라 정의한다. 일선 종업원은 외식업체의 얼굴이다. 일선 종업원은 외식업체를 대표한다는 의미이다. 그리고 고객과의 접점에 있으며, 일선 종업원의 행동이 외식업체의 비전(장래에 대한 구상. 이상으로서 그리는 구상. 미래상. 전망), 사명, 문화 및 가치뿐만 아니라 생산성과 고객의 만족과 충성도에도 직접 또는 간접적으로 영향을 미쳐 외식사업체의 성패를 좌우하기 때문이다.

서비스 유형에는 사람에 대한 서비스, 사물에 대한 서비스, 사람의 정신에 대한 서비스, 그리고 정보에 대한 서비스 등이 있다. 각 서비스는 운영 절차, 서비스 제공자와 고객의 접점 수준, 요구되는 보조 서비스 등에 대해 서로 다른 영향력을 가지고 있다.

외식업체의 서비스 대상은 사람이다. 외식 업체가 제공하는 서비스와 같이 사람을 대상으로 하는 서비스에서는 고객이 서비스 생산과정에 참여한다. 고객이 서비스 생산과정에 참여한다는 것은 고객과 서비스 조직이 전반적인 서비스 과정에서 상호작용한다는 의미로 다음과 같은 특징을 가지고 있다.

- 고객이 서비스 현장에 있어야 한다.
- 고객과 접점 직원 간의 직접적인 상호작용을 요구한다.
- 고객의 적극적인 협조가 서비스 제공과정에서 필요하다.

- 고객의 관점에서 서비스 제공과 성과가 중요하다.
- 고객이 생산과정에 참여한다.
- 고객이 서비스 제공자, 설비, 시설, 시스템과도 상호작용한다.
- 사람이 서비스 경험의 일부분이다.
- 서비스 제공직원과 고객의 외모, 태도, 행위가 경험을 형성하며, 편익을 증가 또는 감소시킨다.

서비스는 제품과는 달리 무형성, 비분리성(동시성), 이질성, 그리고 소멸성이라는 특성을 가지고 있다. 그 중 일선 종업원의 중요성에 결정적인 단서를 제공하는 특성 중의 하나가 생산과 소비의 동시성, 즉 비분리성이다.

생산과 소비의 동시성을 레스토랑 비즈니스에서는 주문과 함께 음식이 만들어진다는 뜻으로 설명하고 있다. 즉 고객이 레스토랑에 도착하여, 주문하면 생산이 이루어진다는 의미이다. 그러나 이 설명은 생산과 소비의 동시성을 설명하기에는 부족한 부분이 많이 있다.

생산과 소비의 동시성이 설명되기 위해서는 생산자와 소비자의 관계를 설명하여야 한다. 즉 생산자와 소비자가 같은 장소에 있어야 한다는 의미가 설명되어야 한다. 과정(process)의 중요성을 말한다. 그래야만 시간과 공간적인 제약, 입지의 중요성, 일선 종업원의 중요성 등이 설명될 수 있다.

외식업체가 제공하는 서비스 방법에 따라 고객을 다음과 같이 분류해 볼 수 있다

첫째, 외식업체로 직접 가는 고객
- 고객이 외식업체라는 물리적인 공간으로 가서 서비스를 제공 받는 경우
둘째, 외식업체에 주문 후 음식을 가져가는 고객
- 외식업체라는 물리적 공간에 가서 구매한 음식을 가져가는 경우(예;Take-out)
셋째, 외식업체에 주문하여 배달을 시키는 고객
- 주문한 음식을 배달받는 경우(Delivery)

외식업체와 고객 간에 거래가 이루어지는 경우는 위의 3가지 유형이 일반적인 유형이다. 그리고 위의 3가지 유형의 서비스 제공 방법 중 첫 번째의 경우가 가장 전형적인 방법이다. 그리고 두 번째의 경우가 차츰 증가하는 추세이며, 세 번째의 경우는 코로나 19로 비대면 서비스가 일반화되고 있었던 동안 소비자들에게 일상화된 서비스 유형으로 자리매김하였다.

첫 번째의 경우, 고객이 서비스가 제공되는 장소에서 직접 서비스를 제공받는 경우다. 고객과 종업원, 고객과 물리적 환경, 고객과 고객 간의 상호작용이 이루어지는 전통적인 서비스 제공 방법이다. 즉, 고객과 종업원 간의 상호작용이 가장 높으며, 고객의 관여[1] 수준 또한 가장 높은 경우이다.

두 번째의 경우는 종업원과 고객 간의 상호작용이 비교적 제한적이고, 물리적인 환경과 고객 간의 대면은 비교적 적은 편이다.

세 번째의 경우 고객은 가상공간에서 제공되는 메뉴와 주문하는 과정을 제외하고는 접점(가상공간과 전화 등)이 없으며, 물리적인 대면은 음식 자체를 담은 그릇과 포장 정도이다. 그리고, 음식을 전달하는 짧은 시간과 빈 그릇을 수거하기 위해(필요하다면) 대면하는 정도이다. 그러나 최근 들어 비대면의 일상화로 그마저 생략되고 있다.

외식업체의 관점에서 서비스의 차별화 및 경쟁 우위의 중요한 원천이 되는 일선 종업원이 중요한 이유를 다음과 같이 정리할 수 있다.

- 일선 종업원은 서비스 제품의 핵심 부분이다.
  종종 일선 종업원은 서비스에서 고객에게 가장 많이 노출된다. 그들은 서비

---

[1] 서비스 생산에서 가장 이상적인 형태의 관여는 고객이 모든 행동을 직접 수행하는 것이다. 셀프서비스 기술을 말한다. 이는 서비스기업에 의해 제공되는 시스템이나 시설을 고객이 사용하는 것을 의미한다. 고객의 시간과 노력이 서비스 직원의 노력을 대체하는 것이다. 이러한 현상이 Eating Market을 중심으로 확대되고 있다.

스를 제공할 뿐만 아니라 서비스 품질에 절대적인 영향을 미친다.

- 일선 종업원은 고객의 입장에서는 외식업체 자체이다.

  일선 종업원은 외식업체를 대표하고 고객의 입장에서는 외식업체 자체이다.

- 일선 종업원은 브랜드이다.

  일선 종업원과 그들이 제공하는 서비스는 종종 브랜드의 핵심 부분이다. 브랜드 약속의 이행 여부를 결정하는 것은 일선 종업원들이다(Service marketing triangle 참조).

- 판매에 영향을 미친다.

  일선 종업원은 종종 판매, 교차 판매 및 상향 판매를 창출하는 매우 중요한 역할을 한다.

- 고객 충성도의 핵심 동인이다(Service profit chain 참조).

  일선 종업원은 고객의 요구를 예측하고, 맞춤화된 서비스를 제공을 하고, 고객과 개인화된 관계를 구축하는 데 핵심적인 역할을 한다. 이러한 활동의 효과적인 수행은 궁극적으로 고객 충성도 향상으로 이어져야 한다.

- 생산성을 결정한다.

  일선 종업원은 생산성에 절대적인 영향을 미친다.

2. 일선 종업원의 중요성 설명에 많이 이용되는 이론

일선 종업원의 중요성을 설명하기 위해 인용된 이론은 많다. 그중 인용빈도가 높은 내용을 중심으로 재조명해 본다.

1) 결정적인 순간(The Moment of Truth/ MOT)과 서비스 조우(Service Encounter)

리차드 노만(Richard Normann)은 고객과의 접촉 순간의 중요성을 설명하기 위해 투우(鬪牛)로부터 진실의 순간(결정적인 순간)이라는 은유를 차용했다.

고객과의 접점의 중요성을 강조한 "결정적인 순간"은 스칸디나비아 항공(SAS:

Scandinavian Airline System)의 얀 칼슨(Jan Carlzon) 회장이 쓴 동명의 책으로부터 인기를 끌게 된 경영기법이다.

결정적 순간 또는 진실의 순간은 서비스기업의 접점으로 해석되고 있으나, 더 정확한 결정적 순간은 "고객이 조직의 어떤 일면과 접촉하는 일로 비롯되며 조직의 서비스 품질에 관하여 어떤 인상을 얻을 수 있는 사건"으로 정의될 수 있다. 즉 물리적인 사건인 동시에 심리적인 사건이다.

고객이 조직의 한 점/면과 접촉하여 서비스 질에 대해 어떤 인상을 받는 모든 일을 결정적 순간이라 한다는 말은 고객과 서비스의 제공자가 결정적이라고 할 수 있는 접촉을 빈번히 하고 있다는 의미이다. 그런 접촉 중 고객이 서비스 질에 대한 인식을 무의식중 받고 있다는 것을 의미한다.

고객과의 접점에서 짧은 시간에 고객에게 고객이 선택한 최상의 기업이라는 것을 증명해야 한다는 것이 결정적 순간의 목표이다. 따라서, 서비스 기업의 전달시스템의 구축은 결정적 순간에 제공되는 서비스들의 전달에 초점이 맞추어져야 한다.

예를 들어, 특정인이 오늘 저녁 특정한 동기로 식사를 하기 위해서는 예약(Make reservation) → 주차(Parking) → 식당 외부에 도착(Arrival outside restaurant) → 식당에 도착(Arrival inside restaurant) → 착석(Seating) → 칵테일 서비스(Cocktail service) → 음식 서비스(Food service) → 계산서 제시(Bill presentation) → 식당 출발(Departure) → 식당을 나감(Exit) → 주차장 도착 → 주차장 출발이라는 일련의 과정을 거친다.

이 같은 일련의 과정에서 특정인은 특정 레스토랑과 관계가 있는 모든 점(點)과 직·간접적으로 접촉(대면)하게 된다. 식당에 도착하여 종업원을 대면하는 것은 제외하고라도, 때로는 전화로, 때로는 인쇄물로, 때로는 구전(口傳)에 의해서도 직간접적으로 접촉하게 된다. 또한, 물리적인 환경과도 부단히 접촉하게 된다. 즉, 특정 레스토랑에서 제공하고 있는 유형과 무형의 모든 것들이 결정적 순간 그 자체이다. 그것이 고객과 물리적인 환경과의 접촉이든, 고객과 종업원 간의 접촉이든, 고객이 접하는 먹고 마실 것이든 간에 고객과 접하는 모든 것은 결정적인 순간 그 자체이며, 그 자체가 바로 서비스 과정이며 품질이다.

일선 종업원은 고객과의 접점(接點)에서 고객이 기대하는 것을 충족시켜야 한다. 고객은 서비스가 빠르고, 능수능란하고, 정중하게 전달되기를 기대한다. 고객은 이와 같은 서비스 전달 외에도 상호작용이 어떻게 전개될 것인가에 대한 기대를 갖고 있다. 또한, 서비스를 전달하는 종업원이 서비스를 제공하기 위해 필요한 물리적인 요소들을 갖고 있어야 한다. 그리고 접점의 서비스 전달환경이 전달되는 서비스와 일치하여야 한다.

그뿐 아니라 결정적인 순간에 종업원이 관리자의 역할을 할 수 있도록 신뢰하고, 필요한 권한을 위임하여야 한다. 왜냐하면, 외식업체 대부분의 서비스 전달과정이 종업원과 고객과의 상호작용으로 이루어져 있기 때문에 종업원이 수행하는 모든 업무를 일일이 감독하는 것은 불가능하다.

또한, 고객과의 상호작용에서 일어나는 일들은 즉시 처리하여야 하는 즉흥성을 갖기 때문에 정해진 범위 내에서의 권한위임은 절대적으로 필요하기 때문이다.

결정적인 순간과 같은 맥락에서 대면 서비스에서 많이 언급되는 서비스 인카운터(service encounter)도 결정적인 순간과 같은 개념에서 고려해 볼 수 있다. 서비스 인카운터(encounter)란 서비스 교환 및 거래에 있어 구매자와 판매자 간의 대면(對面)적 상호작용(face-to-face interaction)을 말한다. 고객 만족과 반복구매는 개인적인 접촉의 질에 의해서 순전히 결정된다고 볼 수 있다. 개인적인 접촉이 중요하고 그것이 서비스 인카운터(Service encounter)를 구성하는 것이다.

서비스 부분에서는 인카운터에 많은 관리적 관심을 쏟게 된다. 이것은 시설(장비)중심적 서비스보다 인간중심적 서비스에서 특히 관련이 있다. 총서비스 제공에서 개인적 상호작용이 중요한 상황에서 일반화될 수 있다.

이런 목적으로 볼 때 서비스 인카운터는 서비스 환경에서 구매자와 판매자 간의 대면(對面)적 상호작용이라 할 수 있다. 그래서 서비스 인카운터 자체가 서비스마케팅에서 중심위치를 차지하고 있는 것이다. 그것이 서비스 차별화, 품질관리, 서비스 제공시스템, 고객만족에 영향을 미치는 것이다.

이 같은 연유에서 일선 종업원의 중요성을 담은 일반적으로 잘 알려진 경구(警句)들을 정리하면 아래와 같다.

① 종업원을 중요시하라. 그렇게 하면 그들은 고객을 중요시하게 된다.

② 종업원이 어떻게 느끼느냐 하는 것은 고객이 어떻게 느끼느냐 하는 것을 나타낸다.

③ 결정적인 순간은 물리적인 사건임과 동시에 심리적인 사건이 된다. 고객은 종업원과의 개인적인 접촉에서 모든 것을 오감으로 느낀다.

④ 고객과 접촉하는 가장 직접적인 방법은 현장위주관리(MBWA: Management By Walking Around, or About)라고 할 수 있겠다.

⑤ 신사숙녀가 신사숙녀를 봉사한다.

⑥ 고객이 행복하려면 우리가 즐거워야 하고, 우리가 행복하려면 고객이 즐거워야 한다.

⑦ 우리가 찾는 것은 기술이 아니라 좋은 사람이다. 우리들은 사람들이 업무기술을 갖추도록 교육시킬 수는 있지만, 태도가 좋아지도록 만들 수는 없다.

⑧ 고용은 태도가 좋은 사람, 곧 다른 사람에게 봉사하는 것을 즐기는 사람을 찾는 데서 시작한다.

⑨ 성공비결은 직원을 인간적으로 존중해 주고 배려해 주는 것이다.

⑩ 종업원은 생산의 핵심 분야에 있다.

⑪ 일선 직원은 서비스기업을 대표한다.

2) 감정노동과 일선 직원

미국의 사회학자 엘리 러셀 혹실드(Arlie Russell Hochschild)의 저서 『관리된 마음(The Managed Heart), 1983』에서 처음 소개된 개념으로, 감정을 억압하거나 실제 느끼는 감정과 다른 감정을 표현하는 노동을 의미한다. 즉, 실제적 감정을 속이고 전시적 감정으로 고객을 상대해야 하는 노동으로 자신의 감정과 기분을 통제하여 고객을 언제나 친절하게 대해야만 하는 노동을 말한다. 정서[2]노동이라고

---

2) ① 사람의 마음에 일어나는 온갖 감정. 또는 그러한 감정을 불러일으키는 기분이나 분위기.
   ② [심] 본능을 기초로 하여 일어나는 희로애락(喜怒哀樂) 등의 감정. 또는 그때의 정신 상태.

말하기도 한다. 그리고 이러한 직종 종사자를 감정노동 종사자라 한다.

감정노동은 표면 행위와 심층 행위로 나누어볼 수 있다. 전자는 노동자가 불쾌감과 같은 속마음은 드러내지 않은 채 겉으로 드러나는 표정, 말투를 꾸미며 고객을 대하는 것을 말한다. 그리고 후자는 표면적인 행동만이 아니라 실제 마음까지도 고객의 감정 상태에 맞춘 채로 자신의 감정에 대해서는 부인하거나 인지하지 못하는 상태를 의미한다.

서비스노동 특히, 타인과의 접촉이 많은 업무에서는 비교적 강도가 높은 정서적 노동이 요구되는 경우가 많다. '정서적 노동'의 성격이 아주 강한 업무에 종사하고 있는 레스토랑의 종업원, 비행기의 승무원, 백화점 직원, 교환원 등은 '대인접촉 과잉증후군'을 경험하게 된다. 이것은 날마다 반복되는 아주 많은 사람과 일대일로 접촉하는 업무를 보고 있는 사람이 빠지기 쉽다. 종일 계속해서 낯선 사람과 대화하지 않으면 안 된다는 것은 당연히 어떤 '정서적인 피로'를 느끼게 할 것이다.

자신이 느끼는 감정을 억누른 채, 자신의 직무에 맞게 정형화된 행위를 해야 하는 감정노동은 감정적 부조화를 초래하며 심한 스트레스를 유발한다. 실제 감정과 표현 사이의 불일치로 인한 정서적 소진, 자아존중감의 저하, 거짓된 자아에 대한 느낌을 받을 수 있다. 직무만족도 저하로 이어지기도 한다.

실제 경영이론의 대부분은 이 점을 간과해 왔다. 과잉 대인접촉과 그 외의 스트레스를 주는 '정서적 노동'이 초래하는 폐해는 종업원의 감정과 태도, 행동에 다음과 같은 형태로 현저하게 나타난다.

무관심, 권태감, 의욕의 감퇴, 현실도피, 고객에 대한 적의, 육체적 피로, 긴장, 스트레스, 불쾌감, 급함, 업무와 고객에 대한 관심의 저하, 고객에 대한 무례한 행동, 업무의 질에 대한 무관심, 자존심과 달성 의욕의 결여, 각 상황에 감정이입 하기를 포기, 프로그램화되어 있는 기계와 같은 아주 멋없는 감정표현 등으로 나타난다. 즉, 개인의 신체적 정신적 문제와 더불어 조직 차원에서는 높은 이직 및 퇴사율로 인한 조직 안정성 및 생산성 저하 등의 문제 등도 발생할 수 있다.

'정서적 노동'에 대한 이와 같은 결과는 ① 종업원의 건강 악화, ② 종업원의 바람직 하지 않는 정서적 대응이 고객에게까지 파급되어 결정적 순간에 서비스의 품질을 훼손한다는 것이다. 무관심으로 업무에 대한 흥미와 의욕을 잃고, 적의마저 품게 된 사람은 감정을 고객에게 터뜨리기 때문에 그들 자신뿐만 아니라 고객에게도 기업에 대한 나쁜 인상을 준다.

또한, 서비스 경영에서 범하기 쉬운 일곱 가지 대죄; ① 무관심, ② 무시, ③ 냉담, ④ 어린애 취급, ⑤ 로봇화(기계적으로 움직임), ⑥ 유연성 결여(rule book: 고객의 만족보다 조직의 규칙을 우선시), ⑦ 발뺌 등에 대한 대부분의 원인은 「정서적 노동」의 요구에 대응하면서 생긴 종업원의 심리적인 문제라고 말할 수 있을 것이다.

3) 서비스 마케팅 삼각형 (Service Marketing Triangle)

서비스 마케팅 삼각형이란 [그림 10-1]에서와 같이 고객, 회사(경영진) 및 일선 직원 간의 관계적 특성을 전개한 것이다. 즉, 서비스 제공에는 고객, 회사(경영진) 및 일선 직원으로 구성된 세 행위자의 관계적 측면의 중요성을 강조하여 설명한 것이다.

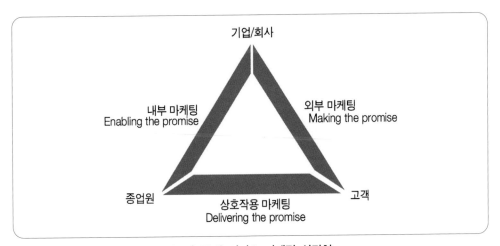

[그림 10-1] 서비스 마케팅 삼각형

[그림 10-1]에서와 같이 서비스 제공에는 고객, 회사(경영진) 및 일선 직원의 세 가지 행위자가 포함되며, 이들이 함께 서비스를 제공한다. 그리고 세 행위자 사이에는 약속이 이행되도록 하는 마케팅 관계가 있다. 즉, 외부 마케팅, 내부 마케팅, 상호작용 마케팅 간의 관계이다.

첫째, 회사는 고객에게 제공될 서비스와 관련된 약속을 한다. 이것을 외부 마케팅이라고 칭하였다.

둘째, 회사가 고객에게 제공하겠다고 약속한 것이 실행될 수 있도록 회사와 직원 간의 약속을 내부 마케팅이라 명명했다.

셋째, 회사가 고객에게 제공하겠다고 약속한 것을 제공하는 직원과 고객 간의 마케팅을 상호작용 마케팅이라 명명했다.

(1) 회사와 고객 간의 약속인 외부 마케팅

이 마케팅은 우리가 접하는 가장 일반적인 유형의 마케팅이다. 다양한 유형의 서비스마케팅은 광고, 판촉, 홍보, 다이렉트 마케팅, 인터넷 마케팅이 될 수 있다.

(2) 회사가 고객에게 한 약속을 지킬 수 있도록 하겠다는 회사와 종업원 간의 내부 마케팅

내부 마케팅은 조직 내부와 직원 사이에서 회사의 목표, 비전, 가치 및 문화를 홍보하기 위해 사용되는 마케팅 유형으로 정의되며, 내부 마케팅에서 회사는 직원을 내부고객으로 취급한다.

전체론적 마케팅은 내부 마케팅이 유효할 때 가장 많이 사용된다. 회사는 항상 직원들에게 동기를 부여하려고 노력한다. 직원이 고객 앞에서 올바른 결정을 내릴 수 있도록 권한을 부여하기도 한다. 이러한 권한 부여는 동기부여와 자신감을 구축하는 데 큰 도움이 된다.

서비스 삼각형을 기반으로 한 내부 마케팅이 바로 그것이다. 직원들에게 자신감과 동기를 부여하여 최종 고객과 훌륭한 관계를 구축하여 훌륭한 서비스를 통해 고객을 만족하게 만들어 충성도가 높은 고객을 만드는 것이다.

(3) 상호작용 마케팅

직원 VS 고객 간의 상호작용은 "진실의 순간" 또는 "중요한 사건"이라고도 한다. 고객은 직원이 자신을 대하는 방식에 불만 또는 만족할 수도 있다. 이것이 직원들이 고객과 상호 작용할 때 만들 수 있는 차이다. 직원들이 잘 훈련되어 있고 스스로 결정을 내릴 수 있는 권한이 있다는 이유로 고객 만족도 지수가 높은 경우가 많다.

직원이 고객을 진정 왕처럼 대하기 시작하면 전체 서비스 삼각형이 완성되고 사용된 모든 프로세스에서 최상의 결과를 얻을 수 있다. 이제 소비자는 자신의 관심사를 겨냥한 고도로 개인화된 마케팅 활동을 기대한다. 상호작용 마케팅은 접근 방식에서 고도로 고객 중심적인 직접 마케팅의 한 형태이다.

4) 역(逆)삼각형

과거로부터 이어져 내려와 우리에게 익숙해져 있는 조직의 구조는 힘의 구조가 바탕이 된 수직적 구조였다. 그리고 종업원들도 물리적인 힘에 바탕을 둔 이러한 구조를 당연하게 받아들였으며, 보편적인 조직의 형태로 생각해 왔다. 그러나 회사의 성장과 수익은 일선 종업원의 만족에서 기인한다는 점이 인식되면서 종업원 관리의 중요성이 부각되었다. 그 결과 근속년수, 경험, 직책과 직위가 지배하던 피라미드형 조직구조에 변화가 일기 시작한다. 즉, 종업원과 고객 중심의 사고라는 관점에서 역피라미드 조직이 발표되기 시작한다.

〈표 10-1〉 서비스 관리 패러다임

시 각	사고방식
이익 · 원가에 대한 시각	• 서비스 품질이 높아야 이익이 발생
종업원에 대한 시각	• 결정적인 순간을 관리하는 존재 • 종업원에 대한 고객의 인식이 성과에 커다란 영향을 미침
평가기준	• 고객 만족의 정도
관리자에 대한 시각	• 종업원의 활동을 지지 · 지원
조직에 대한 시각	• 제일선 종업원에 대한 지지와 자원의 배분
경영자에 대한 시각	• 서비스 문화의 창조와 유지

자료: 칼 알브레히트 지음, 오의균 옮김, 역 피라미드, 21세기북스, 1994: 136

제조업(製造業)형 경영 패러다임에서 서비스 관리 패러다임으로 이행한다는 것은 〈표 10-1〉에서와 같이 개념적으로는 혁명적인 변화라 할 수 있다. 왜냐하면, 일반적으로 기업의 조직도는 경영자를 정상에 둔다. 그리고 그 밑에 각각 다른 역할을 담당하는 몇 명의 관리자, 그리고 제일 아래쪽에 일선 종업원을 두기 때문이다. 그러나 서비스 관리 패러다임에서는 조직 피라미드를 역으로 하는 것과 같기 때문이다.

전통적인 조직구조는 [그림 10-2]의 왼쪽과 같이 조직구조의 제일 상단에 최고경영자가 위치하고, 그 밑에 중간 관리자, 그리고 맨 하단에 일선 종업원들이 위치하는 구조이다. 그러나 과거의 조직구조는 아래의 오른쪽 그림과 같이 서비스 지향적인 조직구조로 전환되어야 한다는 것이다.

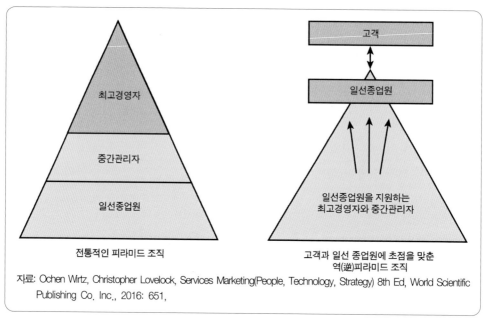

자료: Ochen Wirtz, Christopher Lovelock, Services Marketing(People, Technology, Strategy) 8th Ed, World Scientific Publishing Co. Inc., 2016: 651.

[그림 10-2] **전통적인 피라미드 조직과 고객과 일선 종업원에 초점을 맞춘 역(逆)피라미드 조직**

전통적인 피라미드 조직과 같이 일선 종업원을 피라미드의 아래쪽에 둔다는 것은 그들을 전혀 중요하게 여기지 않는다는 것을 나타낸다. 즉, 기업 활동에 종업원이 거의 영향력을 끼치지 않는다는 사실을 매우 강하게 나타내고 있다. 즉, 고객주도, 서비스 지향의 기업에서 조직도 속에 고객이 없다는 특징을 가지고 있다.

그러나 [그림 10-2] 오른쪽 그림에서 보는 바와 같이 서비스 관리 패러다임에서 고객은 그 기업의 활동을 결정하는 시발점이라고 볼 수 있다. 그리고 고객 다음으로 중요하게 여겨지는 것이 제일선에서 고객과 직접 접촉하는 종업원이다. 그들에 의해서 고객이 결정적 순간에 받아들이는 서비스 품질에 대한 인상이 달라지기 때문이다.

마지막으로 관리자가 위치하는데 제일선 종업원들을 지원하는 것이 바로 그들의 일이다. 즉, 최고 경영진과 중간 경영진의 역할이 고객에게 우수한 서비스를 제공하는 일선 종업원을 지원하는 것임을 보여줍니다.

결국, 역(逆)피라미드는 서비스 주도형의 조직을 드라마틱하게 비유한 것이다. 그리고 역(逆)피라미드 조직도가 나타내려고 한 기업의 가치관은 몇 가지로 축약해 볼 수 있다.

① 리더는 고객이다.
② 고객을 지원하는 모든 종업원이 중요한 존재이다.
③ 고객에게 가까운 존재일수록 그 역할은 중요해진다.
④ 관료적인 색채는 전혀 없다.
⑤ 관리자들은 일선 종업원을 지원하기 위한 존재이다.

스칸디나비아 항공의 얀 칼슨(Jan Carlzon)은 평상시 조직의 모든 수준의 관리자에게 다음과 같이 말했다고 한다. "당신들은 제일선 종업원들에게 명령하기 위해 여기에 있는 것이 아니다. 그들을 돕고 지원하기 위해 있는 것이다. 그들이 지원을 요청해 왔을 때 당신들은 그들이 하는 말을 잘 듣지 않으면 안 된다".

칼슨은 이것이 많은 관리자, 특히 제일선 종업원에서 출발해 승진해 온 사람에게는 아주 어렵다는 것을 잘 인식했다. 그러나 그 결정적 순간을 접하는 제일선 종업원에게 도움이 되는 일이야말로 관리자의 임무라는 주장을 하였다.

또한, 조직 구조적인 측면에서 기존의 피라미드 조직은 고객의 요구가 피라미드 꼭대기에 도달하기까지 시간이 오래 걸리며, 올라오는 과정에서 정보의 가공 및 왜곡이 발생하여 고객의 요구에 신속하게 대응하는 것이 어려웠다는 것이다.

이러한 문제를 해결하기 위해서 일선 종업원에게 고객의 요구에 직접적이고 창조적인 대응이 가능하도록 권한을 위임할 필요성을 부각(浮刻)시킨 것이 역(逆)피라미드 조직이었다. 그러나 역(逆)피라미드(역삼각형) 조직은 고객 만족경영에 있어 일선 종업원의 역할이 중요하다는 교훈을 남긴 채 정착하지 못하였다고 한다.

5) 서비스의 선순환과 악순환의 구조

모든 영역에서 일선 직원의 중요성이 강조되고 있다. 특히, 사람을 대상으로 하는 서비스 영역에서 생산과 소비의 동시성이라는 특성은 고객과 직접 대면(face-to-face) 하는 일선 직원들의 중요성을 강조하고 있다. 특히, 식당과 같이 고객과의 상호작용 이 높은 서비스의 경우 일선 직원의 역할은 아무리 강조해도 지나치지 않다. 그러나 외식업체의 관리자들은 일선 직원들의 관리를 소홀히 하고 있다.

예를 들어, 비용 절감 차원에서 종업원의 수를 줄이고, 정규직보다는 비정규직 종사자의 수를 늘리고, 경력을 많이 가지고 있는 종사자보다는 경력이 적은 종사자 고용을 일반화하고 있다. 게다가 양질의 서비스를 제공하기 위해 요구되는 종업원 에 대한 교육과 훈련을 등한시하고 있으며, 종업원들을 감시의 대상으로 여기고, 아무런 권한도 위임하지 않고 모든 일을 명령과 지시로 일관한다. 즉, 비용 절감이 라는 명제 아래 고객의 최측근인 일선 종업원들의 관리를 잘못하고 있으며, 명령과 지시에 의한 수직적인 관계를 유지하고 있다는 의미이다.

또한, 외식업체의 관리자들은 대고객 서비스에 대한 환상적인 결과를 요구하고 있 다. 즉, 최상의 서비스를 제공하여 고객만족도와 충성도를 높이고, 생산성과 가치를 높여 성공하는 외식업체로 만들어야 한다는 논리적으로 불가능한 요구를 하고 있다.

어떻게 동기도 부여되지 않는 종업원, 훈련되지 않은 종업원, 역량이 부족한 종업 원, 충성심도 없는 종업원, 불만투성이인 종업원, 수동적으로 시키는 일만 하는 종업 원들이 고객에게 최상의 서비스를 제공할 수 있겠는가. 불가능한 일이다. 대접받지 못하는 종업원이 어떻게 고객을 대접할 수 있겠는가.

고객 서비스의 최전선에서 고객과 접점에 있는 일선 종업원은 주어진 다양한 업무를 수행하면서 구조적으로 많은 문제점과 어려움을 갖게 된다. 특히나 이 같은 구조적인 문제점은 열악한 환경의 자영업에서 일반화되어 있으며 그 원인을 다음과 같은 성공과 실패의 순환과정을 통해 잘 설명하고 있다.

(1) 실패의 순환/악순환 (The Cycle of Failure)

성공적인 외식업체의 운영에서 인적자원의 중요성은 아무리 강조해도 지나치지 않다. 그러나 많은 서비스 산업에서, 특히 외식업체의 경우 가능한 업무를 단순화하고 교육이 거의 또는 전혀 필요하지 않은 반복적인 단순 작업을 수행할 수 있도록 직무의 내용을 단순화하여 저렴한 근로자를 고용하는 구조로 인적자원을 관리하고 있다.

그 결과 일선 종업원은 고객 문제에 대응하는 능력이 부족하고, 직무에 불만이 생기며, 나쁜 서비스 태도를 갖게 되고, 결국 종업원은 회사를 떠나고(높은 이직률), 서비스의 질은 나빠지고, 불만족 고객은 늘어나고, 매출이 낮아지는 악순환이 반복된다.

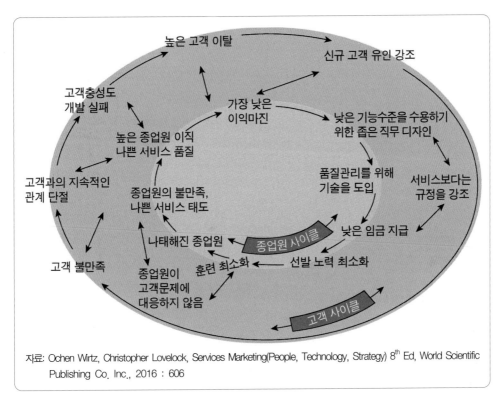

자료: Ochen Wirtz, Christopher Lovelock, Services Marketing(People, Technology, Strategy) 8th Ed, World Scientific Publishing Co. Inc., 2016 : 606

[그림 10-3] 직원의 실패순환과 고객의 실패순환 과정

[그림 10-3]은 직원의 실패순환(악순환)과 고객의 실패순환(악순환) 과정, 그리고 직원의 실패순환 과정이 고객의 실패순환 과정에 미치는 영향을 그림으로 제시한

실패순환 과정을 도시화 한 것이다.

안쪽 원의 종업원 사이클은 2시 방향에서 출발하는 낮은 기능 수준을 수용하기 위한 좁은 직무 설계, 서비스보다는 회사가 정한 규칙에 대한 강조, 품질관리를 위한 기술 사용으로 시작된다. 이어서 낮은 임금, 직원 선발과 훈련에 노력을 최소화하고, 그 결과 종업원들은 직무에 싫증을 느끼게 되며, 불만족하게 되고, 나쁜 서비스 태도를 갖게 된다. 이어서 종업원들은 이직하게 되고(높은 이직률), 서비스 품질은 나빠지며, 결국은 낮은 수익 마진으로 이어진다는 내용이다.

고객의 사이클은 종업원의 실패순환 과정에 따라 영향을 받게 된다. 그 결과 종업원의 악순환 과정의 반복으로 인한 영향으로 고객이 갖는 문제점에 적절하게 대응하지 못하여 불만족이 발생하며(8시 방향), 일선 종업원과 고객 간의 지속적인 관계를 갖지 못하고, 고객의 충성도를 떨어뜨려 높은 고객 이탈률로 이어지고, 회사는 신규고객 유치를 강조하는 악순환을 갖게 되는 과정이다.

그러나 실패의 순환을 지속시키는 것에 대한 관리자의 변명과 정당화는 다음과 같이 직원에게 초점을 맞추는 경향이 있다.

- 요즘에는 좋은 사람을 구할 수 없다.
- 오늘날 사람들은 일하기를 싫어한다.
- 좋은 사람을 고용하려면 비용이 너무 많이 들고, 이러한 비용 증가를 고객에게 전가할 수 없다.
- 일선 직원들이 너무 빨리 떠나기 때문에 교육과 훈련을 시킬 가치가 없다.
- 높은 이직률은 우리 사업의 불가피한 부분이다. 그렇기 때문에 이러한 악순환의 과정과 함께 사는 법을 배워야 한다.

많은 관리자들은 저임금/고이직 인적자원 전략의 장기적인 재정적 영향을 무시한다. 문제의 일부는 모든 관련 비용을 측정하지 못하는 것이다. 특히 세 가지 주요 비용 변수가 종종 생략된다.

첫째, 상수 비용

모집, 고용 및 교육(관리자에게는 금전적 비용만큼이나 많은 시간 비용이 소요됨)

둘째, 경험이 없는 신규 근로자의 낮은 생산성

셋째, 지속적으로 신규고객을 유치하는 비용(광범위한 광고 및 판촉 할인이 필요함).

또한, 고객의 평생 가치와 부정적인 입소문(구전)으로 인한 손실 등을 고려하여야 한다.

수요와 공급이 불균형 상태가 되면, 즉 공급이 수요를 초과하게 되면 경쟁이 유발된다. 그리고 경쟁은 차별화를 유발시킨다. 그래서 모든 외식 업체들이 경쟁의 우위를 유지하기 위한 전략으로 서비스의 중요성을 강조한다. 또한, 양질의 종업원을 선발하여, 교육과 훈련을 통해 신화적인 서비스를 제공할 수 있는 역량을 갖춘 종업원의 유지와 관리에 우선순위를 두어야 한다고 강조한다. 그러나 현실은 그렇지 않은 듯하다. 왜냐하면, 신화적인 서비스를 제공할 수 있는 역량을 갖춘 일선 종업원을 보유하고 관리하는 데는 많은 비용이 소요된다고 생각하기 때문이다.

관리자들은 양질의 서비스 제공은 비용의 증가라는 등식으로 접근한다. 그러나 날로 중요성이 증가하고 있는 서비스의 문제에 대한 해법을 비용이라는 등식으로 접근하고 있어 산출은 항상 나쁜 서비스, 수준 이하의 서비스가 일상화 되고 있는 것이다. 게다가 최근 들어 외식업체와 같은 서비스 영역에 인간이 아니라 장치나 시스템이 매개가 된다는 서비스공업화(service industrialization)[3]에 대한 이론이 도입되어 획일적인 서비스, 인간성을 상실한 서비스 등이 보편화 되고 있다. 그 결과 전체적으로 서비스의 질이 낮아지고 있음을 볼 수 있으며, 일선 종업원 확보의 악순환이 지속 되고 있다.

효율성만을 강조하는 외식업체의 경우 일선 종업원들이 수행해야 하는 대부분의 업무를 단순화시켰다. 그래서 특별한 기술과 경험이 없어도 짧은 기간 교육을 통해

---

3) 효율성 제고 및 비용절감 등을 위해서 서비스 활동의 노동집약적 부분을 기계로 대체하고, 자동차 생산 공장에서 채용하는 것과 같은 계획화, 조직, 훈련, 통제 및 관리를 서비스 활동의 전개에도 적용하는 것을 의미한다. 서비스 공업화의 일례가 패스트푸드 시스템이다.

업무를 수행할 수 있도록 업무 자체를 단순하게 설계했다. 그렇기 때문에 업무가 단순화·매뉴얼화 되어 있고, 종업원은 단순 업무만을 반복하여 수행하게 되므로 사기가 저하되고 이직률 또한 높을 수밖에 없다. 또 일상적이지 않는 문제가 발생했을 때 대응할 능력이 없어진다.

따라서 종업원이 제공하는 서비스의 질은 저하되고 고객은 불만족하게 되며, 이익 또한 낮아지게 된다. 이익이 낮아지면 종업원의 급료는 낮아질 수밖에 없어 경험이 풍부한 양질의 종업원을 확보하지 못하게 된다. 이러한 결과는 종업원의 사기를 저하시키고, 이직률을 높인다. 따라서 고객이 받는 서비스는 질이 낮을 수밖에 없게 되는 악순환을 반복하게 된다.

(2) 성공의 순환(The Cycle of Success)

일부 회사는 성공의 순환을 만들기 위해 직원들에게 투자함으로써 번영을 추구하면서 재무 성과에 대한 장기적인 관점을 취한다.

실패의 순환과정과 마찬가지로 성공의 순환과정도 직원과 고객 모두에게 적용된다.

종업원의 순환과정의 핵심은 더 나은 급여와 복리후생은 양질의 인적자원을 유인한다는 것이다. 그리고 확대된 작업 설계에는 일선 종업원이 품질을 제어할 수 있는 훈련 및 권한 부여 관행이 수반된다. 더 나은 임금, 보다 강화된 선발 노력, 집중교육으로 직원들은 업무에 더 만족하고, 긍정적인 서비스 태도를 가지게 되며, 낮은 이직율로 더 높은 품질의 서비스를 제공할 수 있어, 더 높은 수익과 마진을 달성한다는 선순환과정이다.

고객의 측면에서는 낮은 고객 이탈률, 고객 충성도가 높아 재방문이 증가하고, 높은 만족도, 고객과의 지속적인 관계가 유지되고, 고객의 충성도가 높아지며, 낮은 고객 이탈률로 이어지게 되는 순환과정이다.

이탈율이 낮다는 것은 일반 고객이 서비스 관계의 연속성을 높이 평가하고 충성도를 유지할 가능성이 더 높다는 것을 의미한다. 고객 충성도가 높을수록 수익 마진이 높아지는 경향이 있으며, 조직은 고객 유지 전략을 통해 고객 충성도를 강화하는데 마케팅 노력을 집중할 수 있다. 이러한 전략은 일반적으로 신규고객 유치 전략보다 훨씬 수익성이 높다.

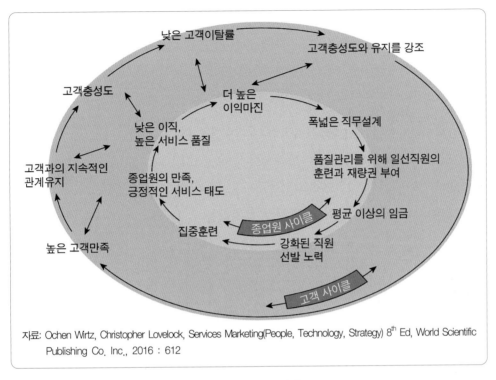

자료: Ochen Wirtz, Christopher Lovelock, Services Marketing(People, Technology, Strategy) 8th Ed, World Scientific Publishing Co. Inc., 2016 : 612

[그림 10-4] The Cycle of Success

6) 서비스 이익(수익) 체인

외식업체의 성공적인 운영을 위해 일선 직원의 중요성이 강조된다. 일선 직원은 외식업체를 대표하고, 고객과의 직접적인 접촉을 통해 외식업체 운영의 성패를 좌우하는 핵심적인 역할을 하기 때문이다.

일선 직원의 중요성을 강조한 이론들은 많다. 그 중 대표적인 것이 서비스 이익(수익) 체인이다. 이 이론은 좋은 기업은 좋은 결과물을 생산하여야 한다는 것이다. 그러나 기업이 단순히 제품이나 서비스를 생산하는데 그치는 것이 아니라 결과물을 고객에게 잘 전달하여야 한다는 점을 강조한다. 즉, 결과물과 결과물을 고객에게 전달되는 과정(process)의 중요성을 시사하고 있다.

여기서 제품과 서비스의 결과물은 기업의 수익과 성장과 같은 재무적인 성과이다. 그런데 더 중요한 것은 이 재무적인 성과를 창출하는 요소들이며, 이 요소들의 핵심은 고객에게 제공되는 서비스의 가치이다. 기업이 창출하는 이 서비스의 가치에 의해 또 다른 결과물인 고객 만족과 충성도가 유발된다. 그리고 서비스 가치는 일선 직원의 만족도·충성도·생산성·업무역량 등을 통해 얻을 수 있다는 내용을 담고 있는 이론이 서비스 이익 체인의 개념이다.

(1) 서비스 이익(수익) 체인의 개념과 구성 요소

서비스 이익 체인은 아래 [그림 10-5]와 같이 수익·성장·고객 충성도·고객 만족·고객에게 제공된 재화와 서비스의 가치·종업원의 역량·만족도·충성도·생산성 간에 직접적이고 강력한 관계를 유지하는 것이다.

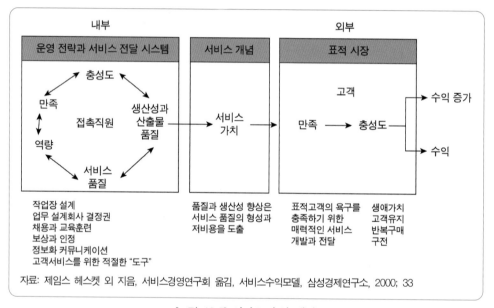

[그림 10-5] **서비스 수익 체인**

그리고 서비스 이익 체인의 연결고리를 다음과 같이 정리해 볼 수 있다.

① 고객 충성도는 수익률과 성장의 선행 요인이다.
② 고객 만족도가 고객 충성도의 선행 요인이다.
③ 가치가 고객만족도의 선행 요인이다.

④ 서비스 품질과 생산성이 가치의 선행 요인이다.

⑤ 직원 충성도는 서비스 품질과 생산성의 선행 요인이다.

⑥ 직원 만족도는 직원 충성도의 선행 요인이다.

⑦ 내부 품질은 직원 만족도의 선행 요인이다.

⑧ 최고 경영진의 리더십이 성공적인 서비스수익 체인의 기초가 된다.

□ 내부

서비스 수익 체인은 [그림 10-5]와 같이 내부(종업원)와 외부(고객), 그리고 내부와 외부를 이어주는 서비스 개념(서비스 가치)으로 구성되어 있다. 그리고 서비스수익 체인은 수익·성장·고객 충성도·고객 만족·고객에게 제공된 재화와 서비스의 가치·종업원의 역량·만족도·충성도·생산성 간에 직접적이고 강력한 관계를 가지고 있다.

(1) 내부 서비스 품질

먼저, 내부고객의 중심에는 일선 종업원이 있다. 서비스 수익체인에서 중요한 업무역량 선순환의 배경 철학은 만족하는 종업원이 충성스럽고 생산적인 직원이라는 것이다. 적어도 일선 직원의 만족은 고객에게 만족스러운 결과를 전달하고자 하는 열정에서 비롯된다는 것이다. 고객에게 만족스러운 결과를 전달하기 위해서는 종업원은 대고객 서비스와 관련된 능력을 지녀야 한다. 그리고 잘 규정된 범위 내에서 재량권과 훈련·기술적 보조·인정·보상을 받아야 한다는 것이다.

업무 환경의 내부품질은 종업원 만족도의 가장 주요한 요소이다. 내부품질은 종업원이 직무·동료·직장에 대해 갖는 감정으로 측정한다. 일선 종업원이 자기 직업에 대해 갖는 가장 큰 가치는 고객을 위해 결과물을 생산할 수 있는 능력과 권한, 곧 업무역량이라는 것이다.

역량(capability)이란 근로자가 해당 업무를 수행할 수 있는 능력을 의미한다. 일반적으로 직원의 역량이란 직무 수행에 필요한 지식, 전문성, 특정한 스킬을 포함하는 말이며, 기업에서는 기업 내 직업훈련 및 교육훈련을 통해 바람직한 수준까지 발전시키고자 한다. 기업의 역량은 고유하고 독자적이며 궁극적인 능력을 말하며, 기업 경쟁력의 원천이라 할 수 있다.

그러므로 좋은 종업원의 선발과 경력계발도 중요하지만, 작업장의 설계, 업무의 설계, 의사결정에 참여, 보상, 커뮤니케이션, 고객에게 서비스를 제공하는데 필요한 적당한 도구 등이 뒷받침되어야 한다. 즉, 종업원들을 회사 내에 있는 내부고객으로 고려하고, 내부고객이 필요로 하는 것을 인식하는 것 등은 서비스 개선을 이루는 원동력이다.

(2) 일선 종업원의 만족

먼저, 내부고객의 중심에는 일선 종업원이 있다. 서비스 이익 체인에서 중요한 업무역량 선순환의 배경 철학은 만족하는 직원이 충성스럽고 생산적인 직원이라는 것이다. 적어도 일선 종업원의 만족은 고객에게 만족스러운 결과를 전달하고자 하는 열정에서 비롯된다는 것이다. 고객에게 만족스러운 결과를 전달하기 위해서는 직원은 대고객 서비스와 관련된 능력을 지녀야 한다. 그리고 잘 규정된 범위 내에서 재량권과 훈련·기술적 보조·인정·보상을 받아야 한다는 것이다.

결국, 업무 환경의 내부품질이 높아야 종업원이 만족한다. 만족도가 높은 종업원은 충성심이 높아진다. 충성심이 높아진 종업원은 저비용으로 양질의 서비스 품질(결과물＋프로세스 품질)을 제공할 수 있어 가치를 높인다는 논리이다.

(3) 종업원의 충성도

특정 제품과 서비스에 만족도가 높은 고객은 그 제품과 서비스에 대한 충성도가 높아진다. 같은 맥락에서 조직에 대한 만족도가 높은 종업원은 회사에 대한 충성도가 높아진다. 그리고 충성도가 높아진 종업원은 생산성을 높인다.

(4) 종업원의 생산성과 산출물 품질

조직에 대한 충성도가 높은 종업원은 생산성이 높다. 그러나 높은 생산성을 산출하기 위한 선행조건인 만족도와 내부 서비스 품질이 긍정적일 때 도출될 수 있다. 그리고 높은 생산성은 가치를 높이는 선행조건이 된다.

□ 고객가치 방정식과 고객 만족

내부와 외부, 즉 직원과 고객을 이어주는 서비스 가치와 그 가치의 결과로 나타나는 고객 만족의 과정을 살펴본다.

(1) 서비스 가치

서비스 이익 체인의 중심은 고객가치 방정식이다. 고객가치 방정식은 고객에게 전달된 재화(결과물)와 서비스의 가치(프로세스 품질)가 고객에게 부여한 서비스가격과 서비스를 획득하는데 고객이 지불하는 기타 비용과의 비를 나타낸다. 이 가치가 재화와 서비스를 구매하고 사용하기 위한 의사결정에 영향을 미치는 고객의 관점이다. 그리고 고객가치는 고객 만족과 직접 관련이 있다. 즉 가치는 고객 만족에 결정적인 역할을 하는 변수이다. 그러나 고객의 관점에서 본 가치 방정식은 [그림 10-6]과 같이 매우 단순하다.

$$\text{가치} = \frac{\text{고객에게 제공된 결과물} + \text{서비스 품질}}{\text{고객이 지불한 가격} + \text{서비스 획득 비용}}$$

자료: 제임스 헤스켓 외 지음, 서비스경영연구회 옮김, 서비스 수익모델, 삼성경제연구소, 2000; 71

[그림 10-6] 고객가치 방정식

오늘날 고객들은 가치 지향적이다. 고객은 지불 하는 가격과 획득 비용을 뛰어넘는 서비스 결과물과 서비스 전달과정의 품질을 원한다. 그러나 가치는 결과물과 그 전달과정에서만 이루어지지는 않는다. 가치는 서비스 이용고객에게 유발되는 비용과도 관련 있다. 이 비용에는 가격뿐만 아니라 접근 비용(access cost)도 포함된다. 따라서 최선의 서비스 가치는 좋은 결과물, 전달과정의 높은 품질, 합리적인 가격과 모든 비용을 모두 포함하고 있다.

고객에게 전달되는 가치가 서비스 제공자가 부담하는 비용을 초과하여야 한다. 그렇기 때문에 서비스 제공자에게 수익 창출 기회란 가치와 비용 간의 차익에 있는 것이다. 탁월한 서비스들은 운영비용을 줄이면서(생산성을 높이면서) 고객가치를 개선 시키는 운영전략을 중심으로 설계된다.

□ 외부

고객의 만족을 이어주는 것이 가치이다.

(1) 고객 만족

일반적으로 만족한 고객은 충성도가 높다고 알려져 왔다. 그러나 고객 만족과 충성도 간에는 정형화된 관계가 없다는 일부 연구도 있기는 하지만, 고객 만족과 충성도 간에는 상관관계가 높다는 것이 상식으로 통하고 있다.

(2) 고객 충성도

충성도가 높은 고객을 많이 확보하고 있는 기업은 수익을 많이 낸다는 〈충성도 = 수익〉의 등식을 찾아낸 것이다. 왜냐하면, 일반적으로 기업의 수익 측정은 시장 점유율, 즉 〈시장 점유율 = 수익〉이라는 등식이 일반화되어 있었기 때문이다. 결국, 고객 충성도로 대변되는 시장 점유율의 질적 측면은 시장 점유율의 양적인 측면만큼이나 중요하다는 것이다.

(3) 성장과 수익

수익성과 성장은 회사의 전반적인 재무 건전성을 측정하는 두 가지 주요 지표입니다. 서비스-이익 사슬의 경우 수익성과 성장은 본질적으로 만족하고 충성된 고객과 연결되어 있다.

높은 수준의 고객 충성도를 유지하는 서비스기업은 동종산업 내에서도 수익성을 높일 뿐만 아니라, 충성도가 높은 고객이 시간이 지날수록 더 높은 수익을 창출한다는 점을 알아냈다.

고객의 충성도는 고객의 불만에 기꺼이 귀를 기우이고 고객 이탈을 예견하며 고객이 경쟁업체로 이탈하는 원인을 이해하는 과정속에서 구축된다. 또 기업은 고객을 유지하는 방법뿐만 아니라 관련 제품을 구매하게 하고, 주위 사람들에게 제품과 서비스에 관한 좋은 경험을 전파 시키는 방법을 찾아내야 한다. 즉, 3R로 요약되는 고객과의 관계유지(Retention), 관련 제품 판매(Related sales), 주변 전파(Referral)에 초점을 둔 전략을 수립해야 하는 것이다.

제2절 | 일선 종업원의 관리

1. 동기부여 의의

동기부여(motivation), 동기유발, 혹은 동기화라고도 한다. 동기부여란 개인이나 집단이 자발적 또는 적극적으로 책임을 지고 일을 하고자 하는 의욕이 생기게끔 그 행동의 방향과 정도에 영향을 행사하는 것이다. 조직의 목표 달성을 위한 행동을 유발(어떤 일이 원인이 되어 다른 일이 일어남) 시키는 역동 과정이라 할 수 있다.

동기부여에 대한 다른 정의를 보면; 첫째로 인간 활동을 활성화하는 측면, 즉 동인 또는 각성 촉발의 차원, 둘째로 인간행동의 방향을 설정하거나 목표를 지향하도록 경로화시키는 측면, 셋째로 인간행동을 유지 또는 지지시키는 세 가지의 속성을 공통적으로 가지고 있다고 한다. 이러한 점을 고려하여 동기부여 행동을 유발하고 행동의 방향을 설정하며, 그 행동을 유지하도록 하는 심리적인 힘이라고 정의할 수 있다.

즉, 사람은 무엇을 하고자 하는 욕구(欲求)가 일어날 때 일하려는 동기, 즉 동인(動因)이 생기며, 그 환경에서의 사물은 유인(誘因 어떤 일 또는 현상을 일으키는 원인)의 성질을 가진다. 이에 따라 행동으로 옮겨 목표를 달성하게 되면 욕구는 충족되고 동인은 사라진다. 이와 같은 욕구-동인-유인의 기능적 관계를 통틀어 동기부여 또는 동기유발이라고 한다.

작업장에서 동기부여는 생산성과 맥을 함께한다. 동기부여가 잘 된 종업원들은 일을 더 열심히 하고, 일을 더 잘한다. 반면, 동기부여가 되어있지 않는 종업원들은 비록 그들이 더 많은 일을 할 수 있고, 더 잘할 수 있는 능력이 있다 할지라도 필요한 일을 적당히 한다. 주어진 일 정도까지만 한다. 더 나아가서는 표준 이하로 작업을 수행한다. 게다가 매니저와 슈퍼바이저의 시간을 많이 빼앗는다. 때로는 적대시하는 마음으로, 울분으로, 시스템에 반하게, 그리고 관리자에게 애를 먹일 양으로 동기부여 된다(부정적).

동기부여는 매니저와 감독자의 주요한 고려사항이다. 매니저나 감독자의 성공은 성과로 측정된다. 여기서 성과는 개인들(종업원 각자)의 성과의 합을 의미한다. 즉, 전체를 의미한다. 각 개인의 성과가 높고 낮음은 매니저나 감독자의 성공에 영향을 미친다. 그렇기 때문에 중요한 것은 동기가 부여되지 않는 종업원에게 동기를 부여하여 생산성을 높게 만드는 일이다. 그리고 동기부여가 잘 되어 있는 종업원의 동기를 계속 유지하여 생산성을 이어가는 것이다.

실제 매니저나 감독자는 종업원들에게 동기를 부여할 수 없다. 왜냐하면, 동기는 내부에서부터 부여되기 때문이다. 그러나 매니저나 감독자는 종업원들이 가지고 있는 동기를 활성화시킬 수는 있다. 종업원들의 동기를 활성화시키기 위해서는 종업원에 대해 알아야 한다. 그리고 대응 방법을 알아야 한다. 일 자체, 감독자가 지시 · 감독하는 방법, 작업환경, 그리고 개인 목표(돈, 인정, 성취 등등)에 대해 알아야 한다.

그렇다면 어떻게 사람을 변화하게 만들 수 있을까? 쉽지는 않다. 많은 이론은 존재하나 해답은 많지 않다. 각각에 대해 각각 다른 처방이 필요하다. 때문에, 하나의 방법이 모든 사람에게 공통적으로 적용되리라 생각하는 것은 잘못된 것이다. 왜냐하면, 같은 일을 각각 다른 동기에서 하기 때문이다.

게다가 사람들의 필요와 욕구는 매일 바뀐다. 때로는 분 단위로 바뀐다. 그 결과 동기부여는 복잡한 일이다. 그리고 동기를 부여하여 일을 잘하게 만드는 것은 더 어려운 일이다. 그래서 이론보다는 경험적인 접근 방법이 요구되는 것이다. 여러 가지 이론을 배워 상황에 적합하게 적용하는 것이 최선이다.

동기부여의 종류는 내재적 동기부여와 외재적 동기부여로 양분된다. 내재적 동기부여는 내재적 보상에 의해 이루어지는 동기부여로 종업원과 일(직무) 간의 직접적 관계에서 발생하는 것이다. 일을 수행하면서 얻는 성취감 · 도전감 · 확신감 등이 내재적 보상의 대표적인 예이다. 내재적 동기부여란 이러한 보상들에 의한 노력의 발동상태를 의미한다.

반면, 외재적 동기부여란 일의 외부요인인 직무환경으로부터 발생한다. 외부에서 주어지는 급여·부가급부·승진 정책·감독 등이 대표적인 예이고, 외재적 동기부여는 이러한 요인들의 영향으로 인한 노력의 발동상태이다.

동기부여의 과정을 살펴보면 인간의 욕구에서부터 출발한다는 점을 이해할 수 있다. 욕구(needs)란 어떤 시점에서 개인이 경험하는 결핍(deficiency)으로서 행동의 활성화 장치 내지는 촉진제의 역할을 한다. 그리고 개인이 추구하는 목표나 성과는 동기부여의 목표지향적이라는 의미에서 개인을 이끄는 동인이라고 볼 수 있다. 바람직한 목표의 성취는 욕구결핍의 현저한 감소를 가져온다.

이 결핍은 생리적인 것, 심리적인 것, 사회적인 것 등 다양하다. 사람들은 여러 가지 욕구 결핍을 감소시키려고 노력한다. 그 결과 하나의 행동 안이 선택되어 목표 지향적 행동을 하게 된다. 그 다음 일정한 시간이 지나 성과를 평가하고 이것을 바탕으로 보상(報償)과 벌(罰)이 주어진다. 이것은 다시 개인들에 의해 욕구결핍을 재평가하게 되어 순환과정을 반복하게 된다.

결국, 욕구(needs)와 목표(goals)라는 변수를 중심으로 보면 동기부여의 과정은 욕구결핍 → 욕구 충족 수단 탐색 → 목표지향적 행동 → 성과(목표 달성의 평가) → 보상 또는 벌 → 종업원에 의해 재평가된 욕구 결핍 순(順)이 된다.

2. 동기부여 이론

일반적으로 잘 알려진 동기부여 이론을 정리하면 다음과 같다.

1) 벌을 통한 동기부여

무엇을 수행할 수 있도록 만드는 가장 오래 된 방법 중의 하나가 채찍이다. 억지로 시키고, 겁을 주고, 벌을 언급한 후, 만약 하지 않으면 이렇게 하겠다는 부정적인 단어의 순으로 전개되는 방법이다.

예를 들어, 만약 5시까지 이 일을 마치지 못하면 '해고다' 또는 '감봉이다' 등과 같은 전개 방식이다. 이 접근 방법을 아직도 동기부여의 하나의 방법이라고 믿고 있는 사람들이 많이 있다. 그들은 독재적이고, 종업원을 밀착 통제하는 등 잘 알려진 동기부여의 X이론을 이용한다. 그러나 벌을 통한 동기부여는 오래가지 못한다. 그리고 벌을 면하기 위해서 하는 일이기 때문에 결과 또한 부정적일 수 있다.

결국, 벌을 통한 동기부여는 작업 분위기를 나쁘게 하고, 적대감 유발, 분개심(몹시 분하게 여기는 마음), 결근, 지각, 낮은 성과, 높은 이직률 등의 결과를 가져온다고 본다. 때문에, 이 방법은 다른 방법을 다 동원하여도 안 될 때 이용하는 최후의 접근 방식으로, 단지 매니저나 감독자가 처벌하겠다고 한 말(예: 만약 ○○○○ 하면 너는 해고야)을 실행할 수 있는 권한이 있을 때 가능하다.

2) 당근과 채찍을 통한 동기부여

당근과 채찍을 통한 동기부여 철학은 성과가 좋으면 상을, 그 반대이면 벌을 이용하는 방법이다. 이것을 당근과 채찍이라 한다.

보상과 벌을 혼합하는 방식으로 높은 성과에는 보상을, 낮은 성과에는 처벌을 약속한다. 그러나 처벌과 처벌에 대한 위협은 적개심과 저항을 낳고, 보상은 또 다른 보상을 기대하게 만든다. 결국, 한계효용체감의 법칙[4]과 같이 작용하게 된다.

3) 경제인 이론[5](The economic man theory)

원래 이 말은 라틴어의 호모 에코노미쿠스(homo economicus)의 역어(譯語)로서, 순전히 영리적 계산에만 의거 하여 행동하는 사람을 말한다. 개인적 이익을 유일한 행동 동기로 삼는 이러한 인간 유형은 18세기 이후의 영국의 고전적 자유주의 경제학에서 경제사회의 합리성을 파악하기 위한 이론적 전제로 설정되었다. 이 인간 유형은 훗날 주로 독일 역사학파(派)가 영국 고전학파 경제학을 방법론적으로 비판할 때, 논란의 초점이 된 바 있었다.

---

4) 한계효용은 소비하는 재화의 마지막 단위가 가지는 효용을 말한다. 즉 빵을 하나 먹으면 빵 하나의 효용이 한계효용이고, 빵을 두 개 먹으면 두 번째의 빵이 한계효용이 되는 것이다. 그런데 소비의 단위가 커지면 재화로부터 얻게 되는 만족이 점점 감소하게 되는데 이것을 가리켜 한계효용체감의 법칙이라 한다. 예를 들면, 굶주린 상태에서 첫 번째 음식은 엄청난 만족을 가져다준다. 하지만 두 번째 음식을 받을 때에는 첫 번째 음식보다는 만족도가 훨씬 적게 된다. 세 번째 음식을 먹을 때의 만족감은 첫 번째의 만족에 비할 수 없게 된다. 이러한 한계효용체감의 법칙을 응용한 실생활 예는 뷔페식 레스토랑을 예로 들 수 있다.

5) 경제행위의 주체를 표현한 말로, 자신의 영리(榮利)를 행동의 기준 목표로 삼는 인간유형(人間類型).

이 이론에 대한 강한 옹호자는 과학적인 관리기법을 개발한 Frederick Taylor이다. 즉, 한 일에 대한 만큼의 보상(incentive 제도)을 원칙으로 했다. 그는 종업원들이 원하는 것이 금전적인 보상이기 때문에 금전을 통해 생산성을 최대화하는 방법이 최상이라 생각했다. 그러나, 실행 3년 후에 같이 일하는 동료 간의 충성심이 가장 큰 동기부여 요인이라는 것을 알아냈다.

그러나 지금까지도 금전적 보상이 가장 중요한 동기부여 요인으로 고려되고 있다. 돈이 없으면 아무것도 못한다. 그 결과 일하는 목적 중의 하나가 금전적인 보상을 받기 위함이다. 그러나 받는 월급에 상응하는 생산성은 보장할 수는 없다. 왜냐하면, 급료로 종업원들의 시간과 노력을 살 수는 있으나, 주어진 일에 대한 질, 양, 그리고 몰입 등은 살 수 없기 때문이다.

한 번의 보상은 또 다른 보상이 주어진다는 약속이 있기 전에는 계속적인 생산성의 증가로 이어지지 않는다. 게다가 생산성은 한계가 있는데, 보상이 지속된다면 결국 득이 될 것이 없다는 논리이다. 그리고 여러 연구에서도 금전보다 강한 동기부여 요인은 성취, 인정, 책임, 그리고 일에 대한 흥미 등이라는 점이 규명되었다.

결국, 금전적인 보상이 사람들을 동기화시키는 주요한 동인이기는 하지만, 생산성과 직접적인 관계성을 가지고 있지는 않다는 견해도 있다.

4) 인간관계 이론

호손실험[6] 이후 생산성에 영향을 미치는 인간적인 요인을 규명했다. 즉 동기부여이론에서 사회적인 인간이 경제적인 인간에 이어 관심을 끌기 시작하였다. 인간관계 열광자들은 만약 종업원들이 인간으로 대접을 받으면 생산성이 높아진다는 것을 강조하기 시작하였다.

---

6) 메이요(G. E. Mayo) 등 하버드 대학의 경영학과 교수들이 미국의 웨스턴 일렉트릭(Western Electric) 회사 호손(Hawthorne) 공장에서 1924년부터 1932년까지 4차에 걸쳐 수행한 일련의 실험으로, 이 실험에 의해 인간관계론의 이론적 틀이 마련되었다. 호손실험은 당초 과학적 관리론의 바탕 위에서 작업장의 조명, 휴식 시간 등 물리적·육체적 작업 조건과 물질적 보상 방법의 변화가 근로자의 동기 유발과 노동생산성에 미치는 영향을 분석하려고 설계되었으나, 실험의 결과는 종업원의 생산성이 작업 조건보다는 비공식집단의 압력 등 사회적 요인에 의해 더 많은 영향을 받는다는 사실을 발견하게 되었다.

작업환경을 안전하게 만들고, 한 개인으로 대접하고, 그들에게 소속감을 느끼게 하고, 가치 있는 사람이라는 느낌을 받게 하고, 종업원들을 중요한 의사결정과 계획에 참여시키고, 그리고 개인과 개인 간의 인간관계를 갖게 하는 등에 초점이 맞춰졌다. 즉 이러한 관계를 통해 종업원들도 회사를 위해 최선을 다할 것이라는 기대를 갖게 된 것이다.

5) 매슬로우의 욕구이론

이 이론은 다음과 같은 명제 위에서 설명된다.

- 인간은 부족한 존재이다(man is a wanting being)
  인간은 항상 무엇을 원하고 있으며, 또 더 원하게 된다. 대체로 인간은 그가 원하는 한 가지 욕구를 충족하게 되면, 그 대신 새로운 욕구의 실현을 꾀하게 된다. 이러한 과정은 끊임없이 계속된다. 따라서 인간의 어떤 특정한 욕구는 충족될 수 있으나, 전반적인 욕구는 충족될 수 없는 것이다. 결국, 인간의 필요와 욕망은 소진되는 것이 아니라, 항상 또 다른 필요와 욕망으로 이어진다.
- 이미 충족된 욕구는 인간행동의 동기를 유발하는 요인이 아니다.
  충족되지 못한 욕구만이 행동의 동기가 되는 것이다.
- 인간의 욕구는 일련의 단계 또는 중요성의 계층별로 배열할 수 있다.
  즉, 생리적 욕구(Physiological needs), 안전에 대한 욕구(Safety needs), 사회적인 욕구(Social needs)와 같은 근본적(primary needs)인 욕구에 존경의 욕구(Esteem needs)와 자기 성취의 욕구(self-fulfillment or self-actualization)가 계층을 이룬다.

6) X·Y 이론과 동기부여

X이론에서의 인간에 대한 가정은 다음과 같다. 원래 인간을 일하기를 싫어하며 가능하면 일을 피하고자 한다. 인간은 별로 야심이 없고, 책임회피를 좋아하며 명령 받기를 좋아하고 안전을 추구한다.

대다수의 사람들은 조직 문제를 해결할 만한 창의성이 없다. 따라서, 조직목표의 달성을 위해서는 강제·명령·위협 및 처벌방법을 강구하여야 한다.

X이론에 따르면 인간의 동기는 대체로 저차원 수준의 욕구, 즉 생리적 욕구수준과 안전욕구 수준에 머무르고 있다고 가정한다. X이론의 기본적 가정은 직무에 대한 소극적·타율적 인간관으로서 명령·통제에 관한 전통적인 관리 철학과 본질적으로 상통된다.

맥그리거(McGregors)는 X이론의 인간성에 관한 가설은 잘못된 것이며, 특히 조직목표를 향한 조직성원들의 자발적인 동기를 부여하는 방법으로는 극히 부적당하다고 이를 비판한다. 즉 "조직을 위한 전통적 관리방안인 기업의 인적자원의 명령·통제방법은 성인이 아닌 유아적 능력 및 특징에 부합되는 것이다"라고 말하고 있다.

그러나 Y이론은 아직도 많은 조직에서 응용되고 있으며, 이러한 상황이 계속되는 한 고전이론 이후에 대두된 수많은 인간주의적 관리접근방법에 있어 그 적용상의 한계 또한 부정하기 어려운 것이다.

반면, Y이론은 인간에 대한 다음과 같은 가정을 근거로 전개된다.

일한다는 것은 자연적인 현상이며, 따라서 스포츠를 할 때나 놀이나 휴식의 경우와 다를 바 없다. 일은 고통의 원천이 되기도 하지만, 조건 여하에 따라서는 기쁨을 가져오는 것이다. 조건이 허락하면 인간은 책임을 스스로 질 뿐 아니라 오히려 그것을 추구한다.

만약 종업원이 그들의 성취 욕구를 충족시킬 수 있는 일을 하거나, 책임이 있는 일을 하거나, 성장과 자기 충만한 일을 할 수 있을 때, 그 일에 몰두하여 높은 생산성을 가지고 온다는 것이다. 그리고 종업원은 이 일을 통해 욕구를 충족시키고 회사는 원하는 목표를 달성할 수 있다는 장점을 강조하고 있다.

7) 허즈버그의 이요인이론(Herzberg's Motivation-hygiene theory)이다.

허즈버그(F. Herzberg)의 이요인이론은 동기-위생(motivator-hygiene) 또는 이요인 이론(dual-factor theory)으로 불린다. 동기부여 내용 이론으로 잘 알려져 있는 것 중의 하나가 허즈버그(F. Herzberg)이론이다. 그는 매슬로우의 연구를 확대하여 이요인 이론(理論) 혹은 동기-위생이론이라고 불리는 구체적인 내용이론을 전개하였다.

그 내용은 사람들에게 만족을 주는 직무요인과 불만족을 주는 직무요인이 별개의 군을 형성한다고 주장한다. 만족과 불만족을 동일선의 양극(兩極)점으로 파악하던 종래의 입장과는 달리 만족과 불만족이 전혀 별개의 차원이고 각 차원에 작용하는 요인 역시 별개라는 가정을 세웠다.

그는 연구를 통해, 사람들이 직무에 불만족을 느낄 때는 그들이 일하고 있는 직무의 환경(context)이 문제가 되었으며, 반면에 그들의 직무에 관하여 만족을 느낄 때는 이것은 직무의 내용(content)과 관련을 갖고 있는 것임을 알아내었다.

허즈버그는 환경과 관련된 범주의 요인들을 위생요인(hygiene factors)이라고 불렀다. 이와 같은 위생요인에 속하는 것으로는 회사의 정책과 관리, 감독, 작업조건, 개인 상호 간의 관계, 임금, 보수, 지위, 안전 등을 들고 있다.

위생요인이란 사람들의 직무에 대한 불만족을 미리 예방할 수 있는 환경적인 조건이라는 뜻이다. 이런 의미에서 위생요인을 불만족요인이라고 부른다. 위생요인의 특성은 이 요인의 충족이 단지 불만족의 감소를 가져올 뿐이지 만족에 작용하지는 못한다는 것이다.

동기요인은 두 번째 요인인데, 이에 속하는 것으로 성취감, 인정(認定), 도전감, 책임감, 성장과 발전, 일 그 자체 등을 들 수 있다. 그는 이러한 요인들이 사람들로 하여금 보다 나은 만족과 성과를 가져오게끔 동기를 부여하는 데 효과적이기 때문에 이렇게 이름을 붙였다. 따라서 동기요인은 만족요인이라고 부른다.

동기요인의 특성은 이러한 요인이 충족되지 않아도 불만은 없지만 일단 충족되게 되면 만족에 적극적인 영향을 줄 수 있고, 일에 대한 적극적인 태도를 유도할 수 있다. 이러한 만족요인은 매슬로우의 고차욕구에 비견(앞서거나 뒤지지 않고 어깨를 나란히 한다는 뜻으로, 낮고 못할 것이 없이 정도가 서로 비슷하게 함을 이르는 말) 될 수 있다.

8) 행동변화 이론

행동변화이론이란 내부적인 동기화를 통하는 것보다는 사람들의 행동의 변화를 통해 생산성을 향상시키자는 인과관계에 바탕을 둔 이론이다. 즉, 결과가 긍정적이면 긍정적인 행동을 계속하게 되고, 결과가 부정적이면 더이상 시도를 하지 않는다는 것이다. 긍정적인 행동의 증가와 부정적인 행동의 감소를 가져오는 바람직한 행동이다.

이러한 행동은 기존의 조직구성원들에 의해서 비공식적으로 이루어지기도 한다. 이 과정은 조직사회화라고 불리어지는 것으로 구성원들은 이 과정을 통해 행위와 인관관계를 지배하는 조직의 불문율을 습득함으로써 한 사람의 조직구성원이 되는 것이다.

한 조직에서 새로운 행위는 개인의 입장에서는 획득(aquisition)되는 것이지만, 경영자의 입장에서 보면 행위를 변화(change)시키는 것이다. 바람직하지 못한 행위를 보일 때는 벌, 바람직한 행위를 보일 때는 이를 유지·강화하기 위해 보상을 하는 것이다.

3. 동기부여 이론과 실제

앞서 학습한 이론을 어떻게 이용할 것인가? 이 이론들은 특정한 상황과 특정한 종업원을 대상으로 적용할 수 있다. 그러나 이 이론들을 적용함에 있어 넘지 못할 한계가 있음도 알아야 한다. 그 한계를 정리하면 아래와 같다.

첫 번째는 직무(job) 자체의 특성이다.

환대산업, 특히 외식업체 직무의 특성은 반복성이다. 같은 일을 반복적으로 수행하여야 하고, 변화 또한 없다. 그래서 싫증을 빨리 느낄 수 있다. 또한, 직무의 상당 부분이 고객의 요구에 따라 수행된다. 그리고 요구가 다양하고 변동성이 많다. 때문에, 이런 직무에 대해 동기화를 시키기 위한 구조적인 방법을 찾기가 어렵다. 그래서 창의적인 관리가 요구된다.

두 번째 한계는 회사의 방침, 관리, 그리고 관리 철학 등과 같은 회사의 정책과 관행이다.

모든 것이 회사의 목표에 부합하여야 한다. 예를 들면 고객 지향적이냐, 아니면 원가관리 지향적이냐 등에 따라 다른 접근 방법이 요구된다.

그리고 회사의 규정과 법에 합당해야 한다. 왜냐하면, 종업원은 임금, 복지, 승진 정책, 통제, 그리고 기업 차원의 시스템과 관행을 통제할 수 없기 때문이다.

외식업체의 관리 특성의 스타일에 따라 할 수 있는 것과 할 수 없는 것은 동기부여에 영향을 받는다. 예를 들어, 관리 스타일이 독선적이고 통제의 정도가 강할 때 다른 접근방법을 도입하는 것은 어렵다. 특히 중간관리자들은 그들의 직속상관과 상관들의 관리 스타일 때문에 일선 종업원을 동기화하는데 많은 어려움을 겪을 수도 있다.

세 번째 한계는 매니저나 감독자의 권한이다.

두 번째와 아주 긴밀한 관계가 있다. 매니저나 감독자가 가지고 있는 책임, 권한, 그리고 자원의 크기이다. 그 범위 내에서 유지되어야 한다.

네 번째는 매니저나 감독자와 함께 일하고 있는 종업원이다.

만약, 그들이 여기에서 언제 언제까지만 일하겠다는 결정을 하고 일한다면 그들을 동기부여화하기란 어렵다. 그들의 핵심적인 관심사는 일 자체가 아니다. 그들은 일을 열심히 해야 할 필요도 없다. 해야 할 만큼만 한다. 나머지는 회사의 일보다는 개인적인 일에 관심을 가진다.

다섯 번째는 일에 대한 압력이다.

사람 중심보다는 일 중심으로 살아간다. 업무처리에 항상 시간이 없다.

여섯 번째는 이론 자체의 한계이다.

이론을 현실에 적용하는 데는 이론 자체가 한계를 가지고 있을 수 있다. 가장 중요한 것은 적용하고자 하는 동기이론 자체가 공식이 없다는 것이다. 이와 같은 한계는 인간 관련 문제를 다루는 모든 영역에서는 거의 동일하다. 종업원 모두가 다르고, 그들의 필요와 욕구 또한 다르고, 대응하는 방법이 시간과 상황에 따라 각각 다르기 때문이다. 게다가 이론 자체도 변화한다.

결국은 이론이 필요 없다는 말은 아니다. 중요한 것은 매니저나 감독자와 함께 일하는 일선 종업원에 대해 많이 알고, 일에 대해 잘 알면 동기부여에 대한 방법이 보인다는 것이다. 그리고 수많은 이론 중에서 확실한 답을 줄 수 있는 이론을 지침으로 활용하라는 것이다.

제3절 ## 매니저와 감독자(Supervisor)의 역할

1. 종업원의 기대와 욕구 파악

매니저와 감독자들은 외식사업체를 성공적으로 운영하기 위해 훌륭한 종업원을 채용하기를 원한다. 그리고 그들이 고객 서비스를 잘하여 고객들을 만족시켜 재방문하게 만들기를 기대한다. 그러나 매니저나 감독자들은 종업원들이 그들에게 기대하는 것이 무엇일까를 생각하지 않는다. 종업원들이 무엇을 기대하는지 알지 못하기 때문에 그들의 기대를 어떻게 충족시킬 것인가도 모른다. 고객에게만 관심이 있지, 종업원에게는 관심이 없다는 뜻이다. 하지만 매니저나 감독자가 종업원에게 기대하는 것이 있는 것과 마찬가지로 종업원들도 매니저나 감독자에게 기대하는 것이 있다. 그렇기 때문에 서로의 기대를 알고, 서로의 기대가 충족될 때 성공적으로 외식사업체를 운영할 수 있다는 논리이다.

외식사업체의 현장에서 일선 종업원이 그들을 감독 또는 지도하는 매니저나 감독자들에게 기대하는 일반적인 내용을 정리하면 다음과 같다.

- 첫째, 충분한 경험과 기술적인 기능이 있기를
  종업원들은 매니저나 감독자가 종업원들을 감독할 수 있는 충분한 자질이 있기를 원한다. 종업원들과 같은 직무경험을 갖고 있기를 기대한다. 지금 그들의 감독하에 있는 업무를 잘 이해하기를 기대하고, 지도할 수 있는 능력을

가지고 있기를 바라고, 그리고 그들이 하는 일을 좋아하기를 바란다.

결국, 종업원들은 매니저나 감독자가 경험뿐만 아니라 기술적인 자질도 있기를 바란다. 그래야 종업원들을 감독할 수 있고, 지도할 수 있다고 믿기 때문이다.

• 둘째, 매니저 또는 감독자다운 행동을 하기를

대부분의 종업원들은 매니저나 감독자와 항상 함께하기를 바란다. 결정하기 어려운 의사결정도 종업원 편에서 해주기를 바란다. 일의 어려움 정도와 상황에 관계 없이 항상 종업원들과 함께할 수 있는 매니저나 감독자를 원한다. 문제와 책임을 교묘하게 피하고, 책임을 다른 사람에게 돌리고, 다른 사람의 실수 뒤에 숨고, 필요함에도 자기에게 불리한 일에 대해서 결정하기를 주저하는 등의 행동을 하는 매니저나 감독자를 존경하는 종업원은 거의 없다.

외식사업체에서 일하는 종업원은 모두가 다르다. 일을 실행하기 전에 모든 것을 확인받기를 원하는 종업원, 자율성을 원하는 종업원, 모든 일에 반대부터 하는 종업원 등 다양한 유형의 종업원들이 존재한다. 그렇기 때문에 종업원의 특성에 맞게 일을 지시할 수는 있다. 하지만 그들을 즐겁게 하기 위해 일의 원칙을 깨트리면 안 된다는 것이다. 객관성과 일관성을 갖고 일과 관련된 관계를 갖기를 원한다.

또한, 종업원 중에 몇몇 사람들하고만 특별한 관계를 갖는 것도 원치 않는다. 누구든 공정하고 동등하게 대접하기를 원한다. 매니저와 감독자가 판단하는 공평성과 평등성이 아닌 종업원의 눈에 공정하고 동일하게 비쳐야 한다는 뜻이다. 공정성에는 정직도 포함한다. 벌(罰)이든 상(賞)이든 간에 할 수 없는 것을 약속하는 것은 매니저나 감독자로서 해서는 안 되는 일이다. 그렇기 때문에 당신이 감독하는 종업원 개인의 기대와 필요를 알면 그에 알맞은 스타일로 그들을 감독할 수 있다. 그러나 중요한 것은 종업원이 원하는 대로 하는 것이 아니라, 일을 올바르게 처리하도록 하는 것이다. 종업원들을 기쁘게 하는 매니저나 감독자가 되어서는 안 되고, 원칙하에 일관성과 소신을 가지고 일하는 매니저와 감독자가 되어야 한다는 뜻이다.

종업원들은 매니저와 감독자가 그들의 보스와 같이 행동하기를 원하지 불량

조직의 보스와 같이 행동하기를 원치 않는다. 종업원을 배려하고, 종업원에게 친절하고, 그리고 일과 관련된 관계를 유지하기를 원한다. 종업원 몇몇만 편애하는 행동을 원하지 않는다.

- 셋째, 소통

종업원은 매니저나 감독자로부터 정보를 원한다. 직무와 관련된 정확한 정보를 원한다. 그리고 훈련과 교육 등에 대한 정보 또한 요구한다. 또한, 종업원들이 수행한 성과에 대한 피드백을 원한다. 지금 내가 수행한 업무에 대한 피드백을 원한다.

또한, 종업원들은 매니저나 감독자들이 그들의 말을 들어주기를 원한다. 즉 경청을 원한다. 경청에서 얻는 것은 많다. 고객에 대한 정보, 일에 대한 문제점, 그 원인과 해법 등은 종업원들의 말을 경청함으로써 얻을 수 있는 정보들이다. 하지만 종업원들이 제안한 내용을 가로채서는 안 되고, 제안한 내용을 실행할 수 없다면 그 이유를 설명하여야 한다. 그리고 감사를 표해야 한다.

- 넷째, 한 사람의 인간으로의 대접

종업원은 생산기계의 부품으로서가 아니라 인간으로 대접받기를 원한다. 종업원들은 매니저나 감독자가 그들이 누구인지 알기를 원한다. 종업원들이 무엇을 하는지? 어느 정도나 잘 하고 있는지 등을 알기를 원한다. 그리고 한 사람의 인간으로서 대접받기를 원한다. 그리고 직무와 관련된 것이든 아니면 개인적인 것이든 간에 매니저나 감독자에게 쉽게 이야기하기를 원한다. 작은 실수는 받아주고, 인정해 주고, 잘한 일을 알아주기를 바라고, 소속감을 갖기를 원한다.

대부분의 일선 종업원은 바로 자기 위에 있는 매니저나 감독자를 회사와 동일시한다. 그가 좋으면 회사가 좋고, 그 반대이면 회사가 싫어진다. 성공적인 매니저와 감독자는 종업원의 개인적인 욕구와 필요, 두려움과 걱정, 그리고 그들의 재능과 기능에 대해 민감성을 가져야 한다. 그렇기 때문에 가능한 한 일과 관련된 종업원의 개인적인 필요를 충족시킬 수 있는 가장 적합한 방법을 이용할 수 있는 능력이 있어야 한다.

2. 감독자(슈퍼바이저)의 역할

외식사업체의 일선 감독자는 관리자와 일선 종업원 중간에서 중요한 관리기능을 수행한다. 내용의 정도는 중간 관리자나 최고 관리자의 수준에는 미치지 못하지만, 종업원과 관리자의 사이에서 매개적인 역할을 하면서 관리기능을 수행한다.

감독자가 된다는 것은 한 부서 또는 한 업장의 업무의 성과에 대해 책임을 진다는 것이며, 그곳에서 일하는 종업원들을 감독한다는 의미이기도 하다. 즉, 다른 사람을 통해 업무가 수행되도록 하여야하기 때문에 감독자의 성공은 종업원의 성과에 달려 있다. 그 결과 외식사업체의 성공적인 운영을 위해서는 역량을 가진 감독자의 확보가 필수적이다.

외식사업체에서 일하는 종업원들의 생산성은(산출) 감독자의 능력에 달려있다. 여기서 산출은 제품과 서비스 수행에 대한 질과 양을 말한다. 감독자는 역시 종업원의 욕구를 충족시켜야 하는 책임을 가지고 있다. 그들에게 맡겨진 일을 올바르게 할 수 있도록 동기를 부여하고, 적당한 자극을 통해 양질의 제품을 생산하고, 서비스를 제공할 수 있도록 하여야 한다. 그런데 오늘날의 종업원들은 과거의 종업원들과 달리, 급료를 받은 대가로 그들의 충성심을 감독자에게 바치지 않는다는 점이다.

결국, 감독자는 관리하고 있는 한 업장 또는 한 부서의 구성원들이 자율성을 가지고 업무를 잘 추진할 수 있도록 관리하는 역할을 한다. 그중 가장 중요한 역할이 외식사업체의 업무의 특성을 고려한 종업원들의 관리이다.

감독자가 종업원들을 잘 관리하기 위해서는 수신(修身: manage oneself; 마음과 행실을 바르게 닦아 수양함)이 먼저이다. 그리고 그 수신(修身) 위에 전문성과 유연성, 그리고 창의성을 더(+)하는 것이다. 왜냐하면, 전문성과 유연성, 그리고 창의성이 없이 장수하는 감독자는 아무도 없기 때문이다.

우리는 지속적으로 변화하는 상황과 문제에 직면하고 있다. 어제의 해법으로는 내일의 문제를 해결할 수 없다. 그런데 중요한 것은 수신(修身), 창의력, 유연성, 전문성 등 모두가 실무를 통해 스스로 배워야 하는 것들이다. 특히, 생산과 소비가 동시에 진행되는 외식사업체의 상황에서는 경험의 중요성이 더욱 강조되기 때문이다.

감독자는 종업원과 관리자의 영역을 넘나든다. 감독자는 주어진 업무와 종업원을 관리하는 책임자이다. 그렇기 때문에 관리자의 관점에서 감독자의 역할을 잘못하면 그에게 주어진 업무를 성공적으로 수행할 수 없다.

일반적으로 외식사업체의 감독자는 주어진 역할을 통해 세 그룹의 관계자들에게 책임을 수행할 의무가 있다.

① 경영주 또는 주주
② 고객
③ 종업원

- 첫째, 경영주 또는 주주에 대한 책임
  뿌린 씨앗(투자비)에 대해 풍성한 열매가 열리도록 업장 운영을 잘하여야 한다. 풍성한 열매가 열리도록 하기 위해서는 종업원을 통해 고객에게 양질의 서비스가 수행되도록 하여야 한다.

- 둘째, 고객에 대한 책임
  양질의 서비스를 제공받은 고객은 만족하고, 만족한 고객은 특정 업소에 대한 충성도가 증가하고, 충성도가 높아진 고객은 재방문과 긍정적인 구전을 하게 된다. 고객들은 우리 업소를 선택 하여 왔다. 그들에게 양질의 서비스를 제공하면 다시 온다. 반대의 경우는 다시 오지 않는다. 다시 오지 않은 이유는 나쁜 서비스이고, 나쁜 서비스는 일선 종업원의 잘못이다. 그리고 일선종업원의 잘못은 감독자의 잘못이다. 그렇기 때문에 고객에 대한 책임을 완수하기 위해서는 내부적인 관리를 잘하는 것이다.

- 셋째, 종업원에 대한 책임
  감독자의 역할은 종업원이 일을 잘 할 수 있도록 도와주는 것이다. 종업원을 기계의 부품으로 보지 말고, 인간으로 대접해 주는 것이다. 일을 잘할 수 있도록 작업환경을 개선해 주는 것이다. 그리고 종업원 편에서 종업원을 대변해 주는 것이다.

감독자는 함께 일하는 일선 종업원의 도움 없이는 직무를 수행할 수 없다. 종업원이 가장 가치 있게 고려하는 것은 그들이 한 사람으로서 대접받는 것이다. 그들은 한 개인으로서 인정받기를 원한다. 그들의 말에 귀 기울여 주기를 원한다. 감독자들이 원하는 것이 무엇이며, 왜 그것을 그러한 방법으로 하기를 원하는지에 대한 설명을 원한다.

생산성 있는 종업원들이 되기를 원하면 종업원들을 한 조직의 부품이 아니라 한 개인의 인격체로 인정하고, 열린 대화와 공정성을 가지고 소속감을 가지도록 하여야한다. 그리고 그들이 일하는 외식사업체를 위해 최선을 다할 수 있는 분위기를 창출하고, 업무환경을 개선하여 주는 것이다. 즉 고객에게 양질의 서비스를 제공할 수 있는 분위기를 조성하는 것이 종업원에 대한 감독자의 책임이다.

■ 맺음말

본 장에서는 외식업체의 운영에서 일선 종업원이 왜 중요한가를 설명하기 위하여 다음과 같은 내용을 재조명해 보았다.

첫째, 왜 일선 종업원이 중요한가를 개괄적으로 설명하였다. 그리고 일선 종업원의 중요성을 설명하는 인용빈도가 높은 6가지의 이론을 설명하였다.

둘째, 일선 종업원의 관리 측면에서 요구되는 동기부여의 의의와 8가지의 동기부여 이론을 설명하였다. 그리고 동기부여 이론과 실제와의 괴리를 설명하였다.

셋째, 매니저와 감독자의 역할은 무엇이며, 그 역할을 잘 수행하기 위해서는 일선 종업원의 기대와 욕구 파악이 우선시 되어야 한다는 점을 설명하였고, 그 방법을 제시하였다. 즉, 일선 종업원들은 업무의 현장에서 매니저나 감독자에게 어떤 욕구와 기대를 가지고 있는지, 그 욕구와 기대를 어떻게 파악하여야 하는지, 그리고 파악된 기대와 욕구를 어떻게 충족시켜야 하는지 등을 살펴보았다.

참|고|문|헌

강기두, 서비스 마케팅, 북넷, 2010: 14-24

김병태 외 3인 공저, 서비스 운영론, 대경, 2006: 12-15

김수욱 외 3인 공저, 서비스 운영관리, 한경사, 2008: 7-9

삼성에버랜드 서비스 아카데미, 에버랜드 서비스 리더십, 21세기북스, 2001: 67, 103

이상환·이재철, 서비스 마케팅, 제3판, 삼영서, 2009: 62-75

이순철, 서비스기업의 운영전략, 삼성경제연구소, 1997: 19, 79-110

이유재, 서비스마케팅, 제4판, 학현사, 2011: 25, 151, 154, 163-164, 168

전인수, 배일현 공역, 서비스 마케팅, 제4판, 한국 맥그로힐, 2006: 325

제임스 헤스켓 외 지음, 서비스경영연구회 옮김, 서비스수익모델, 삼성경제연구소, 2000: 33, 71, 202

칼 알브레이트 지음, 오의균 옮김, 역 피라미드, 21세기북스, 1994: 39-47, 132-147

Christopher Lovelock · Jochen Wirtz · Patricia Chew 지음, 김재욱 외 7인 옮김, Essentials of Service Marketing: 서비스 마케팅, 시그마프레스, 2011: 44, 280, 283-285, 302, 412-413

Anthony J. Strianese, Dining Room and Banquet Management, Delmar Publishers Inc., 1990: 3-17

John Goodman and Jeffrey L. Maszal, Creating a customer relationship feedback system that has maximum bottom line impact, Customer Relationship Management, March/April 2000: 289-296

Kai Victor Hansen, Oystein Jensen and Inga-Britt Gustafsson, Payment: An undervalued part of the meal experience?, Food Service Technology, Vol. 4, Issue 2, 2004: 85-91

Ochen Wirtz, Christopher Lovelock, Services Marketing(People, Technology, Strategy) 8th Ed, World Scientific Publishing Co. Inc., 2016: 79-81, 118-120, 595-651,

외식업소 선택속성의 이해

제**11**장

제1절 소비자의 기본 욕구

1. 소비자 욕구의 이해

외식업소를 찾는 소비자들에게 그들이 원하는 것을 제공하기 위해서는 소비자의 이해가 있어야 한다. 외식업소를 선정하는 과정에서 소비자들이 고려하는 일반적인 변수가 무엇인가에 대한 이해도 있어야 한다. 이 속성들을 중심으로 외식업소의 유형과 장소, 시간, 상황, 그리고 인구통계 특성에 따라 중요시되는 변수들이 무엇인가를 구체적으로 살펴볼 필요가 있다.

사람들이 쇼핑을 하는 동기를 크게 개인적인 동기와 사회적인 동기로 범주화한 연구가 있다.[1] 개인적 동기로는 다양한 역할수행(role playing), 기분전환의 추구, 욕구불만 해소, 새로운 경향에 대한 학습, 감각적인 자극 등을 들었다. 그리고 사회적인 경험, 동호인과의 의사소통, 동료집단 간의 일체감, 자기표현 등과 같은 사회적인 동기의 예를 들었다.

동기는 어떤 것을 하고자 하는 의욕으로, 동기부여로 해석하기도 하며 동기화, 동기유발의 의미를 포함하고 있다. 소비자는 제품 자체를 구매하는 것이 아니라 동기, 즉 욕구를 충족하기 위한 문제를 해결하고자 구매 행동을 한다. 외식 행동도 같은 맥락에서 전개해 볼 수 있다.

---

1) Edward M. Tauber, Why Do People Shop? Journal of Marketing, Vol. 36, No. 4 (Oct., 1972), pp. 46-49

Chapter 11 외식업소 선택속성의 이해 • **397**

1) 소비자의 욕구 계층설(단계설)

사회통념(일반사회에 널리 통하는 개념)상 일상생활을 영위하기 위해 제품과 서비스를 구매·사용·소비하는 사람을 우리는 소비자(consumer)라 부른다. 그리고 소비란 "생산된 재화와 용역을 획득하고 사용하며 혹은 처분하는 가운데, 인간의 필요와 욕구를 충족시킴으로써 만족감을 제공하고, 나아가 복지를 누리게 하는 인간의 경제 행동"으로 정의할 수 있다. 때문에, 사람들은 소비를 통해 자신의 요구[2]와 욕구(무엇을 얻거나 무슨 일을 하고자 바라는 일), 그리고 욕망(부족을 느껴 무엇을 가지거나 누리고자 탐함. 또는 그런 마음)을 충족시키게 된다.

소비자들은 일상생활에서 여러 가지 제품을 구매하는데, 이와 같은 구매 행동은 구매 당시의 특정 욕구(needs)를 충족시키기 위한 것이다. 그러므로 소비자의 구매 행동을 유발하는 근본적인 것은 바로 욕구라고 할 수 있다. 그리고 소비자의 구매의 사결정과정은 욕구를 충족시켜줄 수 있는 대안을 선택하는 과정이므로 욕구의 환기(주의나 여론, 생각 따위를 불러일으킴)를 문제의 인식(problem recognition), 그리고 의사결정을 문제해결(problem solving)로 볼 수 있다.

심리학자 매슬로우(A. Maslow)는 인간은 부족한 존재이며(man is a wanting being), 이미 충족된 욕구는 인간행동의 동기를 유발하는 요인이 아니며, 인간의 욕구는 일련의 단계 내지, 중요성에 따라 계층별로 배열될 수 있다고 하였다. 즉, 사람들의 욕구에 대한 다음과 같은 위계설(needs hierarchy theory)을 주장했다.

이는 사람들은 좀 더 근원적인 욕구가 만족 되고 나서야 상위 단위의 욕구를 충족시키려는 경향을 보인다는 것이다. 즉 인간의 욕구가 계층을 형성할 수 있으며 고차 욕구는 저차 욕구가 충족될 때 동기부여(어떤 일이나 행동을 일으키게 하는 계기)요인으로서 작용한다는 점을 설명하고 있다.

---

2) 받아야 할 것을 필요에 의하여 달라고 청함. 또는 그 청. 유기체(많은 부분이 일정한 목적 아래 통일 · 조직되어 그 각부분과 전체가 필연적 관계를 가지는 조직체)의 행동을 일으키게 하는 생활체의 내부 원인. 생리적 · 심리적 기관에 생기는 모자람을 보충하거나 또는 과잉을 배제하려고하는 과정

① **생리적 욕구**(physiological needs)

생리적 욕구는 욕구 체계의 최하위에 위치하고 있으며, 이는 생활을 하는데 가장 필수적인 욕구이다. 예를 들면, 배고프면 먹고 싶고, 목마르면 물을 찾고, 피곤하면 쉬고 싶은 욕구를 말한다. 그러나 현대사회에서는 단순히 기본적인 생리적 욕구를 충족시키는 기능만으로는 소비자들을 만족시킬 수 없기 때문에 보다 상위의 욕구를 함께 충족시키는 제품이나 서비스를 개발하고 있다.

② **안전과 안정에 대한 욕구**(safety and security needs)

생리적 욕구가 어느 정도 충족되면 계층상 다음 단계의 욕구, 즉 안전 혹은 안정의 욕구가 인간의 활동을 지배하기 시작한다. 위험·손실·위협으로부터 보호받고 싶어 하는 욕구이다. 예를 들면, 배가 고플 때는 먹을 것이 있다는 자체만으로 욕구를 충족시킬 수 있었지만, 배가 부르면 더 안전한 것, 더 맛있는 것에 대한 욕구가 발동하게 된다.

사람들은 어떤 욕구를 충족하는데 불만이 생기면 상위 욕구를 충족하려는 시도를 그만두고 근본적인 욕구를 충족시키기 위해 다시 하위 단계로 내려오는 경향이 있다고 한다.

안정과 안전에 대한 욕구는 편안함을 느끼고, 공포감과 위협감을 느끼지 않을 때 충족된다. 만약 같이 식사를 하는 옆 테이블에서 식사를 하는 다른 고객으로부터 방해를 받거나, 위협을 느끼는 경우 안전에 대한 욕구는 충족되지 못한다. 그래서 고객과 고객 간의 상호작용이 고객의 전체적인 만족에 영향을 미친다고 말할 수 있다. 또 다른 안전에 대한 욕구는 위생에 대한 욕구이다. 음식과 공중위생, 그리고 종업원의 개인위생 등을 말한다. 만약 안전에 대한 욕구가 충족되지 못하면 고객은 다시 오지 않을 것이다.

③ **사회적 욕구**(social or love and belonging needs)

사회적 욕구는 애정을 주고받는 것, 다른 사람들과 교제하고 그들에 의해 받아들여지는 것, 자신을 사회집단의 한 부분으로 느끼는 것 등을 포함한다.

개개인은 동료집단에 소속되고 싶어 하며, 그곳에서 동료들과 어울려 우의와 애정을 나누기를 원하는 욕구이다.

④ **자존감에 대한 욕구**(ego, status, self-esteem needs) **혹은 존경의 욕구**

성취·능력·자신감에 대한 욕구를 의미하며, 이러한 욕구가 충족되지 못하면 신경과민·무기력·열등감에 사로잡히게 된다. 그러나 자존감에 대한 욕구를 의미하는 위신·자존·지위·덕망·존경·명성·인정 등은 타인으로부터 부여받기 때문에 어떤 제품이나 서비스 자체를 소비한다고 해서 충족되는 것은 아니다. 그 결과 사람들은 남의 눈에 비치는 자신의 위신을 높여주는 제품에 기꺼이 많은 돈을 지불하고, 나 자신이 남들보다 뛰어남을 스스로 느끼고 싶어 하는 것이다.

때문에, 자신의 소비행위가 남들에게 보이기를 바라는 마음도 포함되어 있다. 즉 스스로 자신이 중요하다고 느껴야 할뿐만 아니라 이 감정이 다른 사람으로부터 인정을 받아야 한다. 그래서 자존심에 대한 욕구는 종종 과시소비(conspicuous consumption)와 연결이 되기도 한다.

대부분 고객은 방문한 레스토랑에서 생리적 욕구, 안전의 욕구, 그리고 사랑과 소속의 욕구는 충족시킨다. 그러나 레스토랑의 성패에 직접적인 영향을 미치는 존경에 대한 욕구는 충족시키지 못하는 경우가 많다. 때문에, 레스토랑의 종업원들은 이 욕구를 충족시킬 수 있도록 최선을 다해야 한다.

자존과 에고 욕구(self-respect and ego needs)에 초점이 맞추어진 존경에 대한 욕구는 레스토랑의 종업원들은 고객을 존경하고, 기억해 주고, 그리고 중요한 사람으로 대접받고 있다는 것을 느낄 수 있게 하고, 다른 사람보다 다르게 대접받고 있다는 것을 느끼게 하면 된다.

이러한 논리들은 새로운 것도 아니다. 아래의 글 속에서 쉽게 이해할 수 있는 일상적인 것들이다.

- 로스트의 맛은 주인과의 악수에 의해서 결정된다.

  The taste of the roast is determined by the handshake of the host.

- 대중 레스토랑에 오는 대부분 고객은 자기를 알아주는 것만으로도 만족한다.

- 단골고객을 기억해 친절하게 맞이하는 것이 가격할인 이상의 효과를 유발한다.
- 고객은 주인(사장)이나 지배인 그리고 주방장이 알아줄 때 더 큰 기쁨을 느낀다.

⑤ **자아실현의 욕구**(self-actualization needs)

계층 상 가장 높은 욕구로서 개인의 잠재력을 실현하려는 욕구와 능력을 완전히 활용하려는 욕구를 의미한다. 다시 말해 개인이 성취할 수 있는 모든 것을 달성하여 자신을 향상시키고, 개인의 독자성, 개체성, 유일성을 확장하려는 욕구이다.

경제가 급격히 성장하면서 미국과 유럽의 소비자들은 소득수준이 향상되고 어느 정도 삶의 기본 욕구가 충족되면서 소비에 자신들의 가치와 신념을 담기 시작했다. 소비자들이 환경을 이야기하고 공정무역과 기업의 사회 참여를 말하는 것은 정신적인 측면에서의 자아실현 욕구가 어느 정도 반영된 것으로 볼 수 있다. 이러한 현상은 우리나라에서도 시작되고 있다.

레스토랑을 통한 자아실현의 욕구는 다른 사람들이 쉽게 갈 수 없는 레스토랑을 간다든지, 자신들의 가치와 신념을 표출할 수 있는 외식업소를 찾는 것 등이 좋은 일례가 되겠다.

이 욕구 5단계를 레스토랑에 적용하여 목마름과 배고픔을 해결해 주는 식사(대중적인 식당), 풍족한 음식과 안정적인 분위기를 제공하는 레스토랑, 다른 사람들과 상호작용하며 교제하는 등을 포함하는 사회적 욕구를 충족시키기 위한 Concepts의 레스토랑, 그리고 보편타당성을 넘어 일탈의 차원으로 음식을 즐기는 식도락적(食道樂的)이며 유희적(遊戲的)인 분위기를 제공하는 레스토랑과 같이 분류하기도 한다.

하지만 다른 한편에서는 사람들의 욕구가 동일한 순서에 따라 충족된다고 보는 데는 문제가 있다는 점을 지적하기도 하고, 두 사람이 같은 행동을 했다고 해서 그 행동이 반드시 같은 욕구에서 비롯되는 것도 아니라는 점을 지적하기도 한다. 그러므로 수직적인 접근법에만 국한될 필요는 없다고 주장하면서 수평적인 접근법을 제시하기도 한다.

수평적인 접근법을 통해서 보면 한 카테고리에 속한 욕구가 다른 카테고리의 욕구보다 앞서지 않다는 것이다. 때문에, 많은 카테고리를 발견하여 소비자 니즈를 보다 더 정확하게 열거할 수 있다고 한다.

그 결과 수평적인 접근에서는 소비자들이 니즈를 계층에 따라 서열화하여 분류하지 않고 소비자가 니즈와 연관시키는 관심사와 활동들을 기반으로 15개의 니즈(성취, 독립, 과시, 인정, 지배, 소속, 양육·양성, 의존, 성욕, 자극, 기분전환, 새로움, 이해, 일관성, 보안)로 분류한다.[3]

제2절	**소비자의 구매의사결정 과정**

1. 구매의사결정 과정의 개요

외식업소를 선택하는 과정도 제품이나 서비스를 구매하는 소비자의 구매 의사결정 이론을 따른다.

무엇을 얻거나 무슨 일을 하고자 바라는 일을 욕구(欲求)라고 한다. 우리들은 일상생활에서 발생하는 다양한 욕구를 충족시키기 위해서 여러 가지 제품과 서비스를 구매한다. 그러므로 소비자들의 구매행동을 유발하는 근본적인 것은 욕구라고 할 수 있다.

욕구에는 목마를 때 마실 것을, 피곤할 때 쉬기를 바라는 본원적(fundamental, generic)인 욕구와 이 욕구를 충족시킬 수 있는 구체적으로 명시된 욕구로 양분할 수 있다. 그리고 전자를 누구에게나 동일한 근본적인 욕구(fundamental needs)라 하고 후자를 소비자의 취향이나 그가 속한 사회문화에 따라 달라지는 구체적 욕구(specific wants)라고 한다.

---

3) 로버트 B. 세틀 & 파멜라 L. 알렉 저, 세종, 대홍기획마케팅그룹 역, 소비의 심리학 Why they buy, 2003: 47-51

소비자들은 욕구가 발생하면 이를 충족시켜 줄 수 있는 수단에 대한 정보를 탐색하게 된다. 그리고 수집된 정보를 바탕으로 선택 대안들에 대한 비교 · 평가과정을 거쳐 최적의 대안을 선택한다. 이러한 일련의 과정을 소비자 의사결정 과정(consumer decision making process) 혹은 문제해결 과정이라 한다.

외식업소를 선택하는 것도 제품이나 서비스를 구매하는 [그림 11-1]과 같은 의사결정 과정을 따른다고 볼 수 있다. 즉 소비자는 충족시켜야 하는 욕구가 환기(arousal: 주의나 여론, 생각 따위를 불러일으킴)되면 욕구충족을 위하여 내 · 외적인 정보를 탐색한다. 탐색 된 여러 가지의 정보 중에서 가장 이상적인 대안을 찾아 실제 구매에 이르며, 구매 후 평가를 거쳐 자신의 의사결정에 대한 만족/불만족을 판단하여 기억에 내장한다.

이 같은 의사결정 과정에는 "특정 상황에서 특정 대상에 대한 개인의 관련성 지각 정도(perceived personal relevance) 혹은 중요성 지각 정도(perceived personal importance)"라고 정의되는 관여도가 영향을 미치게 된다. 그리고 관여도라는 상황 변수에 따라 소비자의 문제해결 과정은 포괄적 문제해결(extensive problem solving)과 제한적 문제해결(limited problem solving)로 구분된다.

여기서 포괄적 문제해결이란 소비자가 특정 상황에서 특정 대상에 대해 상당한 시간과 노력을 투입하여 수집한 정보를 근거로 여러 가지 대안들을 신중하게 평가하여 최종 의사결정을 하는 것이다. 반면, 제한적 문제해결은 상대적으로 적은 시간과 노력을 투입하여 최종 의사결정을 하는 경우이다.

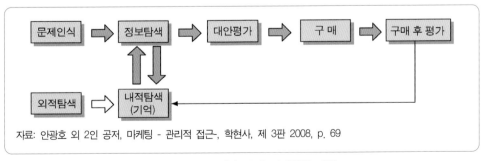

자료: 안광호 외 2인 공저, 마케팅 - 관리적 접근, 학현사, 제 3판 2008, p. 69

[그림 11-1] 소비자 구매 의사결정 과정

2. 문제의 인식

소비자는 특정 사안에 대하여 자신의 실제상태(actual state)와 바람직한 상태 간에 차이를 지각하게 되면 충족시키고자 하는 욕구가 환기(need arousal)된다. 이러한 욕구의 환기를 문제 인식이라 하며 이것이 소비자 문제해결 과정의 출발점이다.

소비자의 구매의사결정과정은 욕구를 충족시켜줄 수 있는 대안을 선택하는 과정이므로 욕구의 환기를 문제의 인식(problem recognition), 그리고 의사결정과정을 문제해결(problem solving)로 볼 수 있다.

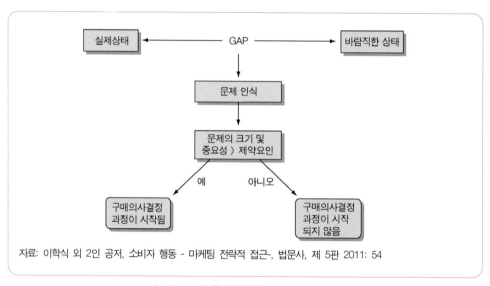

자료: 이학식 외 2인 공저, 소비자 행동 - 마케팅 전략적 접근, 법문사, 제 5판 2011: 54

[그림 11-2] **문제인식과 구매 의사결정**

소비자의 니즈와 욕구는 수요(demand)를 창출해 낸다. 소비자 욕구의 발생 즉, 문제의 인식은 소비자의 구매 의사결정 과정의 첫 번째 단계이다. 즉, 소비자는 해결하여야 할 문제 또는 충족되어야 할 욕구를 인식하는 것에서부터 구매행동이 시작된다. 그러나 욕구의 인식(환기)이 반드시 구매 의사결정 과정을 유발하지는 않는다.

왜냐하면 상당한 수준의 욕구가 인식되었다 하더라도 재정적 능력, 시간, 사회적 규범 등이 구매 행동을 제약할 수 있기 때문이다. 그러므로 욕구환기는 소비자 구매 행위의 필요조건이지 충분조건은 아니다.

니즈가 발생하여 그것을 해소하기 위한 내부적인 강력한 추진력이 있어야만 구매가 발생할 수 있다. 이 추진력이 바로 동기(motive)이다. 동기라는 것은 충족되지 않은 욕구 때문에 발생하는 소비자의 내적 긴장 상태를 줄이기 위한 일종의 동인(drive)이라고 정의된다. 때문에 현재의 상태와 원하는 상태의 차이가 클수록 욕구는 커진다.

이 같은 소비욕구는 배고픔, 외로움, 피곤함 등 신체적·정신적인 불편함을 느끼는 내적 자극요인에 의해서도 발생한다. 그리고 신제품에 대한 광고나 판매자의 설득, 주변 사람들과의 비교 등 외부 자극에 의해서도 발생하게 된다. 즉, 생리적 요인, 인간이 사고를 함으로써 발생하는 인지적 요인, 그리고 주변 환경적인 요인에 의해 동기가 유발된다.

보다 구체적으로는 제품이나 브랜드 선택에 있어서 동기모형이 설명하는 다음과 같은 동기를 이해할 필요가 있다.

① 기능적 동기(functional motives)
  • 제품이 수행하는 기능 또는 유용성에 의한 제품선택
② 미적(심미적)·정적(情的) 동기(esthetic/emotional motives)
  • 제품 또는 제품 유형의 외형과 편의성에 의한 제품선택
③ 사회적 동기(social motives)
  • 제품 소유자의 사회적 지위 또는 존경에 의한 제품의 선택
④ 상황적 동기(situational motives)
  • 가격의 할인과 같은 예상치 못한 상황에서의 제품선택
⑤ 호기심 동기(curiosity motives)
  • 새로운 제품이나 상표에 의한 관심의 환기로 인한 제품의 선택

그런데 동기는 한 번에 하나씩만 나타나는 게 아니다. 여러 가지 상충 되는 동기들이 동시에 갈등을 일으키는 경우가 많다고 한다. 즉 복합적인 동기(動機)간의 갈등이 생기게 되는데 주로 시간, 금전, 에너지 등의 한정된 자원 때문에 발생한다고

한다.

동기가 비슷한 강도를 가지고 있을 때 갈등이 발생하기 쉽다고 한다. 비슷한 강도를 지닌 동기가 일으키는 3가지 유형의 갈등은 다음과 같다.

① 접근-접근 갈등(approach-approach conflict)

이러한 갈등의 유형은 두 가지 대안에 대해 모두 매력을 느끼는 경우이다. 두 가지 바람직한 대안들 사이에서 고민하는 경우이다. 예를 들어, 두 곳의 식당 모두가 마음에 드는 경우로 어느 식당으로 갈 것인지 망설이는 경우이다.

② 접근 - 회피 갈등(approach-avoidance conflict)

이것은 소비자가 한 가지의 목표대상에 대해서 긍정적인 특성과 부정적인 특성을 모두 인식하고 있는 경우이다. 즉 바람과 동시에 회피하고 싶을 때이다. 예를 들어, 식당은 마음에 드는데 너무 비싸서 선택하기가 어려운 경우이다. 또는 식당은 마음에 드는 데 차로 접근하기 불편한 경우이다.

③ 회피-회피 갈등(avoidance-avoidance conflict)

두 가지 대안 모두 회피하고 싶을 때이다. 예를 들어, 우연히 친구를 만나 점심을 먹어야 하는데 시간도 없고, 근처의 적당한 식당도 없는 경우이다.

3. 정보의 탐색단계

정보탐색이란 소비자가 점포, 제품 및 구매에 대해 더 많은 것을 알고자 하는 의도적 노력이라 할 수 있다. 정보탐색은 내적 탐색과 외적 탐색으로 나누어진다.

소비자 구매 의사결정 과정의 두 번째 단계가 '정보탐색' 단계이다. 이 단계에서는 인식된 문제를 해결할 수 있는 대안을 찾기 위한 정보를 탐색하는 단계이다. 이때 소비자가 탐색하는 정보의 양은 관여도에 따라 달라진다.

소비자의 정보탐색 활동을 두 가지 수준으로 구분할 수 있다. 정보탐색 활동이 약한 경우와 강한 경우이다. 자신의 기억으로부터 정보를 끄집어내는 활동을 '내적 정보탐색'이라 하고, 외부에서 정보를 구하는 것을 '외적 정보탐색'이라 한다.

　　소비자는 특정 제품군에 대한 의사결정의 첫 단계로서 기억 속에 저장되어 있는 정보를 자연스럽게 회상한다. 이렇게 회상된 정보가 문제해결에 충분하면 소비자는 외적 탐색의 과정을 거치지 않고 내적 탐색에만 의존하여 구매 의사결정을 한다. 이렇게 내적 탐색에 의하여 회상된 상표들의 집합을 환기(상기)상표군(evoked set: 관심이나 생각 따위를 불러일으킴. 내적 탐색을 하면서 기존에 알고 있던 상표들 중 떠오르는 상표군을 의미한다.)[4]이라 한다.

　　소비자들은 일상적인 문제해결이나 제한적 문제해결을 통해 구매결정을 할 때 자신의 환기(상기) 상표군 내에 있는 상표들 중의 하나를 선택할 가능성이 높다.

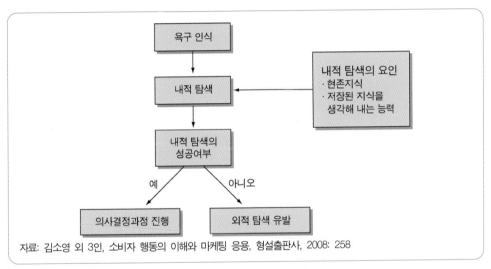

자료: 김소영 외 3인, 소비자 행동의 이해와 마케팅 응용, 형설출판사, 2008: 258

[그림 11-3] **정보탐색모형**

4. 대안평가단계

　　소비자들은 어떤 제품, 어떤 상표, 어떤 모델을 선택할 것인가라는 결정을 내리고서 몇 개의 선택 대안을 고려하게 된다. 이 선택 대안들이 소비자들의 탐색과정의 결과 몇 개의 상표로 구성된 고려 상표군(consideration set)[5]을 형성한다. 대안의

---

4) 전체상표군 → 인지상표군 → 환기상표군 → 고려상표군 → 선택 순으로 구성되어 있다.
5) 고려상표군(consideration set)이란 소비자가 제품 구매를 결정하기 전 단계에서 최종적으로 선택의 대상에 포함되는 브랜드의 집합이다. 즉, 이것은 소비자의 기억(evoked set)에 소비자의 정보 수집 노력이 추가된 것이라고 할 수 있다.

평가는 도출된 고려상표(商標)군에 속한 각 선택 대안을 평가하고 소비자의 욕구에 일치하는 특정 대안을 선택하는 과정이다.

이같이 소비자는 내적탐색과 외적탐색을 거쳐서 수집된 정보를 바탕으로 여러 대안들을 평가한다. 그리고 대안의 평가는 평가기준과 방식의 설정으로부터 시작된다. 평가기준이란 여러 대안을 비교·평가하는 데 사용되는 제품 속성을 말하고, 평가방식이란 최종적인 선택을 위하여 여러 평가 기준에 대한 소비자의 평가를 통합·처리하는 방법을 말한다.

이 단계는 소비자들이 기대되는 편익관점에서 대안들을 평가해서 선호하는 대안을 선택할 수 있도록 그 폭을 좁히는 단계이다. 이때 소비자는 스스로 의사결정 과정에서 중요하다고 생각하는 평가 기준(alternative criteria)이나 제품 속성(attributes)을 바탕으로 각 대체 안(安)들을 비교하게 된다. 이 단계에서는 탐색과정에서 얻은 정보를 자신의 신념이나 가치관에 비추어 선별하는 작업을 수행하게 된다.

평가 기준은 제품의 내재적, 외재적 정보로 구분할 수 있다. 제품이 제공하는 구체적인 혜택을 직접적으로 제시하는 속성정보를 내재적 정보(intrinsic information)라고 한다. 그리고 제품 자체의 혜택과는 직접적인 관련이 없으나 제품의 전반적인 품질을 나타내 줄 수 있는 제품의 브랜드명, 제조국가, 취급점포 등의 정보를 외재적 정보(extrinsic information)라 한다. 즉, 소비자가 정보를 평가할 때 나름 기준을 정하여 대체안들을 정해진 기준에 비추어 서로 비교하게 된다.

이같은 평가 기준은 가격이나 제품의 수명 등과 같이 구체적이고 계량화된 객관적 특성일 수도 있다. 그리고 제품에 대한 선호도, 상징 가치나 편익처럼 심리적이고 주관적 특성을 지닌 것들도 있다. 특히 주관적 평가 기준들은 제품의 사용 결과에 의한 만족이나 신념, 사회적 수용 등에 대한 관심도도 포함된다. 따라서 평가 기준은 절대적인 것이 아니며, 새로운 정보나 소비자 경험에 의해 변할 수도 있다.

제3절 외식업소 선택 시 중요하게 고려하는 속성

1. 속성관련 선행연구

일반적으로 외식업소가 제공하는 포괄적인 의미의 상품은 관여도가 낮은 상품으로 고려된다. 관여도가 낮은 서비스(상품)로 고려되기 때문에 외식의 동기에 따라 다르기는 하겠으나 외식업소를 선정하는 과정에서 많은 노력을 기우리지 않는다. 때문에, 외식업소를 선정하는 과정에서는 복잡한 의사결정보다는 상표충성도(brand loyalty), 새로움과 다양성을 추구하는 행동으로 대표되는 제한된 의사결정, 일상적 의사결정, 그리고 관성(습관성 inertia)에 의한 반복구매 행동을 보이게 된다.

구매 의사결정 과정은 외식업소를 선정하는 일련의 과정을 전개하는데 학술적인 뒷받침이 된다. 예를 들어, 배가 고프다는 문제인식을 시작으로, 정보를 탐색하고, 대안을 평가하고, 식당을 선정하는 일련의 과정을 거친다는 점이다. 일반제품과는 달리 이용 빈도가 잦고, 가격이 저가이고, 주어진 상황에 영향을 많이 받기는 하지만 근본적인 이론은 동일하게 접근될 수 있다.

외식할 외식업소를 선정(택)함에 있어 고려하는 변수는 이용 동기와 장소, 시간, 상황, 그리고 인구통계학적인 변수에 따라 다르다는 것이 일반화된 견해이다. 그리고 특정 식당의 음식의 질과 맛은 식당을 선정하는 데(대안 결정) 결정적인 역할을 하는 변수라는 것이 여러 연구에서 검증되었다. 그래서 식당의 성패(成敗)는 식료와 음료와 같은 핵심상품의 질에 달려있다는 것을 강조한다. 즉, 분위기와 서비스 등과 같은 주변 기능보다는 먹고 마실 것과 같은 중심기능의 중요성을 언급하고 있다.

외식업소를 선정하는 데 가장 중요하게 고려하는 일반적인 속성이 음식의 유형(food type)과 음식의 질(food quality)이다. 그리고 상황(occasion)에 적합한 선정이 이루어지면, 식당의 스타일(restaurant's style)과 분위기(atmosphere: 포괄적인 의미)가 식당 선택의 결정적인 요인이 된다.

다음 〈표 11-1〉은 방문한 레스토랑을 선정할 때 가장 중요하게 고려하는 요인을 조사한 결과의 일례이다.

〈표 11-1〉 방문한 레스토랑을 선택할 때 가장 중요하게 고려하는 요인

WHAT ARE THE MOST IMPORTANT FACTORS YOU CONSIDER
IN SELECTING THE RESTAURANT YOU VISIT MOST?

Food quality	62%
Overall price	44%
Menu variety	25%
Location	24%
Healthy food	18%
Overall value	18%
Overall service	17%
Atmosphere (music, decor, etc.)	13%
Family-friendly environment	12%
Promotions, discounts, or coupons	10%
Offers full table service (waiters, waitresses)	8%
Portion size	7%
Time to get in and out	7%
Accommodates special dietary needs (vegetarian, low fat, etc.)	3%
Drive-thru order/Pickup	3%
Other	1%

자료: RUTH PETRAN, PHD, CFS, VP RD&E FOOD SAFETY AND PUBLIC HEALTH, ECOLAB, 20 May 2019

아래는 외식업체 선정 시 중요하게 고려하는 속성들을 정리한 내용이다. 과거의 연구이기는 하지만 고려하는 속성 항목은 큰 변화가 없다.

(1) Lewis(1981)

Lewis(1981)는 외식업체의 선정 시 중요하게 고려하는 5개의 속성을 제시하였으며, 그중 음식의 질이 식당을 선택하는데 고려되는 속성 중 가장 중요한 속성이라고 하였다.

① 음식의 질(Food Quality)

② 메뉴 다양성(Menu Variety)

③ 가격(Price)

④ 분위기(Atmosphere)

⑤ 편의 요인(Convenience Factors)

그러나 위의 속성들은 식당 유형(외식업체의 유형: Family/Popular, Atmosphere, Gourmet)에 따라 다르나 외식업체의 유형에 무관하게 가장 중요한 것은(선택 시) 음식의 질이라고 하였다.

(2) Schroeder(1985)

이어 Schroeder(1985)는 식당 비평가들이 식당을 평가 함에 있어 중요한 속성으로 이용한다고 조사한 속성들을 그 중요도 순서에 따라 아래와 같이 정리하였다.

① 음식의 질(Quality of food)

② 서비스의 질(Quality of service)

③ 무드(Ambience)[6]

④ 가격(Pricing)

⑤ 메뉴 다양성(Menu variety)

⑥ 위생(Sanitation)

⑦ 외식업체의 물리적인 특성(Physical aspects of the establishment)

⑧ 영양(Nutrition)

⑨ 음식의 양(Quantity of food)

(3) June, L. P, and Smith, L. J.(1987)

또한, June, L. P, and Smith, L. J.(1987)은 4가지의 상황에서 식당을 선택할 때 우선적으로 고려하는 속성들을 정리하였다. 조사의 결과 한 경우(① Intimate Dinner 의 경우)를 제외하고는 음식의 질은 4번째로 중요하게 생각되었으며, 분위기의 경우도 5번째로 중요하게 평가되었다.

---

6) 어떤 상황에서 대체적으로 느끼는 분위기나 기분. 정서. 분위기.

〈표 11-2〉 **상황에 따른 속성의 중요도 순위**

순위	①	②	③	④
1	Liquor Availability	Liquor Availability	Service	Service
2	Service	Service	Price	Price
3	Food Quality	Price	Liquor Availability	Liquor Availability
4	Atmosphere	Food Quality	Food Quality	Food Quality
5	Price	Atmosphere[7]	Atmosphere	Atmosphere

자료: June, L. P., and Smith, L. J,, Service attributes and situational effects on customer preferences for restaurant dining, Journal of Travel Research, Vol. 26(2), 1987, pp.20-27
* ① Intimate Dinner ② Birthday Celebration ③ Business Lunch ④ Family Dinner

(4) Barrows et al.(1989)

그리고 Barrows et al.(1989) 등은 고객이 식당을 선택 할 때 고려하는 속성 중에서 식당을 전문적으로 평가하는 평가자(기관)들의 식당평가에 대한 리뷰는 가장 낮게 영향을 미치는 속성이며, 그 속성 간의 중요도의 순서를 아래와 같이 정리하였다.

① 친구의 추천(Friend's recommendation)
② 레스토랑의 평판(Restaurant reputation)
③ 메뉴(Menu)
④ 가격(Price)
⑤ 특별함과 할인(Specials and discounts)
⑥ 레스토랑 광고(Restaurant advertising)
⑦ 전문가들의 레스토랑 평가 리뷰(Restaurant reviews)

(5) Auty(1992)

또한 Auty(1992)는 40명을 대상으로 한 예비조사를 통해, 식당 선택속성에서 중요하게 고려되는 10개의 속성을 도출하였다.

---

7) 분위기, 무드, 주위의 상황

① Food Type
② Food Quality
③ Value for money
④ Image and Atmosphere
⑤ Location

⑥ Speed of Service
⑦ Recommended
⑧ New Experience
⑨ Opening Hours
⑩ Facilities for Children

그리고 본 조사에서는 조사대상자 155명의 가정을 방문, 인터뷰를 통해 밝힌 레스토랑 선택 시 고려하는 속성들을 아래와 같은 순위로 정리하였다(복수 응답).

① 음식의 유형(Food Type): 71
② 음식의 질(Food Quality): 59
③ 가치(Value for money): 46
④ 이미지와 분위기(Image and Atmosphere): 33
⑤ 입지(Location): 32
⑥ 서비스의 신속성(Speed of Service): 15
⑦ 추천(Recommended): 11
⑧ 새로운 경험(New Experience): 9
⑨ 영업시간(Opening Hours): 8
⑩ 어린이를 위한 시설(Facilities for Children): 8

또한, 식당 선택 시 중요하게 고려하는 속성들은 식당의 유형에 따라 다르다는 것을 규명했다. 즉 22개 식당 중 4곳만이 이미지가 가치보다 더 높게 평가되었으나, 항상 음식의 유형과 음식의 질이 분위기와 이미지보다 높게 평가되었다는 것도 규명하였다. 그리고 식당을 이용하는 상황에 따라서도 10가지의 속성에 대한 중요도는 다르다는 것을 규명하였다.

(6) Kivela(1997)

Kivela(1997)는 홍콩에 있는 식당(Fine Ding/Gourmet, Theme/Atmosphere, Family/Popular, Convenience/Fast-Food) 52개소를 대상으로 조사한 결과를 통해 일반적으로 식사의 유형과 상황에 관계없이 언급되는 14개의 속성을 아래와 같이 제시하였다.

① 입지(Location)

② 음식의 유형(Type of food)

③ 분위기(Ambience)

④ 경쟁력 있는 종업원(Competent waiting staff)

⑤ 음식의 질(Quality of food)

⑥ 가격(Price of food)

⑦ 편안함 정도(Comfort level)

⑧ 메뉴의 다양성(Menu item variety)

⑨ 청결(Cleanliness)

⑩ 서비스 신속성(Speed of service)

⑪ 명성(Prestige)

⑫ 종업원의 친절(Friendliness of waiting staff)

⑬ 새로운 경험(New experience)

⑭ 불만 불평의 신속한 처리(Prompt handling of complaints)

그리고 그 속성 간의 전체적인 중요도를 조사하여 아래와 같은 결과를 제시하였다.

① Quality of food(82%)

② Type of food(67%)

③ Price of food(62%)

④ New Experience(55%)

⑤ Location(51%)

⑥ Menu item variety(43%)

⑦ Speed of service(41%)

⑧ Ambience Factors(24%)

⑨ Comfort Level of Staff(19%)

⑩ Cleanliness(15%)

⑪ Prestige(19%)

⑫ Competent of waiting staff(7%)

⑬ Prompt handling of complaints(7%)

⑭ Friendliness of waiting staff(3%)

(7) Clark and Wood(1998)

또한, Clark and Wood(1998)는 식당 선택과정에서, 일반적으로 식당 선택속성 중에서 고려되는 10개의 속성(음식 가격, 음료가격, 서비스 속도, 음식의 질, 분위기, 종업원의 친절, 주차시설, 회장실 시설, 음식의 선택 범위, 영업시간)을 제시하였다. 그리고, 응답자들이 중요하게 생각하는 5가지 속성을 아래와 같이 도출하여 제시하였다.

① 음식의 범위(Range of food)

② 음식의 질(Quality of food)

③ 음식의 가격(Price of food)

④ 분위기(Atmosphere)

⑤ 빠른 서비스(Speed of service)

(8) Titz et al.(2004)

그리고 Titz et al.(2004)은 미국의 5개 도시를 대상으로 주요 일간지(The San Francisco Chronicle, The Washington Post, The New York Times, The Los Angeles Times, The Chicago Sun Times)들이 레스토랑을 평가한 내용을 고객이 레스토랑을 평가하

는 이론적인 틀에 적용하여 8개의 속성으로 군집하였다.

① Quality of food and beverage

② Quantity of food

③ Quality of service

④ Ambience and Atmosphere

⑤ Menu variety

⑥ Price and value

⑦ Other customer

⑧ Professionalism

이같이 레스토랑 선정 시 일반적으로 고려되는 사항으로 알려진 속성들은 다양하다. 하지만 다양한 속성들은 외식 동기와 상황, 그리고 인구통계학적인 변수에 따라 각각 그 중요도가 다르다는 점을 많은 학자들이 검증하였다. 또한, 서비스와 분위기 등이 중요하기는 하나 음식의 질과 음식의 유형 등은 방문하고자 하는 식당을 선정하는 과정에서 아직도 결정적인 변수로 작용하고 있다고 말할 수 있다. 다만 음식의 질과 음식의 유형이 거의 같을 때(차별화가 되지 않을 때) 차선책으로 고려되는 변수가 분위기나 서비스 등과 같은 변수들이라는 의미라고 생각하여야 한다.

2. 상황과 외식업소의 유형에 따른 선택속성 연구

상황의 사전적 뜻은 "어떤 일이나 현상 따위가 이루어지거나 처해 있는 일정한 때의 모습이나 형편. 또는 어떤 일이 일어나는 특정한 때, 기회, 경우"이다.

소비자 구매행동에 영향을 미치는 상황은 물리적 환경, 사회적 환경, 시간, 과업 정의, 선행 상태 등 다섯 가지 차원으로 구성된다.

첫째, 물리적 환경(physical surrounding)은 소비자 행동에 영향을 미치는 모든 형태의 비(非)인적 요소로 대상을 둘러싼 물리적 특성을 말한다. 둘째, 사회적 환경

(social surrounding)은 소비자 행동에 영향을 미치는 인적 요소를 의미한다. 주로 다른 사람과의 관계로부터 기인하는 상황적 차원이다. 즉, 타인의 존재 여부와 그들의 특성과 역할, 상호작용 등을 말한다. 셋째, 시간(time)으로 하루 중 시간대, 계절, 시간 제약, 소요 되는 시간 등을 말한다. 넷째, 과업 정의(task definition)는 구매 또는 소비하고자 하는 대상이 되는 제품과 서비스를 왜 구매하는가 등이 여기에 해당된다. 마지막으로 선행 상태(antecedent status)는 소비 행동이 일어나는 동안에 소비자가 경험하게 되는 생리적, 인지적 혹은 감정적 상태를 말한다. 즉, 구매 행동에 영향을 미치는 소비자의 일시적인 기분 또는 생리적 상태이다.

상황에 따라 외식업소를 선택하는데 고려하는 변수는 달라진다. 이러한 점들을 고려하여 일찍이 이 분야의 식자(識者)들은 외식을 하는 상황과 외식업체의 유형에 따라 고려하는 변수 간에 중요도가 달라지는가를 연구하여 다음과 같은 결과들을 제시하였다. 그러나 연구의 결과 공통적인 특성을 찾지 못했다. 하지만 음식과 서비스, 그리고 분위기라는 3가지 요소는 상황과 동기에 관계없이 중요한 속성이라는 공통적인 결과를 제시하고 있다.

(1) June and Smith(1987)

June and Smith(1987)는 4가지 상황에서 레스토랑 선택에 영향을 미치는 주요한 변수와 그 순위를 아래의 〈표 11-3〉과 같이 제시하였다.

〈표 11-3〉 상황에 따른 속성의 중요도 순위

순위	①	②	③	④
1	Liquor Availability	Liquor Availability	Service	Service
2	Service	Service	Price	Price
3	Food Quality	Price	Liquor Availability	Liquor Availability
4	Atmosphere	Food Quality	Food Quality	Food Quality
5	Price	Atmosphere	Atmosphere	Atmosphere

자료: June, L. P., and Smith, L. J., Service attributes and situational effects on customer preferences for restaurant dining, Journal of Travel Research, Vol. 26(2), 1987, pp.20-27
* ① Intimate Dinner(친한 사람과의 식사) ② Birthday Celebration ③ Business Lunch ④ Family Dinner

(2) Auty(1992)

그러나 Auty(1992)는 사교적(social), 축하행사(celebratory), 빠른/편의 서비스 (speed/convenience) 와 같은 3가지의 상황에서 고려하는 속성 간의 중요도를 다음 과 같이 제시하고 있다.

〈표 11-4〉 **외식 상황에 따른 선택 속성의 중요도 순위**

Attribute	Occasion		
	Social	Celebration	Speed/Convenience
Food type	78	64	74
Food quality	68	70	50
Value	49	41	42
Image/atmosphere	37	30	20
Location	31	34	32
Recommended	15	18	-
Speed	-	-	42
Open hours	-	-	20

자료: Susan Auty, Consumer Choice and Segmentation in the Restaurant industry, The Service Industries Journal, Vol. 12(3), July 1992, pp.324-339

(3) Kivela(1997)

그리고 Kivela(1997)는 외식업소 선택속성은 외식업체의 유형과 식사상황(occasion) 에 따라 다르다는 점을 전제로 다음과 같이 선택속성의 중요도를 규명하였다. 그러 나 속성이 비슷한 상황이라면 이미지와 분위기가 최종적으로 식당을 선택하는 데 가장 중요한 변수라고 지적하였다. 그러나 식당을 선택하는 과정에서는 음식의 질 과 음식의 유형(식당 유형)이 가장 중요한 속성이 된다고 하였다.

식당의 유형과 외식 상황에 다른 속성 간의 중요도를 정리한 것이 〈표 11-5〉와 〈표 11-6〉이다.

〈표 11-5〉 선택하는 식당의 유형에 따라 고려하는 속성 간의 중요도

속성	①	②	③	④
• Quality of food	76	67	47	21
• Type of food	70	51	37	15
• Cost of food(Price)	19	21	56	24
• New experience	38	57	15	7
• Location	64	65	79	84
• Menu item variety	73	56	35	10
• Speed of service	13	18	49	72
• Ambience factors	75	81	30	23
• Comfort level	60	57	39	11
• Cleanliness	75	53	67	58
• Prestige	87	69	9	4
• Competent waiting staff	50	63	15	9
• Prompt handling of complaint(s)	30	9	4	6
• Friendliness of waiting staff	87	45	30	46

① Fine Dining/ Gourmet ② Theme / Atmosphere ③ Family / Popular ④ Convenience / Fast Food

〈표 11-6〉 외식상황에 따라 고려하는 속성 간의 중요도

속성	①	②	③	④
• Quality of food	91	96	55	11
• Type of food	87	90	61	3
• Cost of food(Price)	10	4	45	32
• New experience	25	11	39	6
• Location	5	57	42	85
• Menu item variety	85	47	56	15
• Speed of service	54	85	63	71
• Ambience factors	35	91	43	7
• Comfort level	41	81	22	19
• Cleanliness	31	73	66	53
• Prestige	80	95	34	3
• Competent waiting staff	57	63	51	11
• Prompt handling of complaint(s)	8	47	36	9
• Friendliness of waiting staff	29	78	46	41

① Celebration ② Business ③ Social Occasion ④ Convenience / Quick Meal

■ 맺음말

본 장에서는 외식을 하는 장소(외식업소)를 선정/택하는 과정을 재조명해 보았다. 식당을 선택하는 과정도 제품이나 서비스를 구매하는 소비자의 구매의사결정 과정을 따른다는 전제로 출발하였다. 그래서 소비자가 제품과 서비스를 구매하는 과정을 설명하기 위해서 이 분야의 저명한 저자들의 구매의사결정과정 이론을 인용하여 제시하였다.

이를 바탕으로 소비자의 욕구 계층설(단계설)을 시작으로, 이용 동기와 외식업소의 유형, 시간, 상황, 그리고 인구통계학적인 변수에 따라 외식을 할 식당을 선정(택)할 때 중요하게 고려되는 변수는 각각 다르다는 점을 규명해 본 선행연구들을 재조명해 보았다.

결국, 대부분의 선행연구가 검증한 바와 같이 음식 자체, 서비스, 분위기, 그리고 가격이 외식업소의 선택에 결정적으로 영향을 미치는 변수이다. 때문에, 이 네 가지 차원을 가장 잘 관리할 수 있는 외식업소가 선택되는 외식업소가 될 수 있다는 결론이다.

참｜고｜문｜헌

김세범 외 2인 공저, 소비자행동론, 형설출판사, 1997: 85-86, 92-106

김소영 외 3인, 소비자 행동의 이해와 마케팅 응용, 형설출판사, 2008: 15-16, 107-109, 238-355

로버트 B. 세틀 & 파멜라 L. 알렉 저, 세종, 대홍기획마케팅그룹 역, 소비의 심리학 Why they buy, 2003: 47-51

박세범 · 박종오, 소비자행동, 북넷, 2009: 553-556, 568-571

박승환 · 최철재 공저, 소비자행동론, 대경, 2008: 220, 224-225, 236-245, 270-277

서성환, 소비자행동의 이해, 박영사, 1998: 96-153

안광호 외 2인 공저, 마케팅 - 관리적 접근-, 학현사, 제3판, 2008: 69-80, 224-225

안광호 · 하영원 · 박흥수, 마케팅원론, 제5판, 학현사, 2011: 141-146, 233-234, 249

이계임 외 5인, 2022 식품소비행태조사 기초분석보고서/E16-2022, 2022. 12, 농촌경제연구원, p. 328

이용학 외 2인, 마케팅, 제2판, 무역경영사, 2012: 120-132

이유재, 서비스마케팅, 제4판, 학현사, 2011: 79-80

이학식 외 2인, 소비자행동, -마케팅전략적 접근- 제5판, 법문사, 2011: 27-29, 475-476

임종원 외 3인, 소비자 행동론 - 이해와 마케팅에의 전략적 활용 -, 경문사, 제3판, 2006: 180-187

최병용, 소비자행동의 이해와 적용, 박영사, 2000: 41-44, 414-420, 433-436, 470-472, 497-502

한국관광공사, 「2010 방한 외국인 음식관광 실태조사」, 2010. 12: 80-83

Christopher Lovelock · Jochen Wirtz · Patricia Chew 지음, 김재욱 외 7인 옮김, Essentials of Service Marketing: 서비스 마케팅, 시그마프레스, 2011: 34-36

Barrows et al., Influence of Restaurant Reviews Upon Consumers, FIU Hospitality Review, 7(2), 1989: 84-92

Clark, M.A., et al., Consumer loyalty in the restaurant industry: A preliminary exploration of the issues, Journal of Contemporary Hospitality Management, 10(4), 1998: 139-143

Eunha Myung et al., Understanding attributes affecting meal choice decisions in a bundling context, International Journal of Hospitality Management 27, 2008: 119-125

Gary Davies and Canan Madran, Time, Food Shopping and Food Preparation: Some Attitudinal Linkages, Br itish Food Journal, Vol. 99(3), 1997: 80-88

Irma Tikkanen, Maslow's hierarchy and food in Finland: five cases, Bri ti sh Food Journal, Vol. 109(9), 2007: 721-734

Jacksa Jack Kivela, Restaurant Marketing: Selection and segmentation in Hong-Kong, International Journal of Contemporary Hospitality Management, 9/3, 1997: 116-123

Jaksa Jack Kivela et al., Consumer research in the restaurant environment : Part Ⅱ, Research design and analytical methods, 11/6, 1999: 269-286

John J. Schroeder, Restaurant critics respond: We're doing our job, The Cornell Hotel and Restaurant Administration Quarterly, Feb 1985: 56-63

John S. A. Edwards, Inga-Britt Gustafsson, The Five Aspects Meal Model, Journal of Foodservice, 19, 2008: 4-12

Judith J. Marshall et al., Coping with household stress in the 1990s : Who uses convenience foods, and do help?, Advances in Consumer Research, Vol. 22, 1995: 729

June, L. P, and Smith, L. J., Service attributes and situational effects on customer preferences for restaurant dining, Journal of Travel Research, Vol. 26(2), 1987: 20-27

Karl Titz et al., The Anatomy of Restaurant Reviews: An exploratory study, International Journal of Hospitality & Tourism Administration, Vol. 5(1), 2004: 49-65

Leonard L. Berry et al., Understanding service convenience, The Journal of Marketing, Vol. 66(3), July 2002 : 1-17

Leonard L. Berry, Kathleen Seiders, Dhruv Grewal, Understanding Service Convenience, The Journal of Marketing, Vol. 66(3), July 2002: 1-17

M.J.J.M. Candel, Convenience orientation towards meal preparation: Conceptualization and measurement, Appetite, 36, 2001: 15-28

Marta Pedraja, Ma Jesus Yague Guillen, Searching for information when selecting a restaurant, Food Service Technology, 2, 2002 : 35-45

Mona A. Clark and Roy C. Wood, Consumer loyalty in the restaurant industry: A preliminary exploration of the issues, International Journal of Contemporary Hospitality Management, 10/4, 1998: 139-144

Monica Hanefors, Le n a Mossberg, Searching for the extraordinary meal experience, Journal of Business and Management, Vol. 9(3), Summer 2003: 249-270

Nick Johns, Ray Pine, Consumer behaviour in the food service industry: a review, International Journal of Hospitality Management, Vol. 21, 2002: 119-134

Robert C. Lewis(Oct), Restaurant advertising: Appeals and consumers' intentions, Journal of advertising research, Vol 21(5), 1981: 69-74

RUTH PETRAN, PHD, CFS, VP RD&E FOOD SAFETY AND PUBLIC HEALTH, ECOLAB,

20 May 2019

Susan Auty, Consumer Choice and Segmentation in the Restaurant Industry, The Service Industry Jurnal, Vol. 12. No. 3(July), 1992: 324-339

Tassalina Narine et Neela Badrie, Influential Factors Affection Food Choices of Consumers When Eating Outside the household in Trinidad Indies, Journal of Food Products Marketing, Vol. 13(1), 2007: 19-29

외식업소의 평가와 평가 이후의 고객행동 제 12 장

제1절 평가의 단계와 평가에 이용되는 일반적인 변수

1. 영역별 평가단계와 내용

특정 고객이 특정 상황(occasion:어떤 일이 일어나는 특정한 때, 기회, 경우)에서 적합한 외식업소를 선정하여 → 외식업소에 도착 → 식탁에 안내되고 → 식사를 서빙 받은 후 → 계산을 하고 → 외식업소를 떠날 때까지의 일련의 과정에서 평가 대상이 되는 변수는 무수히 많다.

고객은 식사 과정에서 오감으로 느낀 것들을 평가하게 된다. 고객의 평가는 주관적인 것도 있고, 객관적인 것도 있다. 그리고 평가의 결과는 고객의 측면에서 긍정적일 수도 있고, 부정적일 수도 있다.

그런데 평가 기준과 평가는 각자의 경험과 지식에 관련이 높다. 개인적 차이가 있다는 것이 외식업소 평가의 문제점일 수도 있다. 그 결과 객관적인 평가 기준 마련, 평가의 절차와 평가의 결과에 대한 해석이 중요하다고 말한다.

서비스 마케팅에서 서비스 이용을 '서비스 이용의 3단계 모델'이라 칭하고 세 가지 주요 단계로 나누어서 설명하기도 한다. 구매 전 단계(pre-purchase stage), 서비스 만남 단계(service encounter stage), 만남 후 단계(post-encounter stage)이다.

구매 전 단계는 필요성 인식, 정보 검색, 대안 평가 및 구매 결정을 포함한다. 서비스 만남 단계에서 고객은 서비스를 시작하고 경험하고 소비하는 단계이다.

만남 후 단계는 같은 재방문과 지인에게 추천하는 등 미래의 의도를 결정하는 서비스 수행 평가를 포함한다.

같은 맥락에서 외식업소의 이용도 다음과 같이 세 단계로 나누어 살펴볼 수 있다. 레스토랑에 도착 전 단계, 레스토랑에 도착하여 서비스를 받는 단계, 그리고 서비스를 받고 출발하는 단계이다. 그리고 각 단계에서 제공되는 속성들이 평가의 대상이 된다.

1) 외식업소에 도착 전 단계

이 단계는 특정 목적(동기)에 적합한 레스토랑을 선정하기 위하여 우선 정보를 탐색하는 단계이다. 정보탐색 직후에 선택 대안들에 대한 비교·평가를 거쳐 외식업소를 선정 → 선정한 레스토랑으로 이동 → 주차 → 레스토랑에 들어감 → 식탁으로 안내되는 과정까지 고객의 관점에서 경험하는 모든 편익과 서비스가 평가 기준이 된다.

① 광고 또는 광고매체에 소개되는 수준

정보탐색단계에서 자신의 직접경험에 의하지 않거나, 충분한 정보를 보유하고 있지 않거나, 또는 정보를 전혀 보유하고 있지 않을 때는 외부로부터 정보를 찾게 된다. 여기서는 레스토랑이 제공하는 정보 원천을 이용하게 되는데 주로 다양한 유형의 광고의 질과 양이 평가의 기준이 된다. 즉 정보를 탐색하는 고객의 입장에서 쉽게 레스토랑에서 제공하는 정보를 얻을 수 있는 정도와 정보의 내용을 평가하는 것이다.

일반적으로 웹사이트, SNS(Social Network Service)[1], 신문, 전문잡지 등의 광고와 그 내용의 정확성과 질이 전문적이괴 신뢰할 수 있는지 등이 평가의 대상이 된다.

② 예약과 전화응대

전화로 예약을 하고자 할 때, 또는 그 외식업소에 대하여 알고자 할 때 쉽게 정보를 얻을 수 있는가. 그리고 전화를 받는 사람이 공손한가. 예약을 받는 방법과 절차가 전문적인가. 질문에 대해 적극적이고 명랑하게 응답하는가.

---

[1] 웹상에서 이용자들이 인적 네트워크를 형성할 수 있게 해주는 서비스

전화를 받는 사람이 레스토랑의 영업시간, 휴일, 그리고 예약정책을 잘 알고 있는가. 위치를 잘 설명할 수 있는가 등이 평가의 대상이 된다.

최근 들어 예약문화가 차츰 정착하고 있다. 때문에 전화응대에 대한 중요성을 인식하여야 하며, 충분한 교육이 이뤄져야 한다.

③ 외식업소의 위치

매력적이고 주변 환경이 쾌적한 곳에 위치하고 있는가. 처음 방문하는 사람이 찾는데 어려움은 없는가.

이 부분은 상당히 민감한 부분이다. 처음 외식업소를 오픈하기 이전부터 고려되어야 하는 문제이다. 때문에 외식업소가 오픈한 후에 개선될 문제가 아니다. 다만 가시성을 높이기 위한 방법으로 간판에 의존한다.

④ 간판(Signage)

외식업소를 찾아가는 데 있어서 간판이 필요했는가. 또는 도움을 주었는가. 만약 그렇다면 간판은 적절한 장소에 위치하고 있으며, 그 기능을 잘하고 있는가. 모든 외식업소의 경영자들이 간판의 중요성을 알고 있다. 그래서 간판에는 돈을 아끼지 않고 있다.

⑤ 건물의 외관

건물의 외관은 매력적인가. 가까운 곳에서 잘 보이는가. 건물은 잘 유지되고 있는가.

외식업소의 대부분이 독립적으로 건물을 가지고 있지 않다. 그렇기 때문에 외식업소와 함께하는 공간(인접 공간)의 외관에 신경을 써야한다. 하지만, 독립건물이 아닌 경우는 외관 관리가 어렵다.

⑥ 주차장

주차장은 있는가. 있다면 쉽게 접근할 수 있는가. 입구와 출구가 분리되어 있는가. 공간은 충분한가. 주차선은 잘 그어져 있는가. 청결한가. 주차장에서 식당의 정문이 보이는가. 장애자를 위한 공간은 있는가.

⑦ 발레 파킹(Valet Parking)

주차요원이 있는가. 그들은 공손한가. 복장은 잘 갖추었는가. 차를 정성으로 잘 관리하고 있는가. 기다리는 사람이 많을 때는 절차가 잘 지켜지고 있는가.

⑧ **지하**(Grounds)

보도, 계단, 조명 등이 안전하게, 그리고 잘 관리되어 있는가. 장애자를 위한 배려가 있는가.

⑨ **입구**

입구는 전체적인 분위기와 조화를 잘 이루고 있는가. 잘 유지되고 있는가. 안내원이 있는가. 있다면 복장을 잘 갖추고, 공손하고, 그리고 전문적인가.

⑩ **현관**(Vestibule)

현관을 갖추고 있는가. 있다면 공간은 충분한가.

⑪ **코트룸**(Coat Room)

안전한가. 관리인이 있는가. 모자, 코트, 우산 등을 보관할 공간은 충분한가.

⑫ **영접**(Initial Greeting)

외식업소에 도착하자마자 영접을 받는가. 친절한 태도로 영접을 하는가. 영접을 하는 사람이 코트나 모자를 벗어 맡기라고 거드는가.

위에 언급한 12개 변수(항목)는 교과서적인 서양식당 일반적인 항목으로 구성되어 있다. 또한, 특정 항목은 또 다른 특정 항목에 비하여 그 중요도가 높게 또는 낮게 평가될 수도 있다. 그리고 제시된 12개의 항목 모두가 평가의 대상이 되지 않을 수도 있다. 때문에, 해당되는 항목 만을 평가의 기준으로 삼아 평가항목을 만들어 평가하면 된다.

또한, 이 단계에서 고객은 특정 외식업소에 대한 첫인상을 형성하고 다음 단계에서 제공받게 될 제반 상품과 서비스의 질을 미리 예상할 수 있게 만들기 때문에 아주 중요한 단계라고 판단된다.

2) 외식업소에 도착하여 서비스를 받는 단계

외식업소에 도착한 후 식탁에 안내되어 식사를 끝마치는 단계까지의 과정에서 고객이 보고, 듣고, 느끼고, 받고, 냄새 맡고, 접하는 과정에서 경험하는 일련의 경험들을 평가하는 단계다. 사전 서비스 단계보다도 훨씬 중요한 단계이다. 이 단계에서는 주로 데코와 분위기, 서비스, 식료와 음료가 평가 대상이 된다.

그런데 문제는 이러한 요소들의 평가가 객관적이라기보다는 주관적이라는데 문제가 있다. 하지만 주어진 상황에서 주어진 대상을 보통 사람들이 평가한 결과는 대동소이하다는 점도 감안하여야 한다. 즉 평가의 결과는 크게 다르지 않다는 점이다.

(1) 데코와 분위기(Decor/Ambiance)

일반적으로 물리적인 환경이 평가의 대상이 된다.

① **실내장식**

컬러, 가구, 기물, 카펫 등이 매력적이며, 전문적으로 고려되었고, 식당의 Concept와 일치하는가.

② **꽃/나무**

생화와 화초들이 식당에서 눈에 띄는가. 매력적이고 잘 관리되고 있는가.

③ **안락감**

가구는 Concept와 일치하고 기능적이고 그리고 편안한가.

④ **청결**

전체적으로 청결한가. 카펫, 홀, 창문, 커튼, 진열장소, 식탁 위(음식 자국, 더러운 실버 웨어, 기름기, 그리고 지저분한 양념 통 등)

⑤ **실내온도**

너무 덥거나 너무 춥지 않게 적절하게 온도가 유지되고 있는가. 불편한 통풍이 있는가.

⑥ **환기**

식당은 환기가 잘 되고 있는가. 담배 연기가 옆 사람들에게 문제를 야기하지 않는가. 음식 냄새 문제, 주방에서 나오는 냄새가 식당으로 유입되는가.

⑦ **조용함**(Quiet)

불필요한 잡음(주방, 외부, 옆방, 옆 식탁)이 발생하는가. 식사 중에 대화가 가능한가. 생음악이 연주되는가. 만약 그렇다면 음량은 적절한가.

⑧ 화장실(Rest rooms)

위치는 적절한가. 접근이 용이한가. 남자와 여자 화장실이 분리 또는 독립되어 있는가. 전체적으로 청결한가. 필요한 비품이 준비되어 있는가.

(2) 식탁 위(Table Top)

식탁 위에 올라가는 기물과 린넨류 등은 상호 간의 조화, 질, 유지상태 등이 평가의 기준이 된다.

① 린넨류(Napery)

특정 업소의 수준에 적합한 재질인가. 유지관리는 잘 되어 있는가. 너무 낡았거나 헤어진 것이 사용되고 있지는 않는가. 컬러는 전체적인 개념과 일치하는가.

② 차이나(China)

특정 업소의 수준에 알맞은 질인가. 너무 무겁지 않는가. 모양은 통일되어 있는가. 청결한가. 깨진 것, 변색된 것 등이 사용되고 있지는 않는가.

③ 그라스 웨어(Glass ware)

특정 업소의 수준에 알맞은 질인가. 청결한가. 적절한 용도에 사용되는가. 크리스탈이 사용되는가. 깨진 것이 사용되는가.

④ 실버 웨어(Silver ware)

특정 업소의 수준에 알맞은 질인가. 실버인가 또는 Stainless인가. 적절한 용도로 사용되는가. 관리 · 유지는 잘 되었는가. 흠이 있는 기물을 사용하는가.

⑤ 양념통(Condiment Receptacles)

양념그릇 등이 청결한가. 트레이, 게리동(Gueridons: 일종의 카트), 디스플레이 카트(display carts) 등이 잘 유지 · 관리되고 있는가.

⑥ 메뉴/와인 리스트(Menu/Wine List)

메뉴의 외형이 매력적이고 그리고 잘 유지 · 관리되고 있는가. 전문가에 의해 디자인 되었는가.

(3) 서비스(Service)

외식업소의 평가기준 항목 중 고객만족 측면에서 중요도가 높은 항목들로만 구성되어 있다. 또한, 유형의 서비스보다는 무형의 서비스가 더욱 큰 비중을 차지하는 단계이다. 그리고 고객과 종업원 간의 상호작용이 가장 많은 단계로 특정 외식업소에 대한 고객의 만족과 불만족은 이 단계에서 결정된다고 해도 과언이 아니다.

종업원의 마음가짐과 표정(얼굴, 눈, 입의 표정), 몸가짐(유니폼, 와이셔츠, 구두, 양말, 얼굴, 두발, 손과 손톱, 액세서리, 스타킹, 화장, 구취, 명찰 등), 인사, 대기, 안내, 고객응대, 보행, 대화의 기교, 고객의 불평처리 기교, 주문받는 요령, 태도, 배려 등과 같은 서비스의 구성요소들이 평가의 대상이 된다.

① **미소가 있는 서비스**(Service with a Smile)

서비스하는 종업원이 자연스럽게 미소 짓는가. 그들은 명랑하고, 그들의 업무에 열정적인가.

② **친절성**(Friendly)

종업원은 진실로 친근감이 있는가. 급하고 분주하게 보이는가. 그들은 준엄하고 겸손한가.

③ **신속성**(Prompt)

고객이 식탁에 앉으면 적절한 시간대에 주문 절차가 이루어지는가? 코스와 코스 간 걸리는 시간에 대한 설명도 없이 고객을 기다리게 만드는가.

④ **세심한 주의**(Attentiveness)

고객의 욕구에 주의를 기울이고 있는가. 고객의 특별한 요구에 즐거운 마음으로 응대하는가. 항상 고객을 주시하고 있는가.

⑤ **편안한 마음으로 식사**(Dining at Ease)

종업원이 고객에게 편안한 마음을 갖게 하는가.

⑥ **유니폼**(Professional Attire)

서비스 종업원들의 복장은 잘 갖추어져 있는가.

⑦ **종업원의 청결**(Staff Cleanliness)

종업원의 개인위생 상태는 어떠한가. 유니폼은 깨끗한가. 종업원은 머리를 만지거나 얼굴을 만지는 등의 습관이 있는가.

⑧ **메뉴에 대한 지식**(Knowledge of Menu)

메뉴와 와인리스트에 대한 지식이 있는가. 음식의 생산과정에 대한 고객의 물음에 자상하게 응하는가. 와인에 대한 고객의 질문에 자상하게 응답하는가. 고객이 편안한 마음으로 원하는 아이템을 선정할 수 있도록 도움을 주는가. 음식을 정확하게 설명하는가.

⑨ **음식 서비스의 기교**(Technical Service of Food)

음식 서비스(식사를 제공하는 절차와 기교)와 기물 처리(식사 후)가 통일되었고 전문적인가. 음식을 고객에게 제공하기까지 시간이 많이 걸리는가. 카빙(carving), 플람베(flambé) 등을 실행하는 과정에서 문제가 있는가. 다음 코스가 서빙되기 전에 식탁이 잘 준비되는가.

⑩ **음료의 서비스 기교**(Technical Service of Beverage)

제공하는 와인에 따른 그라스의 사용은 적절한가. 적절한 온도로 제공하는가. 와인 서빙절차와 기교 등은 전문적인가.

(4) 음식(Food) 자체

이 단계에서는 음식 자체를 평가하는 것으로 다음과 같은 내용들이 평가된다.

① **온도**

뜨거운 것은 뜨겁게, 찬 것은 찬 상태로 제공되는가. 코스와 코스 간의 서빙시간은 적절한가.

② **식재료**(Ingredients)

신선한 식재료인가. 냉동 또는 기타 편의식품을 이용하여 만들었는가.

③ **외형**(Appearance)

음식을 그릇에 담은 모양이 매력적인가. 담긴 음식이 조화를 잘 이루고 있는

가. 신선한 식료이며, 매력적이고, 균형을 잘 이루고 있는가.

④ **주문에 의한 조리**(Cooked to order)

주문 시점에서 조리되는가. 아니면 사전에 조리하여 보관한 후 제공하는가.

⑤ **맛**(Taste)

외형, 냄새, 그리고 입에서 느끼는 감각 등을 고려한 후 정말로 음식이 맛이 있다고 느끼는가 등이 평가의 기준이 된다. 그러나 이 단계의 평가는 다분히 주관적이다.

(5) 메뉴판

메뉴판 자체를 평가하는 것으로 음식을 평가하는 것은 아니다. 이 단계에서는 상당한 전문성이 필요하다. 예를 들어, 음식에 대한 상당한 지식이 요구된다 하겠다.

① **다양성**

계절상품이 있는가. 사용하는 식재료는 다양한가. 다양한 조리방식을 이용하는가.

② **특별 아이템**(Specialty Items)

오늘의 메뉴, 건강 메뉴, 다이어트 메뉴 등의 유무

③ **독창성, 창조성**(Uniqueness/Creativity)

새로운가. 유일한가. 독창적인가.

④ **정확성**(accuracy)

메뉴상 아이템의 설명에 있어서 진실성(생산지와 원산지, 식재료의 상태, 양)

⑤ **다이어트와 영양 문제**(Dietetic/Nutritive Concerns)

저당, 저염, 저칼로리, 저콜레스테롤의 아이템이 있는가. 건강과 다이어트 식품에 대한 정보가 제공되는가.

(6) 코스 카테고리(Course Categories)

메뉴의 구성과 가격에 대한 평가 기준으로 메뉴 자체에 대한 평가이다.

① **전채**(Hors d'oeuvres)[2]

식사에 앞서 제공되는 간단한 음식이 제공되는가. 신선한가. 창의적인가. 편의식품을 사용했는가.

② **빵**(Breads)

다양한 빵이 제공되는가. 신선한가. 서빙 온도는 적절한가.

③ **버터**(Butter)

레스토랑의 수준에 적합한 질인가. 제공하는 방법은 적절한가.

④ **전채**(Appetizers)

다양한가. 신선한가. 찬 것과 더운 것이 모두 가능한가.

⑤ **수프**(Soups)

다양한가. 신선한가. 더운 것과 찬 것 모두 가능한가.

⑥ **샐러드**(Salads)

다양성은 적절한가. 신선한가. 준비와 제공 방법은 독창적인가. 드레싱은 적절하고 질은 높은 수준인가.

⑦ **주요 요리**(Entrées[3]/Main Courses)

독창적인가. 곁들이는 소스와 곁들임은 준비에 많은 주의가 가해졌는가. 조화를 이루는가.

⑧ **곁들이는 음식**

주문과 동시에 준비된 것인가. 사전에 준비되어 보관하였다가 서빙된 것인가. 적절한 조리 방법을 이용하였는가. 메인과 조화를 잘 이루는가.

⑨ **후식**

선택은 적절한가. 디저트 카트가 사용되었는가. 신선한가.

⑩ **가격**

지불한 가격과 제공 받은 서비스의 가치가 적절한가(가성비).

(7) 음료

제공되는 음료와 와인 리스트 등에 관한 내용이 평가의 기준이 된다.

① Spirits

적절한 종류와 량을 보유하고 있는가. 포션 사이즈는 적절한가. 내용물과 얼음 사용의 비는 적절한가.

② 맥주

다양한 종류의 맥주를 보유하고 있는가. 양은 적절한가. 사용하는 잔, 온도 등은 적절한가.

③ 와인 리스트

각국의 와인을 서빙하고 있는가. 다양한 종류의 와인을 제공하는가. 가격대는 적절한가. 와인의 저장과 관리는 잘되고 있는가.

④ 물

적절한 때에 제공되는가. 종류는 다양한가.

⑤ 커피/티/에스프레소

카페인이 없는 커피가 준비되어 있는가. 종류는 다양한가.

3) 출발 단계

특정 외식업소에서 식사를 끝마친 후 계산단계에서 외식업소를 출발하는 과정까지 고객에게 제공되는 서비스가 평가의 기준이 된다.

① 계산 절차

고객이 계산서를 요구할 때까지 종업원이 기다리는가. 적절한 시간에 계산서를 가지고 오는가. 계산서는 쉽게 작성되어 고객이 쉽게 알아볼 수 있는

---

2) "오 되브르"라고 읽으면 됩니다.
3) "앙뜨레"라고 읽으면 됩니다.

가. 만약 차이가 있다면 쉽게 수정되는가.

② 카드

카드를 사용할 수 있는가. 카드 종류에 관계없이 사용할 수 있는가.

③ 출발 시간

계산하는 데 불편을 느끼는 정도. 맡겨놓은 코트나 모자를 찾는데 불편을 느끼는 정도

④ 출구(exit)

출발 시 종업원들로부터 환송을 받는가. 택시를 타는데 도움을 받는가. 발레 서비스(valet service)가 가능한가.

이 밖에도 특정한 외식업소 만의 특별한 특징과 기타 사항도 포함한다.

① 특별한 특징

특별한 내용이 있는가(장식, 골동품, 그림, 역사적인 유물, 공연, 엔터테인먼트 등).

② 기타

특별한 사항을 기재한다.

제2절 | 외식업소의 평가항목

1. 구체적인 평가항목에 대한 분석

외식업소를 평가 또는 선정하는데 고려되는 변수는 많다.

다음의 평가 항목들은 연구논문과 보고서, 그리고 단행본 등에 인용되는 빈도가 가장 높은 것 중 일부를 정리한 것이다.

예를 들어, 음식 자체 [(음식의 질, 량, 영양가와 균형, 맛, 향(aroma), 색감, 온도,

질감(texture), 그릇에 담긴 모양(presentation), 청결, 일관성, 사용한 식재료의 질 등), 엑스테리어와 인테리어, 주차시설, 접근성, 가시성, 편의성, 사인보드, 현관의 크기와 분위기, 웨이팅 룸, 실내장식, 레이아웃, 공간의 크기, 별실(PDR: private dining room)의 유무, 가구, 조명, 온도, 잡음, 환기시설, 금연구역, 배경음악, 바닥과 벽, 전체적인 조화, 사용하는 린넨류, 사용하는 기물, 종업원의 유니폼, 화장실(위치, 관리상태, 수용력 등), 종업원(행동, 표정, 외모), 분위기, 서비스의 양과 질, 신속성, 메뉴(외형적인 면, 메뉴의 구성, 다양성, 특별메뉴, 가격대, 다이어트 메뉴의 유무, 어린이를 위한 메뉴, 아이템의 배열 등) 가격(가격/ 가치), 위생(식품위생, 공중위생, 개인위생 등)] 등이 일반적으로 많이 이용되는 변수(항목)들이다.

일반적으로 서비스가 제공되는 과정을 따라 평가항목이 만들어진다. 그리고 다양한 유형의 평가 항목이 있지만 모든 식당에 적합한 평가서란 없다. 그렇기 때문에 평가목적에 적합한 평가항목을 만들어 평가하면 된다.

아래의 평가항목은 서비스 과정을 따라 비교적 구체적인 내용을 담고 있는 교과서적 평가서이다. 평가항목은 다음의 세 가지의 대항목에 대해 주관적인 평가기준과 객관적인 평가항목들을 제시하였다.

- 음식
- 서비스
- 장식과 분위기

1) 객관적인 평가 기준

(1) 음식(Food)

음식의 평가 가이드라인의 기준은 아래의 사항에 적용되어야 한다.

- 애피타이저(Appetizers)와 수프(Soups)
- 샐러드(Salads)

- 주 요리(Main courses)
- 후식(Desserts)

그리고 각각의 사항에 대하여 다음의 3가지의 내용이 평가되어야 한다.

- **음식이 담긴 모양**(Presentation)

담긴 모양은 사전에 정한 수준에 따라 기준이 만들어져야 하며, 그 기준에 따라 평가되어야 한다. 예를 들어, 별 하나의 경우는 어떤 기준이고, 별 둘의 경우는 어떤 기준이며, 별 셋의 기준은 어떠하여야 하는가를 사전에 정한다.

- **사용하는 식재료**(Ingredients)

사용하는 식재료의 상태를 기준으로 하여 평가기준을 만들면 된다. 예를 들어, 하나도 가공되지 않은 것을 다듬고 조리하여 만든 음식의 정도가 어느 정도나 되는가를 기준으로 각각의 등급기준을 정하면 된다. 또한, 식재료의 지역성, 계절성, 희귀성 등도 등급 평가의 기준이 된다.

- **준비**(Preparation)

주로 음식을 준비하고 조리하는데 요구되는 기술(기능)의 정도가 등급 평가의 기준이 된다. 예를 들어, 이 음식을 만드는데 요구되는 조리기술의 정도를 등급 평가의 기준에 적용시키면 된다.

(2) 서비스(Service)

서비스의 경우는 다음과 같은 흐름에 따라 각각의 항목에서 요구되는 정도를 기준으로 음식의 평가와 같은 방법으로 평가기준을 만들면 된다.

- 예약과 전화응대
- 초기 환대
- 좌석으로의 안내(Seating)

- 식료와 음료서비스(Food and Beverage Service)
- 지불, 출발단계(Payment, Departure, Exit)

(3) 데코와 분위기(Decor and Ambiance)

음식과 서비스 평가와 같은 방법으로 접근하면 된다. 즉 특정 등급의 외식업소의 데코와 분위기는 어떤 조건이어야 한다는 기준을 정하는 것이다.

- 현관
- 대기실
- 디자인 요소(Design Elements)
- 인쇄물(Menu/Wine List/etc.)
- Table/Covers/ Napery
- Dishware
- Cutlery
- Glassware
- Chairs/ Stools/ Benches
- Table Setting Enhancements

2) 주관적인 평가기준

이 부분은 평가자에 따라 다르기 때문에 주관적인 평가로 볼 수밖에 없다. 그렇기 때문에 평가에 참고자료로만 활용을 한다. 그렇지만 그 결과가 부정적이든 긍정적이든, 또는 평가에 아무런 영향을 미치지 못한다고 하여도 결국은 전체적인 식사경험에 어떠한 형태로든 영향을 미치기 때문에 소홀히 하여서는 안 되는 부분이다.

평가기준은 3개의 부분으로 나누어진다. 그리고 참고자료로 활용하기 위해서 다음과 같이 3가지의 기준을 적용한다. 예를 들어, 대단히 높다(+), 대단히 낮다(−), 또는 공란( )으로 비워둔다.

(1) 음식(Food)

- 빵(Breads)
- 양념(Condiments)
- 맛(Taste)
- 온도(Temperature)
- 식사 전과 식사 사이사이에 제공되는 내용물(Complements)
- 다양성(Variety)
- 음료(Beverages)
- 가치(Value)

(2) 서비스(Service)

- 쾌적성(Congeniality)
- 시의성(Timeliness)
- 정중함/조심성(Attentiveness)
- 지식(Knowledge)
- 특별한 요구에 대한 가능성과 자발성(Ability/Willingness to honor special requests)
- 종업원의 외모/품행(Grooming/Deportment)
- 발레 파킹(Valet parking)
- 신용카드 사용여부(Credit cards)

(3) 장식과 분위기(Decor & Ambiance)

- 외부(Exterior)
- 동선(Traffic flow)
- 테이블이 차지하는 공간(Table spacing)

- 온도와 환기(Temperature and ventilation)
- 조명(Illumination)
- 소음과 배경음악(Noise level/ Music)
- 수용능력과 점유율(Capacity/ Occupancy)
- 화장실(Restroom)

2. 미스터리 다이너 평가표(Mystery Diner Evaluation)

일반 고객으로 가장하여 매장을 방문한 후 물건을 사면서 점원의 친절도, 외모, 판매기술, 사업장의 분위기 등을 평가하여 개선점을 제안하는 일을 하는 사람을 미스터리 쇼퍼(mystery shopper)라고 부른다. 내부 모니터 요원이라고도 한다.

상품의 질과 더불어 서비스의 질에 대한 소비자의 평가에 따라 기업의 매출이 큰 영향을 받게 되면서 생겨난 새로운 직업 가운데 하나이다. 이들은 직접적으로 소비자의 평가를 파악하기가 어려운 기업을 대신하여 소비자의 반응을 평가한다.

이들은 매장을 방문하기 전에 해당 매장의 위치, 환경, 직원 수, 판매제품 등에 대한 정보를 파악한다. 그런 다음 직접 매장을 방문하여 상품에 대하여 질문하고, 구매하고, 환불을 요구하는 등 실제 고객이 하는 행동을 한다. 그리고 매장 직원들의 반응과 서비스, 상품에 대한 지식, 청결 상태, 발생한 상황의 전말(일의 처음부터 끝까지의 양상)이나 개인적으로 느낀 점들에 대해 평가표를 토대로 보고서를 작성한다.

다음은 고객으로 가장하여 특정 외식업소에서 경험한 식사 경험을 평가하기 위한 평가표이다. 이 평가표에는 크게 특정 외식업소의 외부(exterior), 청결(cleanliness), 종업원의 서비스, 식료와 음료(food and beverage), 서비스 관리(service management), 서비스(식당 서버: Dining server), 그리고 일반적인 사항을 기술하게 되어있다. 그리고 평가의 결과를 바탕으로 종합적으로 보고서가 만들어진다.

① 식당의 외부(Restaurant Exterior)

식당 외부에 대한 소견으로, 일반적으로 다음의 내용들이 평가의 대상이 된다.

평가내용	Yes	No	N/A	Partial	Value	점수
A. 식당 간판은 유지가 잘 되어있고, 가시성도 좋다.					5	3
B. 식당 입구는 청결하고 잘 유지되고 있다.					5	3
C. 주차장은 청결하고 지저분하지 않다.						
D. 주차장은 유지가 잘 되어 있고, 패인 곳도 없으며, 위험 요소도 없다.					5	3
E. 외부의 창은 청결하고, 지저분하지 않다.						
F. 외부조경은 잘 유지되고 있고, 잘 다듬어져 있으며, 잘 가꾸어져 있다.					5	3
G. 식당 건물의 외형은 청결하고 잘 유지되고 있다.					5	5
이 영역에서 총 점수 = 68%					25	17

* Value란의 숫자는 점수를 의미한다. 즉, 각 항목의 최고 점수는 각각 5점이며, 총 점수가 25점이라는 의미이다. 그리고 점수란의 숫자는 이 부분에서 평가된 점수로 총 17점이라는 의미이다. 그리고 17점은 25점의 68%라는 의미로 해석하면 된다.

② 식당 내부의 청결(Restaurant Cleanliness)

식당 내부의 청결에 대한 소견으로, 일반적으로 다음의 내용들이 평가의 대상이 된다.

평가내용	Yes	No	N/A	Partial	Value	점수
A. 입구와 안내석은 청결하고 정리정돈이 잘 되어있는가?					5	5
B. 여자 화장실에 화장지가 잘 비치되어 있으며, 모든 시설과 거울, 바닥 등이 깨끗한가?					10	5
C. 남자 화장실에 화장지가 잘 비치되어 있으며, 모든 시설과 거울, 바닥 등이 깨끗한가?					10	10
D. 바와 라운지의 바닥은 청결한가, 카운터와 식탁은 그때그때 정리정돈 되는가?					5	5
E. 식당내부는 잘 유지되고 있는가, 바닥은 청결한가, 식탁은 그때그때 정리정돈 되는가?					5	5
이 영역에서 총 점수 = 85%					35	30

③ 서비스: 호스트와 호스티스(Host/Hostess)

호스트와 호스티스에 대한 소견으로, 일반적으로 다음의 내용들이 평가의 대상이 된다.

평가내용	Yes	No	N/A	Partial	Value	점수
A. 식당에 들어오자마자 누군가가 환대하는가?					10	0
B. 호스트/호스티스들이 이름표를 부착하고 있는가? 또는 자기 이름을 말하면서 자신을 소개하는가?					0	0
C. 전화를 걸면 즉시 응대하며, 친절하고, 유익한 정보를 제공하는가?					0	0
D. 호스트/호스티스들은 친절하고 미소로 대응하는가?					5	5
E. 호스트/호스티스들이 빠르게 좌석으로 안내 또는 정확한 대기 시간을 말하는가?					5	5
이 영역에서 총 점수 = 50%					20	10

④ 식료와 음료 서비스(Food and Beverage)

제공되는 식료와 음료에 대한 소견으로, 일반적으로 다음의 내용들이 평가의 대상이 된다.

평가내용	Yes	No	N/A	Partial	Value	점수
A. 전채를 주문했다면, 즉시 제공되었으며, 주요리 전에 제공되었는지?					0	0
B. 주문한 더운 음식이 적당한 온도로 제공되었는지?					5	5
C. 주문한 찬 음식이 적당한 온도로 제공되었는지?					5	5
D. 같은 식탁에 함께 앉은 모든 사람에게 주요리가 같은 시간에 함께 제공되었는지?					5	5
E. 주문한 음식은 메뉴에 설명한 내용과 일치하였는지?					5	3
F. 음식 배달시간과 음식의 질은 어떠하였는지?					10	0
이 영역에서 총점수 = 60%					30	18

⑤ 서비스: 관리(Service Management)

관리자에 대한 소견으로, 일반적으로 다음의 내용들이 평가의 대상이 된다.

평가내용	Yes	No	N/A	Partial	Value	점수
A. 내가 식당에 있을 때 매니저를 볼 수 있었는가?					5	5
B. 매니저 또는 주인이 내 테이블에 들러 식사가 어떠하였느냐고 관심을 표하였는가?					5	5
C. 식당의 손님을 고려할 때 종업원의 수가 적당한 것으로 보였는가?					5	3
D. 어떤 문제를 경험하였을 때 매니저가 당신의 문제를 만족할 만한 수준으로 처리하였는가?					5	3
이 영역에서 총점수 = 80%					20	16

⑥ 서비스−식당 서버(Service: Dining Server)

식당 서버에 관한 소견으로, 일반적으로 다음의 내용들이 평가의 대상이 된다.

평가내용	Yes	No	N/A	Partial	Value	점수
A. 식탁에 안내되어 앉아 있으니 서버가 즉시 와서 환대하였는가?					5	5
B. 메인 전에 전채요리를 서버가 권유하였는가?					5	5
C. 서버는 메뉴를 세련된 매너로 제시하고, 고객의 질문에 응대할 수 있었는가?					5	0
D. 서버는 특별한 음료를 권유하였는가?					5	5
E. 서버는 서비스를 제공하면서 항상 미소를 짓고 있었는가?					5	5
F. 서버는 친절하고 공손하였는가?					5	5
G. 서버는 내가 주문한 요리는 내가 원할 때 가져다주었는가?					5	5
H. 서버는 후식을 제안하였는가?					5	5
I. 서버가 계산서를 즉시 제시하였는가?					5	5
J. 서버가 계산서 처리를 즉시 하였는가?					5	5
이 영역에서 총점수 = 90%					50	45

⑦ **일반적인 의견**(General Comments)

식당 전반에 관한 특징적인 경험과 사항들을 기록하는 것으로, 여기에는 장점과 단점, 특이한 사항 등이 서술된다.

제3절 외식업소 경험 후 고객의 행동

1. 구매 후 고객의 행동

서비스 소비의 3단계 모델에서 이 단계를 서비스 이후의 단계(Post-encounter stage)라고 칭했다. 즉, 서비스 경험에 대한 소비자의 태도 및 행동 반응을 포함하는 서비스 후 단계이다. 이 단계에서 중요한 소비자 반응은 고객 만족, 서비스 품질 인식, 반복 구매 및 고객 충성도 등이다.

구매 의사결정 과정은 구매를 결정함으로써 끝나는 것이 아니다. 자신이 구매한 제품과 서비스를 사용(경험)해 가면서 만족 또는 불만족을 경험하게 된다. 그리고 자신의 구매 결정에 대한 서비스 경험을 평가한 후 그 제품에 대한 재구매 여부를 결정하는 일련의 과정을 포함하는 것이다.

소비자의 구매 후 행동은 매우 다양한 형태로 나타난다. 똑같은 제품을 구매한 사람일지라도 어떤 사람은 만족해하고, 어떤 사람은 불만족을 표시하기도 한다. 또한, 어떤 이는 다른 제품으로 교환 혹은 환불을 요구하는 등 적극적 행동을 하기도 한다.

이같이 소비자는 제품/서비스를 구매하여 사용한 후 만족 또는 불만족을 느끼게 된다. 구매 후 만족/불만족은 소비자가 느끼는 불일치 정도에 의해 결정된다. 여기서 불일치라는 것은 제품에 대한 기대 수준과 제품사용 경험을 통해 소비자가 지각하게 되는 제품성과(perceived performance)와의 차이를 말한다.

또한, 소비자는 구매 후의 만족/불만족과는 달리 자신의 의사결정에 대한 일종의 불안감을 가질 수 있다. 소비자는 자신이 구매한 상표가 구매 의사결정 과정에서 고려된 다른 상표 대안들보다 더 나은 것인가에 대한 심리적 갈등을 느낄 수 있다. 이를 인지 부조화(cognitive dissonance) 또는 구매 후 부조화(post-purchase dissonance)라고 한다. 소비자의 구매 후 부조화가 감소 되면 만족으로 이어질 것이고, 반대의 경우에는 불만족으로 이어질 것이다.

그리고 소비자의 제품/서비스에 대한 만족/불만족은 다시 제품에 대한 재(再)구매 의도에 영향을 미치게 된다. 이 과정에서 소비자들은 귀인[4]이라는 독특한 심리 과정을 거치게 된다. 이는 자신의 만족/불만족에 대한 원인과 책임을 생각하는 인과(因果)추론 과정을 말한다. 따라서 이러한 인과추론의 결과에 따라서 재구매 의도가 달라질 수 있게 된다.

[그림 12-1]은 소비자들이 구매행위를 한 후 거치게 되는 과정을 크게 세 단계로 나눈 것이다. 즉, ① 구매 후 행동은 제품에 대한 소비 또는 사용 경험을 한 후의 제품성과에 대한 만족/또는 불만족 평가과정, ② 만족/불만족의 원인 또는 책임에 대한 인과를 추론하는 귀인 과정, ③ 귀인 결정 후 재구매 의도형성과 제품성과에 불만족한 소비자의 다양한 불평 행동 등 세 가지 단계로 나누어진다.

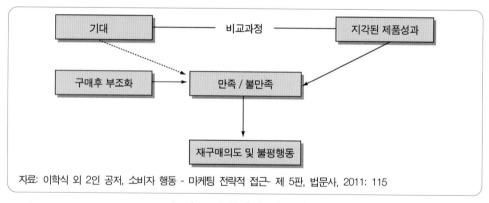

자료: 이학식 외 2인 공저, 소비자 행동 - 마케팅 전략적 접근- 제 5판, 법문사, 2011: 115

[그림 12-1] **구매 후 행동 과정**

---

4) 귀인의 일반적인 두 가지 형태로는 사람의 행동을 그의 내면적 태도와 동기보다는 상황이나 환경 속에 있는 요인들에 그 원인을 돌려 설명하는 방식인 상황귀인, 상황적 요인보다는 그 사람의 태도, 성향, 동기 등에 돌려 설명하는 방식인 성향귀인이 있다.

1) 소비자 만족/불만족

소비자 만족은 선택된 제품뿐 아니라 구매 경험 그 자체, 판매원, 혹은 소매점에 대해서도 이루어질 수도 있다. 소비자 만족/불만족은 실용적인 효용(제품의 성능이 어떠한가)과 경험적 효용(그 제품을 사용하면서 어떤 느낌을 갖는가)의 두 가지 차원을 토대로 하여 구매한 제품/서비스를 평가한 결과로 얻어진다.

만족은 소비자로 하여금 행복감, 위안, 흥분, 환희 등의 긍정적 감정을 갖게 할 수 있다. 반면, 불만족은 압박감, 후회, 분노, 짜증 등의 부정적 감정을 유발할 수 있다.

제품/서비스 사용/경험 결과에 따라 갖게 되는 만족과 이를 통해 얻게 되는 느낌 (감정)은 대체로 일시적이며 시간이 지나면서 변할 수 있다. 또한, 구매한 제품에 대한 소비자 평가는 특정의 소비상황에 국한되는 경향이 있다.

소비자 만족은 반복구매, 상표 충성도, 그리고 호의적 구전을 발생시킨다는 점에서 매우 중요하다. 소비자의 만족/불만족의 형성과정을 설명하는 대표적인 모형으로는 다음과 같이 기대-성과 불일치 모형과 공평성 이론, 그리고 귀인 이론을 들 수 있다.

(1) 기대 불일치 모델(expectancy disconfirmation model)

기업들이 제품이나 서비스를 판매한 후에 가장 중요시하는 것은 고객 만족 (Customer Satisfaction)이다. 고객 만족이란 제품의 품질이나 성능이 고객이 사전에 갖고 있던 기대와 얼마나 차이가 나는지에 따라 결정된다. 이러한 메커니즘을 1980 년대 이론적으로 모형화한 올리버(Richard L. Oliver)의 기대 불일치 패러다임을 그림으로 나타내면 [그림 12-2]와 같다.

이 모형은 만족/불만족은 세 가지의 요인에 의해 결정되는 것으로 제안했다.

긍정적인 불일치, 즉 기대한 것보다 더 좋은 성과를 얻었다고 생각되는 경우로 고객 만족은 증가하게 된다. 그 반대인 경우는 부정적인 불일치로, 부정적인 불일치 는 기대보다 못한 성과를 얻는 경우이기 때문에 고객은 불만족하게 된다. 그리고 기대한 것과 다르지 않은 경우 이것을 단순한 일치라고 한다. 만약 기대한 대로 일치되었다면 고객은 만족할 것이다. 물론 일치를 넘어 긍정적인 불일치가 커질수 록 고객 만족은 더욱 커지게 될 것이다.

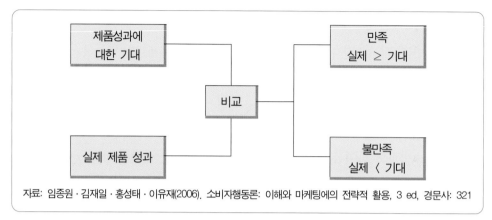

자료: 임종원·김재일·홍성태·이유재(2006). 소비자행동론: 이해와 마케팅에의 전략적 활용, 3 ed, 경문사: 321

[그림 12-2] 고객 만족의 기대-성과 불일치 모형

소비자의 불일치에 대한 지각과정의 유형을 설명하는 심리적 메커니즘에는 동화효과(assimilation effect), 대조효과(contrast effect), 동화-대조효과(assimilation-contrast effect)등이 있다. 예를 들어, 특정 소비자가 높은 기대감을 갖고 제품/서비스를 구매하였다. 그런데 실제 제품/서비스를 사용해 보니 제품/서비스의 성과가 자신의 기대에 미치지 못했다면, 그는 그 제품/서비스로부터 부정적 불일치를 느끼게 될 것이다.

이 경우 심리적 불편함을 해소하기 위해 소비자는 실제의 낮은 제품/서비스의 성과에도 불구하고 처음에 자신이 갖고 있던 기대 수준과 차이가 별로 없는 것으로 지각할 수 있다. 이것을 동화효과(assimilation effect)라 한다. 이 경우는 제품/서비스의 성과가 어느 정도 기대에 미치지 못하더라도 소비자들은 실제의 낮은 제품/서비스의 성과를 기대와 별 차이가 없는 것으로 지각함으로써 스스로 만족하려고 노력한다고 보는 것이다.

위와는 반대로 소비자들이 자신의 기대에 미치지 못하는 경우 분노를 느껴 제품/서비스의 성과를 실제보다 더 낮게 평가하며, 기대를 초과하는 제품/서비스의 성과는 실제보다 더 높게 평가하는 경향을 보일 가능성이 있다. 이를 대조효과(contrast effect)라 한다.

이 경우에 소비자는 기대보다 제품/서비스의 성과가 낮을 때는 제품성과를 더욱 부정적인 방향으로 지각함으로써 그 제품에 대한 부정적 태도 및 불만족이 형성된다. 그리고 제품성과가 기대에 많이 벗어나는 경우 기대와 제품성과 간의 불일치를 확대하여 지각함으로써 불만족이 가중(대조효과가 작용)되는 것을 동화-대조효과(assimilation-contrast effect)라고 한다.

(2) 공정(평)성 이론(Equity theory)

소비자 만족/불만족은 거래의 공평성에 대한 소비자 지각에 의해서 영향을 받을 수 있기 때문에 거래가 공정하게 이루어졌다고 생각할수록 소비자 만족이 증가한다고 보는 관점이 공정성 이론이다.

공정성 이론에 의하면 소비자는 제품/서비스 구매를 위한 투입과 이로부터 얻게 되는 산출의 비율과 기업(혹은 판매원)의 투입과 산출 간의 비율을 비교 평가하며, 그 결과에 따라 만족/불만족이 결정된다고 본다.

공정성 이론은 교환과 속성에 초점을 맞추는 이론이다. 공정한 교환이 되기 위해서는 구매자가 반드시 교환에 있어 공정함을 인식해야만 한다. 공정성에 대한 인식이 필히 교환과정의 쌍방에 함께 있어야 한다. 그럼에도 불구하고 소비자의 공정성 인식은 자기중심적인 경향이 있어 자신들의 투입자원과 기업의 결과물보다는 자신들의 결과물과 기업의 투입자원 쪽으로 더 치우치는 경향이 있다.

일반적으로 소비자들은 서비스의 사용 수준에 대해 높은 기대를 할 때 또는 서비스 성과가 자신들의 규범적인 기대 수준을 초과할 때, 교환이 더욱 공정하다고 인식하게 된다. 그리고 가격대비 성과가 공정하다고 인식할수록 만족한다. 소비자들은 자신의 투입자원과 확보한 결과물이 기업의 투입자원이나 결과물과 비교해 볼 때 공정하다고 인식되는 한 만족하게 된다.

(3) 귀인 이론

귀인 이론은 "어떤 행위의 원인이 어떤 것이라고 판단하는 과정"을 설명하는 이론이다. '귀인(attribution)'이라는 말은 원인을 어디에 돌리느냐를 말한다. 즉 문제의 원인을 누구의 탓으로 돌리느냐에 따라 소비자는 만족할 수도 불만족할 수도 있다는 말이다.

귀인의 유형에는 크게 '내적 귀인'과 '외적 귀인'이 있다. 내적 귀인은 원인을 내부의 성향에 돌리는 것이고, 외적 귀인은 원인을 어떤 상황의 탓으로 돌리는 것으로 볼 수 있다.

서비스나 제품의 문제가 발생했을 때 소비자가 기업이나 제품 고유의 성향에 탓을 한다면 불만족이 발생 될 것이고, 일시적인 상황이나 자신이 부적절하게 사용하였던 데에 문제의 원인을 돌리면 불만족이 생기지 않거나 줄어들 것이다. 귀인 이론에 의하면 소비자가 제품사용 시 문제를 인식하게 되면 아래의 3가지 요인들에 대해 확인하게 된다고 한다.

① 안정성(stability): 문제의 원인이 일시적인가? 항구적인가?
② 책임소재(focus): 이 문제가 소비자와 관련된 것인가? 아니면 기업과 관련된 것인가?
③ 통제 가능성(controllability): 소비자가 통제할 수 있는 문제인가? 아니면 기업이 통제할 수 있는 문제인가?

2. 고객 충성도와 불평 행동

구매 후 만족과 불만족에 따른 소비자의 사후 행동은 [그림 12-3]과 같이 크게 충성도와 불평 행동으로 나눌 수 있다. 충성도는 재구매와 추천으로 나타나고 불평 행동은 사적/공적 행동으로 나타난다.

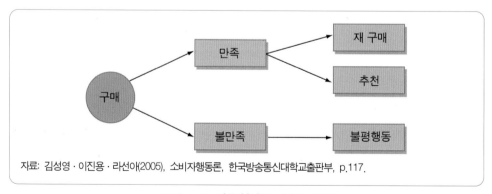

자료: 김성영 · 이진용 · 라선아(2005), 소비자행동론, 한국방송통신대학교출판부, p.117.

[그림 12-3] **만족/불만족 이후의 행동**

1) 불평 행동의 유형

일반적으로 고객은 원하는 보상을 받고(보상의 획득), 불만에 대한 분노를 표출하고, 잘못된 서비스가 개선되기를 기대한다. 그리고 내가 겪은 불만이 다른 고객에게 일어나지 않도록 하기 위해(다른 고객을 배려) 불평을 표출한다고 한다. 그리고 받은 서비스에 대해 불평을 한 후 그 불평이 공정(절차적, 상호작용적, 결과적 공정성을 말함)하게 처리되기를 기대한다.

불평 행동의 유형은 행동의 유무와 구현된 행동의 형태 등 두 가지 차원에 의해 [그림 12-4]와 같이 분류된다. 먼저, 불만족이 발생하면 불평 행동을 취할 것인가의 여부를 결정한다. 불만족에 대해 아무런 반응을 보이지 않을 수도 있다. 만약 행동을 취하기로 한다면, 공적 또는 사적 행동을 취하게 된다.

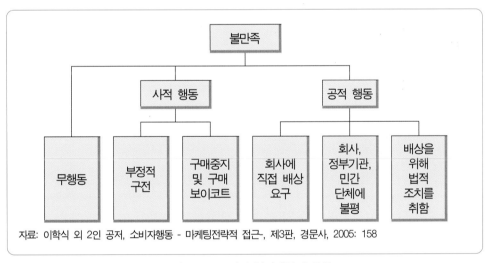

자료: 이학식 외 2인 공저, 소비자행동 - 마케팅전략적 접근-, 제3판, 경문사, 2005: 158

[그림 12-4] **소비자 불평행동의 유형**

사적 행동은 친구나 친척에게 부정적 구전을 하거나 특정 제품에 대한 재구매 거부, 점포의 재이용 거절 등이 포함된다. 그리고 공적 행동은 제품의 교환이나 환불 등을 판매자나 제조업자에게 요구하거나, 소비자단체, 정부기관 등에 고발하거나 법적조치를 취하는 것을 의미한다.

일반적으로 소비자들은 사적 행동을 공적 행동보다 훨씬 많이 하는 것으로 밝혀졌다. 그리고 소비자가 제품에 대해 불만족한 경우 비교적 가격이 저렴한 식품이나 생활용품의 불만족에 대해서는 그냥 지나치는 비율이 높다. 하지만 내구재와 같이 비교적 고가품에 대해서는 적극적인 불평 행동을 취하는 것으로 나타났다.

2) 불평 행동의 결정요인

소비자의 불평 행동 정도에 영향을 주는 요인들은 다음과 같다.

① 불만 정도

가벼운 불만의 경우에는 소비자들은 대부분 아무런 행동을 취하지 않는다. 그러나 불만의 정도가 증가함에 따라 소비자가 불만에 대해 어떤 반응을 보일 가능성은 점차 커진다.

② 제품의 중요성

소비자가 불만을 경험한 제품이나 서비스의 중요성 정도는 불평 행동의 유형을 결정하는 데 많은 영향을 준다.

③ 비용/이익

소비자들은 자신의 불평 행동으로부터 기대되는 이익과 비용을 고려하여 불평 행동의 유형을 선택한다.

④ 개인적인 특성

개인의 특성이 불평 행동의 정도에 영향을 미칠 가능성이 있다. 예를 들어, 학력이 높을수록 불평 행동의 유형이 강해질 가능성이 있으며, 여유시간이 많은 사람일수록 더 많은 불평 행동의 빈도를 보인다.

⑤ 책임에 대한 귀인

불만족의 책임소재가 누구에게 있는가에 대한 소비자의 귀인 결과에 따라 불평 행동의 유형이 달라질 수 있다. 즉 소비자가 불만족의 책임에 대해 외적 귀인(판매자, 제조업자)을 하면 할수록 강한 불평 행동을 나타낼 것이다.

그리고 불만을 표출하는 소비자들은 그렇지 않은 소비자에 비해 젊고, 소득수준이 비교적 높으며, 상표 충성도가 낮다는 특성을 가지고 있다. 또한, 불평하는 소비자의 유형을 다음과 같이 4가지로 나누기도 한다.

① 불평하지 않는 소극적 유형(Passive)
② 소매상이나 서비스 제공자에게 직접 불평을 표현하는 유형(Voicers)
③ 부정적 구전, 구매중단 및 기업에 대한 불평을 토로하는 화난 소비자 유형(Irates)
④ 정부기관 및 제3자에 이르기까지 모든 유형의 불평을 하는 적극적 유형(Activists)

아래는 TARP[5]가 제시한 고객의 불만 행동에 대한 8가지 사실을 정리한 것이다.

① 불만족한 개인 또는 기업 고객들은 불만을 표출하지 않으려 한다.
② 불만만으로는 문제에 대한 근원 또는 원인을 직접적으로 알아내지 못하는 경우가 많다.
③ 소매와 현장 판매, 그리고 서비스시스템들은 불만을 여과시키고, 불만을 하지 못하도록 만든다.
④ 브랜드 충성도는 고객이 경험한 불만을 표출하게 될 때 유지된다.
⑤ 제공자에게 불만 표출에 대한 접근의 용이성이 증가할 때, 불만 비율이 줄어든다.
⑥ 불만에 대한 성향은 문제에 대한 지각의 신랄함과 손실에 직접적으로 비례한다.
⑦ 불만을 하는 사람들은 제품이나 서비스를 가장 많이 이용하는 경향이 있는 사람들이다.
⑧ 불만을 경험하고 불만을 표출한 후에도 불만이 수습되지 않은 경우의 소비자들은 꽤 많은 부정적인 구전을 퍼트린다.

3) 불평 고객의 관리 기교

불평과 불만의 요소를 사전에 파악하여 모든 고객을 만족시키는 것이 단골고객을 확보하는 최선의 방법이다. 그러나 모든 고객을 만족시킬 수 있는 방법은 현실적

---

5) Harvard 대학에 있는 공공분야의 고객서비스를 연구하는 연구기관으로 Technical Assistance Research Programs의 약자이다.

으로는 존재하지 않는다. 다음은 불평과 불만을 관리하는 기교 중 중요한 몇 가지를 정리한 것이다.

① 문제점을 사전에 파악·해결할 수 있게 한다.
② 부정적인 구전의 효과를 최소화한다.
　불만족 고객은 흔히 친구, 이웃, 친지 등에게 자신의 불만족스러운 경험에 대해 이야기하곤 한다. 부정적 구전 커뮤니케이션을 최소화하기 위해서는 불만고객이 직접 기업에게 불만을 토로하도록 해야 한다.
③ 불평하는 고객이 침묵하는 불만족 고객보다 낫다.
　불평이 없다고 해서 아무런 문제가 없다고 생각하는 것이 일반적으로 많은 기업들이 갖고 있는 착각이다. 조용한 고객에는 두 가지 부류가 있다. 한 부류는 정말로 만족한 고객이고, 다른 한 부류는 불만족하였으나 아무런 불평도 하지 않는 고객이다.

　불만족 고객의 재구매율을 조사한 한 연구에서 불평을 전혀 토로(속마음을 죄다 드러내어 말함)하지 않는 경우 단지 9%만이 상품을 다시 구매했다고 한다. 반면 불평을 토로하여해결된 경우 재구매율은 54%로 6배나 되었다. 그러나 불평을 토로하였으나 해결되지 않는 경우도 재구매율이 19%로 조사되어 불평하지 않는 경우의 고객보다 2배 이상의 재구매율을 보였다고 한다. 즉 고객의 불평을 들어주는 것만으로도 고객 이탈을 크게 줄이는 효과가 있다는 것이 증명된 것이다. 또한, 기업에 등을 돌릴 고객을 충성스러운 고객으로 바꿀 수 있는 계기가 고객 불평을 통해 마련되는 것이다.
　다음은 고객의 불평을 처리하는 10훈을 정리한 것이다.

① **정보수집**
　우선 관계되는 종업원에게 불만의 요인에 대해 많은 것을 들어야 한다.

② **고객접근**

문제가 확대되지 않도록 하기 위해서 빨리 고객에게로 가야한다. 대부분의 고객은 자기의 불만사항이 심각하다는 것을 관리자가 알기를 원한다.

③ **자신의 소개**

직위를 소개하고 명함을 건너라. 그리고 공격적이 아닌 겸손한 자세로 임해야 한다.

④ **경청**

관심 있게 들어라. 반박하려고 하지 말아야 한다.

⑤ **불만 내용정리**

고객의 불만을 경청한 후 고객의 불만을 다시 정리하여 말하라. 문제를 확실히 이해했다는 것을 고객에게 알리기 위해서 문제를 반복하여 설명하라.

⑥ **문제 해결방안 자문**

고객에게 문제 해결방안을 물어라.

⑦ **고객측에 서라.**

변명하지 마라. 그리고 진정으로 문제의 심각성을 인정하고 웃음을 잃지 마라.

⑧ **조치**

언제 어떻게 처리하겠다는 것을 확인시켜라.

⑨ **사후관리**(follow up)

문제가 해결되었는가를 반드시 확인하라.

⑩ **판촉**

고객에게 명함을 건네주고 다시 방문하면 찾아 달라고 요청한다.

4) 부정적 구전의 파급효과

소비자들은 제품이나 서비스 사용과 관련하여 부정적인 경험을 하게 되면, 이러한 경험으로 인한 불쾌감을 줄이기 위해서 또는, 다른 사람들이 그 제품을 구매하지 않도록 알려주기 위해 자신의 경험을 이야기 한다. 이러한 부정적인 구전은 나타난 문제가 심각하거나 문제의 책임이 기업에 있다고 인식될 때 더욱 잘 발생한다. 특히,

부정적인 구전은 생동감 있고 설득적인 경우가 많은 관계로 소비자들이 의사결정을 할 때 중요시 한다는 점에서 그 영향이 크다고 할 수 있다.

고객은 특정 식당에서의 만족할 만한 식사의 경험을 그들의 지인(知人)들에게 이야기하기를 좋아(like)한다고 한다. 그러나 그들이 받은 나쁜 서비스에 대해서는 그들의 지인(知人)에게 이야기하기를 사랑(love)한다고 한다. 왜냐하면 구전효과는 두 가지 부정성 편향이 있기 때문이다. 첫째, 사람들은 무엇인가를 전하는 입장에 있으면 좋은 경험보다 나쁜 경험에 대해 더 많은 이야기를 하는 경향이 있다. 둘째, 듣는 입장에 있는 사람도 좋은 이야기보다는 나쁜 이야기에 대해 솔깃해 하는 경향이 있다. 이와 같이 전하는 입장이나 듣는 입장에서 부정적인 구전의 위력은 대단하다.

구전을 통한 정보의 2/3 이상이 부정적인 경우이다. 이는 의사결정에 있어서 높은 비중을 가진 영향요인으로 작용한다. 마케터가 제공하는 정보의 경우에는 긍정적인 것이 당연하기 때문에 잠재고객인 소비자들은 이러한 정보를 신뢰하지 않은 경향이 있다. 그 결과 다른 원천으로부터 얻은 정보에 더 주의를 기울인다. 그리고 불만족한 소비자들은 구전에 더 적극적으로 동기부여 되는 것이 일반적이다.

소비자의 구전효과는 주로 친구, 회사동료, 친척, 가족 등 주로 주변 사람들로 이루어지지만, 최근에는 인터넷이 발달하여 SNS를 통해 상상할 수 없을 정도로 시간과 공간의 제약 없이 급속하게 확산된다.

■ 맺음말

본 장에서는 외식업소를 평가하는 단계와 평가에 이용되는 변수들을 영역별로 살펴보았다. 즉, 외식업소에 도착 전 단계, 도착하여 서비스를 받는 단계, 그리고 출발 단계에서 고려되는 평가의 내용을 설명하였다.

그리고 외식업소를 평가하는데 이용되는 구체적인 변수를 음식과 서비스, 그리고 분위기로 나누어 살펴보았으며, 실제 이용할 수 있도록 준비된 Mystery Dinner Evaluation List를 살펴보았다.

마지막으로 제품/서비스를 구매한 후 만족과 불만족에 따라 소비자는 어떤 행동을 하는가를 살펴보았다. 그리고 만족과 불만족에 영향을 미치는 기대 불일치 모델(expectancy disconfirmation model), 공정(평)성 이론(Equity theory), 귀인이론(attribution model)을 살펴보았으며, 고객 충성도와 불평 행동, 그리고 불평고객의 관리기교와 부정적 구전의 파급효과에 대해 살펴보았다.

참|고|문|헌

강기두, 서비스 마케팅, 북넷, 2010: 78-79

김기홍 외 3인 지음, 서비스경영론, 대왕사, 2005: 174-179, 194-196

김성영 · 이진용 · 라선아, 소비자행동론, 한국방송통신대학교출판부, 2005: 117

김성환 외 4인, 소비자 행동론 - 전략적 접근-, 한티 미디어, 2009: 57-59, 273-274, 284-285

안운석 · 장형섭, 마케팅이론과 실제, 개정판, 대진, 2011: 156-162

이순철, 서비스기업의 운영전략, 삼성경제연구소, 1997: 14

이학식 외 2인 공저, 소비자행동 - 마케팅 전략적 접근- 제 5판, 법문사, 2011: 103-133

이학식 외 2인 공저, 소비자행동 - 마케팅 전략적 접근- 제 3판, 법문사, 2005: 137-158

임종원 · 김재일 · 홍성태 · 이유재. 소비자행동론: 이해와 마케팅에의 전략적 활용, 3ed,
　　　경문사, 2006: 321

장흥선 · 안승철, 현대소비자론, 삼영서, 1998: 429-434, 458-459

전인수 · 배일현 공역, 서비스마케팅, 제4판, 한국 맥그로힐, 2006: 48-54, 61

최윤홍 외 2인, 소비자행동론, 현학사, 2007: 406-418

한국관광공사, 「중국관광객 전문식당 지정사업(최종보고서)」, 2005: 9, 80, 84, 171-176,
　　　178-182

김세범 외 2인 공저, 소비자행동론, 형설출판사, 1997: 85-86, 92-106

김소영 외 3인, 소비자 행동의 이해와 마케팅 응용, 형설출판사, 2008: 15-16, 107-109, 238-355

로버트 B. 세틀 & 파엘라 L. 알렉 저, 세종, 대흥기획마케팅그룹 역, 소비의 심리학 Why
　　　they buy, 2003: 47-51

박세범 · 박종오, 소비자행동, 북넷, 2009: 553-556, 568-571

박승환 · 최철재 공저, 소비자행동론, 대경, 2008: 220, 224-225, 236-245, 270-277

서성환, 소비자행동의 이해, 박영사, 1998: 96-153

안광호 외 2인 공저, 마케팅 - 관리적 접근-, 학현사, 제3판, 2008: 69-80, 224-225

안광호 · 하영원 · 박흥수, 마케팅원론, 제5판, 학현사, 2011: 141-146, 233-234, 249

이용학 외 2인, 마케팅, 제2판, 무역경영사, 2012: 120-132

이유재, 서비스마케팅, 제4판, 학현사, 2011: 79-80

이학식 외 2인, 소비자행동, -마케팅전략적 접근- 제5판, 법문사, 2011: 27-29, 54, 475-476

임종원 외 3인, 소비자 행동론 - 이해와 마케팅에의 전략적 활용 -, 경문사, 제3판, 2006: 180-187

최병용, 소비자행동의 이해와 적용, 박영사, 2000: 41-44, 414-420, 433-436, 470-472, 497-502

- 한국외식업중앙회, 한국외식산업 통계연감 2020, 2020. 10

Anthony J. Strianese(1989), Dining Room and Banquet Management, Delmar Publishers Inc. : 16

Christopher Lovelock · Jochen Wirtz · Patricia Chew 지음, 김재욱 외 7인 옮김, Essentials of Service Marketing: 서비스 마케팅, 시그마프레스, 2011: 34-36

Barrows et al., Influence of Restaurant Reviews Upon Consumers, FIU Hospitality Review, 7(2), 1989: 84-92

Clark, M.A., et al., Consumer loyalty in the restaurant industry: A preliminary exploration of the issues, Journal of Contemporary Hospitality Management, 10(4), 1998: 139-143

Eunha Myung et al., Understanding attributes affecting meal choice decisions in a bundling context, International Journal of Hospitality Management 27, 2008: 119-125

Gary Davies and Canan Madran, Time, Food Shopping and Food Preparation: Some Attitudinal Linkages, Br itish Food Journal, Vol. 99(3), 1997: 80-88

Irma Tikkanen, Maslow's hierarchy and food in Finland: five cases, Bri ti sh Food Journal, Vol. 109(9), 2007: 721-734

Jacksa Jack Kivela, Restaurant Marketing: Selection and segmentation in Hong-Kong, International Journal of Contemporary Hospitality Management, 9/3, 1997: 116-123

Jaksa Jack Kivela et al., Consumer research in the restaurant environment : Part Ⅱ, Research design and analytical methods, 11/6, 1999: 269-286

John J. Schroeder, Restaurant critics respond: We're doing our job, The Cornell Hotel and Restaurant Administration Quarterly, Feb 1985: 56-63

John S. A. Edwards, Inga-Britt Gustafsson, The Five Aspects Meal Model, Journal of Foodservice, 19, 2008: 4-12

Judith J. Marshall et al., Coping with household stress in the 1990s : Who uses convenience foods, and do help?, Advances in Consumer Research, Vol. 22, 1995: 729

June, L. P, and Smith, L. J., Service attributes and situational effects on customer preferences for restaurant dining, Journal of Travel Research, Vol. 26(2), 1987: 20-27

Karl Titz et al., The Anatomy of Restaurant Reviews: An exploratory study, International Journal of Hospitality & Tourism Administration, Vol. 5(1), 2004: 49-65

Leonard L. Berry et al., Understanding service convenience, The Journal of Marketing, Vol. 66(3), July 2002 : 1-17

Leonard L. Berry, Kathleen Seiders, Dhruv Grewal, Understanding Service Convenience, The Journal of Marketing, Vol. 66(3), July 2002: 1-17

M.J.J.M. Candel, Convenience orientation towards meal preparation: Conceptualization and measurement, Appetite, 36, 2001: 15-28

Marta Pedraja, Ma Jesus Yague Guillen, Searching for information when selecting a restaurant, Food Service Technology, 2, 2002 : 35-45

Mona A. Clark and Roy C. Wood, Consumer loyalty in the restaurant industry: A preliminary exploration of the issues, International Journal of Contemporary Hospitality Management, 10/4, 1998: 139-144

Monica Hanefors, Lena Mossberg, Searching for the extraordinary meal experience, Journal of Business and Management, Vol. 9(3), Summer 2003: 249-270

Nick Johns, Ray Pine, Consumer behaviour in the food service industry: a review, International Journal of Hospitality Management, Vol. 21, 2002: 119-134

Robert C. Lewis(Oct), Restaurant advertising: Appeals and consumers' intentions, Journal of advertising research, Vol 21(5), 1981: 69-74

Susan Auty, Consumer Choice and Segmentation in the Restaurant Industry, The Service Industry Jurnal, Vol. 12. No. 3(July), 1992: 324-339

Tassalina Narine et Neela Badrie, Influential Factors Affection Food Choices of Consumers When Eating Outside the household in Trinidad Indies, Journal of Food Products Marketing, Vol. 13(1), 2007: 19-29

Christopher Lovelock, Jochen Wirtz, Patricia Chew 지음, 김재욱 외 7인 옮김, Essentials of Service Marketing, 시그마프레스 2011: 34-46, 55-57, 344-345

Birgitta Watz, The entirety of the meal: a designer's perspective, Journal of Foodservice, 19, 2008: 96-104

식생활 트렌드의 이해 제 **13** 장

제 13 장

제1절   라이프 스타일과 가치관의 변화

1. 생활 패러다임의 기조[1] 변화

　일반적으로 생활 패러다임[2](paradigm)의 변화는 경제발전의 성과뿐만 아니라 기술적 · 경제적 · 정치적 · 사회문화적 환경의 변화와 함께 촉발(어떤 일을 당하여 감정, 충동 따위가 일어남. 또는 그렇게 되게 함)한다. 여기에 교육 수준의 향상, 매스커뮤니케이션의 발달, 도시생활 문화의 전국적 확산으로 사람들의 라이프 스타일이나 생활관(생활의 목적, 의의, 태도 따위에 대한 관점과 입장)이 물질적으로 안정되어가고 있다.

　그 결과 이제는 과거의 대량소비시대에 보여주었던 획일화된 소비패턴이 점차 무너지고 소비의 개성화 · 다양화 · 차별화를 강조하는 기호소비(記號消費)[3] 패턴이

---

1) 사상, 작품, 학설 따위에 일관해서 흐르는 기본적인 경향이나 방향. 시세나 경제정세의 기본적 동향
2) 어떤 한 시대 사람들의 견해나 사고를 근본적으로 규정하고 있는 테두리로서의 인식의 체계, 또는 사물에 대한 이론적인 틀이나 체계, 한 시대를 지배하는 과학적 인식, 이론 · 관습 · 사고 · 관념 · 가치관 등이 결합된 총체적인 틀 또는 개념의 집합체를 말한다.
3) 사람들이 물건의 기능보다 그 물건이 상징하는 기호를 고려하여 소비한다는 개념으로 프랑스의 사회학자 장 보드리야르(Jean Baudrillard, 1929~2007)는 현대 소비사회에서는 필요에 의해 상품을 소비하는 것이 아니라 '기호'를 소비한다고 주장하였는데, 여기에서 기호(記號, sign)는 사회적으로 부여된 상징적인 의미를 가리킨다. 보드리야르에 따르면, 모든 사물은 특정한 사회적 · 경제적 지위를 나타내는 기호 가치를 지닌다. 예를 들어 희소성이 높아 소수 계층의 사람들만 구매할 수 있는 상품은 이를 소유한 사람들이 높은 사회적 지위나 경제력을 가졌음을 나타내는 기호로 작용하는 것이다. 그는 현대 사회에서 사물은 어디에 사용되느냐가 아니라 어떤 의미를 가지고 있느냐로 정의되며, 도구로서가 아니라 기호로서 조작되는 것이라고 파악하였다. 따라서 사람들이 특정한 물건을 소비하는 것은 그 물건을 소유함으로써 다른 사람들에게 보여지는 일종의 기호를 소비하는

부상하고 있다. 즉 상품 자체보다는 상품이 내재하고 있는 문화적 의미로서의 기호(어떠한 뜻을 나타내기 위하여 쓰이는 부호, 문자, 표지 따위를 통틀어 이르는 말)를 중시하게 된다. 또한, 자신만의 감성·가치관·주장 등을 잘 연출할 수 있는가라는 관점에서 공간·시간·상품·서비스를 선택적으로 소비하려는 경향이 높아지고 있다. 그리고 개방화 추세가 가속화되면서 사람들의 의식·행동·소비 트렌드·문화 감각 등이 세계 조류(潮流: 시대 흐름의 경향이나 동향)와 함께 생활의 국제화가 빠른 속도로 진행되고 있다는 사실도 간과(看過: 큰 관심 없이 대강 보아 넘김)할 수 없다.

신한종합연구소는 「트렌드 21」이라는 단행본에서 '21세기 생활 패러다임의 기조'를 '3R'의 시대라고 소개했다. 그리고 [그림 13-1]과 같은 개념을 설명했다. 즉 소비지향사회로의 이동, 세대구성의 변화, 생활관의 변화 등은 새로운 라이프스타일을 출현시키는데 그 중심이 생활의 풍요(Riches), 정신적 성숙(Ripeness), 시간적 여유(Rest)가 핵심 키워드가 된다는 의미이다.

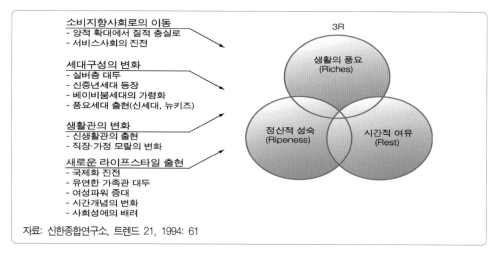

[그림 13-1] **21세기 생활 패러다임의 기조**

것이라고 보았다. 또한 사람들은 일반적으로 자신보다 높은 계층을 상징하는 상품을 소비하려고 하는데, 이는 자신이 상류 계층에 속한다는 소속감을 느낌과 동시에 자신보다 소비력이 떨어지는 사람들과의 차별화를 위함인 것이며, 결과적으로 현대인들은 물질적 만족이 아니라 차별적 지위를 과시하기 위한 소비, 즉 기호적 만족을 추구하기 위해 소비를 한다고 볼 수 있다.
자료: 네이버 지식백과.

우선 생활의 풍요(Riches) 측면에서는 물질적인 풍요보다는 생활의 질에 대한 관심이 높아져 소비지출의 형태는 '양적 확대보다는 질적 충실'에 더 큰 비중을 두게 될 것이라는 뜻이다. 즉 무형의 서비스에 대한 수요가 증가하고 고질의 상품을 구입하려는 소비패턴(고질화 지향)이 더욱 강화될 것이라는 점이 주요 내용이다. 또한, 소비자의 사고가 '소유 중심에서 사용 중심'으로 전환될 것이라는 점도 지적했다. 즉 나날이 발전하고 있는 각종 대여업의 발전을 통해서 재화의 '소유' 그 자체가 아닌 '사용'의 측면에서 생활의 충실을 꾀하려는 소비자의 사고변화의 한 부분을 읽을 수 있다.

그리고 정신적 성숙(Ripeness) 측면에서는 소비자는 단순히 자신의 생활에만 관심을 쏟는 협소한 소비자에서 점차 타인과 지구환경을 고려하는 '성숙한 소비자'로 변해가고 있다는 점을 지적했다. 즉 삶의 목표와 본분(사람이 저마다 가지는 본디의 신분)에 맞는 생활, 타인에 대한 배려, 그리고 지구환경의 보호 등과 같은 내용으로 옮겨 가면서 신중한 소비 자세와 행동이 요구되는 시대로 변해가고 있다는 것이다.[4] 또한, 권리에는 의무, 자유에 대한 책임이 필연적으로 따른다는 당연한 사실을 자각하는 사람들이 많아지면서 소비행동도 시민적 규율이나 자율이라는 덕목을 통해 더욱 신중하고 주의 깊게 변해가고 있다는 점을 설명했다.

그리고 성숙한 소비자의 등장은 현재 중심적인 가치보다는 '전통'의 가치에 대한 중요성을 높여가고 있다는 점도 지적하였다. 그리고 성숙한 소비자는 현재의 생활을 과거로부터 미래로 이어지는 시간의 연결고리로 파악하고 역사나 전통을 만들어가는 과정에 자신을 참여시킴으로써 좋은 생활, 좋은 환경, 좋은 전통을 후세에 물려주려는 새로운 모습으로 나타나고 있다고 설명하였다. 그리고 풍부한 정보로 무장한 소비자가 기업에 냉엄한 요구를 부과하면서 기업 활동 자체가 이윤추구 외에도 소비자, 종업원, 지역사회, 지구환경을 위해 훌륭한 가치를 생산하고 제공하지 않으면 안 되는 상황을 맞이하고 있다. 즉, 최근 들어 자주 언급되고 있는 ESG[5]

---

4) 사회적 이슈로 부각되고 있는 또는 부각되었던 LOHAS, Well-being, 자연주의 바람, 저탄소 인증제, Local Food, Food Mileage, 사회적 기업, 공정무역, 기부문화 등이 좋은 예라고 할 수도 있다.
5) Environment/ Social/ Governance의 머리글자를 딴 단어로 기업 활동에 친환경, 사회적 책임 경영, 지배구조 개선 등 투명 경영을 고려해야 지속 가능한 발전을 할 수 있다는 철학을 담고 있다.

경영의 중요성을 강조하고 있는 내용을 설명하고 있다.

마지막으로 시간적 여유(Rest) 측면에서는 공장자동화, 사무자동화, 가사노동의 외부화와 사회화 등에 힘입어 우리들의 여가시간이 크게 신장 되고 있다. 그리고 여가시간의 확대는 개인의 생활을 풍요하게 만드는 다방면의 활동 기회와 시간적 여유를 제공해주고 있다는 내용을 설명하고 있다.

아래의 [그림 13-2]는 기업 · 소비자 의식[6]의 발전 경로를 설명하기 위한 그림으로, 개인 혹은 모든 조직은 일차적으로 생존(survival)과 안전(security)의 욕구를 갖는다. 그러나 이 단계를 넘어서면 스스로의 정체성(identity) 확립을 추구하게 된다. 자신이 타인과는 다르다는 점을 명확히 하려는 것이다.

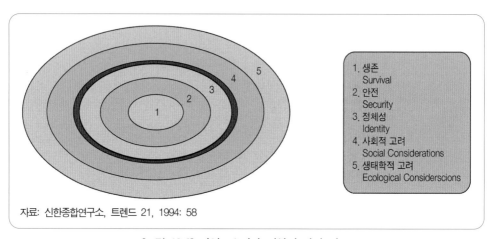

자료: 신한종합연구소, 트렌드 21, 1994: 58

[그림 13-2] 기업 · 소비자 의식의 발전 경로

이로부터 기업도 소비자도 모두 사회적 존재로서 사회에 대한 공헌이 요청되는데, 그 이유는 자신의 존재가치를 확인하고 발전시키는 것과 직결되기 때문이다. 기업의 주된 관심은 고객에 대한 공헌이겠지만 그 밖에도 여러 측면에서 사회나 환경에 대한 배려사항을 검토하고 실천하지 않으면 안 된다.

개인의 경우에는 종업원, 소비자, 지역주민의 복합적인 모습을 동시에 갖는 멀티(multi) 생활인의 자세로서 직장, 시장, 지역사회, 환경 등에 대한 폭넓은 책임이

6) 역사적 · 사회적으로 형성되는 사물이나 일에 대한 개인적 · 집단적 감정이나 견해나 사상.

있다. 기업이나 개인 모두에게 있어서 보다 좋은 시민으로서의 행동이 최종적인 생활의 목표가 되는 것이다.

결국, 사회적 책임, 환경보호와 같은 가치들이 새로운 생활덕목으로 자리 잡게 될 것이 분명하다. 그 결과 장애자 보호, 사회봉사, 문화예술 활동 지원, 기부문화, 환경보호 등 다방면에 걸쳐서 사회의 공익성과 지구환경을 깊이 배려하는 생활양식이 점차 부각되고 있다.

2. 식생활 가치평가에 대한 변화

아래 [그림 13-3]은 동시대를 살아가고 있는 우리들의 식생활에 대한 가치평가의 기준이 어떻게 변해가고 있는지를 잘 설명하고 있다. 즉 인간의 욕구 단계설과 같이 인간의 식생활에 대한 가치평가의 기준도 주변 환경의 변화와 라이프 스타일, 그리고 가치관에 따라 변해가고 있다는 내용을 간결하게 설명하고 있다. 즉 가장 기본적인 욕구인 생리적인 욕구 단계를 넘어 안정(安靜)과 안전(安全)의 욕구와 건강향상의 욕구, 그리고 유희의 욕구로[7] 이행한다는 내용을 설명하고 있다.

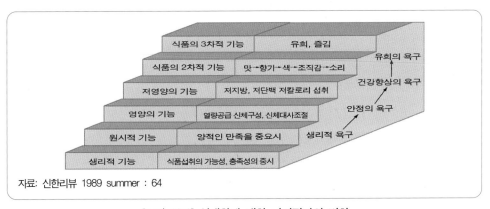

[그림 13-3] **식생활에 대한 가치평가의 변화**

이와 같은 식생활에 대한 가치평가의 변화는 N. 쿠시의 7단계 식생활 모델에서도 관찰할 수 있다.

---

7) 식품의 1차 기능은 영양기능, 2차 기능은 감각기능, 그리고 3차 기능은 생체조절 기능이다.

N. 쿠시는 인간의 식습관이 판단력과 분명한 자각성의 정도에 의존한다는 사실을 관찰하였으며, 이에 따라 아래와 같이 일곱 가지의 서로 다른 식생활 방식을 정의했다.

- **1단계**: 미처 의식하지 못하는 상태에서, 배가 고프기 때문에 충동적으로 먹는다. 이 단계의 사람은 자신이 얻을 수 있는 것이라면 무엇이든 먹는다. 그의 식생활 방식은 아무런 생각 없이 모든 종류의 외부자극에 반응한다.
- **2단계**: 맛·향기·빛깔·양 등 감각적 욕구에 따라 먹는다. 이 단계의 사람은 평균적인 맛을 지향하며 특히 맛있는 음식을 소망한다. 어떠한 상황에 처해 있건 감각의 만족을 추구한다.
- **3단계**: 정서적 만족을 위해 먹는다. 이런 부류의 사람은 분위기를 선호하며 기분 좋은 느낌을 불러일으키는 잘 차려진 식탁을 원한다. 미학적 이유에서 특별히 아름다운 그릇을 사용하며 촛불을 켜놓거나 음악을 들으며 식사하는 일도 많다. 이런 부류의 사람들은 흔히 채식주의를 지지한다.
- **4단계**: 지적인 합리화를 통해 먹는다. 이론적 정보를 중시하는 이러한 식생활 방식은 칼로리·비타민·효소·단백질·탄수화물·지방·미네랄 등 식품 구성 요소에 주목하며, 현대 사회에 적합한 형이다. 이러한 방식의 단점은 환경 속의 인간 생활의 전체성을 보는 시각의 결여이며 근시안적인 원칙의 결함을 생각하지 못한다는 것이다.
- **5단계**: 사회적 의식에 입각하여 먹는다. 이런 식의 식생활 방식은 정당한 배분이라는 사고에서 기인하며, 흔히 평등의 원칙과도 연관된다. 윤리적·도덕적·경제적 의식이 식품의 선택과 식품의 양을 결정한다. 식품의 생산과 분배에 대한 사회주의적 계획은 이러한 원칙에 부합된다. 흔히 국가적·국제적 경제 권력은 이 단계의 식생활 프로그램을 계획한다.
- **6단계**: 믿음과 이데올로기[8]에 입각하여 먹는다.

전래의 종교적·정신적 영양학설은 이 단계에 속한다. 유대교·힌두교·불교·유교·신도 그리고 다른 많은 전통적 학설은 식사규칙을 규정하고 있다. 현대 사회에서 이러한 식사규칙은 맹목적으로 추종되거나 완전히 무시되기도 한다.

- **7단계**: 자유로운 의식에 따라 먹는다.

  이는 명료하고 직관적인 판단과 아무런 강요 없는 식생활을 의미한다. 이러한 직관적인 방법은 특정한 식품을 지향하지 않으며, 언제나 주어진 자연과의 조화 속에서 선택하면서 음식을 준비한다. 이러한 식생활 태도를 가진 사람은 자신의 꿈을 실현할 수 있다.

또한, 1999년 푸드 사이언스 오스트레일리아가 발표한 보고서는 건강과 활력을 증진시키는 효과를 지닌 식품의 개발에 대한 가능성을 제시하면서 2010년까지 활성화가 예상되는 식품 분야에 대해 아래와 같이 보고했다.

- 사회가 점차 다문화 사회로 갈수록 많은 소비자들이 아시아 음식, 허브(약초), 건강보조식품에 더 많은 관심을 갖게 될 것이다.
- 음식을 에너지로 보는 관점에서 예방 약품으로 보는 관점으로 변화가 일어날 것이다.
- 인간 및 디지털 개인별 건강 자문에 대한 소비자의 관심이 증가할 것이다.
- 유기농 제품의 시장경쟁력은 최고조에 달할 것이다.
- 건강과 관련하여 식품에 대한 규제가 증가할 것이다.
- 식품산업의 총아로서 기능성식품과 같은 새로운 기술을 적용한 식품이 생겨날 것이다.

그리고 식(食)과 관련된 예측에서는 세계는 정보·지식사회를 향하여 변화하고

---

8) '관념형태' 또는 '의식형태'로 번역되기도 하나 원어 그대로 사용되는 경우가 많다. 인간·자연·사회에 대해 품는 현실적이며 이념적인 의식의 제형태.

있으며 그로 인해 기술의 비약적인 진보가 도래하고, 기술적 진보는 식료품의 생산에도 극적인 결과를 야기할 것이라고 한다. 식료품의 충분한 공급을 달성하기 위하여 국가적·세계적 차원의 개발을 지속하더라도 미래에 여전히 기아문제가 해결되지 않을 것이라고 전망한다. 이러한 전망으로부터 아래와 같이 식과 관련된 미래에 대한 세 가지 비전의 토대를 도출했다.

- 첫째, 미래에는 음식물을 정보로 파악하는 경향이 심화 될 것이다.
  인류가 식품을 바라보는 총체적 시각의 패러다임이 변화한다. 미래에는 양과 재료의 상태 대신에 하나의 식품이 갖는 정보의 내용(결국, 전체적인 역사나 생산 사이클)이 식품의 가치를 판별하는 기준이 된다.
- 둘째, 영양가와 기호(嗜好) 가치보다는 생태학적 측면이나 건강에 더 많은 관심을 두게 될 것이다.
  이러한 추세를 바탕으로 식품 분야와 건강 분야의 경계가 사라져 융화될 것이다. 기능성 식품(functional food)이 미래 식생활의 통합적 구성 요소가 된다.
- 셋째, 식생활 스타일의 지구화 현상
  지구화와 관광의 활성화로 인해 민족음식, 즉, 특유의 민족적인 음식과 그 지역에서 흔히 접할 수 있는 다양한 재료를 이용하는 이국적 요리가 확산되고 식생활 습관도 변화할 것이다. 동시에 지역적 요리의 다채로움이 감소하는 경향도 나타날 텐데, 이는 식생활 스타일의 지구화 현상의 일환으로 볼 수 있다.

또한, 팀 랭(Tim Rang)과 마이클 헤즈먼(Michael Heasman)(2007)은 「식품전쟁」이라는 단행본에서 식품의 미래를 다음과 같이 예측하였다.

- 식품에 대한 권력이 슈퍼마켓체인 세력으로 계속 통합될 것이다. 이들은 식품 체인이 작동하는 경쟁 환경을 현재 지배하고 있고 영향력을 계속적으로 넓혀 가고 있으며, 이는 정치적인 개입으로만 견제될 수 있다.

- 식품 서비스의 중요성이 점점 커지며, 더욱 많은 소비자 소비를 끌어들이고 있다. 이러한 성장은 제조업체, 소매업체, 외식업체 간의 경계를 흐리게 할 것이다.
- 건강과 영양이 식품 공급체인 전반에 걸쳐 더욱 중요해질 것이다. 하지만 건강의 의미는 서로 다른 이해관계에 맞추어 각각 다르게 정의될 것이다.
- 생산자 패러다임의 단점을 보완하게 위해서 특히 유전자 조작 측면에서 신기술이 제공될 것이다.
- 농업과 농업 관련 사업의 통합이 계속될 것이며 소규모 자작농이 계속 감소하고 유전자 조작기술 이용이 확산되지만 논쟁거리가 될 것이다.
- 지속성 문제의 중요성이 높아지고 있고, 환경적인 과제가 심화된다는 증거에 따라 식품경제 안건에서 우선순위가 높아질 것이다.
- 식품공급의 내실강화에서 유기농, 자연제품 촉진과 같은 외적 확장 체제로 녹색 전환(green shift)이 일어날 것이다.

그런데 식(食)에 대한 가치는 인간과 자연의 건강, 인간과 자연의 조화만을 고려하여 평가하기는 어렵다. 그리고 여기에 다면성과 양면성, 그리고 상황이라는 변수를 고려하면 식에 대한 가치평가는 더욱더 어려워진다.

예를 들어, 식품의 소비 현장에서 소비자들의 음식과 관련된 생각이나 행동의 구조를 살펴보면, 문화는 다양한 사회와 민족집단 구성원에게 어떤 음식이 적합한지를 규정해준다. 그렇기 때문에 음식에 대해 우리가 갖는 한계성은 문화적 영향을 받게 되어있다. 그러나 문화적 영향만으로 음식에 대한 한계성을 설명하기에는 너무 단순한 점이 있다. 때문에 식자(識者)들은 세 가지의 이념적인 원리의 작용을 설명한다. 즉 모든 사회에서 음식 관련 지식이나 음식과 관계를 맺는 방식에는 어떤 방식으로든 쾌락주의, 보신주의, 그리고 영성주의라고 불리는 세 이념의 영향을 받는다고 한다.[9]

여기서 쾌락주의는 감각적 쾌락을 가장 중요한 가치로 본다. 보신주의는 건강과

---

9) 이와 같은 이념은 새로운 것은 아니며, 같은 내용을 매슬로의 욕구단계설이나 N. 쿠시의 7단계 식생활 모델에서도 찾아볼 수 있다(호세 루첸베르거 · 프란츠 테오. 고트발트, 2000: pp.157-159).

영양적 가치를 강조하는 이념이다. 이와는 달리 영성주의는 도덕이나 형이상학적[10] 가치를 지향하는 이념이다.

이처럼 우리가 음식에 부여하는 의미는 대체로 세 종류의 음식 이념에 준해서 파악 될 수 있다. 이 세 이념은 우리 마음속에 서로 공존하지만, 그 관계는 시시각각 변화기도 한다. 그렇기 때문에 우리가 처한 상황에 따라서 세 이념 중 어떤 것이든 지배적인 위치를 차지할 수 있고, 우리의 음식 선택을 결정할 수 있다.

제2절 식생활(食生活) 트렌드

1. 팝콘(Popcorn) 보고서의 10가지 성향과 그 의의

식생활 트렌드, 외식(外食) 트렌드, 식품소비 트렌드, 식생활 라이프 스타일, 식품 관련 소비자 라이프 스타일 등이 식(食)에 대한 트렌드를 언급할 때 많이 이용되는 단어들이다. 식(食)에 대한 트렌드를 이해하기 위해서는 소비 주체인 소비자와 소비 대상인 식품과 음식의 생산·가공·유통·소비 단계에 영향을 미치는 주변 환경(정치·경제·사회·문화·기술 등)의 변화에 대한 이해가 있어야 한다.

식품은 필수성과 포화성(飽和)이라는 2가지의 중요한 특성을 가지고 있다. 즉 먹지 않으면 안 되고, 양이 차면 더 이상 수용(먹을 수)할 수 없는 상태가 된다는 두 가지의 특성이 그것이다. 게다가 먹는 것은 이용 빈도가 다른 제품 또는 서비스와는 달라(전통적으로 하루 세끼 식사) 저(低)관여 제품(서비스)으로 고려된다. 또한 개인의 기호와 취향, 습관, 처한 상황 등이 음식의 선택에 크게 영향을 미치기 때문에 한 방향으로 식생활 트렌드를 군집하기란 쉽지 않다.

이러한 점을 고려하여 국내·외에서 발간되는 논문과 보고서, 단행본 등에 언급

---

10) 사물의 본질, 존재의 근본 원리를 사유(일의 까닭)나 직관(감각, 경험, 연상, 판단, 추리 따위의 사유작용을 거치지 아니하고 대상을 직접적으로 파악하는 작용)에 의하여 탐구하는 학문

되는 식과 관련된 최근의 트렌드를 재조명해 보는 것도 식생활 트렌드를 군집하는 하나의 방법이 될 수 있다고 본다.

트렌드(Trend)의 사전적 의미는 '~의 방향으로 가다', '향하다' 혹은 '기존과 다른 새로운 방향으로 변화해 가는 경향이나 추세'이다.

트렌드란 '가까운 미래에서 일어나 상당 기간 지속되는, 그러면서도 이전과는 다른 경향과 방향성을 지닌 사회 각 분야의 움직임을 나타내는 징후이며 현실적인 동향'이다.

트렌드는 '과거, 현재, 미래로 이어지는 하나의 흐름으로서, 일시적인 유행과는 달리 어느 정도 긴 시간 동안 유지되는 사회의 주요 흐름이나 패턴'이다.

트렌드 연구가들은 유행처럼 단기간에 나타났다가 사라지는 현상과 구분하여 '적어도 5년 혹은 10년 정도 지속되면서 사회 전반에 영향을 미치는 변화의 흐름을 트렌드로 정의'한다.

반면, 트렌드와 유사한 개념으로 사용되는 유행(fad 또는 fashion)은 트렌드와는 달리 '특정 시점에 나타나는 일시적인 현상으로 시류를 쫓는 대중문화나 대중매체 등의 선도에 의해 비교적 짧은 기간에 폭발적으로 성장했다가 사그라지는 것'이다.

유행은 '비교적 짧은 기간 동안 확산되었다가 소멸되는 일시적인 현상'이다.

유행은 '일시적으로 많은 사람들이 어떤 행동양식 또는 문화 양식을 택함으로서 생기는 사회적인 동조현상'이다.

유행은 '시작은 화려하지만 곧 스러져버리는 것으로서, 순식간에 돈을 벌고 도망가기 위한 민첩한 속임수와 같은 것' 등으로 정의한다.

2023년을 기준으로 약 30여 년 전 미국의 소비자 행동에 대한 변화를 예측한 것이기는 하지만, 「포춘지」가 마케팅의 노스트라다무스로 지명한 페이스 팝콘(faith popcorn)의 팝콘 보고서에 발표된 10개의 성향(trends)을 소개하고자 한다.[11] 왜냐하면, 최근 발표되는 식과 관련된 트렌드들은 기술관련 트렌드를 제외하고는 여기서 제시한 10개의 트렌드 영역을 벗어나지 못하기 때문이다.

---

11) Faith Popcorn(1991) 지음, 조은정 옮김(1995), 팝콘리포트, 21세기 북스

아래에 제시된 팝콘의 10개의 성향(trends)은 미국 소비자의 라이프 스타일의 변화방향을 예측한 것이다.

(1) 코쿠닝(cocooning) 현상

Cocoon의 사전적 뜻은 "(곤충의) 고치, 보호막, ~을 (~에 싸서) 보호하다."이다.

코쿠닝 현상이란 외부의 예측할 수 없고 험한 실제로부터 그들을 보호하기 위하여 폐쇄된 공간, 보호받을 수 있는 환경으로 그들을 끌어들이는 현상을 말한다. 코쿠닝 현상이란 흡사 누에고치가 안식처를 위한 막을 두르고 있듯이 위협적이고 예측 불가능한 외부 세계로부터 자기 자신과 가족을 보호하고자 하는 욕구를 말한다.

사회생활에 적응하지 못하고 집안에만 틀어박혀 사는 사람들을 일컫는 일본의 "히키코모리", 방 안에 틀어박혀 사는 사람들을 칭하는 한국의 "방콕족" 등은 은둔을 일삼은 폐쇄형 코쿠닝 족이다. 그리고 우리는 코로나 19로 인해 수동적 코쿠닝족이 되었다. 그러나 복잡하고 위험한 도심 속에서 스스로 사적 프라이버시를 확보하고 주변으로부터 독립된 자신만의 공간에서 나/우리만의 취미활동과 여가시간을 보내기를 원하는 능동적인 코쿠닝족으로 살아가기를 원하고 있다.

그 결과 현대인에게 안식(편히 쉼), 안주(현재의 상황이나 처지에 만족하고 있음), 안전 같은 욕구가 그 어느 때보다 높아지고 있다고 보아야 할 것이다. 그리고 이러한 현상은 재택근무, 온라인 교육, 홈코노미(Home +economy) 시장, 디지털 문화, 전자상거래, 질병 및 건강관리 영역 등을 크게 활성화 또는 확산시키고 있음을 볼 수 있다.

그리고 이와 같은 현상을 비즈니스의 기회로 포착하는 핵심 마케팅전략은 소비자들이 쳐놓은 보호막을 침투할 수 있고, 격리(숨은)된 곳에 접근(침투)할 수 있는 전략이어야 한다. 즉, 코쿠닝 현상으로 보호막을 치고 있는 소비자에게 접근할 수 있는 새로운 유통경로의 설계와 제품과 서비스의 개발이 키워드이다.

이러한 현상에 적합한 식과 관련된 제품과 서비스는; 음식배달 서비스, Takeout 서비스, 다양한 형태의 식재료 배달 서비스, HMR 식품, 가족/소규모 파티를 위한 케이터링 서비스, 밀키트(meal kits), 정기구독 서비스, 조리강좌 youtube, 동네식당 등이다.

(2) 에고노믹스(egonomics)[12] 현상

에고노믹스 현상은 「나 중심」이라고 하는 소비자의 개인화 욕구에 초점을 맞추는 트렌드로 다음과 같은 내용으로 설명되고 있다.

에고노믹스 현상은 자기를 의식한 개인 중시 경제를 말한다. 나(I, My, Me, Myself)는 에고노믹스를 움직이는 출발점이다. 이것은 바로 나를 위한 제품이고 서비스이다. 이것은 나 자신의 자아표현 수단으로서 나를 위해 창조되었다.

이같은 현상에 대응할 수 있는 방법은 제품과 서비스를 개인의 필요에 맞추는 것이다. 마케팅적으로 접근하는 방법은 세분화와 차별화이다. 지금까지는 불특정 다수에게만 관심을 기울였다면, 이제는 특정 소수에게로 표적을 선회하는 것이 새로운 비즈니스 기회를 찾을 수 있는 한 가지의 방법이다. 때문에 그것이 제품 개발이건, 제품 디자인이건, 개인적 서비스이건 「개별적 요구사항에 맞출 수 있는 능력」이 핵심이다.

그리고 이같은 소비자의 욕구를 충족시킬 수 있는 마켓팅 전략은 그들이 원하는 것을(products and service), 그들이 원하는 장소에(places), 그들이 원하는 때에(time), 그들이 원하는 방법으로(delivery system), 그리고 그들이 원하는 가격에(price) 제공해 줄 수 있는 고객지향적인 마케팅전략이다.

고객의 요구에 맞는 맞춤 제작 서비스를 제공하는 '커스터마이징(Customizing)'과 특정 기성제품을 자신이 원하는 형태와 색상으로 변형시키는 것을 뜻하는 '튜닝(Tuning)'이라는 단어로 대표된다.

예를 들어 스타벅스나 공차, 서브웨이 등이 제공하는 고객의 주문 사항을 반영한 '커스텀 메이드 서비스' 등이 좋은 예이다.

(3) 환상모험(fantasy/adventure) 현상

현대인들은 위험이 크게 따르는 모험보다는 하늘을 나는 것 같은 환상에 더 치중한다.

다음과 같은 내용으로 설명되고 있다.

---

12) ego + economics의 합성어

환상모험 현상이란 소비를 통한 대리탈출, 소비를 통한 카타르시스[13]이다. 그것은 일시적으로 세상일에서 빠져나와 이국적인 즐거움 속으로 거칠게 미친 듯이 뛰어드는 것이다. 일종의 「낯선 체험」, 즉 몇 가지 제품의 도움을 받아 감히 상상을 실행해 보는 것이다.

환상모험 트렌드가 레스토랑 비즈니스에 나타난 대표적인 사례는 이국적이고 이색적인 음식점과 음식, 이색적이고 일탈적인 분위기의 증가이다. 예를 들어, 낯선 음식, 모임의 주제에 적합한 실내장식, 복합적인 기능, 이국적인 실내장식 등과 같이 본래의 기능보다는 주변 기능을 앞세우는 역전의 발상에 기초한 개념의 음식점과 카페, 이국풍의 건물과 실내장식으로 꾸며진 각종 카페나 음식점 등이다.

(4) 99가지의 삶(ninety-nine lives)의 현상

99가지의 생활이라고도 하는 99가지의 삶은 다음과 같이 설명된다.

우리는 다중 역할을 하면서 시간에 쫓기는 삶을 살아가고 있다. 이처럼 바쁘고 수시로 변해야 하는 삶을 상징적으로 나타내기 위하여 99가지 삶이라는 성향이 탄생하였다.

이러한 성향에 대응하는 방법은 편의와 시간 절약의 욕구에 부응할 수 있는 제품과 서비스를 제공하는 것이다. 내가 해야 할 일을 대신 또는 도와줄 수 있는 제품과 서비스, 그 일을 직접 수행하는데 기간과 에너지를 최소화할 수 있는 제품과 서비스를 제공하는 것이다.

예를 들어, 시간을 절약할 수 있는 패스트푸드 식당과 드라이브 스루(drive through), 가정배달요리, 포장요리, 다양한 유형의 HMR 식품, 자동판매기, 냉동식품과 가공식품과 같은 편의식품 등이다.

(5) 건강장수(staying alive)현상

풍요롭고, 균형이 잡혀있고, 건강한 삶을 일컫는 삶의 질이라고도 해석되는 건강장수는 다음과 같이 설명된다.

현대인은 더 이상 「생존」에만 집착하지 않는다. 그 보다는 「삶의 질」을 더욱

---

13) 자기가 직면한 고뇌 따위를 외부에 표출함으로써 정신의 안정이나 균형을 찾는 일.

중요하게 생각한다. 이제부터는 단순한 삶의 길이가 아닌 삶의 질에 초점을 맞추는 경향으로 변해가고 있다.

그 결과 건강식품에 대한 소비자의 관심이 높아져 농약과 화학 비료를 전혀 사용하지 않는 유기농산물이 인기를 끌고 있으며, 자연식 또는 무공해 식품을 함께 사용하자는 모임도 늘고 있다. 또한, 건강을 표방하는 과즙음료나 전통 음료도 현재 커다란 인기를 끌고 있다. 이제 소비자들의 건강에 대한 의식은 관심의 단계를 넘어 행동화의 단계로 들어서고 있다.

민간요법, 방향 치료법, 식품과 식이요법, 자연식품, 의학식품(foodaceuticals), 건강식품, 유기농산물, 수경재배 식품, 청정식품, 대체육, 채식주의, 다이어트 식품, 기능성 식품, 자연으로의 회귀, 신선식품에 대한 수요의 증가와 맞춤 식품(계약재배, 무공해 식품, 특별한 처방의 다이어트 식사) 등이 건강장수 트렌드를 잘 설명해 주고 있다.

(6) 작은 탐닉(small indulgences)현상[14]

작은 탐닉 또는 방종이라고도 해석되는데 다음과 같이 설명된다.

지불 가능한 한도 내에서 일시적으로나마 탐닉(어떤 일을 몹시 즐겨서 거기에 빠짐)하게 되는 작은 사치라고 할 수 있다.

작은 탐닉 또는 방종은 이제 좀 쓰고 살자. 품위 있게 살자. 부유층만이 할 수 있고, 즐길 수 있고, 먹을 수 있었던 줄로만 알았는데 나도 할 수 있고, 즐길 수 있고, 먹을 수 있다는 확신. 즉, 경제적인 범위 내에서는 살 수 있는 최고를 산다는 의미이다.

이러한 현상은 나도 이 만큼은 써야 한다는 과시용 소비, 억지로라도 중산층에 편입하려는 신분 상승의 의지, 가격보다 브랜드나 원산지를 더 따지는 과시용 과소비와는 다르다. 즉, 가성비는 물론이고 심리적인 만족감까지 중시하며(가심비), 조금 비싸더라도 자신을 위한 것을 구매한다는 가치 소비의 뜻도 포함하고 있다.

---

14) 스몰럭셔리(Small Luxury)라고도 말한다.

작은 탐닉 또는 방종의 트렌드는 맛있는 음식을 먹는 경험에 기꺼이 돈을 내겠다는 소비자가 늘면서 급부상한 대표 사례인 '오마카세'15) 레스토랑, 고가의 메뉴, 기존의 음식점을 고급화한 '빕스 프리미어', '애슐리퀸즈', '블루보틀', '스타벅스리저브', 나만을 위한 맥주를 만드는 홈 브루잉(Home Brewing) 등이 좋은 사례이다.

(7) 생활축소(cashing out)현상

삶의 겉보다는 내용이 더 중요하다는 점을 인식하는 트렌드이다.

점점 더 많은 사람이 구속에서 벗어나 자신이 진정으로 하고 싶은 일을 함으로써 즐거움을 추구한다는 트렌드로 다음과 같이 설명된다.

생활축소 현상은 직업을 가진 모든 사람들이 자기의 개인적·직업적 만족과 목표에 의문을 품고 보다 단순한 삶을 선택하는 현상을 말한다. 금전적인 보상에 매력을 잃고, 과중한 업무에서 탈피하여 본인이 원하는 것을 본인이 원하는 식으로 하면서 살아가는 현상을 말한다. 지겨운 현실로부터의 탈출은 싫은 것에서 손을 떼거나 싫은 곳에서 떠나는 것이다. 남녀 모두 무모한 경쟁을 떠나서 보다 질적으로 나은 생활을 찾아 나서는 현상이다.

이같은 트렌드는 일과 삶의 균형(Work-life balance)을 뜻하는 '워라밸', 인생은 한 번뿐이다는 뜻의 '욜로(you only live once)', 사회가 만든 기준이나 타인의 시선에 연연하지 않고 내가 기준인 세상에 살아가는 것을 뜻하는 신조어인 '나나랜드', 바쁜 일상에서 느끼는 작지만 확실한 행복을 뜻하는 '소확행'16), 몸과 마음이 지쳤을 때 휴식을 취할 수 있는 나만의 공간을 뜻하는 '퀘렌시아'17), 심플라이프 등으로 소개되

---

15) 주방장에게 식사에 대한 모든 선택권을 맡기는 형식의 식당. '맡긴다'라는 뜻의 일본어인 'おまかせ'에서 유래됐다.

16) 이와 유사한 뜻의 용어로는 스웨덴의 '라곰(lagom)', 프랑스의 '오캄(au calme)', 덴마크의 '휘게(hygge)' 등이 있다. '라곰(lagom)'은 스웨덴어로 '적당한', '충분한', '딱 알맞은'을 뜻하는 말로, 소박하고 균형 잡힌 생활과 공동체와의 조화를 중시하는 삶의 경향. 동양철학의 '중용(中庸)'과 유사한 개념이며, 연관 있는 단어로는 프랑스의 '오캄(au calme)', 덴마크의 '휘게(hygge)' 일본의 '소확행(小確幸)'이 있음

17) 원래 케렌시아는 스페인어로 '애정, 애착, 귀소 본능, 안식처' 등을 뜻하는 말로, 투우(鬪牛) 경기에서는 투우사와의 싸움 중에 소가 잠시 쉬면서 숨을 고르는 영역을 이른다. 이는 경기장 안에 확실히 정해진 공간이 아니라 투우 경기 중에 소가 본능적으로 자신의 피난처로 삼은 곳으로, 투우사는 케렌시아 안에 있는 소를 공격해서는 안 된다고 한다.

었다.

이러한 트렌드는 제품과 서비스에 대한 가치의 기준과 추구하는 편익을 바꿔놓 았다. 즉, 전통적인 가치로 회귀(return to traditional values)하는 것이다. 집밥, 전통, 정통, 투박한 음식과 소박한 분위기, 전원 중심, 음식의 패턴이 가공에서 투박하고 소박한 자연식품으로 회귀 등이 이 트렌드를 잘 설명해 주고 있다.

(8) 다운 에이징(down-aging)현상

회춘성향이라고 해석되기도 하는 다운에이징 성향은 어린 시절로 되돌아가고 싶다거나, 나이보다 젊게 살고(보이고) 싶다는 것을 골자로 하며 다음과 같이 설명 되고 있다.

"우리가 어떤 나이에 도달하면 어떻게 행동해야 된다"는 식의 기존관념이나 틀을 벗어 던지는 현상이다.

전통적인 연령 한계를 거부하는 현상으로 연령과 행동의 적절한 단계를 본인의 나이에 맞추어 아래로 내려서 새로 규정하는 것이다. 걱정 없던 어린 시절의 향수에 젖어, 베이비붐 세대들은 어린 시절에 친밀했던 제품과 오락거리에서 마음이 편안 해진다는 현상을 말한다.

어린 시절에 친밀했던 음식들을 그리워하고 있으며, 젊은 시절 친밀했던 제품과 장소에서 마음의 평안을 느낀다.

향수, 추억, 향토음식, 레트로(retro)[18], 뉴트로 등이 이 트렌드를 잘 설명하고 있다.

예를 들면, 이디야의 쌍화차, 대추차, 생강차로 만든 '대쌍화시대' 3종, 탐앤탐스가 선보인 쌍화차, 홍시 쌍화차, 사과 생강차로 구성된 '추울 때 생강나는 쌍화 탐의보 감' 3종, 신세계푸드가 이마트 내에서 운영하는 베이커리 브랜드 '데이앤데이', '밀크 앤허니', 'E-베이커리'에서 선보인 옛 향수를 불러일으키는 추억의 빵 '레트로몽땅', 베스킨라빈스가 오픈한 전통 한옥 콘셉트의 '배스킨라빈스 삼청 마당점', 스타벅스

---

18) 회상, 회고, 추억이라는 뜻의 영어 'Retrospect'의 준말로 옛날의 상태로 돌아가거나 과거의 체제, 전통 등을 그리워하여 그것을 본뜨려고 하는 것을 말한다. 1970년대 후반까지의 'Retro'는 '뒤로' 혹은 '되받아'의 뜻을 가진 접두어로서 'Pre'의 반대 의미로 사용되어 오다가 음악과 패션, 디자인 등에서 빈번하게 등장하여 하나의 현상으로 자리 잡게 되자 신조어로서 명사화되었다.

가 역사와 문화유산 가치를 전파하기 위한 취지로 선보인 브랜드 기획상품 '환구단 텀블러'와 '머그', 동서식품이 1980~90년대 감성을 담아 내놓은 '맥심 커피믹스 레트로 에디션', 동원F&B가 국가대표 참치캔 '동원참치'에 복고풍 감성을 입혀 출시한 '동원참치 레트롯 캔', 'CU 추억의 도시락'과 'CU 추억의 경양식' 등이 좋은 예이다.

(9) 소비자 자경단(vigilante consumer)현상

감시자로 변모하는 소비자로 해석되기도 하는 소비자 자경단(自警團) 현상은 다음과 같은 내용으로 설명된다.

소비자들은 압력, 저항, 정책 등을 통해 마케터와 시장환경을 마음대로 조정한다. 초라한 품질, 무책임, 기만적인 주장, 과대광고 등에 대해 조직적이고 공개적으로 저항하는 현상을 말한다.

메뉴상의 진실한 표기를 강요하고 있고(품질, 원산지표시, 무게, 조리방식, 영양표시제도), 음식물 쓰레기 자체 처리시설 의무화, 재활용 용기사용의 의무화, 위생점검, 영업시간 준수, 원산지표시 의무화, 영양표시제도(營養表示制度, nutrition labeling), 가격표시제, 위생시설, 식품의 유효기간의 준수, 영양적인 배려, 친절, 안락한 분위기, 가격 인상에 대한 저항, 가격에 상응하는 편익과 서비스 등에 대한 지속적인 감시를 받고 있다. 그리고 개인이 특정 제품이나 서비스를 이용한 후 올리는 후기, 직접 불만 표출하기, 관계기관에 신고하기 등은 일상화되었다.

(10) 우리가 살고 있는 사회를 구하자(save our society) 현상

윤리, 열정, 연민(불쌍하고 가련하게 여김)이라는 사회적 양심을 통하여 우리의 사회를 재앙으로부터 구하자는 현상으로 다음과 같이 설명된다.

SOS 현상은 지구를 구하는 동시에 인간을 구하자는 것이라고 할 수 있다. 이제 우리는 우리 자신과 우리 아이들을 위해 나서지 않으면 안 된다. 이제 소비자들의 환경과 건강에 대한 의식은 관심의 단계를 넘어 행동화의 단계로 들어서야 한다. 추가 비용이 들더라도 환경상품을 사용하겠다는 사람이 늘고 있으며, 자연과 조화로운 삶을 영위하게 위한 노력도 자주 표출되고 있다.

그 결과를 반영한 예를 들면, 롯데리아가 출시한 식물성 햄버거 '리아미라클 버거', 롯데제과 나뚜루의 '비건 아이스크림', 신세계푸드 스무디킹의 '비건 베이커리' 오뚜기가 출시한 비건 시리즈 '그린가든 만두 · 카레 볶음밥 · 모닝글로리 볶음밥', 콩불고기를 활용한 세븐일레븐의 '그린미트 도시락', 미국에서 비욘드버거를 독점 수입 판매 중인 동원F&B의 '비욘드 소시지', 언리미트의 '만두', 육류뿐 아니라 해산물, 우유, 계란 등 동물성 원료를 완전히 배제한 '삼양의 맛있는 라면, 그린(Go Green)' 캠페인, 배달을 위주로 하는 업체에서는 배달용 오토바이 및 차량을 무공해 · 친환경 전기차로 교체하는 등과 같은 조치와 친환경, 재사용이 가능한 소재, 분리 배출하기 편한 패키지 등이다.

이상과 같은 10개의 성향은 식자(識者)에 따라 다르게 표현되기도 하고, 축소 또는 확장되어 설명되기도 했다.[19] 그러나 10개의 성향이 함축하고 있는 근본적인 의미에는 별다른 이견을 제시하지 않고 있다.

2. 국내 외식 트렌드 조사 보고서 분석

식과 관련된 소비자들의 요구는 나날이 많아지고 깊어지고 달라지고 있다. 소비자들은 과거와 같이 저렴한 가격에 충분한 음식을 확보할 수 있는 것에만 만족하지 않는다. 이제 이러한 필수 요소는 대부분 당연한 것으로 여긴다. 대신 음식의 내용, 음식의 출처, 음식의 생산 및 가공 방법, 재미와 경험, 그리고 우리들의 건강과 환경, 윤리적인 측면을 요구한다.

나와 건강이라는 측면에서는 음식은 안전해야 하고, 나를 위해 존재하여야 하고, 나의 건강을 위해 존재하여야 한다는 접근법이다. 그리고 환경적인 측면에서는 지속 가능한 방법으로 식(食)이 생산되고 소비되어야 하며, 윤리적인 측면에서는 공정한 거래와 생산, 동물의 복지 등에 대한 문제를 해결할 수 있는 해법이 이 시대의

---

19) 1) 강주연(1997), 신한리뷰(봄호): 122-137

2) 신한종합연구소(1998), 압구리와 짱을 이해하라, 매가북스

3) 페이스 팝콘, 리스 마리골드 지음, 김영신, 조은정 옮김(1999), 클릭! 미래속으로 21세기북스

4) Ben Senauer, Elaine Asp and Jean Kinsey(1993), Food Trends and the Changing Consumer, 2nd ed., Eagan Press: 59-63

5) 조은정 지음(2002), 「한국이 15명의 시장이라면?」, 지식공작소

경향으로 자리매김해 간다.

이와 같은 내용을 보다 구체적으로 제시하는 보고서를 살펴보면, 동시대를 살아가는 소비자들이 가지고 있는 식과 관련된 문제점 또는 기대하는 식과 관련된 성향들을 추론해 볼 수 있다.

아래의 〈표 13-1〉은 농림축산부/aT 한국농수산식품유통공사가 발표한 2023년 외식경향(트렌드)의 핵심어의 변화를 연구한 보고서를 정리한 것이다.

〈표 13-1〉 **2023년 외식경향의 핵심어(Keyword) 변화**

외식형태 영역	소비감성 & 마케팅 영역	메뉴의 영역	휴먼테크의 영역
소비의 양극화	경험이 곧 소유	건강도 힙하게	휴먼테크

2022년에 조사하여 2023년의 외식 경향을 전망한 것이다.

『'소비의 양극화', '경험이 곧 소유', '건강도 힙하게', 그리고 '휴먼테크'』를 2023년 국내 외식 트렌드로 최종 도출했다.

먼저, 외식형태 영역에서 도출된 '소비의 양극화'를 구성하는 하부 핵심 단어들은 『런치 플레이션, 미식 플렉스, 편의점 간편식의 다양화, 초 세분화』 등이다.

그리고 소비감성 & 마케팅 영역에서 도출된 '경험이 곧 소유'를 구성하는 핵심 단어들은 『콜라보의 확대, 인증샷 전성시대, 리뷰 마케팅, 친환경 외식, 포모 신드롬』 등이다.

메뉴의 영역에서는 『건강식, 외식형 간편식의 확대, 힙해진 우리술, ZERO/FREE, 비건 레스토랑, 간소화』 등이다.

마지막으로 휴먼테크의 영역에서는 『푸드테크 혁명, 레스플레이션(레스플레이션이란 레스토랑과 인플레이션을 합친 단어다), 특화매장, 피지텔의 확대[20], 빅블러[21]의 확대』 등이다.

---

20) 피지텔(phygital)은 피지컬(physical)과 디지털(digital)의 합성어로 오프라인과 온라인의 결합을 나타낸다.
21) 이종 산업 간의 경계가 불분명해지고 융합되는 현상을 뜻한다. '흐리게 하다'는 의미의 영단어 'Blur'와 Big을 결합해 만들어진 용어이다.

먼저, 외식형태 영역에서 도출된 '소비의 양극화'는 코로나19 시기, 자유롭지 못했던 외식에 대한 분출이 '플렉스(flex)[22]'라는 소비행태로 나타나 오마카세, 호텔 레스토랑, 파인 다이닝 등 '한번을 먹어도 제대로 먹자'는 외식 소비 트렌드가 나타났는가 하면, 2022년 극심한 글로벌 경기불황과 함께 지출을 줄여야 한다는 사회적 분위기에 따라 '짠테크' 소비가 강해지면서 플렉스와 짠테크가 공존하는 양극화 소비가 나타난 점을 고려한 것이다. 즉, 가진 자와 못 가진 자 간의 양극화가 아니라 동일인이 짠테크와 플렉스 소비 성향을 동시에 갖고 있어, 상황에 따라 짠테크 소비자가 되기도 하고, 플렉스 소비자가 되기도 하는 이중적인 소비 행태를 보이고 있다는 점이다(소비의 양면성). 이처럼 동일인이 양극화 소비 행태를 보이는 중심에는 '나만의 취향과 가치'가 잠재되어 있다.

그리고 이와 같은 트렌드를 부각시키는 요인(동인)과 소비자의 소비행태, 외식시장에서 나타나는 현상들을 다음과 같이 정리하였다.

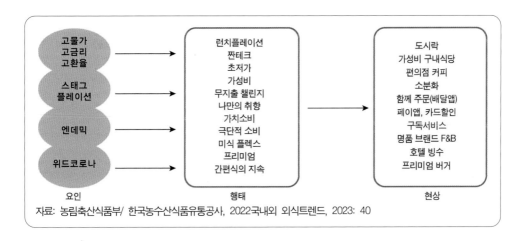

자료: 농림축산식품부/ 한국농수산식품유통공사, 2022국내외 외식트렌드, 2023: 40

---

22) FLEX(구부리다, 몸을 풀다). 재력이나 귀중품 등을 과시하는 행위를 이르는 신조어로, 주로 젊은 층을 중심으로 사용된다. 90년대 힙합 문화에서 래퍼들이 재력이나 명품 등을 과시하는 모습을 이르던 것에서 유래되었다.

☞ **스태그플레이션**

스태그네이션(stagnation: 경기침체)과 인플레이션(inflation)을 합성한 신조어로, 정도가 심한 것을 슬럼프플레이션(slumpflation)이라고 한다.

☞ **엔데믹(Endemic)**

한정된 지역에서 주기적으로 발생하는 감염병으로, 넓은 지역에서 강력한 피해를 유발하는 팬데믹이나 에피데믹과 달리 특정 지역의 주민들 사이에서 주기적으로 발생하는 풍토병을 말합니다.

엔데믹의 '–demic'은 '사람 또는 (사람들이 사는) 지역' 등을 뜻하는 고대 그리스어의 남성형 명사인 'demos'에서 유래된 말이다. 즉, 감염병이 특정지역이나 사람(demos)에 한정된 (en–) 경우를 가리킨다.

☞ **위드 코로나**

강력한 변이 바이러스 출현, 돌파감염 등으로 코로나19 팬데믹이 장기화되면서 대두되고 있는 개념으로, 사회적 거리두기 등을 일부 완화하면서 위중증 환자관리에 집중하는 새로운 방역체계를 뜻한다. 당초 이는 '위드 코로나(With Corona19)'로 일컬어지며 이 용어가 활발히 사용되고 있으나, 우리 정부는 '위드 코로나'라는 용어 자체의 정확한 정의가 없음에도 너무 포괄적이고 다양한 의미로 활용된다며 '단계적 일상회복'이라는 용어를 사용하고 있다.

☞ **런치플레이션 [lunchflation]**

점심(lunch)과 가격 급등(inflation)을 결합한 신조어로 미국에서 생겨났다.

물가 상승으로 직장인들의 점심값 지출이 늘어난 상황을 일컫는다. 코로나19로 재택근무를 하던 직장인들이 다시 출근을 하게 됐는데 이전보다 점심값이 비싸지면서 부담을 느끼게 됐고, 이에 도시락을 싸 오거나 상대적으로 저렴한 메뉴를 선택하는 직장인들이 증가했다.

소비감성 & 마케팅 영역에서 도출된 '경험이 곧 소유' 트렌드의 중심에는 '가치주의'의 확대와 함께 SNS를 중심으로 한 '공유' 문화가 있다고 할 수 있다. 또한, 외식이 단순히 먹는 행위에 집중하는 것이 아니라 외식을 통해 다양한 문화를 접하고, 커뮤니티를 형성하며, 나를 보여주고 공유하는 수단으로 활용되는 등 외식을 통한 니즈와 역할이 점점 확대되고 있다는 점을 부각시켰다.

SNS 상에서 이슈가 된 곳은 반드시 방문해 인증샷을 찍고, 문을 열기도 전부터 줄을 서서 기다리는 오픈런[23] 자체가 하나의 경험이 되고 있다. 이러한 행위의 저변에는 나에 대한 인증과 소장 욕구, 나를 드러내고 싶은 과시욕, 그리고 트렌드를 따라가지 못하면 왠지 소외되고 뒤처진다고 느끼는 포모 신드롬[24], ○켓팅[25] 등이 작용하고 있다. 또한, 이러한 과정 자체를 즐기고 지속적으로 새로운 재미와 경험을 추구하면서 다양한 콜라보레이션이 확대되고, 메타버스를 통한 가상 음식점 이용, 푸드테크를 통한 새로운 경험, 기술의 발달 역시 이러한 트렌드를 부추기고 있다.

그리고 이와 같은 트렌드를 부각시키는 요인(동인)과 외식시장에서 나타나는 현상들을 다음과 같이 정리하였다.

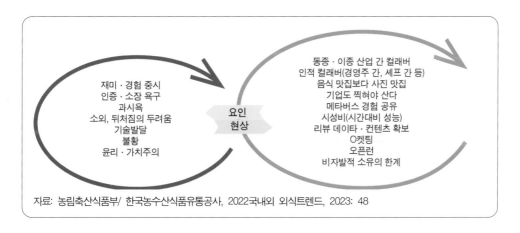

자료: 농림축산식품부/ 한국농수산식품유통공사, 2022국내외 외식트렌드, 2023: 48

메뉴의 영역에서 도출된 '건강도 힘하게'는 코로나19를 계기로 관심이 커진 건강

---

23) open run : 희소성이 높은 명품이나 한정판 상품 등을 구매하기 위해 매장 영업시간 전부터 줄을 서고 개장하자마자 달려가듯 물건을 구매하는 행위를 의미한다.

24) 포모(FOMO: Fear of Missing Out)) 증후군(Syndrome: 병적증상/현상)
흐름을 놓치거나 관계에서 소외되는 것에 대한 불안 증상(현상). 모임, 파티, 이벤트 등에 동참하지 않았다가 나만 기회를 놓치는 게 아닌지 강박적으로 불안해 하는 심리적 상태를 포모라고 한다.

25) ○켓팅은 인기와 희소성을 좇아 S N S에 인증샷 올리기 좋아하는 MZ 세대 트렌드로 자리 잡았다. 희소성을 앞세운 마케팅, 남들에게 과시하고 싶은 욕구의 표출방법으로 시작됨

과 안전, 나만이 아닌 모두를 위한 윤리주의, 환경친화 등 기성세대의 문화로 인식되던 전통주까지 MZ세대를 중심으로 한 젊은 층의 관심은 곧 힙(hip)한 트렌드로 반영한 것이다.[26]

　그리고 이와 같은 트렌드를 부각시키는 요인(동인)과 외식시장에서 나타나는 현상들을 다음과 같이 정리하였다.[27]

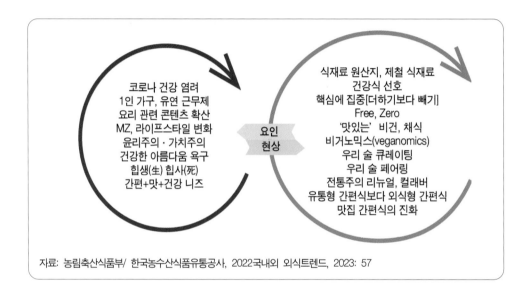

자료: 농림축산식품부/ 한국농수산식품유통공사, 2022국내외 외식트렌드, 2023: 57

　마지막으로 경영 영역에서 도출된 휴먼테크는; 팬데믹 이후 외식업계가 경험하고 있는 경기불황과 인력난을 고려한 해법뿐만 아니라 식품의 생산과정에서부터 뒤처리에 이르기까지 푸드테크에 대한 관심과 활용도가 부각 된 것으로 볼 수 있다.

　이와 같은 트렌드를 부각시키는 요인(동인)과 외식시장에서 나타나는 현상들을 다음과 같이 정리하였다.

---

26) Hip의 뜻은 유행 또는 세상물정에 대해서 잘 알고 통달했다는 뜻을 담고 있다. 여기에 하다를 붙이면 특별한 개성이 있고 새로운 것들을 지향하다라는 의미가 된다.
　고유한 개성과 감각을 가지고 있으면서도 최신 유행에 밝고 신선하다.
27) 비거노믹스: Vegan(채식주의자)'과 'Economics(경제)'를 합친 말로, 채식주의자를 대상으로 하는 경제 산업을 일컬으며 동물성 재료를 사용하지 않고 제품을 생산하는 전반적인 산업을 뜻한다.

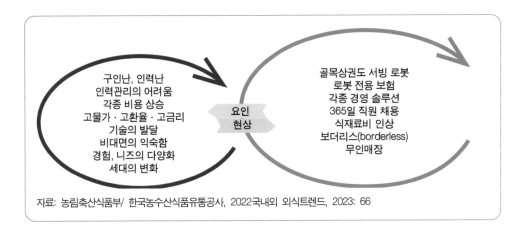

자료: 농림축산식품부/ 한국농수산식품유통공사, 2022국내외 외식트렌드, 2023: 66

그리고 '2024 식품외식산업 전망대회'에서 '미리 보는 2024 외식 트렌드' 주제 발표를 통해 아래의 〈표 13-2〉와 같이 2024년 외식경향의 핵심어 변화를 제시하였다.

〈표 13-2〉 **2024년 외식경향의 핵심어(Keyword) 변화**

외식형태 영역	소비감성 & 마케팅 영역	메뉴의 영역	경영 영역
N극화 취향시대	스토리 탐닉	Healthy & Easy	다각화 & 다변화

출처: 식품외식경제(http://www.foodbank.co.kr)

이와 같은 핵심어의 도출 기저에는 2020~2022년까지 지속된 코로나의 영향에서는 벗어났지만, 전쟁으로 인한 국제 정세의 불안, 전 세계적인 인플레이션, 경기침체, 고물가, 고금리, 그리고 인력난 등이 외식시장에 미친 영향을 반영된 것이다.

먼저, 외식형태 영역에서 도출된 'N극화 취향시대'를 구성하는 하부 핵심 단어들은『고물가 생존시대, 편외족(편의점 외식족), 가성비프리미엄, Mini & Big』등이다.

그리고 소비감성 & 마케팅 영역에서 도출된 '스토리 탐닉'을 구성하는 핵심 단어들은『경험 스펙트럼의 확장, Loconomy(local + economy), 팝업 다이닝, 힙해진 전통시장, 그리고 Since』등이다.

메뉴의 영역에서 도출된 'Healthy & Easy'를 구성하는 하부 핵심 단어들은『건강식의 확대, 경계없는 간편식, 전통간식(후식), 라인업 늘리는 대체식』등이다.

마지막으로 휴먼테크의 영역에서 도출된'다각화 & 다변화'를 구성하는 핵심 단어들은 『푸드테크의 지속 확장, 배달시장 생존 경쟁, 인력 블랙홀, 급식의 외식화, Re-전략』 등이다.

먼저, 2024년 국내 외식산업의 트렌드 키워드를 '공존'[28]으로 선정했다. 그리고 공존의 내용을 국내 트렌드와 해외 트렌드의 공존, 기성세대와 신세대 소비형태의 공존, 외식 & 비즈니스의 공존, 그리고 외식장소에서의 공존을 들었다.

외식형태 영역에서 도출된 네 개 분야의 핵심 단어를 구성하는 하부 핵심단어의 내용을 다음과 같이 정리해 본다.

첫째, 외식형태 분야에서 'N극화 취향시대'를 핵심적인 외식 트렌드로 선정하였다. 트렌드 코리아 2023에서는 MZ세대의 키워드를 평균실종에 따른 'N극화 현상'이라고 뽑았다.

나노 사회와 유사한 뜻을 가진 N극화는 양극화에서 더 나아가 취향이 무한대로 나뉠 수 있는 것을 의미하는데 나만의 취향, 개성대로 결정하고 행동하는 것을 N극화라고한다.

그리고 개인보다는 집단이 중요했던 과거와 달리 MZ세대들은 나와 개성에 대한 가치관이 중요해지면서 브랜드를 고를 때에도 취향이나 선택이 다양하게 나타나고 있다고 이 현상을 설명했다.

둘째, 소비감성 & 마케팅 분야에서 도출된 '스토리 탐닉'은 고객이 우리 업소를 방문해야 하는 이유를 만들어 주는 것이 중요하며, 고객의 흥미를 유발 시키는 새로운 경험이 공유 요소다.

셋째, 메뉴의 영역에서 도출된 'Healthy & Easy'는 환경과 동물복지, 건강, 그리고 편의에 대한 관심이 높아지면서 채식과 대체육, 간편식과 무인 매장, 밀키트 등이 언급되었다.

마지막으로 휴먼테크의 영역에서 도출된 '다각화 & 다변화'는 인력난과 고인건비의 대응책으로 푸드테크의 활용을 점차 늘려가고 있다. 즉, 외식사업 운영의 전 영역에서(생산, 서비스, 관리) 인적자원 의존도를 낮추고 기술의존도를 높이는 추세를 반영한 것이다.

---

28) 서로 도와 함께 존재함. 두 가지 이상의 사물이나 현상이 함께 존재함.

제3절 식생활 트렌드의 군집

1. 외식 트렌드의 실제

앞서 살펴본 생활 패러다임의 기조, 기업과 소비자 의식의 발전 경로, 식생활에 대한 가치평가의 변화, 트렌드의 예측, 그리고 외식 경향(trends) 핵심어의 변화 등은 나 중심, 건강 중심, 환경에 대한 배려, 윤리와 가치, 그리고 기술이 중심에 자리매김 하고 있음을 알 수 있다.

그리고 단행본과 연구보고서에서 식품과 관련된 키워드를 탐색해 보면; 나를 위한 소비, 건강과 안전, 안정(安靜: 육체적 또는 정신적으로 편안하고 고요함), 편리 성(간편성), 자연의 건강(환경, 지속 가능, 윤리, 동물복지, 공정무역 등), 프리미엄화 (Premiumization), 그리고 Food Tech[29] 등과 같은 핵심어들이 많이 등장하고 있다.

그러나 음식 선택과 식당 선택은 다른 관련 변수의 의존보다는 상황 관련 변수에 의존하는 정도가 높다는 사실을 인식해야 한다.

상황 지향적인 접근에서는 소비자를 지속적인 특성을 가진 개인으로 보지 않고, 일상생활에서 많은 역할을 하는 특정인으로 보고 있기 때문이다. 또한, 소비자들은 상황에 따라 각각 다른 의도와 바람을 가지고 있기 때문에 각 상황에 적합한 다른 상품이 요구된다는 점이다. 그래서 식당 선택과 식품의 구매에서 상황 지향적인 접근이 소비자 지향적인 접근보다 우선 고려되어야 한다고 주장하기도 한다.

또한, 실제 소비 현장에서는 소비자를 둘러싸고 있는 주변 환경은 지속적으로 변화하고 있다. 그리고 식생활 트렌드는 특정 시점의 특정 이슈에 따라 영향을 받으 며, 지속, 강화, 약화, 소멸, 확대, 융합 등이 반복된다.

그리고 그 특정 이슈에 부합하는 또는 그 이슈에 대한 해결방안이 그 시점에서의 식과 관련된 경향에 대한 주요 핵심어가 된다.

---

29) 식과 관련된 트렌드로 최근 들어 많이 등장하고 있으나, '식과 Food Tech'라는 별도의 장에서 다루기로 한다.

여기서는 식생활과 관련된 트렌드를 군집하기 위한 키워드를 보편적으로 편리, 가치, 다양성, 건강과 친환경, 안전, 그리고 고급지향으로 유추(같은 종류의 것 또는 비슷한 것에 기초하여 다른 사물을 미루어 추측하는 일)해 보았다.

이 중 편리, 가치, 다양성은 일반화된 현상으로 본다. 그리고 고급화는 어느 시대에나 존재하는 트렌드로 보기 때문에 최근 들어서는 큰 호응을 받지 못하고 있다. 그러나 식과 관련된 소비 현장에서 일어나고 있는 현상들을 관찰하면 인간과 자연의 건강, 편리성, 가치지향, 다양성, 그리고 고급지향은 식생활 트렌드의 고정된 축을 이루고 있음을 알 수 있다.

1) 가치지향

최근 가치 지향적인 소비를 추구하는 소비자가 증가하고 있다.

가치 소비는 자신이 중요하다고 여기는 가치에 대한 문제이다. 사람마다 지향하는 가치가 다르고 그 의미도 각각 다를 수 있기 때문이다.

가치(價値)는 일반적으로 좋은 것, 값어치·유용(有用)·값을 뜻하며, 인간의 욕구나 관심을 충족시키는 것, 충족시키는 성질(사물이나 현상이 가지고 있는 고유의 특성), 충족시킨다고 생각되는 것이나 성질을 말한다.

사람들이 어떠한 재화와 서비스를 구입하는 것은 그 재화가 필요하기 때문이며, 이러한 필요를 충족시키는 것을 그 재화의 가치라고 표현할 수 있다. 또한 재화는 시장에서 상품으로 거래되며 각각의 상품은 가격을 형성한다. 이러한 가격을 결정하는 것을 그 상품의 가치라 할 수 있다.

가치 소비는 소비자가 광고나 브랜드 이미지에 휘둘리지 않고 본인의 가치 판단을 토대로 제품을 구매하는 합리적인 소비 방식을 말한다. 가치 소비자는 본인이 가치를 부여하는 제품에 대해서는 과감하게 소비하되, 그렇지 않은 제품에 대해서는 저렴하고 실속 있는 제품을 선호한다.

즉, 가치 소비는 남을 의식하는 과시 소비와는 다르게 실용적이고 자기 만족적인 성격이 강하며, 무조건 아끼는 알뜰 소비와는 달리 저렴한 상품이 아닌 가격대비 만족도가 높은 제품에 대해서는 과감하게 소비한다. 또한, 가치 소비를 추구하는 사람들은 상품가격이 비싸더라도 환경이나 사회적 가치에 충실한 제품을 구매한다.

예를 들어 친한경 마크를 부착한 상품, 사회적 약자를 고용하는 기업 제품을 소비하거나, 폐기물을 재활용하는 업사이클링, 이산화탄소 배출을 줄인 저탄소 제품 등을 소비하는 등의 사례들이 모두 가치 소비라고 할 수 있다.

이 같은 틀 속에서 가치지향에 대한 동인을 보다 구체적으로 살펴보면 아래와 같다.

> ① 성숙한 소비자, ② 소득수준의 향상, ③ 미닝아웃 소비(meaning out)[30], ④ 그린슈머 출현(greensumer)[31], ⑤ 높아진 동물복지, ⑥ 공정거래, ⑦ 인류의 건강과 지구환경, ⑧ 자기지향(자신의 개인적 관심이나 욕구를 충족하도록 행동하는 유형)과 실용성 등

2) 편리(convenience)지향

편하고 이로우며 이용하기 쉬움으로 정의된다. 모든 영역에서 편리는 이제 일반화되었다.

일반적으로는 편의성은 편리성·편리함 등과 동의어이지만, 식품과 관련된 편의는 넓은 의미로 사용된다. 그래서 편의식품(convenience foods)은 우리들의 식생활에 일반화된 즉석(卽席)식품, 가공식품(Processed foods) 등과 같은 의미로 이용되고 있다.

편의는 소비자가 식품을 선택함에 있어 영향을 미치는 중요한 결정적인 요소 중의 하나이다. 그런데 편의에 대한 명확한 정의가 없다. 그래서 많은 학자들이 시간[32]을 변수로 이용하고 있다. 이러한 관점을 반영한 최근의 연구에서는 편의를

---

30) 신념을 뜻하는 미닝(meaning)과 벽장에서 나온다는 뜻의 커밍아웃(coming out)의 합성어로 소비를 통해 개인의 신념과 가치관을 드러내는 소비를 의미한다.
31) '그린슈머'란 자연을 상징하는 말인 '그린(green)'과 소비자라는 뜻을 가진 '컨슈머(consumer)'의 합성어로, 친환경적인 제품을 구매하는 소비자를 말한다.
32) 편의는 세 가지 구성요소로 되어 있다. ① 시간, ② 물리적 에너지, ③ 정신적 에너지

완전히 준비된 또는 부분적으로 준비된 음식(식품)으로 준비 시간, 조리기술, 또는 투입되는 에너지가 가정 주방에서 식품 가공업자(food processor)와 공급자(distributor)에게로 이관된 것이라고 정의하기도 한다. 그래서 편의를 시간 절약뿐만 아니라 투입되는 에너지의 절약, 조리기술의 이관까지를 포함시킨다.

소비자들은 의사결정 단계에서부터 제품과 서비스를 구매 또는 소비한 이후의 편의까지도 제품과 서비스의 구매와 이용에 고려한다는 점을 감안하면 편의식품이 갖춰야 할 조건을 알 수 있다.[33] 즉 구매하기가 편리해야 하고(접근성과 정보성), 운반하기가 편해야 하고(포장, 배달: 이동성), 저장하기가 편해야 하고(저장성), 준비하기가 편해야 하고(전처리식품, 완전준비된 식품), 조리하기가 편해야 하고(조리의 간편성과 용이성), 먹기가 편해야 하며(사용/이용), 치우기가 편해야 한다는 조건을 말한다. 즉 무엇을 먹을까를 생각(걱정)하는 단계에서부터 식사를 마치고 그릇을 치우고 쓰레기를 치우는 과정까지(process or sequence of events)의 편의개념을 말한다.

이 같은 틀 속에서 신속·편의에 대한 동인을 보다 구체적으로 살펴보면 아래와 같다.

① 고령화(ageing population), ② 가구구조의 변화(changing household structure), ③ 1인 가구와 독신자의 증가, 개인주의 지향, ④ 여성의 사회활동 참여와 장시간 노동, ⑤ 소비자의 경제적인 부의 축적과 기술의 소유, ⑥ 개인들의 조리기술의 퇴보, ⑦ 새로운 것에 대한 갈망, ⑧ 전통적인 식사패턴의 붕괴, ⑨ 가치지향, ⑩ 효율성 지향, ⑪ 생활 스트레스의 증가, ⑫ 시간의 압박, ⑬ 라이프스타일의 변화, ⑭ 인식의 변화, ⑮ 가사노동의 서비스/외부(外部)화, ⑯ Grazing 현상[34], ⑰ 식품가공기술과 유통기술의 혁신 등을 들 수 있다.

---

33) 일반적으로 편의를 결정단계의 편의(decision convenience), 접근의 편의(access convenience), 거래의 편의(transaction convenience), 효익의 편의(benefit convenience), 그리고 사후(事後)효익의 편의(post-benefit convenience)등과 같이 다섯 부분으로 정의하고 있다.

34) 하루 동안 여러 번에 걸쳐 가벼운 식사를 하는 것. 또는, 몇 가지 전채 요리를 주식 삼아 먹는 것. 동사형은 Graze, 이러한 식사를 하는 사람을 가리키는 명사형은 Grazer이다.

3) 다양성(diversity)지향

다양성(多樣性)이란 "모양, 빛깔, 형태, 양식 따위가 여러 가지로 많은 특성. 다양한 특성"이라 정의된다.

사회가 복잡해지고 산업화와 정보화가 진행되면서 사람들의 삶의 방식도 점점 다양해지고 있다. 다양성은 우리 사회를 이끄는 중요한 트렌드로 자리매김하고 있다.

우리들은 1인 다색(多色)의 시대로 변화하면서 개인의 개성표출 방법이 계속 증가하고 있음을 느끼고 있다. 또한, 라이프스타일이 세분화 됨에 따라 개인용 상품에 대한 수요가 계속 증가하고 있음도 경험하고 있다.

모든 의사결정의 중심에 나 중심(I/My/Me/Myself: Individualism) 사상이 자리매김 해 가고 있는 이 시점에서 모두를 위한 상품은 별 의미가 없다. 그리고 공급이 수요를 초과하는 시장 논리에서도 경쟁의 우위를 지키기 위한 다양화 전략은 다각도로 검토되고 있다. 그리고 모든 것에 쉽게 싫증을 느끼는 오늘날 소비자의 기대를 충족시키기 위해서라도 상품과 서비스의 개발에 다양성이라는 변수는 그 중요도가 높은 변수이다. 때문에 다양성 지향이라는 트렌드는 지금 우리 사회에 지배적인 트렌드가 되고 있다.

우선, 다양성 지향 트렌드를 이끄는 동인을 탐구해 보면 아래와 같다.

① 생활수준의 향상, ② 식생활 스타일의 지구화, ③ 나 중심 사상, ④ 경쟁과 차별화의 논리, ⑤ 열린 세계시장 지향, ⑥ 세계 소비문화 또는 사회(Global consumer culture or society), ⑦ 교통수단의 발달, ⑧ 정보통신의 발달, ⑨ 외국여행의 활성화, ⑩ 인적/물적 교류의 증가, ⑪ 문화의 다원주의, ⑫ 다문화 사회, ⑬ 국제결혼의 증가, ⑭ 식품과 유통 관련 기술의 발달, ⑮ 차이와 정체성 인정, ⑯ 학습경험의 증가, ⑰ 새로운 것에 대한 소비자의 기대와 갈망 증가, ⑱ 환상모험 욕구 등이다.

이 같은 동인들은 디지털 혁명, 거리의 소멸(Death of distance) 등과 함께 사람들의 활동에 가했던 가장 중요한 제한 중 하나인 지리적인 제한이 사라졌다는 점과 글로벌 커뮤니케이션의 일상화 등에서 찾을 수 있다. 또한, 교통수단의 발달로 지리적 이동이 역사상 그 어느 때보다 쉬워지면서 사람들이 여러 가지 다른 시각에서 세상을 바라볼 수 있게 되었다. 그리고 이러한 변화가 기본적인 가치관을 포함한 사람들 각자의 문화가 시간과 공간에 대해 상대적이라는 인식을 불러온 데서 찾을 수 있다.

식과 관련된 다양성 지향 트렌드를 언급함에 있어서 퓨전[35]과 민족음식(ethnic food)에 대한 언급을 많이 한다.

퓨전(Fusion)이란 단어의 사전적 원래의 뜻은 이종교배, 용해, 혼합이라는 뜻으로 장르간의 벽을 넘나든다는 뜻을 가진 크로스오버(Cross Over)와도 같은 의미로 쓰였다. 서구에서는 이미 70년대부터 음식, 미술, 패션 등 문화 전반에 걸쳐 자리 잡은 하나의 문화 현상이다.

퓨전은 말 그대로 다양한 음식 재료와 조리 방법이 혼합된 요리로서 동서양의 조리기법과 재료 중 장점을 모아 자국의 입맛에 알맞게 변형시킨 것이다.

퓨전 음식의 의미는 크게 두 가지로 볼 수 있는데, 넓게는 서로 다른 문화권의 음식재료와 요리기법 등이 혼합된 음식을 의미한다. 그리고 좁게는 미국 캘리포니아에서 주로 발달한 요리기법을 일컫기도 한다.

그리고 Ethnic은 민족적이란 뜻이다. 주로 패션이나 음악 등의 분야에서 60~80년대에 걸쳐 유행했으며, 최근 음식에까지 이르게 된 것이다.

민족(Ethnic) 음식은 각 나라의 고유한 음식으로 주로 동남아시아, 중동지역, 아프리카, 중남미, 서아시아 등과 같은 제3 세계의 비(非)기독교권 지역의 전통음식을 가리킨다. 민족적인 특성으로 인해 다분히 소박함이 살아 있는 것이 민족음식의

---

35) 퓨전(Fusion)이란?

   퓨전(Fusion)이란 단어의 사전적 원래의 뜻은 이종교배, 용해, 혼합이라는 뜻으로 장르간의 벽을 넘나든다는 뜻을 가진 크로스오버(Cross Over)와도 같은 의미로 쓰임. 서구에서는 이미 70년대부터 음식, 미술, 패션 등 문화 전반에 걸쳐 자리 잡은 하나의 문화 현상이다.
   퓨전은 말 그대로 다양한 음식 재료와 조리 방법이 혼합된 요리로서 동서양의 조리기법과 재료 중 장점을 모아 자국의 입맛에 알맞게 변형시킨 것이다.
   퓨전 음식의 의미는 크게 두 가지로 볼 수 있는데, 넓게는 서로 다른 문화권의 음식재료와 요리기법 등이 혼합된 음식을 의미한다. 그리고 좁게는 미국 캘리포니아에서 주로 발달한 요리기법을 일컫기도 한다.

특징이자 매력이다.

또한, 민족적인 음식을 Melting Pot(많은 사람·사상 등을 함께 뒤섞는 용광로 또는 도가니라는 뜻)으로 칭하기도 한다. 그런데 민족음식이 주류사회에 진입 (Ethnic goes mainstream)하는 속도가 빨라지고 있다. 초창기에는 독특한 맛과 이국 적인 맛을 볼 수 있는 기회로 분위기와 서비스가 나쁘더라도 이해되곤 했다. 그러나 지금은 예외가 없이 모든 식당을 같은 잣대로 평가하고 있다. 즉 민족음식이 주류사 회에 침투하여 차츰 일반화(대중화)되고 있다는 의미이다.

그래서 다양성과 이국지향이라는 두 가지의 트렌드가 상황에 따라 같은 의미로 이용되기도 한다. 그러나 이국지향 트렌드는 다양성 지향 트렌드의 하부를 구성하 는 하나의 변수로 볼 수 있기 때문에 다양성 지향 트렌드로 군집해 본다.

4) 건강과 안전, 환경지향

건강을 "정신적으로나 육체적으로 아무 탈이 없고 튼튼함. 또는 그런 상태"로 정의하고 있다. 즉 질병이 없을 뿐만 아니라, 신체 및 정신적인 상태가 완벽하여 사회적으로 정상적인 생활이 가능한 것을 건강의 개념으로 보고 있다.

최근 들어 선진국을 중심으로 육류소비의 증가는 인간의 건강뿐만 아니라, 자원 과 환경에도 부정적인 영향을 미친다는 점을 지적하고 있다. 예를 들어 인구 증가는 육류소비의 증가를 가져온다. 육류소비의 증가는 더 많은 육류의 생산을 요구하게 된다. 더 많은 육류를 생산하기 위해서는 더 많은 사료가 필요하고, 사료 생산과정 에서 투입되는 천연자원을 고갈시키고/오염시켜 지속 가능한 지구를 다음 세대에 게 물려줄 수 없게 만든다는 문제점을 지적하고 있다. 그래서 육류소비를 최소화 할 수 있는 방안으로 대체육과 배양육의 개발/보급, 곤충의 식용화 촉진, 채식주의 권장 등을 대안으로 제시하고 있다.

생활 수준의 향상과 직·간접적인 학습경험의 증가로 먹는 것과 건강에 대한 관심이 증가하고, 소득상승과 인구 고령화로 인해 삶의 질(quality of life)에 대한 욕구가 강해지고 있다. 또한, 물질주의적인 가치관이 자유, 생태계의 건강, 영적인 경험 등 삶의 질을 결정하는 비경제적인 측면들을 강조하는 물질주의 이후의

(post-materialist) 가치관으로 바뀌어 가고 있다. 게다가 기후변화와 코로나 19와 같은 질병의 발현 등은 건강과 환경문제에 대한 경각심을 불러일으키고 있다.

이 같은 가치관과 라이프스 타일의 변화는 여러 영역에서 보다 구체적으로 나타나고 있다. 예를 들어 소득상승과 인구고령화로 인해 삶의 질(quality of life)에 대한 강해진 욕구. 육체적·정신적 건강의 조화를 통해 행복하고 아름다운 삶을 영위하려는 사람들의 욕구 증가. 영양가와 기호(嗜好) 가치보다는 생태학적 측면에 대한 더 높은 관심. 지속성과 환경친화성을 지향하는 생활양식. 생활축소현상의 가시화. 자연귀속에 대한 관심의 고조. 엘리트 소비자(elite consumers) 비중 증가. 정신적인 성숙. 참살이(well-being)와 로하스(LOHAS: Lifestyles of Health and Sustainability)가 사회적 이슈로 등장하는 것 등이다.

또한, 영양(nutrition) + 건강(health) + 미용(beauty) + 환경 = 새로운 자연주의 탄생, 소비자 감시와 매스미디어의 영향으로 식품안전에 대한 문제의 지속적인 제기, 식품안전에 대한 공포의 기류의 증가, 식품안전과 관련된 규제의 증가, 식품 분야와 건강분야의 경계가 사라져 융화되고 있는 등의 변화가 건강과 안전지향/환경지향 트렌드를 잘 설명하고 있다.

건강과 안전, 그리고 환경지향 트렌드는 1980년대 중반 유럽에서 시작한 슬로푸드(slow food) 운동이 전 세계적으로 확산되고 있고, 천연허브, 향토(지역)음식, 천연조미료, 대체의학, 동양의학이 강조되고 있으며, 친환경 제품과 농산물, 자연산, 무첨가, 각종 인증식품, 지속가능한 식품(채식과 동물복지), 유기농산물 사용이 증가하고 있고, 블랙푸드(black food), 로컬푸드, 팜 투 테이블, 채식주의, 안전성, 기능성 식품, 인간과 자연의 건강과 조화 등의 붐으로 이어지고 있다.

최근에는 식품 기술에 힘입어 인류의 건강과 동물복지, 지구환경을 내세운 대체육, 배양육, 식용곤충 등이 건강과 안전, 그리고 환경지향 트렌드의 동인으로 소개되고 있다.그 중 대표적인 내용들이 식물성 식재료 등을 이용해 만드는 대체육[36]과 대체계란, 대체생선[37], 대체우유 등 다양한 대체식품과 식당 등이다.

예를 들어, 신세계 푸드는 '베러미트' 와 캐주얼레스토랑 '더 베러 베키아에누보', CJ제일제당의 '플랜테이블(PlanTable)', 풀무원의 '식물성 지구식단'과 비건 레스토랑 '플랜튜드', 농심의 '베지가든(Veggie garden)', 동원 F&B의 '마이플랜트' 와 비욘드미트 대체육 제품을 국내에 수입·공급하는 등 주요 기업들이 식물성 대체식품 브랜드 개발과 판매에 관심을 높이고 있다.

또한, 자연재료, 친환경 제품과 식품에 대한 재평가, 유기농 재료로 만들어진 식품만 파는 홀푸드 마켓(whole food market)의 등장, 식품에 대한 각종 인증제도, 방부제나 MSG 등 화학성분이 든 제품 배제, 기능성 식품, 지역, 향토, 가정식, 자연산, 천연, 원산지, 기능, 영양가, 약선, 전통방식, 토종, 건강, 향수, 계절성, 시골 등과 같은 단어들을 이용한 식당 Concept과 식품개발, 정통성(authenticity), 자연성(natural), 원조(original), 소박한(humble), 손이 덜 간(unrefined), 촌스러운(rustic), 투박한(vulgarity), 소박한(unsophisticated), 거친(coarseness), 껄껄한(harshness) 등의 어휘를 이용하여 소박하고, 투박하고, 질박한 느낌을 주는 제품들을 만들어가고 있다.

또한, 기후변화, 생태계 파괴, 환경오염, 전염병, 광우병, 조류독감, 음식공해, 불량식품, 유전자조작 농산물과 식품 등에 대한 소비자들의 염려가 극에 달하고 있어 식품안전에 대한 기준이 생산에서 소비에 이르는 전 과정으로 확대되어가고 있다. 그 결과 농산물의 생산 및 수확 후 처리 과정에서 농약, 중금속, 미생물 등 식품 안전성을 저해하는 요소들을 종합적으로 관리하는 GAP(Good Agricultural Practices) 제도도 도입되었다.

---

36) 싱가포르, 실험실에서 키운 '닭고기' 승인. 2020년 12월 싱가포르 정부 당국은 미국의 배양육 스타트업 잇저스트의 배양 닭고기 판매를 허용했다. 잇저스트는 배양육 브랜드 굿미트를 통해 싱가포르 현지 생산업체와 손잡고 세포배양 닭고기로 만든 치킨너깃 등을 시장에 선보였다.
자료: https://www.bbc.com/news/business-55155741
37) 대체생선은 국내에서 아직 초기 단계이지만 해외에서는 이미 보편화하고 있다. 생선 등 해산물 섭취 시 우려하는 중금속, 미세플라스틱 등 유해물질에 대한 걱정이 없어 건강식으로도 주목받고 있다. 세계 2위 식품 기업인 미국의 육류 기업 타이슨푸드는 2019년 식물성 새우 제조업체 뉴웨이브푸드에 투자했고, 스위스 식품 기업 네슬레는 2020년 식물성 참치 '부나(Vuna)'를 출시했다. 스페인의 스타트업 미믹씨푸드는 토마토와 해조류 추출물 등을 이용해 대체참치회 '튜나토(Tunato)'를 만들었다. 또 프랑스 식품 기업 오돈텔라는 해조류와 완두콩 단백질을 원료로 오메가3가 풍부한 훈제 연어 '솔몬(Solmon)'을 선보이기도 했다.

향후 이 같은 식품의 이력추진제도가 도입되면 품종, 재배방법, 농약사용량, 생산자, 유통과정 등이 제품 바코드에 모두 기록되어 소비자들이 농산물 생산 및 유통 이력을 쉽게 파악할 수 있게 된다는 것이다. 즉, 식품 이력에 대한 투명성을 요구하고 있다.

또한, 자신의 건강과 자연의 건강, 그리고 윤리적인 측면에서 채식을 즐기는 다양한 유형의 채식주의가 많아진다고 한다.

〈표 13-3〉 채식주의(Vegetarianism) 유형에 따른 허용/불허용식

유형		허용식(○)	불허용식(×)	허용/불허용식
베지테리언	비건(Vegan)	• 채식	• 육류 • 육류 부산물(젤라틴, 동물용 배지) • 동물 부산물(우유·유제품, 꿀)	
	락토(Lacto) 베지테리언	• 우유·유제품	• 육류 • 육류 부산물(젤라틴, 동물용 배지) • 특정 동물 부산물(달걀)	
	오보(Ovo) 베지테리언	• 달걀	• 육류 • 유제품 부산물(우유, 치즈)	
	락토-오보 (Lacto-ovo) 베지테리언	• 달걀 • 우유·유제품	• 육류	
세미(semi) 베지테리언	폴로테리언 (Pollotarian)	• 가금류 및 조류 • 달걀·유제품	• 붉은 육류(소고기, 양고기, 돼지고기, 사슴고기) • 생선 및 해산물	
	페스코테리어 (Pescatarian)	• 생선 및 해산물 • 달걀·유제품	• 붉은 육류 • 가금류 및 조류	
	플렉시테리언 (Flexitarian)	• 경우에 따라 육류 제품 섭취	-	

출처: https://vegetarian-nation.com/
https://www.foodcerti.or.kr/certificate/vegan

채식주의(菜食主義, 영어: vegetarianism, veganism)는 인간이 동물성 음식을 먹는 것을 피하고, 식물성 음식만을 먹는 것을 뜻한다. 그리고 채식주의자(Vegetarian)는 육식을 피하고(일부 채식주의 단계에서는 닭고기나 가끔의 육식 허용) 식물을 재료로 만든 음식만을 먹는 사람을 이르는 말이다.

동물보호주의, 생태주의나 반자본주의, 자연보호, 정신수양 등의 관점에서 채식을 주장하는 서양과는 달리, 한국에서는 주로 건강을 위해 채식을 하는 경우가 많다. 먹는 음식에 따라 채식주의자 유형을 분류하는 기준은 다양하다.

〈표 13-3〉은 채식주의자의 유형을 분류한 기준으로 인용빈도가 높은 유형분류이다.[38]

〈표 13-3〉에서 제시한 바와 같이 채식주의자(vegetarian)는 식품섭취를 허용하는 범위에 따라 7가지 수준으로 분류되며, 섭취 허용범위가 가장 엄격한 순으로 정리하면 다음과 같다.

① 비건(Vegan)
  - 순수 채식주의자를 뜻하며, 어떠한 종류의 육류도 섭취하지 않음
  - 육류와 생선은 물론이고 달걀, 유제품, 꿀 또는 젤라틴과 같은 동물 유래 성분을 포함한 가공식품도 섭취하지 않음
② 락토 베지테리언(Lacto-vegetarian)
  - Lacto는 우유를 뜻하는 라틴어로부터 유래한 것으로, 우유와 같은 유제품은 섭취하되 다른 동물제품(붉은 육류, 흰 육류, 생선, 조류 또는 달걀)을 전혀 섭취하지 않음
  - 비건의 허용 품목에서 유제품(치즈, 우유, 요거트 등)만 더하면 락토가 됨
③ 오보 베지테리언(Ovo-vegetarian)
  Ovo는 알(달걀)을 뜻하는 라틴어로부터 유래한 것으로, 달걀의 섭취는 허용하되, 육류, 생선, 조류 및 유제품은 전혀 허용하지 않음

---

38) Vegans/Occasional-Vegetarians/Semi-Vegetarians/Pesco-Vegetarians/Lacto-Ovo Vegetarians/Lacto-Vegetarians/Raw Foodists/Fruitarians으로 분류하기도 한다.

④ 락토-오보 베지테리언(Lacto-ovo-vegetarian)

유제품과 달걀을 모두 섭취하는 채식주의자로, 가장 일반적으로 알려진 채식주의자임

⑤ 폴로테리언(Pollotarian)

"semi-vegetarian" 식단으로, 동물 가운데 가금류(닭이나 오리 등)만 허용한 채식주의

⑥ 페스코테리언(Pescetarian 또는 Pescatarian)[39]

"semi-vegetarian" 또는 "flexitarian" 식단으로 간주하며, 기술적으로 채식주의자의 유형은 아니지만, 생선 및 해산물의 섭취를 허용함(즉, 육류, 가금류를 제외한 모든 식품 섭취

⑦ 플렉시테리언(Flexitarian)

기본적으로 채식을 하며, 허용된 기준 안에서만 육류 제품을 섭취하기도 함

건강과 안전, 환경지향 트렌드는 가치지향 트렌드와 상당 부분이 겹친다. 그 결과 가치를 어떻게 해석하느냐에 따라 건강과 안전, 환경지향 또는 가치지향 트렌드로 군집할 수 있다.

5) 고급지향

고급의 사전적 의미는 '물건이나 시설의 품질이 뛰어나고 값이 비쌈', '지위나 신분 또는 수준이 높음'이라고 되어있다. 일반적으로 소득수준이 향상되면 식과 관련해서 다음과 같이 3가지 변화가 일어난다고 한다.

- 곡류에서 축산물로의 이행처럼 칼로리 단가가 낮은 식품군에서 칼로리 단가가 높은 식품군으로 이행한다.
- 동종의 식품군 내에서도 보다 단가가 높은 식품군으로 이행한다.

---

39) Pescetarianism(/ˌpɛskəˈtɛəri.əˌnɪzəm/;sometimes spelled pescatarianism). 그리고 "pesco-vegetarian,"로 묘사되기도 한다.

- 일반제품에서 브랜드로 이행한다.

소비란 사람들이 자신의 욕구와 필요를 충족시키는 가장 기본적인 경제활동으로 고려한다. 그러나 소비 그 자체가 기본적인 생활유지를 위한 경제행위를 넘어서게 됨에 따라 소비를 단순히 경제행위로만 간주하기는 어렵게 되었다. 이러한 점에서 한 개인의 소비행위는 타인의 소비행위에 영향을 주는 동시에 타인의 소비행위에 영향을 받는 사회적 행위이다. 따라서 고급소비 문제를 이론적으로 접근하기 위해서는 소비를 사회적 현상으로 인식해야 할 필요가 있다. 이는 인간의 소비행위를 타인과 '구별 지으려는 욕구'와 이를 '모방하려는 욕구'로 파악한다.

학문 분야별 고급소비의 요인과 기능을 살펴보면 〈표 13-4〉와 같다.

〈표 13-4〉 **학문분야별 고급소비의 요인과 기능 정의**

분야(학자)	요인	기능
경제학 (좀바르트/ 미제스)	• 인간의 사치와 사랑과 혁신에 대한 욕구	• 자본주의 시장과 자본형성에 기여 • 사치재를 대중화시키는 경제적 효과
경제 · 사회학 (베블렌)	• 유한계급의 과시적 소비요구	• 자신이 속한 귀속계층의 확인 • 명성과 체면유지 수단
사회학 (부르디외/보드리야르)	• 하위계층과 구별지으려는 욕구	• 상류층의 우월성 확인 • 하위계층과의 사회적 차이 확인
인류학 (매크래켄)	• 지위 구분 욕구	• 상류층의 지위 • 타계층과의 지위차별화 수단

자료: 이상민 · 최순화, 소비시장 고급화와 기업의 대응, 정책 2001-15-0764, 삼성경제연구소, 2001, 3, p.16

소비자들이 왜 사치품(고급제품)을 선호하고 구매하는지를 이론적으로 접근한 고급소비 분석틀을 보면, 정보처리모델, 정서적가치모델, 그리고 상징적 상호작용모델로 구분한다. 이 중 정보처리모델과 상징적 상호작용모델을 소개한다.

정보처리모델은 소비자가 각 상품의 속성가치정보를 분석하여 평가, 선택함으로써 효용을 극대화한다는 것을 전제로 한다. 사치품/명품의 구매를 유도하는 제품의 속성(사물의 특징이나 성질)에는 가격과 품질, 상품의 희소성, 원산지(COO: country of origin) 등이 있다.

- 가격-품질 효과(price-quality effect)

  고가격이라는 특성이 고품질을 암시하는데서 얻을 수 있는 효과이다. 높은 가격이 더 나은 품질의 증거로서 작용하므로 가격-품질 체계가 강한 소비자는 고가품일수록 구매욕구가 증대되어진다.

- 원산지 효과

  소비자들 사이에는 일반적으로 공유되는 원산지로서의 국가 이미지가 있는데, 즉 경제적으로 우위에 있는 나라에서 생산되어진 물건일수록 품질 면에서 뛰어나다는 것이다. 후광효과(halo effects)를 얻을 수 있다. 그러나 산업이나 상품 종류에 따라 생산지로서 국가 이미지는 변하게 된다.

- 희소성 효과

  인간은 자신과 다른 사람들과의 동질성과 이질성에 대한 욕구가 있으며, 적절한 수준의 동질성이나 이질성을 느낄 때에 최고의 정서 상태에 다다르게 된다. 또한, 드물거나 희귀한 물건일수록 명성과 관심의 대상이 되는 것은 당연한 것이다. 마찬가지로, 제한적으로 생산되고 공급되는 상품일수록 소비자들이 느끼는 가치와 선호도가 높아지게 된다. 상품이 독특하거나 고가일수록 그러한 희소성의 효과는 증대된다.

  그리고 상징적 상호작용모델에는 과시성의 효과와 시류성의 효과를 포함하고 있다.

- 베블렌 효과라고도 하는 과시성의 효과

  상품이 부와 권력을 상징한다는 점에서 눈에 띄는 물건일수록 과시적 소비니즈가 강해지는 경향이 있다. 구매력이 있는 소비자들이 사치품을 소비함으로써 그렇지 못한 소비 집단과 구분되고자 하는 것이 유한계급의 사치 문화를 설명하는 베블렌 효과와 일치한다.

- 시류성의 효과

  과시적 소비와는 달리 낮은 계층의 소비자들이 상류층이 형성한 유행을 좇아가는 소비심리를 주로 표현한 것이다. 즉 상류층의 소비는 계층 간의 차별을, 낮은 계층의 소비는 상류계층으로의 소속감을 목표로 한다.

그리고 그 구체적인 동인을 고급소비 이용 동기에서 차용하였다. 예를 들어, 서구 문화의 차용, 서구 지향적 취향, 뉴요커의 라이프스타일 따라 잡기를 모방한 식당이 등장하고. 트레이딩 업(trading up)[40]이라는 새로운 소비현상이 확산되고 있고, 사치품에 욕구와 금전적인 제약을 해결할 수 있는 '작은 사치'라는 소비트렌드가 확산되고 있으며, 음식 자체보다는 상징성을 강조한 식당들이 이곳저곳에서 많이 출현하고 있다. 예를 들면, 호텔 식당과 카페의 고가의 메뉴, 명품 브랜드의 카페와 식당 진출 등이다.

■ 맺음말

본 장에서는 첫째, 식과 관련된 트렌드를 형성하는 축을 이해하기 위하여 생활 패러다임 기조(基調), 식생활에 대한 가치평가의 변화 등을 기존의 단행본의 내용을 통해 재조명해 보았다.

둘째, 식생활(食生活) 트렌드를 전개하기 위해 팝콘(Popcorn) 보고서의 10가지의 성향과 그 의의를 살펴보고, 최근 발표된 식과 관련된 트렌드를 살펴보았다.

셋째, 위의 내용을 중심으로 식생활 트렌드의 축을 형성하고 있는 가치(value), 편리(convenience), 다양성(diversity), 건강과 환경지향, 그리고 고급지향 등 5개의 트렌드를 제시해 보았다.

하지만 본 장에서 군집한 트렌드는 다른 시각에서 군집 될 수도 있기 때문에 절대적인 논리를 바탕으로 군집된 트렌드는 아니다. 하지만 확실한 것은 미래의

40) 상향구매라고도 한다. 중저가의 상품을 구매하던 중산층 소비자가 고품질이나 감성적인 만족을 위해 비교적 저렴한 신명품 브랜드(new luxury brand)를 소비하는 경향을 말한다. 중산층의 소득수준이 높아지면서 더 나은 삶의 추구를 반영하는 것으로 실속을 위해 저렴한 상품을 구매하는 경향인 트레이딩다운(trading down)에 상대되는 개념이다.
1990년대 말부터 미국에서 유행하기 시작하여 전 세계로 파급된 현상으로, 의류나 가방은 물론 가전제품과 자동차·가구·식품·건강 등 산업 전반으로 확산되었다. 이에 발맞춰 기업도 신 명품 브랜드의 생산을 추구하며 브랜드가격의 폭을 넓혀 대응하고 있는데, 특히 대중(mass)과 명품(prestige product)을 조합한 매스티지(masstige)의 개발이 두드러진 현상이다.
〈자료: 네이버 백과사전〉

식과 관련된 트렌드는 생산에서부터 소비에 이르는 식품 가치 체인의 모든 과정에서 가치, 인간의 건강과 안전, 친환경, 편리와 다양성이 축이 될 것이다. 그리고 인간의 건강과 자연의 건강을 지키기 위해 식품을 생산하는 단계에서부터 소비단계에 이르기까지 첨단기술의 의존도가 높아질 것이다.

참 ‖고‖문‖헌

강주연, 신한리뷰(봄호), 1997: 122-137

김상일, 대한민국 소비 트렌드, 원 앤 원 북스, 2004: 112, 141-153, 204

리언 래퍼포트 지음, 김용환 옮김, 음식의 심리학, 인북스, 2006: 63, 120-124

마이클 마자르 지음, 김승욱 옮김, 트렌드 2005, 경영정신, 2000: 26, 63, 145, 211, 235-240

맛시모 몬타나리 지음, 주경철 옮김, 유럽의 음식문화, 새물결, 2001

신기식, 식품시장의 새로운 트렌드,e- 세계농업, 제1호: 1-6

신한리뷰, 1989 summer: 64

신한리뷰, 1990 가을호: 16

신한종합연구소, 압구리와 짱을 이해하라, 매가북스, 1998: 131-164

신한종합연구소, 트렌드 21, 1994: 17-69, 77-91

이상민 · 최순화, 「소비시장 고급화와 기업의 대응」, 정책 2001-15-0764, 삼성경제연구소, 2001: 3

조은정, 한국이 15명의 시장이라면, 지식공작소, 2002

팀 랭(Tim Rang), 마이클 헤즈먼(Michael Heasman)지음, 박중근 옮김, 식품전쟁(Food Wars), 도서출판 아리, 2007: 29-58, 201-202, 207

Faith Popcorn(1991) 지음, 조은정 옮김, 팝콘리포트, 21세기북스, 1995

페이스 팝콘, 리스 마리골드 지음, 김영신, 조은정 옮김, 클릭! 미래 속으로 21세기북스, 1999: 39-287

호세 루첸베르거 · 프란츠 테오 고트발트 지음, 홍명희 옮김, 지구적 사고 생태학적 식생활, 생각의 나무, 2000: 38-42, 49-60, 157-158

황윤재, 2019 식품소비 트렌드 빅데이터 분석, 한국농촌경제연구원, 2019

한국농수산식품유통공사, 2018 식품산업 시장 및 소비자 동향분석, 2019

KB 금융지주 경영연구소, 「명품 브랜드의 성공요인과 시사점」, 2012.01

aT 식품정보부 문용현, 미리보는 2020 외식트렌드- 대한민국 외식 소비의 변화-, aT 한국농수
　　산식품유통공사: 14-31

aT 외식진흥부 김병석, 미리보는 2018 외식트렌드, aT 한국농수산식품유통공사: 15-28

농림축산식품부, 2020년 떠오르는 외식 경향(trend) 발표, 보도자료, 2019.11.27

농림축산식품부, 2021년 외식 경향(trend) 발표, 보도자료, 2020.11.25

농림축산식품부/aT 한국농수산식품유통공사, 2022 국내외 외식트렌드, 2023.1

농림축산식품부/aT 한국농수산식품유통공사, 2021 국내외 외식트렌드, 2022.1

농림축산식품부/aT 한국농수산식품유통공사, 2020 국내외 외식트렌드 조사보고, 2020.12

농림축산식품부/aT 한국농수산식품유통공사, 2019 국내 외식트렌드 조사보고, 2019.12

aT 한국농수산식품유통공사, 2018 식품산업 시장 및 소비자 동향 분석, 2019.1

A. I. A. Costa et al., A Consumer-Oriented Classification System for Home Meal Replacement,
　　Food Quality and Preference, 2001.12: 229-242

A. I. A. Costa et al., Exploring the use of consumer collages in product design, Trends in Food
　　Science & Technology, 2003.14: 17-31

Amir Shani et al., Vegetarians : A Typology for Foodservice Menu Development, FIU Hospitality
　　Review, (Fall 2007), Vol. 25(2) : 66-73

Ben Senauer, Elaine Asp and Jean Kinsey(1993), Food Trends and the Changing Consumer, 2nd
　　ed., Eagan Press, 1993: 59-63

Cordon W. Fuller, Food, Consumers, and Food Industry, CRC Press, 2001: 39-51

Daniel Feliciano, A new ready-to-eat dish for a traditional market, Journal of Foodservice, vol.
　　17, 2006: 124-134

Gary Davies and Canan Madran, Time, Food Shopping and Food Preparation: Some attitudinal
　　linkages, British Food Journal, Vol. 99(3), 1997: 80-88

Gofton, Dollar rich and time poor? Some problems in interpreting changing food habits, British
　　Food Journal, Vol. 97(10), 1995: 11-16

Hsin-Hui Hu, H. G. Parsa and John Self, The dynamics of green restaurant patronage, Cornell
　　Hospitality Quarterly, Vol. 51(3), August 2010: 344-362

Isabel Ryan et al., Food-related lifestyle segments in Ireland with a convenience orientation,
　　Journal of International Food and Agribusiness Marketing, Vol. 14(4), 2002: 30-31

Jean C. Darian and Steven W. Klein, Food Expenditure Patterns of Working-Wife Families: Meal
　　Prepared Away from Home VS Convenience Foods, Journal of Consumer Policy, Vol.

12(2), June 1989: 139-164

Joe Bogul et al., Market-oriented new product development of meal replacement and meal complement beverages, Journal of Food Products Marketing, Vol. 12(3), 2006: 5

Leon Lappoport, How We Eat: Appetite, Culture, and Psychology of Food, Leon Rappoport, 2003: 107-130

Leonard L. Berry et al., Understanding service convenience, The J.O.Marketing, Vol. 66(3), July 2002: 1-17

M.J.J.M. Candel, Consumers' Convenience orientation towards meal preparation: Conceptualization and measurement, Appetite 36, 2001: 15-28

Marijke van der Veen, When is food a luxury?, World Archaeology, Vol. 34(3), 2003: 405-427

Mia K. Ahlgren et al., The impact of the meal situation on the consumption of ready meal, International Journal of Consumer Studies, 29(6), November 2005: 485-492

Mia K. Ahlgren, Inga-Britt Gustafsson and Gunnar Hall, Buyers' demands for ready meals : Influenced by gender and who will eat them, Journal of Foodservice, 17, 2006: 205-211

Monder Ram, Balihar Sanghera, Tahir Abbas, Gerald Barlow and Trevor Jones, Ethnic minority business in comparative perspective: The case of the independent restaurant sector, Journal of Ethnic and Migration Studies, Vol. 26(3), July 2000: 495-510

National Restaurant Association, Dinner Decision Making, Focus Group Report, July 1996

Nina Veflen Olsen, The convenience consumer's dilemma, Briti sh Food Journal, Vol. 114(11), 2012: 1613-1625

Oral Capps, Jr, John R. Tedford et al., Household Demand for Convenience and Nonconvenience Foods, American Journal of Agricultural Economics, Vol. 67(4), Nov 1985: 862-869

Peter Cullen, Time, Tastes and Technology: The Economic Evolution of Eating Out, British Food Journal, Vol. 96(10), 1994: 4-9

Peter Jones, Peter Shears, David Hillier, Daphne Comfort, and Jonathan Lowell, Return to traditional values? A case study of slow food, British Food Journal, Vol. 105(4/5), 2003: 297-304

Sara R. Jaeget and Herbert L. Meiselman, Perceptions of meal convenience: The case of home evening meals, Appetite, 42, 2004: 317-325

Sharon Y. Nickols and Karen D. Fox, Buying time and saving time: Strategies for managing household production, J O Consumer Research, Vol. 10, Sep 1983: 197-208

Sharon Y. Nickols and Karen D. Fox, Buying Time and Saving Time: Strategies for Managing Household Production, Journal of Consumer Research, Vol. 10, Sep 1983: 197-208

Tanja Kesic and Suncana Piri-Rajh, Market segmentation on the basis of food-related lifestyles of Croatian families, British Food Journal, Vol. 105(3), 2003: 162-174

Wim Verbeke and Gisela Poquiviqui Lopez, Ethnic food attitudes and behaviour among Belgians and Hispanics living in Belgium, British Food Journal, Vol. 107(11), 2005: 823-840

Technomic, Out of home trends and foodservice 2020, 2016

IEG Policy Agribusiness intelligence, Next Generation Food: How health, climate change and politics are changing the way we eat, 2019: 1-22

FRAUNHOFER INSTITUTE FOR SYSTEMS AND INNOVATIONS RESEARCH ISI, 50 trends influencing Europe's food sectorby 2035: www.isi.fraunhofer.de

IPSOS KNOWLEDGE CENTRE, 10 TRENDS WHICH ARE (RE)SHAPING THE FOOD & BEVERAGE MARKET, JULY 2018

Ruth Petran, PHD, CFS, A fresh taste of foodservice industry trends & innovative food safety strategies to power your performance, ECOLAB, 2019. 5. 20

Nielsen, What's in our food and on mind-Ingredient and dining-out trends around the world, August 2016: 1-31

http://cittaslow.co.kr/42 (한국 슬로시티본부)

http://www.foodbank.co.kr (식품외식경제)

음식과 기술의 결합 푸드테크(Food Tech)의 이해 제14장

제1절　푸드테크(Food Tech)의 이해

1. 생산과정에서의 푸드테크

　최근 들어 생산에서 소비에 이르는 식품 가치사슬 전반에 Food Tech가 광범위하게 도입되고 있다. 특히 코로나 19의 영향으로 비대면 서비스가 일반화되면서 그동안 외식업 분야에 생소했던 Food Tech가 외식분야에서 활발히 적용되고 있다.

　Food Tech란? 식품(food)과 기술(technology)을 합친 용어이다. 농수축산물의 생산, 가공, 유통, 판매, 마케팅 등의 연관 산업에 정보통신기술(ICT: Information and Communications Technology)이나 인공지능(AI: Artificial Intelligence), 사물인터넷(IoT: Internet of Things), 바이오 기술(BT: Bio Technology), 빅데이터 등 4차 산업 혁신기술을 이용하여 새로운 영역을 개척하는 기술이다.

　이러한 첨단기술을 활용하여 생산과정에서 생산성[1]과 효율성[2]을 높이기도 하며, 소비자의 식품 소비 관련 정보를 분석하여 맞춤형 상품이나 서비스를 제공하기도 한다. 또한, 식물이나 세포배양기술을 이용하여 육류나 달걀 등 기존 식품을 대체할 수 있는 대체 식품을 개발하기도 하며, 그동안 인간이 잘 먹지 않았던 곤충 등을 이용해 제품을 만들어 내기도 한다.

　본 장에서는 식품의 생산과 조리, 그리고 서비스 단계로 나누어 Food Tech를 살펴보고자 한다. 여기서 말하는 생산과정이란 농수축산물을 재배·사육·가공하

---

1) 노동·설비·원재료 등의 투입량과 이것으로 만들어 내는 생산물 산출량의 비율
2) 기계의 일한 양과 공급된 에너지의 비. 들인 노력(勞力)과 얻은 결과의 비율

는 과정에서 도입된 Food Tech 중 일반적으로 많이 인용되는 내용으로 그 범위를 한정한다. 그리고 그 개요를 설명하는 정도로 그 내용을 제한하고자 한다.

1) 애그테크 (AgTech)

농업 = 전통산업이라는 고정관념을 깨고 사물인터넷(IoT: Internet of Things)[3] 등과 같은 첨단 IT 기술을 활용해 농작물 재배 시설의 온도·습도·일조량·이산화탄소 농도·토양 등을 측정 분석하고, 분석 결과에 따라서 제어장치를 구동할 수도 있으며, 스마트폰과 같은 모바일 기기를 통해 원격 관리도 가능한 기술이다. 특히 국내에서는 비닐하우스 등 시설물에 센서 기술을 접목해 농산물을 원격. 자동으로 재배할 수 있게 하는 스마트 팜(Smart Farm)이 대표적이다.

2) 유전자 재조합 농산물[4]

1995년, 미국 몬산토사가 처음으로 콩의 유전자를 조작하여 병충해에 대한 면역을 높여 수확량을 크게 늘려 이를 상품화하는 데 성공하였다. 현재 전 세계적으로 유통되는 유전자 변형 식품은 콩·옥수수·감자 등 약 50여 개 품목이다. 유전자 변형 식품은 질병이나 해충에 강하고 수확량이 많아 식량난을 해결할 수 있다는 장점이 있다. 그러나 장기간 섭취할 경우 안정성 문제, 생태계 교란으로 인한 환경 파괴 문제 등이 따른다. 이 때문에 유전자 변형 식품의 유해성에 대한 논란이 계속되고 있어 각국이 이에 대한 대응에 부심(근심·걱정이 있어 마음을 씀. 무엇을 생각하느라고 마음을 쓰고 애씀)하고 있다.

3) 대체 식품

대체육, 대체 식품(대체 단백질), 인공 고기, 합성 고기, 가짜 고기, 식물성 고기라고도 불린다. 그러나 식품의약품안전처는 '대체육'이라는 표현 대신 '대체 단백질' 또는 '식물성 단백질'이라는 표현을 쓰는 것을 권장한다.

---

3) 사물인터넷(Internet of Things)은 단어의 뜻 그대로 '사물들(things)'이 '서로 연결된(Internet)' 것 혹은 '사물들로 구성된 인터넷'을 말한다.
4) 자료: 네이버 지식백과: 유전자 변형 식품

영어로는 Meat alternative, Meat substitute, Mock meat, Faux/Fake meat, Imitation meat, Vegetarian meat, Vegan meat 등으로 칭한다.

대체육 시장은 육류 생산과정에서 야기되는 생태계 파괴와 지구온난화, 식량안보 이슈, 동물 학대 논란 등과 함께 지속 성장할 것으로 전망되고 있다. 또한, 건강과 동물복지, 신념 등의 이유로 채식 위주의 식단을 소비하는 채식주의자(vegetarian)의 증가도 대체육 시장의 성장세를 예측하게 하는 요소이다. 하지만 진짜 고기와 식감이 확연히 차이가 나서 큰 인기를 얻지는 못하였다. 그러나 최근 들어 제품의 질이 향상되면서 수요가 차츰 증가하고 있으며 상품 또한 다양화 되고 있다.

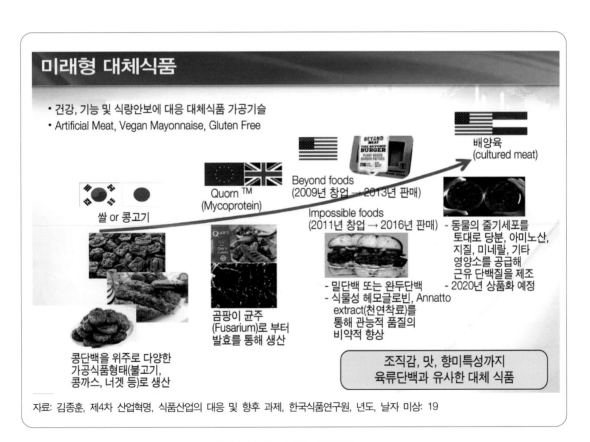

[그림 14-1] **미래형 대체식품**

대체육은 진짜 고기처럼 만든 인공 고기로, 크게 동물 세포를 배양해 만든 고기와 식물 성분을 사용한 고기로 나뉜다.[5]

동물 세포 배양 방식은 소나 돼지, 닭 등 동물의 근육 줄기세포를 배양해 사람이 먹을 수 있는 고기로 키운 것으로, 맛과 향이 진짜 고기와 거의 같지만 시간이 오래 걸리고 비싼 가격이 단점으로 꼽힌다.

식물 성분 대체육은 식물성 단백질을 사용한 것으로 시간과 비용 면에서 동물 세포 배양 고기보다 적게 걸리고 저렴하다는 장점이 있으나, 맛과 향·식감은 실제 고기와는 많이 다르다.

세계적으로 이 분야의 선두주자는 Memphis Meats (미국), 합성 우유를 중심으로 버터, 우유, 치즈, 아이스크림 등 유제품 등을 지속가능하고, 더 건강하게, 그리고 인도적인 방법으로 개발하고 있는 무플라이(Muufri; 미국 샌프란시스코), Beyond Eggs, Just Mayo, Just Cookies, Cultured (Clean) Meat 등을 개발한 JUST, Inc(formerly Hampton Creek: 미국 샌프란시스코), 햄버거와 미트볼을 개발하는 Impossible Foods, BEYOND MEAT 등이다.

아래는 이 분야의 선두주자인 비욘드미트의 상품과 16개의 고기 대체 브랜드를 정리한 것이다.

▶ BEYOND MEAT PRODUCT

출처: https://www.beyondmeat.com

---

5) 대체육이란 용어에서 생기는 논쟁의 소지도 있다. 현재 축산업계는 식물성 단백질로 만들어진 대체육은 영양성분이 다르기 때문에 육류를 대체할 수 없으므로 '육(肉)'이라는 표현을 빼고 '대체식품'으로 불러야 한다고 주장한다.

▶ 16 Popular Fake Meat Brands - The Complete List of Products (2022)

1. Amy's
2. Beyond Meat
3. Boca
4. Field Roast
5. Gardein
6. Impossible Foods
7. Lightlife Foods
8. MorningStar Farms
9. Quorn
10. Simply Balanced
11. Sweet Earth Natural Foods
12. Tofurky
13. Trader Joe's
14. Tyson Raised and Rooted
15. Upton's
16. Yves Veggie Cuisine

출처: https://urbantastebud.com/fake-meat-brands/

국내 대체육의 선두주자는 소위 '콩고기'다.

최근 신세계푸드(베러미트)를 비롯해 CJ제일제당(플렌테이블), 농심(베지가든), 동원 F&B(비욘드 미트), 풀무원식품(식물성 지구식단) 등 식품회사들이 앞다퉈 대체 식품 전문 브랜드를 내놓으며 대체육 만두·함박스테이크·샌드위치 등 다양한 제품을 출시하고 있다.

식물성 대체 고기(plant-based meat), 세포 배양 고기, 대체 단백질 곤충 식품으로 구분되는 대체육류에 관한 중요도는 세계인구증가와 육류소비의 증가, 자원 절약, 환경오염에 의한 사회적 비용 감소 효과, 축산 질병과 관련된 안전성 문제(광우병, 조류독감, 구제역, 살충제 계란, E형 감염 소시지, 아프리카 돼지 열병 등), 윤리적 소비와 동물복지에 대한 관심의 증대 등으로 높아지고 있다.

특히 식용곤충의 경우는 그동안 가축으로 인정을 받지 못해 식용으로 사용할 수 없었다. 그런데 정부가 갈색거저리·장수풍뎅이·흰점박이꽃무지 등 곤충 14종을 축산법 고시상 가축으로 인정하였다. 곤충 사육 농가는 각종 정부의 지원을 받을 수 있게 돼 곤충산업이 활성화될 전망이다.

가축으로 인정된 곤충 14종은 다음과 같이 분류된다.

식용(食用)으로는 갈색거저리 유충, 장수풍뎅이 유충, 흰점박이꽃무지 유충, 누에 (유충, 번데기) ▶약용(藥用)으로는 왕지네 ▶사료용으로는 갈색거저리 유충, 건조 귀뚜라미(왕귀뚜라미) ▶학습·애완용으로는 장수풍뎅이, 애반딧불이, 늦반딧불이, 넓적사슴벌레, 톱사슴벌레, 여치, 왕귀뚜라미, 방울벌레 ▶화분매개용으로 호박벌, 머리뿔가위벌 등 총 14종이다. 이들은 「곤충산업의 육성 및 지원에 관한 법률」에 따라 유통 또는 판매 가능한 곤충들이다.

출처: https://news.joins.com/article/23534409

최근 들어 해양생태계 파괴나 중금속 및 미세 플라스틱 섭취 문제 등이 대두되면서 해산물 역시 다른 원료로 대체하는 대체 해산물 식품 분야가 새롭게 주목받기 시작했다.

일반적으로 대체육이 식물을 기반으로 만들어지는 것처럼 현재 개발되어 유통 중인 대체해산물 역시 대부분 식물성 재료를 사용해서 만들어진다. 예를 들면, 토마토 과육에 올리브유, 해조류 추출물, 간장 등을 가미해 만든 대체 참치회, 해조류와 완두콩 단백질을 주원료로 한 대체 훈제연어, 가지와 간장, 곤약 등을 사용해서 만든 장어 등이 있다.

또한 세포배양을 통해 만들어지기도 하는데, 세포배양 대체해산물은 어류에서 채취한 줄기세포를 생물반응기를 통해 배양한 후 3D프린팅 과정으로 용도에 맞는 형태의 식품으로 만든다.

또한, 건강과 친환경 소비에 대한 관심이 높아지면서 동물성 유제품을 식물성으로 대체한 식물성 대체유 시장이 커지고 있다. 특히 한국 인구 중 상당 수가 유당불내증을 겪고 있어 대체유에 대한 수요가 크다.

식물성 대체유는 콩을 주 원료로 한 두유가 주를 이뤘지만, 아몬드, 귀리 등 다양한 곡물로 세분화하는 추세다.

4) 실험실 고기, 배양 고기

부족한 육류 공급량, 동물사육을 위해 필요한 물, 수질 오염, 온실가스 등과 같은 환경오염 문제, 동물복지에 대한 논란, 안전성에 대한 문제 등으로 육류에 대한 새로운 대안이 지속적으로 요구되었다. 그중 하나의 대안으로 떠오른 것이 실험실 고기 또는 배양육이다.

영어로는 In Vitro Meat, Lab-Grown Meat, cell-cultured, Cultured Meat 등으로 불린다. 이 고기는 도살된 동물이 아닌 시험관 내 동물 세포 배양에서 자란 고기이다. 2013년 마스트리히트 대학(Maastricht University)의 마크 포스트 (Mark Post) 교수는 실험실에서 재배한 최초의 버거 패티(Patty)를 배양하여 실험실에서 재배한 고기에 대한 개념을 증명해 보였다.

아직 생산비용이 높아 실험실 고기가 일반화되기까지는 더 기다려야 할 것으로 내다보고 있다.

2022년 미국 FDA 처음으로 California 소재 Upside Foods가 개발한 배양육에 대한 판매 승인을 했으나 아직 농무부의 승인이 남아 있어 소비자들

Lab Grown Meat

자료: A Brief History of Food Science and Technology, Dr. Fulya Eren, ACH FOOD COMPANIES INC,, OCTOBER 2016

의 식탁에 오르기까지는 시간이 걸릴 것으로 보고 있다. 그러나 이에 앞서 San Francisco 에 기반을 둔 스타트업 Eat Just가 개발한 닭고기 배양육에 대해 2020년 싱가포르는 시판 승인을 했다는 점을 고려하면 머지않은 장래에 식품소매점과 식당의 메뉴에서 배양육을 쉽게 접할 수 있을 것으로 내다본다.

2. 조리과정에서의 푸드테크

조리 단계에서 언급되는 대표적인 신기술은 다음과 같이 분자 요리, 수비드, 쿡 칠과 쿡 프리즈 등이다.

1) 분자요리

조리가 과학이라면 분자요리도 조리이다. 음식의 질감 및 요리 과정 등을 과학적으로 분석해 새롭게 변형시키거나 전혀 다른 형태로 음식을 창조하는 것을 분자요리라고 한다. 음식을 분자 단위까지 철저하게 연구하고 분석해서 만든다고 해서 붙여진 이름이다.

분자요리의 기본은 과학이다. 화학과 물리학의 영역이다. 분자요리를 만들 때는 조리하는 온도와 방법에 따라 재료의 분자 배열이 어떻게 변하는지, 씹는 맛과 향 등은 어떻게 바뀌는지를 분석한다. 여기에 화학 반응을 이용해 재료를 예상할 수 없는 새로운 형태로 조리하는 것이다.

조리가 일종의 예술이라고 하면, 작품인 요리를 만드는 것은 예술가의 몫이다. 과학은 예술가가 훌륭한 작품을 만들 수 있도록 도와주는 도구가 된다. 분자요리는 이 세 가지 모두를 담고 있는 학문이다.

그래서 음식뿐만 아니라, 음식을 만드는 조리과정의 구조를 과학적 연구와 실험을 통해 해체하고 분석한다. 이 과정을 통해 기본구조와 원리를 이해하고, 음식의 맛을 감별할 수 있는 다양성과 변화를 모색하는 광범위한 하나의 '학문'이라고 할 수 있다.

2) 쿡 앤 칠(Cook & Chill)

조리된 음식을 빠르게 냉각(급속냉각)시키면; 요리 본연의 맛 유지, 식중독 예방(세균증식을 최소화)하여 요리를 장기 보관할 수 있게 한다. 그리고 보관한 음식을 필요할 때 그때그때 다시 가열하여 먹거나, 요리하여 제공하는 것을 쿡 앤 칠이라고 한다.

쿡 앤 칠의 단계를 보면; 조리하여 (70도 이상으로 조리) → 급속냉각(90분 이내에 3도로 냉각) → 냉장 보관(보관 기간은 6-21일까지 가능) → 2차 조리/재가열(70도 이상 재가열)한다.

보관 일수는 쿡 앤 칠 방법에 따라 다른데; ① 조리 → 급속냉각 → 냉장 보관의 경우 최대 6일까지 보관이 가능하며, ②조리 → 급속냉각 → 진공포장 → 냉장 보관의 경우는 최대 12일 보관 가능하고, ③ 진공포장 → 조리 → 급속냉각 → 냉장 보관할 경우 최대 21일까지 보관이 가능하다.

자료: https://blog.naver.com/lassele_new/220509410996

[그림 14-2] **쿡 & 칠 개요**

3) 쿡 앤 프리즈(cook & freeze)

조리된 음식 또는 원재료 → 급속냉동(240분 이내에 -18도로 냉각 → 냉동보관(보관 기간은 3개월~18개월까지 가능) → 해동 → 조리/가열(70도 이상을 재가열)의 순으로 진행된다.

자료: https://blog.naver.com/lassele_new/220509410996

[그림 14-3] **쿡 & 프리즈**

4) 수비드(sous-vide)[6]

밀봉된 봉지에 담긴 음식물을 수비드 기계에서 정확히 계산된 물로 천천히 가열하는 조리법이다. 해당 단어는 프랑스어로 '밀봉된, 진공 하에서'라는 의미다. 영어로 Under vacuum이라 한다.

보통 완전 밀폐와 가열처리가 가능한 위생 비닐 속에 조리하고자 하는 재료와 양념을 넣어 진공포장 후 정확한 물의 온도를 유지한 채 길게는 72시간까지 음식물을 데운다.

물의 온도는 재료의 성질, 두께에 따라 차이가 있다. 하지만 공통적인 점은 100도 미만의 온도에서 조리해야 한다. 고기, 생선은 특히 재료에 포함된 단백질들이 변성되는 온도와 시간에 차이가 나기 때문에 적절한 온도를 유지하는 것이 무엇보다 중요하다.

이렇게 조리한 재료는 수분을 잃지 않고 맛과 향을 보존하는 것은 물론 질감 면에서 기존의 요리와 상당 부분 차이가 난다.

수비드로 요리된 음식은 마이야르[7] 반응이 일어나지 않기 때문에 일반적인 방법으로 조리한 음식보다는 시각적으로 식욕을 돋우지 못할 수도 있다. 그리고 조리과정과 조리 후의 관리가 어렵다는 단점도 있다.

5) 3D Printed Foods

식품제조에 적용가능한 3D 프린팅 기술은 FDM(Fused Deposition Modeling), SLD(Selective Laser Sintering), CJP(Color Jet Printing) 등이 있다.

압출 적층 제조(FDM) 방식은 3D 프린팅 분야에서 가장 많이 사용되는 기술로 고온과 고압을 활용하여 액화 상태로 재료를 추출하는 방식이다. 그러나 한 개의 식품을 인쇄하는데 오랜 시간이 걸리고 표면이 매그럽지 못하다는 단점이 있다.

선택적 소결(SLD) 방식은 설탕, 전분과 같은 식용 분말 형태의 원료에 뜨거운 열을 가해 녹이고 굳이는 적층 과정을 거친다. 상대적으로 강도가 높지만 제작시간

---

6) 자료: https://namu.wiki/w/%EC%88%98%EB%B9%84%EB%93%9C
7) 마이야르 반응은 고기를 구울 때 생기는 갈색 크러스트(crust)나 식빵의 갈색 껍질이 마이야르 반응의 결과물이다.

이 길고 정밀도가 떨어진다는 단점이 있다. 또한 녹는점이 낮은 재료에만 효과적으로 사용할 수 있다는 한계가 있어 사용이 제한적이다.

그리고 잉크젯 프린팅(CJP) 방식은 식용 분말 및 액체를 분사하는 방식으로 매우 다양한 종류의 색을 구현할 수 있다. 이는 낮은 점도의 식자재의 표면을 채울 때 사용되며 주로 쿠키, 케이크, 페스트리 등 식품에 사용되거나 제품의 외관을 장식하는 데코레이션 제작에 활용된다.

각국의 기업들이 이 분야에 뛰어들고 있다. 그 중 대표적인 기업들을 보면; 3D Systems[8] (미국 South Carolina)사의 ChefJet Pro 와 CoCojet, 대만의 XYZprinting, 스페인의 Natural Machines사의 foodini[9] 등이다. 우리나라의 경우는 ㈜ 탑테이블의 Foodian Pro가 있다.

3. 서비스 과정에서의 푸드테크

COVID-19의 영향으로 비대면의 일상화와 인건비 상승 등의 문제로 인해 외식업계에는 서빙 로봇, 조리 로봇 등이 도입되고 있다. 노동집약적 산업인 외식업이 기술집약적인 산업으로 변모하는 중이다.

1) 로봇 서버와 로봇 Chef

로봇이 만드는 세계 최초의 햄버거[10], 로봇이 만드는 피자[11], 로봇이 만들어 제공하는 커피[12], 음료와 음식을 서비스하는 로봇 서버[13] 또는 종업원을 도와주는

---

8) https://www.3dsystems.com/culinary
9) https://www.naturalmachines.com/
10) Startup 회사인 Creator의 CEO인 Vardakostas에 의해 개발됨. 무인 식당인 The Creator Storefront restaurant in San Francisco (2018-06-27)에서는 Creator robot이라 명명된 이 Robot은 사람의 도움 없이 시간당 400개의 버거를 만들어 낼 수 있다고 한다. 주문과 동시에 현장에서 신선한 고기를 갈고, 조리하고, 빵을 자르고, 토핑을 조합하는 등 사람 대신 Robot이 5분 안에 햄버거를 완성하여 고객에게 전달한다고 한다.
11) 실리콘 밸리(Silicon Valley)에 본사를 둔 피자배달회사는 더 맛있는 피자를 더 빨리 만드는 목표로 로봇과 인력을 확대하고 있다. 2014년에 설립된 Zume Pizza는 로봇 및 인공지능을 사용하여 일부 피자를 자동으로 만들고 있다.
12) Cafe X(San Francisco), Henna Cafe(Tokyo, Japan)

로봇[14] 등은 레스토랑 운영에 대한 패러다임을 바꿔가고 있다. 하지만 아직도 로봇이 사람을 대신하는 데는 한계가 있으며, 효율성 측면과 서비스의 질 측면에서도 많은 문제를 안고 있다는 것이 지적되고 있다.[15]

하지만 기존의 문제점을 보완한 다양한 로봇개발사례가 소개되고 있어 레스토랑의 운영에 전후방 부서를 불문하고 로봇 활용은 계속 늘어나고 있다. 문제점이 보완되고 가격이 저렴해진다면 Eating market을 중심으로 일반화될 것으로 평가된다.

최근 소개된 로봇 관련 내용을 정리해 보면 다음과 같다.

▶ 기사 1의 일부 내용

유니버설 로봇은 LG전자에 협동 로봇을 제공하고, LG전자는 유니버설 로봇의 협동 로봇을 활용해 레스토랑 운영과 관리를 위한 로봇 서비스인 'LG 클로이 다이닝 솔루션 (LG CLOi Dining solution)'을 선보인다. LG 클로이 다이닝 솔루션은 레스토랑에서 접객, 주문, 음식 조리, 서빙, 설거지 등 다양한 서비스를 제공한다.

클로이 다이닝 솔루션 제품 중 하나인 '셰프봇(Chefbot: Chef + Robot)'은 고객의 주문을 전송받아 음식을 조리한다. 유니버설 로봇의 협동로봇으로 통합된 셰프봇은 요리사 대신 위험하거나 단순, 반복적인 조리 업무를 맡고, 직원들은 단순 반복적인 업무에서 벗어나 고객에게 좀 더 가치 있는 서비스를 제공하는 데 집중하게 된다.

유니버설 로봇은 사람과 협업할 수 있는 협동 로봇으로, 코로나19 여파로 비대면 서비스 시장이 확대되고 있는 시기에 사람 간의 접촉을 최소화할 수 있다는 평가를 받고 있다. 이 협동로봇은 현재 서비스 시장에서도 다양한 활동을 하고 있다. 예를 들어 국내 한 호텔에서 고객에게 맥주를 제공하고, 서울 및 대전 등 유명 카페에서 커피를 직접 드리는 바리스타봇으로도 활약 중이다.

자료: 로봇신문 2020.10.26
http://www.irobotnews.com/news/articleView.html?idxno=22704

---

13) Rong Heng Seafood Restaurant(Singapore)

14) https://www.fastcompany.com/40541212/this-restaurant-robot-is-designed-to-help-servers-not-replace-them

15) https://www.inc.com/business-insider/robot-waiters-are-failing-in-china.html

▶ 기사 2의 일부 내용

19일(현지 시각) 미국 라스베이거스에서 개막한 북미 최대 주방·욕실 전시회 'KBIS 2019'에서 선보인 미래 주방의 모습이다. 요리하고 밥 먹는 공간인 주방에도 첨단 IT (정보기술)가 빠르게 결합되고 있는 것이다.

이번 행사에서 가장 시선을 끈 것은 삼성전자의 요리 보조용 로봇팔 '삼성봇 셰프 (chef)'였다. 싱크대 수납장에 고정된 이 로봇팔은 3개의 관절로 유연하게 움직이며 요리를 돕는다. 팔 끝에는 3개의 손가락이 달려있어 다양한 요리 도구를 쥘 수 있다. 이 팔은 식재료를 자르고, 물을 붓고, 휘휘 젓고, 소금·후추를 치는 등 웬만한 조수 역할을 톡톡히 한다. 여러 개의 센서가 달려있어 주위 환경을 스스로 파악하며 사람에게 방해되지 않도록 움직인다. 이용자의 음성 명령 혹은 앱 조작으로 움직인다. 삼성전자 관계자는 "일반 사용자뿐만 아니라 손·팔이 불편한 사람들도 편리하게 요리할 수 있도록 개발한 로봇"이라며 "특정 레시피(recipe·요리법)를 내려받아 순서대로 움직일 수도 있다"고 말했다. 아직 출시 시점은 정해지지 않았다. 삼성은 가정·레스토랑 등 다양한 분야에서 활용이 가능할 것으로 보고 있다.

자료: 조선일보 B5면 **TOP** 2019.02.20

▶ 기사 3의 일부 내용

서빙로봇 '서빙고(Servinggo)' 개발도 마쳤다. "서빙고는 복잡한 식당 안 공간에서도 스스로 주변 상황을 파악한 뒤 장애물에 부딪치지 않고 서빙 역할을 할 수 있는 서빙로봇"이라고 밝혔다. 로봇의 뇌 역할을 하는 코나는 카메라와 위치센서로 로봇이 공간을 파악하면 기입력된 알고리즘에 따라 주변 공간을 판단하고 행동할 수 있도록 돕는다

자료: 매일경제, 2020.10.25

https://www.mk.co.kr/news/business/view/2020/10/1093688/

제2절 서비스 단계에서의 푸드 테크

1. O2O의 개요

코로나 19를 통해 부상한 공간이 디지털 공간이다. 비대면 원격으로 살아야 하는 디지털 공간(digital space)을 만들어 놓았기 때문이다. 동시대를 살아가는 우리는 현실 공간, 디지털 공간, 둘의 혼합 공간(mixed space)에서 일상을 살아간다.

이같이 비대면 서비스가 일상화되면서 외식시장은 다음과 같은 변화를 경험하고 있다.

첫째, 외식공간의 변화이다.

외식공간에 대한 개념이 변화하고 있다. 현실 공간(오프라인) 중심에서 디지털 공간(온라인)과 혼합공간(오프라인 + 온라인)으로 공간이 변화하고 있다.

이러한 변화는 매장 중심에서 배달과 Takeout 등으로 매출이 확대되는 추세이다.

둘째, 외식상품의 다양화이다.

현실 공간에서 판매하는 메뉴 중심에서 가정간편식(HMR 식품)과 다양한 Meal-Kit 등으로 상품을 확대하는 추세이다.

셋째, 생산과 서비스 모두 기술집약적으로 변화하고 있다.

노동력을 기계로 대체하는 속도가 빨라지고 있다. 즉, 사람이 했던 일을 기계로 대체하는 정도가 높아지고 있다는 것이다.

대표적인 것이 키오스크, 태블릿 메뉴판, 주문과 결제 서비스 앱, 아직은 초보 단계인 조리와 배달 로봇, 3D Food Print 등이다.

정보통신기술과 근거리 통신기술, 그리고 GPS(Global Positioning System) 기술의 발달을 기반으로 성장한 O2O 서비스는 일상생활의 다양한 분야에 활용되고 있다.[16]

---

16) 블루투스(Bluetooth)는 휴대폰, 노트북, 이어폰·헤드폰 등의 휴대기기를 서로 연결해 정보를 교환하는 근거리 무선 기술 표준을 뜻한다. 주로 10미터 안팎의 초단거리에서 저전력 무선 연결이 필요할 때 쓰인다.
블루투스를 기반으로 한 스마트폰 근거리 통신 기술이다. 비콘은 비콘 단말기가 설치된지점에서 최대 70m 반경 내에 있는 스마트폰 사용자들을 인식한다. 특정 앱을 설치한 사용자에게 알림을 보내거나, 무선 결제가 가능하도록 한다.

O2O 서비스가 주목받는 이유는 앱을 통한 주문·결제로 생활의 불편을 즉시 해결할 수 있는 편리함 때문이다.[17] 게다가 사용자들의 평가와 후기를 실시간으로 참조할 수 있고, 세세한 요구사항도 쉽게 주고받을 수 있는 소셜기능이 제공되어 소비자들은 양질의 서비스를 편리하게 이용 받을 수 있다.

우리나라의 경우는 주로 O2O, 그중에서도 음식 및 식재료 배달[18], 정보제공, 주문/예약 서비스에 집중하고 있다. 이는 선진국들이 음식 및 식재료 배달, 정보제공, 주문/예약 서비스뿐만 아니라 Farm Tech와 New Food(새로운 방식의 식품생산과 없던 식품을 만드는 기술, 유전자 재조합, 세포융합, 대체육, 그리고 실험실 고기 등), 로봇(조리와 서비스) 영역에도 많은 투자를 하고 있는 것과는 대조적이다.

외식업소 운영에 관여하는 Food Tech는 식료와 음료를 생산하는 과정과 고객에게 제공하는 과정에 개입한다. 현장에서 외식업소를 찾는 고객을 영접하고 안내하는 로봇, 고객에게 제공할 음식을 만드는 과정에서 도움을 주는 로봇과 3D Food Printer, 파는 음식을 고객에게 알리는 전자메뉴판과 디지털 메뉴 보드, 주문과 계산을 도와주는 다양한 유형의 Self-Ordering Kiosks, 휴대용 무선 단말기, POS System, 고객에게 음식을 제공하는 데 도움을 주는 서빙로봇, 그리고 음식배달 서비스에 이용되는 배달앱 등이 외식업소에서 쉽게 찾아볼 수 있는 Food Tech의 일례이다.

GPS(Global Positioning System)는 GPS 위성에서 보내는 신호를 수신해 사용자의 현재 위치를 계산하는 위성항법시스템이다. 항공기, 선박, 자동차 등의 내비게이션장치에 주로 쓰이고 있으며, 최근에는 스마트폰, 태블릿 PC 등에서도 많이 활용되는 추세다.

17) 카페에 가기 전에 주문과 결제를 동시에 하고, 주문한 커피가 완성되면 주문자에게 알려주기 때문에 기다리는 시간 없이 커피를 즐길 수 있다. 대표적인 선주문 앱(App)이 모바일 신용카드 결제회사 스퀘어 '스퀘어 오더', 스타벅스 코리아의 모바일 선주문 App '사이렌 오더', 그리고 SK플래닛의 모바일 선주문 App '시럽 오더', 카카오의 '카카오 오더' 등이 있다.

18) 식재료를 판매하는 오프라인 매장 이용에서 식재료를 배달하는 서비스, 요리법과 함께 계량되고 손질된 식재료를 배달하는 서비스, 식당의 완성된 요리를 배달하는 서비스 등을 포함하고 있다. 고급레스토랑 음식을 배달하는 대표적인 기업들은 Grubhub(미국), Doordash(미국), Deliveroo (영국), Take Eat Easy(벨기에)이고, 저렴한 식당의 음식을 배달하는 Just Eat(덴마크), Delivery Hero(독일) 등이다. 그리고Meal-Kit Delivery의 대표적인 서비스는 Blue Apron(미국), Hello Fresh(미국), Plated (미국) 등이며, 소비자가 주문한 식료품을 배달해 주는 서비스로는 Instacart, Fresh Direct, Thrive market 등이다. 이 밖에도 우버, 아마존(Tyson Foods 와 제휴), 구글, 뉴욕타임스(Chef' D와 제휴) 등도 O2O 음식 배달서비스 시장에 진입하였다.

2. 배달앱

배달앱은 소비자에게는 인근에 위치한 배달음식점 정보를 제공하고, 배달음식점에게는 소비자의 주문 정보를 전달하는 방식으로 배달음식점과 소비자 간의 거래를 중개하는 온라인 플랫폼이다.

과거의 음식점은 찾아오는 고객들 대상으로 서비스를 제공했다. 물론 일부이기는 하지만 음식점이 고객을 찾아가는 경우가 있기는 했다(배달). 그러나 외식업체의 운영과 관련된 주변 환경의 변화, 특히 코로나 19로 인해 외식업체의 운영에 많은 변화가 생겼다. 대표적인 변화가 배달 서비스이다. 그리고 이러한 변화는 과거 고객과 음식점 간의 단순관계에서 제삼자의 개입을 요구하게 된다. 즉, 주문 중개업체와 배달대행업체가 등장하고, 이어서 배달을 전문으로 하는 음식배달 라이더가 등장하게 된다. 즉, 고객, 주문중개업체, 음식업 사업주, 배달대행사, 배달 종사자[19] 간의 복잡한 상호작용이 발생하게 된다.

이와 같은 구조 속에서 Food Tech라는 이름으로 Startup 기업들이 참여하여 외식시장의 전통적인 패러다임을 새로운 패러다임으로 바꾸어가고 있다. O2O (Online to Offline) 서비스의 등장이다.

O2O (Online to Offline) 서비스란? 온라인과 오프라인 서비스를 연결하여 소비자의 구매 활동을 보다 편리하게 할 수 있게 한 서비스 플랫폼이다. 물론 O2O 서비스가 등장하기 전에도 온라인에서 상품을 탐색하고, 구매는 오프라인 매장에서 하는 마케팅 활동은 있었다. 그러나 스마트폰의 보편화에 따라 언제 어디서나 구매할 수 있는 스마트 쇼핑이 대중화되면서 O2O 서비스 플랫폼이 발전했다.

---

19) 정보통신기술의 발전으로 탄생한 디지털 플랫폼을 매개로 노동이 거래되는 새로운 고용 형태를 말한다. 스마트폰 사용이 일상화되면서 등장한 노동 형태로, 앱이나 소셜네트워크서비스(SNS) 등의 디지털 플랫폼에 소속돼 일하는 것을 말한다.
한국고용정보원에서는 플랫폼노동을 ▶디지털 플랫폼의 중개를 통하여 일자리를 구하며 ▶단속적(1회성, 비상시적, 비정기적)일거리 1건당 보수를 받으며 ▶고용계약을 체결하지 않고 일하면서 근로소득을 획득하는 근로 형태로 정의하고 있다. 배달대행업체의 라이더들은 배달대행플랫폼(배달대행앱)의 중개를 통해 일자리를 구하고 배달 1건당으로 보수를 받고 있으며, 고용계약이 아닌 개인사업자 신분으로 배달대행업체와 업무위탁 관계를 맺고 일한다. 이러한 사실 때문에, 배달대행업체의 라이더들은 '플랫폼 노동자'라고 불린다.

배달앱은 대표적 'O2O' 기반 서비스로 분류된다. 여기서 앱 또는 애플리케이션 (app: application)이란? 스마트폰에서 실행하는 응용프로그램을 말한다. 그리고 배달앱은 소비자의 배달 주문을 도와주는 스마트기기 애플리케이션을 말한다.

1) 음식배달 방식과 음식배달업의 수익구조

배달방식은 아래의 그림과 같이 고객이 직접 배달업체(음식점)에 전화로 주문하면; ① 음식점에서 직접 고용한 배달원이 직접 배달을 하거나, ② 배달대행사를 통해 배달하는 경로이다.

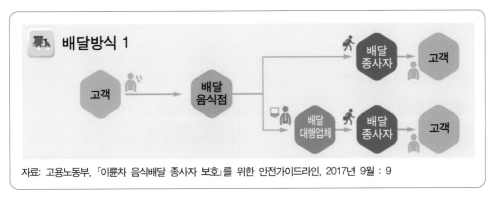

자료: 고용노동부, 「이륜차 음식배달 종사자 보호」를 위한 안전가이드라인, 2017년 9월 : 9

[그림 14-4] **배달방식 1**

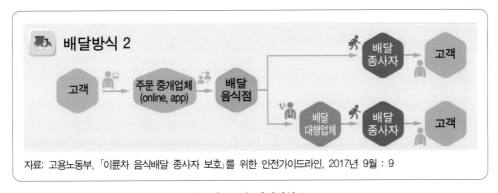

자료: 고용노동부, 「이륜차 음식배달 종사자 보호」를 위한 안전가이드라인, 2017년 9월 : 9

[그림 14-5] **배달방식 2**

두 번째의 방법은 최근 들어 보편화 된 방법으로 고객이 주문 중개업체(온라인, 앱 등)를 이용하여 음식을 주문하면; ① 음식점에서 고용한 배달원이 직접 배달하거나, ② 배달대행사를 통해 고객에게 주문한 음식을 배달하는 경로이다.

최근 들어 음식배달 시장이 커지면서 주문 중개업체와 배달대행업체가 동일 또는 관련 업체인 경우가 늘어나고 있다.

아래의 [그림 14-6]은 음식배달업의 수익구조를 도시화한 것으로 주문중개업체와 배달대행사, 그리고 배달 종사자에게 돌아가는 수익구조를 보여준다.

결국, 주문 중개업체와 배달대행업체의 수익은 음식점에서 나오는 구조이다. 그렇다면 음식점은 음식배달로 인해 발생하는 수익과 비용을 비교할 것이다. 그리고 만족할 만한 수준의 수익이 발생하지 않으면, 가격을 올리거나, 배달 비용의 일정 부분을 소비자들에게 전가할 것이다. 아니면 포기할 것이다.

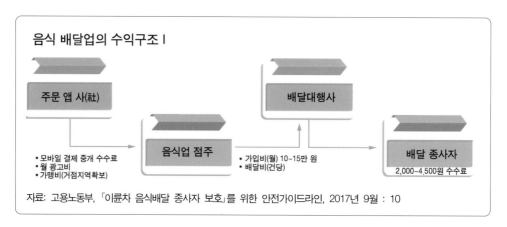

[그림 14-6] **음식 배달업의 수익구조**

3. 한국의 음식배달 서비스는 누가 선도하고 있나?

배달앱은 말 그대로 소비자의 배달 주문을 도와주는 스마트기기 애플리케이션을 말한다.

배달 음식점 광고/전단지를 보여주는 것에서 배달 주문을 대행하는 것까지 다양한 기능을 제공한다.

원래는 사기업이 운영하는 배달앱만 있었으나 전라북도 군산시에서 전국 지자체 최초로 2020년 3월부터 공공 배달앱을 정식 운영하게 되어 2가지로 분류될 수 있다.

공공 배달앱의 출현은 국내 배달앱 시장의 90% 이상을 점유하게 된 독과점적 기업의 등장으로 인한 배달 수수료의 인상이 핵심적인 원인이었다.

국내 배달시장이 급성장하면서 배달대행앱 경쟁도 치열해졌다. 배달 경쟁은 배달이 가능한 품목 자체가 다양해지면서 음식점업뿐만 아니라 유통업 전반에서 벌어지고 있다. 이는 생활패턴의 변화 및 코로나 19 이후 비대면을 통한 주문의 선호 증대, 검색과 후기 등을 통한 평가 및 결제 편리 등을 결합하여 지속적으로 이용이 증가할 것으로 예상된다.

아래는 우리나라 대표적인 음식배달 중개애플리케이션이다. 독일의 Delivery Hero가 '배달의민족'을 인수하며 기존 '요기요'와 '배달통'을 포함해 TOP3 배달앱 서비스 운영사가 되었다.[20] 배달의 민족, 요기요, 그리고 배달통은 국내 배달앱 시장 점유율을 90% 이상을 점유하고 있다. 사실상 한국 음식배달앱 시장을 독점하고 있어 외식업체와 수수료 문제 등을 야기하고 있었다.

[그림 14-7] **국내 주요 배달앱**

2021년 기준(추정) 전체 온라인쇼핑 거래액은 192조 8,946억 원으로 2020년 159조 4,384억 원 대비 21.0%p 증가하였다. 온라인쇼핑 거래액 중 모바일쇼핑 거래액은 2021년 기준 138조 1,951억 원으로 108조 2,659억 원인 2020년에 비해 27.6%p 증가했다.

---

20) 2020년 12월 28일 공정위는 DH가 (주)우아한형제들의 주식 약 88%를 취득하는 기업결합을 승인했다고 밝혔다. 다만 요기요를 운영하고 있는 딜리버리히어로코리아(DH코리아)의 지분을 팔아야 한다는 조건이 붙었다. DH가 배민의 운용업체인 우아한형제들의 주식을 40억 달러(약 4조 7500억 원)에 취득하고 공정위에 기업결합을 신고한 지 1년 만에 나온 결론이다.

이 중 음식 서비스의 경우는 2021년 기준(추정) 온라인쇼핑 거래액은 25조 6,847억 원으로 17조 3,336억 원인 2020년에 비해 48.2%p 상승했으며, 모바일의 경우는 24조 9,882억 원으로 2020년 대비 52.1%p 상승했다.

그리고 온라인이 차지하는 음식 서비스 비중은 2021년을 기준으로 전체 온라인 쇼핑거래액의 13.3%를 차지하며, 모바일의 경우는 전체 모바일 거래액의 18.1%를 차지하는 것으로 나타났다.

음식배달 시장의 성장 추세와 코로나 19가 장기화 되어가고 있다는 점, 그리고 편의를 추구하는 소비자들이 증가하고 있는 점 등을 감안하면, 향후 음식배달시장은 지속적으로 발전할 것으로 내다본다.

〈표 14-1〉 **연간 상품군별 온라인쇼핑 거래액 및 구성비**

(단위: 억원, %)

	2020년		2021년^P		전년비		구성비	
	온라인	모바일	온라인	모바일	온라인	모바일	온라인	모바일
○ 합계	1,594,384	1,082,659	1,928,946	1,381,951	21.0	27.6	100.0	100.0
- 서비스	323,629	274,110	443,494	392,320	37.0	43.1	23.0	28.4
• 음식서비스	173,336	164,341	256,847	249,882	48.2	52.1	13.3	18.1

자료: 통계청, 2021년 12월 및 연간 온라인쇼핑 동향(보도자료), 2022. 2. 3

4. 식음료 구독 서비스

소유경제(purchasing) → 공유경제(sharing) → 구독경제(subscription)로 소비 패러다임이 바뀌고 있다.

구독경제(Subscription Economy)란 정한 비용(구독료)을 지불하고 정기적으로 화장품, 의류 등 제품을 제공 받거나 일정기간 영화, 음악, 도서 등 콘텐츠와 미용 등 서비스를 무제한 이용하는 것을 뜻하는 새로운 경제모델이다. 즉, 소비자가 일정기간마다 일정 금액을 지불하면 공급자는 상품(제품 및 서비스)을 소비자가 원할 때, 원하는 곳에서, 원하는 것을, 원하는 만큼 정기적으로 제공하는 유통 전략을 말한다.

최근 코로나19 여파로 대면 서비스에 대한 심리적 부담이 커지면서 컨택트 소비의 대표격이던 공유경제는 주춤한 반면, 온라인 중심의 언택트 소비 증가로 식료품을 비롯한 생활필수품, 자동차 등 다양한 영역에서 구독경제가 소개되고 있다.

소비자에게는 편의성과 폭넓은 선택권, 비용절감이라는 혜택을 줄 수 있고, 기업(사업자) 입장에서는 일회성 판매에서 그치지 않고, 고객을 구독자로 전환함에 따라 반복적이고 안정적인 수익 확보가 가능하다는 점에서 구독경제에 대한 수요와 공급은 계속 늘어날 전망이라고 한다.

구독 서비스의 유형에는 3가지가 있다. 월 일정 구독료를 납부하고 무제한으로 상품과 서비스를 이용할 수 있는 무제한 이용형, 지정된 날짜에 식료품과 같은 일상 속에서 주기적으로 소모하는 생활용품을 정기적으로 공급받는 정기 배송형, 그리고 매월 비용을 지불하고 빌려 쓰는 렌탈형이 있다.

1) 식료와 음료 관련 구독 서비스 사례

코로나19 (COVID-19) 이후 언택트 소비가 확산되고, 배송이 보편화 되면서 매달 정해진 구독료를 내면 필요한 상품이나 서비스를 일정 주기로 이용할 수 있는 구독 서비스가 식품 분야에서도 확산되고 있다.

식품류 구독 시장은 타업종대비 그 규모가 아직은 미미하다. 하지만 1인 가구 증가와 맞벌이 가구의 증가로 가정간편식(HMR) 수요가 확대되고 새벽 배송, 로켓프레시 배송 등이 보편화 됨에 따라 안전과 건강, 그리고 환경을 고려한 식품류에 대한 정기구독 시장은 조금씩 확산되고 있다.

국내 음료 구독 시장의 경우는 대표적인 품목이 생수이다. 최근 들어 20~30대 소비자들을 중심으로 커피, 차, 막걸리 등 전통주에 대한 구독 수요가 확대되어 가고 있다고 한다. 그리고 최근의 현상이기는 하지만 외식업체의 경우도 카페와 베이커리, 패스트푸드업체 등을 중심으로 구독 서비스를 제공하는 업체가 늘어나고 있다.

다음 〈표 14-2〉는 국내 식품·외식·유통기업 주요 구독 서비스 내용을 정리한 것이다.

〈표 14-2〉 국내 식품 · 외식 · 유통기업 주요 구독 서비스 내용

업체	내용	월 구독료
뚜레쥬르	30일 동안 매일 커피 한 잔	1만 9,900원
	주 1회 프리미엄 식빵 제공	7,900원
	한 달 동안 커피 한 잔과 샌드위치 세트(주말 제외)	4만 9,500원
파리바게뜨	한 달 동안 매일 카페 아다지오 시그니처 아메리카노 한 잔	1만 9,800원
	한 달 동안 매일 12종 포카차 · 샌드위치와 아메리카노 세트	4만 8,900원
던킨	30일 동안 매일 아이스 아메리카노 한 잔	9,900원
롯데제과	월 1회 인기과자 제품으로 구성된 과자 박스	9,900원 (3개월 선결제)
	월 1회 테마에 맞는 나뚜루 제품으로 구성된 아이스크림 박스	2만 6,400원 (3개월 선결제)
신세계백화점 강남점	월 1회 20만 원 상당의 제철 과일 3~5종	18만 원
배상면주가	배상면주가 포천 LB 막걸리 또는 막걸리와 안주세트 원하는 주기에 맞춰 정기배송	10% 구매할인 혜택
오설록	월 1회 차(茶) & 다구	2만 9,000원

자료: http://www.foodbank.co.kr/news/articleView.html?idxno=60088

〈표 14-3〉 식음료분야 주요 구독서비스

한국야쿠르트	밀키트 '잇츠온' 정기배송 서비스, 달걀 정기배송 서비스 등
동원 F&B	더반찬 정기배송 서비스, 식단 구성별로 최대 4주분량 새벽 배송
신세계백화점	영등포점 '메나쥬리' 베이커리 구독서비스, 강남점 과일구독서비스
남양유업	배달 이유식 '케어비' 월령별 맞춤 식단 제공
롯데칠성음료	롯데칠성몰서 아이시스 정기배송
광동제약	삼다수 앱 통해 제주삼다수 정기배송
술담화	전통주 소믈리에가 고른 전통주 정기배송
매일유업	셀렉스 정기구독 서비스
버거킹	커피 구독서비스 월 3,900원 매일 1잔씩 한 달 제공
트레이더스	T카페 커피 구독 월 4,000원

자료: https://news.mt.co.kr/mtview.php?no=2020070211064983171

　　기존의 구독경제와 다른 최신 구독경제의 특징은 소비자 개개인을 타겟으로 하는 맞춤형 큐레이션 서비스가 제공된다는 점이다.[21]

■ 맺음말

　　최근 들어 외식업체의 운영에 첨단기술이 도입되고 있다. 특히 편리와 속도, 그리고 효율성을 강조하는 Eating Market을 중심으로 도입 속도가 빨라지고 있다. 그리고 아직은 시작 단계이지만 머지않은 장래에 외식업소의 메뉴에 실험실에서 배양된 고기와 생선, 육류를 대체할 수 있는 대체 식품, 로봇이 만든 피자와 커피가 일상화되고, 로봇이 음식을 서빙하고, 프린터가 음식을 찍어내고, 개인맞춤형 식품이 일상화되며, 무인 점포가 넘쳐나는 시대가 도래할 것이다.

　　본 장에서는 최근 외식분야에 실용화되고 있는 Food Tech의 사례를 생산과 서비스 과정으로 나누어 살펴보았다.

　　첫째, 생산과정에서의 Food Tech로는 식품이 생산되고 가공되는 과정에서 적용되는 첨단기술을 소개하였다.

　　둘째, 서비스 단계에서의 Food Tech로는 O2O와 배달앱을 중심으로 살펴보았다.

---

21) 큐레이션(curation)이란 정보과잉시대에 의미 있는 정보를 찾아내 더욱 가치 있게 제시해주는 것으로 박물관이나 미술관에서 주로 쓰는 용어를 말한다. "큐레이션 서비스 서비스(curation service)"란 개인의 취향을 분석해 적절한 콘텐츠를 추천해주는 것으로 마케팅이나 엔터테인먼트 분야에서 각광 받고 있다.

참고문헌

- KB 금융지주 경영연구소, O2O 먹거리 배달서비스의 진화, 2016(16-43호)
- KB 금융지주 경영연구소, 미래 식생활의 변화 - 3D 음식 프린팅, 2015(15-42호)
- KB 금융지주 경영연구소, 푸드테크의 진화와 발전, 2016(16-66호)
- LG Business Insight 2015/10. Weekly 포커스

IBK 투자증권, IBKS Issue Report, 식료품 구독경제, 2020년 4월 27일

식품산업통계정보시스템, 3D 식품 프린터, 2022년 8월 3주

식품산업통계정보시스템, 푸드 테크, 2022년 8월 4주

식품산업통계정보시스템, 메타버스와 식품, 2022년 10월 4주

박미성 외, 식품산업의 푸드테크 적용 실태와 과제 - 대체축산식품과 3D 식품 프린팅을
          중심으로, 한국 농촌경제연구원, R 879, 2019. 10: 165

이기원 외 1인, 농업전망 2019 - 미래기술 기반 먹거리 산업 동향과 과제, 한국 농촌경제연구원

고용노동부, 「이륜차 음식배달 종사자 보호」를 위한 안전가이드라인, 2017년 9월 : 10

통계청, 2019년 12월 및 연간 온라인쇼핑 동향(보도자료), 2020.2.5

한국인터넷진흥원 심층 분석 보고서, 푸드테크와 성장하는 푸드 O2O 서비스, 2015.11

한국외식산업경영연구원, 제4차 산업혁명, 외식산업은 위기인가? 기회인가?, 2017.4.

음식서비스 인적자원개발위원회(ISC), 비대면 서비스 수용실태 및 음식서비스 산업 고용에
          미치는 영향, 사)한국 외식업 중앙회, 2020. 11,

김종훈, 제4차 산업혁명, 식품산업의 대응 및 향후 과제, 한국식품연구원, 년도, 날자 미상

A Brief History of Food Science and Technology, Dr. Fulya Eren, ACH FOOD COMPANIES INC.,
          OCTOBER 2016

https://blog.naver.com/lassele_new/220509410996 (쿡 앤 칠 관련)

http://www.beyondmeat.com/ (대체고기)

https://urbantastebud.com/fake-meat-brands/ (16가지 대체고기 상품)

https://www.memphismeats.com/(Memphis Meats)

https://news.joins.com/article/23534409 (식용곤충 관련)

https://www.impossiblefoods.com/ (식물성 고기 관련)

http://eu.xyzprinting.com(3D 프린터 관련)

https://www.naturalmachines.com/(3D FOOD PRINTER 관련)

https://interestingengineering.com/the-worlds-first-robot-made-burger-is-served-in-san-francisco-f
or-6 (햄버거)

https://www.wired.com/story/lab-grown-meat/ (실험실 고기)

https://www.vegan.com/hampton-creek/ (식물성 고기)

https://3dprinting.com/food/4-famous-restaurants-that-use-3d-printers/
(3D Printers 관련)

http://www.dailymail.co.uk/sciencetech/article-5344037/Robots-make-coffee-new-cafe-Japans-ca
pital.html (로봇 바리스타) (Henna Cafe, tokyo Japan)

https://www.cnbc.com/2018/05/08/this-25000-robot-wants-to-put-your-starbucks-barista-out-of-b
usiness.html (로봇 바리스타 Cafe X)

http://www.asiaone.com/singapore/singapore-restaurant-hires-robot-waiters (로봇 웨이터)

https://www.fastcompany.com/40541212/this-restaurant-robot-is-designed-to-help-servers-not-re
place-them (서비스 로봇)

https://edition.cnn.com/travel/article/china-robot-waiters/index.html (로봇 웨이터)

https://restaurantengine.com/automate-your-restaurant/ (키오스크 관련)

https://www.youtube.com/watch?v=zhFeTIuzpIo (푸드 테크 동영상)

https://www.mosameat.com/about-us (lab-grown meat 관련)

https://www.biotech-foods.com/ (BIOTECH FOODS)

http://www.thinkfood.co.kr/news/articleView.html?idxno=76778 (미래식품 트렌드)

http://www.iconsumer.or.kr/news/articleView.html?idxno=12301 (정기구독 서비스)

https://www.mbn.co.kr/news/culture/4185564 (정기구독 서비스)

http://www.viva100.com/main/view.php?key=20190702010000843 (구독경제)

https://www.yna.co.kr/view/AKR20200813138200530?input=1195m (구독경제)

http://www.newstof.com/news/articleView.html?idxno=10061 (배달 대행 관련)

https://urbantastebud.com/fake-meat-brands/ (대체육 관련 브랜드)

https://namu.wiki/w/%EC%88%98%EB%B9%84%EB%93%9C (수비드관련)

http://www.irobotnews.com/news/articleView.html?idxno=22704 (로봇 관련)

https://www.fastcompany.com/40541212/this-restaurant-robot-is-designed-to-help-servers-not-re
place-them (서빙 로봇 관련)

https://www.inc.com/business-insider/robot-waiters-are-failing-in-china.html

조선일보 B5면 2019.02.20. (로봇 관련)

https://www.mk.co.kr/news/business/view/2020/10/1093688/ (로봇 관련)

https://namu.wiki/w/%EB%B0%B0%EB%8B%AC%EC%95%B1 (배달앱 관련)

http://www.foodbank.co.kr/news/articleView.html?idxno=60088 (구독서비스 관련)

https://news.mt.co.kr/mtview.php?no=2020070211064983171 (구독 서비스 관련)

http://www.foodnews.co.kr/news/articleView.html?idxno=75448

외식업소 인증과 레스토랑 가이드북 제**15**장

제1절   국내외 외식업소 인증제도

1. 국내 식당의 인증제도

인증(認證: attestation)이란, 어떠한 행위 또는 문서의 성립·기재가 정당한 절차로 이루어졌음을 공적 기관이 증명하는 일이다. 그리고 인증제도란 정부기관을 포함하여 공신력 있는 제3자의 기관이 제품의 품질 또는 시스템의 품질보증 능력에 대하여 정해진 기준에 의해 평가하여 규정된 표준(또는 기준)과의 적합성 또는 그 품질의 우수성을 증명하여 주는 제도이다.

인증은 일반적으로 인증의 대상, 인증의 목적, 그리고 인증의 규격에 따라 분류된다. 먼저 인증의 대상에 따라 인증을 분류하는데 제품 자체에 대한 인증과 어떠한 일을 수행하는 시스템에 대한 인증으로 분류할 수 있다.

그리고 인증의 목적에 따라서는 제품의 품질, 안전성, 보건, 환경보호, 에너지, 전자파 및 기타 등으로 다양하게 나누어져 있다.

마지막으로 인증의 규격에 따른 구분은 전 세계가 공용하는 국제인증, 지역 단위로 인증되는 지역인증, 국가가 인증하는 국가인증 및 특별한 단체가 인증하는 단체인증 등으로 구분된다.

우리에게 먹고 마실 것을 제공하는 곳은 무수히 많다. 그런데 어떤 곳이 우수한 곳인지를 일반 소비자들은 잘 모른다. 일반적으로 우리의 생활반경을 중심으로 주변 식당을 반복하여 이용하기 때문에 낯선 곳에 가면 상황에 적합한 식당을 찾는 데 많은 어려움을 겪게 된다. 그래서 외부의 정보(묻거나, 찾거나)를 이용하게 된다.

즉, 신뢰할 만한 정보에 대한 필요성이 요구된다.

1) 국내 식당의 인증제도

정부나 지방자치단체가 다양한 명칭의 식당 인증제도와 식당 지정제도를 만들어 시행하고 있다. 이같이 정부나 지방자치단체가 시행하는 식당 인증제도와 식당 지정제도는 우리나라가 주인이 되는 국제적인 행사와 국내의 다양한 지역 행사를 개최하면서 국내·외 관광객들에게 양질의 외식업소를 소개하고, 각 시·도·군·구 등 지방자치단체들은 지역관광과 지역경제 활성화를 꾀하고자 하는 데 목적이 있었다. 그리고 이에 편승하여 각 행사의 운영 주체와 협회 및 단체에서 다양한 목적으로 '식당지정 또는 식당 인증제도'가 도입되었다.

각 지방자치단체와 범정부적인 차원에서 시행하고 있는 '식당 인증제도'와 '식당 지정제도' 중 대중적으로 인지도가 높은 대표적인 최근의 사례들을 다음과 같이 정리할 수 있다.

(1) 음식점 위생 등급제

최근 도입된 제도로 음식점의 위생 상태를 평가하고 우수한 업소에 한해서 아래의 [그림 15-1]과 같이 3개 등급을 지정(매우 우수, 우수, 좋음)하여 공개·홍보하는 제도이다.

[그림 15-1] **음식점 위생등급제**

전체 음식점의 위생 수준 향상, 식중독 예방, 소비자의 선택권 보장을 목적으로 하며, 식품의약품안전처 주관하에 2015년 5월 18일에 신설되었다. 그리고 식품위생법 제47조의 2에 따라 제정되어, 2017년 5월 19일부터 시행되었다.

음식점 위생등급을 지정받은 업소는 업소에 붙어 있는 '음식점 위생등급제' 표지판, 식품의약품안전처 홈페이지, 식품안전나라 홈페이지, '내손안(安) 식품안전정보' 애플리케이션을 통해 확인할 수 있다.

음식점 위생등급을 받고자 하는 음식점 영업자(휴게음식점 영업자, 일반음식점 영업자, 제과점 영업자)가 지정기관인 식품의약품안전처나 지방자치단체(시·도 및 시·군·구)에 신청하면서 시작된다. 이후 평가기관은 음식점 위생등급 평가표의 평가항목에 따라 현장 평가를 한 뒤에 평가 결과의 총 점수에 따라 위생등급을 지정한다. 현장 평가는 결과의 객관성 및 전문성을 확보하기 위해 평가전문기관인 한국식품안전관리인증원에 위탁하여 실시된다.

위생상태 평가 후 총 평가점수가 90점 이상인 경우 '매우 우수', 85점 이상 90점 미만인 경우 '우수', 80점 이상 85점 미만인 경우 '좋음'을 부여한다. 위생등급의 유효기간은 위생등급을 지정한 날부터 2년이며, 위생등급 지정업소는 출입·검사 2년간 면제, 위생등급 지정서 및 표지판 제공, 식품진흥기금을 활용한 시설·설비 개·보수 융자지원 등의 혜택을 받을 수 있다. 만일 평가 결과 영업자가 희망하는 등급을 지정받지 못하는 경우에는 신청인의 권리구제를 위하여 재평가를 신청할 수도 있다.

(2) 무슬림식당 친화 등급제

무슬림식당 친화 등급제는 2014년 국내 이슬람 전문가의 연구와 자문을 통해 한국관광공사에서 국내 최초로 시범 도입하였다. 'Halal(할랄, 이슬람 율법인 샤리아에 의해 사용이나 행동이 허용된 것을 의미)' 대신 'Muslim Friendly(무슬림 친화적인)'라는 용어를 사용하였는데, 이는 한국에서 무슬림 관광객이 방문할 수 있는 식당을 이슬람 문화권의 식당에서 한식당으로 폭을 넓혀 한국의 다양한 음식문화를 경험할 수 있도록 하기 위해서다.

아래의 〈표 15-1〉은 무슬림 친화 레스토랑 인증 BI로 할랄 공식인증, 무슬림 자가 인증, 무슬림 프렌들리, 돼지고기 사용하지 않음 등으로 구별할 수 있다.

〈표 15-1〉 **무슬림 식당 친화 등급제**

HALAL CERTIFIED	한국이슬람교중앙회(KMF) 공식인증 레스토랑
SELF CERTIFIED	모든 메뉴가 할랄 재료를 사용하며 무슬림으로서 할랄임을 스스로 인증한 레스토랑
MUSLIM FRIENDLY	무슬림이 운영하거나 조리하며, 일부 할랄 메뉴들을 판매하고 있으나 주류를 판매하고 있는 레스토랑
MUSLIM WELCOME	채식 식당 또는 돼지고기 관련 제품을 판매하고 있지 않은 레스토랑
PORK-FREE	돼지고기를 판매하지 않고 있으며, 비할랄 육류를 이용하여 조리하는 레스토랑

자료: [네이버 지식백과] 무슬림 식당 친화등급제 (할랄 레스토랑 인증 가이드북, 2016. 02.)

할랄 공식 인증, 무슬림 자가 인증, 무슬림 프렌들리, 돼지고기 사용하지 않음 등으로 구별할 수 있다.

무슬림 친화 레스토랑 인증 BI		KMF 인증여부	운영자/조리사 무슬림 여부	할랄 메뉴	알코올 미판매	돼지고기 미취급
Halal Certified	할랄 공식 인증	●	●	●	●	●
Self Certified	무슬림 자가 인증		●	●	●	●
Muslim Friendly	무슬림 프렌들리			●		●
Pork Free	돼지고기 없음					●

(3) 기타

■ 백년 가게[1]

'백년가게' 인증제는 중소벤처기업부 소상공인진흥공단이 운영한다. 개업한 지 30년 이상 된 소상공인, 중소기업 중에서 우수성을 인증받은 점포만이 '백년 가게' 인증을 받을 수 있다. 2018년 16개로 시작한 '백년 가게' 인증은 2020년 1월엔 334개 업체로 늘었는데 이 중 240개(72%)가 음식점이다.

사업자등록증의 '개업연월일'부터 신청일까지 사업 기간이 30년 이상이라면 백년 가게 인증을 신청할 수 있다. 가업을 잇거나 동일업종을 재창업해서 사업에 연속성이 있다면 사업장의 영업 기간을 합산해 인정받을 수도 있다. 중기부 홈페이지에서 일반인들의 추천을 받는 '국민추천제'로 신청된 업체는 특별히 사업기간이 20년 이상이면 검증 대상이 된다.

■ 서울미래유산

서울시는 시민의 이해와 참여를 바탕으로 시민 스스로가 서울의 문화와 유산을 지키고 가꾸는 일에 자긍심을 가질 수 있도록 새로운 문화유산 보전사업을 추진하게 되었다.

미래유산은 문화재로 등록되지 않은 서

자료: https://mediahub.seoul.go.kr/archives/2002958

울의 근현대 문화유산 중에서 미래세대에게 전달할 만한 가치가 있는 유·무형의 모든 것으로, 서울사람들이 근현대를 살아오면서 함께 만들어온 공통의 기억 또는 감성으로 미래세대에게 전할 100년 후의 보물이다. 2020년 기준 시민이 제안으로 선정된 서울미래유산 488건 중 식당이 50건으로 개별 분류 중 최다이다.

다음 [그림 15-2]는 서울 미래유산 노포와 특화가로(먹자골목)의 역사를 정리한 것이다.

---

1) 자료: https://www.sbiz24.kr/#/pbanc

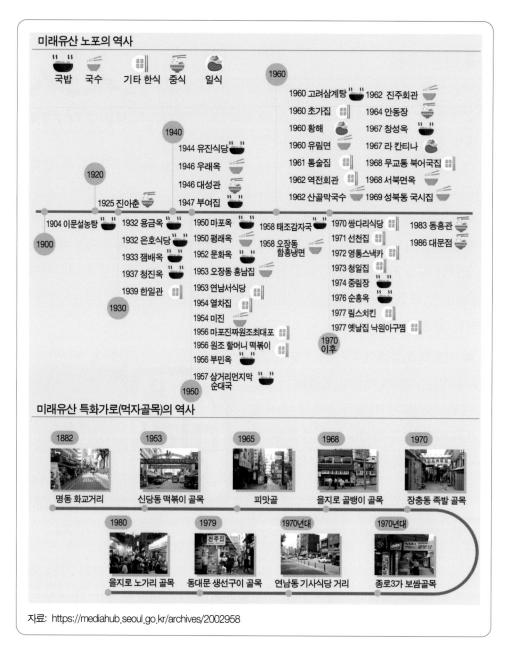

[그림 15-2] **미래유산 노포**

여기에 소개된 인증제도는 비교적 최근의 사례이다. 지금까지 많은 식당들이 중앙정부와 지방자치단체, 협회 등으로부터 다양한 인증을 받았다. 그러나 인증업소와 지정업소가 된 후 인증 또는 지정에 합당한 관리가 이루어지지 않은 것이 사실이다. 즉, 인증 또는 지정받은 업소와 그렇지 않은 업소 간의 차별성이 없어졌으며, 다양한 인증과 지정이 고객들에게 정보를 제공하기보다는 혼란만을 초래하는 경우도 많다.

게다가 각 시·도·군·구 등 지자체들은 지역관광과 특산품 판매를 통한 지역경제 활성화를 위해 향토음식 등을 개발하며 다양한 '식당인증'과 '지정제도'를 시행하고 있다.

이와 같은 연유로 일부 업소는 인증현판만도 3~4개씩 되고 있어 소비자들에게 신뢰감을 주기보다는 오히려 신뢰성을 떨어뜨리고 있다. 즉 시작만 있지 사후관리가 없는 인증·지정제도로 업체와 소비자 모두에게 의미가 없는 제도로 전락하였지만, 지금도 관련 단체와 지방정부는 다양한 인증과 지정제도를 남발하고 있다.

이 밖에도 한국 음식의 세계화에 힘입어 외국에 나가 한식이라는 이름으로 영업을 하는 한식당을 조사하여 사전에 정한 기준에 부합되는 식당만을 인증하는 해외 한식당 인증제도가 지금도 거론되고 있다. 그러나 인증제도가 성공적으로 정착되기 위해서는 인증제도를 추진하는 절차와 방법, 그리고 인증된 식당을 지속적으로 관리할 수 있는 사후관리가 더 중요하다.

2. 외국의 레스토랑 인증제도

몇몇 국가가 자국의 식당을 이용하는 고객들에게 자국 음식의 정통성과 포괄적인 의미의 수준 높은 서비스를 높여 자국 식당을 이용하는 고객의 수를 늘려야 한다는 목표를 가지고 해외에 있는 자국 레스토랑의 인증제도를 도입하고 있다. 그 중 대표적인 국가가 이탈리아와 태국, 일본 등이다.

1) 이탈리아

이탈리아의 경우는 2002년 이탈리아적인 특성을 가지지 않은 잘못된(false) 식당이 세계 도체에 확산되고 있다는 문제제기로 출발하였다. 그리고 그런류의 식당

에서 음식을 소비하는 고객들에게는 그 음식 자체가 이탈리아 음식으로 인식되기 때문에 이탈리아 음식에 대한 부정적인 경험을 가지게 된다는 문제를 제기하였다.

그래서 이탈리아 정부는 해외에 있는 이탈리아 식당 수준을 향상시키고, 이탈리아 음식에 대한 소비를 진작하고, 나아가 이탈리아산 농산물 및 식품의 수출을 증진하고자 하는 목적으로 2003년 이탈리아 정부가 인정하는 공신력 있는 인증제도인 [리스토란테 이탈리아노: Ristorante Italiano Certificate]를 실시하게 되었다.

리스토란테 이탈리아노 인증서는 [기술위원회: Technical Committee for the Enhancement of Quality Agro - Food Products in Italian Restaurants Abroad]에 의해서 발급된다.

인증절차는 개별국가(국가별)차원에서 인증을 위한 활동을 시작하기 이전에 뷰온이탈리아(Buonitalia: 우리나라 AT센터에 해당)의 제안에 의해서 '기술위원회'가 지명한 해당 지역의 관련기관 및 단체의 대표들로 구성된 '지역위원회'가 우선적으로 기술표준(Technical Standards)[2]에 대한 검토를 시행한다. 즉 평가항목 가운데 해당 국가에서 적용하기 어렵거나 수정이 필요한 부분에 대해서 제안을 하게 된다. 이와 같은 사전 작업이 이루어진 후에 본격적인 인증작업이 진행된다. 그러나 이 인증제도는 전반적으로 언론과 업계에서도 큰 호응을 받지 못한 상태로 진행되다가 답보상태를 유지하고 있다고 한다.

또한, 아래와 같이 해외에서 운영 중인 이탈리아 레스토랑에 대한 인증서를 발급하고 있다고 한다. 진정한 이탈리아 레스토랑을 홍보하기 위함으로 이탈리아 농업부가 이탈리아 농민 협회 Coldiretti 및 밀라노에 본사를 둔 인증 회사인 Asacert와 함께 시작한 ITA0039라는 인증제도이다.

100% 이탈리아 맛 인증은 다음 기준을 바탕으로 확인한 후 ITA0039이라는 인증서를 Asacert에서 발급한다고 한다.

---

2) 목적과 범위, 규정 사항들, 조항, 혜택 등이 여기에 서술된다. 그 중 조항이라는 항목에는 HACCP 체크리스트, 고객관계를 고려한 레스토랑 조직, 레스토랑의 세팅과 구조, 음식의 특성 및 준비에 대한 가이드라인, 이탈리안 음식을 준비(조리)함에 있어서 식재료에 대한 사항이 자상하게 언급되어 있다. 그리고 직원의 기술 및 훈련, 이탈리아산 제품의 프리젠테이션, 고객만족 등에 대한 규정을 담고 있다.

항목	비고
원재료	기름, 밀가루, 유제품, 이탈리아산 절인 고기 사용
메뉴	정확한 인용과 외국어로의 번역이 포함된 전통 요리 제안
와인 목록	다른 국가에서 온 와인보다 수적으로 우수해야 하는 이탈리아 와인 제안
직원	이탈리아 출신 또는 이탈리아어를 사용하는 웨이터와 이탈리아 출신 셰프 또는 이탈리아 요리에 상당한 경험이 있는 사람이 최소한 한 명 이상
Made in Italy 홍보	이탈리아 음식 및 와인 관련 전형적인 이탈리아 제품 판매 또는 이벤트 조직

자료: https://www.italiantaste-certification.com/about/

2) 태국

태국의 경우도 해외에 있는 태국 레스토랑에서 태국음식을 경험하는 소비자들의 신뢰도를 높이기 위하여 자격이 있는 태국 레스토랑을 선별, 인증을 통해 추천하고자 하는데 목적을 두고 2004년부터 [타이셀렉트: Thai Select Certification]을 도입하였다.

태국의 경우 상무부 수출진흥국 주도로 진행되고 있으며, 지원을 원하는 각 레스토랑의 관계자들은 현지에 주재하고 있는 상무관실에 신청서를 제출한다. 그 지역에 태국을 대표할 수 있는 공관과 국가기관의 관계자들로 구성된 심사위원이 사전 연락 없이 2회 이상 식당을 방문하여 시식평가를 한다. 평가의 결과를 본국에 보내 승인을 받은 후 인증서가 수여되며, 3년마다 갱신을 하여야 한다.

전반적으로 순조롭게 진행되고 있다고 한다. 그러나 부분적으로는 1999년에 태국산 제품 전반에 대해 기준을 정하고 그에 따라서 우수제품으로 인증해 주는 태국상표(Thailand Brand)제도와 중복된다는 부정적인 견해가 있어 개선방안을 찾고 있는 중이라고 한다.

3) 일본

일본의 경우는 2007년 민간 조직인[일본식
레스토랑 해외보급 추진기구: Japanese Restaurant
Popularization and Promotion Organization: JRO]

를 발족하였다. 그리고 세계적으로 붐이 일고 있는 일본 음식의 보급을 한층 더 촉진
시키기 위한 일본 음식 레스토랑 추천·장려계획(Japanese Restaurant Recommendation
Program)을 실시할 것을 제안하였다.

추천·장려계획의 대상은 '일본 음식 레스토랑'을 자칭하고 그 계획에 자주적인
참가를 희망하는 상업적인 레스토랑을 기준으로 한다. 해당 레스토랑은 영업에 필
요한 현지의 위생관리기준과 그 외의 기준을 만족시키고 있어야 한다. 추천·장려
를 희망하는 일본 음식 레스토랑이 신청하는 것이 원칙이지만, 현지 조직이 추천·
장려의 후보가 되는 레스토랑을 추천할 수도 있다.

일반적으로 추천·장려 기준은 다음과 같다.

① 쌀, 조미료, 일본술 등 주요한 식재료와 음료
② 경영자나 요리사의 일본 음식에 관한 조리기술과 위생관리 등에 대한 지식
③ 점포의 분위기, 접객태도, 서비스, 그릇, 메뉴 등
④ 조리, 맛, 그릇에 담은 방법
⑤ 고객에게 일본 음식의 조리방법, 식재료와 식문화에 대한 정보제공 등이다.

1. 국내의 레스토랑 가이드북

레스토랑 인증제도와 지정제도와는 별도로 국내음식점 평가를 통하여 소비자들에게 지역별·테마별 식당의 맛과 가격, 분위기, 서비스, 청결 및 위생 등의 정보를 제공하고자 하는 목적으로 정한 평가 기준에 따라 우수한 식당을 정리한 내용을 담고 있는 것이 식당/레스토랑 가이드북이다. 우리나라의 경우 대표적인 것이 블루리본 서베이와 다이어리 알(R) 레스토랑 가이드북이다.

1) 블루리본 서베이

블루리본 서베이는 우리나라 최초의 맛집 가이드북으로 소개된다. 프랑스의 미슐랭 가이드(Guide Michelin)와 고 에 미요(Gault et Millau), 그리고 미국의 자갓 서베이(Zagat servey)의 장점을 서로 조합하여 만들었다고 한다.

2005년 당시 전문적인 음식 평론에 대한 기반도 취약하고 맛에 대한 평가 기준이 아직 모호한 상황에서 시작한 〈블루리본 서베이〉는 15년이 넘는 시간 동안 축적된 평가를 바탕으로 대한민국의 객관적인 맛집 평가 기준을 만들어 왔다고 소개한다.

2005년 국내 최초로 발행한 국내 맛집 가이드로 그 해 11월 가이드북으로 발행되었다. 일반인 평가자와 음식 전문 평가자들이 국내에 있는 맛집을 탐방하거나 직접 가봤던 맛집에 대한 평가를 내리는 방식으로 리본 1개, 리본 2개, 리본 3개를 주고 있다.

과거 평가는 리본 1개와 2개는 일반인 평가가 가능하며 리본 3개는 전문가 위주로 평가가 진행되는 편이었다. 즉, 리본 3개의 경우 일반인들의 평가를 통해 두 개의 리본을 받은 레스토랑을 대상으로 다시 전문가 평가자들에 의해 3개의 리본이 부여되었다. 그러나 2019년 버전부터는 전문가 평가를 없애고 일반인 평가자들의 점수만 합산하여 블루리본 3개를 부여하고 있다.

서울을 비롯해 전국 각 지역에 있는 음식점과 카페 등이 대상이며 〈서울의 맛집 2023〉을 기준으로 수록된 전체 식당 수는 총 1,574개로, 2022년 판과 비교해 4개가 줄었다. 리본 3개를 받은 맛집은 42곳으로 2022년 판에 비해 5개가 늘었다. 리본 2개는 319곳, 그리고 리본 1개를 받은 곳은 793이다.

리본 개수의 의미는 다음과 같이 요약할 수 있다.

✖	✖✖	자신의 분야에서 가장 뛰어난 솜씨를 보이는 곳
✖	✖	주위 사람들에게도 추천하고 싶은 곳
✖		시간을 내어 다시 방문하고 싶은 곳
NEW		주목할 만한 새 맛집
NEW		오픈한 지 1년 내외인 곳. 아직 평가 대상은 아님

2) 다이어리 알(R) 레스토랑 가이드

'다이어리알 레스토랑 가이드'는 (주)다이어리알에서 발간되는 레스토랑 안내서이다. 매일 쓰는 일기라는 의미의 다이어리(Diary)와 레스토랑(Restaurant)의 첫 글자인 'R'을 조합하여 만든 이름으로, '직접 쓰는 미식 일기'라는 의미를 담고 있다.

〈다이어리알〉은 미국의 ZAGAT처럼 실제로 레스토랑을 방문한 사람들의 실제적인 평가를 바탕으로 만들어지는 레스토랑 서베이를 한국에서 실현한 첫 사례라고 할 수 있다고 말하고 있다. 〈다이어리알 레스토랑 가이드〉가 2006년부터 2023현재까지 17년간 이어져오고 있다.

2005년 말 온라인 결과물을 바탕으로 출간한 최초의 가이드북인 〈다이어리알 레스토랑 2006〉은 맛, 음식, 분위기, 가격대비 만족도 외 4개 항목을 기준으로 한 새로운 스타일의

레스토랑 가이드북으로 첫선을 보였다. 이어서 2006-2007년 판의 경우 500개 레스토랑에 대한 평가와 소개를 반영했으며, 〈다이어리알 레스토랑 2008〉은 서울 350개, 전국 350개로 구분한 별권의 형태로 출간했다. 2009년부터는 레스토랑의 수를 700개로 늘렸으며, 2008년 말에 발행한 〈다이어리알 레스토랑 가이드 2009〉는 처음으로 가이드라는 단어를 표지에 반영, 책자의 정체성을 강화했다.

그리고 2017년부터는 시간의 흐름과 사회의 이슈에 따라 변화하는 대한민국의 외식시장의 트렌드를 레스토랑 가이드와 함께 소개하는 〈대한민국을 이끄는 외식 트렌드〉를 매년 초 발행하고 있다.

2. 외국의 레스토랑 가이드북

대표적인 것이 1900년 프랑스의 타이어 회사(Michelin Tyre)에 의해 발간된 미슐랭 가이드(Guide Michelin)와 고 에 미요(Gault et Millau), 그리고 1979년 예일대 법대 출신의 팀 자갓(Tim Zagat)과 니나 자갓(Nina Zagat) 부부에 의해 창안된 미국의 자갓 서버이(Zatgat Survey), "The World's 50 Best Restaurants"을 선정하는 영국의 Restaurant Magazines 등이다.

1) 미슐랭 가이드

프랑스어로는 '기드 미슐랭(Guide Michelin)'이다. 기존에 흔히 '미슐랭 가이드'로 지칭했으나 한국지사에서 사명을 '미쉐린'으로 정함에 따라 자연스럽게 공식 명칭도 서울판에서는 '미쉐린 가이드'로 결정되었다.

　　오늘날 가장 인정받고 있는 레스토랑 가이드북은 미슐랭 가이드이다. 이 책자는 1900년 프랑스의 타이어 회사(Michelin Tyre)가 주말과 공휴일에 프랑스의 전역을 자동차로 여행하는 사람들을 위해 주유소, 정비소, 화장실, 숙소, 식당 등의 정보를 수집하여 책으로 만들어 1920년까지 무료로 제공하였다. 하지만 식당과 관련된 부분이 이용자들에게 관심을 끌기 시작하자, 1920년 식당 관련 정보만 담은 별도의 책자를 만들었다. 이것이 그림과 같은 표지의 미슐랭 가이드이다.

　　이어 식당을 평가할 수 있는 익명의 전문팀을 구성하여 식당을 평가하는 시스템을 도입하였고, 1926년부터 식당의 평가결과를 별로 표시하기 시작하였다. 오늘과 같이 수준에 따라 3단계(✿/ ✿✿/ ✿✿✿)로 분류한 것은 1930년부터라고 한다. 그리고 그때부터 파란색 표지가 붉은색 표지로 바뀌어 오늘날 우리가 말하는 [The Michelin Red Guide]로 이어지고 있다.

　　식당의 평가는 전문지식(음식과 평론에 대한 전문지식)을 갖춘 상용직 평가자들을 고용하여 이들이 식당, 호텔 등을 익명으로 방문하여 사전에 만들어진 평가도구에 따라 평가한다. 평가항목은 요리재료의 수준, 조리 방법과 음식의 풍미에 대한 완벽함, 요리의 개성과 창의성, 가치, 그리고 메뉴의 통일성과 일관성 등과 같은 항목들이다.

　　그리고 평가의 결과에 따라 별을 부여하는데, ✿는 가볼만 한 정도의 흥미 있는 식당이고, ✿✿은 식당 주변에 있다면(예를 들어, 그 식당이 위치한 부근에 와 있다면) 방문할 가치가 있는 식당이며, ✿✿✿은 특별히 날을 잡아 가봐야 할 식당으로 의미를 부여하면 된다.

〈표 15-2〉 Michelin Guide 별의 개수에 따른 등급

미슐랭의 등급	미슐랭의 평가
✿	High quality cooking, worth a stop 요리가 훌륭하여 가볼 만한 곳
✿✿	Excellent cooking, worth a detour 우회해서라도 방문할 가치가 있는 훌륭한 요리를 제공하는 음식점
✿✿✿	Exceptional cuisine, worth a special journey 하루 날을 잡아 여행할 가치가 있는 탁월한 요리를 제공하는 음식점

자료: www.michelinguide.com

　한국의 경우; 식당, 호텔 정보를 다룬 레드 가이드가 홍콩 & 마카오, 상하이(중국)/도쿄, 오사카 & 교토(일본)/싱가포르에 이어 아시아에서는 4번째로 한국 서울 편이 2016년 11월 7일에 공개되어 2022년 10월 13일 7번째 미쉐린 가이드 서울 2023가 공개되었다.[3]

　2023년을 기준으로 〈미쉐린 가이드 서울 2023〉에서 별을 받은 식당은 35곳으로 별 세 개는 두 곳(가온/모수), 그리고 별 두 개를 받은 곳은 8곳이다. 나머지는 별 한 개를 받은 곳이다(25곳). 그리고 57곳의 빕구르망과 84곳의 플레이트 레스토랑을 포함하여 총 176곳의 레스토랑이 등재되어 있다. 다음 〈표 15-3〉은 별을 받은 35곳의 식당을 정리한 표이다.

---

3) 부산 지역 레스토랑들을 담은 미쉐린 가이드 부산판은 2024년 2월 22일 시그니엘 부산에서 '미쉐린 가이드 서울&부산 2024'라는 이름으로 공식발간행사를 개최할 예정이다.

〈표 15-3〉미쉐린 가이드 서울 2023 스타 레스토랑 리스트

		레스토랑	메인셰프	요리유형
❀❀❀ 2곳	3스타	모수 N	안성재	이노베이티브
		가온	김병진	한식
❀❀ 8곳	2스타	스와니예 N	이준	이노베이티브
		권숙수	권우중	한식
		라연	김성일	한식
		밍글스	강민구	컨템퍼러리
		알라 프리마	김진혁	이노베이티브
		정식당	임정식	컨템퍼러리
		주옥	신창호	한식
		코지마	박경재	스시
❀ 25곳	1스타	강민철 레스토랑 N	강민철	컨템퍼러리
		레스토랑 알렌 N	서현민	컨템퍼러리
		소울 N	윤대현 · 김희은	컨템퍼러리
		솔밤 N	엄태준	컨템퍼러리
		이타닉 가든 N	손종원	이노베이티브
		일판 N	김일판	테판야키
		고료리켄	김건	컨템퍼러리
		라망시크레	손종원	컨템퍼러리
		라미띠에	장명식	프렌치
		묘미	김정묵	이노베이티브
		무니	김동욱	일식
		무오키	박무현	컨템퍼러리
		미토우	권영운 · 김보미	일식
		비채나	전광식	한식
		세븐스도어	김대천	컨템퍼러리
		소설한남	엄태철	한식
		스시 마츠모토	마츠모토 미즈호	스시
		에빗	조셉 리저우드	이노베이티브
		온지음	조은희 · 박성재	한식
		윤서울	김도윤	한식
		익스퀴진	장경원	컨템퍼러리
		제로 컴플렉스	이충후	이노베이티브
		코자차	최유강	아시안
		피에르 가니에르	프레데릭 에리에	프렌치
		하네	최주용	스시

그러나 훌륭한 식당이기는 하지만 ✿을 부여할 수 있는 정도는 아닌 식당의 경우는 Bib Gourmand(빕 구르망)로 표시하는데[4], 이 정도의 식당은 적당한 가격에 훌륭한 식사를 제공하는 식당 정도로 의미를 부여하면 된다.

빕 구르망은 각 나라의 도시별로 구체적인 가격대를 기준으로 맛있는 음식을 제공하는 레스토랑에 부여된다. 예를 들어 서울 편에서는 평균 4만 5천 원 이하의 가격대에서 높은 수준의 음식을 제공하는 식당들을 대상으로 평가했다고 한다.[5]

〈미쉐린 가이드 서울 2023〉 판에서 빕 구르망에 선정된 식당은 57곳

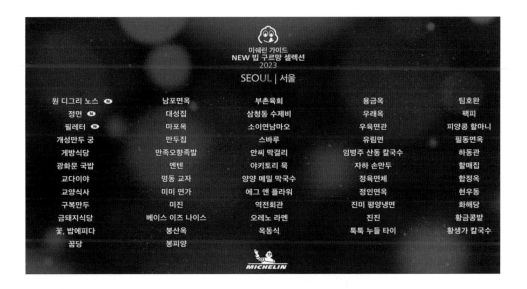

---

4) 빕(Bib)은 미쉐린 그룹 마스코트 "비벤덤"의 이름에서 따온 명칭이라고 한다.
5) 〈미쉐린 가이드 서울 2023〉 판에서 빕 구르망에 선정된 식당은 57곳이라고 한다.

그리고 2018년에는 '더 플레이트(The Plate)' 타이틀이 새롭게 추가됐다. 더 플레이트는 '미쉐린 가이드 파리 2016'에서 최초로 선보인 카테고리로 '좋은 요리를 맛볼 수 있는 레스토랑'에 부여하는 타이틀이다.[6] 별을 받거나 가성비 좋은 레스토랑에 주어지는 '빕 구르망'에 선정되지 않았지만 그해 가이드에 소개된 미쉐린 추천 레스토랑을 지칭한다.

미쉐린 플레이트: 좋은 요리를 맛볼 수 있는 레스토랑

심플 레스토랑 (특별히 인상깊은 장소)

또한, 미래를 위한 지속가능성에 초점을 맞춘 미쉐린 그린스타(MICHELIN Green Star) 인증제도가 〈미쉐린 가이드 서울 2021〉 에디션부터 새롭게 도입되었다.

미쉐린 그린스타 인증은 다음과 같은 최소 5가지 이상의 항목을 충족시켜 '지속가능한(Sustainable) 미식'을 실천하는 곳에 부여한다. 즉, 자연자원을 보전하고, 생태계 다양성을 보호하며, 근거리 식재료를 사용하고, 동물복지 실현에 앞장서며, 음식물 쓰레기를 최소화하는 등 미래를 위한 여러 혁신 활동에 힘써 온 식당에 부여된다.

2023년 선정된 레스토랑은 황금콩밭(두부), 꽃, 밥에피다(한식), 그리고 기가스(지중해식) 등 3곳이다.

MICHELIN Green Star

Sustainable Gastronomy

---

6) 〈미쉐린 가이드 서울 2023〉 판에 플레이트 레스토랑으로 선정된 곳은 84곳이라고 한다.

2) Gault et Millau(고 에 미요)

Gault et Millau(고 에 미요)는 Henri Gault et Christian Millau에 의해 프랑스에서 발간된 레스토랑의 가이드북이다. 1962년 파리에 있는 레스토랑을 대상으로 하는 첫 번째 가이드 "Guide Julliard de Paris"를 출간한다. 이어 1969년 3월 "Nouveau Guide"가 창간되었다. 그리고 1972년에 처음으로 "Gault et Millau"가 창간된다.

평가 기준은 엄격했지만 자신들이 인정한 곳을 소개하는 것이 목적이므로 일부러 맛없는 레스토랑을 식당가이드북에 실어주었지만 식당을 헐뜯지는 않았다고 한다. 그리고 1973년부터 20점 만점으로 식당을 평가하게 된다.

창간호는 요리사 모자 개수만으로 레벨을 표시하고, 상위부터 빨간 모자 셋, 검정 모자 셋, 빨간 모자 둘, 검정 모자 둘, 검정 모자 하나, 모자 없음 등 여섯 단계로 나뉘어 있었다. 모자 도장은 요리의 품질과 세련됨의 평가이다. 레스토랑의 호화로움과 쾌적함은 다른 방식으로 상징화했다. 즉, 음식 자체만을 평가했다는 의미이다.

"고 에 미요" 창간호에 실린 레스토랑은 1,200곳이며 빨간 모자 셋을 획득한 곳은 〈보퀴즈; Bocuse〉, 〈애벌랭; Haeberlin〉, 〈트와그로: Troigros〉 세 곳이었다. 이들은 무거운 프랑스의 고전 요리에 반하여 창의적이고 가벼운 새로운 요리법을 이용하여 프랑스 요리에 새로운 지평을 연 유명한 요리사들이 운영하는 레스토랑들이다.

이 레스로랑 가이드북은 고전 프랑스 요리에 반하는 새로운 프랑스 요리(Nouvelle Cuisine)를 소개하고, 확대시키는데 핵심적인 역할을 하였다는 것을 아래의 "고 에 미요"의 새로운 요리 십계를 보면 쉽게 이해할 수 있다.

〈고 에 미요의 Nouvelle Cuisine 십계〉

- 가열 시간을 단축
- 요리재료의 재발견과 신선한 재료를 이용한(cuisine au marché) 요리의 실천
- 메뉴 가짓수의 축소
- 혁신에 적절히 대응
- 첨단기술에 적극적으로 접근
- 지비에(gibier: 야생조류와 들짐승)의 과도한 숙성과 마리네이드의 추방
- 진하고 무거운 갈색 소스와 백색 소스로부터의 해방
- 식이요법(다이어트)과의 양립
- 겉만 번지르르한 장식 회피
- 창조성 추구

3) Zagat Survey

Zagat Survey 는 미국을 대표하는 레스토랑 가이드북이다. 1979년 예일대 법대 출신의 팀 자갓(Tim Zagat)과 니나 자갓(Nina Zagat) 부부가 재미 삼아 한 뉴욕의 레스토랑 방문기에 대한 설문을 시작으로 설립됐다. 지금은 세계 100여 개 나라에서 호텔, 쇼핑, 레스토랑 등의 가이드를 제공하고 있다. 「뉴욕 레스토랑 서베이」를 최초로 발간한 이후 지난 31년간 「자갓」은 현재 미국에서 발간 되는 세계적인 레스토랑 안내서이다.

탄생의 배경은 호기심에서 출발한다. 1979년 미국 뉴욕에서 예일 로스쿨 출신의 자갓 부부 (Tim Zagat과 Nina Zagat)가 파티에서 식당에 대 해 불만을 토로하는 사람들과의 대화 중에 아이디어를 얻어 만들었다고 한다. 내용 인즉, 식당 평론가들이 신문에 평가한 평가의 결과를 믿을 수 없다는 점이다. 그래 서 식당을 이용하는 사람들이 직접 평가하게 만들었다. 왜냐하면 그들의 평가 결과 를 취합하여 다른 사람들에게 정보를 제공하는 것이 한두 사람의 식당 평론가에 의해 제공되는 정보보다 훨씬 신뢰도가 높을 것이라는 확신을 가졌기 때문이다.

이와 같은 배경으로 발간된 자갓 서베이는 100개국 이상으로 확장되어 운영되고 있다. 매년 350,000명 이상이 조사에 참여하여 그 결과를 다양한 매체를 통해 원하는 사람들에게 신뢰할 만한 가치 있는 정보를 제공하고 있다. 식당의 경우는 음식, 데코, 서비스, 가격 등을 평가하게 하는데 만점이 30점이라고 한다.

일반적으로 ZAGAT의 레스토랑 리스트 선정기준은 다음과 같다.

- 해당 도시에서 가장 유명한 곳들로 일반 고객, 음식 평론가, 언론에 잘 알려져 있는 고품격 레스토랑일 것. 유동인구와 교통량이 많은 비즈니스 중심지, 관광지, 거주 지역과 이에 근접한 곳으로 제한할 것
- 풀 서비스(Full Service)가 되는 좌식 레스토랑, 즉 웨이터가 서빙하는 레스토랑만 포함할 것. 카운터 서비스만 있거나 테이크아웃 전문점은 제외할 것
- 뀌진(Cuisine: 요리)의 다양성이 중요. 다양한 가격대의 광범위한 뀌진(요리)을 반영할 것. 도시나 지역의 특색 있는 요리를 포함할 것
- 유명 쉐프, 좋은 위치, 특별한 인테리어 디자인 등으로 유명한 신규 레스토랑도 포함할 것
- 역사나 전망 등의 이유로 대중에게 인기가 많은 경우로 요리로 유명하지 않더라도 포함 가능. 그러나 이미 독자들에게 잘 알려진 체인점이나 프랜차이즈 레스토랑은 제외할 것

한국에서는 2006년에 현대카드에서 ZAGAT과 독점 제휴를 맺고 위의 사진과 같이 자갓 서울판을 발간해 왔다. 2010년 자갓 서울 레스토랑을 선보인 후 2012년 두 번째로 자갓 서울 레스토랑 2012(Zagat Seoul Restaurants 2012) 한글판과 영문판을 발간했다.

자갓 서울 레스토랑 2012에는 2011년 여름 온라인을 통해 진행된 일반인 설문조사에서 선발된 서울 내 총 389개의 레스토랑이 소개되었다. 그러나 이후의 정보는 제공되지 않고 있다(확인할 수가 없다).

4) Restaurant(magazines)

Restaurant(magazines)은 고급을 지향하는 Chefs, 식당 소유자, 그리고 식당과 관련된 전문 직업을 가진 사람들을 대상으로 영국에서 발행되는 잡지이다. 이 잡지는 매년 "The World's 50 Best Restaurants"를 선정하여 발표한다. 그런데 2020년은 코로나 19로 인해 발표를 하지 않았다.

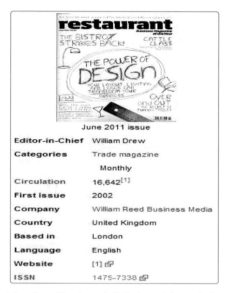

https://en.wikipedia.org/wiki/Restaurant_(magazine)

매년 선정되어 발표되는 "The World's 50 Best Restaurants"은 국제적인 명성을 가진 레스토랑 산업의 선도자(Chefs, 레스토랑 소유주, 음식평론가, 그리고 미식가 등)들로 구성된 1,080명이 과거 18개월 동안 방문한 레스토랑에서 그들의 식사경험을 바탕으로 선정된다고 한다.

이를 보다 구체적으로 살펴보면, "The World's 50 Best Restaurants"은 국제적으로 명성이 높은 Chefs, 레스토랑 경영자, 미식가, 그리고 음식평론가 등 1,080명으로 구성된 "The World's 50 Best Restaurants Academy"가 선정한다.

"The World's 50 Best Restaurants Academy"의 회원은 전 세계를 27개 지역으로 나누어서 각 지역을 대표하여 선정된다. 그리고 각 지역은 40명으로 구성된 패널로 구성된다. 그리고 그중 한 명이 의장이 된다.

40명으로 구성된 각 지역의 패널 멤버들은 명성 높은 음식평론가, Chefs, 식당 경영자, 그리고 미식가들로 구성되며, 1인당 10표를 행사할 수 있다. 10표 중 적어도 7표는 자기가 속한 지역에, 그리고 3표는 그 이외의 지역에 행사할 수 있다. 그리고 매년 각 지역 40명의 패널 멤버 중 25명은 교체된다.

지역 배분은 한 국가를 단위로 하지 않고 한 국가 이상을 대표하기도 한다. 그리고 지리적인 분할은 지역의 의장들에게 위임하고, 매년 분석과 협의를 거쳐 시대적인 상황에 적합하게 지역을 조정하고 있다고 한다.

그리고 "The World's 50 Best Restaurants"을 선정하는 데 있어서 중요한 것은 본인이 지명한 레스토랑은 반드시 과거 18개월 이전에 방문하여 식사 경험을 한 곳이어야 한다는 점이다.

이와 같은 과정을 거쳐 "The World's 50 Best Restaurants"이 선정되는 것이다.

다음은 Oscars상에 버금간다는(기자들이 과장되게 표현한 듯) "The World's 50 Best Restaurants" 목록이다. 2002년부터 2023년까지 1위를 차지한 레스토랑, "The World's 50 Best Restaurants 2023년 리스트", 그리고 Asia's 50 Best Restaurants 2023년"의 리스트를 정리한 것이다.

World's Best Restaurants from 2002 to 2023

- 2023 Central (Lima, Peru)

- 2022 Geranium(Copenhagen, Denmark)

- 2021 Noma(Copenhagen, Denmark)

- 2020년은 코로나 19로 인해 미선정

- 2019 Mirazur(Menton, France)

- 2018 Osteria Francescana(Modena, Italy)

- 2017 Eleven Madison Park(New York, USA)

- 2016 Osteria Francescana(Modena, Italy)

- 2015 El Celler de Can Roca(Girona, Spain)

- 2014 Noma(Copenhagen, Denmark)

- 2013 El Celler de Can Roca(Girona, Spain)

- 2012 Noma(Copenhagen, Denmark)

- 2011 Noma(Copenhagen, Denmark)

- 2010 Noma(Copenhagen, Denmark)

- 2009 El Bulli, Roses(Catalonia, Spain)

- 2008 El Bulli, Roses(Catalonia, Spain)

- 2007 El Bulli, Roses(Catalonia, Spain)

- 2006 El Bulli, Roses(Catalonia, Spain)

- 2005 The Fat Duck, Bray(Berkshire, England)

- 2004 The French Laundry, Yountville(Napa Valley)(California, US)

- 2003 The French Laundry, Yountville(Napa Valley)(California, US)

- 2002 El Bulli, Roses(Catalonia, Spain)

World's Best Restaurants		
Year	1st	2nd	3rd
2002	eiBulli	Gordon Ramsay	The French Laundry
2003	The French Laundry	eiBulli	Le Louis XV
2004	The French Laundry	The Fat Duck	eiBulli
2005	The Fat Duck	eiBulli	The French Laundry
2006	eiBulli	The Fat Duck	Pierre Gagnaire
2007	eiBulli	The Fat Duck	Pierre Gagnaire
2008	eiBulli	The Fat Duck	Pierre Gagnaire
2009	eiBulli	The Fat Duck	Noma
2010	Noma	eiBulli	The Fat Duck
2011	Noma	El Celler de Can Roca	Mugaritz
2012	Noma	El Celler de Can Roca	Mugaritz
2013	El Celler de Can Roca	Noma	Osteria Francescana
2014	Noma	El Celler de Can Roca	Osteria Francescana
2015	El Celler de Can Roca	Osteria Francescana	Noma
2016	Osteria Francescana	El Celler de Can Roca	Eleven Madison Park
2017	Eleven Madison Park	Osteria Francescana	El Celler de Can Roca
2018	Osteria Francescana	El Celler de Can Roca	Mirazur
2019	Mirazur	Noma	Asador Etxebarri
2021	Noma	Geranium	Asador Etxebarri
2022	Geranium	Contral Restaurante	Disfrutar
2023	Central Restaurante	Disfrutar	Diverxo

자료: https://en.wikipedia.org/wiki/The_World%27s_50_Best_Restaurants

The world's 50 best restaurants 2023

 1. Central (Lima, Peru)
 2. Disfrutar (Barcelona, Spain)
 3. Diverxo (Madrid Spain)
 4. Asador Etxebarri (Atxondo, Spain)
 5. Alchemist (Copenhagen, Denmark)
 6. Maido(Lima, Peru)
 7. Lido 84(Gardone Riviera, Italy)
 8. Atomix(New York, USA)
 9. Quintonil (Mexico City, Mexico)
10. Table (Paris, France)
11. Trèsind Studio (Dubai, UAE)
12. A Casa do Porco (São Paulo, Brazil)
13. Pujol (Mexico City, Mexico)
14. Odette (Singapore)
15. Le Du(Bangkok, Thailand)
16. Reale(Castel di Sangro, Italy)
17. Gaggan Anand (Bangkok, Thailand)
18. Steirereck (Vienna, Austria)
19. Don Julio (Buenos Aires, Argentina)
20. Restaurante Quique Dacosta (Alicante, Spain)
21. Den(Tokyo, Japan)
22. Elkano (Getaria, Spain)
23. Kol (London, UK)
24. Septime (Paris, France)
25. Belcanto (Lisbon, Portugal)
26. Schloss Schauenstein(Fürstenau, Switzerland)
27. Florilège(Tokyo, Japan)
28. Kjolle (Lima, Peru)
29. Boragó(Santiago, Chile)
30. Frantzén(Stockholm, Sweden)
31. Mugaritz (San Sebastian, Spain)
32. Hiša Franko (Kobarid, Slovenia)
33. El Chato(Bogotá, South America)
34. Uliassi(Senigallia, Italy)
36. Plénitude(Paris, France)
37. Sézanne (Tokyo, Japan)
38. The Clove Club(London, UK)
39. The Jane(Antwerp, Belgium)
40. Restaurant Tim Raue (Berlin, Germany)
41. Le Calandre(Rubano, Italy)
42. Piazza Duomo(Alba, Italy)
43. Leo (Bogotá, Colombia)
44. Le Bernardin(New York, USA)
45. Nobelhart & Schmutzig (Berlin, Germany)
46. Orfali Bros Bistro (Dubai, UAE)
47. Mayta(Lima, Peru)
48. La Grenouillère (Montreuil-sur-Mer, France)
49. Rosetta (Mexico City, Mexico)
50. The Chairman(Hong Kong)

Asia's 50 Best Restaurants 2023

1. Le Du, Bangkok, Thailand
2. Sezanne, Tokyo, Japan
3. Nusara, Bangkok, Thailand
4. Den, Tokyo, Japan
5. Gaggan Anand, Bangkok, Thailand
6. Odette, Singapore
7. Florilege, Tokyo, Japan
8. La Cime, Osaka, Japan
9. Sorn, Bangkok, Thailand
10. Narisawa, Tokyo, Japan
11. Labyrinth, Singapore
12. Sazenka, Tokyo, Japan
13. The Chairman, Hong Kong
14. Villa Aida, Wakayama, Japan
15. Mosu, Seoul, Korea
16. Masque, Mumbai, India
17. Meta, Singapore
18. Fu He Hui, Shanghai, China
19. Indian Accent, New Delhi, India
20. Ode, Tokyo, Japan
21. Zen, Singapore
22. Sühring, Bangkok, Thailand
23. Onjium, Seoul, Korea
24. Burnt Ends, Singapore
25. Euphoria, Singapore
26. Cloudstreet, Singapore
27. Les Amis, Singapore
28. Mingles, Seoul, Korea
29. Neighborhood, Hong Kong
30. Avartana, Chennai, India
31. Ensue, Shenzhen, China
32. Cenci, Kyoto, Japan
33. Ms. Maria & Mr. Singh, Bangkok, Thailand
34. Da Vittorio Shanghai, Shanghai
35. Potong, Bangkok, Thailand
36. Born, Singapore
37. Wing, Hong Kong
38. Raan Jay Fai, Bangkok, Thailand
39. Wing Lei Palace, Macao, China
40. Anan Saigon, Ho Chi Minh City, Vietnam
41. Mono, Hong Kong
42. Toyo Eatery, Manila, Philippines
43. Sichuan Moon, Macau
44. L' Effervescence, Tokyo, Japan
45. Mume, Taipei
46. Baan Tepa, Bangkok, Thailand
47. Born & Bred, Seoul, Korea
48. Metiz, Makati, Philippines
49. Caprice, Hong Kong
50. Refer, Beijing, China

제3절 **식품 원산지 표시제도**

1. 원산지 표시제 개요

음식점에서 조리하여 판매·제공하는 식재료 중 농수축산물 29종에 대하여 일정 기준에 따라 원산지를 표시하도록 의무화한 제도이다.[7]

표시 품목은 아래와 같이 축산물(6), 농산물(3), 수산물(20) 종으로 총 29품목에 이른다.

품명	품목	참고사항
축산물(6품목)	쇠고기, 돼지고기, 닭고기, 오리고기, 양, 염소고기 (유산양 포함)	식육, 포장육, 식육가공품 전부
농산물(3품목)	쌀(밥, 죽, 누룽지), 배추김치(배추, 고춧가루), 콩 (두부류, 콩비지, 콩국수)	쌀밥, 죽, 누룽지에 사용하는 쌀 (찹쌀, 현미, 찐쌀 포함)
수산물(20품목)	넙치(광어), 조피볼락(우럭), 참돔, 미꾸라지, 낙지, 뱀장어(민물장어), 명태(건조물 제외), 고등어, 갈치, 오징어, 꽃게, 참조기, 다랑어, 주꾸미, 아귀, 가리비, 우렁쉥이, 방어, 전복, 부세	수족관에 보관·진열하고 있는 살아 있는 모든 수산물

다음은 원산지 표시에서 사용되는 식육의 종류와 식육가공품에 관련 용어를 정리한 것이다.

---

7) 출처 : https://www.songpa.go.kr/ehealth/contents.do?key=4642

☞ **국내산 쇠고기 식육 종류**

– 한우
우리나라 고유의 소품종으로 갈색 소

– 육우
육용종, 교잡종, 젖소수소 및 송아지를 낳은 경험이 없는 젖소로 고기생산을 주된
목으로 사육된 소

– 젖소
송아지를 낳은 경험이 있는 젖소로 우유생산을 주된 목적으로 사육된 소

☞ **식육가공품 관련 용어정리**

식육을 원료로 하여 가공한 햄류, 소시지류, 베이컨류, 건조저장육류, 양념육류, 분쇄
가공 갈비가공품, 식육추출가공품, 식용우지, 식용돈지 등을 말함

– 양념육류(육지물)
식육에 식염, 조미료, 향신료 등으로 양념하고 냉장 또는 냉동한 것으로 육함량
60%이상의 것을 말함(뼈가 붙어 있는 것도 포함)

– 분쇄가공육제품
식육(장기류는 제외한다)을 세절 또는 분쇄하여 이에 다른 식품 또는 식첨가물을 첨
가하여 혼합한 것을 성형하거나 또는 동결, 절단하여 냉장, 냉동한 것이나 훈연열처
리 또는 튀긴 것으로서 햄버거 패티류, 미트볼류, 가스류 등을 말함(육함량 50%이
상의 것)

– 갈비가공품
식육의 갈비부위(뼈가 붙어있는 것에 한함)를 정형하여 향신료 및 조미료 등으로 양
념하고 훈연하거나 열처리한 것을 말함

– 식육추출가공품
식육동물성 소재를 원료로하여 물로 추출한 것이나 이에 식육이나 다른식품 또는
식품첨가물 등 부원료를 가하여 가공한 것을 말함(다만, 따로 기준 및 규격이 정하
여 것은 제외함)

2. 원산지 표시 방법 (일반음식점)

영업장 면적에 상관없이 아래와 같은 포맷으로 모든 메뉴판, 게시판에 표시(하나만 사용할 경우 하나만 표시)하여야 한다.

☞ **원산지 표시판 표제**

- 원산지 표시
  표시판 크기

- 가로 세로(또는 세로 가로) 29㎝ 42㎝ 이상
  글자크기 : 60포인트 이상
  글자색 : 바탕색과 다른 색으로 선명하게 표시

- 표시 위치
  업소 내에 부착되어 있는 가장 큰 게시판(크기가 같은 경우 모든 게시판이 해당)의 옆 또는 아래에 부착, 게시판을 사용하지 않을 경우 업소의 주 출입구 입장 후 정면에 부착

※ 취식(取食)장소가 벽(공간을 분리할 수 있는 칸막이 등을 포함)으로 구분된 경우 취식장소별로 원산지게시판 또는 원산지표시판 부착, 다만 부착이 어려울 경우 원산지 매뉴판 반드시 제공

1) 원산지 표시대상별 표시방법

■ 축산물 원산지 표시 방법

• **국내산의 경우**
  '국내산'으로 표시하고, 외국산의 경우 해당 국가명을 표시하고, 원산지가 다른 축산물을 섞은 경우에는 그 사실을 표시함

  ※ 원산지 표시대상을 조리하여 배달을 통해 판매·제공하는 경우 포장재에 표시 포장재에 표시하기 어려운 경우 전단지, 스티커, 영수증 등에 표시할 수 있음

① 국내산 쇠고기의 경우는 식육의 종류까지 표시
  - 소갈비(국내산 한우), 등심(국내산 육우)
  - 삼겹살(국내산), 삼계탕(국내산), 양념치킨(국내산), 훈제오리(국내산)
② 외국산의 경우
  - 해당 국가명 표시
  - 소갈비(미국산), 등심(호주산)
  - 삼겹살(덴마크산), 삼계탕(미국산), 양념치킨(미국산)
③ 원산지가 다른 축산물을 섞은 경우
  - 갈비탕(국내산 한우와 호주산을 섞음), 설렁탕(육수 국내산 한우, 고기 호주산)
  - 고추장돼지불고기(국내산과 미국산을 섞음), 닭갈비(국내산과 미국산을 섞음
④ 국내산 뼈에 수입산 갈비살을 붙인 경우
  - 소갈비(호주산) 또는 소갈비(갈비뼈 국내산 한우와 쇠고기 호주산 섞음)
  - 돼지갈비(미국산) 또는 돼지갈비(갈비뼈 국내산과 돼지고기 미국산 섞음)

■ 쌀, 배추김치, 콩 원산지 표시 방법

쌀, 배추김치, 콩 원산지 표시는 아래의 표와 같이 표시한다.

품목	구분	표시방법(예)
쌀	국내산	밥(쌀: 국내산), 누룽지(쌀: 국내산), 죽(쌀: 국내산)
	외국산	밥(쌀: 미국산), 죽(쌀: 중국산)
	국내산과 외국산을 섞은 경우	밥(쌀: 국내산과 중국산 쌀 섞음)
배추김치	고춧가루를 사용한 배추김치	배추김치(배추: 국내산, 고춧가루: 중국산)
	고춧가루를 사용하지 않은 배추김치	배추김치(배추: 국내산)
	외국에서 제조 가공한 배추김치	배추김치(중국산) ※ 해당국가명 표시
콩	국내산	두부(콩: 국내산), 콩국수(콩: 국내산)
	외국산	두부(콩: 중국산), 콩국수(콩: 미국산)

■ 수산물 원산지 표시 방법

국내산의 경우 '국산', '국내산', '연근해산'으로 표시하고, 원양산의 경우 '원양산', '원양산(해역명)'으로 표시한다. 그리고 외국산의 경우 해당 국가명을 표시하고, 원산지가 다른 동일 품목을 섞은 경우 그 사실을 아래와 같이 표시한다.

① 국내산, 원양산의 경우
- 광어회(국내산), 참돔구이(원양산), 광어매운탕⟨원양산(태평양산)⟩
② 수입산의 경우(수입국가명 표시)
- 참돔회(일본산), 장어구이(중국산), 추어탕(중국산)
③ 국내산과 수입산을 섞은 경우
- 모둠회(광어 : 국내산, 우럭 : 중국산, 참돔 : 일본산), 낙지볶음(국내산과 중국산을 섞음)

■ 기타 표시사항

① 원산지가 같은 경우 일괄표시 가능
- 우리업소에서는 "국내산 쌀"만 사용합니다.
- 우리업소에서는 "국내산 배추와 고춧가루로 만든 배추김치"만 사용합니다.
- 우리업소에서는 "국내산 한우 쇠고기"만 사용합니다.
- 우리업소에서는 "국내산 넙치"만 사용합니다.
② 다른 원료(품목)를 섞은 경우 각각의 원산지를 표시
- 햄버거스테이크(쇠고기 : 국내산한우, 돼지고기 : 덴마크산)
- 모둠회(광어 : 국내산, 우럭 : 중국산, 참돔:일본산)
③ 국내산 원료(품목)를 사용한 경우
  "국내산"으로 표시하는 대신 이를 생산한 시·도명이나 시·군·자치구명으로 표시할 수 있다.
④ 쇠고기·돼지고기·닭고기·오리고기의 식육가공품을 사용한 경우
  그 가공품에 사용된 원료의 원산지를 표시한다. 다만, 식육가공품 완제품을 구입하여 사용한 경우 그 포장재에 적힌 원산지를 표시할 수 있다.
  [예시] 햄버거(쇠고기: 국내산), 양념불고기(쇠고기: 호주산)

■ 잘못된 원산지 표시 사례

원산지를 표시할 때 여러 수입국가명을 나열해 표시하는 것은 잘못된 표시로 "혼동표시"에 해당되어 처벌 대상으로 '고발' 조치된다.

- 쇠고기(미국산, 호주산), 돼지고기(국내산, 벨기에산, 칠레산)
- 배추김치(국내산/중국산), 미꾸라지(국내산, 중국산)

3. 할랄식품과 코셔식품 인증

이슬람 율법에 따라 도축 처리, 가공된 식품인 Halal Food와 유대교 율법에 따라 원재료부터 최종식품까지 엄격한 절차를 거쳐 생산된 식품인 Kosher Food를 중심으로 전개해 본다.

1) 할랄식품 인증8)

이슬람의 음식 문화는 허용된 것인 '할랄(Halal)'과 금지된 것인 '하람(Haram)'을 규정하고 있다.

할랄이란, 아랍어로 '허용된' 이란 뜻으로 아랍어로 샤리아(Sharia, 이슬람율법)에 따라 허가된 것을 의미한다. 음식뿐만 아니라 행동, 장소에도 적용된다. 그리고 하람(Haram)은 금지되는 것 또는 불법적인 것을 의미하며, 할랄과 마찬가지로 음식뿐만 아니라 행동, 장소에도 적용된다.

한국할랄인증원(KHA)에서 인증되는 할랄마크는 할랄관련 이슬람국각에서 인정되는 한국형 기준(규격)을 갖춘 인증원이다.

이와 같이 할랄은 음식뿐만 아니라 제약, 식품, 관광, 의료, 화장품, 의류, 기자재, 책, 유통은 물론 전반적인 행동, 규율, 사회적 제도에 이르기까지 다양한 분야에 적용되는 말이며, 그 중에서도 할랄식품(Halal Food)이란 이슬람율법에 따라 무슬림들이 먹고 마실 수 있도록 허용된 모든 식품을 의미한다.

---

8) 아래의 내용은 한식진흥원(http://www.hansik.org/kr)이 발간한 "할랄 레스토랑 인증 가이드북, 2016.02"을 참고하였다.

할랄과 반대되는 의미로 사용되는 하람(Haram)
역시 코란에 그 바탕을 두고 있다. 코란에는 무슬
림이 먹으면 안 되는 음식, 즉 하람에 대해 규정하
고 있다. 하람 음식에는 돼지고기와 동물의 피, 주
류 및 알콜, 이슬람법에 따라 도살되지 않은 육류,

파충류와 곤충 등이 하람으로 분류된다. 그러나 금지된 음식이더라도 기아의 상태
에서 생명이 위험할 때, 목숨을 구할 때, 또는 무의식중에 먹었을 때는 허용하는
유연한 입장을 취하고 있다. 즉, 하람식품은 무조건 섭취가 금지되지만, 하람식품이
아닌 비(非)할랄식품의 섭취 가능 여부는 이슬람 학파마다 차이가 있어 어패류의
경우 비늘이 있는 물고기만을 허용하는 학파도 있으며, 바다에서 나는 모든 것을
할랄식품 으로 보는 관용적인 학파도 있다.

할랄식품	- 취하는 성분이 없는 식품 - 소, 양, 산양, 낙타, 사슴, 고라니, 닭, 오리 등 - 우유(소, 낙타, 산양의 젖) - 벌꿀 - 생선	- 신선한 야채 (신선한 상태로 냉동한 야채) - 신선한 과일, 말린 과일 - 대추야자, 포도, 올리브, 석류 등 - 땅콩, 캐슈넛, 헤이즐넛, 호두 등의 견과류 와 콩류 - 밀, 쌀, 호밀, 보리,귀리 등 곡물류

하람식품	- 포도주, 에틸알코올, 화주 등 술과 알코올성
	  음료
	- 돼지고기와 그 부산물
	- 피와 그 부산물
	- 육식동물
	- 개, 고양이
		- 파충류(뱀등)와 곤충
		- 동물의 사체, 도살전에 죽은 동물
		- 이슬람법에 따라 도살되지않은 할랄동물
		- 그밖에 할랄인지 하람인지 구분하기 어려운
		  식품

자료: http://www.koreahalal.kr/base/sub1/01.php

전 세계적으로 약 300여 개의 할랄인증기구가 있는데, 현재까지 모든 무슬림 국
가에 통용되는 표준할랄인증기준안에 대한 국제적 체계가 구축되지 않아 각 무슬림
국가마다 상이한 기준안으로 할랄인증제도를 시행하고 있다.

할랄인증기관에는 정부 또는 준 정부기관, 민간기관이 있다. 민간기관에는 종교
기관(각 국가의 이슬람사원 또는 무슬림 단체) 및 이슬람 관련 협회나 단체 등이

포함된다.

국내 할랄인증은 민간기관 인증으로서, 1994년 (재)한국이슬람교로부터 시작되었으며, 2015년 한 - UAE간 할랄 업무협약 체결에 딸른 정부의 할랄산업 육성정책이 시행되면서 인증기관의 수도 증가하였다.

할랄인증업무를 수행하고 있는 국내 할랄인증기관은 2020년 2월 기준 아래와 같이 5개소이다.

기관명	인증로고	소재지/공식 웹사이트
(재)한국이슬람교 (Korea Muslim Federation, KMF)		서울시 용산구 우사단로 10길 39 http://www.koreaislam.org/
한국할랄인증원 (Korea Halal Authority)		대전광역시 동구 대전천동로 600 중동타워 4층 http://koreahalal.kr/
(사)할랄협회 (Korea Halal Association, KOHAS)		서울시 송파구 법원로12, #1107 http://www.kohas.or.kr/
(주)세종할랄인증원 (Korea Sejong Halal Authority)		서울시 광진구 자양로 225, 401호 http://www.koreaislam.org/
(주)국제할랄인증지원센터 (International Halal Certification Center, IHCC)		서울시 강서구 허준로 217, 가양테크노타운 803-1호 http://www.ihcc.co.kr/

자료: 한국식품연구원, Hahal Overview, 2020년 5월

우리나라의 경우 지난 2015년 6월, 문화체육관광부는 방한 무슬림의 가장 큰 불편사항인 식사 문제해결을 위해 2016년부터 할랄 레스토랑 리모델링 및 인증 비용을 신규로 지원하겠다는 계획을 발표했다. 그 밖에도 정부 부처, 공공기관 등에서 인증 관련 비용, 컨설팅, 정보 지원 등 여러 분야에 대한 지원이 이루어지고 있어 인증 식품 기업과 식품의 수가 매년 증가하고 있다.

세계의 다양한 인증기관 중 공신력 있는 인증기관으로 인정받고 있는 기관은 Jabatan Kemajun Islam Malaysia(말레이시아, 이하 JAKIM), Badan Penyelenggara Produck Halal(인도네시아, 이하 BPJPH), Taiwan Halal Integrity Development Association (대만, 이하 THIDA), Majelis Ulama Islam Singapura(싱가포르, 이하 MUIS), Central Islamic Council of Thailand(태국, 이하 CICOT) 등이 있다. 이들 국가의 인증은 체계적인 인증 기준을 가지고 있고 다수의 국가들과 교차 인증을 허용하고 있다는 점에서 할랄 인증과 관련해 공신력을 인정받고 있다.

말레이시아 JAKIM	싱가포르 MUIS	대만 THIDA	태국 CICOT

2) 코셔(Kosher)식품 인증9)

코셔(Kosher)는 유대교의 음식에 대한 율법을 칭하는 말인 히브리어 카쉬롯(Kashrus)의 영어식 단어로써 '합당한', '적당한'이라는 뜻을 가지고 있는 음식에 대한 규범을 말하는 것이다. 반대로 먹을 수 없는 음식이나 사용할 수 없는 식기는 트라이프(Traif)라고 한다. 즉, 코셔는 유대 식이법인 카쉬롯을 준수하는 사람들을 위한 모든 식품의 적합성을 포함하는 용어라 할 수 있다.

따라서 코셔 식품은 카쉬롯(코셔식품법)의 엄격한 규정을 준수하여 생산한 식품으로 '유대교의 율법에 맞는 음식'을 지칭하며, 코셔인증기관의 인증 심사를 거쳐 지정된다. 그리고 인증은 코셔 제품의 모든 재료와 제조 과정이 코셔 방식을 준수하는지 확인하고 감시하는 절차이다.

---

9) 해외 식품인증정보포털의 내용을 옮긴 것임(https://www.foodcerti.or.kr/kosher/)

유대 율법은 유대 교리에 따른 민족의 생활과 행위의 규범으로써, 유대인들은 어디에 정착하든 자신들만의 생활방식을 고수하며, 613가지의 율법이 있다.

- 유대교 율법에서는 먹을 수 있는 동물과 먹을 수 없는 동물을 구분하고, 도축과 조리 방법도 규율하고 있다.
- 채소, 과일과 같이 '중성'으로 분류되는 식품은 문제가 없지만, 육류와 유제품 간에는 '음식의 조화'라는 문제가 있기 때문에 먹는 순서까지도 규정하고 있다.
- 코셔는 제품의 원료 및 특징에 따라 아래와 같이 육류, 유제품, 중립의 것을 나타내는 파르브 등으로 분류하고 있다. 비코셔(Non-Kosher)는 코셔가 아닌 모든 식재료 및 그 식재료로 만든 제품을 말한다.
- 육류 : 발굽이 갈라지고 되새김질을 하는 포유류 및 가금류
- 유제품 : 식용으로 허용된 동물의 우유 및 유제품. 특히, 육류와 유제품은 동시에 섭취가 불가한데 최소 6시간의 간격을 두고 섭취해야 함
- 파르브 : 육류와 유제품을 포함하지 않은 식품으로 중성의 상태를 의미함

코셔 인증은 유대교 율법을 따르는 식품과 관련된 인증으로 최종 제품에 국한된 인증이 아닌 원재료와 가공 전반에 걸친 식품 제조 모든 공정을 포괄하는 인증제도 이다.

세계적인 인지도를 가지고 있는 업체는 다음과 같이 OU Kosher, OK Kosher, Star-K, KLBD 등이다. 그리고 이들 중 한국지사가 있는 코셔 인증 기관으로는 OU Kosher, OK Kosher, Star-K Kosher가 있다고 한다.

〈표 15-4〉 **코셔와 비코셔의 분류**

구분		정의	예시
코셔	육류	• 포유류: 발굽이 둘로 갈라진 동물 중 되새김질을 하는 동물	• 소, 양, 염소, 사슴, 물소 등
		• 가금류: 비코셔를 제외한 모든 가금류는 허용	• 닭, 거위, 칠면조 등
	유제품	• 코셔 육류로부터 나온 유제품	• 치즈, 크림, 버터 등
	파르브	• 중성제품	• 곡식류, 채소 및 과일류 • 어류: 지느러미와 비늘이 있는 생선으로 참치, 연어, 청어 등
비코셔		• 포유류 중 돼지, 토끼 등 • 조류 중 맹금류(독수리, 매, 올빼미 등), 백조, 황새, 펠리컨 등 • 갑각류(조개, 랍스터, 새우 등) • 비늘, 지느러미가 없는 어류(장어, 문어, 상어, 고래 등) • 이상의 금지된 동물로부터 유제품, 알, 지방, 새끼 등의 제품 • 설치류 및 곤충류	

〈표 15-5〉 **글로벌 코셔 인증기관**

기관명	인증로고	기관설명
Orthodox Union		• 가장 널리 알려진 세계 최대의 코셔 인증기관 • 전 세계 80개 국가의 8천여 공장에서 생산되는 약 100만 개 제품의 인증 제공
OK Kosher		• 세계적인 선도 코셔 인증기관 • 전 세계에 사무소를 두고 운영
Star-K Kosher Certification		• 1947년 메릴랜드 볼티모어에 설립 • 국제적 인증기관
KOF-K Kosher Supervision		• 코셔법의 최고 기준을 충족하는 제품에 한해 부착
cRc		• 1930년대 중반에 설립된 시카고 랍비 종단
KLBD		• London Beth Din, Kashrut Division • 영국 런던에 본사를 두고 있으며 현재 전 세계 600여 개국에 진출
MBD		• Manchester Beth Din • 영국을 포함한 유럽의 다국적기업과 지역 생산업체들과의 유기적 관계를 맺고 있고 인증 업무를 함 • 유대식 도축, 일반 상품의 코셔 인증을 진행함

최근 코셔는 유대 율법에 국한되지 않고, 범용적으로 '깨끗하고, 안전한 식품'이라는 인식이 주를 이루고 있다고 한다. 그래서, 유대인뿐만 아니라 무슬림, 채식주의자, 웰빙 소비자들을 주요 고객으로 아우르는 식품시장을 가지고 있다고 한다.

■ 맺음말

다양한 인증제도와 평가제도가 소비자들의 관심을 끄는 요인은 레스토랑 선택에 도움이 되는 신뢰할 수 있는 양질의 다양한 정보를 제공하기 때문이다.

본 장에서는 인지도가 높은 국내외의 외식업체의 인증제도와 레스토랑 가이드북에 대해 살펴보았다.

첫째, 국내외 외식업소 인증제도에서는 우리나라와 외국의 대표적인 인증제도를 소개했다. 국내의 경우는 최근의 사례를 중심으로 인증제도를 소개하고, 외국의 경우는 이탈리아, 일본, 그리고 태국의 인증제도를 소개했다.

둘째, 그리고 국내외의 레스토랑 가이드북에서는 인지도가 높은 가이드북을 소개하였다. 국내의 경우는 "블루리본과 다이어리R"을 소개하고, 외국의 경우는 프랑스의 "미슐랭 가이드와 Gault et Millau(고 에 미요), 미국의 Zagat Survey, 그리고 영국의 Restaurant(magazines)"을 소개하였다.

셋째, 음식점에서 사용하는 식품에 대한 원산지 표시제도를 재조명해 보고, 할랄 식품과 코셔 식품 인증 제도를 소개하였다.

참｜고｜문｜헌

야기 나오코 지음, 위정훈 옮김, 레스토랑의 탄생에서 미슐랭 가이드까지, 따비, 2011: 242-249

한식진흥원, 할랄레스토랑인증 가이드북, 2016.02

황윤제 외 3인, 국내 할랄식품 시장 실태와 대응과제, 한국농촌경제연구원, 정책연구보고 P211, 2015. 10

김철민, 할랄식품시장의 의의와 동향, 세계농업, 2015, 제 175호

이혜은.박현빈, 코셔인증제도의 개념과 시장 동향, 세계농업, 2015, 제 175호

이윤화 외 1인 지음, 2020 대한민국을 이끄는 외식트렌드, 다이어리R, 2020

국립농산물품질관리원, 배달음식 원산지 표시

국립농산물품질관리원, 음식점 원산지 표시 이렇게 합니다.

국립농산물품질관리원, 농산물 및 가공품 원산지 표시 이렇게 합니다.

https://www.naqs.go.kr/main/main.do(국립농산물 품질관리원)

www.blueR.co.kr

www.diaryr.com

www.ristorante-italiano.be

www.thaikitchen.org

www.jetro.go.jp/france

http://blog.naver.com/chkwkim?Redirect=Log&logNo=110103595734

http://www.enviagro.go.kr/portal/certi/certifi_sign.jsp

http://blog.naver.com/yjy0157?Redirect=Log&logNo=40101096979

http://blog.naver.com/7979hskim?Redirect=Log&logNo=20146541786

http://cafe.naver.com/ecocokr.cafe?iframe_url=/ArticleRead.nhn%3Farticleid=6&

http://blog.naver.com/ygsong57?Redirect=Log&logNo=120128649547

http://blog.naver.com/3mhappyhouse?Redirect=Log&logNo=30143509631

https://www.foodcerti.or.kr/

https://guide.michelin.com/th/en/to-the-stars-and-beyond-th

https://www.bluer.co.kr/search?tabMode=single&searchMode=ribbonType&location=&ribbonTy
pe=&feature=

https://www.foodcerti.or.kr/certificate/kosher

https://www.foodcerti.or.kr/certificate/halal

❚ 저자 소개

나정기
경기대학교 관광문화대학 명예교수

(제5판)
외식산업의 이해

1998년 9월 10일 초 판 1쇄 발행
2003년 3월 10일 제2판 1쇄 발행
2007년 3월 25일 제3판 1쇄 발행
2020년 8월 30일 제4판 4쇄 발행
2024년 3월 10일 제5판 1쇄 발행

지은이 나정기
펴낸이 진욱상
펴낸곳 백산출판사
교 정 박시내
본문디자인 오행복
표지디자인 오정은

등 록 1974년 1월 9일 제406-1974-000001호
주 소 경기도 파주시 회동길 370(백산빌딩 3층)
전 화 02-914-1621(代)
팩 스 031-955-9911
이메일 edit@ibaeksan.kr
홈페이지 www.ibaeksan.kr

ISBN 979-11-6639-208-5 93590
값 35,000원